2025년 이투스북 수학 연간검토단 선생님입니다.

※ 지역명, 이름은 가나다순입니다.

강원

고다현 고고수학
고민정 로이스 물맷돌 수학
고승희 고수수학
구영준 하이탑 수학과학학원
김보건 영탑학원
김상식 전문과외
김성민 스터디 DNA 후평점
김성수 동해광희고등학교
김성애 초석대 입시전문학원
김성영 빨리강해지는 수학과학
김이효 ELS 입시학원
김지영 늘찬 수학학원
김희중 공부에 반하다 학원
남정훈 으뜸장원 학원
박미경 수올림 수학전문학원
배형진 화천학습관
심수경 PF math
안현지 전문과외
오수빈 하웰 수학학원
유선형 PF math 수학학원
교동 PF math 수학학원
윤동빈 페르마학원
이관수 PF math 수학
이 슬 공부에반하다학원
이현우 베스트 수학과학학원
임재형 하웰 수학학원
장재선 장쌤 EG수학 교습소
장해연 영탑 학원
정복인 하이탑 수학학원
정인혁 수학과통하다 학원
최수남 강릉 영·수 배움교실
최재현 원탑M 학원
홍순우 성수고등학교
홍지선 홍수학 교습소

경기

강서동 수리학당
강소미 전문과외
강수정 노마드 수학학원
강여울 전문과외
강유정 더배움학원
강진욱 고밀도학원
강하나 강하나 수학
강희수 JMI 수학학원
경유진 오늘부터 수학학원
고민지 최강영수학원
고안나 기찬에듀 기찬수학학원
고정림 고수학학원
고종영 하이탑학원
곽병무 뉴파인 동탄 특목관
구수민 오름수학
구재희 오성학원
구지영 명품M수학
권은주 나만수학
금상원 수학은미래다 프리미어
기소연 수학기지
김강민 동백제이탑학원
김경민 평촌 바른길 수학학원
김경진 경진수학학원 다산점
김경태 함께수학
김경환 티앤씨 수학학원
김관태 케이스 수학학원
김동은 수학의힘 평택지제캠퍼스
김문경 평촌 플랜지에듀
김미정 수학의신YBM 잉글루학원
김민겸 더퍼스트 수학 교습소
김민경 더원수학
김민기 오성학원
김민찬 류수학학원
김민태 민락뉴스터디학원
김범수 수학이 만드는 세상
김보경 새로운희망 수학학원
김상욱 WookMath
김상원 더바른 수학전문학원
김상윤 막강한 수학학원
김상은 전문과외
김새로미 뉴파인동탄 특목관
김서림 엠베스트SE 갈매학원
김서영 다인 수학교습소
김석호 푸른 영수학원
김선혜 분당파인만
김선홍 고밀도학원
김선화 수학파트너학원
김성현 팔로 수학교습소
김소연 채움학원
김소영 예스셈 올림피아드(호매실)
김슬기 센트로학원
김승연 메타에듀센터
김승현 대치매쓰포유 동탄캠퍼스학원
김승호 명품M수학 영어 전문학원
김시준 이룸앤세움
김아름 김앤문학원
김연진 수학메디컬센터
김영아 브레인캐슬 사고력학원
김영훈 성원영어수학학원
김예지 과수원 과학수학 전문학원
[illegible] [illegible]전문학원
김용환 수학의아침(영통)
김유경 위너 수학학원
김유리 페르마수학 미사분원
김윤재 코스매쓰 수학학원
김은정 수학닷컴 수학학원
김은정 분당수이학원
김은지 탑브레인 수학과학학원
김은채 고수학학원
김은희 김은희 참수학학원
김정수 매쓰클루학원
김정현 전문과외
김정현 채움스쿨
김정현 차원이다른 수학학원
김주영 호매실 정진학원
김주용 스타수학
김준형 더수학과학학원
김지선 다산참수학영어학원
김지선 팬더매쓰 수학학원
김지윤 광교 오드수학
김지훈 전문과외
김진영 설쌤 수학학원
김진희 대치리더스수학
김태경 맨투맨학원 호원센터
김태학 평택드림에듀
김태훈 플랜지에듀 학원
김하현 로지플수학
김현애 성남 정상수학학원
김현자 생각하는 수학공간학원
김현주 서부세종학원
김현지 프라임대치 수학학원
김혜미 수이학원
김혜정 수학을 말하다
김혜지 전문과외
김희영 신의수학학원
나혜영 향동매쓰탑 수학학원
남윤호 도당 비젼스터디
노종권 KEM 수학학원
노혜숙 지혜숲수학
류진성 마테마티카 수학학원
마정이 정이 수학
마지희 이안의학원 화정캠퍼스
목정관 앤써영수학원
문장원 에스원 영수학원
문재웅 수학의공간
민건홍 칼수학학원
민동건 전문과외
박경훈 리버스 수학학원
박도솔 도솔샘수학
박래혁 대치에스학원, 인재의창
박명희 오산 G1230학원
박민주 카라 Math
박상길 수학명가학원
박상보 구주이배 수학학원 구리본원
박설희 스카이에듀 어학원
박세환 류수학학원
박소연 이투스 기숙학원
박수민 센트로학원
박수아 잠룡승천수학학원 분당캠퍼스
박수연 일산 후곡 쉬운수학
박수현 용인능원 씨앗학원
박신태 디엘 수학전문학원
박여진 동백제이탑학원
박연지 상승에듀
박우희 푸른학원
박 원 쉬운수학후곡
박유선 박쌤의 리더 수학학원
박은경 수리학당
박은수 신의한 수학학원
박재현 LETS
박재형 라플라스 수학학원
박정수 퍼펙트수학
박종림 박쌤수학
박종필 정석 수학학원
박주이 김포 켄즈 학원
박지영 마이엠 수학학원 고등관
박지혜 수학마녀학원
박진구 더바른 수학전문학원
박진만 운정상승학원
박진원 전문과외
박진한 엡실론학원
박진홍 고밀도 학원
박태수 전문과외
박현심 수리연학원
박현정 빡꼼 수학학원
박현정 의정부 탑수학 공부방
박효정 팬더매쓰 수학학원
박희동 미르 수학학원
배장우 대치매쓰프리
배준호 엠베스트SE 위너스학원
백경림 에이나학원
범종근 범수학학원
변진성 데까르트수학
서예지 고밀도학원
서장호 로켓 수학학원
서지은 지은쌤 수학
서진순 클리닉수학
석대환 알엠스터디 수학학원
설성환 설쌤 수학학원
설성희 설쌤 수학학원
성인영 정석공부방
성지희 SNT 수학학원
손동학 자호 수학학원
손윤미 생각하는 아이들 학원
손주희 더쎈학원
송명석 청춘날다학원 하이매쓰학원

송숙희 써밋학원
송채연 팰리스 수학과학
송치호 대치명인학원 2동탄캠퍼스
송태원 송태원1프로 수학학원
송혜빈 인재와 고수
신동휘 후곡 신수학학원
신유진 좋은날수학
신재규 인재와고수학원
신진아 에듀셀파 기숙학원
신채영 더퍼스트학원
신혜선 BOM 수학학원
안명근 옥정더채움학원
안연수 포스텍 수학학원
안영주 포스텍 수학학원
양수정 전문과외
양은진 수플러스 수학교습소
양지현 수학전문 일비충천
양창진 수학의숲 학원
양형모 유투엠 삼송 고등
어성웅 어쌤 수학학원
엄지영 대치메이드/대치세이노 위례점
엄지원 더매쓰 수학교습소, 더매쓰 덕이학원
염승호 전문과외
오경환 쉬운수학 후곡
오영림 더쎈 수학교습소
오영택 위상학원
오우진 유신학원
오지혜 수톡 수학학원
용다혜 동백 에듀플렉스 학원
우선혜 HSP 수학학원
원미란 하이엔드공부방
원준식 브레노스 상상날개학원
유기정 신중동 스터디타운 수학
유동숙 공부를부탁해 보습학원
유소현 웨이메이커 수학학원
유현종 SMT 수학과학학원
유현진 HR수학
유 환 도당비젼스터디
윤명희 사랑셈교실
윤미영 수주고등학교
윤선미 생각하는 수학공간학원
윤성길 메가스터디 러셀코어 청주
윤여태 103수학
윤재은 놀이터수학교실
윤재현 윤수학학원
윤정원 더올림수학
윤채민 한빛크리스천스쿨(기독교 대안학교) 및 전문과외
윤 희 티티에스 수학교습소
이강민 김필학원
이강우 광명대성N스쿨
이경찬 은행고등학교
이광락 전문과외
이나현 엠브릿지수학
이동승 정일품 수학 학원
이동하 컬럼버스 하마수학 (학원)
이명신 지니얼수학지니얼영어학원
이명진 한솔 수학학원
이명환 다산더원 수학학원
이민아 민수학학원
이민하 보듬교육학원
이보형 엠토피아 수학학원
이봉우 G1230
이상혁 최상위수학
이상형 수학의이상형
이새롬 방선생 수학학원
이서윤 화성동탄곰 수학학원
이선영 유레카수학
이세복 퍼스널수학
이소연 오성학원
이소정 위즈덤 수학교습소
이수동 E&T 수학전문학원
이수정 매쓰투미 수학학원
이수환 류수학보습학원
이승진 호연 수학
이승훈 알찬교육학원
이아현 전문과외
이연주 수학연주 수학교습소
이영아 포천 맨투맨학원 송우센터
이영은 신양중학교
이영훈 펜타 수학학원
이예빈 아이콘수학
이은미 봄 수학교습소
이은아 이은아 수학학원
이재욱 고려대학교 KAMI
이정미 더채움 수학교습소
이정희 JH 영수학원
이종헌 뉴파인동탄 능동특별관
이주하 운정열린학원
이 준 준수학고등관학원
이지선 BELS 수학
이지영 GS112 수학 공부방
이지은 그로우매쓰
이진희 시너지수학학원
이창수 일산화정와이즈만
이창훈 나인에듀학원
이태희 펜타 수학학원 청계관
이한빛 한빛 수학학원
이헌기 어수강 수학학원
이현주 필즈더클래식
이호성 H&B수학교실 (애이치앤비 수학교실)
이호형 광명 고수학학원
이화원 탑수학학원
임동진 S4 국영수학원
임석준 MY1연세 수학학원
임소영 일산후곡 애플수학
임소이 미리내공부방
임영미 탑플러스학원
임은정 마테마티카 수학학원
임정혁 하이엔드 수학학원
임지민 피타고라스 수학학원
임현지 위너스 하이학원
장동민 엠클래스수학과학전문학원
장미선 하우투스터디학원
장혜련 푸른나비수학 공부방
전상현 운양중학교
전유정 루트(Ruth) 수학학원
전 일 생각하는 수학공간학원
전진우 플랜지에듀
전태성 대치메이드 위례직영점
전희나 대치명인학원
정금재 혜윰 수학전문학원
정다은 포스엠 수학학원
정다해 에픽에듀
정명기 베스트교육 고등수학학원
정미윤 함께하는수학
정민정 S4국영수학원
정순섭 수학이야기학원
정양진 올림피아드학원
정영진 수원 공부의자신감 학원
정예철 수이학원
정용석 수학마녀학원
정유림 서부세종학원
정유정 수학VS영어학원
정은선 아이원 수학학원
정인영 동탄이강에듀학원
정중연 정중 수학학원
정지승 산남중학교
정진욱 수원메가스터디
정채봉 러셀 부천
정혜영 Q.E.D 수학전문학원
정황우 운정 정석수학학원
조기민 일산동고등학교
조나영 동탄최상위수학
조민구 플랜지에듀
조병욱 PK미금센터
조봉화 마루수학
조성화 수학의기적
조유림 레이첼 영어수학학원
조윤원 [자람]공부방
조 은 전문과외
조현정 깨단수학
주소연 알고리즘 수학연구소
주시연 청운학원
주지현 주지현수학
주태빈 수학을 권하다
지슬기 지수학학원
진민하 인스카이학원
차무근 차원이다른 수학학원
차일훈 대치엠에스학원
천기분 이지(EZ)수학 교습소
천보은 좋은날수학
최경희 최강수학학원
최 고 다산수학원리탐구학원
최근정 SKY영수학원
최나현 마이엠 수학학원 소하 초중등관
최서현 이룸수학
최은혜 전문과외
최인정 인정수학교습소
최재원 이지수학
최재원 티엔디플러스학원
최지연 준수학학원
최지윤 와이즈만 분당영재입시센터
최진규 TSM 수학학원
최호순 관찰과추론 수학교습소
하창형 오늘부터 수학학원
한동민 math153 수학전문학원
한동훈 고밀도학원
한미정 한쌤수학
한상원 위례 일비충천 수학학원 (의치약센터)
한상훈 동탄 수학과학학원
한세은 이지수학
한유호 에듀셀파 기숙학원
한지희 이음수학
한혜숙 창의수학 플레이팩토
해은진 전문과외
허민영 더멘토학원
현 명 카이스트학원
홍성민 일월메디학원
홍세정 인투엠 수학과학학원
홍재욱 켈리윙즈학원
홍재화 아론에듀학원
홍정욱 코스매쓰 수학학원
홍지현 목동매쓰원수학 네오관
홍훈희 MAX 수학학원
황금별 하이엔드 고밀도학원
황선아 서나수학
황영미 일신학원
황희찬 아이엘에스 학원

경남

강신성 에임원 수학학원
강이슬 ASK 배움학원
강지혜 강선생 수학학원
고은정 수학은 고쌤학원
권영애 전문과외
김가령 킴스 아카데미학원

김경무 ASK 배움학원 진영
김문명 생각쑥쑥공부방
김미소 메이트 국영수학원
김미정 선재학원
김민범 전문과외
김민정 창원스키마수학
김수진 수학의봄
김연지 하이퍼 영수학원
김제인 더바른수학
김종범 에듀스텔라 과학전문학원
김지연 김해율하지 수학학원
김지윤 석봉학원
김진형 수풀림 수학학원
김혜영 프라임수학
김혜정 올림수학 교습소
문주란 장유 올바른수학
민동록 민쌤 수학전문과외
박규태 에듀탑 영수학원
박서영 오늘수학교습소
박영진 대치스터디 수학학원
박임수 고탑(GO TOP) 수학학원
박혜인 참좋은학원
방시연 공터영어 창원팔용센터
배종우 매쓰팩토리 수학학원
성민지 베스트수학 교습소
성선유 이루다 수학학원
신동훈 수과람학원
신욱희 창익학원
신혜란 해냄수학
양민정 양쌤's수올림
양세민 양쌤 수학학원
어다혜 전문과외
유준성 시퀀스 영수학원
이경민 더넥스트 학원 딱풀리는 수학
이근영 매스마스터 수학전문학원
이나영 티오피 에듀학원
이선미 삼성영수학원
이유진 멘토수학 교습소
장지영 로그인 수학
장초향 이룸플러스 수학학원
전창근 수과원학원
정민정 생각수학
정용준 수과람학원
정주영 다시봄이룸 수학학원
조윤정 열정 수학영어학원
조윤호 조윤호 수학학원
차민성 율하차쌤수학
차연주 양산더봄 수학교습소
최창진 지니 수학학원
하윤석 거제 정금학원
허경원 전문과외
허지영 율하2지구 시티프라디움 하이수학
허 진 수학전문 수
홍명자 홍수학학원
황진호 타임 수학학원
황혜정 노블 수학전문학원

경북

권호준 권쌤 수학공부방
김대훈 이상렬입시단과학원
김도연 그릿 수학학원
김영희 라온 수학교습소
김윤정 더채움 영수학원
김재경 필즈 수학영어학원
김진원 전문과외
김태웅 에듀플렉스
김형진 닥터박 수학전문학원
마현진 피드수학교습소
문소연 조쌤학원
문정욱 닥터박 수학전문학원
민지원 위너 수학학원
박다현 최상위 수학학원
박명훈 수학행 수학학원
박선희 최선수학교습소
박준현 의성 Hsecret 수학
박지민 구미아크로 수학학원
배재현 수학만영어도학원
백기남 수학만영어도학원
변병숙 ABLEMATH 공부방
손유용 손석학원
송미경 이루지오 학원
송희경 수학의문학원
시현정 시쌤수학
신광섭 광 수학학원
신승규 영남삼육고등학교
신승용 유신 수학전문학원
신홍래 청산학원
양병민 와와학습센터 두호점
염성군 근화여자고등학교
오선민 수학만영어도학원
오슬기 슬쌤수학
오정훈 포스카이학원
오지나 다온입시전문학원
우지원 스카이공부방
윤장영 윤쌤아카데미
이상원 전문가집단 영수학원
이상화 플랫폼 수학과학학원
이영주 셀파우등생삼성현교실
이재광 생존학원
이준호 이준호 수학교습소
이진형 성희여자고등학교
이혜은 김천고등학교
장문익 대가야고등학교
장우주 EMC 국영수학원
전민지 채움학원
전정현 YB일등급 수학학원
정은미 수학의봄 학원
주병근 맥수학교습소
천경훈 천강수학학원
최수영 수학만영어도학원
추민지 닥터박 수학학원
표현석 풍산고등학교

광주

강동호 별수학학원 starmathematics academy
강민결 광주동신여자중학교
강종화 평강학원
곽웅수 카르페 영수학원
기유식 기유식 수학학원
김대균 김대균 수학학원
김동범 수완 한수위 수학학원
김미경 Hills수학
김미라 막강 수학영어전문학원
김민설 카이스트MS 수학과학
김병희 김동희 수학학원
김성기 서광학원
김수진 광주 영재사관학원
김안나 풍암필즈 수학학원
김태성 김태성 수학
김효신 전문과외
남은지 김동희 수학학원
마채연 마채연 수학전문학원
명재학 전문과외
문대승 열성수학학원
민지현 명문수학
박경후 정점학원
박남현 김동희 수학학원
박용우 더샘수학학원
박충현 본과학수학학원
박현영 KS수학
박현파 김동희 수학학원
백도현 낭만수학학원
서세은 피타 과학수학학원
선승연 매쓰툴 수학교습소
손광일 송원고등학교
송기수 김동희 수학학원
송승용 송승용 수학전문학원
신성호 신성호 수학공화국
심여주 현대공부방
안유나 수학함학원
양동식 A+수리수학원
어흥범 수바시수학&매쓰피아
위광복 우산해라클래스학원
이승현 전문과외
이창현 알파수학학원
이현경 막강수학영어전문학원
임태관 매쓰멘토 수학전문학원
임해정 문정여자고등학교
장광현 장쌤수학
정가영 김동희 수학학원
정다원 광주인성고등학교
정다희 다희쌤 수학
정동영 아트 영어수학학원
정민수 막강수학영어 전문학원
정수인 더최선학원
정인용 일품 수학학원
정재희 루시드프라임 학원
정태규 가우스수학 전문학원
조미옥 영재수학
조일양 서안수학
진윤지 더매쓰학원
최광민 프리마 수학학원
최 연 위드수학
최유정 에이블 수학학원
최혜정 이루다 전문학원

대구

고민정 제이앤에스교육
구령희 다빈치 수학교습소
구정모 제니스
구현태 대치깊은생각 대구시지 본원
권기현 이렇게좋은 수학교습소
권미진 예일 영어수학학원
권효상 아너스EMS
김기연 스텝업수학
김기현 김기현 수학교습소
김대운 그릿수학831
김동영 통쾌한수학
김린아 린수학학원
김명서 마스터 수학
김미정 일등수학학원
김선영 수학학원 바른
김소연 김소연 수학
김수영 봉덕김쌤 수학학원
김종희 학문당 입시학원
김지영 김지영 수학교습소
김진화 지나수학학원
김채영 전문과외
김태진 스카이루트 수학과학학원
김태환 로고스 수학학원(성당원)
김혜령 이룸학원
김혜민 혜석 수학교습소
노현진 인재원 수학고등관
류인영 흥미로운수학
민병문 아너스EMS 학원

박경란 박경란 수학교습소
박산성 Venn수학
박성욱 한상철수학학원 월성원
박성은 신명고등학교
박수미 큰길수학
박순찬 찬스수학
박장호 대구혜화여자고등학교
박태호 프라임 수학교습소
배주희 양쌤 수학과학학원
백승환 수학의봄 수학교습소
변용기 라온 수학학원
서경도 서경도 수학교습소
서정우 수성봄 수학교습소
소현주 정S 과학수학학원
손태수 트루매쓰 학원
송영배 수학의정원
송제현 루트원 수학과학학원
신지윤 명석 수학학원
안윤서 칸수학
오승제 스키마 수학학원
원종욱 더오르빗학원
윤기호 샤인 수학학원
이남희 이남희 수학
이만희 오르라 수학전문학원
이명희 잇츠생각 수학학원
이상훈 명석 수학학원
이종환 이꼼수학
이주윤 대구 더제이수학 교습소
이진영 소나무학원
이창우 강철에프엠 수학학원
이태형 가토 수학과학학원
임서진 KNU 수학학원
임유진 박진수학
임지연 임지연수학
장지은 인라이튼 수학
장창수 더 오르빗 수학과학학원
정민호 대구 스테듀입시학원
정준한 Azit수학
조서현 전문과외
조연호 Cho is Math
조인혁 루트원 수학과학학원
조창형 중고등매쓰수학
주기헌 송현여자고등학교
최윤녕 필백수학학원
최지헌 531수학
최현정 MQ 멘토수학
최현희 다온 수학학원
한원기 한쌤수학
한희태 알파인입시학원
홍은아 탄탄수학교실
홍태균 교연학원 광장캠퍼스
황지현 위드제스트 수학학원

대전

강유식 수학의자유XO
강희태 더브레인코어
곽동훈 노은청람 수학학원
김근아 닥터매쓰205
김근하 엠씨스터디 수학학원
김남홍 대전종로학원
김다현 전진학원
김동근 엠투오영재학원
김민아 두원학원
김성근 청람 수학전문학원
김소성 소앤수학학원
김소원 케이플러스 수학학원
김수빈 전문과외
김승환 청운학원
김아름 에이블학원
김영운 도안명륜당 수학학원
김영홍 도안프라임 수학학원
김윤정 가오수학리더 공부방
김윤혜 슬기로운 수학학원
김은지 더브레인코어 초등관
김지현 파스칼 대덕학원
김하은 전문과외
김한솔 시대인재 대전
김해찬 전문과외
김형진 코딩수학
김휘식 양영학원
나효명 열린아카데미
류재원 양영학원
모규민 전문과외
박가와 마스터플랜 수학전문학원
박광순 Aim에임 영수학원
박세훈 카이엠 수학학원
박소현 알파수학학원
박솔비 매쓰톡수학 교습소
박진아 호동쌤 수학학원
박철순 통달할달 수학학원
백승정 오르고 수학학원
변재은 더브레인코어 초등관
서동원 수학의 중심학원
손수임 지성의샘 수학학원 노은점
송선호 CM공부방
송인석 송인석 수학학원
송정은 바른 수학전문교실
신성호 수학과학하다
신원진 공감수학학원
양지연 자람수학
오근창 구고현법 수학학원
오재홍 데이원 수학전문학원
우현석 EBS 수학우수학원
유수림 수림수학학원
유재림 뉴턴수학 반석학원
유준호 더브레인코어학원
윤영진 디플로마학원
윤찬근 오르고 수학학원
이국빈 케이플러스 수학학원
이규영 쉐마 수학학원
이동현 전문과외
이민호 매쓰플랜 수학학원(반석지점)
이수정 청람수학학원
이용범 청담수학학원
이용희 수림수학학원
이조은 구고현법 수학학원
이준희 전문과외
이충현 공주한일고등학교
이희도 전문과외
인승열 신성수학나무
임병수 모티브 에듀학원
임현호 전문과외
전하윤 전문과외
전호동 호동쌤 수학학원
정병보 카이탑수학
정승준 다온 영어국어학원
정예원 더브레인코어 초등관
조용호 오르고 수학학원
조일구 대전종로학원
조창희 시그마수학교습소
조충현 로하스학원
천소은 천소은 수학
최정원 배쌤 수학학원
최화용 개념원리홍석수학학원
한준수 둔산딕스 입시학원
홍윤우 지성의샘 수학학원 노은점
홍진국 저스트학원
황은실 나린학원

부산

강민영 전문과외
강정아 이토록 아름다운 수학
고민지 새로이 수학학원
권병국 케이스학원
권순석 남천 다수인
권영린 과사람학원
권오희 해봄 수학교습소
권지원 선재학원
김건우 4퍼센트의논리 수학학원
김나영 전문과외
김도현 해신수학학원
김 민 금정미래탐구
김민경 눈높이신호공부방
김민아 신의학원
김성민 직관수학학원
김유상 끝장교육
김지민 4퍼센트의논리 수학학원
김지연 김지연수학
김초록 수날다 수학교습소
김태영 리더 수학학원
김희령 노쌤 수학학원
노향희 노쌤 수학학원
류여진 과사람학원
문초영 단수학전문학원
민상희 민상희 수학
박경훈 에듀스미스학원
박기태 프리미엄 수학학원
박성찬 프라임 학원
반세훈 매쓰패쓰 수학독서학원
배철우 명지 명성학원
부종민 부종민수학
서자현 과사람학원
서평승 신의학원
선수진 선수학교습소
성은아 하이매쓰
심혜정 오샘학원
여지윤 송수학학원
오인혜 하단초등학교
오희영 김재일 수학학원
유소영 파플수학
윤서현 라임라잇 수학학원
이가연 엠오엠 수학학원
이경덕 수딴's 수학
이경수 경:수학
이동건 PME 수학학원
이명희 조이수학학원
이승윤 청어람학원
이승혁 직관수학학원
이은혜 이은혜 원리수학
이정재 플로우 수학영어학원
이주환 공마학원
이지영 오늘도,영어그리고수학
이 철 과사람학원
이충만 노쌤수학
이혜명 으뜸나무수학학원
이효정 전문과외
장미주 노쌤수학
장윤주 리더 수학학원
장지원 해신 수학학원
전완재 강앤전 수학학원
전찬용 선재학원
정유진 라온 수학과학연구소학원
정호영 과사람학원
정휘수 제이매쓰 수학방
정희정 정쌤수학
조아영 플레이팩토 오션시티 교육원(두산위브)
조유진 전문과외
채송화 채송화수학
천현민 키움스터디

최광은 럭스수학
최수정 이루다 수학학원
최준승 주감학원
최효임 최쌤 수학학원
하미순 다올 수학교습소
하 현 하현 수학교습소
한주환 으뜸나무 수학학원
한혜경 한수학교습소
허영재 정관 자하연
허윤정 올림 수학전문학원
황근은 전문과외
황진영 진심수학
황하남 과학수학의봄날 학원

서울

가지현 늘푸른 수학원
강구현 커스텀(CUSTOM)수학학원
강도희 더 퍼스트 수학영어학원
강동은 메가스터디 러셀
강민아 강쌤수학
강선우 원수학대치
강성철 목동일타 수학학원
강종철 쿠메 수학교습소
강주석 염광고등학교
강주완 라엘 수학학원
곽달현 깡수학과학국어학원
구순모 세진학원
권가영 커스텀(CUSTOM)수학학원
권상호 수학은 권상호 수학학원
김강현 구주이배(송파)
김강현 강남 대성학원
김건민 대치중앙 수학학원
김경희 전문과외
김경희 TYP 수학학원
김광호 블루스카이
김기덕 메가매쓰학원
김나래 전문과외
김나연 cms
김동균 더채움 수학학원
김동준 라엘수학
김동호 수수배 수학학원
김명환 목동깡 수학과학국어학원
김명후 김명후 수학학원
김미나 씨앤씨학원
김미영 명수학교습소
김미진 채움수학
김미희 전문과외
김민석 김민석 수학교육
김민수 대치 원수학
김민정 전문과외
김민창 김민창 수학
김병수 중계 학림학원
김상호 압구정파인만 이촌특별관
김선영 라엘수학
김선정 이룸학원
김성미 에이원매쓰
김성현 하이탑 수학학원
김소연 성북메가스터디, 안성현 수학학원
김소율 전문과외
김수민 통수학학원
김수정 유니크 수학학원
김수진 싸인매쓰 수학학원
김아영 본학원
김양식 송파영재센터GTG
김여옥 매쓰홀릭학원
김연주 목동쌤 올림수학
김연후 더오름 수학학원
김예진 오디세이 학원
김윤태 대치 두각학원, 김종철 국어수학전문학원
김은숙 김은숙 수학
김은애 은쌤수학
김은영 휘경여자고등학교
김은현 김쌤깨알수학
김의진 채움 수학학원
김이슬 중계 학림학원
김재산 목동 일타수학학원
김재성 티포인트 에듀학원
김재헌 클라이매쓰 대고등관
김정민 송파청어람 수학원
김지상 호크마 수학학원
김지선 수학전문 순수
김지윤 CLIMATH
김지현 PGA전문가집단
김지훈 형설학원
김지훈 시대중심학원
김지훈 대치이강프리미엄학원
김진경 뉴이스트 수학전문학원
김진규 서울바움수학(역삼럭키)
김태용 엘리트 탑 학원
김태현 SMC 수학 세곡관
김하늘 역경패도 수학전문
김현수 아이디어스학원
김현주 숙명여자고등학교
김현지 전문과외
김형주 베리타스 수학교습소
김혜연 수학작가
김효섭 명일여자고등학교
김후광 압구정파인만
김훤재 월드프렙 수학학원
김희원 대일외국어고등학교
남경희 범 수학과학학원
남계준 뉴이스트 수학전문학원
노영하 더모어 수학학원
류도현 류샘 수학학원
류정민 사사모플러스 수학학원
문지원 전문과외
민수진 월계셈스터디학원
박경문 프라이머리 수학학원
박경원 대치메이드 반포관
박광남 올마이티캠퍼스
박교국 백인대장
박다슬 매쓰필드 수학교습소
박동진 더힐링교육
박민혜 강동 GOS에듀 수학 전문관
박상후 상공수학교습소
박성정 엠.브릿지수학
박세리 대치 대찬학원
박세원 Q.E.D.학원
박세창 수본수학학원
박소영 전문과외
박소영 퍼스수학
박수진 대치세이노학원 목동점
박연희 박연희깨침 수학교습소
박원혁 반포 인스퍼레이션
박인희 데카수학
박정외 전문과외
박정훈 전문과외
박제현 클라이매쓰 대치고등관
박주현 장훈고등학교
박현주 나는별학원
방효건 서초서준학원
배재진 깡수학과학국어학원
백신영 수학을 말하다
서민재 관악GMS 뉴스터디
서성보 더원학원(대치점)
서수연 수학전문 순수학원
서용준 와이제이학원
서원숙 목동깡 수학과학국어학원
서원준 잠실 시그마수학학원
서지혜 전문과외
성기주 엠스트학원
성명현 전문과외
손민정 두드림에듀
손성호 독수리의대관
손정화 4퍼센트 수학학원
송민정 쎈수학 러닝센터 성산 수학교습소
송진우 도진우 수학 연구소
신은숙 마곡펜타곤학원
신은진 상위권수학
신지영 아하김일래 수학전문학원
신지현 대치명인학원
신채민 오스카 학원
심혜진 파인만 영재고센터
안대근 강남 대성학원
안도연 목동정도수학
안주은 채움수학
안현영 EG 중등캠퍼스
안희주 로드맵 플러스 수학학원
엄시온 올마이티캠퍼스 대치본원
엄유빈 유빈쌤 수학
엄준용 일신학원
엄지희 티포인트 에듀학원
엄혜정 상위권 수학
여혜연 성북미래탐구 초등센터
염승훈 명성학원
오경필 뉴이스트 수학전문학원
오동건 이룸학원
오명석 대치미래탐구영재특목센터
오재우 카이 수학전문학원
오종택 신길수수배 수학학원
오한별 광문고등학교
우동훈 헤파학원
위성웅 시대인재 수학스쿨
유내강 월드프렙수학
유미나 라온사고력 수학교습소
유정연 장훈고등학교
유하정 채움수학학원
유현빈 성북 학림학원
윤 설 최상위수학
윤인영 전문과외
이경민 대치에스학원
이경복 전문과외
이경주 생각하는 황소수학 서초학원
이관우 그릿에듀 수학관
이민행 매쓰맥스 수학학원
이성재 지앤정 학원
이수지 전문과외
이수한 대치 예섬학원
이수호 준토에듀 수학학원
이승택 두남수학
이승현 신도림케이투학원
이승호 동작 미래탐구
이승훈 개념학원
이시현 라엘수학학원
이시현 SKY 미래연수학학원
이영민 건영메카 수학교습소
이원용 필과수학학원
이원희 수학공작소
이유예 스카이플러스학원
이유진 강북메가스터디
이윤주 와이제이 수학교습소
이은숙 포르테수학 교습소
이은지 전문과외
이재명 수라밸 강동본원제1관 수학학원
이재봉 형설에듀이스트
이재용 이재용 THE쉬운 수학학원
이종환 카이 수학전문학원

이준석 이가수학학원
이준철 강동구주이배학원
이지수 THE 자람수학
이지혜 The 빛 교육
이창석 핵수학 전문학원
이학송 뷰티풀마인드 수학학원
이현주 그레잇에듀 학원
이현환 21세기연세단과학원
이형수 피앤아이 수학영어학원
이혜림 다오른 수학학원
이효진 올토 수학학원
임고은 코어 수학교습소
임규철 원수학 대치
임민정 전문과외
임성국 전문과외
임성환 로엔스쿨학원
임소영 123수학
임정빈 임정빈수학
임지혜 위드수학교습소
장석진 이덕재수학이미선국어학원
장윤선 분석수학선두학원
장은영 깡수학과학국어학원
장준하 정명학원교습소
장혜미 탑수학 학원
전유희 메타수학
전은나 상상수학학원
전종원 목동 PGA NEO
전진하 탑수학학원
정다운 올림 수학학원
정민교 진학학원
정민이 신도림 케이투학원
정소영 깡수학과학국어학원
정수정 대치수학클리닉 대치본점
정승희 수학학원
정유미 휴브레인 압구정학원
정유찬 구주이배 송파본원
정지용 과수원과학수학전문학원
정지흠 PGA전문가집단학원 NEO관
정현경 매쓰플랜수학학원
정화진 진화수학학원
정환동 씨앤씨의대수학관
정효석 최상위하다학원
정훈석 시너스학원
조경미 레벌업수학(feat.과학)
조아라 대치동 유일수학
조아라 수학의시점
조원해 연세YT학원
조인상 임기세 수학학원
조한진 새미기픈수학
진혜원 더올라수학
차순엽 ㈜스마트 에듀학원
차슬기 사과나무학원
채영화 윤오상 수학학원
채우리 라엘수학몬스터매스학원
채행원 전문과외
최경홍 홍수학 교습소
최계록 배재고등학교
최규식 최강 수학학원
최미경 JJ영어수학
최민승 압구정지니어스 수학학원
최서윤 늘품수학
최성문 파이온 수학학원
최엄견 수학나라 교습소
최용재 엠피리언학원
최지나 목동 PGA
최지원 동국대학교 사범대학 부속 고등학교
최향애 피크에듀학원
최형준 더하이스트 수학학원
최희경 깡수학과학국어학원
편순창 알면쉽다 연세수학학원
하태성 은평g1230
한명석 아드폰테스
한승우 대치 개념상상SM
한승환 짱솔학원 반포점
한희원 신길수수배 수학학원
함정용 샤크에듀
홍상민 디스토리 수학
홍성진 문해와 수리학원
홍승혁 전문과외
홍정아 홍정아 수학
홍찬민 백인대장 더보스본관학원
황영우 명성학원
황은미 황선생 수학교습소

세종

강수민 궁극의 수학
김나경 김나경 수학학원
김선호 강남한국학원
김영하 데카르트 수학학원
김우진 정진 수학학원
김혜림 단하나 수학학원
박민겸 강남한국학원
박주연 GTM 수학전문학원
배명선 지티엠 국어 수학 영어학원
배명욱 GTM 수학학원
배지후 해밀학원
설지연 수학적상상력
신석현 알파학원
오세은 플러스 학습교실
이가람 수학발전소
이대연 하늘 수학학원
이지혜 전문과외
이진원 권현수 수학전문학원
이혜란 마스터수학교습소
임채호 스파르타 영어수학 해밀학원
정하윤 정하윤 수학
조홍영 바른 수학학원
최성실 샤위너스학원
황선우 수만휘 스파르타 학원

울산

고규라 고수학
권상수 호크마 에듀학원
김다영 다함 수학전문학원
김민정 김민정 수학
김봉조 퍼스트클래스 수학영어 전문학원
김성현 김성현 개인과외
김영배 김쌤 수학과학학원
김진희 김진 수학학원
김현조 별하 수학학원
도휘정 해늘수학
문명화 문쌤 수학나무
박국진 강한수학전문학원
박민식 위더스 수학전문학원
박성애 알수록 수학교습소
송지연 루멘 수학과학학원
안지환 안누수학
오정원 유니크 영수전문학원
오종민 수학공작소학원
이동원 동원 수학전문학원
이명섭 퍼센트 수학학원
이윤호 호크마 에듀학원
최미정 레벨업수학
허샛별 더올림공부방

인천

고명조 노프라블럼 수학학원
곽나래 일등수학
기미나 기쌤수학
기진영 밀턴학원
기혜선 체리온탑 수학영어학원
김가혜 송도최고 수학학원
김강현 강수학전문학원
김미희 희수학
김보건 대치S클래스
김보경 오아수학
김보영 하이브 수학학원
김성균 명품영수학원
김수빈 신의한수수학학원
김은영 전문과외
김응수 메타 수학학원
김정태 송도정탑학원
김 준 쭌에듀학원
김진완 성일올림학원
김현호 온풀이 수학학원
김형진 형진 수학학원
김혜영 김혜영 수학
김홍식 구월중학교
남덕우 Fun수학
문초롱 클리어 수학
박동석 매쓰플랜 수학학원 청라지점
박명주 증명플러스수학(전문과외)
박상훈 메이드학원 송도점
박용석 절대학원
박원욱 송도 수학의문학원
박정우 청라디에이블영어수학학원
박해석 비상 영수학원
박혜용 전문과외
박효성 지코스수학학원
배가은 전문과외
배성혁 노프라블럼관리형수학학원
배주은 하늘, 봄 학원
백락범 대치명인학원
서미란 파이데이아학원
서은성 인스카이학원
석동방 송도GLA학원
설동진 유투엠 원당
송애란 다이나믹학원
송호성 노프라블럼관리형수학학원
신영미 JS독학재수&대지학원
신현우 본엘리트 고등관
안은옥 뿌리 수학교실
왕건일 토모 수학학원
왕아름 씨앤씨11
원혜연 논현 수학클라스
유성규 현수학 전문학원
유혜정 유쌤 수학
윤고은 봉수학학원
이애희 에이탑수학
이예나 등대 수학학원
이정민 검단파이 수학학원
이종남 새로이 수학학원
이지훈 쌤과통하는학원
장동욱 대치명인학원(검단캠퍼스)
장재우 씨앤씨11 학원
장효근 유레카 수학학원 인천 만수점
전우진 인사이트 영재학원
전지호 수학보호구역
정대웅 와이드수학
정운휘 연수김샘 수학학원
정일우 미래인재 수학과학학원
정진영 정선생 수학연구소
정청용 고대수학원
조민관 이앤에스 수학학원
차영환 원탑학원
최덕호 엠스퀘어 수학교습소
최웅철 큰샘 수학학원

최　진 절대학원
한승학 단디학원
현미선 써니 수학교습소

전남

김광현 한수위 수학학원
김윤선 전문과외
김은지 나주혁신위즈수학영어학원
김정은 바른사고력수학
박미옥 목포 폴리아학원
박진성 한가람학원
배미경 창의논리upup
백은진 백강 수학학원
성준우 광양제철고등학교
유혜정 전문과외
윤현선 목포채움 수학학원
이강화 강승학원
이미아 한다수학
임진아 브레인 수학
장은주 플레이팩토 수학나무 담양점
정은경 목포베스트수학
조예은 스페셜 매쓰
최수정 초이스 영수학원
최혜지 전문과외
한화형 한수학학원

전북

강대웅 독수리 국어 수학 전문학원
강원택 탑시드 수학전문학원
공아란 세움 입시학원
권정욱 권정욱 수학과외
김미애 에코일타수학
김상호 휴민 고등수학전문학원
김선호 혜명학원
김성혁 S 수학전문학원
김수연 전선생 수학학원
김원웅 너를위한 수학과학학원
김윤빈 쿼크 수학영어전문학원
김지혜 스터디13수학학원
김하나 더하다수학
김현선 에임드 영수학원
박광수 박선생 해법수학
박미숙 매쓰트리수학
박소영 황규종 수학전문학원
박재성 올림 수학학원
박해정 태인중학교
배태익 스키마아카데미 수학교실
서경원 폴리아 수학전문학원
성영재 성영재 수학전문학원
송지연 아이비리그데칼트 수학
양은지 군산중앙고등학교
양재호 양재호 카이스트학원
양형준 전문과외
이강오 전주신흥고등학교
이보근 미라클 입시학원
이송심 YMS 부송수학관
이승욱 나다수학전문학원
이예선 오늘도신이나수학과학학원
이용국 YMS
이은경 시그마 수학학원
이지원 긱매쓰
이태임 해냄공부방
이하은 성영재 수학전문학원
이한나 H-math
이형수 퍼펙트 수학학원
이혜상 S 수학전문학원
이호엽 스터디아이학원
임승진 이터널 수학영어학원
정세경 전문과외
조영신 성영재 수학학원
조혜나 엠퍼스트 수학전문학원
채승희 채승희 수학전문학원
최명희 MH 수학클리닉학원
최수빈 최쌤 수학교습소
최승호 전주 SMT 아카데미

제주

강소영 전문과외
김나연 샤인학원
김보라 라딕스수학
김은아 이도학원
김장훈 프로젝트M 수학학원
김정미 제이매쓰
김학천 전문과외
김호연 호연지기학원
박대희 실전수학
박승우 남녕고등학교
박재현 위더스 입시학원
박진석 진리수
양은석 신성여자중학교
여원구 피드백 수학전문학원
이선혜 스테디매쓰
이영주 피드백 수학학원
이현우 전문과외
장영환 제로링 수학교실
장지희 지샘수학
편미경 편쌤수학
한찬혁 써밋수학

충남

강민주 청담동 수학하다 수학교습소
강범수 범수학
고영지 전문과외
권오운 광풍중학교
김명은 더하다 수학학원
김미경 시티자이수학
김태화 김태화 수학학원
김한빛 한빛 수학학원
김혜연 JNS 오름학원
박재윤 박재윤 수학학원
배성섭 전문과외
서유리 더배움 영수학원
서정기 탑씨크리트학원
송명준 JNS오름학원
송은선 전문과외
송재호 불당한일학원
양철환 LAB수학학원
윤재웅 베테랑 수학전문학원
이경노 온양고등학교
이미소 마스터 수학과학 학원
이봉란 탑매쓰학원
장다희 개인과외교습소
정석균 힐베르트 수학과학학원
정은수 하이런 수학과학학원
조윤경 마스터 수학과학학원
최소영 빛나는수학
추교현 더웨이학원
한소연 연수학
한영애 스타트업학원
황인평 탑씨크리트 아산원

충북

강윤기 종로학원하늘교육사직학원
고정균 오송DM 영수전문학원
김가흔 루트 수학학원
김경희 점프업 수학학원
김병용 동남 수학하는 사람들 학원
김진영 청주대명학원 수학전문관
김하나 하나수학
노진효 해법수학 수풀림학원
백하영 더채움 수학영어학원
신지현 이담수학
안영미 라온수학
염종현 탑스 영어수학
오가을 이카루스 수학학원
오유미 지웰에이펙스 수학과학학원
윤장수 전문과외
이경미 행복한 수학공부방
이병은 이지피지학원
이병하 한교 영어수학학원
이연수 오창 로뎀학원
이예나 수학여우오산캠퍼스
이태우 청주파스칼 수학학원
장효식 헤미안 수학학원
전현재 파스칼 수학학원
정예나 top 수학학원
정은실 전문과외
조병교 에르매쓰 수학학원
조선경 혜윰수학
조형우 와이파이 수학학원
최윤아 피티엠 수학학원
최정수 더채움 수학영어전문학원
최정현 고대나온남자 영수학원
최현아 이룸 수학영어학원
한정수 이명구 수학과학전문학원
황성관 오송카이젠학원

유 형 + 내 신

고쟁이

유 형 + 내 신

고쟁이

중학 1·1

STRUCTURE

구성과 특징

반드시 풀어야 하는 필수 문항부터
다양한 형태의 최고난도 문항까지
단계별로 담았습니다.

개념의 흐름을 보여주는 개념 정리와
풀이의 흐름을 보여주는
'대표문항 스키마(schema)'를
수록하였습니다.

최신 기출 문제를 철저하게 분석하여
2022개정 교육과정에 맞게 반영하였
습니다.

서술형 문제, 창의력 문제,
융합형 문제들을 수록하여
창의사고력과 문제해결력을
키울 수 있도록 하였습니다.

고쟁이와 함께하는 수학 만점 공부법

본교재로 중단원별 학습

틀린 문제는 오답노트를 작성하여
확인하고 이해하기

워크북으로 학습 성취도 점검

개념 정리

중단원 핵심 개념

- 중단원에서 알아야 할 **핵심 개념, 공식, 정의** 등을 정리
- 예, 참고, 주의 등의 부가 설명을 통해 쉽게 개념 이해

개념 Plus

핵심 개념과 연계되는 심화 또는 상위 개념

Step 1 교과서를 정복하는 핵심 유형

핵심 유형

- 해당 유형을 대표하는 문제를 먼저 제시
- 중단원별로 기출 필수문항들을 **유형별, 난이도별로 분류**
- 기출 문제, 예상 문제 중 출제 빈도가 높은 문항들로 구성

발전 유형

- 핵심 개념과 연계되는 심화 또는 상위 난이도 문항을 제시

수학의 바이블 개념ON과 유형ON과의 **연계된 단원 페이지 표기**

Step 2 실전문제 체화를 위한 심화 유형

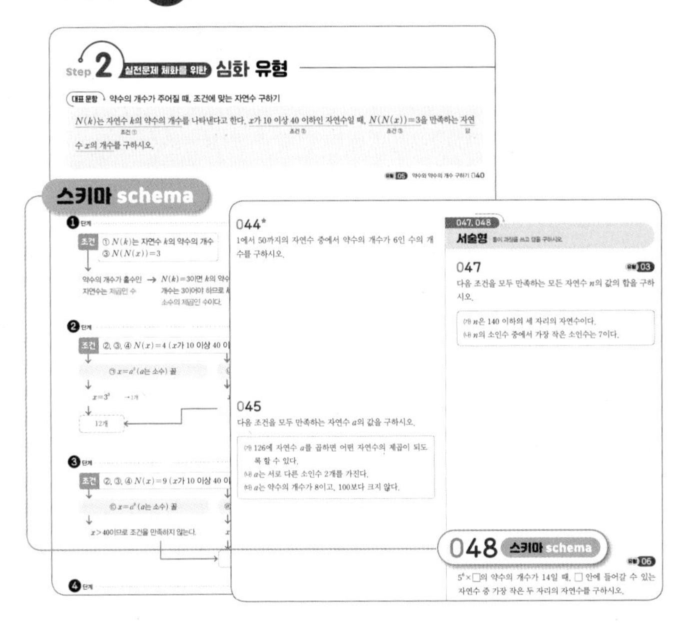

스키마 schema

Step 2 문항 중에서 출제 빈도가 높은 까다로운 문항에 대하여
제시된 조건과 답을 연결할 수 있도록 풀이의 흐름을 도식화하여 보여줌

심화 유형

- 내신 만점을 발목 잡는 심화 문제를 유형별로 구성!
- 배점이 높게 출제되는 **단답형 및 서술형 문항**에 대한 대비 가능
- 스키마 대표 문항을 복습할 수 있는 유사 또는 변형 문제 제공

★ 빈출 문항, 중요 문항 체크

Step 3 최상위권 굳히기를 위한 최고난도 유형

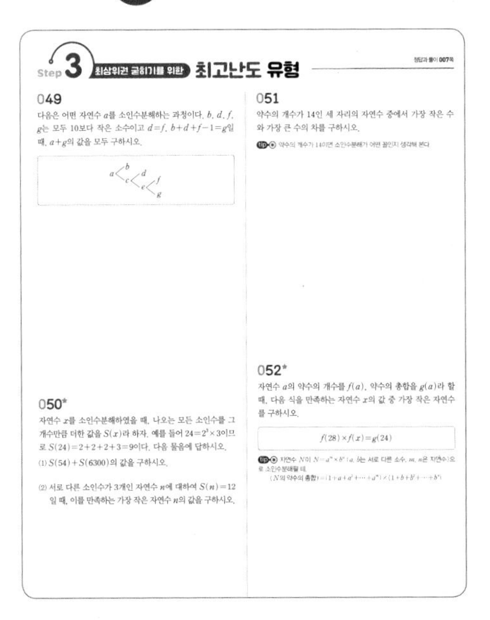

최고난도 유형

- 종합적 사고력이 요구되는 최고난도 문항을 제공
- 내신에서 변별력을 좌우하는 정답률 50% 미만의 단답형 및 서술형 문항에 대한 대비 가능
- 난이도 높은 문항에 대한 문제 해결에 필요한 팁 제공 tip

★ 빈출 문항, 중요 문항 체크

종합적 사고력을 기르는 창의융합 유형

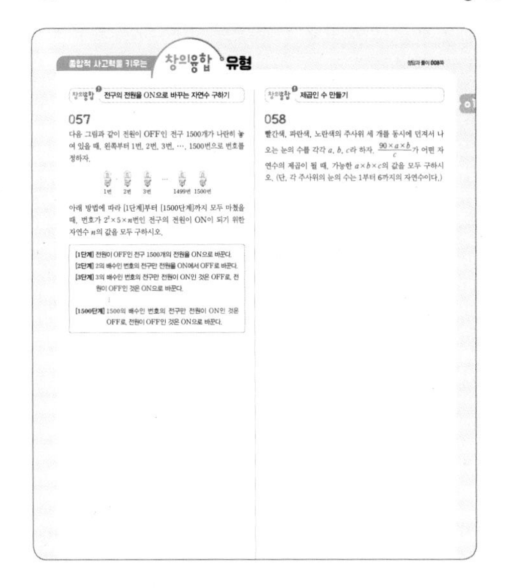

창의융합 유형

- 새 교육과정에 따른 수학적 창의력, 문제해결력, 의사소통능력 등을 길러 주는 수학 문항 제시
- 새로운 유형의 문제 제공

WORKBOOK

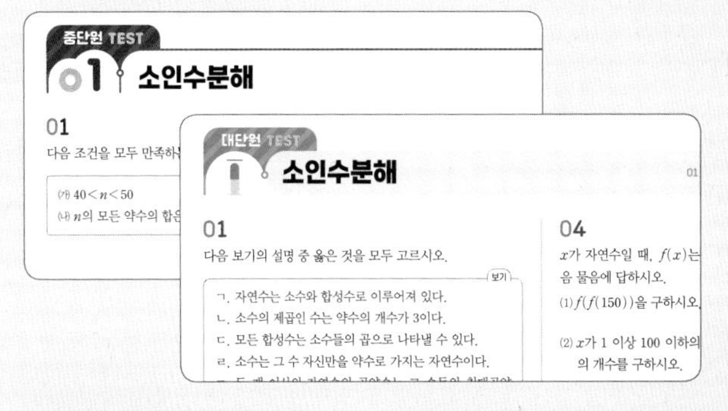

중단원 TEST

본교재의 유사문항으로 구성
중단원 학습 후 학습 성취도 점검

대단원 TEST

대단원 학습 후 학습 성취도 점검

정답과 풀이

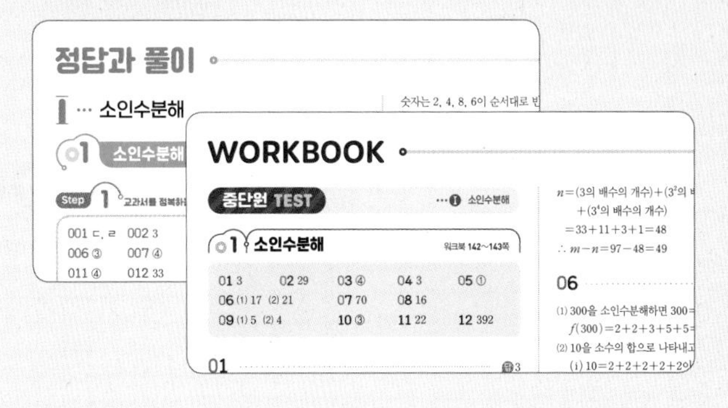

CONTENTS
이 책의 차례

I 소인수분해

II 정수와 유리수

III 문자와 식

IV 좌표평면과 그래프

WORKBOOK

I

소인수분해

소인수분해

1 소수와 합성수

(1) **소수** 1보다 큰 자연수 중에서 1과 자기 자신만을 약수로 가지는 수 → 2, 3, 5, 7, ⋯ (약수가 2개)

(2) **합성수** 1보다 큰 자연수 중에서 소수가 아닌 수, 즉 약수가 3개 이상인 자연수 → 4, 6, 8, 9, ⋯

(3) **소수와 합성수의 성질**

① 1은 약수가 1개이므로 소수도 아니고 합성수도 아니다.

② 소수 중에서 짝수인 소수는 2뿐이고, 나머지는 모두 홀수이다. (2: 가장 작은 소수)

③ 자연수는 1, 소수, 합성수로 이루어져 있다.

(참고) 소수를 찾는 방법 – 에라토스테네스의 체

❶ 1은 소수가 아니므로 지운다.

❷ 소수 2는 남기고 2의 배수를 모두 지운다.

❸ 소수 3은 남기고 3의 배수를 모두 지운다.

❹ 같은 방법으로 남은 수 중에서 처음 수는 남기고, 그 수의 배수를 모두 지우면 남는 수가 소수이다.

~~1~~	②	③	~~4~~	⑤	~~6~~	⑦	~~8~~	~~9~~	~~10~~
⑪	~~12~~	⑬	~~14~~	~~15~~	~~16~~	⑰	~~18~~	⑲	~~20~~
~~21~~	~~22~~	㉓	~~24~~	~~25~~	~~26~~	~~27~~	~~28~~	㉙	~~30~~
㉛	~~32~~	~~33~~	~~34~~	~~35~~	~~36~~	㊲	~~38~~	~~39~~	~~40~~

⋮

2 거듭제곱

(1) **거듭제곱** 같은 수나 문자를 여러 번 곱할 때, 곱하는 수와 곱하는 횟수를 이용하여 간단히 나타낸 것

(2) **밑** 거듭제곱에서 거듭하여 곱한 수 또는 문자

(3) **지수** 거듭제곱에서 수 또는 문자를 곱한 횟수

$$\underbrace{2\times2\times2\times\cdots\times2}_{n\text{개}}=2^n$$

← 지수 (곱한 수의 개수)
↑ 밑 (거듭하여 곱한 수)

(참고) (1) 1의 거듭제곱은 항상 1이다.

(2) 2^1은 2를 한 번 곱한 것으로 지수 1을 생략한다. → $2^1=2$

개념 Plus 거듭제곱에서 일의 자리의 숫자

자연수를 거듭하여 곱하면 일의 자리의 숫자는 규칙적으로 반복된다.

(1) 2의 거듭제곱 : 2, 4, 8, 6이 반복된다.

(2) 3의 거듭제곱 : 3, 9, 7, 1이 반복된다.

(3) 4의 거듭제곱 : 4, 6이 반복된다.

(4) 7의 거듭제곱 : 7, 9, 3, 1이 반복된다.

(5) 8의 거듭제곱 : 8, 4, 2, 6이 반복된다.

(6) 9의 거듭제곱 : 9, 1이 반복된다.

3 소인수분해

(1) **소인수** 자연수의 약수 중에서 소수인 것

(2) **소인수분해** 1보다 큰 자연수를 그 수의 소인수만의 곱으로 나타내는 것

(3) **소인수분해하는 방법**

60을 소인수분해하면 다음과 같다.

방법 ❶

2)60
2)30
3)15
   5 ← 몫이 소수가 되면 멈춘다.

(나누어떨어지는 소수로 나눈다.)

방법 ❷

60 < 2, 30
30 < 2, 15
15 < 3, 5

→ $60=2\times2\times3\times5=2^2\times3\times5$

《소인수분해한 결과》

나눈 소수들과 마지막 몫을 기호 ×로 연결한다. 이때 보통 크기가 작은 소인수부터 차례대로 쓰고, 같은 소인수의 곱은 거듭제곱으로 나타낸다.

(참고) 어떤 자연수를 소인수분해한 결과는 곱하는 순서를 생각하지 않으면 오직 한 가지뿐이다.

개념 Plus 제곱인 수

(1) 제곱인 수 : 어떤 수를 제곱하여 얻은 수 → $1^2, 2^2, 3^2, \cdots$

(2) 제곱인 수의 성질

① 제곱인 수를 소인수분해하면 소인수의 지수가 모두 짝수가 된다.

② 제곱인 수의 약수는 항상 홀수 개이고, 그 이외의 수의 약수는 모두 짝수 개이다.

4 소인수분해를 이용하여 약수, 약수의 개수 구하기

자연수 N이 $N=a^m\times b^n$ (a, b는 서로 다른 소수, m, n은 자연수)으로 소인수분해될 때

(1) **N의 약수** → (a^m의 약수) × (b^n의 약수)

(2) **N의 약수의 개수** → $(m+1)\times(n+1)$

($m+1$: a^m의 약수의 개수, $n+1$: b^n의 약수의 개수)

개념 Plus N의 약수의 총합

자연수 N이 $N=a^m\times b^n$ (a, b는 서로 다른 소수, m, n은 자연수)으로 소인수분해될 때

(N의 약수의 총합) $=(1+a+a^2+\cdots+a^m)\times(1+b+b^2+\cdots+b^n)$

개념 Plus 약수가 k개인 자연수

(1) 약수가 1개인 자연수는 1이다.

(2) 약수가 2개인 자연수는 (소수)이다.

(3) 약수가 3개인 자연수는 $(\text{소수})^2$ 꼴이다.

(4) 약수가 4개인 자연수는 $(\text{소수})^3$ 꼴 또는 $a\times b$ (a, b는 서로 다른 소수) 꼴이다.

(5) 약수가 홀수 개인 자연수는 제곱인 수이다.

핵심 01 소수와 합성수

001 대표 문제

다음 보기의 설명 중 옳지 않은 것을 모두 고르시오.

보기

ㄱ. 짝수 중에서 소수는 1개이다.
ㄴ. 합성수의 약수는 3개 이상이다.
ㄷ. 두 소수의 곱은 항상 소수이다.
ㄹ. 소수가 아닌 자연수는 모두 합성수이다.
ㅁ. 30 이하의 자연수 중에서 소수는 10개이다.

002

다음 수 중에서 소수의 개수를 a, 합성수의 개수를 b라 할 때, $b-a$의 값을 구하시오.

1, 2, 4, 15, 27, 63, 79, 81, 97, 111

003

다음 설명 중 옳은 것을 모두 고르면? (정답 2개)

① 가장 작은 합성수는 1이다.
② 5의 배수는 모두 합성수이다.
③ 약수가 3개인 소수도 있다.
④ 2를 제외한 짝수인 소수는 존재하지 않는다.
⑤ 소수 n의 모든 약수의 합은 $n+1$이다.

핵심 02 거듭제곱

004 대표 문제

3^{169}의 일의 자리의 숫자는?

① 1 ② 3 ③ 5
④ 7 ⑤ 9

005

2^{57}을 10으로 나누었을 때의 나머지를 구하시오.

핵심 03 소인수분해

006 대표 문제

다음 중 소인수의 개수가 나머지 넷과 다른 하나는?

① 45 ② 48 ③ 84
④ 147 ⑤ 484

007

<n>은 자연수 n을 소인수분해하였을 때, 소인수들의 합을 나타낸다. 예를 들어 <6>$=2+3=5$, <28>$=2+7=9$이다. 이때 <882>의 값은?

① 7　② 9　③ 10
④ 12　⑤ 22

008

다음 조건을 모두 만족하는 자연수 n의 값을 구하시오.

> (가) n은 29보다 크고 36보다 작은 수이다.
> (나) n을 소인수분해하면 2개의 소인수를 가지며, 두 소인수의 합은 12이다.

009

1부터 10까지의 자연수의 곱 $1\times2\times3\times\cdots\times10$을 소인수분해하면 $2^a\times3^b\times5^c\times7^d$일 때, $a+b+c+d$의 값을 구하시오. (단, a, b, c, d는 자연수)

핵심 04 제곱인 수

010 대표 문제

189에 가능한 한 작은 자연수를 곱하여 어떤 자연수의 제곱이 되도록 할 때, 곱할 수 있는 가장 작은 자연수는?

① 3　② 5　③ 7
④ 21　⑤ 27

011

54에 가능한 한 가장 작은 자연수 a를 곱하여 어떤 자연수 b의 제곱이 되게 하려고 한다. 이때 $a+b$의 값은?

① 6　② 12　③ 18
④ 24　⑤ 48

012

528을 가능한 한 작은 자연수로 나누어 어떤 자연수의 제곱이 되도록 할 때, 나눌 수 있는 가장 작은 자연수를 구하시오.

핵심 05 약수와 약수의 개수 구하기

013 대표 문제

다음 중 252의 약수가 아닌 것을 모두 고르면? (정답 2개)

① $2^2\times3$ ② 3×7 ③ $2\times3\times7$
④ $2^3\times7$ ⑤ $2^4\times3\times7$

014

300을 어떤 자연수로 나누면 나누어떨어진다고 한다. 다음 중 어떤 자연수가 될 수 없는 것은?

① 2×5 ② $2^2\times3$ ③ $2^2\times3^2$
④ 3×5^2 ⑤ $2^2\times3\times5^2$

015

다음 중 약수의 개수가 가장 많은 것은?

① $2^2\times3\times5$ ② $5^2\times7^2$ ③ 32
④ 54 ⑤ 75

016

$2^2\times5\times11^x$의 약수의 개수가 12일 때, 자연수 x의 값은?

① 1 ② 2 ③ 3
④ 4 ⑤ 5

017

288의 약수의 개수와 $3\times5^a\times7^b$의 약수의 개수가 같을 때, 자연수 a, b에 대하여 $a+b$의 값을 구하시오.

발전 06 약수가 k개인 자연수

018 대표 문제

100 이하의 자연수 중에서 약수의 개수가 홀수인 자연수의 개수를 구하시오.

019

200 이하의 자연수 중에서 약수의 개수가 3인 자연수의 개수를 구하시오.

수학의 바이블 개념ON 007쪽 | 유형ON 006쪽

Step 2 실전문제 체화를 위한 심화 유형

대표 문항 약수의 개수가 주어질 때, 조건에 맞는 자연수 구하기

$N(k)$는 자연수 k의 약수의 개수를 나타낸다고 한다.(조건 ①) x가 10 이상 40 이하인 자연수일 때,(조건 ②) $N(N(x))=3$을 만족하는(조건 ③) 자연수 x의 개수를 구하시오.(답)

유형 05 약수와 약수의 개수 구하기 040

스키마 schema 주어진 조건은 무엇인지? 답은 무엇인지? 이 둘을 어떻게 연결해야 하는지?

1 단계

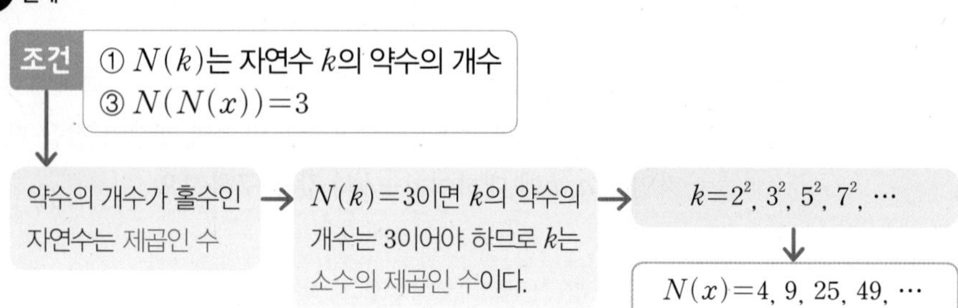

조건
① $N(k)$는 자연수 k의 약수의 개수
③ $N(N(x))=3$
약수의 개수가 홀수인 자연수는 제곱인 수
$N(k)=3$이면 k의 약수의 개수는 3이어야 하므로 k는 소수의 제곱인 수이다.
$k=2^2, 3^2, 5^2, 7^2, \cdots$
$N(x)=4, 9, 25, 49, \cdots$

$N(N(x))=3$에서 $N(x)$를 k라 하면 $N(k)=3$이므로 k의 약수의 개수는 3이다.
약수의 개수가 3인 수는 소수의 제곱인 수이므로 k는 소수의 제곱인 수이다.
즉 $k=2^2, 3^2, 5^2, 7^2, \cdots$
따라서 $N(x)$의 값이 될 수 있는 수는 $4, 9, 25, 49, \cdots$이다. …… 조건 ④

2 단계

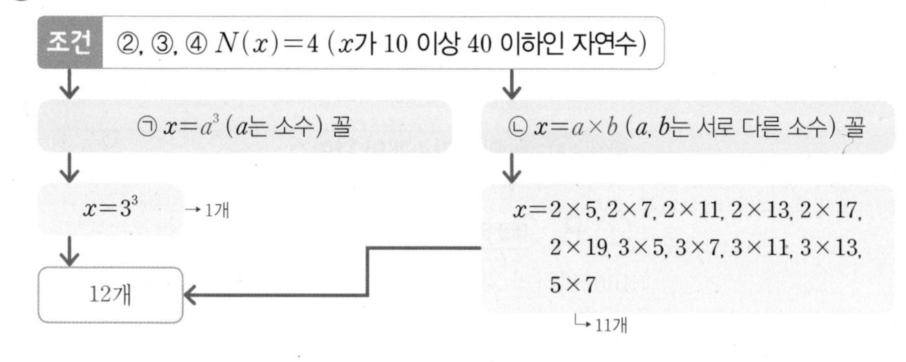

x가 10 이상 40 이하인 자연수일 때, $N(x)=4$를 만족하는 x의 값을 구해보자.
㉠ $4=3+1$에서
$x=a^3$ (a는 소수) 꼴일 때, $x=3^3$
㉡ $4=(1+1)\times(1+1)$에서
$x=a\times b$ (a, b는 서로 다른 소수) 꼴일 때,
$x=2\times5, 2\times7, 2\times11, 2\times13, 2\times17, 2\times19, 3\times5, 3\times7, 3\times11, 3\times13, 5\times7$
㉠, ㉡에서 구하는 x의 개수는 $1+11=12$

3 단계

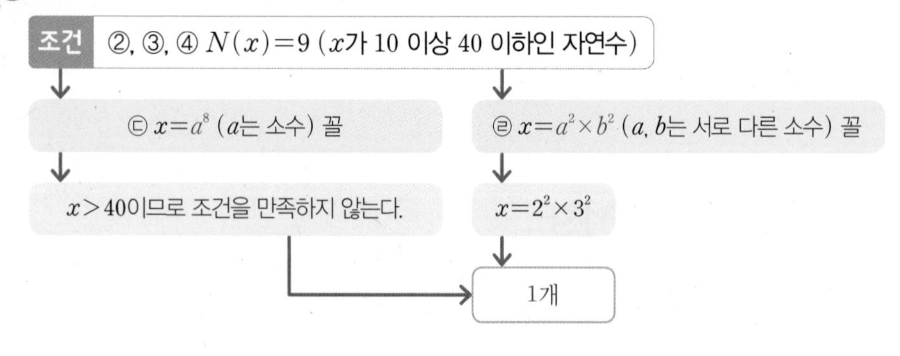

x가 10 이상 40 이하인 자연수일 때, $N(x)=9$를 만족하는 x의 값을 구해보자.
㉢ $9=8+1$에서
$x=a^8$ (a는 소수) 꼴일 때, $x>40$이므로 조건을 만족하지 않는다.
㉣ $9=(2+1)\times(2+1)$에서
$x=a^2\times b^2$ (a, b는 서로 다른 소수) 꼴일 때, $x=2^2\times3^2$
㉢, ㉣에서 구하는 x의 개수는 1

4 단계

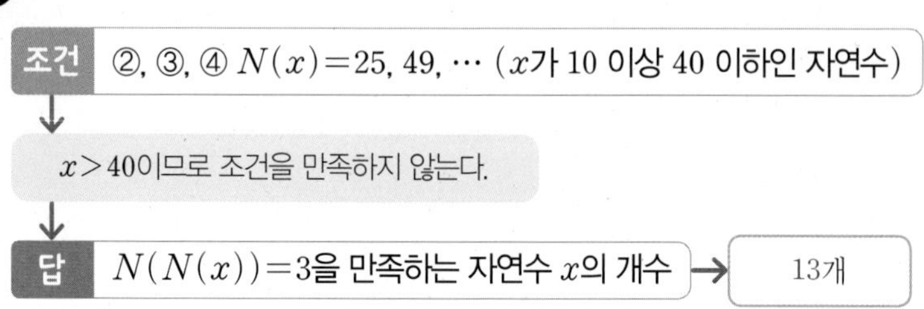

$N(x)=25, 49, \cdots$를 만족하는 x의 값을 구하면 $x>40$이므로 조건을 만족하지 않는다.
❷, ❸, ❹단계에서 구하는 자연수 x의 개수는 $12+1=13$

답 13

대표 문항 $A\times\square$ 꼴인 수의 약수의 개수가 주어질 때, 조건에 맞는 $\square$의 값 구하기

$2^4\times\square$의 약수가 15개일 때, $\square$ 안에 들어갈 수 있는 자연수 중 가장 작은 수를 구하시오.

조건 ① 답

유형 06 약수가 k개인 자연수 046, 048

스키마 schema 주어진 조건은 무엇인지? 답은 무엇인지? 이 둘을 어떻게 연결해야 하는지?

1 단계

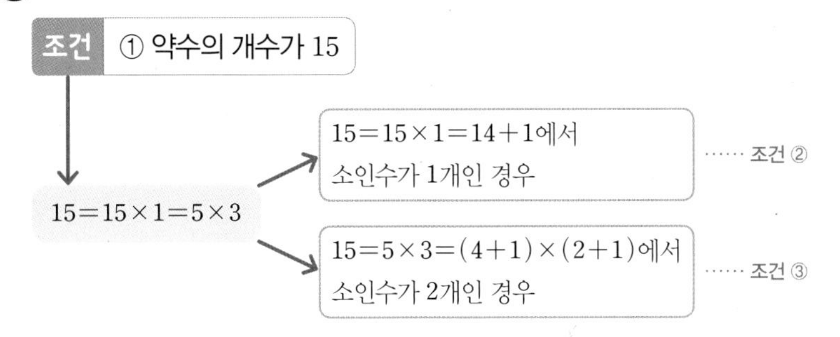

$2^4\times\square$의 약수의 개수가 15이고
$15=15\times1=5\times3$
이므로 다음과 같이 두 가지 경우로 나누어 생각할 수 있다.
(i) $15=15\times1=14+1$에서 소인수가 1개인 경우
(ii) $15=5\times3=(4+1)\times(2+1)$에서 소인수가 2개인 경우

2 단계

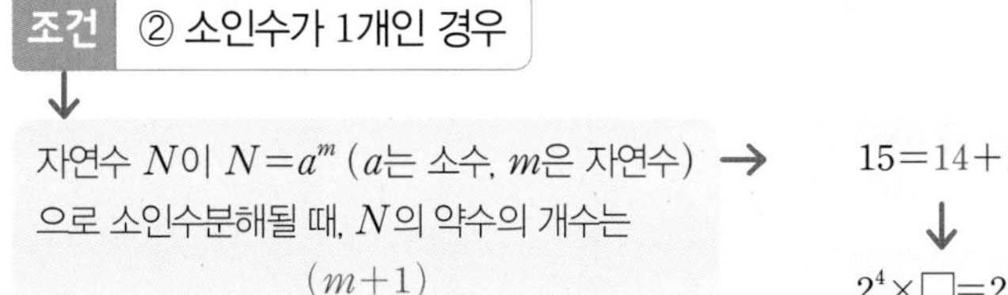

조건 ② 소인수가 1개인 경우
자연수 N이 N=a^m (a는 소수, m은 자연수)으로 소인수분해될 때, N의 약수의 개수는 (m+1)
15=14+1
2^4×□=2^14
□=2^10=1024

(i) $15=15\times1=14+1$에서 소인수가 1개인 경우
$2^4\times\square$에서 소인수가 1개이면 소인수가 2뿐이어야 한다.
즉 $2^4\times\square=2^m$ (m은 자연수) 꼴이다.
2^m의 약수의 개수는 $(m+1)$이므로
$m+1=15 \quad \therefore m=14$
즉 $2^4\times\square=2^{14}$에서
$\square=2^{10}=1024$

3 단계

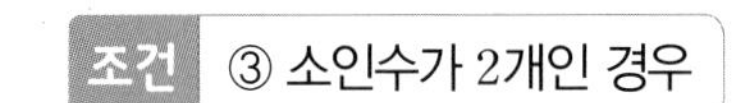

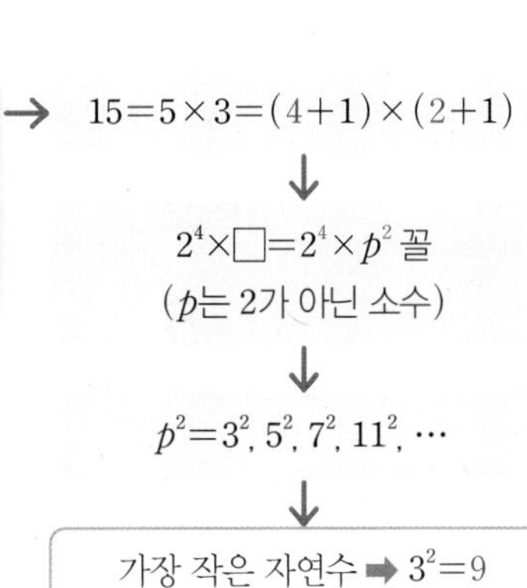

자연수 N이 N=a^m×b^n (a, b는 서로 다른 소수, m, n은 자연수)으로 소인수분해될 때, N의 약수의 개수는 (m+1)×(n+1)
15=5×3=(4+1)×(2+1)
2^4×□=2^4×p^2 꼴 (p는 2가 아닌 소수)
p^2=3^2, 5^2, 7^2, 11^2, …
가장 작은 자연수 ➡ 3^2=9

(ii) $15=5\times3=(4+1)\times(2+1)$에서 소인수가 2개인 경우
$2^4\times\square$에서 소인수가 2개,
즉 소인수가 2, p (p는 2가 아닌 소수)이면 $2^4\times\square=2^4\times p^n$ (n은 자연수) 꼴이다.
$2^4\times p^n$의 약수의 개수는
$(4+1)\times(n+1)=15=5\times3$이므로
$n+1=3 \quad \therefore n=2$
$\square=p^2$이므로 p^2이 될 수 있는 수는
$3^2, 5^2, 7^2, 11^2, \cdots$이고
이 중에서 가장 작은 자연수는 $3^2=9$

4 단계

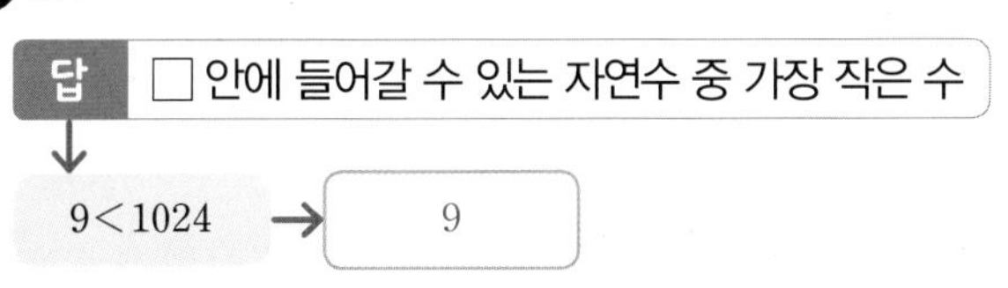

❷, ❸단계에서 $\square$ 안에 들어갈 수 있는 자연수는 1024와 9이다.
이때 $9<1024$이므로 구하는 가장 작은 자연수는 9이다.

답 9

유형 01 소수와 합성수

020

다음 보기의 설명 중 옳은 것을 모두 고르시오.

보기
ㄱ. 소수와 합성수의 합은 항상 합성수이다.
ㄴ. 2의 배수 중에서 소수는 없다.
ㄷ. 2를 제외한 모든 짝수는 소수가 아니다.
ㄹ. 10 이하의 소수는 5개이다.
ㅁ. a, b가 소수일 때, $a\times b$는 소수가 아니다.
ㅂ. 일의 자리의 숫자가 3인 자연수는 모두 소수이다.

021*

다음 조건을 모두 만족하는 모든 자연수 n의 값의 합을 구하시오.

(가) n은 50 이상 70 이하의 자연수이다.
(나) n의 약수를 모두 더하면 $n+1$이다.

022

다음 조건을 모두 만족하는 두 자연수의 차를 구하시오.

(가) 두 자연수를 곱한 수의 약수는 2개이다.
(나) 두 자연수의 합은 38이다.

023*

두 소수 a, b에 대하여 다음 조건을 모두 만족하는 모든 b의 값의 합을 구하시오.

(가) $a-b=8$　　(나) $10<a<35$

024

자연수 n은 서로 다른 두 소수의 곱으로 나타낼 수 있다. 자연수 n의 모든 약수의 합이 $n+26$일 때, 자연수 n의 값을 구하시오.

유형 02 거듭제곱

025

328^{67}의 일의 자리의 숫자를 구하시오.

026*

3^{104}의 일의 자리의 숫자를 a, 7^{402}의 일의 자리의 숫자를 b라 할 때, $a+b$의 값을 구하시오.

유형 03 소인수분해

027

소수인 세 자리의 자연수 239를 두 번 연속하여 써서 만든 여섯 자리의 자연수 239239를 소인수분해하였을 때, 소인수의 개수를 구하시오.

028*

30 이하의 모든 짝수의 곱 $2\times4\times6\times\cdots\times30$을 소인수분해하면 $2^a\times3^b\times5^c\times7^d\times11\times13$이다. 이때 자연수 a, b, c, d에 대하여 $a+b+c+d$의 값은?

① 36 ② 37 ③ 38
④ 39 ⑤ 40

029

자연수 n을 소인수분해하였을 때, 소인수 3의 지수를 $[n]$이라 하자. 예를 들어 $45=3^2\times5$이므로 $[45]=2$이다. 이때 $[n]=3$이 되는 200 이하의 자연수 n의 개수를 구하시오.

030*

다음 조건을 모두 만족하는 모든 자연수의 합을 구하시오.

(가) 100 미만의 자연수이다.
(나) 두 개의 소인수를 가진다.
(다) 두 소인수의 합은 8이다.

031

자연수 A에 대하여 $A\times140$을 소인수분해하면 $2^a\times b\times7$이고, $A\times72$를 소인수분해하면 $2^b\times3^c$이라 할 때, $a+b+c$의 값은? (단, b는 2와 7이 아닌 소수)

① 8 ② 9 ③ 10
④ 11 ⑤ 12

032

다음 조건을 모두 만족하는 두 자리의 자연수 중에서 가장 큰 수를 구하시오.

> (가) 4의 배수이다.
> (나) 소인수의 개수는 3이다.

033

자연수 m을 소인수분해하면 $p\times q\times r$이다. 이때 $m<p^4$을 만족하는 가장 작은 m의 값을 구하시오.

(단, p, q, r은 $p<q<r$인 서로 다른 소수)

034

두 자리의 자연수 m과 세 자리의 자연수 n에 대하여 $m\times n=1265$일 때, $m+n$의 값을 구하시오.

유형 04 제곱인 수

035*

$(3^3\times5\times7^2)\times a$가 어떤 자연수의 제곱이 되게 하려고 한다. 이때 모든 두 자리의 자연수 a의 값의 합을 구하시오.

036

a가 2000 이하의 자연수일 때, $20\times a$가 어떤 자연수의 제곱이 되게 하려고 한다. 이때 자연수 a의 값 중에서 6과 서로소인 수의 개수를 구하시오.

037*

다음 식을 만족하는 가장 작은 자연수 a, b, c에 대하여 $a-b+c$의 값을 구하시오.

$$18\times a=24\times b=c^2$$

유형 05 약수와 약수의 개수 구하기

038*

$2^5 \times 3^4 \times 5^3 \times 7$의 약수 중에서 홀수의 개수를 구하시오.

039

가로의 길이와 세로의 길이가 모두 자연수이고 넓이가 980 cm^2인 직사각형은 모두 몇 개 만들 수 있는지 구하시오. (단, 서로 포개어지는 직사각형은 같은 것으로 생각한다.)

040* 스키마 schema

$P(a)$는 자연수 a의 약수의 개수를 나타낸다고 한다. 예를 들어 $P(4)=3$일 때, $P(P(P(1960)))$의 값을 구하시오.

041

다음 조건을 모두 만족하는 자연수의 개수를 구하시오.

(가) 짝수이다.
(나) 2000의 약수이다.
(다) 어떤 자연수의 제곱이 되는 수이다.

042*

자연수 n의 모든 약수의 합을 $\langle n \rangle$으로 나타내기로 하자. 예를 들어 18의 약수는 1, 2, 3, 6, 9, 18이므로 $\langle 18 \rangle=39$이다. 이때 $\langle a \rangle=a+8$을 만족하는 모든 자연수 a의 값의 합을 구하시오.

유형 06 약수가 k개인 자연수

043

자연수 a에 대하여 $f(a)$를 a의 약수의 개수라 할 때, 다음 중 옳지 않은 것은?

① $f(7)=2$
② $f(5)+f(9)=5$
③ $f(2^2 \times 7^3 \times 11)=24$
④ $f(x)=2$인 x는 소수이다.
⑤ $f(36) \times f(x)=18$인 한 자리의 자연수 x의 개수는 3이다.

044*

1에서 50까지의 자연수 중에서 약수의 개수가 6인 수의 개수를 구하시오.

045

다음 조건을 모두 만족하는 자연수 a의 값을 구하시오.

(가) 126에 자연수 a를 곱하면 어떤 자연수의 제곱이 되도록 할 수 있다.
(나) a는 서로 다른 소인수 2개를 가진다.
(다) a는 약수의 개수가 8이고, 100보다 크지 않다.

046* 스키마 schema

$5\times7^3\times\square$의 약수의 개수가 16일 때, □ 안에 들어갈 수 있는 자연수 중 가장 작은 수를 구하시오.

047, 048

서술형 풀이 과정을 쓰고 답을 구하시오.

047

유형 03

다음 조건을 모두 만족하는 모든 자연수 n의 값의 합을 구하시오.

(가) n은 140 이하의 세 자리의 자연수이다.
(나) n의 소인수 중에서 가장 작은 소인수는 7이다.

048 스키마 schema

유형 06

$5^6\times\square$의 약수의 개수가 14일 때, □ 안에 들어갈 수 있는 자연수 중 가장 작은 두 자리의 자연수를 구하시오.

정답과 풀이 007쪽

049

다음은 어떤 자연수 a를 소인수분해하는 과정이다. b, d, f, g는 모두 10보다 작은 소수이고 $d=f$, $b+d+f-1=g$일 때, $a+g$의 값을 모두 구하시오.

$$a\begin{cases} b \\ c\begin{cases} d \\ e\begin{cases} f \\ g \end{cases}\end{cases}\end{cases}$$

050*

자연수 x를 소인수분해하였을 때, 나오는 모든 소인수를 그 개수만큼 더한 값을 $S(x)$라 하자. 예를 들어 $24=2^3\times3$이므로 $S(24)=2+2+2+3=9$이다. 다음 물음에 답하시오.

(1) $S(54)+S(6300)$의 값을 구하시오.

(2) 서로 다른 소인수가 3개인 자연수 n에 대하여 $S(n)=12$일 때, 이를 만족하는 가장 작은 자연수 n의 값을 구하시오.

051

약수의 개수가 14인 세 자리의 자연수 중에서 가장 작은 수와 가장 큰 수의 차를 구하시오.

tip 약수의 개수가 14이면 소인수분해가 어떤 꼴인지 생각해 본다.

052*

자연수 a의 약수의 개수를 $f(a)$, 약수의 총합을 $g(a)$라 할 때, 다음 식을 만족하는 자연수 x의 값 중 가장 작은 자연수를 구하시오.

$$f(28)\times f(x)=g(24)$$

tip 자연수 N이 $N=a^m\times b^n$ (a, b는 서로 다른 소수, m, n은 자연수)으로 소인수분해될 때,
(N의 약수의 총합)$=(1+a+a^2+\cdots+a^m)\times(1+b+b^2+\cdots+b^n)$

053

다음 조건을 모두 만족하는 가장 작은 자연수를 구하시오.

> (가) 약수의 개수는 12이다.
> (나) 소인수분해하였을 때, 서로 다른 소인수가 3개이고 이 소인수들의 합은 22이다.

054

서로 다른 한 자리의 세 소수 a, b, c를 사용하여 여섯 자리의 자연수를 만들었다. 예를 들어 $a=2$, $b=3$, $c=5$일 때, $abcabc$는 여섯 자리의 자연수 235235를 의미한다. 이와 같이 만든 여섯 자리의 자연수 $abcabc$의 약수의 개수가 48일 때, 세 자리의 자연수 abc의 값을 구하시오. (단, $a<b<c$)

055*

1에서 200까지의 번호가 각각 적힌 200개의 자동 우산이 일렬로 놓여 있다. 우산이 모두 접힌 상태에서 첫 번째에는 1의 배수에 해당하는 우산의 스위치를 누르고, 두 번째에는 2의 배수에 해당하는 우산의 스위치를, 세 번째에는 3의 배수에 해당하는 우산의 스위치를 누른다. 이와 같은 방법으로 200의 배수에 해당하는 우산의 스위치까지 모두 눌렀을 때, 펼쳐져 있는 우산은 모두 몇 개인지 구하시오. (단, 스위치를 누르면 접혀져 있는 우산은 펼쳐지고, 펼쳐져 있는 우산은 접힌다.)

056 스키마 schema

$N(k)$는 자연수 k의 약수의 개수를 나타낸다고 한다. x가 25 이상 40 이하인 자연수일 때, $N(N(x))=3$을 만족하는 자연수 x의 개수를 구하시오.

창의융합 **전구의 전원을 ON으로 바꾸는 자연수 구하기**

057

다음 그림과 같이 전원이 OFF인 전구 1500개가 나란히 놓여 있을 때, 왼쪽부터 1번, 2번, 3번, …, 1500번으로 번호를 정하자.

아래 방법에 따라 [1단계]부터 [1500단계]까지 모두 마쳤을 때, 번호가 $2^2\times5\times n$번인 전구의 전원이 ON이 되기 위한 자연수 n의 값을 모두 구하시오.

> **[1단계]** 전원이 OFF인 전구 1500개의 전원을 ON으로 바꾼다.
> **[2단계]** 2의 배수인 번호의 전구만 전원을 ON에서 OFF로 바꾼다.
> **[3단계]** 3의 배수인 번호의 전구만 전원이 ON인 것은 OFF로, 전원이 OFF인 것은 ON으로 바꾼다.
> ⋮
> **[1500단계]** 1500의 배수인 번호의 전구만 전원이 ON인 것은 OFF로, 전원이 OFF인 것은 ON으로 바꾼다.

창의융합 **제곱인 수 만들기**

058

빨간색, 파란색, 노란색의 주사위 세 개를 동시에 던져서 나오는 눈의 수를 각각 a, b, c라 하자. $\frac{90\times a\times b}{c}$가 어떤 자연수의 제곱이 될 때, 가능한 $a\times b\times c$의 값을 모두 구하시오. (단, 각 주사위의 눈의 수는 1부터 6까지의 자연수이다.)

02 최대공약수와 최소공배수

1 공약수와 최대공약수

(1) **공약수** 두 개 이상의 자연수의 공통인 약수

참고 1은 모든 수의 약수이므로 모든 수의 공약수이다.

(2) **최대공약수** 공약수 중에서 가장 큰 수

(3) **최대공약수의 성질**

두 개 이상의 자연수의 공약수는 그 수들의 최대공약수의 약수이다.

참고 2개 이상의 자연수의 공약수의 개수는 최대공약수의 약수의 개수와 같다.

(4) **서로소** 최대공약수가 1인 두 자연수 (공약수가 1뿐인 두 자연수)

① 서로 다른 두 소수는 항상 서로소이다.

② 1은 모든 자연수와 서로소이다.

(5) **소인수분해를 이용하여 최대공약수 구하기**

❶ 각각의 자연수를 소인수분해한다.

❷ 공통인 소인수의 거듭제곱에서 지수가 같으면 그대로 곱하고, 지수가 다르면 작은 것을 택하여 모두 곱한다.

예 36과 60의 최대공약수 구하기

$$36=2^2\times3^2$$
$$60=2^2\times3^1\times5$$
$$(\text{최대공약수})=2^2\times3^1=12$$

공통인 소인수 중 지수가 같거나 작은 것을 택한다.

참고 나눗셈을 이용하여 최대공약수를 구할 수도 있다.

```
2)36  60
2)18  30
3) 9  15
    3   5
```

몫이 1 이외의 공약수가 없을 때까지 공약수로 나눈다. (3, 5: 서로소)

(최대공약수)$=2\times2\times3=12$

(6) **최대공약수의 활용**

① 두 종류 이상의 물건을 가능한 한 많은 사람들에게 똑같이 나누어 주는 문제

② 직사각형을 가능한 한 큰 정사각형으로 빈틈없이 채우는 문제

③ 세 자연수 a, b, c에 대하여 a와 b를 c로 나눈 나머지가 각각 m, n일 때, 자연수 c 중에서 가장 큰 수는 $(a-m)$과 $(b-n)$의 최대공약수

2 공배수와 최소공배수

(1) **공배수** 두 개 이상의 자연수의 공통인 배수

(2) **최소공배수** 공배수 중에서 가장 작은 수

(3) **최소공배수의 성질**

두 개 이상의 자연수의 공배수는 그 수들의 최소공배수의 배수이다.

참고 서로소인 두 자연수의 최소공배수는 두 자연수의 곱과 같다.

(4) **소인수분해를 이용하여 최소공배수 구하기**

❶ 각각의 자연수를 소인수분해한다.

❷ 공통인 소인수의 거듭제곱에서 지수가 같으면 그대로 곱하고, 지수가 다르면 큰 것을 택하여 곱한다.

❸ 공통이 아닌 소인수의 거듭제곱도 모두 곱한다.

예 36과 60의 최소공배수 구하기

$$36=2^2\times3^2$$
$$60=2^2\times3^1\times5^1$$
$$(\text{최소공배수})=2^2\times3^2\times5^1=180$$

공통인 소인수는 지수가 같거나 큰 것을 택한다. / 공통이 아닌 소인수도 모두 곱한다.

참고 나눗셈을 이용하여 최소공배수를 구할 수도 있다.

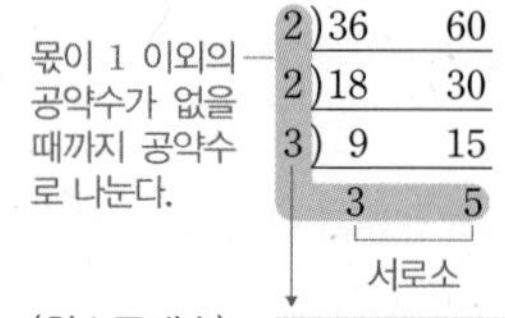

(최소공배수)$=2\times2\times3\times3\times5=180$

주의 나눗셈을 이용하여 세 수 이상의 최소공배수를 구할 때는 두 수만 나누어져도 나누고 나누어지지 않는 수는 그대로 아래로 내린다. 이때 어떤 두 수를 택해도 공약수가 1일 때까지 나눈다.

(5) **최소공배수의 활용**

① 움직이는 속력이 다른 두 물체가 동시에 출발하여 처음으로 다시 동시에 만나는 시각을 구하는 문제

② 일정한 크기의 직사각형을 이어 붙여 가능한 한 작은 정사각형을 만드는 문제

③ 톱니의 수가 다른 두 톱니바퀴가 처음 맞물린 톱니에서 다시 맞물릴 때까지의 회전수를 구하는 문제

④ 세 자연수 a, b, c에 대하여 c를 a로 나누어도, b로 나누어도 그 나머지가 m일 때, 자연수 c 중에서 가장 작은 수는 $(a\text{와 } b\text{의 최소공배수})+m$

개념 Plus 두 분수를 자연수로 만드는 가장 작은 분수 구하기

두 분수 $\frac{A}{B}$, $\frac{C}{D}$ 중 어느 것을 선택하여 곱해도 모두 자연수가 되는 분수 중에서 가장 작은 분수는 $\frac{(B,\ D\text{의 최소공배수})}{(A,\ C\text{의 최대공약수})}$

3 최대공약수와 최소공배수의 관계

두 자연수 A, B의 최대공약수를 G, 최소공배수를 L이라 하고 $A=a\times G$, $B=b\times G$ (a, b는 서로소)라 할 때,

(1) $L=a\times b\times G$

(2) $A\times B=(a\times G)\times(b\times G)$
$=G\times(a\times b\times G)$
$=G\times L$

➔ (두 수의 곱)=(최대공약수)×(최소공배수)

```
G)A  B
  a  b
```
(a, b: 서로소)

참고 $A+B=(a+b)\times G$, $A-B=(a-b)\times G$

핵심 01 최대공약수

059 대표 문제

세 수 $2^3\times3\times5$, $2^3\times3^2\times5$, $2^2\times3^3\times7^2$의 공약수의 개수를 구하시오.

060

100 이하의 자연수 중에서 27과 서로소인 자연수의 개수를 구하시오.

061

두 자연수 $2^4\times\square$와 $2\times3^3\times7$의 최대공약수가 2×3^2일 때, 다음 중 □ 안에 들어갈 수 없는 것은?

① 18 ② 36 ③ 45
④ 54 ⑤ 72

062

다음 중 옳은 것을 모두 고르면? (정답 2개)

① 서로 다른 두 소수는 항상 서로소이다.
② 서로 다른 두 홀수는 항상 서로소이다.
③ 모든 자연수와 서로소인 수는 없다.
④ 서로소인 두 수는 모두 소수이다.
⑤ 10 이하의 자연수 중에서 8과 서로소인 자연수는 5개이다.

핵심 02 최소공배수

063 대표 문제

다음 중 세 수 $2\times3^2\times5$, $2^3\times3$, 140의 공배수가 아닌 것은?

① $2^3\times3^2\times5^2$ ② $2^3\times3^2\times5\times7$
③ $2^3\times3^2\times5^2\times7$ ④ $2^4\times3^2\times5\times7^2$
⑤ $2^3\times3^2\times5\times7\times11$

064

800 이하의 자연수 중 두 수 $2^3\times3$, $2^2\times3\times5$의 공배수의 개수를 구하시오.

065

세 자연수 $4\times a$, $6\times a$, $8\times a$의 최소공배수가 168이 되는 자연수 a의 값을 구하시오.

066

세 수 $2^a\times3^3\times5^b$, $2^4\times5\times7^2$, $2^3\times3^c\times5^2$의 최대공약수는 $2^2\times5$, 최소공배수는 $2^4\times3^4\times5^4\times7^2$일 때, 자연수 a, b, c에 대하여 $a+b-c$의 값을 구하시오.

067

1부터 8까지의 자연수를 모두 약수로 가지는 자연수 중 가장 작은 수를 구하시오.

핵심 03 최대공약수의 활용

068 대표 문제

가로의 길이가 288 cm, 세로의 길이가 420 cm, 높이가 252 cm인 직육면체 모양의 컨테이너에 크기가 같은 정육면체 모양의 장난감 상자를 넣어 놓으려고 한다. 이 컨테이너에 가능한 한 큰 장난감 상자를 빈틈없이 넣을 때, 정육면체 모양의 장난감 상자의 한 모서리의 길이를 구하시오.

(단, 컨테이너와 장난감 상자의 두께는 생각하지 않는다.)

069

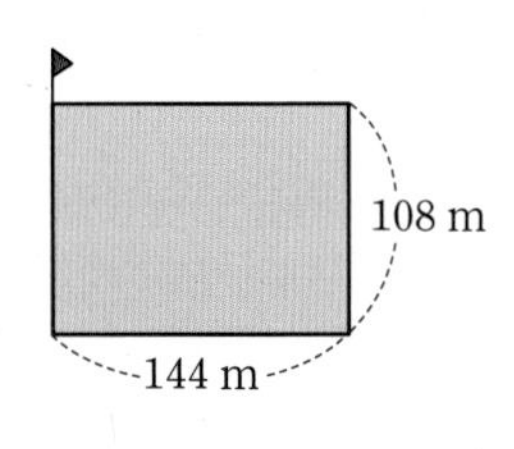

오른쪽 그림과 같이 가로, 세로의 길이가 각각 144 m, 108 m인 직사각형 모양의 땅의 둘레에 일정한 간격으로 깃발을 꽂으려고 한다. 깃발 사이의 간격이 최대가 되도록 할 때, 필요한 깃발은 몇 개인지 구하시오.

(단, 네 모퉁이에는 반드시 깃발을 꽂아야 한다.)

070

두 분수 $\frac{165}{n}$, $\frac{198}{n}$을 모두 자연수로 만드는 자연수 n의 개수를 구하시오.

071

어떤 자연수로 18을 나누면 2가 남고, 23을 나누면 1이 부족하다. 이러한 수 중 가장 큰 수를 구하시오.

072

다음 조건을 모두 만족하는 자연수 n의 값의 합을 구하시오.

(가) n으로 79, 115, 187을 나누면 모두 7이 남는다.
(나) n의 약수의 개수는 6이다.

핵심 04 최소공배수의 활용

073 (대표 문제)

가로의 길이, 세로의 길이, 높이가 각각 48 cm, 54 cm, 24 cm인 직육면체 모양의 나무토막을 빈틈없이 쌓아서 가장 작은 정육면체 모양을 만들려고 한다. 이때 정육면체의 한 모서리의 길이를 구하시오.

074

12로 나누면 9가 남고, 8로 나누면 5가 남고, 9로 나누면 6이 남는 세 자리의 자연수 중에서 가장 작은 수를 구하시오.

075

톱니의 개수가 각각 36, 24인 두 톱니바퀴 A, B가 서로 맞물려 돌아가고 있다. 두 톱니바퀴가 회전하기 시작하여 처음으로 다시 같은 톱니에서 동시에 맞물리는 것은 톱니바퀴 B가 몇 바퀴 회전한 후인지 구하시오.

076

세 분수 $\frac{25}{42}$, $\frac{10}{21}$, $\frac{35}{6}$ 중 어느 것을 선택하여 곱해도 항상 자연수가 되는 가장 작은 기약분수를 $\frac{a}{b}$라 할 때, $a-b$의 값을 구하시오. (단, a, b는 자연수)

정답과 풀이 011쪽

077

길이가 30 cm인 선분에 3 cm 간격과 5 cm 간격으로 각각 눈금을 그었다. 이 선분은 몇 개의 부분으로 나누어지는지 구하시오.

발전 05 최대공약수와 최소공배수의 관계

078 대표 문제

$A<B$인 두 자리의 자연수 A, B에 대하여 A, B의 곱이 960이고 최대공약수가 8일 때, $A+B$의 값은?

① 54 ② 58 ③ 64
④ 68 ⑤ 72

079

두 자연수의 곱이 720이고 최대공약수가 6일 때, 두 수의 최소공배수는?

① 84 ② 96 ③ 108
④ 120 ⑤ 132

080

$A>B$인 두 자리의 자연수 A, B의 최대공약수가 6이고 최소공배수가 126일 때, 자연수 A, B의 값을 각각 구하시오.

081

두 자연수 A, B의 합은 144이고 곱은 4860이다. 두 수의 최소공배수가 270일 때, $B-A$의 값을 구하시오.
(단, $A<B$)

082

두 자연수 A, B의 최대공약수를 G, 최소공배수를 L이라 하면 $G\times L=84$이고 $A+B=20$이다. 이때 두 자연수 A, B를 각각 구하시오. (단, $A<B$)

수학의 바이블 개념ON 025쪽 | 유형ON 022쪽

대표 문항 세 사람이 동시에 수학 공부를 쉬는 날은 며칠인지 구하기

기중, 가희, 나운 세 사람이 어느 날 함께 수학 공부를 시작하였다.(조건 ①) 기중이는 4일 동안 공부하다가 2일을 쉬고, 가희는 7일 동안 공부하다가 3일을 쉬고, 나운이는 11일 동안 공부하다가 4일을 쉬기로 하였다.(조건 ②) 720일 동안 함께 공부할 때,(조건 ③) 세 사람이 동시에 수학 공부를 쉬는 날은 며칠인지 구하시오.(답)

유형 04 최소공배수의 활용 110

스키마 schema 주어진 조건은 무엇인지? 답은 무엇인지? 이 둘을 어떻게 연결해야 하는지?

1단계

조건 ① 기중, 가희, 나운 세 사람이 어느 날 함께 수학 공부를 시작하였다.

조건 ② 기중이는 4일 동안 공부하다가 2일을 쉰다.
가희는 7일 동안 공부하다가 3일을 쉰다.
나운이는 11일 동안 공부하다가 4일을 쉰다.

공부를 며칠마다 다시 시작하는지 구한다. → 기중 : 6일, 가희 : 10일, 나운 : 15일

기중이는 $4+2=6$(일)마다,
가희는 $7+3=10$(일)마다,
나운이는 $11+4=15$(일)마다
공부를 다시 시작한다. …… 조건 ④

2단계

조건 ④ 기중, 가희, 나운이는 각각 6일, 10일, 15일마다 공부를 다시 시작한다.

6, 10, 15의 공배수에 해당하는 날마다 세 사람이 모두 공부를 다시 시작하게 된다. → 6, 10, 15의 최소공배수 ➡ 30 → 30일마다 세 사람이 모두 공부를 다시 시작하게 된다.

$6=2\times3$
$10=2\times5$
$15=3\times5$
(최소공배수)$=2\times3\times5=30$

6, 10, 15의 최소공배수는 30이므로 30일마다 세 사람이 모두 공부를 다시 시작하게 된다.

3단계

기중, 가희, 나운이가 30일 동안 쉬는 날을 각각 ●로 나타내어 보자.

	1	2	3	4	5	6	7	8	9	10	11	12	13	14	15	16	17	18	19	20	21	22	23	24	25	26	27	28	29	30
기중					●	●					●	●					●	●					●	●					●	●
가희								●	●	●								●	●	●								●	●	●
나운												●	●	●	●												●	●	●	●

따라서 30일 동안 세 사람이 동시에 수학 공부를 쉬는 날은 2일이다. …… 조건 ⑤

4단계

조건 ③ 720일 동안 세 사람이 함께 공부를 한다.
⑤ 30일 동안 세 사람이 동시에 수학 공부를 쉬는 날은 2일이다.

720일 동안 30일이 24번 반복된다. → **답** 세 사람이 동시에 쉬는 날 수 → 48일

❸단계에서 30일 동안 세 사람이 동시에 수학 공부를 쉬는 날은 2일이고 $720\div30=24$이므로 720일 동안 세 사람이 동시에 쉬는 날은 $2\times24=48$(일)

답 48일

대표 문항 최대공약수와 최소공배수를 알 때, 세 자연수 구하기

세 자연수 a, b, c에 대하여 a, b의 최대공약수는 6(조건 ④), 최소공배수는 60(조건 ⑤)이고 b, c의 최대공약수는 15(조건 ①), 최소공배수는 30(조건 ②)이다. $a<c<b$(조건 ③)일 때, $a+b+c$의 값(답)을 구하시오.

유형 05 최대공약수와 최소공배수의 관계 109

스키마 schema 주어진 조건은 무엇인지? 답은 무엇인지? 이 둘을 어떻게 연결해야 하는지?

1 단계

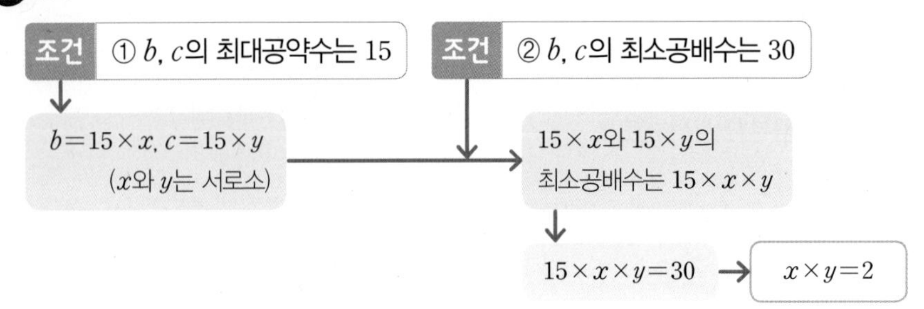

b, c의 최대공약수가 15이므로
$b=15\times x$, $c=15\times y$
(x와 y는 서로소)라 하면
b, c의 최소공배수는 30이므로
$15\times x\times y=30$
$\therefore x\times y=2$ …… 조건 ⑥

2 단계

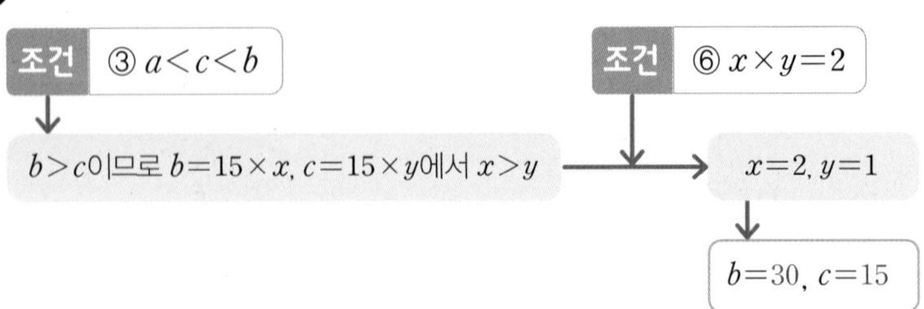

$a<c<b$이므로
$b=15\times x$, $c=15\times y$이고 $x>y$
이때 $x\times y=2$이므로 $x=2$, $y=1$
$\therefore b=15\times x=15\times 2=30$
$c=15\times y=15\times 1=15$

3 단계

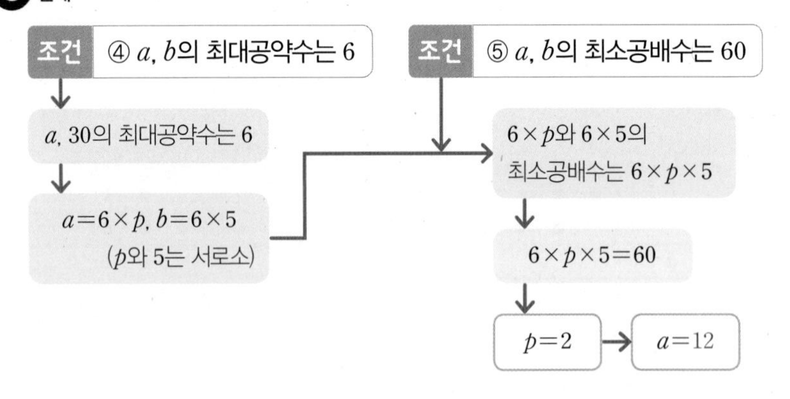

a, b의 최대공약수는 6
즉 a, 30의 최대공약수는 6이므로
$a=6\times p$, $b=6\times 5$ (p와 5는 서로소)
라 할 수 있다.
이때 a, b의 최소공배수가 60이므로
$6\times p\times 5=60$ $\therefore p=2$
$\therefore a=6\times p=6\times 2=12$

4 단계

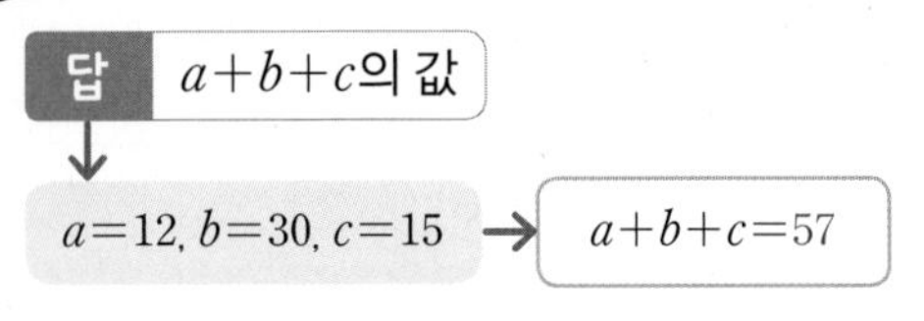

❷, ❸단계에서
$a=12$, $b=30$, $c=15$이므로
$a+b+c=12+30+15=57$

답 57

유형 01 최대공약수

083

150 미만의 자연수 k에 대하여 k와 36의 최대공약수가 1일 때, k의 개수를 구하시오.

084*

세 수 360, $2^4\times3^2\times7$, $2^3\times3^2\times5\times7$의 공약수 중 두 번째로 큰 수를 구하시오.

085

세 자연수 72, 84, a의 최대공약수가 6이다. a의 값이 될 수 있는 수를 작은 수부터 차례대로 나열하였을 때, 세 번째에 오는 수를 구하시오.

086*

다음 조건을 모두 만족하는 자연수 x의 값 중에서 가장 큰 값을 구하시오.

> (가) x와 36의 최대공약수는 12이다.
> (나) x와 45의 최대공약수는 15이다.
> (다) x는 400 이하의 자연수이다.

087

서로소가 아닌 두 자연수 A, B의 곱이 490일 때, $B-A$의 값 중에서 가장 작은 값을 구하시오. (단, $A<B$)

088

두 자연수 a, b에 대하여 a와 b의 공약수의 개수를 $[a, b]$라 하자. 예를 들어 $[12, 20]=3$이고 $[24, 27]=2$이다.
$[[24, 40], [a, 16]]=1$일 때, 다음 중 a의 값이 될 수 없는 것을 모두 고르면? (정답 2개)

① 4 ② 5 ③ 6
④ 7 ⑤ 8

089*

다음 조건을 모두 만족하는 세 자연수 A, B, C에 대하여 (A, B, C)의 개수를 구하시오.

(가) $A+B+C=140$
(나) A, B, C의 최대공약수는 14이다.
(다) $A<B<C$

유형 02 최소공배수

090

두 자연수 a, b에 대하여 a와 b의 최소공배수를 $<a, b>$라 할 때, $<a, 84>=84$를 만족하는 자연수 a의 개수를 구하시오.

091*

두 수 $2^2\times3^a\times5$, $2^b\times3^3\times c$의 최대공약수는 $2^2\times3^2$이고, 최소공배수는 $2^4\times3^3\times5\times c$일 때, $a+b+c$의 값 중에서 가장 작은 값을 구하시오.

(단, a, b는 자연수이고 c는 10보다 큰 소수이다.)

092

두 자연수 a, b의 최소공배수가 60이고 $a+b=32$일 때, $b-a$의 값을 구하시오. (단, $a<b$)

093*

서로 다른 세 자연수 36, 126, n의 최소공배수가 504일 때, n의 값이 될 수 있는 모든 자연수의 개수를 구하시오.

094

두 자연수 a, b에 대하여

$a\bigstar b=$(a와 b의 최대공약수),

$a\diamond b=$(a와 b의 최소공배수)

라 하자. 다음 조건을 모두 만족하는 두 자연수 x, y에 대하여 $(x\bigstar y)+(x\diamond y)$의 값을 구하시오.

(가) $(48\bigstar 104)\times x=560$
(나) $7\times y=42\diamond 30$

095

다음 조건을 모두 만족하는 두 자리의 자연수 A, B에 대하여 $A+B$와 $A-B$의 최대공약수를 구하시오. (단, $A>B$)

(가) A와 B는 서로소이다.
(나) A와 B의 최소공배수는 600이다.

096

두 자연수 A, B의 최소공배수를 $L(A, B)$라 하자. 다음 보기 중 옳은 것을 모두 고르시오.

보기

ㄱ. $L(8, 20)=40$
ㄴ. $L(A, A)=A$
ㄷ. $L(A, B)=L(A, A+B)$
ㄹ. $L(m\times A, n\times B)=m\times n\times L(A, B)$
(단, m, n은 자연수)

유형 03 최대공약수의 활용

097*

다음 조건을 모두 만족하는 모든 자연수 a의 값의 합을 구하시오.

(가) a로 27을 나누면 3이 남는다.
(나) a로 45를 나누면 3이 부족하다.
(다) a로 56을 나누면 4가 부족하다.

098

오른쪽 그림과 같이 가로의 길이가 108 m, 세로의 길이가 84 m인 직사각형 모양의 공원에 일정한 간격으로 나무를 심으려고 한다. 가능한 한 나무를 적게 심으려고 할 때, 나무를 모두 몇 그루 심을 수 있는지 구하시오.

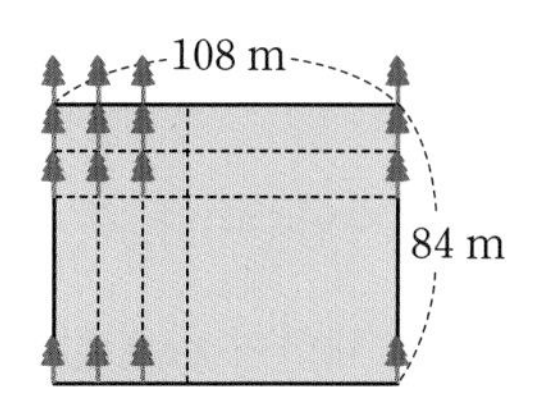

(단, 네 모퉁이에 반드시 나무를 심어야 한다.)

099

가로의 길이가 150 cm, 세로의 길이가 120 cm인 직사각형 모양의 종이가 있다. [그림 1]과 같이 가로의 길이가 60 cm, 세로의 길이가 48 cm인 직사각형 모양의 종이를 잘라내고 남은 ┌┘ 모양의 종이에 [그림 2]와 같이 크기가 같은 정사각형 모양의 종이를 서로 겹치지 않고 빈틈없이 붙이려고 한다. 가능한 한 큰 정사각형 모양의 종이를 붙일 때, 붙일 수 있는 정사각형 모양의 종이는 몇 장인지 구하시오.

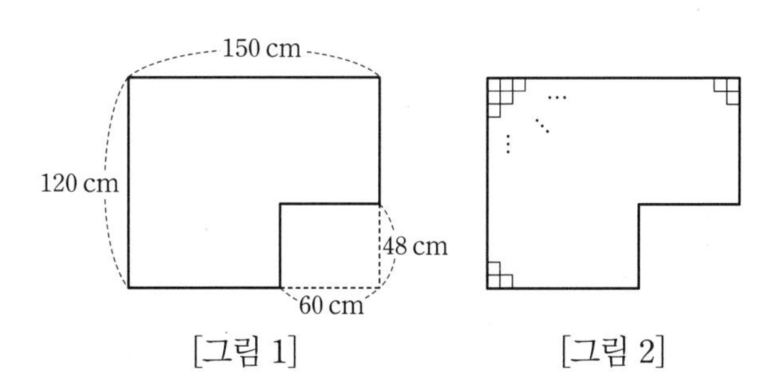

[그림 1] [그림 2]

100

자연수 m, n에 대하여 세 분수 $\frac{96}{n}$, $\frac{102}{n}$, $\frac{m}{n}$을 약분하면 모두 자연수이다. $\frac{102}{n}<\frac{m}{n}$을 만족하는 가장 작은 자연수 $\frac{m}{n}$에 대하여 m의 값을 구하시오.

유형 04 최소공배수의 활용

101

오른쪽 그림과 같이 삼각형 ABC의 세 변 위를 민주는 A, 윤성이는 B, 다운이는 C 지점에서 동시에 출발하여 각각 매분 84 m, 105 m, 140 m의 속력으로 시곗바늘이 도는 반대 방향으로 돈다. 세 사람이 처음 출발하고 나서 다시 동시에 자신의 출발점에 있게 되는 때는 몇 분 후인지 구하시오.

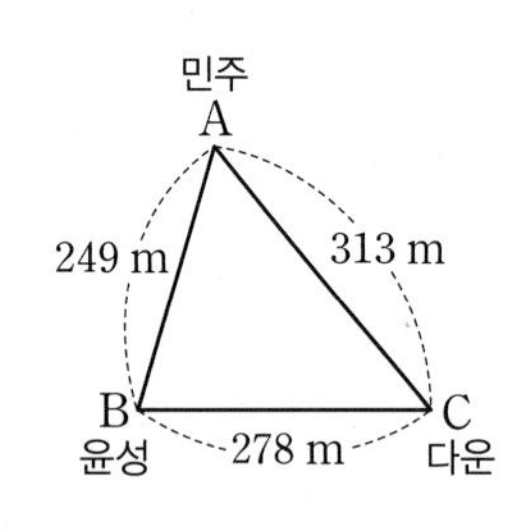

102

기차역에서 세 도시 A, B, C로 가는 기차가 각각 20분, 30분, 40분마다 한 대씩 출발한다고 한다. A 도시와 C 도시로 가는 기차는 오전 8시에, B 도시로 가는 기차는 오전 9시에 처음 출발했다. 이 날 오후 9시까지 세 도시로 가는 기차가 동시에 출발하는 횟수는 총 몇 회인지 구하시오.

103

어느 마트에서 오픈을 기념하기 위해 15000명의 고객을 대상으로 40번째 방문 고객마다 비누를, 90번째 방문 고객마다 치약을, 150번째 방문 고객마다 장바구니를 증정하려고 한다. 비누, 치약, 장바구니를 모두 받게 될 사람 수를 a명, 비누와 장바구니만을 받게 될 사람 수를 b명이라 할 때, $b-a$의 값을 구하시오.

104*

톱니의 개수가 8개인 톱니바퀴 A에는 각각의 톱니에 1부터 8까지의 숫자가 하나씩 적혀 있고, 톱니의 개수가 12개인 톱니바퀴 B에는 각각의 톱니에 1부터 12까지의 숫자가 하나씩 적혀 있다. 두 톱니바퀴 A, B가 처음에 1과 1, 2와 2, 3과 3, …과 같이 맞물려 돌아가기 시작한다면 톱니바퀴 A가 30바퀴 회전하였을 때, A와 B의 톱니가 같은 번호끼리 맞물리는 것은 모두 몇 번인지 구하시오.

105

어느 분수대에 세 노즐 A, B, C가 있다. 노즐 A는 18초 동안 물을 내뿜다가 2초 동안 정지하고, 노즐 B는 45초 동안 물을 내뿜다가 5초 동안 정지하고, 노즐 C는 30초 동안 물을 내뿜다가 10초 동안 정지하는 것을 반복한다. 오전 10시에 세 노즐이 동시에 물을 내뿜기 시작했을 때, 오전 11시부터 오후 1시 5분까지 동시에 물을 내뿜기 시작한 횟수는 총 몇 회인지 구하시오.

유형 05 최대공약수와 최소공배수의 관계

106*

$A<B$인 두 자연수 A, B의 최대공약수는 12이고, 최소공배수는 72이다. 두 수의 차가 12일 때, $A+B$의 값을 구하시오.

107

두 자연수 A, B의 최소공배수가 896이고 $14\times A=16\times B$일 때, $A-B$의 값을 구하시오.

108

다음 조건을 모두 만족하는 두 자연수 A, B에 대하여 $A-B$의 값을 구하시오.

(가) $A:B=18:5$
(나) A와 B의 최대공약수와 최소공배수의 합은 455이다.

109, 110

서술형 풀이 과정을 쓰고 답을 구하시오.

109 스키마 schema 유형 05

$A<B<C$인 세 자연수 A, B, C가 다음 조건을 모두 만족할 때, $A+B+C$의 값을 구하시오.

(가) A와 C의 최대공약수는 14, 최소공배수는 28이다.
(나) B와 C의 최대공약수는 7, 최소공배수는 84이다.

110 스키마 schema 유형 04

지호와 예서가 어느 날 함께 수학 공부를 시작하였다. 지호는 3일을 공부하다가 1일을 쉬고, 예서는 5일을 공부하다가 2일을 쉬기로 하였다. 두 사람이 함께 7월 1일에 처음 수학 공부를 시작하여 9월 30일까지 공부할 때, 두 사람이 동시에 수학 공부를 쉬는 날은 모두 며칠인지 구하시오.

Step 3 최상위권 굳히기를 위한 최고난도 유형

111

두 자연수 a, b $(a<b)$에 대하여 a 이상 b 이하의 자연수 중에서 2와 3의 공배수이면서 5의 배수가 아닌 수의 개수를 $n(a, b)$로 나타낸다. 100보다 큰 자연수 x에 대하여 $n(100, x)=50$일 때, $n(1, x)$를 구하시오.

112

세 자연수 14, 35, m의 최소공배수가 140일 때, m의 값이 될 수 있는 가장 작은 자연수를 a라 하고, 세 자연수 36, 360, n의 최대공약수가 18일 때, n의 값이 될 수 있는 가장 작은 자연수를 b라 하자. 이때 $a+b$의 값을 구하시오.

113

세 자연수 $\frac{18}{x}$, $\frac{y}{x}$, $\frac{36}{x}$에 대하여 x와 y의 최소공배수는 5의 배수이고 $\frac{18}{x}<\frac{y}{x}<\frac{36}{x}$일 때, $x+y$의 값을 구하시오.

(단, x는 5보다 큰 자연수)

tip $\frac{A}{x}$, $\frac{B}{x}$가 자연수이려면 x는 A, B의 공약수이어야 한다.

114

서로 다른 세 자연수 60, A, 270의 최소공배수가 1080일 때, A로 가능한 자연수는 a개이며 주어진 세 수의 최대공약수로 가능한 자연수는 b개이다. 이때 $a+b$의 값을 구하시오.

115*

세 수 41, 105, 201을 1보다 큰 어떤 자연수 A로 나누면 나머지가 모두 같을 때, 이를 만족하는 A의 값 중에서 가장 큰 수를 구하시오.

116*

다음 조건을 모두 만족하는 자연수 A의 값을 모두 구하시오.

> (가) 두 자연수 A, B의 최대공약수는 6이다.
> (나) 두 수의 곱은 1296이다.
> (다) A는 4의 배수이다.

117

오른쪽 그림과 같이 크기와 모양이 같은 여러 개의 삼각형을 점 O를 중심으로 하여 한 변이 맞닿도록 이어 붙이려고 한다. 이때 첫 번째 삼각형과 처음으로 완전히 포개어지는 삼각형은 몇 번째 삼각형인지 구하시오.

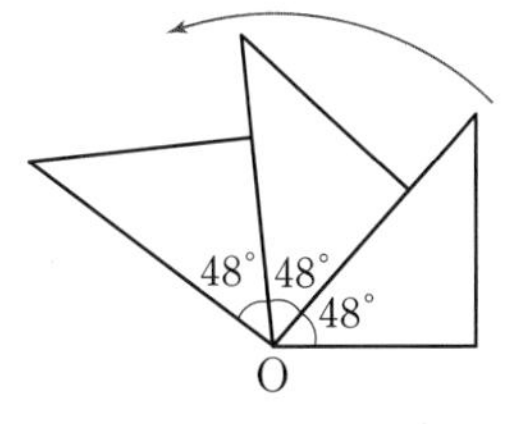

118

남학생 29명과 여학생 25명이 프로젝트를 수행하기 위해 몇 개의 모둠으로 나누려고 한다. 각 모둠에 속하는 남학생과 여학생 수를 각각 같게 하려고 하였으나 마지막 한 모둠은 다른 모둠보다 남학생이 1명 적고 여학생은 1명 많게 배정이 되었다고 할 때, 다음 중 옳지 않은 것은?

① 최대 6개 모둠까지 만들 수 있다.
② 모둠의 개수를 3으로 하면 각 모둠에 18명씩 배정된다.
③ 모둠의 개수를 최대로 하면 마지막 모둠에 총 9명이 배정된다.
④ 모둠의 개수를 최대로 하면 마지막 모둠에 여학생은 5명이 배정된다.
⑤ 모둠의 개수를 최대로 하면 마지막 모둠을 제외하고 각 모둠에 남학생은 4명씩 배정된다.

119*

$A>B$인 두 자연수 A, B가 다음 조건을 모두 만족할 때, $A-B$의 약수의 개수를 구하시오.

> (가) 두 자연수 A, B의 합은 33이다.
> (나) 두 자연수 A, B의 최소공배수를 최대공약수로 나눈 몫은 28이다.

120

어떤 공원에서 원 모양의 호수의 둘레를 따라 소나무 묘목을 동일한 간격으로 남는 공간 없이 딱 맞게 심으려고 한다. 묘목을 10 m 간격으로 심을 때와 22 m 간격으로 심을 때, 심은 묘목의 수의 차는 30이다. 이때 호수의 둘레의 길이를 구하시오.

tip 호수의 둘레의 길이가 어떤 수의 배수인지 생각해 본다.

창의융합 대각선이 지나가는 타일의 개수 구하기

121

다음 그림과 같이 가로, 세로의 길이가 각각 144 cm, 96 cm인 직사각형 모양의 벽 ABCD에 한 변의 길이가 6 cm인 정사각형 모양의 타일을 겹치지 않게 빈틈없이 붙였다. 이때 대각선 BD가 지나가는 타일은 몇 개인지 구하시오.

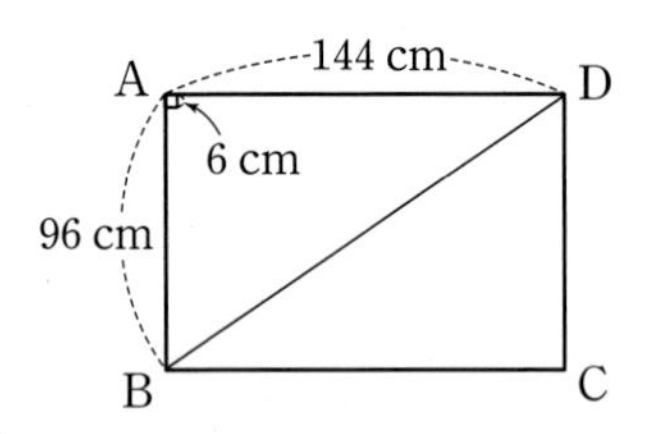

창의융합 탑승장에서 전망대까지 올라가는 데 걸리는 최소 시간 구하기

122

관광객 264명이 산 정상의 전망대까지 케이블카를 타고 올라가려고 한다. 이 산에는 정원이 14명인 케이블카 A, B를 각각 한 대씩 운행하고 있다. 케이블카 탑승장에서 산 정상의 전망대까지 올라가는 시간과 내려오는 시간이 A 케이블카는 각각 6분씩 걸리고, B 케이블카는 각각 10분씩 걸린다. 이 두 대의 케이블카가 동시에 출발하여 264명의 관광객들이 탑승장에서 전망대까지 올라가는 데 걸리는 최소 시간은 몇 분인지 구하시오. (단, 케이블카는 처음 출발 시 탑승장에 있는 상태이고, 관광객들이 타고 내리는 데 걸리는 시간은 생각하지 않는다.)

Ⅱ 정수와 유리수

03 정수와 유리수

1 정수와 유리수

(1) 어떤 기준에 대하여 서로 반대가 되는 성질을 갖는 양을 수로 나타낼 때, 기준이 되는 수를 0으로 두고 한쪽에는 **양의 부호** +, 다른 한쪽에는 **음의 부호** −를 사용하여 나타낼 수 있다.

(2) **양수와 음수**

① 양수 : 0보다 큰 수 → 양의 부호 +를 붙인 수

② 음수 : 0보다 작은 수 → 음의 부호 −를 붙인 수

(3) **정수** 양의 정수, 0, 음의 정수를 통틀어 정수라 한다.

① 양의 정수 : 자연수에 양의 부호 +를 붙인 수 (자연수)

② 음의 정수 : 자연수에 음의 부호 −를 붙인 수

(4) **유리수** 양의 유리수, 0, 음의 유리수를 통틀어 유리수라 한다.

① 양의 유리수 : 분모와 분자가 모두 자연수인 분수에 양의 부호 +를 붙인 수

② 음의 유리수 : 분모와 분자가 모두 자연수인 분수에 음의 부호 −를 붙인 수

(5) **유리수의 분류**

유리수
- 정수
  - 양의 정수(자연수) : $+1,\ +2,\ +3,\ \cdots$
  - 0
  - 음의 정수 : $-1,\ -2,\ -3,\ \cdots$
- 정수가 아닌 유리수 : $+\frac{2}{3},\ -0.5,\ -\frac{1}{4},\ \cdots$

참고 (1) 모든 정수는 $\frac{(\text{정수})}{(0\text{이 아닌 정수})}$ 꼴로 나타낼 수 있으므로 유리수이다.

(2) 양의 유리수는 +를 생략하여 나타내기도 한다.

2 수직선과 절댓값

(1) **수직선** 직선 위에 기준이 되는 점(원점)을 정하여 그 점에 0을 대응시키고, 원점의 좌우에 일정한 간격으로 점을 잡아 오른쪽의 점에 양수를, 왼쪽의 점에 음수를 대응시킨 직선

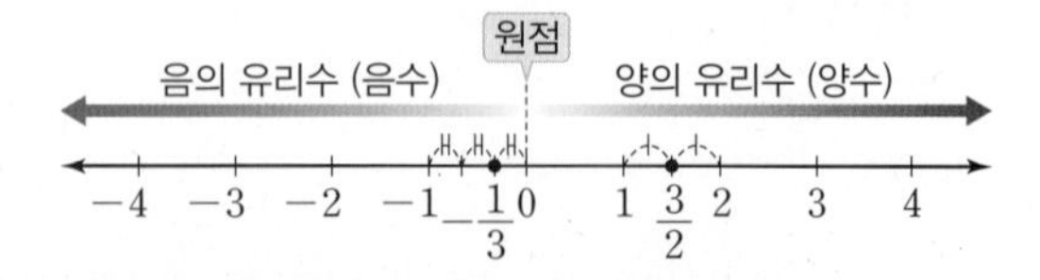

참고 모든 유리수는 수직선 위에 점으로 나타낼 수 있다.

(2) **절댓값** 수직선에서 원점과 어떤 수를 나타내는 점 사이의 거리를 그 수의 **절댓값**이라 하고 기호 | |를 사용하여 나타낸다.

참고 어떤 수의 절댓값은 그 수에서 부호 +, −를 떼어 낸 수와 같다.

예
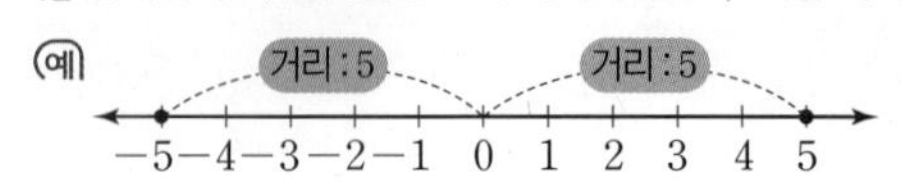

→ 수직선 위에서 5와 −5를 나타내는 점은 모두 원점으로부터 거리가 5이다. 즉 $|5|=|-5|=5$

(3) **절댓값의 성질**

① 절댓값은 거리를 나타내는 것이므로 항상 0 또는 양수이다.

② 절댓값이 $a\ (a>0)$인 수는 $+a,\ -a$의 2개이다.

③ 0의 절댓값은 0이고, 절댓값이 가장 작은 수는 0이다.

④ 수를 수직선 위에 점으로 대응시켰을 때, 원점에서 멀리 떨어질수록 절댓값이 크다.

⑤ 두 수의 절댓값이 같고 부호가 반대이면 수직선 위에서 두 수를 나타내는 점은 원점으로부터 서로 반대 방향으로 같은 거리에 있다.

3 수의 대소 관계

(1) **수의 대소 관계** 수를 수직선 위에 나타낼 때, 오른쪽에 있는 수가 왼쪽에 있는 수보다 크다.

① 양수는 0보다 크고 음수는 0보다 작다.

② 양수는 음수보다 크다.

③ 양수끼리는 절댓값이 큰 수가 더 크다.

④ 음수끼리는 절댓값이 큰 수가 더 작다.

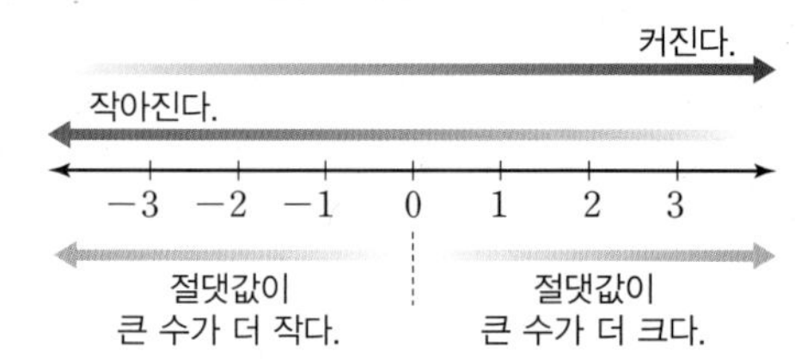

(2) **부등호의 사용**

$x>a$	x는 a보다 크다. (초과)
$x<a$	x는 a보다 작다. (미만)
$x\geq a$	x는 a보다 크거나 같다. (이상) x는 a보다 작지 않다.
$x\leq a$	x는 a보다 작거나 같다. (이하) x는 a보다 크지 않다.

참고 두 수 a, b에 대하여

(1) $0<a<b$일 때, $|a|<|b|$ (2) $a<b<0$일 때, $|a|>|b|$

개념 Plus 절댓값의 성질을 이용하여 정수 찾기

$0<a<b$일 때,

(1) $|x|<a$이면 $-a<x<a$

예 $|x|<3$을 만족하는 정수 x

→ $-3<x<3$이므로 $x=-2,\ -1,\ 0,\ 1,\ 2$

(2) $|x|>a$이면 $x<-a$ 또는 $x>a$

예 $|x|>3$을 만족하는 정수 x

→ $x<-3$ 또는 $x>3$이므로 $x=\cdots,\ -5,\ -4,\ 4,\ 5,\ \cdots$

(3) $a<|x|<b$이면 $-b<x<-a$ 또는 $a<x<b$

예 $3<|x|<7$을 만족하는 정수 x

→ 방법 1 $-7<x<-3$ 또는 $3<x<7$이므로 $x=-6,\ -5,\ -4,\ 4,\ 5,\ 6$

방법 2 $|x|=4,\ 5,\ 6$이므로 $x=-6,\ -5,\ -4,\ 4,\ 5,\ 6$

핵심 01 정수와 유리수

123 대표 문제

다음 수 중에서 정수의 개수를 a, 정수가 아닌 유리수의 개수를 b, 음의 유리수의 개수를 c라 할 때, $a+b-c$의 값을 구하시오.

$$-1.2,\quad \frac{3}{4},\quad 0,\quad -\frac{7}{3},\quad \frac{15}{3},\quad -\frac{34}{17},\quad 4$$

124

다음 중 밑줄 친 부분을 양의 부호 + 또는 음의 부호 −를 사용하여 나타낸 것으로 옳지 않은 것은?

① 몸무게가 작년보다 2 kg 줄었다. ➔ −2 kg
② 현재 기온은 영상 18 °C이다. ➔ +18 °C
③ 기차가 출발한 지 10분 후이다. ➔ −10분
④ 연필을 사려고 2000원을 지출했다. ➔ −2000원
⑤ 오늘 지각한 학생 수가 4명 늘었다. ➔ +4명

125

다음 중 옳지 않은 것을 모두 고르면? (정답 2개)

① $\frac{(\text{정수})}{(\text{정수})}$ 꼴로 나타낼 수 있는 수는 유리수이다.
② 0은 정수이면서 유리수이다.
③ 음의 정수 중 가장 큰 수는 0이다.
④ 모든 자연수는 유리수이다.
⑤ 서로 다른 두 유리수 사이에는 무수히 많은 유리수가 존재한다.

핵심 02 수직선

126 대표 문제

다음 수를 수직선 위에 점으로 나타내었을 때, 오른쪽에서 네 번째에 있는 수를 구하시오.

$$-3,\quad 2.5,\quad \frac{5}{3},\quad 1,\quad 0,\quad -\frac{2}{3},\quad -2,\quad 3$$

127

수직선에서 $-\frac{13}{3}$에 가장 가까운 정수를 a, $\frac{7}{4}$에 가장 가까운 정수를 b라 할 때, a, b의 값을 각각 구하시오.

128

수직선에서 −6을 나타내는 점 A와 4를 나타내는 점 B로부터 같은 거리에 있는 점을 C라 할 때, 점 C가 나타내는 수를 구하시오.

129

수직선에서 서로 다른 두 수 a, b를 나타내는 점으로부터 같은 거리에 있는 점이 나타내는 수가 2이고, -3을 나타내는 점과 a를 나타내는 점 사이의 거리가 5이다. 이때 b의 값을 구하시오.

핵심 03 절댓값

130 대표 문제

다음 수를 수직선 위에 점으로 나타낼 때, 원점에서 가장 멀리 떨어져 있는 수는?

① -2.3 ② $-\frac{8}{3}$ ③ 1
④ $-\frac{7}{8}$ ⑤ -3.1

131

두 유리수 a, b에 대하여 $|a|=|b|$, $a>b$이다. 수직선에서 a, b를 나타내는 두 점 사이의 거리가 $\frac{16}{7}$일 때, a의 값은?

① $-\frac{8}{7}$ ② $-\frac{4}{7}$ ③ $\frac{4}{7}$
④ $\frac{8}{7}$ ⑤ 8

132

서로 다른 두 유리수 x, y에 대하여 다음과 같이 약속할 때, $\left\{\left(-\frac{6}{7}\right)\star\left(-\frac{4}{5}\right)\right\}\blacklozenge\frac{3}{4}$의 값을 구하시오.

> $x\star y=$(x, y 중 절댓값이 큰 수)
> $x\blacklozenge y=$(x, y 중 절댓값이 작은 수)

133

두 정수 x, y에 대하여 $|x|=3$, $|y|=5$이다. 수직선 위에서 x, y를 나타내는 두 점 사이의 거리가 가장 멀 때의 거리를 a, 가장 가까울 때의 거리를 b라 할 때, $\frac{a}{b}$의 값을 구하시오.

134

다음 보기 중 절댓값에 대한 설명으로 옳은 것을 모두 고르시오.

보기

ㄱ. 절댓값은 항상 양수이다.
ㄴ. 양수의 절댓값이 음수의 절댓값보다 크다.
ㄷ. $a<0$이면 $|a|=-a$이다.
ㄹ. 음수는 절댓값이 클수록 크다.
ㅁ. 절댓값이 같은 두 수는 원점으로부터 같은 거리에 있다.
ㅂ. 절댓값이 가장 작은 수는 0이다.
ㅅ. 절댓값이 $a(a\geq0)$인 수는 항상 2개이다.

핵심 04 수의 대소 관계

135 대표 문제

다음 중 두 수의 대소 관계를 바르게 나타낸 것은?

① $\left|-\frac{5}{6}\right|<+\frac{2}{3}$　② $-\frac{3}{4}>+\frac{4}{5}$
③ $-\frac{1}{2}>-\frac{1}{3}$　④ $0>\left|-\frac{4}{7}\right|$
⑤ $\left|+\frac{6}{5}\right|<\left|-\frac{5}{4}\right|$

136

다음 중 □ 안에 알맞은 부등호가 나머지 넷과 다른 하나는?

① $-12\square-10$　② $-0.33\square\frac{3}{10}$
③ $-\frac{4}{5}\square-\frac{8}{9}$　④ $\frac{3}{4}\square\left|-\frac{6}{7}\right|$
⑤ $\left|-\frac{7}{9}\right|\square\left|+\frac{5}{6}\right|$

137

두 유리수 $-\frac{1}{4}$과 $\frac{7}{6}$ 사이에 있는 정수가 아닌 유리수 중에서 기약분수로 나타낼 때, 분모가 12인 분수의 개수를 구하시오.

138

다음 조건을 모두 만족하는 정수 a의 개수를 구하시오.

> (가) a는 -2보다 크고 4보다 크지 않다.
> (나) a는 $-\frac{9}{4}$ 이상이고 3.4 미만이다.

139

두 정수 a, b에 대하여 $a\le x<8$을 만족하는 정수 x의 개수가 4, $-3<y<b$를 만족하는 정수 y의 개수가 5일 때, $a-b$의 값은?

① 1　② 2　③ 3
④ 4　⑤ 5

140

세 컴퓨터 A, B, C에 각각 수를 세 개씩 입력하면 다음과 같은 규칙으로 수가 출력된다고 한다. A 컴퓨터에 -10, 5, 8을, B 컴퓨터에 -7, 1, 9를, C 컴퓨터에 $\frac{3}{4}$, $-\frac{4}{5}$, $-\frac{2}{3}$를 입력했을 때, A, B, C에서 나온 세 수를 각각 a, b, c라 하자. 이때 $|a|\times|b|\times|c|$의 값을 구하시오.

> A 컴퓨터 : 세 수 중에서 가장 작은 수가 나온다.
> B 컴퓨터 : 세 수 중에서 절댓값이 가장 큰 수가 나온다.
> C 컴퓨터 : 세 수 중에서 0에 가장 가까운 수가 나온다.

정답과 풀이 020쪽

141

다음 조건을 모두 만족하는 서로 다른 세 정수 a, b, c의 대소 관계를 바르게 나타낸 것은?

(가) b는 음수이고, b의 절댓값은 4이다.
(나) 수직선 위에서 a를 나타내는 점은 b를 나타내는 점보다 0을 나타내는 점에 더 가깝다.
(다) c는 -5보다 작다.

① $a<b<c$ ② $a<c<b$ ③ $b<a<c$
④ $c<a<b$ ⑤ $c<b<a$

발전 05 절댓값의 범위

142 대표 문제

절댓값이 $\frac{34}{7}$인 두 수 사이에 있는 정수의 개수를 구하시오.

143

다음 물음에 답하시오.

(1) $\left|\frac{x}{2}\right|<2$를 만족하는 정수 x의 개수를 구하시오.

(2) $3\leq|x|<5$를 만족하는 정수 x의 개수를 구하시오.

144

다음 조건을 모두 만족하는 정수 a의 값을 모두 구하시오.

(가) $|a|<4$
(나) a는 $-\frac{22}{3}$ 이상이고 3 미만이다.

145

$\left|\frac{n}{3}\right|\leq1$이고 $|n|\geq0.9$일 때, 이를 만족하는 정수 n의 개수는?

① 3 ② 4 ③ 5
④ 6 ⑤ 7

146

다음 조건을 모두 만족하는 서로 다른 세 유리수 a, b, c를 작은 수부터 차례대로 나열하시오.

(가) a, b는 모두 -3보다 크다.
(나) c는 b보다 0에 더 가깝다.
(다) a의 절댓값은 3보다 크다.
(라) b는 음수이다.

수학의 바이블 개념ON 049쪽 | 유형ON 042쪽

Step 2 실전문제 체화를 위한 심화 유형

대표 문항 절댓값의 성질을 이용하여 조건을 만족하는 수 구하기 (1)

부호가 서로 다른 두 유리수 x, y에 대하여 $4\times|x|=|y|$이고, 수직선에서 x, y를 나타내는 두 점 사이의 거리가 20이다.
조건 ① 조건 ② 조건 ③

y의 값 중 양수를 a, 음수를 b라 할 때, $|a|+|b|$의 값을 구하시오.
조건 ④ 답

유형 03 절댓값 153, 174

스키마 schema 주어진 조건은 무엇인지? 답은 무엇인지? 이 둘을 어떻게 연결해야 하는지?

1 단계

조건 ① 부호가 서로 다른 두 유리수 x, y

$x>0$, $y<0$인 경우 …… 조건 ⑤

$x<0$, $y>0$인 경우 …… 조건 ⑥

두 유리수 x, y의 부호가 서로 다르므로
(i) $x>0$, $y<0$ …… 조건 ⑤
(ii) $x<0$, $y>0$ …… 조건 ⑥
의 두 가지 경우로 나누어 생각한다.

2 단계

조건 ⑤ $x>0$, $y<0$인 경우
② $4\times|x|=|y|$
③ x, y를 나타내는 두 점 사이의 거리가 20

원점에서 x를 나타내는 점까지의 거리를 $|x|$라 할 때, 원점에서 y를 나타내는 점까지의 거리는 $4\times|x|$임을 이용한다. →

거리 : 20
y 거리 : $4\times|x|$ 0 x
거리 : $|x|$

$x=20\times\frac{1}{5}=4$
$y=-16$

(i) $x>0$, $y<0$일 때,
$4\times|x|=|y|$이고 x, y를 나타내는 두 점 사이의 거리 20은 $|x|$의 5배이므로
$|x|=20\times\frac{1}{5}=4$ $\therefore x=4\,(\because x>0)$
이때 원점에서 y를 나타내는 점까지의 거리는 $4\times|x|$
즉 $|y|=4\times4=16$이므로
$y=-16\,(\because y<0)$

3 단계

조건 ⑥ $x<0$, $y>0$인 경우
② $4\times|x|=|y|$
③ x, y를 나타내는 두 점 사이의 거리가 20

원점에서 x를 나타내는 점까지의 거리를 $|x|$라 할 때, 원점에서 y를 나타내는 점까지의 거리는 $4\times|x|$임을 이용한다. →

거리 : 20
x 0 거리 : $4\times|x|$ y
거리 : $|x|$

$x=-\left(20\times\frac{1}{5}\right)=-4$
$y=16$

(ii) $x<0$, $y>0$일 때,
$4\times|x|=|y|$이고 x, y를 나타내는 두 점 사이의 거리 20은 $|x|$의 5배이므로
$|x|=20\times\frac{1}{5}=4$ $\therefore x=-4\,(\because x<0)$
이때 원점에서 y를 나타내는 점까지의 거리는 $4\times|x|$
즉 $|y|=4\times|-4|=16$이므로
$y=16\,(\because y>0)$

4 단계

답 $|a|+|b|$의 값

조건 ④ y의 값 중 양수를 a, 음수를 b라 한다.

$a=16$, $b=-16$ → $|a|+|b|=32$

(i), (ii)에서 구한 y의 값 중 양수가 a, 음수가 b이므로 $a=16$, $b=-16$
$\therefore |a|+|b|=|16|+|-16|$
$=16+16=32$

답 32

Step 2 실전문제 체화를 위한 **심화 유형**

대표 문항 절댓값의 성질을 이용하여 조건을 만족하는 수 구하기 (2)

$x<y$이고 $|x|+|y|<4$를 만족하는 두 정수 x, y를 (x, y)로 나타낼 때, (x, y)의 개수를 구하시오.
조건 ① 조건 ② 답

유형 03 절댓값 167

스키마 schema 주어진 조건은 무엇인지? 답은 무엇인지? 이 둘을 어떻게 연결해야 하는지?

1 단계

조건 ② $|x|+|y|<4$ → $|x|+|y|<4$에서 $|x|$의 값이 될 수 있는 수 → 0, 1, 2, 3 …… 조건 ③

$|x|+|y|<4$에서
$|x|$의 값이 될 수 있는 수는 0, 1, 2, 3이다.

2 단계

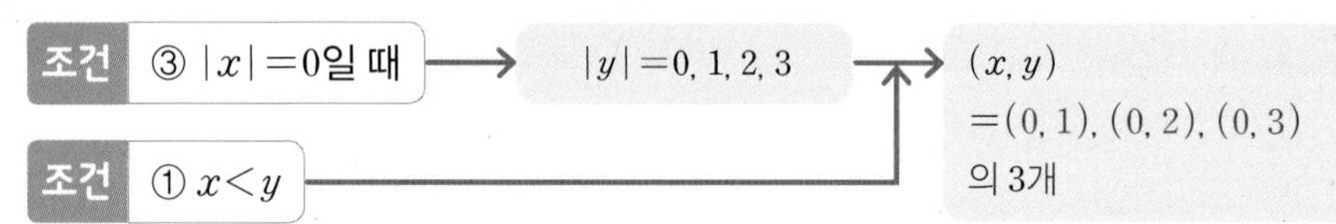

(i) $|x|=0$일 때, $|y|=0, 1, 2, 3$
이때 $x<y$인 (x, y)는
$(0, 1), (0, 2), (0, 3)$의 3개

3 단계

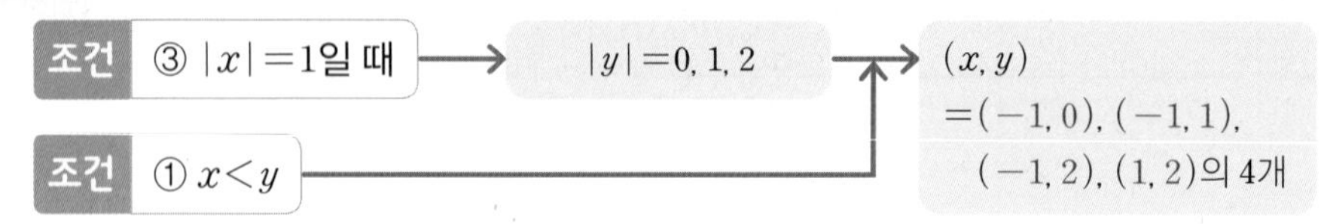

(ii) $|x|=1$일 때, $|y|=0, 1, 2$
이때 $x<y$인 (x, y)는
$(-1, 0), (-1, 1), (-1, 2), (1, 2)$의 4개

4 단계

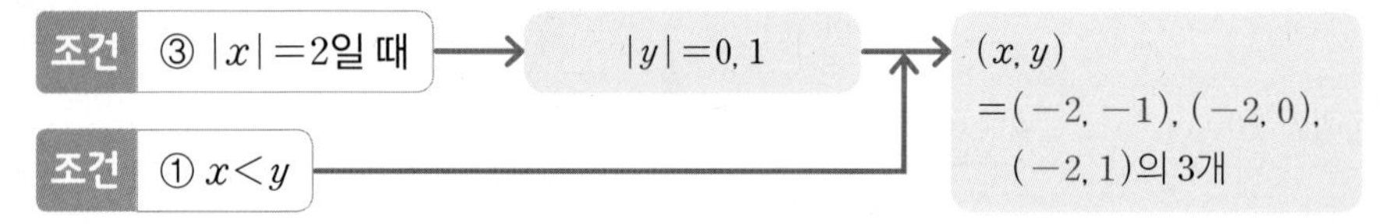

(iii) $|x|=2$일 때, $|y|=0, 1$
이때 $x<y$인 (x, y)는
$(-2, -1), (-2, 0), (-2, 1)$의 3개

5 단계

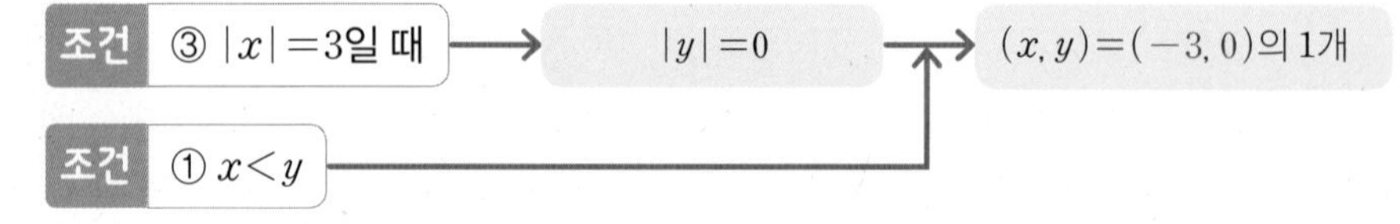

(iv) $|x|=3$일 때, $|y|=0$
이때 $x<y$인 (x, y)는
$(-3, 0)$의 1개

6 단계

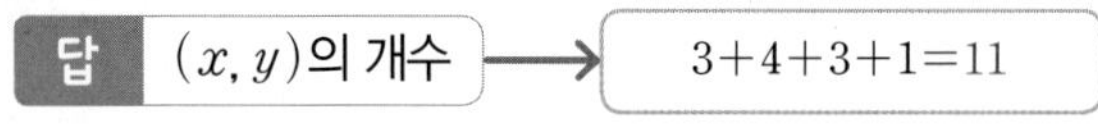

(i)~(iv)에서 조건을 만족하는 (x, y)의 개수는 $3+4+3+1=11$

답 11

유형 01 정수와 유리수

147

다음 보기 중 옳은 것을 모두 고르시오.

보기
ㄱ. 0은 정수이지만 자연수는 아니다.
ㄴ. 수직선에서 음의 정수를 나타내는 점 중 가장 오른쪽에 위치한 점이 나타내는 수는 0이다.
ㄷ. 유리수는 수직선 위의 점으로 나타낼 수 있다.
ㄹ. 정수와 정수 사이에는 반드시 다른 정수가 있다.
ㅁ. 유리수는 양의 유리수와 음의 유리수로 이루어져 있다.
ㅂ. 서로 다른 두 정수 사이에 있는 정수의 개수는 셀 수 없다.

148*

유리수 x에 대하여

$$\{x\}=\begin{cases}0 & (x\text{는 정수})\\1 & (x\text{는 정수가 아닌 유리수})\end{cases}$$

로 약속할 때, 다음 식의 값을 구하시오.

$$\left\{\frac{14}{7}\right\}+\{-2.8\}-\{-3\}+\left\{\frac{3}{5}\right\}$$

유형 02 수직선

149

수직선에서 0을 나타내는 점으로부터 3만큼 떨어진 점을 A, 2를 나타내는 점으로부터 8만큼 떨어진 점을 B라 하자. 두 점 A, B 사이의 거리가 최대일 때의 두 점 사이의 거리를 구하시오.

150

다음 수직선에서 두 점 A, D가 나타내는 수가 각각 -4, 8이고 5개의 점 A, B, C, D, E 사이의 간격이 모두 같다. 세 점 B, C, E가 나타내는 수를 각각 b, c, e라 할 때, $b+c+e$의 값을 구하시오.

A B C D E
-4 b c 8 e

151*

수직선 위에 있는 6개의 점 A, B, C, D, E, F가 다음 조건을 모두 만족할 때, 두 점 A, C 사이의 거리와 두 점 B, F 사이의 거리의 합을 구하시오.

(가) 점 D는 점 B보다 3만큼 오른쪽에 있다.
(나) 점 E는 점 D보다 8만큼 오른쪽에 있고, 점 A보다 3만큼 왼쪽에 있다.
(다) 점 C는 점 F보다 5만큼 오른쪽에 있고, 점 E보다 2만큼 왼쪽에 있다.

유형 03 절댓값

152

수직선 위에 있는 두 점 A, B는 절댓값이 같고 거리가 24인 두 정수를 나타낸다. 두 점 A, B 사이의 거리를 8등분 하는 7개의 점 중에서 오른쪽에서 세 번째에 있는 점이 나타내는 수를 a, 두 점 A, B 사이의 거리를 6등분 하는 5개의 점 중에서 왼쪽에서 두 번째에 있는 점이 나타내는 수를 b라 할 때, a, b의 값을 각각 구하시오.

153* 스키마 schema

두 정수 a, b에 대하여 수직선에서 a, b를 나타내는 두 점 사이의 거리가 12이고 $a<b$, $|a|=5\times|b|$일 때, 모든 a의 절댓값의 합은?

① 5 ② 10 ③ 15
④ 20 ⑤ 25

154*

수직선 위에 5개의 점 A, B, C, D, E가 일정한 간격으로 왼쪽에서부터 차례대로 놓여 있다. 두 점 C, D가 나타내는 수의 절댓값이 각각 2, 5이고, 세 점 A, B, E가 나타내는 수를 각각 a, b, e라 하자. 이를 만족하는 세 수 a, b, e를 (a, b, e)로 나타낼 때, (a, b, e)를 모두 구하시오.

155

서로 다른 네 유리수 a, b, c, d와 수직선에서 각각 a, b, c, d를 나타내는 점 A, B, C, D가 다음 조건을 모두 만족할 때, $|a|+|b|+|c|+|d|$의 값을 구하시오.

(가) a와 b는 부호가 서로 반대이고 절댓값은 같다.
(나) 점 C는 점 A보다 4만큼 오른쪽에 있다.
(다) 점 D는 점 B보다 5만큼 왼쪽에 있다.
(라) $d=|-9|-|6|$

156*

$|a|+|b|=3$을 만족하는 두 정수 a, b를 (a, b)로 나타낼 때, (a, b)의 개수를 구하시오.

157

다음 조건을 모두 만족하는 서로 다른 세 정수 a, b, c를 (a, b, c)로 나타낼 때, (a, b, c)를 모두 구하시오.

(단, a, b, c는 절댓값이 4 이하이다.)

(가) $a>b$이고, a, b는 수직선 위에서 원점을 기준으로 서로 반대쪽에 있다.
(나) a, c는 수직선 위에서 원점을 기준으로 서로 같은 쪽에 있다.
(다) $|a|=|b|+1$, $|b|=|c|+1$

유형 04 수의 대소 관계

158*

서로 다른 네 유리수 a, b, c, d와 수직선에서 각각 a, b, c, d를 나타내는 점 A, B, C, D가 다음 조건을 모두 만족할 때, a, b, c, d의 대소 관계를 부등호를 사용하여 나타내시오.

(가) 두 점 A, B는 원점을 기준으로 왼쪽에 있다.
(나) 점 A는 점 B보다 원점에 가깝다.
(다) a와 c는 절댓값이 같다.
(라) 점 C는 점 A와 점 D의 한가운데에 있다.

159

$[x]$는 x보다 크지 않은 최대의 정수라 하자. 예를 들어 $[-3.1]=-4$, $[2.8]=2$이다. $[-4.3]=a$, $[0]=b$, $[5]=c$, $[1.8]=d$, $\left[-\frac{16}{3}\right]=e$라 할 때, $|a|+|b|+|c|+|d|+|e|$의 값을 구하시오.

160*

다음 중 $|b|<|a|$인 두 수 a, b에 대한 설명으로 옳은 것을 모두 고르면? (정답 2개)

① a는 b보다 크다.
② 수직선에서 b를 나타내는 점은 a를 나타내는 점보다 원점에 가깝다.
③ b가 양수이면 a도 양수이다.
④ $b=0$일 때, a는 음수이다.
⑤ a, b가 모두 음수이면 수직선에서 a를 나타내는 점은 b를 나타내는 점보다 왼쪽에 있다.

161

오른쪽 그림과 같은 전개도로 만든 정육면체에서 마주 보는 면에 있는 두 수는 절댓값이 같고 부호가 반대이다. $b=3\times a$일 때, 두 수 b, c 사이에 존재하는 정수의 개수를 구하시오.

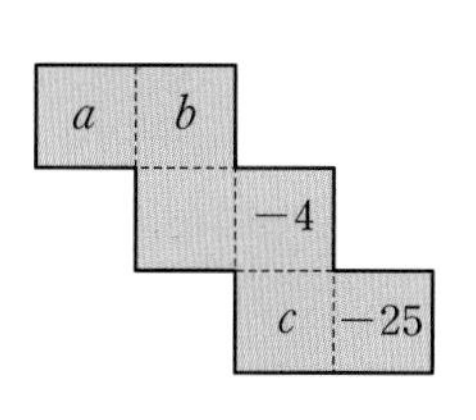

유형 05 절댓값의 범위

162

절댓값이 □ 이하인 정수가 49개이다. □ 안에 들어갈 자연수로 알맞은 것은?

① 21 ② 22 ③ 23
④ 24 ⑤ 48

163*

다음 조건을 모두 만족하는 x의 값 중 가장 작은 수를 a, 가장 큰 수를 b라 할 때, a, b의 최소공배수를 구하시오.

> (가) x는 11 이상 24 미만인 정수이다.
> (나) x의 절댓값은 15보다 작지 않다.
> (다) x는 $13<x\leq21$인 홀수이다.

164

다음 조건을 모두 만족하는 정수 a의 개수는?

> (가) a와 부호가 같은 정수 b에 대하여 $a>b$이고, a의 절댓값은 b의 절댓값보다 작다.
> (나) a의 절댓값은 61보다 크고 79보다 작거나 같다.
> (다) $|a|$의 약수는 2개이다.

① 1 ② 2 ③ 3
④ 4 ⑤ 5

165

다음 조건을 모두 만족하는 5개의 수 a, b, c, d, e를 작은 수부터 차례대로 나열하시오.

> (가) a는 $\frac{13}{6}$에 가장 가까운 정수이다.
> (나) b는 4 초과이다.
> (다) c는 음수이고, $|c|>3$이다.
> (라) d는 -2보다 크고 -0.8보다 크지 않은 정수이다.
> (마) e는 $-\frac{17}{8}<e<\frac{23}{5}$을 만족하는 정수 중 절댓값이 두 번째로 큰 수이다.

166

아래 조건을 모두 만족하는 서로 다른 세 유리수 x, y, z에 대하여 다음 중 옳은 것을 모두 고르면? (정답 2개)

> (가) $|x|>|-6|$
> (나) x와 y는 6보다 작다.
> (다) y와 z의 절댓값이 같다.
> (라) 수직선에서 z를 나타내는 점이 x를 나타내는 점보다 원점으로부터 더 멀리 떨어져 있다.

① $x>1$ ② $y<-6$ ③ $z<6$
④ $x>y$ ⑤ $x>z$

167, 168

서술형 풀이 과정을 쓰고 답을 구하시오.

167

스키마 schema　　유형 03

$x<y$이고 $|x|+|y|<5$를 만족하는 두 정수 x, y를 (x, y)로 나타낼 때, (x, y)의 개수를 구하시오.

168

유형 03

두 수 x, y에 대하여 $|x|=\left|-\frac{7}{3}\right|$, $|y|=\left|\frac{13}{4}\right|$이고, x보다 작은 수 중 가장 큰 정수를 X, y보다 큰 수 중 가장 작은 정수를 Y라 할 때, $|X|+|Y|$의 값 중에서 가장 작은 값을 구하시오.

169

유리수 x에 대하여

$$\langle x\rangle=\begin{cases}0\ (x\text{는 자연수})\\1\ (x\text{는 자연수가 아닌 정수})\\2\ (x\text{는 정수가 아닌 유리수})\end{cases}$$

라 하자. 예를 들어 $\langle 3\rangle=0$, $\langle -1\rangle=1$, $\langle 0.89\rangle=2$이다. 다음 물음에 답하시오.

(1) $\left\langle \frac{14}{7}\right\rangle+\langle a\rangle+\langle 0\rangle+\left\langle -\frac{12}{4}\right\rangle+\left\langle \frac{37}{6}\right\rangle=6$일 때, $\langle a\rangle$의 값을 구하시오.

(2) 다음 보기의 수 중에서 (1)의 $\langle a\rangle$의 값을 만족하는 a의 값이 될 수 있는 수의 개수를 구하시오.

보기

-0.38, $\frac{4}{2}$, 0, $\frac{24}{7}$, -6, 10, 4.5, $\frac{76}{19}$, 0.01

170

다음 조건을 모두 만족하는 두 정수 m, n을 (m, n)으로 나타낼 때, (m, n)의 개수를 구하시오.

(가) $3<|m|\leq 5$, $2\leq |n|<5$
(나) $m\leq n$

171

두 정수 a, b에 대하여 $\frac{36}{a}$, $\frac{90}{a}$은 양의 정수이고, $\frac{b}{a}$는 $5<\left|\frac{b}{a}\right|<10$을 만족하는 정수이다. $\frac{b}{a}$의 값이 최대일 때, b의 최댓값을 구하시오.

172*

다음 조건을 모두 만족하는 서로 다른 네 정수를 모두 구하시오.

(가) 네 수의 절댓값의 곱은 2250이다.
(나) 어떤 세 수의 합은 0이다.
(다) 합이 0인 어떤 세 수의 절댓값의 비는 1 : 2 : 3이다.
(라) 네 수의 절댓값은 각각 1보다 크고 네 수의 합은 0보다 작다.

173*

두 정수 a, b에 대하여

$$a▲b=\begin{cases}a\ (|a|\geq |b|)\\b\ (|a|<|b|)\end{cases},\quad a◉b=\begin{cases}a\ (|a|\leq |b|)\\b\ (|a|>|b|)\end{cases}$$

로 약속할 때, $\{(-10)▲3\}◉(m▲8)=8$을 만족하는 정수 m의 개수를 구하시오.

174* 스키마 schema

다음 조건을 모두 만족하는 두 정수 a, b에 대하여 $|a|+|b|$의 값 중 가장 작은 값을 구하시오.

> (가) a의 절댓값은 b의 절댓값의 3배이다.
> (나) 수직선에서 두 수 a, b가 나타내는 두 점 사이의 거리는 24이다.

175

아래 수직선에서 두 점 A, E가 나타내는 수가 각각 2, 10이고, 6개의 점 A, B, C, D, E, F 사이의 간격은 모두 같다.

A(2) — B — C — D — E(10) — F

네 점 B, C, D, F가 나타내는 수를 각각 b, c, d, f라 할 때, 다음 조건을 모두 만족하는 정수 x의 개수를 구하시오.

> (가) $b<|x|<d$　　(나) $\frac{c}{5}<\frac{12}{|x|}<\frac{f}{6}$

176*

두 유리수 $-\frac{3}{4}$, $\frac{11}{5}$ 사이에 있는 수 중에서 분모가 7이며 정수가 아닌 유리수의 개수를 A라 하고, $-\frac{23}{3}$, $-\frac{5}{4}$ 사이에 있는 수 중에서 분모가 7이며 정수가 아닌 유리수의 개수를 B라 할 때, $A+B$의 값을 구하시오.

177

다음 조건을 모두 만족하는 세 정수 a, b, c를 (a, b, c)로 나타낼 때, (a, b, c)의 개수를 구하시오.

> (가) $|a|\times|b|\times|c|=100$
> (나) $|c|\le|b|\le|a|$
> (다) $c<a\le b$

창의융합 수직선 위의 두 점 사이의 거리 구하기

178

다음 표는 수직선 위의 6개의 점 A, B, C, D, E, F 사이의 거리를 나타낸 표이다. 예를 들어 두 점 A와 C 사이의 거리는 35이다. 그런데 표에 물을 쏟아 표의 일부분이 지워져서 보이지 않게 되었다.

	A	B	C	D	E	F
A			35			
B					103	
C						
D			49			86
E	119					
F						

두 점 B와 D 사이의 거리를 a, 두 점 C와 E 사이의 거리를 b라 할 때, $a<|x|<b$를 만족하는 정수 x의 개수를 구하시오. (단, 6개의 점 A, B, C, D, E, F는 이 순서대로 왼쪽에서부터 차례대로 놓여져 있다.)

창의융합 수를 수직선 위에 나타내기

179

5개의 백화점 A, B, C, D, E에서는 동일한 명절 선물 세트를 판매하고 있다. 이 선물 세트의 가격과 각 백화점에 다녀오는 데 필요한 왕복 교통비는 다음 표와 같다.

백화점	선물 세트 가격	왕복 교통비
A	x원	3500원
B	D 백화점보다 3000원 비싸다.	4000원
C	B 백화점보다 2000원 싸다.	3000원
D	A 백화점보다 5000원 싸다.	4200원
E	C 백화점보다 3500원 비싸다.	2800원

5개의 백화점 A, B, C, D, E에서 이 선물 세트를 사려고 할 때, 선물 세트 가격과 왕복 교통비를 더한 금액을 각각 a원, b원, c원, d원, e원이라 하자. 6개의 수 x, a, b, c, d, e를 수직선 위에 점으로 나타낼 때, 오른쪽에서 두 번째에 있는 점이 나타내는 수를 구하시오.

04 정수와 유리수의 계산

1 유리수의 덧셈과 뺄셈

(1) 유리수의 덧셈

① 부호가 같은 두 수의 덧셈 : 두 수의 절댓값의 합에 공통인 부호를 붙여서 계산한다.

② 부호가 다른 두 수의 덧셈 : 두 수의 절댓값의 차에 절댓값이 큰 수의 부호를 붙여서 계산한다.

참고 (1) 절댓값이 같고 부호가 다른 두 수의 합은 0이다.

(2) 0과 어떤 수의 합은 어떤 수 자신이다.

(2) 덧셈의 계산 법칙

세 수 a, b, c에 대하여

① 덧셈의 교환법칙 : $a+b=b+a$

② 덧셈의 결합법칙 : $(a+b)+c=a+(b+c)$

참고 세 수의 덧셈에서 $(a+b)+c=a+(b+c)$이므로 괄호를 사용하지 않고 $a+b+c$와 같이 나타낼 수 있다.

(3) 유리수의 뺄셈

빼는 수의 부호를 바꾸어 더한다.

예 $(+2)-(+5)=(+2)+(-5)=-(5-2)=-3$

$(+2)-(-5)=(+2)+(+5)=+(2+5)=+7$

참고 뺄셈에서는 교환법칙과 결합법칙이 성립하지 않는다.

$5-2\neq2-5$, $(5-3)-2\neq5-(3-2)$

(4) 유리수의 덧셈과 뺄셈의 혼합 계산

❶ 뺄셈은 덧셈으로 바꾼 후 계산한다.

❷ 덧셈의 교환법칙과 결합법칙을 이용하여 계산한다.

참고 양수는 양수끼리, 음수는 음수끼리 모아서 계산하면 편리하다.

(5) 부호가 생략된 수의 덧셈과 뺄셈

❶ 괄호를 사용하여 생략된 양수의 양의 부호 +를 넣는다.

❷ 뺄셈은 덧셈으로 바꾼 후 계산한다.

❸ 덧셈의 교환법칙과 결합법칙을 이용하여 계산한다.

2 유리수의 곱셈과 나눗셈

(1) 유리수의 곱셈

① 부호가 같은 두 수의 곱셈 : 두 수의 절댓값의 곱에 양의 부호 +를 붙여서 계산한다.

② 부호가 다른 두 수의 곱셈 : 두 수의 절댓값의 곱에 음의 부호 −를 붙여서 계산한다.

참고 (1) 어떤 수와 0의 곱은 0이다.

(2) 1과 어떤 수의 곱은 어떤 수 자신이다.

(2) 곱셈의 계산 법칙

세 수 a, b, c에 대하여

① 곱셈의 교환법칙 : $a\times b=b\times a$

② 곱셈의 결합법칙 : $(a\times b)\times c=a\times(b\times c)$

참고 세 수의 곱셈에서 $(a\times b)\times c=a\times(b\times c)$이므로 괄호를 사용하지 않고 $a\times b\times c$와 같이 나타낼 수 있다.

(3) 세 개 이상의 수의 곱셈

❶ 곱해진 음수의 개수에 따라 부호를 결정한다.

곱해진 음수(−)가 ┌ 짝수 개이면 → +
　　　　　　　　 └ 홀수 개이면 → −

❷ 각 수의 절댓값의 곱에 ❶에서 결정된 부호를 붙인다.

참고 음수의 거듭제곱의 부호 : 지수가 ┌ 짝수이면 → +
　　　　　　　　　　　　　　　　　 └ 홀수이면 → −

(4) 덧셈에 대한 곱셈의 분배법칙

세 수 a, b, c에 대하여

① $a\times(b+c)=a\times b+a\times c$

② $(a+b)\times c=a\times c+b\times c$

(5) 유리수의 나눗셈 ← 0으로 나누는 것은 생각하지 않는다.

① 부호가 같은 두 수의 나눗셈 : 두 수의 절댓값의 나눗셈의 몫에 양의 부호 +를 붙여서 계산한다.

② 부호가 다른 두 수의 나눗셈 : 두 수의 절댓값의 나눗셈의 몫에 음의 부호 −를 붙여서 계산한다.

참고 0을 0이 아닌 수로 나눈 몫은 0이다.

③ 역수 : 두 수의 곱이 1일 때, 한 수를 다른 수의 **역수**라 한다. ← 0의 역수는 없다.

주의 역수를 구할 때는 부호를 바꾸지 않는다.

④ 역수를 이용한 유리수의 나눗셈 : 나누는 수를 역수로 바꾸어 곱셈으로 고쳐서 계산한다.

예 $(+3)\div\left(-\frac{3}{4}\right)=(+3)\times\left(-\frac{4}{3}\right)=-4$

(6) 유리수의 곱셈과 나눗셈의 혼합 계산

❶ 나눗셈을 곱셈으로 고친다.

❷ 부호를 결정한 후 각 수의 절댓값의 곱에 결정된 부호를 붙인다.

개념 Plus 복잡한 식의 계산

A, B, C, D가 0이 아닌 유리수일 때,

(1) $\dfrac{\frac{A}{B}}{\frac{C}{D}}=\dfrac{A}{B}\div\dfrac{C}{D}=\dfrac{A}{B}\times\dfrac{D}{C}=\dfrac{A\times D}{B\times C}$

(2) $\dfrac{1}{A\times B}=\dfrac{1}{B-A}\times\left(\dfrac{1}{A}-\dfrac{1}{B}\right)$

① $\dfrac{1}{n\times(n+1)}=\dfrac{1}{n}-\dfrac{1}{n+1}$ (단, $n\neq0$, $n\neq-1$)

② $\dfrac{1}{n\times(n+2)}=\dfrac{1}{2}\times\left(\dfrac{1}{n}-\dfrac{1}{n+2}\right)$ (단, $n\neq0$, $n\neq-2$)

3 유리수의 혼합 계산

덧셈, 뺄셈, 곱셈, 나눗셈이 혼합된 식은 다음과 같은 순서로 계산한다.

❶ 거듭제곱이 있으면 거듭제곱을 먼저 계산한다.

❷ (소괄호) → {중괄호} → [대괄호]의 순서로 계산한다.

❸ 곱셈, 나눗셈을 먼저 계산한 후 덧셈, 뺄셈을 계산한다.

핵심 01 유리수의 덧셈과 뺄셈

180 대표 문제

다음 중 계산 결과가 가장 큰 것은?

① $\left(-\frac{1}{2}\right)+\left(-\frac{1}{3}\right)$
② $\left(+\frac{1}{4}\right)+\left(-\frac{2}{3}\right)+\left(-\frac{1}{6}\right)$
③ $\left(-\frac{2}{5}\right)-\left(-\frac{7}{5}\right)$
④ $\left(-\frac{1}{6}\right)+\left(-\frac{2}{3}\right)-\left(-\frac{5}{2}\right)$
⑤ $(-2.5)+\left(+\frac{3}{4}\right)+\left(+\frac{3}{8}\right)+(-1)$

181

$-\frac{3}{4}$보다 $-\frac{7}{3}$만큼 작은 수를 a, $-\frac{5}{4}$보다 $\frac{1}{2}$만큼 큰 수를 b라 할 때, $a-b$의 값을 구하시오.

182

어떤 유리수에서 $\frac{2}{7}$를 빼야 할 것을 잘못하여 더했더니 그 결과가 $-\frac{1}{3}$이 되었다. 이때 바르게 계산한 결과를 구하시오.

183

다음 수 중에서 가장 작은 수를 a, 절댓값이 가장 큰 수를 b라 할 때, $a-b$의 값을 구하시오.

$+\frac{3}{2}$, -1, $-\frac{5}{4}$, $+\frac{11}{6}$, $-\frac{5}{3}$

184

오른쪽 그림과 같은 전개도를 접어 정육면체를 만들었을 때, 마주 보는 면에 적힌 두 수의 합이 -1이다. 이때 $a+b+c$의 값을 구하시오.

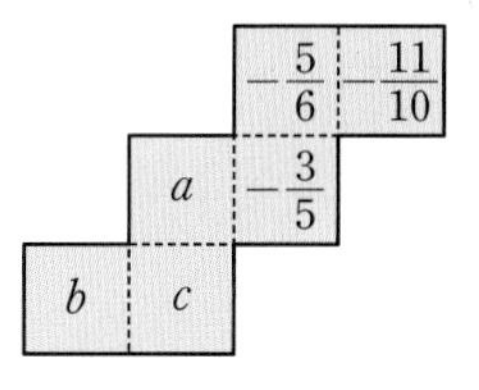

185

다음 그림에서 이웃하는 네 수의 합은 항상 $-\frac{2}{9}$이다. 이때 ㉠에 알맞은 수를 구하시오.

㉠			3		-5	$\frac{5}{3}$

핵심 02 유리수의 곱셈과 나눗셈

186 대표 문제

다음 중 계산 결과가 옳지 않은 것은?

① $(-3)\times4\times\left(-\frac{1}{2}\right)^3=\frac{3}{2}$
② $2\times\left(-\frac{1}{10}\right)\div\left(-\frac{1}{5}\right)^2=-5$
③ $\frac{5}{6}\div\left(-\frac{3}{4}\right)\times\frac{1}{2}=-\frac{5}{9}$
④ $\left(-\frac{9}{4}\right)\div\left(-\frac{1}{16}\right)\div(-3^3)=-\frac{2}{3}$
⑤ $\left(-\frac{1}{2}\right)^2\times6\div24=\frac{1}{16}$

187

$A=\left(-\frac{11}{4}\right)\div\left(-\frac{10}{11}\right)\times\left(-\frac{15}{22}\right)$일 때, A보다 작지 않은 음의 정수의 개수는?

① 5 ② 4 ③ 3
④ 2 ⑤ 1

188

세 유리수 a, b, c에 대하여 $a\times c=\frac{4}{5}$, $a\times(b+c)=\frac{17}{45}$일 때, $a\times b$의 값을 구하시오.

189

다음 중 가장 큰 수와 가장 작은 수의 곱을 구하시오.

$$\left(-\frac{1}{2}\right)^3,\ \left(-\frac{1}{2}\right)^2,\ -\frac{1}{2},\ -\left(-\frac{1}{2}\right)^2,\ -\left(-\frac{1}{2}\right)^3$$

190

네 유리수 -4, $-\frac{7}{2}$, $-\frac{3}{2}$, 2 중에서 서로 다른 세 수를 뽑아 곱한 값 중 가장 큰 수를 a, 가장 작은 수를 b라 할 때, $a+b$의 값을 구하시오.

191

$-\frac{3}{4}$의 역수를 x, 1.5의 역수를 y라 하고, $\left(-\frac{1}{3}\right)^3\times9\div\left(-\frac{3}{5}\right)$의 값을 z라 할 때, $x\div y\times z$의 값을 구하시오.

192

오른쪽 그림과 같은 전개도를 접어 정육면체를 만들었을 때, 마주 보는 면에 적힌 두 수의 곱이 1이다.
이때 $A\times B\div C$의 값을 구하시오.

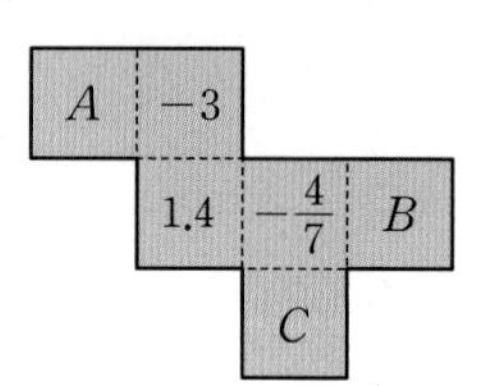

193

다음 식을 계산하시오.

$$\left(-\frac{1}{2}\right)\div\left(+\frac{2}{3}\right)\div\left(-\frac{3}{4}\right)\div\cdots\div\left(+\frac{48}{49}\right)\div\left(-\frac{49}{50}\right)$$

194

$(-1)\times(-1)^2\div(-1)^3\times(-1)^4\div(-1)^5\times\cdots\times(-1)^{450}$의 값을 구하시오.

핵심 03 유리수의 혼합 계산

195 대표 문제

다음 식의 계산 결과를 A라 할 때, A의 값에 가장 가까운 정수를 구하시오.

$$4\div\left(-\frac{3}{4}\right)-\left[\left(-\frac{1}{2}\right)+\frac{4}{5}\times\left\{(-10)+\left(-\frac{5}{2}\right)^2\right\}\right]$$

196

두 유리수 A, B에 대하여 $A\times B=1$이다. 유리수 B가 다음과 같을 때, A의 값은?

$$B=\frac{3}{2}\div\left\{(-2)-\left(\frac{1}{2}-\frac{4}{3}\right)\times 4-\left(-\frac{1}{2}\right)^3\right\}\times\frac{35}{18}$$

① -1　② $-\frac{1}{2}$　③ $\frac{1}{2}$
④ 1　⑤ 2

197

$6\times(-1)^5-\frac{3}{4}\div\left\{3^2\times\left(-\frac{1}{2}\right)+2\right\}$를 계산하시오.

198

다음과 같은 규칙으로 계산하는 두 개의 상자 (가), (나)가 있다. (가)에 -3을 넣은 결과를 다시 (나)에 넣었을 때, 그 계산 결과를 구하시오.

(가) 들어온 수에 $-\frac{1}{2}$을 곱한 다음 -3을 빼서 내보낸다.
(나) 들어온 수에서 2를 뺀 다음 $\frac{5}{6}$로 나누어 내보낸다.

199

두 수 a, b에 대하여

$a\circ b=a\div b-1$, $a\bigstar b=a\times b+1$

로 약속할 때, $\left(\frac{3}{4}\circ\frac{9}{4}\right)\bigstar\left(\frac{5}{4}\circ\frac{5}{2}\right)$를 계산하시오.

200

다음 식에서 □ 안에 알맞은 수를 구하시오.

$$\left\{1-4^2\times\left(-\frac{1}{2}\right)^3\right\}-\square\div\left\{\left(-\frac{2}{3}\right)-(-2)^3\div\frac{4}{3}\right\}=21$$

핵심 04 문자로 주어진 유리수의 부호

201 대표 문제

두 유리수 a, b에 대하여 $a>0$, $b<0$일 때, 다음 중 항상 양수인 것은?

① $a+b$　② $a^2\times b$　③ $a\div b^2$
④ $a\times b$　⑤ $b-a$

202

세 유리수 a, b, c가 다음 조건을 모두 만족할 때, a, b, c의 부호는?

$$a\times b>0,\quad b\times c<0,\quad b-c<0$$

① $a<0$, $b<0$, $c<0$
② $a<0$, $b<0$, $c>0$
③ $a>0$, $b>0$, $c>0$
④ $a>0$, $b>0$, $c<0$
⑤ $a>0$, $b<0$, $c<0$

203

두 유리수 a, b에 대하여 $a<0$, $b>0$이다. 다음을 작은 수부터 차례대로 나열할 때, 두 번째에 오는 수를 구하시오.

$$a,\quad b,\quad a+b,\quad a-b,\quad b-a$$

핵심 05 절댓값의 성질을 이용한 유리수의 계산

204 대표 문제

두 유리수 x, y에 대하여 $|x|=8$, $|y|=5$이고 $x-y$의 값 중 가장 큰 값을 M, 가장 작은 값을 m이라 할 때, $M-m$의 값은?

① 0
② 6
③ 10
④ 16
⑤ 26

205

두 유리수 A, B에 대하여 $|A-2|=1$, $|B+3|=2$일 때, $A-B$의 최댓값을 구하시오.

206

두 정수 a, b에 대하여 $a>0$, $b>0$이고 $a\times|a-b|=7$일 때, $a+b$의 최솟값을 구하시오.

207

다음 조건을 모두 만족하는 세 정수의 합을 모두 구하시오.

(가) 세 정수는 서로 다른 음의 정수이다.
(나) 세 정수의 곱은 -24이다.
(다) 한 정수의 절댓값은 3이다.

발전 06 규칙이 있는 유리수의 계산

208 대표 문제

자연수 n에 대하여 $\frac{1}{n\times(n+1)}=\frac{1}{n}-\frac{1}{n+1}$임을 이용하여 다음을 계산하시오.

$$\left(\frac{1}{2}+\frac{1}{6}+\frac{1}{12}+\frac{1}{20}+\frac{1}{30}+\frac{1}{42}+\frac{1}{56}\right)\div\frac{1}{8}$$

209

자연수 n에 대하여 $\frac{2}{n\times(n+2)}=\frac{1}{n}-\frac{1}{n+2}$임을 이용하여 $a+b$의 값을 구하시오. (단, a, b는 서로소)

$$\frac{2}{9\times11}+\frac{2}{11\times13}+\frac{2}{13\times15}+\frac{2}{15\times17}=\frac{a}{b}$$

수학의 바이블 개념ON 071쪽, 089쪽 | 유형ON 060쪽, 074쪽

대표 문항 서로 다른 세 수를 뽑아 곱한 값 중 가장 큰 수와 가장 작은 수 구하기

5개의 유리수 $-6, \frac{2}{3}, -3, -\frac{4}{3}, \frac{9}{2}$ 중에서 서로 다른 세 수를 뽑아 곱한 값 중 가장 큰 값을 A, 가장 작은 값을 B라 할 때,
(조건 ①) (조건 ②) (조건 ③)

다음 식의 값을 구하시오.
(답)

$$\left[\{(A-42)+B\}\div\frac{5}{4}-(-1)^A\right]-2^2$$ …… 조건 ④

유형 03 유리수의 혼합 계산 218, 238

스키마 schema 주어진 조건은 무엇인지? 답은 무엇인지? 이 둘을 어떻게 연결해야 하는지?

1 단계

조건
① 5개의 유리수 $-6, \frac{2}{3}, -3, -\frac{4}{3}, \frac{9}{2}$
② A는 서로 다른 세 수를 뽑아 곱한 값 중 가장 큰 값

가장 큰 수 만들기 : 계산 결과의 부호가 +가 되도록 선택하기
→ $(+)\times(-)\times(-)$
→ 절댓값의 곱이 가장 크도록 양수 1개, 음수 2개 선택하기
→ A는 세 수 $\frac{9}{2}, -6, -3$을 곱한 값
→ 81

5개의 유리수 중에서 서로 다른 세 수를 뽑아 곱한 값 중 가장 큰 값은 계산 결과가 양수이면서 절댓값이 가장 큰 값이어야 한다.

$\left|\frac{2}{3}\right|<\left|-\frac{4}{3}\right|<|-3|<\left|\frac{9}{2}\right|<|-6|$

이때 주어진 5개의 유리수 중에서 양수는 2개뿐이므로 절댓값의 곱이 가장 크려면 양수 1개와 음수 2개를 선택하면 된다.

$A=\frac{9}{2}\times(-6)\times(-3)=81$

2 단계

조건
① 5개의 유리수 $-6, \frac{2}{3}, -3, -\frac{4}{3}, \frac{9}{2}$
③ B는 서로 다른 세 수를 뽑아 곱한 값 중 가장 작은 값

가장 작은 수 만들기 : 계산 결과의 부호가 −가 되도록 선택하기
→ $(-)\times(-)\times(-)$
또는 $(-)\times(+)\times(+)$
→ 절댓값의 곱이 가장 크도록 음수 3개 또는 음수 1개, 양수 2개 선택하기
→ B는 세 수 $-6, -3, -\frac{4}{3}$를 곱한 값과 세 수 $-6, \frac{2}{3}, \frac{9}{2}$를 곱한 값 중 작은 값
→ -24

5개의 유리수 중에서 서로 다른 세 수를 뽑아 곱한 값 중 가장 작은 값은 계산 결과가 음수이면서 절댓값이 가장 큰 값이어야 한다.
이때 절댓값의 곱이 가장 크게 되도록 음수 3개 또는 음수 1개, 양수 2개를 선택하면 된다.

(i) 음수 3개를 선택하는 경우

$-6\times(-3)\times\left(-\frac{4}{3}\right)=-24$

(ii) 음수 1개, 양수 2개를 선택하는 경우

$-6\times\frac{2}{3}\times\frac{9}{2}=-18$

(i), (ii)에서 $B=-24$

3 단계

조건
④ $\left[\{(A-42)+B\}\div\frac{5}{4}-(-1)^A\right]-2^2$

$A=81$, $B=-24$를 대입하여 계산한다. → $\left[\{(81-42)+(-24)\}\div\frac{5}{4}-(-1)^{81}\right]-2^2$

답 주어진 식의 값 구하기 → 9

주어진 식에 $A=81$, $B=-24$를 대입하면

$\left[\{(A-42)+B\}\div\frac{5}{4}-(-1)^A\right]-2^2$

$=\left[\{(81-42)+(-24)\}\div\frac{5}{4}-(-1)^{81}\right]-2^2$

$=\left\{15\div\frac{5}{4}-(-1)\right\}-4$

$=\left(15\times\frac{4}{5}+1\right)-4$

$=(12+1)-4=9$

답 9

대표 문항 절댓값의 성질을 이용하여 조건에 알맞은 수 구하기

다음 조건을 모두 만족하는 세 정수 a, b, c에 대하여 $a\times b-c^2$의 값으로 가능한 수를 모두 구하시오.
답

(가) a와 b는 서로 다른 부호이다. …… 조건 ① (나) $|a|=4$ …… 조건 ②
(다) $|a+3|=|b-3|$ …… 조건 ③ (라) $a+b-c=0$ …… 조건 ④

유형 05 절댓값의 성질을 이용한 유리수의 계산 232, 237

스키마 schema 주어진 조건은 무엇인지? 답은 무엇인지? 이 둘을 어떻게 연결해야 하는지?

1 단계

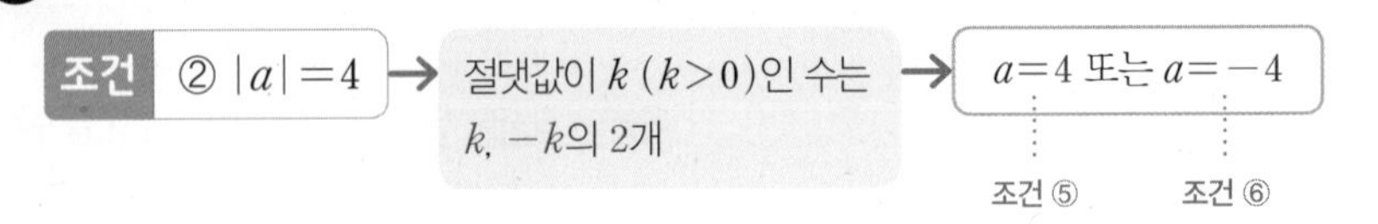

(나)에서 $|a|=4$이므로
$a=4$ …… 조건 ⑤
또는
$a=-4$ …… 조건 ⑥

2 단계

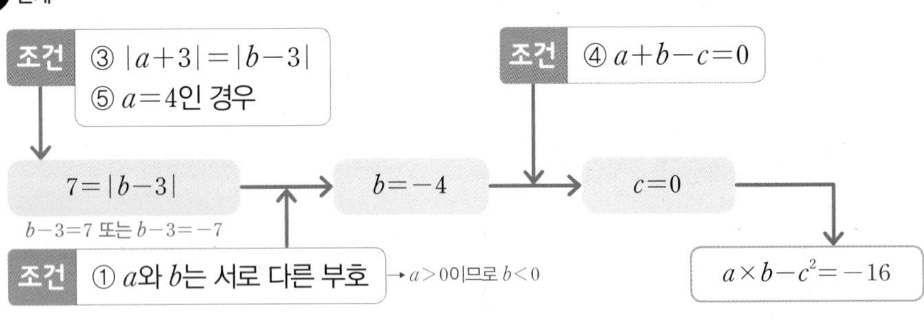

(i) $a=4$를 (다)에 대입하면
$|4+3|=|b-3|$
$\therefore |b-3|=7$
즉 $b-3=7$ 또는 $b-3=-7$이므로
$b=10$ 또는 $b=-4$
(가)에서 $b=-4$
(라)에서 $4+(-4)-c=0$
$\therefore c=0$
$\therefore a\times b-c^2=4\times(-4)-0^2=-16$

3 단계

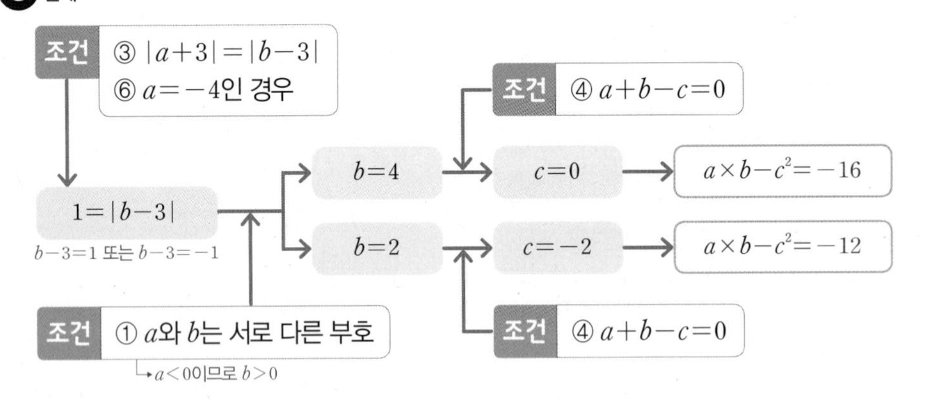

(ii) $a=-4$를 (다)에 대입하면
$|(-4)+3|=|b-3|$
$\therefore |b-3|=1$
즉 $b-3=1$ 또는 $b-3=-1$이므로
$b=4$ 또는 $b=2$
이고 둘 다 (가)를 만족한다.
㉠ $b=4$일 때, (라)에서
$-4+4-c=0$ $\therefore c=0$
$\therefore a\times b-c^2=-4\times4-0^2=-16$
㉡ $b=2$일 때, (라)에서
$-4+2-c=0$ $\therefore c=-2$
$\therefore a\times b-c^2=-4\times2-(-2)^2$
$=-12$

4 단계

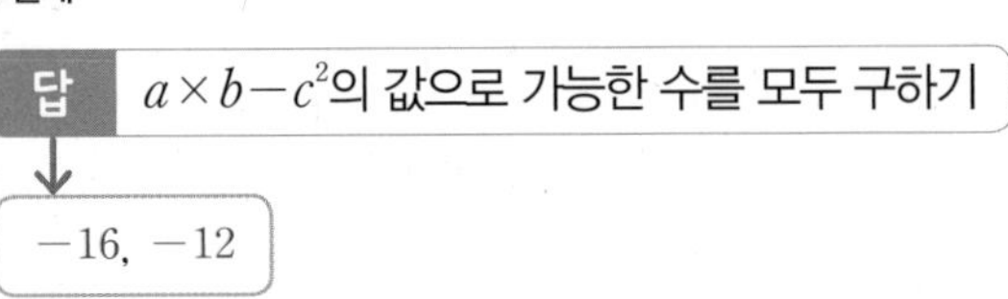

(i), (ii)에서 구하는 값은
-16, -12

답 -16, -12

유형 01 유리수의 덧셈과 뺄셈

210
다음 그림에서 각 줄에 놓인 네 수의 합이 같을 때, $A-B$의 값을 구하시오.

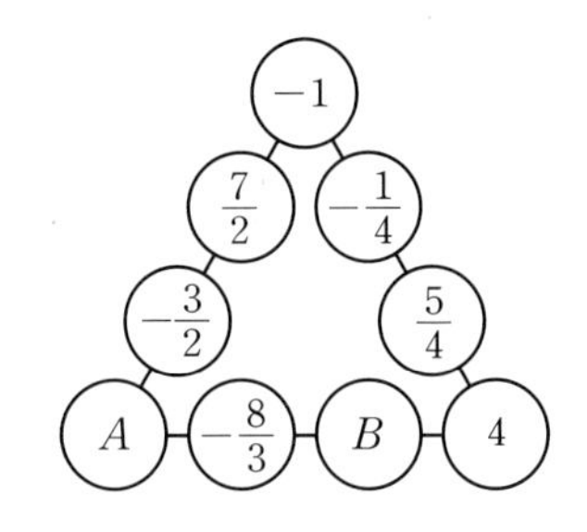

211*
$-\frac{13}{2}$보다 -7만큼 작은 수를 a, 9보다 $\frac{4}{3}$만큼 큰 수를 b라 할 때, $a \le |x| \le b$인 정수 x의 개수는?

① 17 ② 18 ③ 19
④ 20 ⑤ 21

212
-2, $+3$, $+5$에서 가운데에 있는 $+3$은 -2와 $+5$의 합이다. 이와 같은 규칙으로 다음과 같이 계속해서 수를 적어 나갈 때, 41번째에 나오는 수를 구하시오.

$$-2,\ +3,\ +5,\ +2,\ -3,\ \cdots$$

213
두 유리수 a, b에 대하여

$$a \diamond b=(a-1)-(b-1),\ a \blacklozenge b=(a+1)-(b+2)$$

라 약속할 때, $\left\{\left(-\frac{3}{2}\right)\diamond\frac{1}{3}\right\}+\left\{\left(-\frac{2}{3}\right)\blacklozenge\left(-\frac{1}{2}\right)\right\}$의 값을 구하시오.

214
다음 식을 계산한 값을 $\frac{a}{b}$라 할 때, $a-b$의 값을 구하시오.

(단, a, b는 서로소)

$$\left(\frac{1}{1}+\frac{1}{2}+\frac{1}{3}+\frac{1}{4}+\frac{1}{5}\right)-\left(\frac{2}{2}+\frac{2}{3}+\frac{2}{4}+\frac{2}{5}\right)$$
$$+\left(\frac{3}{3}+\frac{3}{4}+\frac{3}{5}\right)-\left(\frac{4}{4}+\frac{4}{5}\right)+\frac{5}{5}$$

215*
다음 식의 ㉠, ㉡, ㉢에 네 유리수 $\frac{1}{2}$, $-\frac{5}{6}$, $\frac{5}{12}$, $-\frac{2}{3}$ 중에서 서로 다른 세 수를 선택하여 계산했을 때, 나올 수 있는 계산 결과 중 가장 큰 값을 a, 가장 작은 값을 b라 하자. 이때 $a-b$의 값을 구하시오.

㉠ − ㉡ + ㉢

유형 02 유리수의 곱셈과 나눗셈

216

서로 다른 네 개의 정수 a, b, c, d가 다음 식을 만족할 때, $a+b+c+d$의 값은?

$$(10-a)\times(10-b)\times(10-c)\times(10-d)=4$$

① 10　② 20　③ 30
④ 40　⑤ 50

217

세 정수 a, b, c에 대하여 $a<0<c<b<5$, $a\times(b-c)=-30$, $a\times b=-40$일 때, $a+b+c$의 값은?

① -10　② -8　③ -5
④ 8　⑤ 10

218* 스키마 schema

네 수 $\frac{4}{3}$, $-\frac{12}{7}$, $-\frac{3}{2}$, $\frac{6}{7}$ 중에서 서로 다른 세 수를 선택하여 다음 □ 안에 넣어 계산하려고 한다. 계산 결과 중 가장 큰 값을 a, 가장 작은 값을 b라 할 때, $\frac{b}{a}$의 값을 구하시오.

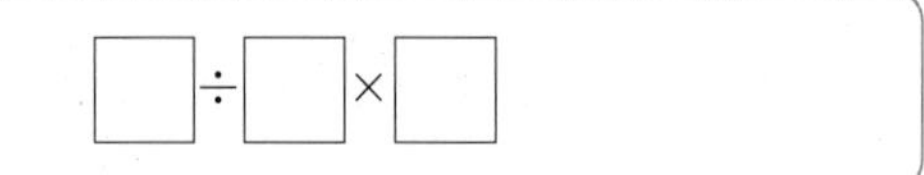

유형 03 유리수의 혼합 계산

219*

n이 홀수일 때, 다음 식을 계산하시오.

$$-(-1)^{n+1}-(-1)^{n+2}+(-1)^{n+3}-(-1)^{n+4}$$

220

다음 식을 계산하시오.

$$\frac{1}{5}\times(-1)+\frac{2}{5}\times(-1)^2+\frac{3}{5}\times(-1)^3+\cdots+\frac{9}{5}\times(-1)^9+2\times(-1)^{10}$$

221

다음 수직선에서 점 A와 점 B가 나타내는 수는 각각 $-\frac{7}{3}$, $\frac{3}{2}$이다. 두 점 A, B에서 같은 거리에 있는 점을 M이라 하고, 두 점 A, B 사이의 거리를 3:4로 나누는 점을 N이라 할 때, 두 점 M, N이 나타내는 수를 차례대로 a, b라 하자. 이때 $\frac{a}{b}$의 값을 구하시오.

A N M B
$-\frac{7}{3}$ $\frac{3}{2}$

222*

두 유리수 a, b에 대하여

$a★b=$(수직선에서 두 수 a, b를 나타내는 두 점으로부터 같은 거리에 있는 점이 나타내는 수)

라 할 때, $\frac{1}{3}★\left(\frac{1}{2}★\frac{1}{4}\right)$의 값을 구하시오.

223*

두 유리수 a, b에 대하여

$$a=-\frac{11}{6}-\left\{-1+\frac{3}{4}\times\left(\frac{1}{3}\right)^2\div\left(-\frac{1}{2}\right)^3\right\},$$
$$b=\left\{1+\left(-\frac{2}{3}\right)^2\div\left(-\frac{4}{5}\right)\right\}\div\frac{1}{9}$$

일 때, $\frac{1}{a}$과 $\frac{1}{b}$ 사이에 있는 정수의 개수를 구하시오.

224

오른쪽 식을 계산한 결과가 a일 때, $|x|<a$를 만족하는 정수 x의 개수를 구하시오.

$$6-\cfrac{2}{8-\cfrac{3}{2-\cfrac{2}{1+\cfrac{1}{4}}}}$$

225

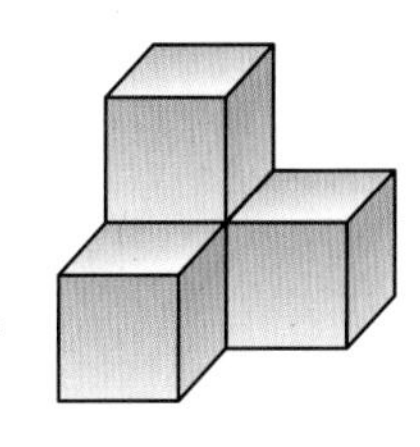

여섯 개의 유리수 $-\frac{5}{2}$, -1, 0, 2, 3, $\frac{11}{2}$이 각 면에 하나씩 적혀 있는 정육면체 모양의 주사위 4개를 오른쪽 그림과 같이 쌓았을 때, 주사위끼리 맞붙어 가려지는 면을 제외한 모든 면에 적힌 수의 합의 최댓값을 구하시오.

226

세 양의 정수 x, y, z에 대하여 $\frac{24}{5}=x+1\div\left(y+\frac{1}{z}\right)$일 때, $x\div z-y^2$의 값은?

① 0 ② 1 ③ $\frac{21}{4}$
④ 8 ⑤ 15

유형 04 문자로 주어진 유리수의 부호

227

두 유리수 a, b가 $a+b<0$, $a\times b<0$, $|a|<|b|$를 만족할 때, 다음 중 가장 큰 수와 두 번째로 작은 수를 차례대로 구하시오.

b, $a-b$, $b-2a$, a, $-b$, $-a$

228

0이 아닌 세 유리수 a, b, c가
$a<b<c$, $\frac{c}{b}<0$, $a+c<0$, $b+c>0$을 만족할 때, 다음 중
세 수 $\frac{1}{|a|}$, $\frac{1}{|b|}$, $\frac{1}{|c|}$의 대소 관계를 바르게 나타낸 것은?

① $\frac{1}{|a|}<\frac{1}{|b|}<\frac{1}{|c|}$　② $\frac{1}{|a|}<\frac{1}{|c|}<\frac{1}{|b|}$
③ $\frac{1}{|b|}<\frac{1}{|a|}<\frac{1}{|c|}$　④ $\frac{1}{|b|}<\frac{1}{|c|}<\frac{1}{|a|}$
⑤ $\frac{1}{|c|}<\frac{1}{|a|}<\frac{1}{|b|}$

229*

0이 아닌 세 유리수 a, b, c가
$\frac{a}{b}>0$, $b-c>0$, $b\times c<0$, $a+c<0$, $b+c>0$을 만족할 때, 다음 중 옳은 것은?

① $|a|-|b|>0$　② $|a|-|c|>0$　③ $|b|-|c|<0$
④ $a\times b-c>0$　⑤ $b^2-a\times c<0$

230

다음 조건을 모두 만족하는 서로 다른 네 유리수 a, b, c, d에 대한 설명으로 옳지 않은 것을 모두 고르면? (정답 2개)

> (가) 수직선에서 a, c를 나타내는 점은 0을 나타내는 점의 왼쪽에 있다.
> (나) 수직선에서 b, d를 나타내는 점은 0을 나타내는 점의 오른쪽에 있다.
> (다) a, b, c, d 중 절댓값이 가장 큰 수는 b, 절댓값이 가장 작은 수는 a이다.

① $ab<0$이고 $cd<0$이다.
② $ac<0$이고 $bd>0$이다.
③ $a+c<0$이고 $b+d>0$이다.
④ $a+b>0$이고 $c+d<0$이다.
⑤ $a+d>0$이고 $b+c>0$이다.

유형 05 절댓값의 성질을 이용한 유리수의 계산

231

다음 조건을 모두 만족하는 두 정수 a, b에 대하여 $a\times b$의 최솟값을 구하시오.

> (가) $|a|\le 3$
> (나) $a+2<n<b-2$를 만족하는 정수 n의 개수는 7이다.

232* 스키마 schema

다음 조건을 모두 만족하는 세 정수 a, b, c에 대하여 $a+2\times b+c$의 값으로 가능한 것을 모두 구하시오.

> (가) a는 2보다 -3만큼 큰 수이다.
> (나) $|a-1|=|b+2|$
> (다) $a-b-c=0$

233*

다음 조건을 모두 만족하는 세 정수 a, b, c에 대하여 $a+b-c$의 값을 구하시오.

> (가) $1<|a|<|b|<|c|$
> (나) $a\times b\times c=30$
> (다) $a+b+c=0$

234*

다음 조건을 모두 만족하는 세 정수 a, b, c에 대하여 $a-b-c$의 값을 구하시오.

(가) $|c|<|b|<|a|$
(나) $a\times b\times c=-12$
(다) $a+b+c=7$

유형 06 규칙이 있는 유리수의 계산

235

세 자연수 A, B, C에 대하여
$\frac{1}{A\times B\times C}=\frac{1}{C-A}\times\left(\frac{1}{A\times B}-\frac{1}{B\times C}\right)$임을 이용하여 다음을 계산하시오.

$$\frac{4}{1\times2\times3}+\frac{4}{2\times3\times4}+\cdots+\frac{4}{14\times15\times16}$$

236*

자연수 n에 대하여 $\frac{2}{n\times(n+2)}=\frac{1}{n}-\frac{1}{n+2}$임을 이용하여 다음을 계산하시오.

$$\frac{1}{3}+\frac{1}{15}+\frac{1}{35}+\frac{1}{63}+\frac{1}{99}+\frac{1}{143}$$

237, 238

서술형 풀이 과정을 쓰고 답을 구하시오.

237 스키마 schema 유형 03 유형 05

다음 조건을 모두 만족하는 세 정수 a, b, c에 대하여 $a\times c-b^2$의 값을 구하시오. (단, $|a|>|b|>|c|$)

(가) $|a|=\frac{3}{2}-\left[\left\{\left(-\frac{1}{3}\right)^3+(-1)\right\}\div2\right]\times\frac{27}{4}$
(나) $|a+2|=|b-4|$ (다) $a+b-c=0$

238 스키마 schema 유형 01 유형 02 유형 03

5개의 수 $-\frac{1}{5}$, $\frac{2}{3}$, $-\frac{3}{4}$, $\frac{1}{4}$, -4 중에서 서로 다른 세 수를 선택하여 다음의 ㉮, ㉯, ㉰에 넣어 계산하려고 한다. $12\times A+B+4\times C$의 값을 구하시오.

(가) ㉮+㉯−㉰의 계산 결과 중 가장 큰 수는 A이다.
(나) ㉮×㉯×㉰의 계산 결과 중 가장 큰 수는 B이다.
(다) ㉮÷㉯×㉰의 계산 결과 중 가장 작은 수는 C이다.

239

두 수 a, b에 대하여 $[a, b]$를 두 수 a와 b의 차라 하자. 예를 들어 $[4, 7]=3$이고 $[-8, -6]=2$이다.
$[[-3, 5], [a, 2]]=4$가 성립하도록 하는 a의 값 중에서 가장 큰 수를 M, 가장 작은 수를 m이라 할 때,
$\left[\left[-11, \frac{1}{2}\right], [M, m]\right]$의 값을 구하시오.

240*

서로 다른 네 유리수 a, b, $\frac{1}{6}$, $\frac{2}{3}$에 대응하는 점을 수직선 위에 나타내면 이웃한 두 점 사이의 거리가 모두 같다.
$ab<0$일 때, $a+b$의 최댓값을 구하시오.

241

네 정수 a, b, c, d에 대하여 $|a-b|=4$, $a\times b<0$, $|c+d|=4$, $c\times d>0$일 때, $a\times c$가 될 수 있는 값 중 최댓값과 최솟값의 차를 구하시오.

tip $a\times c$의 값이 최대가 되려면 a의 값과 c의 값이 부호가 같으면서 절댓값이 최대이어야 한다.

242

자연수 n에 대하여 A_n을 다음과 같이 약속할 때, A_{230}의 값을 a, A_{255}의 값을 b라 하자.

$$A_1=\frac{1}{2},\ A_2=\frac{1}{1-\frac{1}{2}},\ A_3=\frac{1}{1-\frac{1}{1-\frac{1}{2}}},\ \cdots$$

이때 $a+b-4$의 값을 구하시오.

243

다음 조건을 모두 만족하는 서로 다른 5개의 유리수 a, b, c, d, e를 작은 것부터 순서대로 나열할 때, 네 번째 오는 수를 구하시오.

(가) b의 역수는 a이다.
(나) $c\times d\times e>0$
(다) $|e|<1$
(라) $a\times b\times c=1$이고 a, b, c 중 적어도 하나는 음수이다.
(마) b와 d의 부호는 반대이고, b의 절댓값은 1보다 크다.
(바) a, b, c, d, e 중에서 절댓값이 가장 큰 수는 d이다.

244*

두 수 a, b는 0이 아닌 유리수일 때, x의 값이 될 수 있는 모든 수의 합을 구하시오.

$$x=\frac{4|a|}{a}-\frac{3|b|}{b}+\frac{|2\times a\times b|}{a\times b}$$

245

수직선 위에 12개의 수

$-\frac{5}{4}$, x_1, x_2, x_3, x_4, x_5, $\frac{3}{8}$, y_1, y_2, y_3, y_4, y_5가 나타내는 점을 차례대로 나열하면 12개의 점 사이의 간격이 일정하다. 이때 다음 식의 값을 구하시오.

$\left(단, -\frac{5}{4}<x_1<x_2<x_3<x_4<x_5<\frac{3}{8}<y_1<y_2<y_3<y_4<y_5\right)$

$$x_1+x_2+x_3+x_4+x_5+y_1+y_2+y_3+y_4+y_5$$

246

다음 조건을 모두 만족하는 네 정수 a, b, c, d에 대하여 $a-b-c+d$의 값을 모두 구하시오.

(가) $|b|=|d|$
(나) $a<b<0<c<d$
(다) $a\times b\times c\times d=360$

247*

4개의 유리수 a, b, c, d가 오른쪽 조건을 모두 만족할 때, 다음 보기 중 계산 결과가 양수가 되는 것을 고르시오.

(가) $a\times b\times c\times d<0$
(나) $\frac{b}{d}>0$
(다) $d-c<0$
(라) $a-b-c=0$

보기

ㄱ. $-a^2+b-c^2+d$
ㄴ. $-|a|-|b|-|c|+d$
ㄷ. $a\times(-b)\times\left(-\left|\frac{c}{d}\right|\right)$
ㄹ. $-\left|\frac{1}{a}-\frac{1}{d}\right|\div\left(-\frac{1}{|b|}\right)\times(-c)$

창의융합 가위바위보의 결과 구하기

248

소라와 정훈이가 처음에 둘이 같은 위치에서 시작하여 아래와 같은 규칙으로 가위바위보를 하였다.

[규칙]
- 가위로 이기면 3계단 올라간다.
- 바위로 이기면 4계단 올라간다.
- 보로 이기면 2계단 올라간다.
- 가위, 바위, 보 중 어느 것으로든 지면 2계단 내려간다.

총 20번의 가위바위보 결과가 다음 표와 같을 때, 물음에 답하시오. (단, 비기는 경우는 없다.)

소라	가위	가위	바위	바위	보	보
정훈	바위	보	가위	보	가위	바위
횟수(회)	4	5	2	4	3	2

(1) 총 20번의 가위바위보 후 소라와 정훈이는 각각 처음 위치보다 몇 계단 위에 있는지 구하시오.

(2) 총 20번의 가위바위보 후 두 사람 중 누가 상대보다 몇 계단 더 위에 있는지 구하시오.

창의융합 자동차 경주에서 최종 순위 구하기

249

직선 도로를 달리는 자동차 경주 대회에 5대의 자동차 A, B, C, D, E가 참가하였다. 경주 코스의 총 거리는 10 km인데 5대의 자동차는 경주 코스의 색칠된 지점을 지날 때마다 속력을 $\frac{1}{2}$로 줄여야 한다. 5대의 자동차는 같은 지점에서 출발하고 처음 속력은 모두 같다. 이때 5대의 자동차 중에서 2등으로 들어온 자동차는?

(단, 각 구간에서의 속력은 일정하고, $(\text{시간}) = \frac{(\text{거리})}{(\text{속력})}$이다.)

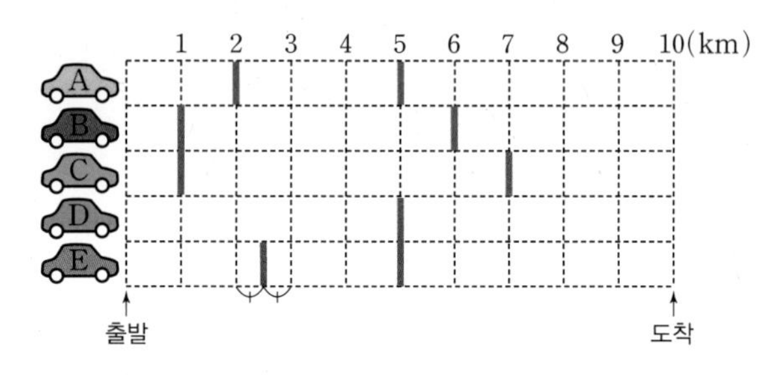

① A ②  ③  
④ D ⑤ E

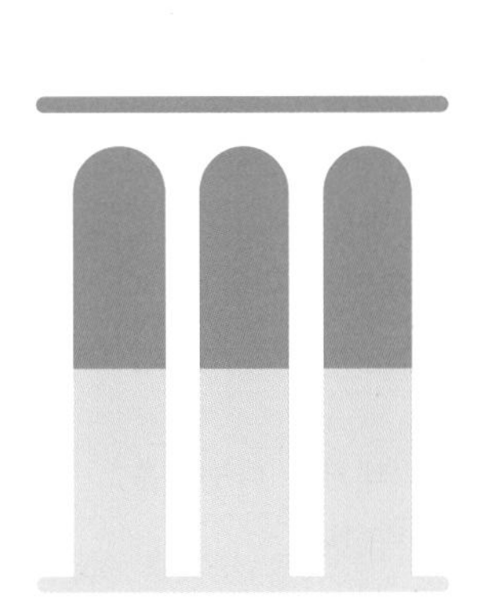

문자와 식

문자의 사용과 식의 계산

1 곱셈 기호와 나눗셈 기호의 생략

(1) **곱셈 기호 ×의 생략**

수와 문자, 문자와 문자의 곱에서는 곱셈 기호 ×를 생략한다.

① 수는 문자 앞에 쓴다. ➔ $x\times(-7)=-7x$

② $1\times$(문자), $-1\times$(문자)에서는 1을 생략한다.

➔ $1\times a=a$, $(-1)\times a=-a$

③ 문자끼리의 곱은 보통 알파벳 순서대로 쓴다.

➔ $y\times x=xy$

④ 같은 문자의 곱은 거듭제곱 꼴로 나타낸다. ➔ $a\times a=a^2$

참고 (1) $0.1\times x$는 $0.x$로 쓰지 않고 $0.1x$로 쓴다.

(2) 괄호가 있는 식과 수의 곱셈에서는 곱셈 기호를 생략하고 수를 괄호 앞에 쓴다. ➔ $(x+y)\times3=3(x+y)$

(2) **나눗셈 기호 ÷의 생략**

나눗셈 기호 ÷를 생략하고 분수 꼴로 나타내거나 나눗셈을 역수의 곱셈으로 고친 후 곱셈 기호 ×를 생략한다.

예 $x\div y=\frac{x}{y}$, $x\div3=x\times\frac{1}{3}=\frac{1}{3}x$ $\left(\text{또는 }\frac{x}{3}\right)$

개념 Plus 곱셈, 나눗셈 기호가 섞여 있는 식에서 기호를 생략하는 방법

앞에서부터 순서대로 기호를 생략하여 쓰고 덧셈, 뺄셈 기호는 생략하지 않는다.

예 $x\times3\div y+x\div\frac{2}{y}\times\frac{1}{2}=3x\div y+\frac{xy}{2}\times\frac{1}{2}=\frac{3x}{y}+\frac{xy}{4}$

2 문자를 사용한 식

(1) **문자를 사용한 식**

수량과 수량 사이의 관계를 문자를 사용하여 나타낸 식

(2) **문자를 사용하여 식 세우기**

❶ 문제의 뜻을 파악하여 규칙을 찾는다.

❷ 문자를 사용하여 ❶의 규칙에 맞도록 식을 세운다.

예 한 자루에 x원인 연필 3자루를 사고 5000원을 냈을 때의 거스름돈

➔ $(5000-3x)$원

3 식의 값

(1) **대입** 문자를 사용한 식에서 문자에 어떤 수를 바꾸어 넣는 것

(2) **식의 값** 문자를 사용한 식에서 문자에 어떤 수를 대입하여 계산한 결과

(3) **식의 값을 구하는 방법**

문자에 주어진 수를 대입할 때

① 주어진 식에서 생략된 곱셈 기호 ×를 다시 쓴다.

② 대입하는 수가 음수이면 괄호를 사용하여 대입한다.

예 $x=-5$일 때, $3x-1$의 값은 $3x-1=3\times(-5)-1=-16$

③ 분모에 분수를 대입할 때는 생략된 나눗셈 기호 ÷를 다시 쓴다.

예 $x=\frac{1}{3}$일 때, $\frac{5}{x}$의 값은 $\frac{5}{x}=5\div x=5\div\frac{1}{3}=5\times3=15$

4 다항식과 일차식

(1) **항** 수 또는 문자의 곱으로만 이루어진 식

(2) **상수항** 문자 없이 수로만 이루어진 항

(3) **계수** 수와 문자의 곱으로 이루어진 항에서 문자 앞에 곱해진 수

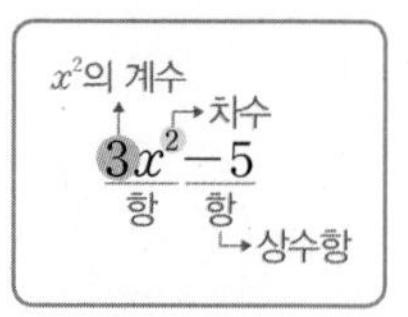

(4) **다항식** 한 개의 항 또는 여러 개의 항의 합으로 이루어진 식

주의 $\frac{1}{x}$과 같이 분모에 문자가 있는 식은 다항식이 아니다.

(5) **단항식** 다항식 중에서 한 개의 항으로만 이루어진 식

참고 단항식은 모두 다항식이다.

(6) **차수** 항에서 곱해진 문자의 개수

예 $5x^3$의 x에 대한 차수는 3

(7) **다항식의 차수** 다항식에서 차수가 가장 큰 항의 차수

(8) **일차식** 차수가 1인 다항식 예 $-3x+2$, $\frac{3}{4}x$

5 일차식과 수의 곱셈, 나눗셈

(1) **단항식과 수의 곱셈, 나눗셈**

① (단항식)×(수) : 수끼리 곱하여 수를 문자 앞에 쓴다.

예 $6x\times3=6\times x\times3=6\times3\times x=18x$

② (단항식)÷(수) : 나누는 수의 역수를 곱한다.

예 $12x\div(-4)=12\times x\times\left(-\frac{1}{4}\right)=12\times\left(-\frac{1}{4}\right)\times x=-3x$

(2) **일차식과 수의 곱셈, 나눗셈**

① (일차식)×(수) : 분배법칙을 이용하여 일차식의 각 항에 수를 곱한다.

예 $3(2x-1)=3\times2x+3\times(-1)=6x-3$

② (일차식)÷(수) : 분배법칙을 이용하여 일차식의 각 항에 나누는 수의 역수를 곱한다.

예 $(6x-5)\div(-4)=(6x-5)\times\left(-\frac{1}{4}\right)$

$=6x\times\left(-\frac{1}{4}\right)-5\times\left(-\frac{1}{4}\right)=-\frac{3}{2}x+\frac{5}{4}$

6 일차식의 덧셈과 뺄셈

(1) **동류항** 문자와 차수가 각각 같은 항

참고 상수항은 모두 동류항이다.

(2) **동류항의 덧셈과 뺄셈**

동류항끼리 모은 후 분배법칙을 이용하여 간단히 한다.

(3) **일차식의 덧셈과 뺄셈**

❶ 괄호가 있으면 분배법칙을 이용하여 괄호를 푼다.

❷ 동류항끼리 모아서 계산한다.

참고 괄호가 있는 경우 ( ) ➔ { } ➔ [ ]의 순서로 계산한다.

예 $3(a-2)-3(3a+1)=3a-6-9a-3=3a-9a-6-3$

$=(3-9)a+(-6-3)=-6a-9$

정답과 풀이 037쪽

핵심 01 곱셈 기호와 나눗셈 기호의 생략

250 대표 문제

다음 중 곱셈 기호와 나눗셈 기호를 생략하여 나타낸 것으로 옳지 않은 것은?

① $0.1\times y\times x\times x\times z\times x=0.1x^3yz$

② $4\times a-3\div(5+b)\times c=4a-\dfrac{3c}{5+b}$

③ $a\div b\div\dfrac{3}{5c}=\dfrac{3a}{5bc}$

④ $x\times x\times(-0.1)+x\div y=-0.1x^2+\dfrac{x}{y}$

⑤ $y\times x\times y\times 5-2\times z\div 3=5xy^2-\dfrac{2z}{3}$

251

다음 중 곱셈 기호와 나눗셈 기호를 생략하여 나타낸 결과가 $\dfrac{xz}{y}$인 것은?

① $x\div\dfrac{1}{y}\div z$ ② $x\div y\div z$ ③ $x\div(y\times z)$
④ $x\div(y\div z)$ ⑤ $1\div(x\div y\times z)$

252

$-2a\div(b\div c)\times(2\times d)$를 곱셈 기호와 나눗셈 기호를 생략하여 나타내면?

① $\dfrac{abc}{d}$ ② $-\dfrac{4bd}{ac}$ ③ $-\dfrac{4acd}{b}$
④ $-\dfrac{b}{4acd}$ ⑤ $-\dfrac{bd}{4ac}$

핵심 02 문자를 사용한 식으로 나타내기

253 대표 문제

다음 중 옳지 않은 것을 모두 고르면? (정답 2개)

① 십의 자리의 숫자가 a, 일의 자리의 숫자가 0, 소수점 아래 첫째 자리의 숫자가 b인 수는 $10a+b+0.1$이다.

② 7개의 과목의 평균 점수가 a점일 때, 총점은 $7a$점이다.

③ x분 20초는 $\left(x+\dfrac{1}{3}\right)$분이다.

④ 원가가 6000원인 물건에 x %의 이익을 붙여서 정한 판매 가격은 $(6000+600x)$원이다.

⑤ 한 모서리의 길이가 a cm인 정육면체의 겉넓이는 $6a^2$ cm^{2}이다.

254

동희는 집에서 출발하여 x km 떨어진 공원까지 시속 3 km로 가는데 도중에 10분 동안 문구점에 들러서 공책을 샀다. 동희가 집에서 출발하여 공원에 도착할 때까지 걸린 시간을 문자를 사용한 식으로 나타내시오.

255

정가가 a원인 상품을 20 % 할인된 가격으로 b개 사고 10000원을 냈다. 이때 거스름돈을 문자를 사용한 식으로 나타내시오.

05

256

농도가 a %인 소금물 400 g과 농도가 b %인 소금물 700 g을 섞어 새로운 소금물을 만들었을 때, 다음을 문자를 사용한 식으로 나타내시오.

(1) 새로 만든 소금물에 들어 있는 소금의 양

(2) 새로 만든 소금물의 농도

257

어떤 공장에서 x명이 y일 동안 z개의 제품을 만들 수 있을 때, 세 명이 하루 동안 만들 수 있는 제품의 개수는?

(단, 모든 사람이 제품을 만드는 속도는 같다.)

① $\frac{3x}{yz}$　② $\frac{y}{3xz}$　③ $\frac{3z}{xy}$
④ $\frac{xy}{3z}$　⑤ $\frac{3yz}{x}$

258

A 마트와 B 마트에서는 1개의 가격이 a원인 같은 음료수를 팔고 있다. A 마트는 음료수 6개를 한 묶음으로 사면 2개를 더 주고 B 마트는 음료수 6개를 한 묶음으로 사면 20 %를 할인해 준다. 음료수 한 묶음을 구입할 때, 어느 마트에서 사는 것이 음료수 1개당 가격이 더 저렴한지 구하시오.

핵심 03 식의 값 구하기

259 대표 문제

$a=\frac{2}{5}$, $b=-\frac{3}{4}$, $c=\frac{1}{2}$일 때, $\frac{4}{a}-\frac{3}{b}-\frac{6}{c}$의 값은?

① 0　② 1　③ 2
④ 3　⑤ 4

260

$x=-\frac{1}{2}$일 때, 다음 중 식의 값이 가장 작은 것은?

① $2x$　② $\frac{1}{x}$　③ x^2+1
④ x^3-1　⑤ x^2-x

261

$x=-4$, $y=2$, $z=3$일 때, $\frac{z}{y}-\frac{xy+z}{x+y}$의 값을 구하시오.

262

$x=-1$일 때, $x-x^2+x^3-x^4+x^5-x^6+\cdots+x^{259}$의 값을 구하시오.

263

기온이 x ℃일 때, 공기 중에서 소리의 속력은 초속 $(331+0.6x)$ m이다. 기온이 25 ℃일 때, 지영이는 번개가 친 지 3초 후에 천둥소리를 들었다고 한다. 지영이가 있는 곳에서 번개가 친 곳까지의 거리는 몇 m인지 구하시오.

핵심 04 일차식의 계산

264 대표 문제

다음 중 옳은 것을 모두 고르면? (정답 2개)

① $4a^3b$는 다항식이다.

② $2x^3-3x-4$는 차수가 2인 다항식이다.

③ $\frac{y}{3}-7$에서 y의 계수는 3이다.

④ $0\times x^2-4x+3$은 x에 대한 일차식이다.

⑤ $3x-5y-\frac{4}{3}$에서 x의 계수와 상수항의 합은 $\frac{13}{3}$이다.

265

다음 식을 간단히 하여 $ax+b$로 나타낼 때, $a-b$의 값이 가장 큰 것은? (단, a, b는 상수)

① $\frac{16x-24}{8}\times 2-(2x-3)$

② $\frac{3x-1}{2}+\frac{2x+5}{3}$

③ $\frac{3}{2}(5x-1)-0.5(3x-1)$

④ $-2x-[6x-3+\{-x-(4x-1)\}]$

⑤ $(6x-8)\div\frac{2}{3}-\frac{1}{4}(20x+12)$

266

n이 자연수일 때, 다음 식을 간단히 하시오.

$$(-1)^{2n+1}(2x-5)-(-1)^{2n}(3x+7)$$

267

$-0.2\left(-3x-\frac{1}{3}\right)-\left(\frac{10}{9}x-3\right)\div\frac{5}{3}+\frac{17}{15}$을 간단히 하였을 때, x의 계수와 상수항의 곱을 구하시오.

268

$3x^2+6x+2-|a|x^2+2ax+5$를 간단히 하였을 때, x에 대한 일차식이 되도록 하는 상수 a의 값과 그때의 일차식을 각각 구하시오.

05

핵심 05 일차식의 계산의 응용

269 대표 문제

$A=\frac{x+3}{2}+1$, $B=\frac{2x-1}{3}$일 때, $3(2A-B)-4(A-3B)$를 x를 사용한 식으로 나타내시오.

270

일차식 A에 $4x-3$을 더했더니 $x+2$가 되었고, 일차식 B에서 $3x-1$을 뺐더니 $6x-3$이 되었을 때, $B-A$를 x를 사용한 식으로 나타내시오.

271

다음 보기와 같은 규칙으로 빈칸을 채울 때, A에 알맞은 식을 구하시오.

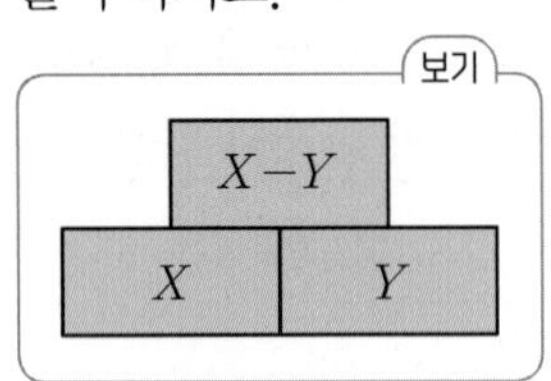

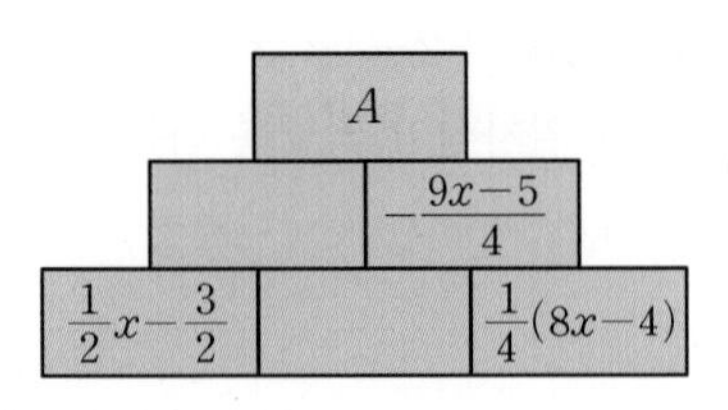

272

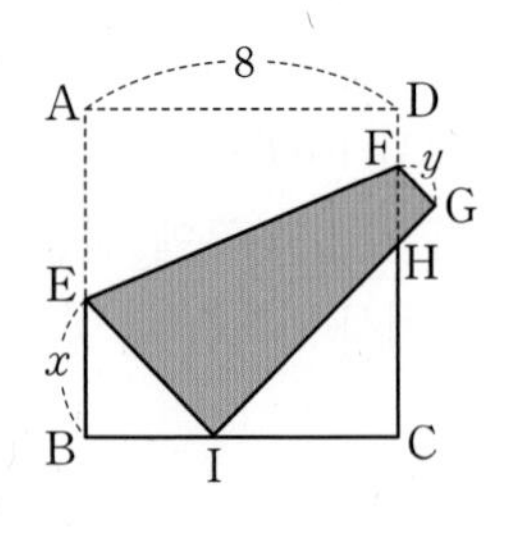

오른쪽 그림과 같이 한 변의 길이가 8인 정사각형 모양의 종이 ABCD를 꼭짓점 A가 변 BC 위의 점 I에 오도록 접었다. 선분 EB의 길이를 x, 선분 FG의 길이를 y라 할 때, 다음 물음에 답하시오.

(1) 색칠한 부분의 넓이 S를 x, y를 사용한 식으로 나타내시오.

(2) $x=\frac{7}{2}$, $y=\frac{7}{4}$일 때, S의 값을 구하시오.

발전 06 문자의 수를 줄여 식의 값 구하기

273 대표 문제

$x : y=4 : 1$일 때, $\frac{x}{x+2y}-\frac{y}{2x-y}$의 값을 구하시오.

274

$\frac{1}{a}+\frac{1}{b}=5$일 때, $\frac{a-2ab+b}{9ab}$의 값을 구하시오.

(단, $a\neq0$, $b\neq0$)

수학의 바이블 개념ON 115쪽 | 유형ON 092쪽

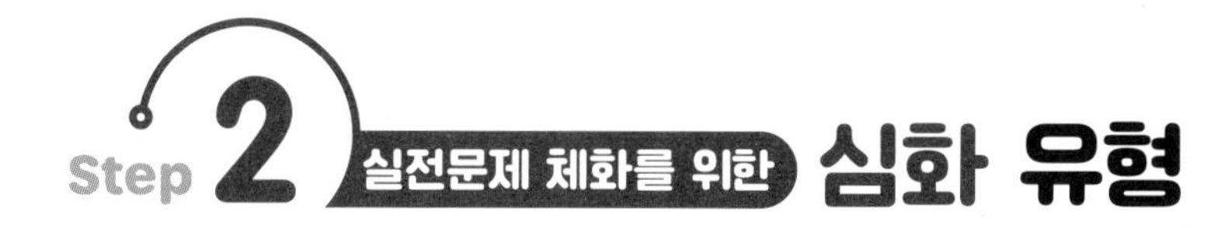

대표 문항 표에서 가로, 세로, 대각선에 놓여 있는 일차식의 합이 모두 같을 때, 빈칸의 일차식 구하기

다음 표에서 가로, 세로, 대각선에 놓여 있는 세 일차식의 합이 모두 같을 때, $A+\frac{1}{3}B-\frac{1}{8}C$를 x를 사용한 식으로 나타내시오.

조건 ①　　답

$-12x+4$	$10x-13$	A
B	$-2x-2$	$-10x-1$
	$-14x+9$	C

…… 조건 ②

유형 05 일차식의 계산의 응용 309

05

스키마 schema 주어진 조건은 무엇인지? 답은 무엇인지? 이 둘을 어떻게 연결해야 하는지?

1 단계

조건 ①, ② 가로, 세로, 대각선에 놓여 있는 세 일차식의 합이 모두 같다.

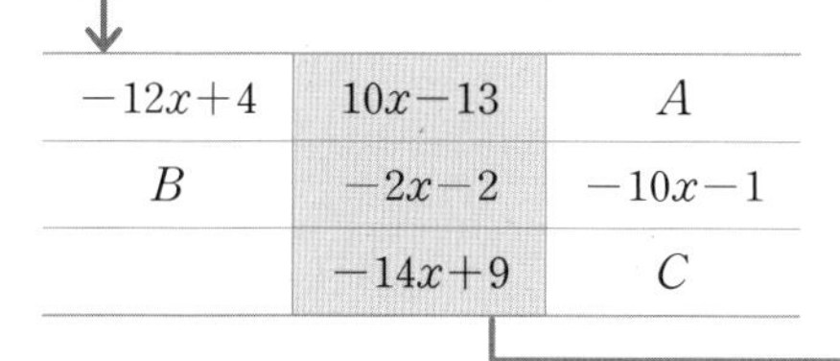

$-12x+4$	$10x-13$	A
B	$-2x-2$	$-10x-1$
	$-14x+9$	C

세 일차식이 놓여 있는 세로줄을 선택하여 그 합을 구한다.

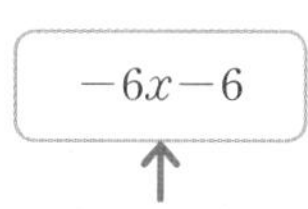

두 번째 세로줄에 있는 세 일차식의 합은
$(10x-13)+(-2x-2)+(-14x+9)$
$=-6x-6$
따라서 가로, 세로, 대각선에 놓여 있는 세 일차식의 합은 항상 $-6x-6$이다.

2 단계

조건 ①, ② 가로, 세로, 대각선에 놓여 있는 세 일차식의 합이 모두 같다.

$-12x+4$	$10x-13$	A
B	$-2x-2$	$-10x-1$
	$-14x+9$	C

㉠ 첫 번째 가로줄에 놓여 있는 세 일차식의 합이 $-6x-6$이다.
➔ A를 구한다.

$A=-4x+3$

㉢ 대각선에 놓여 있는 세 일차식의 합이 $-6x-6$이다.
➔ C를 구한다.

$C=8x-8$

㉡ 두 번째 가로줄에 놓여 있는 세 일차식의 합이 $-6x-6$이다.
➔ B를 구한다.

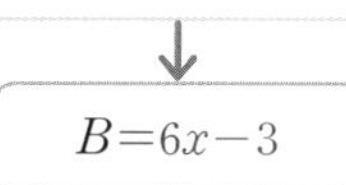

㉠ $(-12x+4)+(10x-13)+A=-6x-6$
$(-2x-9)+A=-6x-6$
$\therefore A=-6x-6-(-2x-9)$
$=-6x-6+2x+9$
$=-4x+3$

㉡ $B+(-2x-2)+(-10x-1)=-6x-6$
$B+(-12x-3)=-6x-6$
$\therefore B=-6x-6-(-12x-3)$
$=-6x-6+12x+3$
$=6x-3$

㉢ $(-12x+4)+(-2x-2)+C=-6x-6$
$(-14x+2)+C=-6x-6$
$\therefore C=-6x-6-(-14x+2)$
$=-6x-6+14x-2$
$=8x-8$

3 단계

답 $A+\frac{1}{3}B-\frac{1}{8}C$를 x를 사용한 식으로 나타내기

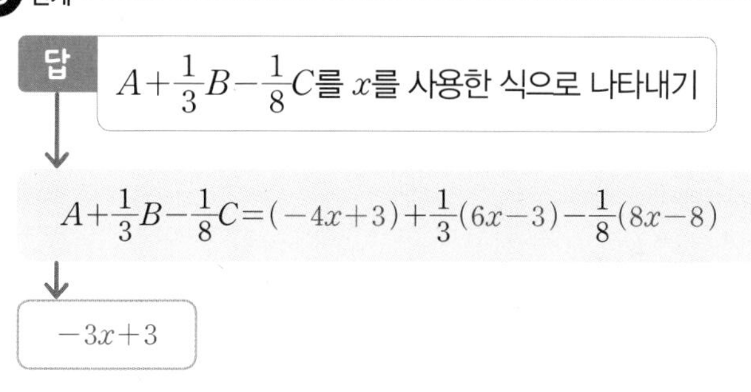

$A=-4x+3$, $B=6x-3$, $C=8x-8$
이므로
$A+\frac{1}{3}B-\frac{1}{8}C$
$=(-4x+3)+\frac{1}{3}(6x-3)-\frac{1}{8}(8x-8)$
$=-4x+3+2x-1-x+1$
$=-3x+3$

답 $-3x+3$

유형 01 곱셈 기호와 나눗셈 기호의 생략

275*

$a\div\{b\div c\div(5\times d)\}\div e$를 곱셈 기호와 나눗셈 기호를 생략하여 나타내면?

① $\frac{ae}{bcd}$ ② $\frac{ac}{5bde}$ ③ $\frac{abc}{5de}$
④ $\frac{5acd}{be}$ ⑤ $\frac{5ae}{bcd}$

276

다음 중 곱셈 기호와 나눗셈 기호를 생략하여 나타낸 것으로 옳지 않은 것은?

① $x\div\left(y\times\frac{1}{3}\right)\div\left(z\div\frac{5}{3}\right)=\frac{5x}{yz}$
② $z\times(-1)^3\times x\div\frac{1}{y}\times 2\times z=-2xyz^2$
③ $x\times 0.1\div z\div(5\div x\div y)=\frac{0.1x^2}{5yz}$
④ $(-2)^2\times x\div y\times\frac{1}{2}-(-5)\div(x+y)=\frac{2x}{y}+\frac{5}{x+y}$
⑤ $(x-3)\div y+3x\div\left(y\div\frac{5}{z}\right)=\frac{x-3}{y}+\frac{15x}{yz}$

277

$\frac{-0.1a^2+0.3b}{5(x-y)}$를 곱셈 기호와 나눗셈 기호를 사용하여 나타내면?

① $(-0.1)\times a\times 2+0.3\times b\div 5\times(x-y)$
② $(-0.1)\times a\times a+0.3\times b\div 5\div(x-y)$
③ $\{(-0.1)\times a\times a+0.3\times b\}\div 5\div(x-y)$
④ $\{(-0.1)\times a\times a+0.3\times b\}\div 5\times(x-y)$
⑤ $(-0.1)\times(a\times a+3\times b)\div 5\div(x-y)$

유형 02 문자를 사용한 식으로 나타내기

278

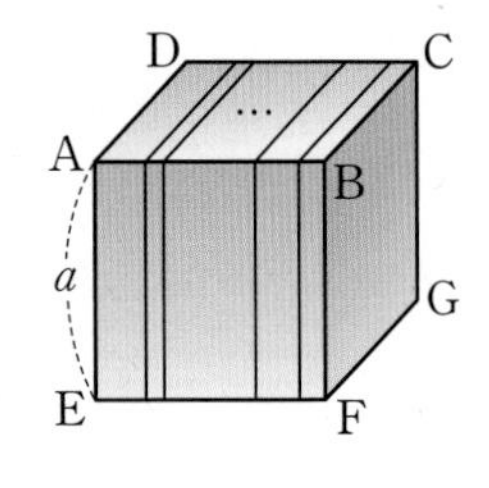

오른쪽 그림과 같이 한 모서리의 길이가 a인 정육면체를 면 BFGC에 평행한 평면으로 n번 잘라 $(n+1)$개의 직육면체로 만들었다. 이때 만들어지는 직육면체의 겉넓이의 합을 a, n을 사용한 식으로 나타내시오.

(단, 일정한 간격으로 자른 것은 아니다.)

279*

밑변의 길이가 a, 높이가 b인 삼각형이 있다. 밑변의 길이를 20 % 줄이고, 높이를 10 % 늘여서 만든 삼각형의 넓이는 처음 삼각형의 넓이보다 몇 % 증가 또는 감소하는지 구하시오.

280

거리가 40 km인 두 지점을 자전거를 타고 왕복했는데 갈 때는 시속 20 km로, 올 때는 시속 a km로 달렸다. 왕복하는 동안의 평균 속력은 시속 몇 km인지 a를 사용한 식으로 나타내시오.

유형 03 식의 값 구하기

281

$|a|=|b|=2$이고 $a<b$일 때, $3ab-\frac{a^2}{b}+7$의 값을 구하시오.

282*

$a=-1$일 때, $a+2a^2+3a^3+4a^4+\cdots+3023a^{3023}$의 값을 구하시오.

283

$a=-1$, $b=3$일 때, 다음 중 식의 값이 나머지 넷과 다른 하나는?

① $|a^2-b^2|+ab$ ② $\frac{2a-2b^2}{a-b}$ ③ $\frac{3a^2b-13b}{ab-3}$
④ $\frac{-6a^3+8b}{-2ab}$ ⑤ $\frac{8a+b}{-4a^3-b}$

284

오른쪽 그림과 같이 $3a$를 넣으면 $-9a^2-3a+7$의 값이 나오는 상자가 있다. 이 상자에 -2를 넣으면 나오는 값을 구하시오.

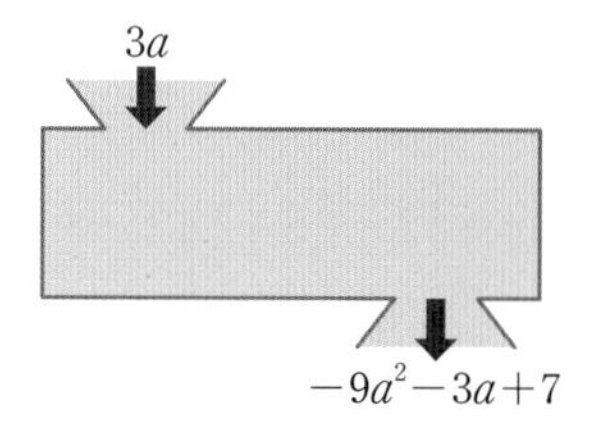

285

$x=-3$, $y=-2$, $z=-5$이고

$$A=\frac{6}{x}-\frac{8}{y},\ B=x^3-3y+z^2,\ C=(-y)^3-\frac{3z}{x}$$

일 때, $AB-C$의 값을 구하시오.

286*

$a=-\frac{1}{3}$, $b=2$, $c=-\frac{1}{2}$일 때, $\frac{ab}{c^2}-\left(\frac{1}{a}-\frac{1}{a^2}\right)$의 값을 구하시오.

유형 04 일차식의 계산

287

$5x-\left\{2x+5-(4x-8)\div\frac{4}{3}\right\}-\frac{3}{2}-x$를 간단히 하였더니 $ax+b$일 때, $a-4b$의 값을 구하시오. (단, a, b는 상수)

288*

n이 홀수일 때 $(-1)^n(7x+3)+(-1)^{2n}(7x-3)$의 값은 a이고, n이 짝수일 때 $(-1)^n(4x+5)-(-1)^{3n}(4x-5)$의 값은 b이다. 이때 $b-a$의 값을 구하시오.

289*

$7x\{x+3(x-4)\}-2[6-2\{x+mx(x-5)\}]$를 간단히 한 식이 x에 대한 일차식이다. 이 일차식에서 x의 계수를 a, 상수항을 b라 할 때, $a-b$의 값을 구하시오. (단, m은 상수)

290*

다음을 만족시키는 네 상수 a, b, c, d에 대하여 $\frac{abc}{d}$의 값을 구하시오.

$$(4x-3)+3\left\{0.3(20x-3)-\frac{1}{2}(6x-1)\right\}=ax+b$$
$$\frac{2}{3}\left(\frac{1}{2}x-1\right)-\frac{1}{3}\left(\frac{3}{2}x-\frac{5x-1}{6}\right)=cx+d$$

291

다음 조건을 모두 만족시키는 두 다항식 A, B에 대하여 $3A+B$를 x를 사용한 식으로 나타내시오.

(가) 다항식 A는 x의 계수가 -4인 x에 대한 일차식이다.
(나) 다항식 B는 상수항이 -2인 x에 대한 일차식이다.
(다) $A-B=-7x+\frac{11}{3}$

292

n이 자연수일 때, 다음을 간단히 하시오.

$$\frac{-x+1}{2}-\left\{(-1)^{2n-1}\times\frac{2x-4}{3}-(-1)^{2n}\times\frac{3x+5}{4}\right\}$$

293

x에 대한 일차식 $\frac{x+2a+3}{5}-1-\frac{x+7a}{10}$에서 상수항이 자연수가 되도록 하는 정수 a의 최댓값을 M, 그때의 상수항을 k라 할 때, $k-M$의 값을 구하시오.

유형 05 일차식의 계산의 응용

294

원가가 a원인 과자에 p %의 이익을 붙여 판매하는 상점에서 과자를 100개 이상 구매하면 지불할 금액의 10 %를 할인해 준다고 한다. 이때 과자를 110개 구매한다면 얼마를 지불해야 하는가?

① $\left(90a+\frac{9}{10}ap\right)$원
② $\left(90a+\frac{9}{10}p\right)$원
③ $(99a+99ap)$원
④ $\left(99a+\frac{99}{100}p\right)$원
⑤ $\left(99a+\frac{99}{100}ap\right)$원

295

민수와 주희가 계단의 같은 위치에서 가위바위보를 하여 이기면 3칸 올라가고 지면 2칸 내려가기로 했다. 가위바위보를 총 8번 하여 민수가 a $(a>4)$번 이겼다고 할 때, 민수가 주희보다 몇 칸 위에 있는지 a를 사용한 식으로 나타내시오.

(단, 계단은 충분히 많고, 비기는 경우는 없다.)

296

두 수 x, y에 대하여 $x\bigstar y=2x-\frac{1}{3}y$, $x◎y=-3x+\frac{1}{5}y$로 나타낼 때, $3x\bigstar(2x◎15y)=ax+by$를 만족하는 상수 a, b에 대하여 $a+b$의 값을 구하시오.

297*

$A=\frac{x-5}{2}-\frac{2x+1}{3}$, $B=\frac{9x-6}{5}\div\left(-\frac{3}{10}\right)$일 때, $8A-B-2\{2A-(A-B)-5\}$를 x를 사용한 식으로 나타내시오.

298*

한 변의 길이가 2인 정사각형 모양의 색종이를 아래 그림과 같이 두 대각선이 만나는 점에 바로 다음에 포갤 정사각형의 한 꼭짓점이 오고, 대각선이 만나는 점은 일직선 위에 있도록 포개었다. 다음 물음에 답하시오.

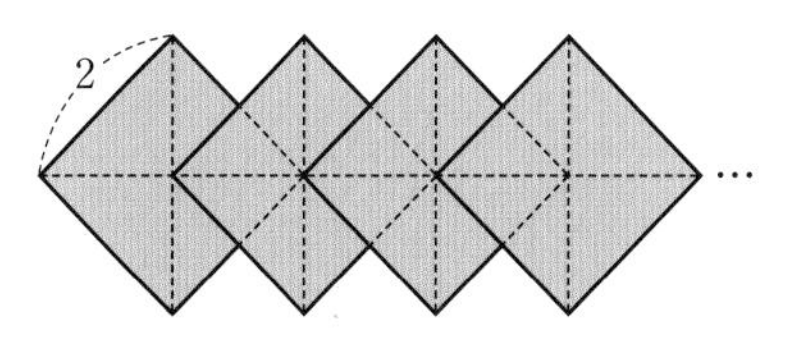

(1) 정사각형 모양의 색종이 $n(n\geq 2)$장을 포개었을 때, 생기는 도형의 둘레의 길이를 n을 사용한 식으로 나타내시오.

(2) 정사각형 모양의 색종이 100장을 포개었을 때, 생기는 도형의 둘레의 길이를 구하시오.

299

다음 조건을 만족시키는 세 다항식 A, B, C에 대하여 $A+B-C$를 x를 사용한 식으로 나타내시오.

> (가) A에서 $3(x-1)$을 뺐더니 $5x+6$이 되었다.
> (나) B에 $2(7-3x)$를 더했더니 A가 되었다.
> (다) C에서 $\frac{2}{5}(15-10x)$를 뺐더니 B가 되었다.

300*

민석이와 현정이가 x에 대한 일차식 A와 $2x+3$을 더하려고 한다. 그런데 민석이는 A의 상수항을 잘못 보고 더해서 $7x-1$이 되었고, 현정이는 A의 x의 계수를 잘못 보고 더해서 $4x-3$이 되었다. 이때 일차식 A를 구하시오.

301

오른쪽 그림과 같은 직사각형에서 색칠한 부분의 넓이가 $ax+b$일 때, 상수 a, b에 대하여 $\frac{b}{a}$의 값을 구하시오.

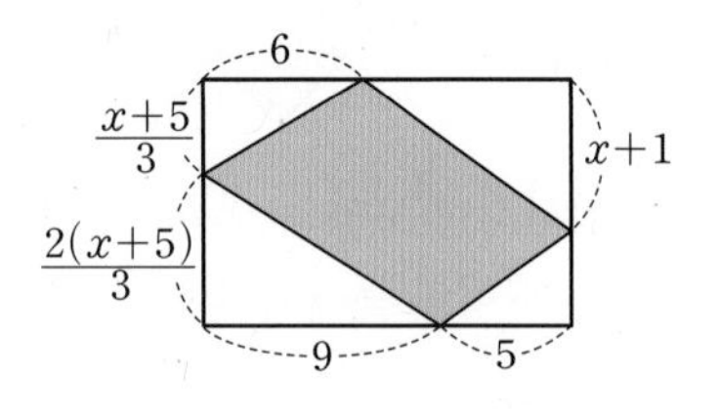

302*

다음 도형의 둘레의 길이를 x, y를 사용한 식으로 나타내시오.

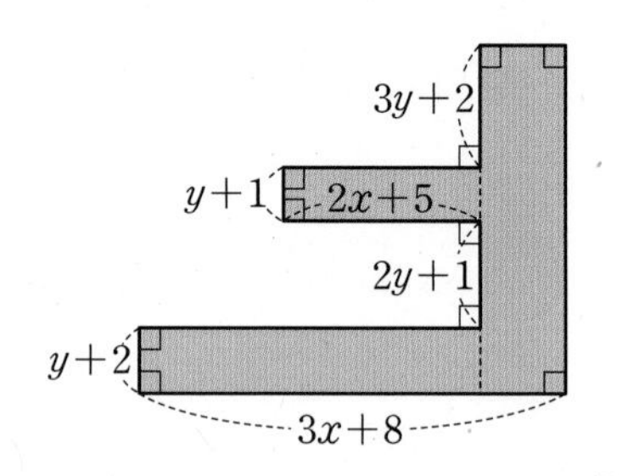

303

다음 그림과 같은 도형의 넓이를 x를 사용한 식으로 나타낼 때, x의 계수와 상수항의 합을 구하시오.

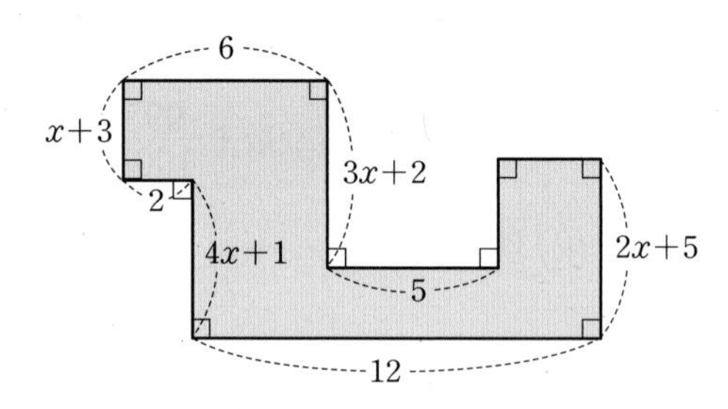

유형 06 문자의 수를 줄여 식의 값 구하기

304

$\frac{1}{x}-y=1$, $x-\frac{1}{z}=1$일 때, xyz의 값을 구하시오.

(단, $x\neq0$, $z\neq0$)

305*

$\frac{x}{2}=\frac{2y}{3}=\frac{3z}{4}$일 때, $\frac{2x+4y+3z}{x-2y+6z}$의 값을 구하시오.

(단, $x\neq0$, $y\neq0$, $z\neq0$, $x-2y+6z\neq0$)

306*

$a+b-c=0$일 때,

$$\frac{2ac}{(a+b)(b-c)}+\frac{3ab}{(b-c)(c-a)}-\frac{4bc}{(c-a)(a+b)}$$

의 값을 구하시오. (단, $a+b\neq0$, $b\neq c$, $a\neq c$)

307

$A=\frac{x^2-3xy+y^2}{x^2+xy+y^2}$, $B=\frac{x^2+3xy+y^2}{x^2-xy+y^2}$이고

$\frac{y}{x}+\frac{x}{y}=2$일 때, $\frac{3}{A^2}-B^2$의 값을 구하시오. (단, $xy\neq0$)

308, 309

서술형 풀이 과정을 쓰고 답을 구하시오.

308

유형 05

다음 그림은 한 변에 바둑돌이 2개, 3개, 4개, …씩 놓이도록 바둑돌을 규칙적으로 배열하여 정삼각형 모양을 만든 것이다. 한 변에 놓인 바둑돌이 n개인 정삼각형을 만드는 데 사용되는 바둑돌의 총 개수를 n에 대한 일차식으로 나타내고, 한 변에 놓인 바둑돌이 75개인 정삼각형을 만드는 데 사용되는 바둑돌은 몇 개인지 구하시오.

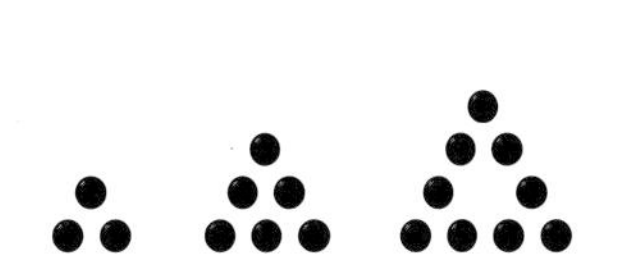
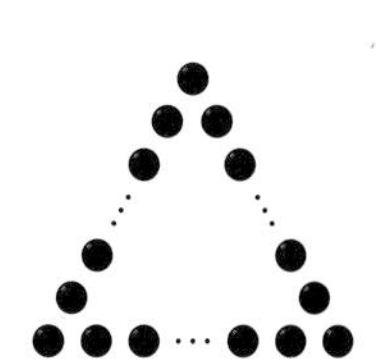

309 스키마 schema

유형 05

아래 표에서 가로, 세로, 대각선에 놓인 네 일차식의 합이 모두 같을 때, $\frac{1}{3}(9B-3A)-(-3A+4B)$를 x를 사용한 식으로 나타내시오.

	$-5x+2$	A	$3x+9$
	$3x$		$-x-5$
	$-4x-1$	$-5x+3$	B
$-5x-6$	$4x+5$	$6x+1$	

최상위권 굳히기를 위한 최고난도 유형

310

A 그릇에는 x %의 소금물 300 g, B 그릇에는 y %의 소금물 200 g이 들어 있다. A 그릇에서 덜어 낸 소금물 200 g을 B 그릇에 넣은 후, A 그릇에는 물 200 g을 넣었다. 이때 A, B 두 그릇에 들어 있는 소금물의 농도를 x, y를 사용한 식으로 각각 나타내시오.

311*

어떤 식 A에서 $5a-4b+8$을 빼야 할 것을 잘못하여 더했더니 $-7a-5b+7$이 되었을 때, 바르게 계산한 식은 B이다. 또, 어떤 식 C에 $a-5b-3$을 더해야 할 것을 잘못하여 뺐더니 $-4a-b+6$이 되었을 때, 바르게 계산한 식은 D이다. 이때 $A+B+C+D$를 a, b를 사용한 식으로 나타내시오.

312*

오른쪽 그림과 같이 윗변의 길이가 $a+4$, 아랫변의 길이가 $2a-3$, 높이가 16인 사다리꼴이 있다. 이 사다리꼴에서 윗변의 길이를 10 % 늘이고, 아랫변의 길이를 20 % 줄이고, 높이를 25 % 늘여서 만든 사다리꼴의 넓이를 a를 사용한 식으로 나타내시오.

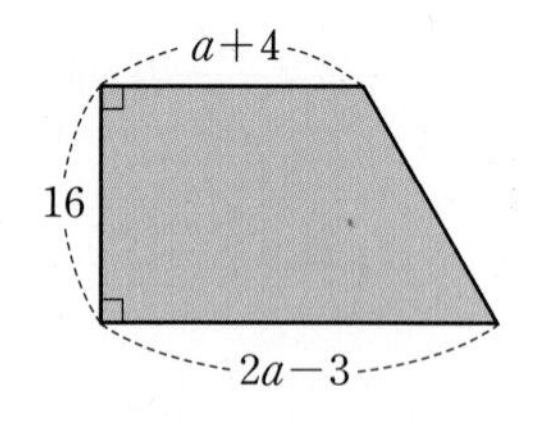

313

$x:y=3:2$, $x:z=4:3$일 때, 다음 식의 값을 구하시오.

$$\frac{9y^2-2yz+8xz}{4x^2-3xy+2yz}$$

314

$x=-1$, $y=5$일 때, $\frac{5x^n}{y}+\frac{5^2x^{n+1}}{y^2}-\frac{5^3x^{2n}}{y^3}$의 값을 구하시오. (단, n은 자연수)

315

오른쪽 그림과 같이 직사각형의 내부에 가로, 세로에 평행한 선분을 각각 그어 네 개의 작은 직사각형으로 나누었더니 직사각형 A, B, C의 넓이가 각각 a, b, c이었다. 다음 물음에 답하시오.

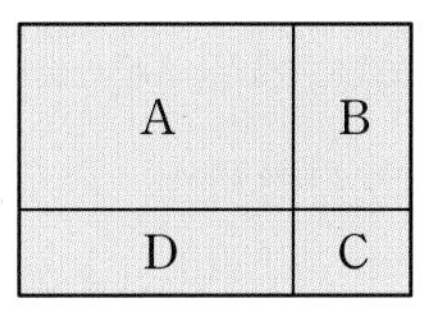

(1) 직사각형 D의 넓이를 a, b, c를 사용한 식으로 나타내시오.

(2) $a=39$, $b=13$, $c=8$일 때, 처음 직사각형의 넓이를 구하시오.

316*

m, n이 자연수일 때, $\dfrac{(-1)^m(7x-3)+(-1)^n(3x+5)}{2\times(-1)^{m+n}}$를 간단히 한 결과로 옳지 않은 것은?

① $5x+1$ ② $-5x-1$ ③ $-2x+4$
④ $-2x-4$ ⑤ $2x-4$

317

세 유리수 x, y, z에 대하여 $x+y+z=0$일 때, 다음 식의 값을 구하시오. (단, $xyz\neq0$)

$$3x\left(\frac{5}{y}+\frac{5}{z}\right)+3y\left(\frac{5}{z}+\frac{5}{x}\right)+3z\left(\frac{5}{x}+\frac{5}{y}\right)$$

318*

각 자리의 숫자가 모두 다른 세 자리의 자연수 a가 있다. 이 자연수의 십의 자리의 숫자와 일의 자리의 숫자를 바꾼 수를 b라 하자. $a-b=45$일 때, 가능한 세 자리의 자연수 a의 개수를 구하시오. (단, a, b의 일의 자리의 숫자는 0이 아니다.)

319

오른쪽 그림과 같이 한 변의 길이가 6 cm인 정오각형의 한 점 A를 출발하여 변을 따라 시곗바늘이 도는 반대 방향으로 도는 점 P와 정오각형의 한 점 C를 출발하여 변을 따라 시곗바늘이 도는 반대 방향으로 도는 점 Q가 있다. 점 P는 매초 3 cm의 속력으로 움직이고 점 Q는 매초 4 cm의 속력으로 움직일 때, 점 P가 점 A를 출발하여 n바퀴 돌고 난 후 점 D에 도착하는 데 걸리는 시간과 점 Q가 점 C를 출발하여 m바퀴 돌고 난 후 다시 점 C로 돌아오는 데 걸리는 시간이 같다. $\frac{a}{2}m=bn+6$일 때, 두 자연수 a, b의 값을 각각 구하시오.

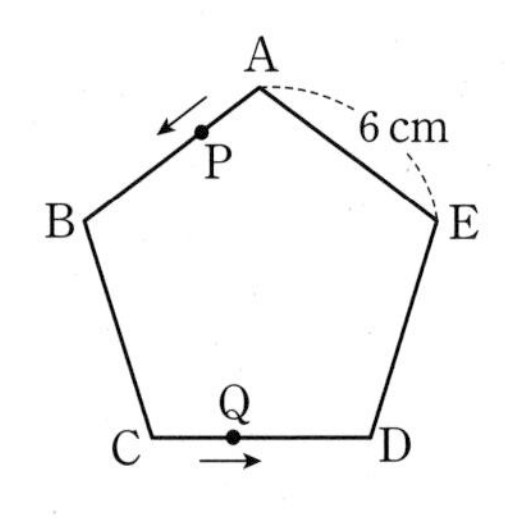

320

오른쪽 그림은 7종류의 정사각형을 겹치지 않도록 붙여서 만든 도형이다. 정사각형 A의 한 변의 길이와 정사각형 B의 한 변의 길이의 비를 가장 간단한 자연수의 비로 나타내시오.

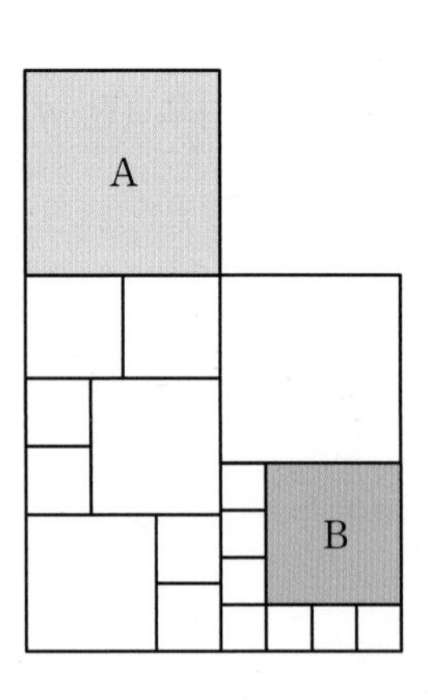

321

$xyz=1$일 때, $\frac{x}{1+x+xy}+\frac{y}{1+y+yz}+\frac{z}{1+z+xz}$의 값을 구하시오.

(단, $1+x+xy\neq0$, $1+y+yz\neq0$, $1+z+xz\neq0$)

322

어느 중학교에서 방과 후 프로그램 신청자를 조사했더니 방과 후 수학 특강을 신청한 학생은 x명, 방과 후 영어 특강을 신청한 학생은 y명이었다. 수학과 영어 특강을 모두 신청한 학생 수는 수학 특강을 신청한 학생 수의 12.5 %이고, 영어 특강을 신청한 학생 수의 25%이다. 수학과 영어 특강을 모두 신청하지 않은 학생 수는 전체 학생 수의 12 %일 때, 수학 특강을 신청하지 않은 학생은 전체 학생 수의 p %, 영어 특강을 신청하지 않은 학생은 전체 학생 수의 q %이다. 다음 식을 간단히 하시오. (p, q의 값을 구할 때, 풀이 과정에서 반드시 x, y를 사용하여 식을 세우시오.)

$$(-1)^{p+q-1}\times\frac{a-b}{2}-(-1)^{q-p+1}\times\frac{a+b}{2}$$

창의융합 직사각형의 가로와 세로의 길이 구하기

323

다음 그림과 같이 9개의 서로 다른 정사각형을 겹치지 않도록 붙여서 하나의 큰 직사각형을 만들었다. 큰 직사각형의 가로의 길이와 세로의 길이의 비를 가장 간단한 자연수의 비로 나타내면 $m:n$이다. 이때 다음 식을 간단히 하시오.

$$(-1)^{n-m}(x-3y)+(-1)^{m+3}(-3x+8y)-(-1)^{n-2}(6x-5y)$$

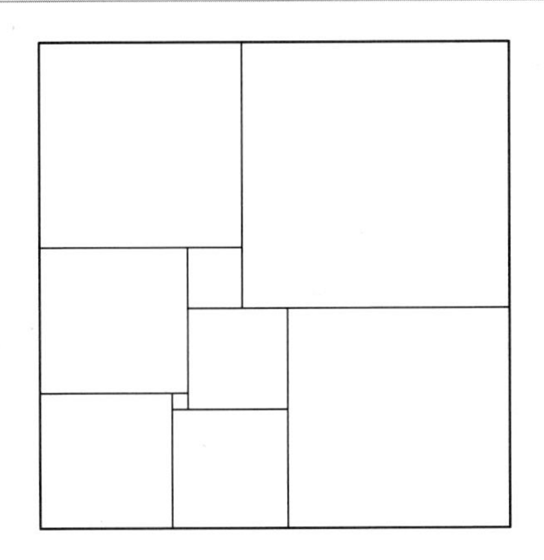

창의융합 규칙을 찾아 선의 길이의 합 구하기

324

다음 그림은 한 눈금의 길이가 1인 모눈종이에 일정한 규칙으로 선을 그은 것이다. 다음 물음에 답하시오.

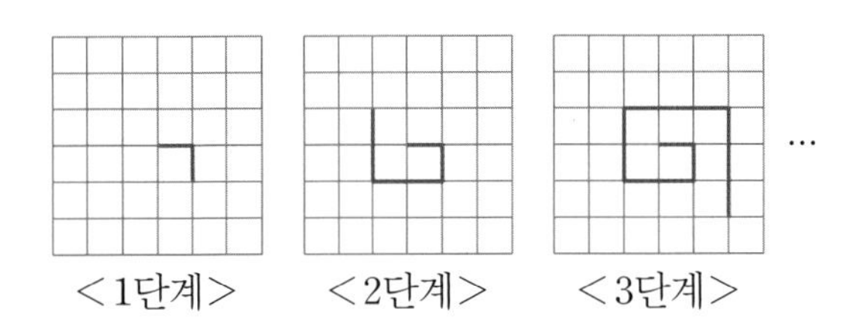

(1) <n단계>의 선의 길이의 합을 n을 사용한 식으로 나타내시오.

(2) 선의 길이의 합이 처음으로 170보다 길어지는 것은 몇 단계부터인지 구하시오.

06 일차방정식의 풀이

1 방정식과 항등식

(1) **등식** 등호(=)를 사용하여 두 수 또는 두 식이 서로 같음을 나타낸 식

$2x-3=x+1$ (좌변, 등호, 우변, 양변)

① **좌변** : 등식에서 등호의 왼쪽 부분

② **우변** : 등식에서 등호의 오른쪽 부분

③ **양변** : 등식의 좌변과 우변

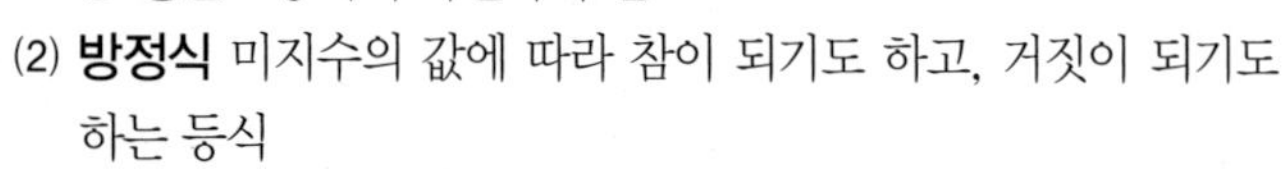

(2) **방정식** 미지수의 값에 따라 참이 되기도 하고, 거짓이 되기도 하는 등식

① **미지수** : 방정식에 있는 문자

② **방정식의 해(근)** : 방정식이 참이 되게 하는 미지수의 값

③ **방정식을 푼다** : 방정식의 해를 구하는 것

(3) **항등식** 미지수가 어떤 값을 갖더라도 항상 참이 되는 등식

개념 Plus 방정식 또는 항등식이 되는 조건

등식 $ax+b=cx+d$에서

(1) $a\neq c$ → 방정식 (2) $a=c$, $b=d$ → 항등식

2 등식의 성질

(1) **등식의 성질**

① 등식의 양변에 같은 수를 더해도 등식은 성립한다.

→ $a=b$이면 $a+c=b+c$

② 등식의 양변에서 같은 수를 빼도 등식은 성립한다.

→ $a=b$이면 $a-c=b-c$

③ 등식의 양변에 같은 수를 곱해도 등식은 성립한다.

→ $a=b$이면 $ac=bc$

④ 등식의 양변을 0이 아닌 같은 수로 나누어도 등식은 성립한다.

→ $a=b$이면 $\frac{a}{c}=\frac{b}{c}$ (단, $c\neq 0$)

참고 등식의 양변에서 c를 빼는 것은 양변에 $-c$를 더하는 것과 같고, 등식의 양변을 c $(c\neq 0)$로 나누는 것은 양변에 $\frac{1}{c}$을 곱하는 것과 같다.

(2) **등식의 성질을 이용한 방정식의 풀이**

x에 대한 방정식은 등식의 성질을 이용하여 주어진 방정식을 $x=$(수) 꼴로 바꾸어 해를 구할 수 있다.

예 $3x-1=5$ $\xrightarrow[\text{1을 더한다.}]{\text{양변에}}$ $3x=6$ $\xrightarrow[\text{3으로 나눈다.}]{\text{양변을}}$ $x=2$

3 일차방정식

(1) **이항** 등식의 성질을 이용하여 등식의 어느 한 변에 있는 항을 부호를 바꾸어 다른 변으로 옮기는 것

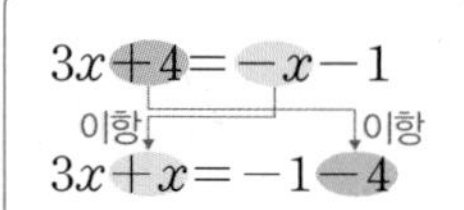

참고 이항할 때 항의 부호의 변화

(1) $+a$를 이항 → $-a$ (2) $-a$를 이항 → $+a$

(2) **일차방정식**

방정식의 우변에 있는 모든 항을 좌변으로 이항하여 정리한 식이 (x에 대한 일차식)$=0$, 즉 $ax+b=0$ $(a\neq 0)$ 꼴로 나타나는 방정식을 x에 대한 일차방정식이라 한다.

예 $3x+2=1-x$ $\xrightarrow{\text{이항}}$ $4x+1=0$ → x에 대한 일차방정식

$2x+3=5+2x$ $\xrightarrow{\text{이항}}$ $-2=0$ → 일차방정식이 아니다.

참고 x에 대한 방정식 $Ax^2+Bx+C=0$이 일차방정식이 되기 위한 조건

→ $A=0$, $B\neq 0$

4 일차방정식의 풀이

(1) **일차방정식의 풀이**

일차방정식은 다음과 같은 순서로 푼다.

❶ x를 포함한 항은 좌변으로, 상수항은 우변으로 이항한다.

❷ 양변을 정리하여 $ax=b$ $(a\neq 0)$ 꼴로 나타낸다.

❸ 양변을 x의 계수 a로 나누어 해를 구한다.

예 $5x+3=3x-1$
) $3x$는 좌변으로, 3은 우변으로 이항한다.
$5x-3x=-1-3$
) 양변을 정리한다.
$2x=-4$
) x의 계수 2로 양변을 나눈다.
$\therefore x=-2$

(2) **복잡한 일차방정식의 풀이**

① 여러 가지 괄호가 있는 경우

(소괄호) → {중괄호} → [대괄호]의 순서로 괄호를 풀어 정리한다.

② 계수가 소수인 경우

양변에 10, 100, 1000, …과 같이 10의 거듭제곱을 곱하여 모든 계수를 정수로 고친다.

예 $0.5x+5=0.07-x$
) 양변에 100을 곱한다.
$50x+500=7-100x$

③ 계수가 분수인 경우

양변에 분모의 최소공배수를 곱하여 모든 계수를 정수로 고친다.

예 $\frac{x}{4}+\frac{1}{3}=\frac{x}{3}+\frac{5}{6}$
) 양변에 12를 곱한다.
$3x+4=4x+10$

④ 비례식으로 주어진 경우

$a:b=c:d$이면 $ad=bc$임을 이용한다.

개념 Plus x에 대한 방정식 $ax=b$의 해의 개수

x에 대한 방정식 $ax=b$에서

(1) $a=0$, $b\neq 0$이면 $0\times x=b$가 되어 x가 어떤 값을 가지더라도 등식은 성립하지 않는다. → 해가 없다.

(2) $a=0$, $b=0$이면 $0\times x=0$이 되어 x가 어떤 값을 가지더라도 등식은 성립한다. → 해가 무수히 많다.

(3) $a\neq 0$이면 $x=\frac{b}{a}$ → 해가 오직 한 개이다.

정답과 풀이 048쪽

핵심 01 방정식과 항등식

325 대표 문제

다음 중 x의 값에 따라 참이 되기도 하고, 거짓이 되기도 하는 등식은?

① $2x-5=4x-5-2x$ ② $8x-12=4(2x-3)$
③ $7x+2-4x=3x+2$ ④ $5x-3=5+3x$
⑤ $6x-2=(5x+3)+(x-5)$

326

다음 보기에서 항등식을 모두 고른 것은?

보기
ㄱ. $x-3=3-x$ ㄴ. $6x-4x=2$
ㄷ. $-3x+12=3(4-x)$ ㄹ. $6-x=2x+6-3x$
ㅁ. $8-4(x+1)=4x+4$ ㅂ. $5x+3=3(2x-1)-x+6$

① ㄱ, ㄷ ② ㄴ, ㄷ ③ ㄴ, ㄷ, ㅂ
④ ㄷ, ㄹ, ㅂ ⑤ ㄹ, ㅁ, ㅂ

327

등식 $9x-a(x+2)=3b-6x$가 x에 대한 항등식일 때, $a-b$의 값을 구하시오. (단, a, b는 상수)

핵심 02 등식의 성질

328 대표 문제

다음 중 옳지 않은 것은?

① $10x=4y$이면 $5x-2y=0$이다.
② $a+1=b+1$이면 $5-a=5-b$이다.
③ $x=-y$이면 $2x+3=3-2y$이다.
④ $ac=bc$이면 $a+7=b+7$이다.
⑤ $7x=3y$이면 $7(x-1)=3y-7$이다.

329

$4a+8=4(b+1)$이면 $a-5=$☐이(가) 성립할 때, ☐ 안에 알맞은 식을 구하시오.

330

$a-5=b+3$일 때, 다음 중 옳은 것은? (단, $c\neq0$)

① $a+3=b-5$ ② $a=b-8$
③ $-a-3=-b+5$ ④ $ac-bc=2c$
⑤ $\frac{a-4}{c}=\frac{b+4}{c}$

06

핵심 03 일차방정식의 풀이

331 대표 문제

다음 일차방정식의 해를 구하시오.

$$\frac{5(2x+3)}{3}+\frac{7}{6}x=\frac{3(5x-1)}{2}+2$$

332

등식 $3x-2+4x=5x-8$을 이항만을 이용하여 $ax=b$ 꼴로 고쳤을 때, $a+b$의 값은? (단, $a>0$이고, a, b는 상수)

① -8　② -6　③ -4　④ 4　⑤ 8

333

일차방정식 $0.3x-0.1=0.2(x-2)+0.18$의 해를 $x=a$라 할 때, $-\frac{5}{2}a+3$의 값을 구하시오.

334

두 수 a, b에 대하여 $a\star b=a+b-ab$로 약속할 때, $(x\star 2)\star 5=13$을 만족하는 x의 값을 구하시오.

335

등식 $(a-2)x^2-x+5=3x(x-b)-7$이 x에 대한 일차방정식일 때, 두 상수 a, b의 조건을 각각 구하시오.

336

일차방정식 $0.4(3x-2)=\frac{1}{5}(x+2)+0.8$의 해를 $x=a$라 할 때, $|a-5|+|-3a|$의 값을 구하시오.

337

일차방정식 $7x-\{3x-(2-x)\}=-5(x-3)+11$의 해를 $x=a$라 하고, 비례식 $3:(2x-5)=\frac{4}{5}:(x+1)$을 만족하는 x의 값을 b라 할 때, $a-b$의 값은?

① -2　② 2　③ 4　④ 6　⑤ 8

핵심 04 해 또는 해의 조건이 주어질 때

338 대표 문제

비례식 $(7-2x):\frac{9}{2}(x-1)=2:3$을 만족하는 x의 값이 일차방정식 $3x-a=7-(x+2a)$의 해일 때, 상수 a의 값을 구하시오.

339

다음 두 일차방정식의 해가 서로 같을 때, 상수 a의 값을 구하시오.

$$1.8x-1.5=2.7x+0.3, \quad \frac{1}{2}-\frac{x-a}{4}=\frac{x+3a}{5}$$

340

지연이는 일차방정식 $3x-5=6x-9$를 푸는데 좌변의 x의 계수 3을 잘못 보고 풀었더니 해가 $x=-2$가 되었다. 이때 3을 어떤 수로 잘못 보았는지 구하시오.

341

x에 대한 일차방정식 $2(x-3)=a-4(x-2)$의 해가 자연수가 되도록 하는 모든 음의 정수 a의 값의 합을 구하시오.

06

발전 05 특수한 해를 갖는 방정식

342 대표 문제

x에 대한 방정식 $ax-8=(2-b)x+4b$를 만족하는 x의 값이 무수히 많을 때, 상수 a, b에 대하여 a^2-ab의 값을 구하시오.

343

비례식 $(ax-5):\frac{3}{4}(x-a)=8:3$을 만족하는 x의 값이 존재하지 않을 때, 상수 a의 값을 구하시오.

수학의 바이블 개념ON 141쪽 | 유형ON 114쪽

대표 문항 잘못 보고 푼 일차방정식을 바르게 풀어 해 구하기

민준이와 서영이가 x에 대한 일차방정식 $\frac{a(x-3)}{4}-\frac{5+bx}{3}=-\frac{7}{12}$을 풀고 있다.(조건 ①) 민준이는 a를 1로 잘못 보고 풀어서 해로 $x=2$를 얻었고,(조건 ②) 서영이는 b를 -1로 잘못 보고 풀어서 해로 $x=4$를 얻었다.(조건 ③) 처음 방정식을 바르게 풀었을 때의 해를 구하시오.(답)

유형 04 해 또는 해의 조건이 주어질 때 363, 381

스키마 schema

주어진 조건은 무엇인지? 답은 무엇인지? 이 둘을 어떻게 연결해야 하는지?

1 단계

조건 ① x에 대한 일차방정식 $\frac{a(x-3)}{4}-\frac{5+bx}{3}=-\frac{7}{12}$을 풀고 있다.

양변에 분모의 최소공배수를 곱하여 계수를 정수로 고친다. → 식을 간단히 정리한다. → $(3a-4b)x=9a+13$

$\frac{a(x-3)}{4}-\frac{5+bx}{3}=-\frac{7}{12}$의 양변에 분모의 최소공배수 12를 곱하여 간단히 정리하면

$3a(x-3)-4(5+bx)=-7$

$3ax-9a-20-4bx=-7$

$\therefore (3a-4b)x=9a+13$ …… ㉠

2 단계

조건 ② 민준이는 a를 1로 잘못 보고 풀어서 해로 $x=2$를 얻었다.

$(3a-4b)x=9a+13$에 $a=1$, $x=2$를 대입한다. → $(3-4b)\times 2=9+13$ → $b=-2$

민준이는 a를 1로 잘못 보고 풀어서 해가 $x=2$가 나왔으므로 ㉠에 $a=1$, $x=2$를 대입하면

$(3-4b)\times 2=9+13$

$6-8b=22$

$-8b=16$

$\therefore b=-2$

3 단계

조건 ③ 서영이는 b를 -1로 잘못 보고 풀어서 해로 $x=4$를 얻었다.

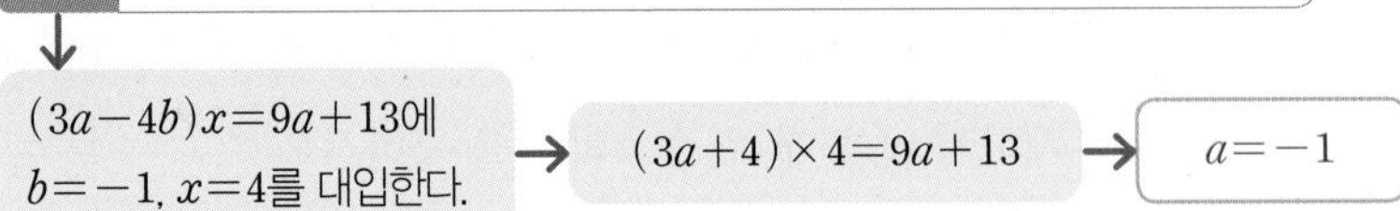

서영이는 b를 -1로 잘못 보고 풀어서 해가 $x=4$가 나왔으므로 ㉠에 $b=-1$, $x=4$를 대입하면

$(3a+4)\times 4=9a+13$

$12a+16=9a+13$

$3a=-3$

$\therefore a=-1$

4 단계

답 처음 방정식을 바르게 풀었을 때의 해

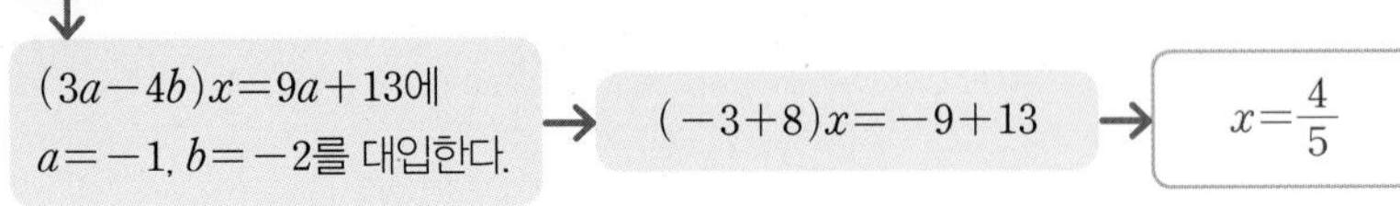

$(3a-4b)x=9a+13$에 $a=-1$, $b=-2$를 대입하면

$(-3+8)x=-9+13$

$5x=4$ $\therefore x=\frac{4}{5}$

답 $x=\frac{4}{5}$

대표 문항 식의 값을 구하여 방정식의 해를 구하고 미지수 구하기

등식 $5a-6b=3a+2b$가 성립할 때, x에 대한 일차방정식 $\frac{x-1}{2}+0.25=\frac{x-5k}{4}-1$의 해가 $x=\frac{3a+2b}{2a-b}$이다. 이때 상수 k의 값을 구하시오. (단, $ab\neq0$)

조건 ① 조건 ② 답 조건 ③

유형 04 해 또는 해의 조건이 주어질 때 372

스키마 schema

주어진 조건은 무엇인지? 답은 무엇인지? 이 둘을 어떻게 연결해야 하는지?

06

1 단계

조건 ① 등식 $5a-6b=3a+2b$가 성립한다.

$5a-6b=3a+2b$를 이항하여 정리한다. → $a=$(b를 사용한 식) 또는 $b=$(a를 사용한 식)으로 나타낸다. → $a=4b$

$5a-6b=3a+2b$를
이항하여 정리하면
$5a-3a=2b+6b$
$2a=8b$
$\therefore a=4b$ …… 조건 ④

2 단계

조건 ② 일차방정식 $\frac{x-1}{2}+0.25=\frac{x-5k}{4}-1$의 해가 $x=\frac{3a+2b}{2a-b}$이다.
③ $ab\neq0$ ④ $a=4b$

$x=\frac{3a+2b}{2a-b}$에 $a=4b$를 대입했을 때의 식의 값이 주어진 방정식의 해이다. → 주어진 일차방정식의 해는 $x=\frac{3\times4b+2b}{2\times4b-b}$ → $x=2$

$x=\frac{3a+2b}{2a-b}$에 $a=4b$를 대입하면
$x=\frac{3\times4b+2b}{2\times4b-b}=\frac{14b}{7b}=2$
즉 $\frac{x-1}{2}+0.25=\frac{x-5k}{4}-1$의 해는
$x=2$이다. …… 조건 ⑤

3 단계

조건 ⑤ 일차방정식 $\frac{x-1}{2}+0.25=\frac{x-5k}{4}-1$의 해가 $x=2$이다.

$\frac{x-1}{2}+0.25=\frac{x-5k}{4}-1$에 $x=2$를 대입하면 등식이 성립한다.

답 상수 k의 값

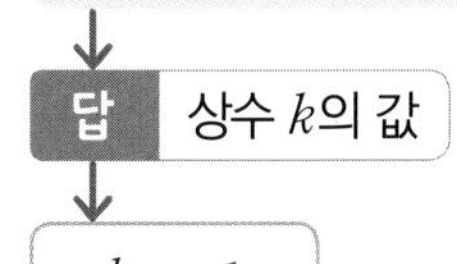
$k=-1$

$\frac{x-1}{2}+0.25=\frac{x-5k}{4}-1$에
$x=2$를 대입하면
$\frac{1}{2}+0.25=\frac{2-5k}{4}-1$
양변에 4를 곱하면
$2+1=2-5k-4$
$5k=-5$
$\therefore k=-1$

답 -1

유형 01 방정식과 항등식

344*

등식 $ax+b(4x-3)=(5a-2)x+6$이 모든 x에 대하여 항상 참이 되도록 하는 두 상수 a, b의 조건을 각각 구하시오.

345*

x에 대한 방정식 $5kx-4b=ak+6x-2$가 k의 값에 관계없이 항상 $x=2$를 해로 가질 때, $a+6b$의 값을 구하시오.

(단, a, b, k는 상수)

346

n이 홀수일 때, 등식

$$(-1)^{n+8}(a-x)-(-1)^{n+3}(bx+2)=0$$

이 x의 값에 관계없이 항상 참이 될 때, $b-a$의 값을 구하시오. (단, a, b는 상수)

유형 02 등식의 성질

347

다음은 $x-4=3x+5$를 등식의 성질을 이용하여 새로운 등식으로 만든 것이다. 옳지 않은 것은?

① $x-3x=5+4$
② $2x+9=0$
③ $-x+4=-3x-5$
④ $-x-4=x+5$
⑤ $x=3x+1$

348*

다음 중 옳지 않은 것은?

① $\frac{a}{3}=-\frac{b}{4}$이면 $-4a+7=3b+7$이다.
② $3a-2=-b+3$이면 $\frac{a}{2}=-\frac{b}{6}+\frac{5}{6}$이다.
③ $a-b=a+b$이면 $b=0$이다.
④ $2a-5b=0$이면 $\frac{a}{5}+4=\frac{b}{2}+4$이다.
⑤ $-2ac+3=-2bc+3$이면 $a-1=b-1$이다.

349

다음 (가), (나), (다)가 b, c를 사용한 식일 때, (가), (나), (다)에 알맞은 식의 합을 구하시오.

$a=b$이면 $a+3c=$ (가)
$a=2b-3c$이면 $-3a=$ (나)
$a=-3b+c$이면 $2a+5c=$ (다)

유형 03 일차방정식의 풀이

350

x에 대한 일차방정식

$$3(x-k)+5=6-5k\ (k=1,\ 2,\ 3,\ \cdots)$$

의 해를 x_k라 할 때, $x_1-x_2+x_3$의 값을 구하시오.

351*

오른쪽 보기와 같은 규칙에 따라 다음 그림의 빈칸을 채우려고 한다. $A=-7$일 때, x의 값을 구하시오.

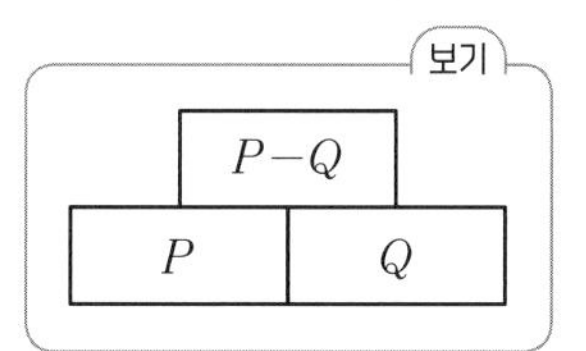

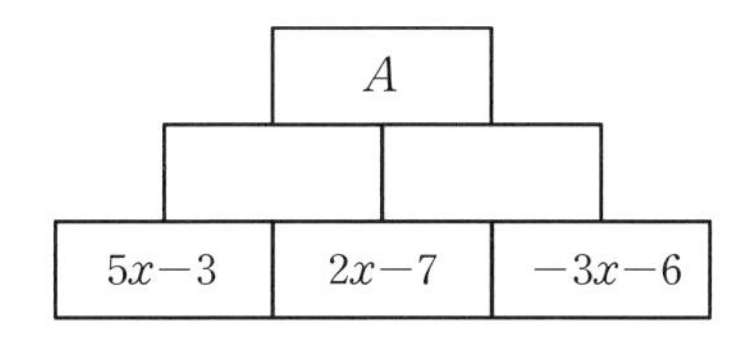

352

다음 일차방정식의 해를 $x=A$라 할 때, $\frac{1}{|A|}$보다 작은 자연수의 개수를 구하시오.

$$\frac{x}{2}-\frac{1}{3}\left\{x-\frac{1}{2}+\frac{1}{10}\left(\frac{x}{3}-\frac{x}{12}\right)\right\}=\frac{1}{8}$$

353*

x에 대한 두 일차방정식

$$\frac{a-x}{2}=\frac{5a-3}{4}+x,\ 0.2(2x+3a+2)-\frac{x-2}{5}=-1$$

의 해를 각각 $x=A$, $x=B$라 할 때, $A+B=2$를 만족하는 상수 a의 값을 구하시오.

354*

네 수 a, b, c, d에 대하여 $\begin{vmatrix} a & b \\ c & d \end{vmatrix}=ad-bc$라 할 때,

$\begin{vmatrix} 5x-3 & -7 \\ -\frac{1}{5} & \frac{1}{2} \end{vmatrix}=\begin{vmatrix} x-2 & 0.5 \\ 0.8 & 2.25 \end{vmatrix}$를 만족하는 x의 값을 구하시오.

355

상수 a, b, c에 대하여 $5a+3b+c=18$일 때, 방정식

$\frac{x}{5a}+\frac{x}{3b}+\frac{x}{c}-3=\frac{3b+c}{5a}+\frac{5a+c}{3b}+\frac{5a+3b}{c}$의 해를 구하시오. $\left(\text{단, } \frac{1}{5a}+\frac{1}{3b}+\frac{1}{c}\neq 0,\ abc\neq 0\right)$

356

$\frac{x}{2}=\frac{y}{3}=\frac{z}{5}$, $3x-4y+2z=20$을 만족하는 x, y, z에 대하여 $x-y+z$의 값을 구하시오.

357

서로 다른 두 수 a, b에 대하여 (a, b)는 a, b 중 큰 수를, $<a, b>$는 a, b 중 작은 수를 나타낸다.

$\frac{(3x-2,\ 3x+1)}{4}-\frac{<2x-3,\ 2x-5>}{6}=\left(\frac{7}{3},\ \frac{3}{2}\right)$을 만족하는 x의 값을 구하시오.

유형 04 해 또는 해의 조건이 주어질 때

358*

x에 대한 일차방정식 $5x-\frac{1}{2}(x+7a)=-1$의 해가 3보다 작은 유리수일 때, 이를 만족하는 자연수 a의 개수를 구하시오.

359

x에 대한 두 일차방정식

$$2(2x+3)=8-2x,\ \frac{4x-m}{3}=\frac{m+3x}{5}$$

의 해가 모두 $x=n$일 때, 상수 m, n에 대하여 일차방정식 $mx+n=0$의 해를 구하시오.

360

x에 대한 두 일차방정식

$$4(x-4)+12=5x+1,\ ax-1=3(a-x)$$

의 해의 절댓값이 서로 같을 때, 모든 상수 a의 값의 합을 구하시오.

361*

x에 대한 두 일차방정식 $\frac{x-7}{3}-\frac{2a-3}{2}=1$과 $5(x-3a)+6=6a-13$의 해의 비가 $5:2$일 때, 상수 a의 값을 구하시오.

362*

x에 대한 두 일차방정식

$$x+6a=4-3(x-3),\ x-\frac{x+5a}{4}=-1$$

의 해가 절댓값은 같고 부호는 서로 다를 때, 상수 a의 값을 구하시오.

363 스키마 schema

x에 대한 일차방정식 $1.6(ax-0.5)=\frac{x+2}{5}+3$에서 a의 부호를 잘못 보고 풀었더니 해가 $x=3$이 되었다. 바르게 푼 방정식의 해를 구하시오.

364

x에 대한 두 일차방정식

$$0.08(x+4)+\frac{3}{5}=0.8-0.06x,\ |m-3|+7x=0$$

의 해가 서로 같도록 하는 모든 상수 m의 값의 곱을 구하시오.

365*

x에 대한 일차방정식 $\frac{ax-3}{5}=\frac{6}{5}-x$의 해가 정수가 되도록 하는 모든 정수 a의 값의 합을 구하시오.

366

x에 대한 일차방정식 $\frac{x}{3}+\frac{1}{6}=\frac{a-x}{12}-\frac{3}{4}$의 해가 음수일 때, 모든 x의 값의 합을 구하시오. (단, a는 자연수)

유형 05 특수한 해를 갖는 방정식

367*

x에 대한 방정식 $\frac{3x-2}{4}+\frac{7-ax}{8}=\frac{x+b}{2}$의 해가 무수히 많을 때, 상수 a, b에 대하여 $a-b$의 값은?

① $\frac{1}{8}$ ② $\frac{1}{4}$ ③ $\frac{3}{4}$
④ 1 ⑤ $\frac{5}{4}$

368

x에 대한 방정식 $(3a-2)x+5b-4=ax+b+8$이 $x=0$ 뿐만 아니라 다른 해도 가질 때, a^2+b^2의 값을 구하시오.

(단, a, b는 상수)

369*

x에 대한 방정식 $(a+5)x+2=2(3x-1)+7$의 해는 없고, $(b-1)x-3a+8=2c-5$의 해는 무수히 많을 때, $a^2+b^2+c^2$의 값을 구하시오. (단, a, b, c는 상수)

370

x에 대한 방정식 $ax-10=(4-3b)x-5b$의 해가 무수히 많을 때, x에 대한 방정식 $\frac{ax+1}{3}-\frac{x+1}{b}=8$의 해를 구하시오. (단, a, b는 상수)

371, 372

서술형 풀이 과정을 쓰고 답을 구하시오.

371

유형 04

$x=-2$는 x에 대한 일차방정식 $(5a-2)x^2+(3b-1)x+4=0$의 해이다. 이때 y의 계수가 a이고, 상수항이 $2b$인 y에 대한 일차방정식의 해를 구하시오. (단, a, b는 상수)

372 스키마 schema

유형 04

등식 $4a+7b=-2a-5b$가 성립할 때, x에 대한 일차방정식 $4x+k(x+3)=12$의 해가 $x=\frac{3a+8b}{a-4b}$이다. 이때 상수 k의 값을 구하시오. (단, $ab\neq 0$)

373

약분하면 $\frac{4}{7}$가 되는 어떤 분수 $\frac{a}{b}$가 있다. 이 분수의 분자에 4를 더한 수를 분자로, 분모와 분자의 합에서 5를 뺀 수를 분모로 하는 분수를 만들어 약분하면 다시 $\frac{4}{7}$가 된다. 자연수 a, b에 대하여 $a+b$의 값을 구하시오. (단, $a>0$, $b>0$)

374

$a+b+c=0$일 때, x에 대한 방정식

$ax\left(\frac{1}{b}-\frac{1}{c}\right)-bx\left(\frac{1}{c}+\frac{1}{a}\right)-cx\left(\frac{1}{a}-\frac{1}{b}\right)=9$의 해를 구하시오. (단, $abc\neq0$)

375

$a:b:c=4:3:1$이고 $m=\frac{3a+b+c}{2a-b+3c}$, $n=\frac{a^2+b^2-c^2}{ab+bc}$이라 할 때, x에 대한 방정식 $\frac{x+m}{3}+(n-1)x=-\frac{6}{5}$의 해를 구하시오.

376*

x에 대한 일차방정식 $5(x-2)+a=x+7$과 비례식 $3:2=(7-b):(y-3)$을 만족하는 x, y의 값이 각각 자연수가 되도록 하는 두 자연수 a, b를 (a, b)로 나타낼 때, 서로 다른 (a, b)의 개수를 구하시오.

377*

다음과 같이 수직선 위의 두 점 P, Q에 대응하는 수는 각각 $2x$, $4x+6$이고, 두 점 A, B에 대응하는 수는 각각 6, k이다. 선분 PA의 길이와 선분 AQ의 길이의 비가 1 : 4, 선분 PB의 길이와 선분 BQ의 길이의 비가 4 : 3일 때, 선분 AB의 길이를 구하시오.

P $2x$, A 6, B k, Q $4x+6$

378

다음 방정식의 해를 구하시오.

$$\frac{5}{1-\frac{1}{1+\frac{1}{x}}}=\frac{1}{1-\frac{1}{1-\frac{1}{x}}}+x$$

tip $\frac{1}{\frac{b}{a}}=1\div\frac{b}{a}=1\times\frac{a}{b}=\frac{a}{b}$임을 이용한다.

379

x에 대한 일차방정식 $0.4\left(2x-\frac{a}{3}+4\right)-\frac{2x-3}{5}=\frac{1}{5}$에 대한 다음 보기의 설명 중 옳은 것을 모두 고르시오.

(단, a는 자연수)

보기

ㄱ. 해가 음의 정수일 때, 주어진 방정식을 만족하는 모든 a의 값은 4개이다.
ㄴ. 해가 음의 정수일 때, 주어진 방정식을 만족하는 모든 a의 값의 합은 45이다.
ㄷ. 해가 음의 유리수일 때, 주어진 방정식을 만족하는 모든 x의 값은 14개이다.
ㄹ. 해가 음의 유리수일 때, 주어진 방정식을 만족하는 모든 x의 값의 합은 -35이다.

380*

다음 x에 대한 세 방정식의 해가 $x=c$로 모두 같을 때, $a-b+c$의 값을 구하시오. (단, a, b, c는 상수)

$$2x-(a+1-x)=x+3$$
$$\frac{-x+a}{5}+\frac{x-1}{3}=1$$
$$9-\{x-2(b+1)+a\}=5$$

381* 스키마 schema

진주와 수영이가 x에 대한 방정식 $\frac{a(x-1)}{3}-\frac{5-bx}{2}=\frac{7}{6}$을 풀고 있다. 진주는 a를 -5로 잘못 보고 풀어서 해로 $x=-12$를 얻었고, 수영이는 b를 2로 잘못 보고 풀어서 해로 $x=-7$을 얻었다. 처음 방정식을 바르게 풀었을 때의 해를 구하시오.

382

두 수 a, b에 대하여 $a\star b=3ab-b+5$로 약속할 때, 다음 물음에 답하시오.

(1) $\{3\star(x-2)\}\star 2=(x+p)\star q$가 x에 대한 항등식이 되도록 하는 두 상수 p, q의 조건을 각각 구하시오.

(2) $\{3\star(x-2)\}\star 2=(x+p)\star q$를 만족하는 x의 값이 존재하지 않도록 하는 두 상수 p, q의 조건을 각각 구하시오.

창의융합 **비례식을 만족하는 값을 구하여 선분의 길이 구하기**

383

다음 그림과 같이 수직선 위의 두 점 P, Q가 나타내는 수가 각각 $5-3x$, $5x-1$이고 점 A가 나타내는 수가 3이다. 선분 PA의 길이와 선분 AQ의 길이의 비가 $2:3$일 때, 선분 PQ의 길이를 구하시오.

P　　A　　Q
$5-3x$　　3　　$5x-1$

창의융합 **윗접시저울을 이용한 등식의 성질 활용하기**

384

아래 그림과 같이 평형을 이루고 있는 2개의 윗접시저울이 있다. ■의 무게를 a g, ●의 무게를 b g, ★의 무게를 c g이라 할 때, 다음 물음에 답하시오.

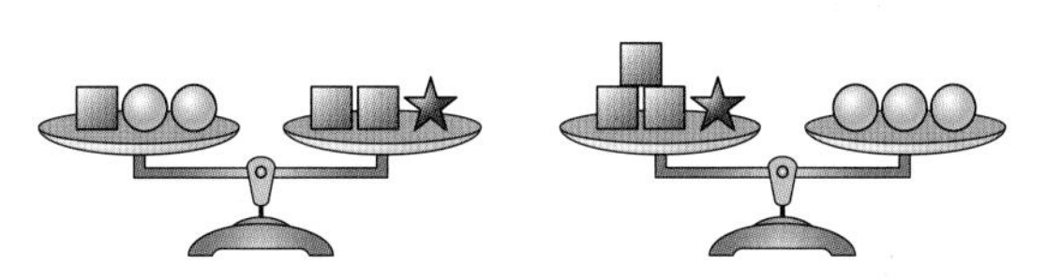

(1) 다음 □ 안에 알맞은 수의 곱을 구하시오.

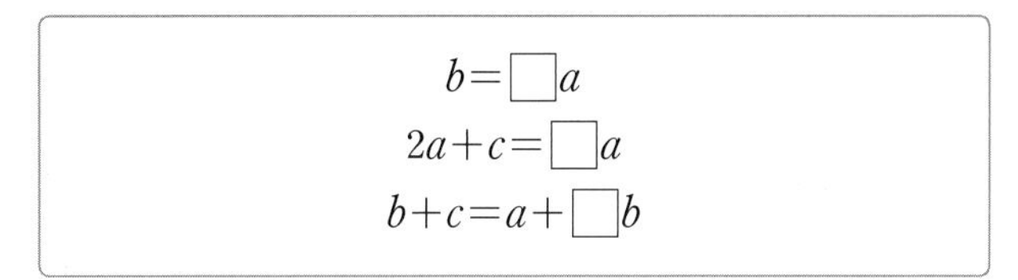
$b=\square a$
$2a+c=\square a$
$b+c=a+\square b$

(2) 다음 그림과 같은 윗접시저울이 평형을 이루도록 할 때, 왼쪽 접시에 올려야 하는 ●의 개수와 ★의 개수를 차례대로 구하시오. (단, ●와 ★는 각각 1개 이상 올려야 한다.)

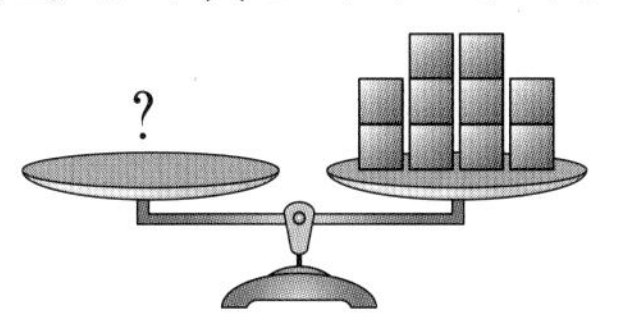

일차방정식의 활용

1 일차방정식의 활용

일차방정식을 활용하여 문제를 풀 때는 다음과 같은 순서로 해결한다.

❶ 문제의 뜻을 이해하고, 구하려는 값을 미지수 x로 놓는다.
❷ 문제의 뜻에 맞게 x에 대한 일차방정식을 세운다.
❸ 일차방정식을 푼다.
❹ 구한 해가 문제의 뜻에 맞는지 확인한다.

2 수에 대한 문제

(1) **어떤 수에 대한 문제**
어떤 수를 x로 놓고 x에 대한 방정식을 세운다.

(2) **연속하는 자연수에 대한 문제**
① 연속하는 세 자연수 : $x-1$, x, $x+1$ 또는 x, $x+1$, $x+2$
② 연속하는 세 짝수 (홀수) : $x-2$, x, $x+2$ 또는 x, $x+2$, $x+4$
③ 연속하는 세 n의 배수 : $x-n$, x, $x+n$

(3) **백의 자리의 숫자가 a, 십의 자리의 숫자가 b, 일의 자리의 숫자가 c인 세 자리의 자연수 ➔ $100a+10b+c$**

참고 소수점 아래 첫째 자리의 숫자가 a, 소수점 아래 둘째 자리의 숫자가 b, 소수점 아래 셋째 자리의 숫자가 c인 소수 ➔ $0.1a+0.01b+0.001c$

3 원가와 정가에 대한 문제

(1) **원가가 x원인 물건에 a %의 이익을 붙인 정가**
➔ (정가)=(원가)+(이익)$=x+x\times\frac{a}{100}=\left(1+\frac{a}{100}\right)x$(원)

(2) **정가가 x원인 물건을 a % 할인한 판매 가격**
➔ (판매 가격)=(정가)−(할인 금액)
$=x-x\times\frac{a}{100}=\left(1-\frac{a}{100}\right)x$(원)

(3) **(이익)=(판매 가격)−(원가)**

4 거리, 속력, 시간에 대한 문제

(1) 거리, 속력, 시간에 대한 문제는 다음 관계를 이용하여 방정식을 세운다.
① (속력)$=\frac{(\text{거리})}{(\text{시간})}$ ② (시간)$=\frac{(\text{거리})}{(\text{속력})}$
③ (거리)=(속력)×(시간)

(2) 같은 곳에서 동시에 출발하여 호수의 둘레를 돌다가 처음으로 다시 만나는 경우
① 서로 반대 방향으로 도는 경우
➔ (두 사람이 이동한 거리의 합)=(호수의 둘레의 길이)
② 서로 같은 방향으로 도는 경우
➔ (두 사람이 이동한 거리의 차)=(호수의 둘레의 길이)

(3) 기차가 터널을 지나는 경우

터널
터널의 길이 기차의 길이

① 기차가 터널을 완전히 통과할 때
➔ (기차의 이동 거리)=(터널의 길이)+(기차의 길이)
② 기차가 터널에서 보이지 않을 때
➔ (기차의 이동 거리)=(터널의 길이)−(기차의 길이)

5 농도에 대한 문제

(1) 소금물의 농도에 대한 문제는 다음 관계를 이용하여 방정식을 세운다.
① (소금물의 농도)$=\frac{(\text{소금의 양})}{(\text{소금물의 양})}\times100(\%)$
② (소금의 양)$=\frac{(\text{소금물의 농도})}{100}\times$(소금물의 양)

(2) 물을 더 넣거나 증발시킨 경우
➔ (처음 소금물의 소금의 양)=(나중 소금물의 소금의 양)

(3) 농도가 다른 두 소금물을 섞는 경우
➔ (섞기 전 두 소금물에 들어 있는 소금의 양의 합)
=(섞은 후 소금물에 들어 있는 소금의 양)

6 일에 대한 문제

전체 일의 양을 1로 놓고, 단위 시간 (1일, 1시간 등) 동안 하는 일의 양을 구한 후 방정식을 세운다.

예 일을 완성하는 데 5일이 걸린다.
➔ 전체 일의 양을 1이라 하면 1일 동안 하는 일의 양은 $\frac{1}{5}$이다.

7 도형에 대한 문제

(1) (직사각형의 둘레의 길이)
=2×{(가로의 길이)+(세로의 길이)}

(2) (삼각형의 넓이)$=\frac{1}{2}\times$(밑변의 길이)×(높이)

(3) (사다리꼴의 넓이)
$=\frac{1}{2}\times$ {(윗변의 길이)+(아랫변의 길이)} ×(높이)

8 시계에 대한 문제

(1) 분침은 1시간에 $360°$씩, 1분에 $\frac{360°}{60}=6°$씩 움직인다.

(2) 시침은 1시간에 $30°$씩, 1분에 $\frac{30°}{60}=0.5°$씩 움직인다.

정답과 풀이 057쪽

핵심 01 수, 개수에 대한 문제

385 대표 문제

어떤 수를 5배 하여 4를 더해야 할 것을 잘못하여 어떤 수에 5를 더하여 4배 하였더니 구하려고 했던 수보다 3만큼 커졌다. 구하려고 했던 수를 구하시오.

386

연속하는 세 짝수 중에서 가장 큰 수의 3배는 나머지 두 수의 합보다 34만큼 크다고 한다. 이때 가장 큰 수는?

① 26 ② 28 ③ 30
④ 32 ⑤ 34

387

각 자리의 숫자의 합이 9인 두 자리의 자연수가 있다. 이 자연수의 십의 자리의 숫자와 일의 자리의 숫자를 바꾼 수는 처음 수보다 45만큼 작다고 할 때, 처음 수를 구하시오.

388

다음은 조선 후기의 실학자 황윤석이 쓴 책 '이수신편'에 실려 있는 문제이다. 큰 스님은 몇 명인지 구하시오.

> 100개의 만두와 100명의 스님이 있다.
> 큰 스님이 만두를 세 개씩 가지면 작은 스님은 세 명이 만두 한 개를 나누어 가져야 한다.

389

합이 50인 두 자리의 자연수 2개가 있다. 이 두 수 중 작은 수의 일의 자리 뒤에 잘못하여 0을 하나 써넣고 차를 구했더니 그 차가 93이 되었다. 이때 작은 수를 구하시오.

핵심 02 비율, 증가와 감소, 원가와 정가에 대한 문제

390 대표 문제

어떤 상품의 원가에 30 %의 이익을 붙여서 정가를 정했다가 정가에서 1500원을 할인하여 판매하였더니 1개를 팔 때마다 1200원의 이익을 얻었다. 이때 이 상품의 판매 가격을 구하시오.

391

다음은 인도의 수학자 바스카라가 쓴 책 '릴라버티'에 실려 있는 시이다. 처음에 있던 벌은 모두 몇 마리인지 구하시오.

> 벌떼의 5분의 1은 목련꽃으로,
> 3분의 1은 나팔꽃으로,
> 그들의 차의 3배의 벌들은 장미꽃으로 날아갔다네.
> 남겨진 한 마리의 벌은 케디카의 향기와
> 재스민의 향기에 취해 허공으로 날아가 버렸다네.

392

지난달 형의 몸무게는 동생의 몸무게보다 15 kg이 더 나갔다. 현재는 지난달에 비하여 형의 몸무게는 4 % 줄고, 동생의 몸무게는 5 % 늘어서 두 사람의 몸무게의 합은 135 kg이다. 이때 지난달 동생의 몸무게를 구하시오.

핵심 03 과부족에 대한 문제

393 대표 문제

손님이 한 명도 없는 어느 식당에 단체 손님이 들어와서 한 식탁에 4명씩 앉았더니 6명이 앉지 못하였다. 다시 자리를 좁혀 한 식탁에 6명씩 앉았더니 식탁 한 개가 비어 있고 마지막 식탁에는 2명이 앉았다. 이 식당의 식탁의 개수는 모두 몇 개인지 구하시오.

394

사육사가 승마장에 있는 말에게 당근을 나누어 주려고 한다. 당근을 5개씩 나누어 주면 6개가 남고, 8개씩 나누어 주면 9개가 모자란다고 한다. 이때 승마장에 있는 말에게 당근을 6개씩 나누어 주면 어떻게 되는가?

① 당근 1개가 모자란다.
② 당근 2개가 모자란다.
③ 당근 1개가 남는다.
④ 당근 2개가 남는다.
⑤ 당근 3개가 남는다.

핵심 04 거리, 속력, 시간에 대한 문제

395 대표 문제

둘레의 길이가 3.6 km인 호수의 같은 지점에서 두 사람 A, B가 서 있다. A가 분속 90 m로 걷기 시작한 뒤 10분 후에 B가 반대 방향으로 분속 60 m로 걷는다면 B는 출발한 지 몇 분 후에 처음으로 A를 만나는지 구하시오.

396

집에서 약속 장소까지 가는데 시속 3 km로 걸어서 가면 약속 시간보다 10분 늦고, 시속 6 km로 뛰어서 가면 약속 시간보다 5분 일찍 도착한다고 한다. 이때 집에서 약속 장소까지의 거리를 구하시오.

397

일정한 속력으로 달리는 기차가 길이가 530 m인 다리를 완전히 통과하는 데 25초가 걸리고, 길이가 790 m인 다리를 완전히 통과하는 데 35초가 걸린다고 한다. 이때 기차의 길이와 기차의 속력을 차례대로 구하시오.

398

두 섬 A, B 사이를 속력이 시속 6 km인 여객선을 타고 왕복하였더니 3시간이 걸렸다고 한다. 강물은 A섬에서 B섬을 향하여 시속 2 km로 흐른다고 할 때, 두 섬 A, B 사이의 거리를 구하시오.

핵심 05 농도에 대한 문제

399 대표 문제

20 %의 소금물을 만들려다가 물을 너무 많이 넣어서 10 %의 소금물 240 g을 만들었다. 다시 20 %의 소금물을 만들기 위해서는 소금을 몇 g 더 넣어야 하는지 구하시오.

400

소금물 400 g에 물 70 g과 소금 30 g을 더 넣었더니 농도가 처음의 2배가 되었다. 처음 소금물의 농도는?

① 5 %　② 6 %　③ 7 %
④ 8 %　⑤ 9 %

401

6 %의 소금물 200 g과 10 %의 소금물 300 g을 섞은 후 물을 증발시켰더니 12 %의 소금물이 되었다. 이때 증발시킨 물의 양을 구하시오.

핵심 06 일에 대한 문제

402 대표 문제

장난감을 조립하여 완성하는 데 재범이는 8시간, 연주는 6시간, 선우는 12시간이 걸린다고 한다. 재범이가 먼저 혼자 2시간을 조립한 후 연주와 선우가 함께 조립하여 장난감을 완성하였다. 연주와 선우가 함께 장난감을 조립한 시간을 구하시오.

403

학교 담장에 벽화를 그려 완성하는 데 동민이는 20일, 유선이는 25일이 걸린다. 동민이가 혼자 7일 동안 그린 후, 동민이와 유선이가 함께 그리다가 유선이가 혼자 5일을 더 그려 완성하였다. 벽화를 완성하는 데 모두 며칠이 걸렸는지 구하시오.

404

수영장에 물을 가득 채우는 데 A 수도관을 사용하면 5시간이 걸리고, B 수도관을 사용하면 8시간이 걸린다. A 수도관을 사용하여 물을 넣기 시작하다가 도중에 B 수도관을 함께 사용하였더니 4시간 만에 수영장을 가득 채울 수 있었다. 이때 A 수도관만 사용한 시간은 몇 분인지 구하시오.

발전 07 도형, 규칙성, 시계에 대한 문제

405 (대표 문제)

오른쪽 그림과 같이 가로의 길이가 60 m, 세로의 길이가 45 m인 직사각형 모양의 땅에 각 방향으로 폭이 각각 x m, 5 m인 일정한 길을 내었더니 길을 제외한 땅의 넓이가 처음 넓이의 80 %가 되었다. 이때 x의 값을 구하시오.

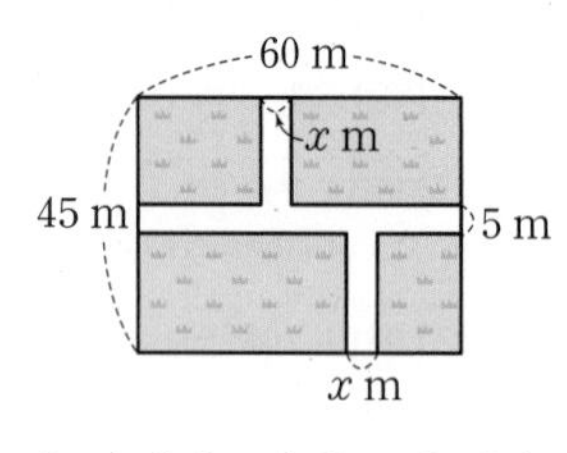

406

다음 그림과 같이 성냥개비를 사용하여 정육각형 모양이 이어진 도형을 만들려고 한다. 이때 136개의 성냥개비를 모두 사용하여 만들 수 있는 정육각형의 개수는 모두 몇 개인지 구하시오.

407

다음 그림은 어느 달의 달력의 일부분이다. 이 달력에서 'ㅏ' 자 모양으로 4개의 수를 묶었다. 이때 묶은 수의 합이 85가 되는 4개의 수 중에서 가장 큰 수를 구하시오.

일	월	화	수	목	금	토
			1	2	3	4
5	6	7	8	9		
12	13	14	15			
19	20	21				
26	27					

408

12시에서 1시 사이에 시계의 분침과 시침이 서로 반대 방향으로 일직선을 이루는 시각을 구하시오.

수학의 바이블 개념ON 163쪽 | 유형ON 132쪽

Step 2 실전문제 체화를 위한 심화 유형

대표 문항 민수와 동생이 수영장까지 가는 데 걸린 시간을 이용하여 집에서 수영장까지의 거리 구하기

민수와 동생이 집에서 동시에 출발하여 수영장까지 가는데 동생은 분속 50 m로 걸어서 가고,(조건 ①) 민수는 자전거를 타고 동생의 6배의 속력으로 갔다.(조건 ②) 민수가 집에서 250 m 떨어진 지점까지 갔을 때 물안경을 가져오지 않은 것이 생각나 집으로 다시 돌아갔다.(조건 ③) 민수가 물안경을 찾고 수영장으로 다시 가는 도중에 자전거의 체인이 빠져 체인을 다시 끼우는 데 15분이 걸렸지만(조건 ④) 민수가 동생보다 10분 먼저 수영장에 도착했다고 한다.(조건 ⑤) 집에서 수영장까지의 거리는 몇 km인지 구하시오.(답)

(단, 집에서 물안경을 찾는 시간은 생각하지 않는다.)(조건 ⑥)

유형 04 거리, 속력, 시간에 대한 문제 425

스키마 schema 주어진 조건은 무엇인지? 답은 무엇인지? 이 둘을 어떻게 연결해야 하는지?

1 단계

조건 ① 집에서 수영장까지 가는데 동생은 분속 50 m로 걸어서 갔다.

(시간)=(거리)/(속력) → 집에서 수영장까지의 거리를 x m라 하면 → 동생이 수영장까지 가는 데 걸린 시간 → $\frac{x}{50}$분

집에서 수영장까지의 거리를 x m라 하면 동생의 속력은 분속 50 m이므로 수영장까지 가는 데 걸린 시간은 $\frac{x}{50}$분이다.

2 단계

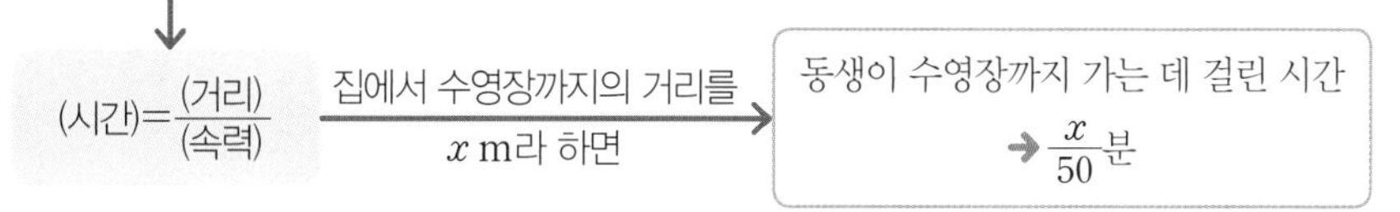

조건 ② 민수는 자전거를 타고 동생의 6배의 속력으로 갔다. → 분속 300 m

조건 ③ 민수가 집에서 250 m 떨어진 지점까지 갔다가 다시 집으로 돌아갔다.
④ 다시 수영장으로 가는 도중에 자전거 체인을 다시 끼우는 데 15분이 걸렸다.
⑥ 집에서 물안경을 찾는 시간은 생각하지 않는다.

(민수가 수영장까지 가는 데 걸린 시간)
=(250 m의 거리를 왕복하는 데 걸린 시간)
+(자전거 체인을 다시 끼우는 데 걸린 시간)
+(다시 수영장까지 가는 데 걸린 시간)
→ 민수가 수영장까지 가는 데 걸린 시간 → $\left(2\times\frac{250}{300}+15+\frac{x}{300}\right)$분

민수의 속력은 분속 $6\times50=300$(m)
이때 민수는 250 m의 거리를 왕복하고 자전거 체인을 다시 끼우는 데 15분이 걸렸으므로 수영장까지 가는 데 걸린 시간은
$2\times\frac{250}{300}+15+\frac{x}{300}=\frac{x}{300}+\frac{50}{3}$(분)

3 단계

조건 ⑤ 민수가 동생보다 10분 먼저 수영장에 도착했다.

(동생이 걸린 시간)=(민수가 걸린 시간)+10 → $\frac{x}{50}=\left(\frac{x}{300}+\frac{50}{3}\right)+10$

민수가 동생보다 10분 먼저 수영장에 도착했으므로
$\frac{x}{50}=\left(\frac{x}{300}+\frac{50}{3}\right)+10$

4 단계

답 집에서 수영장까지의 거리

방정식 $\frac{x}{50}=\left(\frac{x}{300}+\frac{50}{3}\right)+10$의 해 → $x=1600$ → 1600 m=1.6 km

$\frac{x}{50}=\left(\frac{x}{300}+\frac{50}{3}\right)+10$의 양변에 300을 곱하면 $6x=x+5000+3000$
$5x=8000$ $\therefore x=1600$
따라서 집에서 수영장까지의 거리는 1600 m, 즉 1.6 km이다.

답 1.6 km

대표 문항 직사각형의 변 위를 움직이는 두 점이 만날 때 생기는 삼각형의 넓이 구하기

오른쪽 그림과 같이 직사각형 ABCD에서 두 점 P, Q가 꼭짓점 A를 동시에 출발하여 변을 따라 (조건 ①) 점 P는 초속 2 cm로 점 B를 거쳐 점 C까지 움직이고, (조건 ②) 점 Q는 초속 3 cm로 점 D와 점 C를 거쳐 점 B까지 움직인다. (조건 ③) 두 점 P, Q가 만나는 점을 R이라고 할 때, (조건 ④) 삼각형 ABR의 넓이를 구하시오. (답)

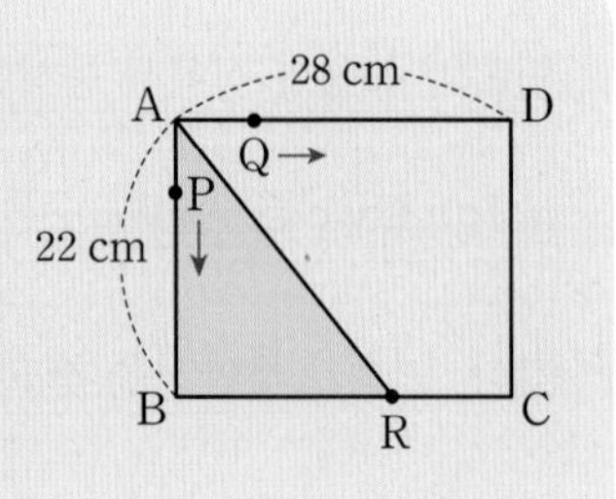

유형 07 도형, 규칙성, 시계에 대한 문제 437

스키마 schema

주어진 조건은 무엇인지? 답은 무엇인지? 이 둘을 어떻게 연결해야 하는지?

1 단계

조건 ① 직사각형 ABCD에서 두 점 P, Q가 꼭짓점 A에서 동시에 출발한다.
②, ③ 점 P는 초속 2 cm로 움직이고, 점 Q는 초속 3 cm로 움직인다.
④ 두 점 P, Q가 점 R에서 만난다.

두 점 P, Q가 점 R에서 만날 때까지 걸린 시간을 x초라 하자. → (거리)=(속력)×(시간) → (점 P가 움직인 거리)$=2x$(cm), (점 Q가 움직인 거리)$=3x$(cm)

두 점 P, Q가 x초 후에 점 R에서 만난다고 하면 (거리)=(속력)×(시간)이므로
두 점 P, Q가 x초 동안 움직인 거리는 각각 $2x$ cm, $3x$ cm이다.

2 단계

조건 ① 두 점 P, Q가 직사각형 ABCD의 변을 따라 움직인다.
④ 두 점 P, Q가 x초 후에 점 R에서 만난다.

(점 P가 움직인 거리)+(점 Q가 움직인 거리)=(직사각형 ABCD의 둘레의 길이) → $2x+3x=2\times(28+22)$ → $x=20$

(점 P가 움직인 거리)+(점 Q가 움직인 거리)
=(직사각형 ABCD의 둘레의 길이)이므로
$2x+3x=2\times(28+22)$
$5x=100$ $\therefore x=20$
따라서 두 점 P, Q는 20초 후에 점 R에서 만난다. …… 조건 ⑤

3 단계

조건 ⑤ 두 점 P, Q는 20초 후에 점 R에서 만난다.

(점 P가 20초 동안 움직인 거리)$=2\times20=40$(cm) → (선분 BR의 길이)=(점 P가 움직인 거리)−(선분 AB의 길이) → (선분 BR의 길이)=18 cm

점 P가 20초 동안 움직인 거리는
$2\times20=40$(cm)이므로
(선분 BR의 길이)
=(점 P가 움직인 거리)−(선분 AB의 길이)
$=40-22=18$(cm)

4 단계

답 삼각형 ABR의 넓이

(삼각형 ABR의 넓이)$=\frac{1}{2}\times$(선분 BR의 길이)×(선분 AB의 길이) → $\frac{1}{2}\times18\times22=198$(cm^2)

(삼각형 ABR의 넓이)
$=\frac{1}{2}\times$(선분 BR의 길이)×(선분 AB의 길이)
$=\frac{1}{2}\times18\times22=198$(cm^2)

답 198 cm^2

유형 01 수, 개수에 대한 문제

409

지애네 가족은 부모님과 동생을 포함하여 모두 네 명이다. 올해 지애네 가족의 나이가 다음 조건을 모두 만족할 때, 올해 아버지의 나이를 구하시오.

(가) 동생의 나이의 4배에 6을 더하면 어머니의 나이인 38세가 된다.
(나) 지애의 나이는 동생의 나이의 $\frac{7}{4}$배이다.
(다) 15년 후 아버지의 나이는 지애의 나이의 2배가 된다.

410*

다음은 인도의 수학자 바스카라가 쓴 책 '릴라버티'에 실려 있는 시이다. 처음에 있던 참새는 모두 몇 마리인지 구하시오.

선녀같이 아름다운 눈동자의 아가씨여!
참새 몇 마리가 들판에서 놀고 있는데 두 마리가 더 날아 왔어요.
그리고 저 푸른 숲에서 그것의 다섯 배가 되는
귀여운 참새 떼가 날아와서 함께 놀았어요.
저녁노을이 질 무렵, 열 마리의 참새는 숲으로 돌아가고
남은 참새 스무 마리는 밀밭으로 숨었대요.
처음 참새는 몇 마리였는지 내게 말해 주세요.

411*

십의 자리의 숫자가 4인 세 자리의 자연수가 있다. 백의 자리의 숫자는 일의 자리의 숫자의 2배보다 1만큼 크고, 백의 자리의 숫자와 십의 자리의 숫자를 바꾼 수는 처음 수보다 90만큼 작을 때, 처음 수를 구하시오.

유형 02 비율, 증가와 감소, 원가와 정가에 대한 문제

412*

어느 회사의 올해 입사 지원자의 남녀 인원 수의 비는 4 : 3, 합격자의 남녀 인원 수의 비는 5 : 3, 불합격자의 남녀 인원 수의 비는 1 : 1이다. 합격자가 176명일 때, 전체 입사 지원자는 몇 명인지 구하시오.

413*

올해 주영이네 학교의 남학생 수와 여학생 수는 작년에 비하여 남학생은 18 % 증가하였고, 여학생은 8 % 감소하였다. 작년에 전체 학생은 650명이었고 남학생은 350명이었을 때, 올해 전체 학생 수는 작년에 비하여 몇 % 증가 또는 감소하였는가?

① 4 % 감소　② 6 % 감소　③ 4 % 증가
④ 6 % 증가　⑤ 8 % 증가

414

어느 식당에서는 9000원짜리 파스타를 x % 할인한 다음, 할인한 금액의 10 %를 봉사료로 부과하고 있다. 재료값 상승으로 인해 음식값을 x % 할인에서 $0.4x$ % 할인으로 변경하고 봉사료는 따로 부과하지 않기로 하였더니 손님들은 파스타를 먹은 후 기존에 지불하던 금액보다 360원을 더 내게 되었다. 이때 x의 값을 구하시오.

07

415

A는 어떤 상품을 표시 가격보다 10만 원 싸게 구입해 주고 구입 가격의 5 %를 수수료로 받았고, B는 같은 상품을 30만 원 싸게 구입해 주고 구입 가격의 10 %를 수수료로 받았다. 두 사람이 받은 수수료가 같을 때, A가 받은 수수료를 구하시오.

416

장터에서 떡을 팔던 어머니가 하루 종일 팔고 남은 떡을 가지고 세 개의 고개를 넘어 집으로 돌아가는데 고개마다 호랑이가 나타나 떡을 달라고 요구했다. 첫 번째 고개에서 호랑이에게 남아 있는 떡의 절반을 주고 1개를 더 주고, 두 번째 고개에서도 다시 남아 있는 떡의 절반을 주고 1개를 더 주었다. 세 번째 고개에서는 다시 남아 있는 떡의 절반을 주고 2개를 더 주었더니 떡이 4개가 남았다. 어머니가 세 개의 고개를 넘기 전에 가지고 있던 떡은 몇 개인지 구하시오.

417

어느 마트의 주인이 도매상점에서 3개당 2000원인 사과를 사왔다. 첫째 날은 사온 사과의 전체의 $\frac{1}{2}$을 원가의 80 %의 이익을 붙여 팔고, 둘째 날은 남은 양의 절반을 원가의 60 %의 이익을 붙여 팔았다. 셋째 날은 남은 양의 전부를 원가의 40 %의 이익을 붙여 팔았더니 총 130000원의 이익이 남았다. 마트 주인이 도매상점에서 사온 사과의 개수는 모두 몇 개인지 구하시오.

418

같은 용량의 파일 3개를 차례로 내려받으려고 한다. 다음 그래프는 현재 내려받는 파일의 전송 비율과 전체 파일의 전송 비율을 나타낸다. 전송 속도가 같은 파일 3개를 모두 내려받는 데에는 총 9분이 걸리고, 전송을 시작한 지 t분 후에 두 그래프의 길이가 같아졌다고 한다. 이때 가능한 t의 값은?

(단, $0<t<9$)

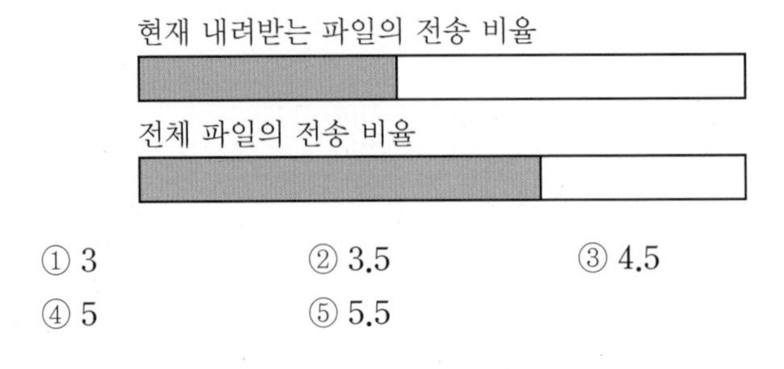

① 3　② 3.5　③ 4.5　④ 5　⑤ 5.5

유형 03 과부족에 대한 문제

419*

강당의 긴 의자에 학생들이 앉는데 한 의자에 6명씩 앉으면 의자에 모두 앉고도 9명이 앉지 못하고, 한 의자에 8명씩 앉으면 의자 3개가 비어 있고 마지막 의자에는 5명이 앉는다고 한다. 이때 강당에 있는 학생은 모두 몇 명인지 구하시오.

420

지영이네 반 학생들이 돈을 모아 선생님 선물을 사려고 한다. 한 학생에게 1500원씩 걷으면 2900원이 부족하고, 1700원씩 걷으면 1900원이 남는다고 할 때, 1600원씩 걷으면 얼마가 부족한지 또는 남는지 구하시오.

유형 04 거리, 속력, 시간에 대한 문제

421*

둘레의 길이가 400 m인 트랙이 있다. 이 트랙 위의 한 지점에서 윤호와 지은이가 같은 방향으로 동시에 출발하여 각각 초속 7 m, 초속 3 m로 달리고 있다. 두 사람이 6분 동안 계속 달릴 때, 윤호가 지은이를 몇 번 추월하게 되는지 구하시오.

422

강물이 시속 4 km로 흐르는 강에서 일정한 속력으로 움직이는 배가 상류 쪽으로 12 km 거슬러 올라가는 데 걸리는 시간과 하류 쪽으로 20 km 내려가는 데 걸리는 시간이 같을 때, 정지한 물에서 배의 속력은?

① 시속 14 km ② 시속 15 km ③ 시속 16 km
④ 시속 17 km ⑤ 시속 18 km

423

지수가 자전거를 타고 집에서 출발하여 공원에 다녀오는데 갈 때는 시속 10 km와 시속 5 km의 속력으로 번갈아 가면서 달려 1시간 30분이 걸렸고, 돌아올 때는 같은 길을 시속 6 km의 속력으로 일정하게 달려서 1시간 50분이 걸렸다. 지수가 시속 10 km의 속력으로 달린 거리를 구하시오.

424*

일정한 속력으로 달리는 기차 A가 길이가 600 m인 터널을 완전히 통과하는 데 20초가 걸렸다. 기차 A가 초속 16 m로 달리는 기차 B와 서로 반대 방향으로 달려서 완전히 지나치는 데 5초가 걸렸다. 기차 B의 길이가 95 m일 때, 기차 A의 길이를 구하시오.

425 스키마 schema

가영이네 집과 수현이네 집 사이의 거리는 2.4 km이다. 가영이는 자전거를 타고 분속 60 m로, 수현이는 걸어서 분속 40 m로 각자의 집에서 상대방의 집을 향해 동시에 출발하였다. 가영이가 수현이네 집까지 거리의 $\frac{1}{4}$이 되는 A 지점까지 왔다가 두고 온 물건이 있어 다시 집으로 돌아갔다 물건을 챙겨서 다시 출발했다. 집에서 두고 온 물건을 찾아서 나오는 데는 5분이 걸렸을 때, 두 사람이 만나는 것은 처음 출발한 지 몇 분 후인지 구하시오.

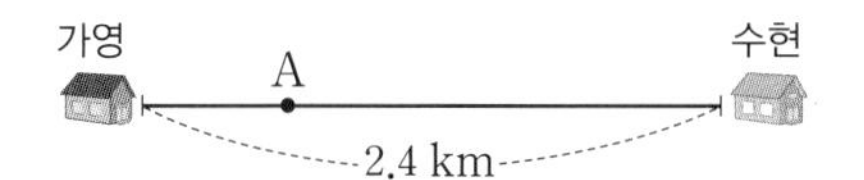

426

진주와 민영이는 둘레의 길이가 3 km인 호수의 둘레를 걸으려고 한다. 진주와 민영이가 걷는 속력의 비는 3 : 2이고, 호수의 같은 지점에서 오전 9시에 동시에 출발하여 서로 반대 방향으로 걸었더니 오전 9시 25분에 처음으로 만났다. 진주와 민영이가 만난 지점에서 10분 동안 휴식을 취한 후 같은 방향으로 동시에 출발했을 때, 진주와 민영이가 다시 처음으로 만나는 시각을 구하시오.

유형 05 농도에 대한 문제

427*

8 %의 소금물 300 g에서 한 컵의 소금물을 덜어 내고, 덜어 낸 소금물과 같은 양의 물을 넣은 후 5 %의 소금물을 섞어 6 %의 소금물 400 g을 만들었다. 이때 컵으로 덜어 낸 소금물에 들어 있는 소금의 양을 구하시오.

428

6 %의 소금물과 8 %의 소금물을 섞은 후 물을 더 넣어 5 %의 소금물 120 g을 만들었다. 8 %의 소금물과 더 넣은 물의 양의 비가 5 : 3일 때, 더 넣은 물의 양을 구하시오.

429

A 그릇에는 20 %의 소금물 200 g, B 그릇에는 12 %의 소금물 300 g이 들어 있다. A, B 두 그릇에서 각각 같은 양의 소금물을 덜어 내어 서로 바꾸어 넣었더니 두 그릇에 들어 있는 소금물의 농도가 같아졌다. 이때 두 그릇에서 각각 덜어 낸 소금물의 양을 구하시오.

유형 06 일에 대한 문제

430*

어떤 물통에 A, B 두 호스로 물을 가득 채우는 데 각각 6시간, 3시간이 걸리고, 물통에 가득 찬 물을 C 호스로 완전히 빼내는 데 4시간이 걸린다. 이때 A, B, C 세 호스를 동시에 사용하여 빈 물통에 물을 가득 채우는 데 걸리는 시간을 구하시오. (단, A, B 두 호스는 물을 채우는 데만, C 호스는 물을 빼내는 데만 사용한다.)

431

어느 빵집의 주인은 직원보다 5분 동안 35개의 빵을 더 만든다고 한다. 이 빵집의 주인이 30분, 직원이 50분 동안 각각 빵을 만들었을 때, 직원은 주인이 만든 빵의 개수의 반밖에 만들지 못했다. 주인과 직원이 만든 빵의 개수의 차는?

① 130개 ② 135개 ③ 140개
④ 145개 ⑤ 150개

432

어떤 일을 완성하는 데 지연이가 혼자 하면 9시간, 인수가 혼자 하면 6시간이 걸리고, 두 사람이 함께 하면 혼자 일할 때의 $\frac{3}{5}$밖에 못한다고 한다. 두 사람이 3시간 동안 함께 하다가 남은 일을 인수가 혼자서 하게 되었다면 인수가 혼자서 일하는 시간은 몇 시간인지 구하시오.

433

길이와 굵기가 다른 두 양초 A, B에 불을 붙이면 각각 일정하게 길이가 줄어든다. 양초 A는 다 타는 데 50분이 걸리고, 양초 A보다 7 cm 긴 양초 B는 다 타는 데 30분이 걸린다. 두 양초 A, B에 동시에 불을 붙이고 14분 후에 두 양초의 남은 길이가 같아졌을 때, 처음 양초 A의 길이를 구하시오.

유형 07 도형, 규칙성, 시계에 대한 문제

434

1시와 2시 사이에 시계의 시침과 분침이 이루는 작은 각의 크기가 처음으로 80°가 되는 시각을 구하시오.

435

다음 그림과 같이 짝수를 규칙적으로 나열하고 직사각형 모양으로 8개의 수를 묶을 때, 그 합이 336이 되었다. 이때 8개의 수 중 가장 오른쪽 위에 있는 수를 구하시오.

2	4	6	8	10
12	14	16	18	20
22	24	26	28	30
32	34	36	38	40
⋮	⋮	⋮	⋮	⋮

436, 437

서술형 풀이 과정을 쓰고 답을 구하시오.

436

유형 07

첫 번째 주사위의 한 모서리의 길이를 $\frac{1}{2}$ cm로 하고, 각 면에는 1부터 6까지의 자연수를 쓴다. 두 번째 주사위는 한 모서리의 길이를 1 cm로 하고, 각 면에는 7부터 12까지의 자연수를 쓴다. 세 번째 주사위는 한 모서리의 길이를 $\frac{3}{2}$ cm로 하고, 각 면에는 13부터 18까지의 자연수를 쓴다. 이와 같은 방법으로 주사위의 각 면에 자연수를 써 나간다고 할 때, 다음을 만족시키는 세 자연수 a, b, c에 대하여 $a+b+c$의 값을 구하시오.

(가) 한 모서리의 길이가 8 cm인 주사위는 a번째 주사위이다.
(나) 주사위의 각 면에 쓰인 자연수의 총합이 237이 되는 것은 b번째 주사위이다.
(다) 9번째 주사위의 각 면에 쓰인 자연수의 총합은 c이다.

437 스키마 schema

유형 07

오른쪽 그림과 같이 직사각형 ABCD에서 두 점 P, Q가 꼭짓점 A를 동시에 출발하여 변을 따라 점 P는 초속 3 cm로 점 B를 거쳐 점 C까지 움직이고, 점 Q는 초속 4 cm로 점 D와 점 C를 거쳐 점 B까지 움직인다. 두 점 P, Q가 만나는 점을 R이라 할 때, 삼각형 ABR의 넓이를 구하시오.

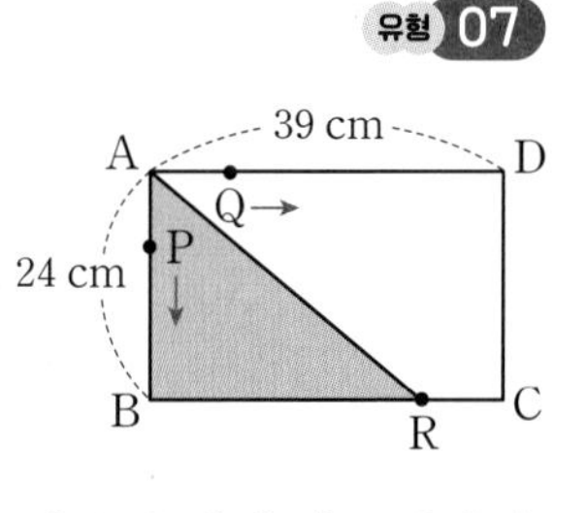

438*

어느 마트에서 원가가 3000원인 상품에 20 %의 이익을 붙여서 정가를 정하였다. 이 상품 200개 중에서 25 %는 정가로 팔고, 나머지 75 %는 정가에서 할인하여 모두 팔았더니 총 39000원의 이익이 생겼다. 할인하여 판 물건은 정가에서 몇 % 할인해서 팔았는지 구하시오.

439

1일 이용료가 다음 표와 같은 스터디카페가 있다. 지연이가 A, B 두 스터디카페를 번갈아 가면서 주말 6일을 포함하여 총 16일간 이용했다. A 스터디카페에서 6일, B 스터디카페에서 10일을 이용하고 이용료로 총 30900원을 지불하였다. 지연이가 A 스터디카페를 이용한 주말은 모두 며칠인지 구하시오. (단, 지연이는 하루에 한 스터디카페만 이용했다.)

	주말	평일
A 스터디카페	3000원	2000원
B 스터디카페	1800원	1500원

440

성적 우수자를 선발하기 위해 200명의 학생에게 시험을 치르게 한 결과 30명이 합격하였다. 최저 합격 점수는 200명의 평균보다 30점이 높고, 합격자의 평균보다는 4점이 낮고, 불합격자의 평균의 2배보다는 9점이 낮다. 이때 최저 합격 점수를 구하시오.

441*

진수가 집에서 출발하여 공원까지 일정한 속력으로 걸어가는데 평소 걷는 속력보다 시속 1 km 더 빠르게 걸으면 평소 걸리는 시간보다 20 %가 단축되고, 시속 0.5 km 더 느리게 걸으면 30분이 더 걸린다고 한다. 집에서 공원까지의 거리를 구하시오.

442

지수가 오후 4시와 5시 사이에 책을 읽기 시작하면서 시계를 보니 시침과 분침이 겹쳐져 있었다. 책을 다 읽고 시계를 보니 오후 9시와 10시 사이에 시침과 분침이 서로 반대 방향으로 일직선이었다. 지수가 책을 읽은 시간을 구하시오.

443*

1시간에 60 L의 물을 넣는 펌프로 수조에 물을 넣기 시작한 지 1시간 만에 펌프가 고장이 나서 물을 넣지 못하고 수리하는 데 45분이 걸렸다. 펌프를 수리한 후에는 수리하기 전보다 시간당 채우는 물의 양을 25 % 증가시켜 물을 넣었더니 수조를 가득 채우는 데 처음 예정 시간보다 15분이 더 걸렸다. 이때 수조의 부피는 몇 L인지 구하시오.

444

A, B 두 그릇에 농도가 각각 a %, b %인 소금물이 100 g씩 들어 있다. B 그릇에서 소금물 30 g을 덜어 내어 버리고, A 그릇에서 소금물 30 g을 덜어 내어 B 그릇에 넣어 섞은 후 A 그릇에는 30 g의 물을 넣었다. 이와 같은 방법을 한 번 더 반복하여 두 그릇에 있는 소금물의 농도가 14 %로 같아졌을 때, a, b의 값을 각각 구하시오.

445

바구니 안의 귤을 몇 명의 학생들이 나누어 가지려고 한다. 첫 번째로 지운이가 1개를 가진 후, 나머지의 $\frac{1}{7}$을 가졌다. 두 번째로 민수가 2개를 가진 후, 나머지의 $\frac{1}{7}$을 가졌다. 그리고 나머지 학생들은 남은 귤을 똑같이 나누어 가졌다. 이때 학생들이 갖고 있는 귤의 개수가 모두 같을 때, 귤을 나누어 가진 학생은 모두 몇 명인지 구하시오.

창의융합 9개의 정사각형으로 만든 직사각형의 둘레의 길이 구하기

446

다음 그림과 같이 9개의 정사각형 A, B, C, D, E, F, G, H, I를 겹치지 않도록 붙여서 하나의 직사각형 PQRS를 만들었다. 가장 작은 정사각형 I의 한 변의 길이가 1일 때, 만들어진 직사각형의 PQRS의 둘레의 길이를 구하시오.

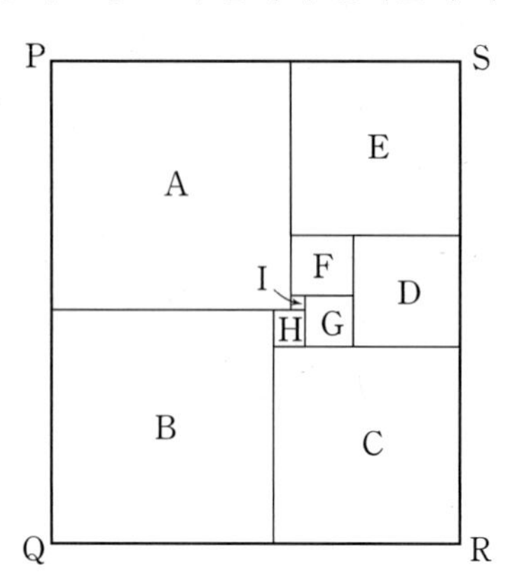

창의융합 단추로 정삼각형, 정사각형 만들기

447

모양과 크기가 같은 빨간 단추와 파란 단추가 총 84개 있다. 아래 그림과 같이 빨간 단추로 정삼각형을 만들고, 파란 단추로 정사각형을 만들었더니 84개의 단추에서 빨간 단추 6개만 남았다. 정사각형의 한 변에 놓이는 파란 단추의 개수는 정삼각형의 한 변에 놓이는 빨간 단추의 개수의 2배보다 9개가 적을 때, 다음 물음에 답하시오.

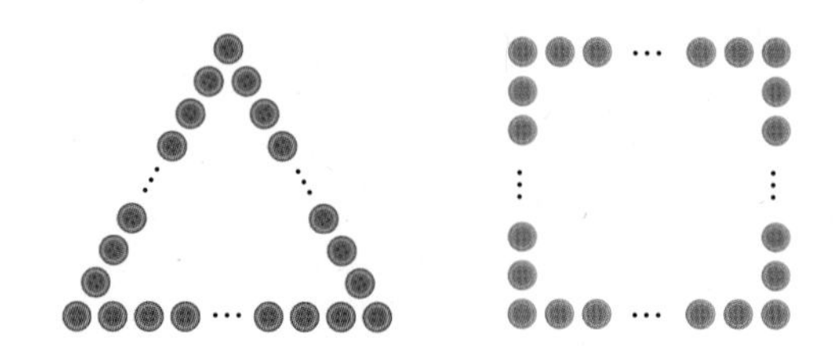

(1) 빨간 단추 전체의 개수를 x라 할 때, 정삼각형을 만드는 데 사용된 빨간 단추의 개수와 정사각형을 만드는 데 사용된 파란 단추의 개수를 각각 x를 사용한 식으로 나타내시오.

(2) (1)을 이용하여 정삼각형의 한 변에 놓이는 빨간 단추와 정사각형의 한 변에 놓이는 파란 단추의 개수를 각각 x를 사용한 식으로 나타내시오.

(3) (2)를 이용하여 x의 값을 구하시오.

IV

좌표평면과 그래프

좌표평면과 그래프

1 순서쌍과 좌표

(1) 수직선 위의 점의 좌표

① 좌표 : 수직선 위의 점이 나타내는 수를 그 점의 **좌표**라 한다.

② 수직선에서 점 P의 좌표가 a일 때, 기호로 P(a)와 같이 나타낸다.

③ 원점 : 좌표가 0인 점 O

(2) 순서쌍 순서를 생각하여 두 수를 짝 지어 나타낸 쌍

주의 $a \neq b$일 때, 순서쌍에서 두 수의 순서를 바꾼 (a, b)와 (b, a)는 서로 다르다.

(3) 좌표평면

두 수직선을 점 O에서 서로 수직으로 만나게 그릴 때

① x축 : 가로의 수직선, y축 : 세로의 수직선 → 좌표축

② 좌표평면 : 두 좌표축이 그려진 평면

③ 원점 : 두 좌표축이 만나는 점 O

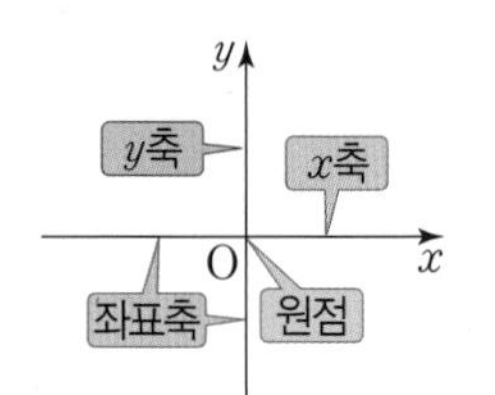

(4) 좌표평면 위의 점의 좌표

좌표평면 위의 한 점 P에서 x축, y축에 각각 수선을 내려 이 수선과 x축, y축이 만나는 점이 나타내는 수가 각각 a, b일 때, 순서쌍 (a, b)를 점 P의 **좌표**라 하고, 기호로 P(a, b)와 같이 나타낸다. 이때 a를 점 P의 ***x*좌표**, b를 점 P의 ***y*좌표**라 한다.

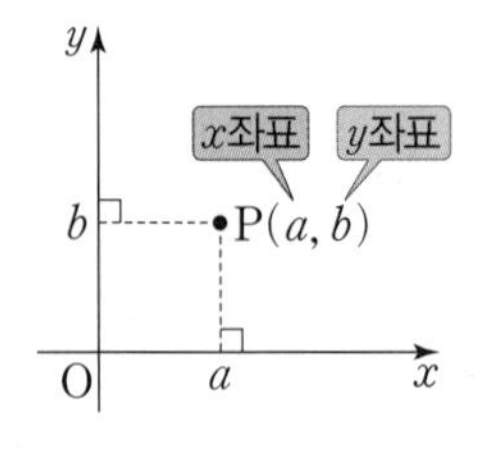

참고 x축, y축 위의 점의 좌표

(1) x축 위의 점의 좌표 → y좌표가 0 → (x좌표, 0)

(2) y축 위의 점의 좌표 → x좌표가 0 → (0, y좌표)

2 사분면

(1) 사분면

좌표평면은 좌표축에 의하여 네 부분으로 나누어지고, 그 각 부분을 **제1사분면, 제2사분면, 제3사분면, 제4사분면**이라 한다.

제2사분면 $x<0$, $y>0$	제1사분면 $x>0$, $y>0$
제3사분면 $x<0$, $y<0$	제4사분면 $x>0$, $y<0$

(2) 사분면 위의 점의 좌표의 부호

	제1사분면	제2사분면	제3사분면	제4사분면
x좌표	+	−	−	+
y좌표	+	+	−	−

참고 원점과 좌표축 위의 점은 어느 사분면에도 속하지 않는다.

(3) 대칭인 점의 좌표

점 P(a, b)와

① x축에 대하여 대칭인 점 Q의 좌표 → Q$(a, -b)$

② y축에 대하여 대칭인 점 R의 좌표 → R$(-a, b)$

③ 원점에 대하여 대칭인 점 S의 좌표 → S$(-a, -b)$

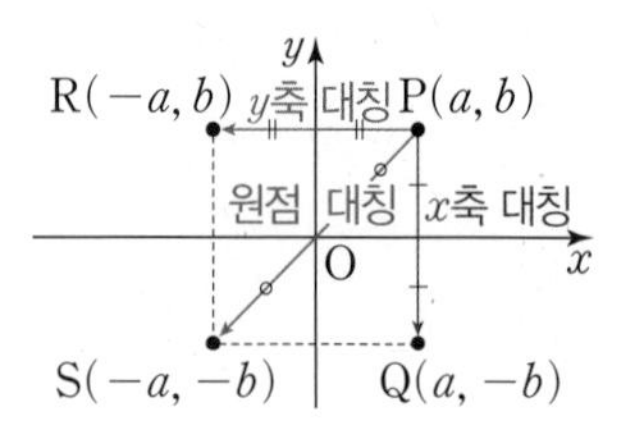

3 그래프

(1) 변수 x, y와 같이 여러 가지로 변하는 값을 나타내는 문자

참고 변수와 달리 일정한 값을 갖는 수나 문자를 상수라 한다.

(2) 그래프 두 변수 사이의 관계를 좌표평면 위에 그림으로 나타낸 것

→ 그래프는 점, 직선, 곡선, 꺾은선 등으로 나타낼 수 있다.

(3) 그래프의 해석 두 변수 사이의 증가와 감소, 주기적 변화 등을 쉽게 파악함으로써 다양한 상황을 이해하고 문제를 해결할 수 있다.

예 다음 그래프는 시간에 따른 속력의 변화를 나타낸 것이다.

그래프	해석
속력, O, 시간	속력이 일정하게 증가한다.
속력, O, 시간	속력의 변화가 없다.
속력, O, 시간	속력이 급격히 증가하다가 서서히 증가한다.
속력, O, 시간	속력이 서서히 증가하다가 급격히 증가한다.
속력, O, 시간	속력이 증가와 감소를 반복하고 있다.

정답과 풀이 066쪽

핵심 01 순서쌍과 좌표

448 대표 문제

두 순서쌍 $(2a-7,\ 3a-b+11)$, $(5a+2,\ -a-5b+7)$이 서로 같을 때, a^2+b^2의 값을 구하시오.

449

상자 A에는 1에서 6까지의 숫자가 각각 하나씩 적힌 6장의 카드가 들어 있고 상자 B에는 1에서 4까지의 숫자가 각각 하나씩 적힌 4장의 카드가 들어 있다. 두 상자 A, B에서 하나씩 꺼낸 카드에 적힌 수를 각각 a, b라 할 때, $a>b$를 만족하는 순서쌍 $(a,\ b)$의 개수를 구하시오.

450

두 점 A$(3,\ 5)$, B$(-5,\ 5)$를 꼭짓점으로 하는 정사각형 ABCD의 두 꼭짓점 C, D의 좌표와 정사각형 ABCD의 둘레의 길이를 차례대로 구하시오. (단, 원점 O는 정사각형 ABCD의 내부에 있고, 점 C는 점 D의 왼쪽에 있다.)

451

두 점 A$(3a-2,\ 4-b)$, B$(-5a+3,\ 2b-5)$가 각각 x축, y축 위에 있다. 점 C는 점 A와 x좌표가 같고, 점 B와 y좌표가 같을 때, 점 C의 좌표를 구하시오.

핵심 02 사분면

452 대표 문제

두 수 a, b에 대하여 $ab>0$, $a+b<0$일 때, 다음 중 점 $\left(\frac{a}{5},\ a^2-b\right)$와 같은 사분면 위의 점은?

① $(4,\ 7)$ ② $(-3,\ 0)$ ③ $(5,\ -1)$
④ $(-3,\ 2)$ ⑤ $(-1,\ -6)$

453

점 $(a,\ b)$가 제2사분면 위의 점일 때, 다음 중 다른 네 점과 같은 사분면 위에 있지 않은 점은?

① $(a,\ ab)$ ② $(b-a,\ -a^2)$ ③ $(-b,\ a-b)$
④ $\left(ab^2,\ \frac{b}{a}\right)$ ⑤ $\left(\frac{a}{b},\ -a^2b\right)$

454

점 $(a-b,\ ab)$가 제3사분면 위의 점일 때, 다음 중 항상 제1사분면 위에 있는 점의 좌표는?

① $(a^3,\ -ab)$ ② $(-a,\ -b)$ ③ $(-ab,\ a+b)$
④ $\left(b-a,\ -\frac{b}{a}\right)$ ⑤ $\left(\frac{a}{b}-a^2,\ a-b\right)$

08

핵심 03 대칭인 점의 좌표

455 (대표 문제)

두 점 $(2a-3,\ -b+5)$, $(4a+3,\ -2b+4)$가 x축에 대하여 대칭일 때, 점 $\mathrm{P}(a,\ b)$와 원점에 대하여 대칭인 점 Q의 좌표를 구하시오.

456

점 $\mathrm{P}(a,\ b)$와 y축에 대하여 대칭인 점이 제4사분면 위에 있을 때, 점 $\mathrm{Q}(ab,\ a+b)$는 제몇 사분면 위의 점인지 구하시오.

457

점 $\mathrm{A}(-3,\ -5)$와 x축, y축, 원점에 대하여 대칭인 점을 각각 B, C, D라 할 때, 네 점 A, B, C, D를 꼭짓점으로 하는 사각형 ACDB의 둘레의 길이를 구하시오.

458

점 $(a+2,\ -3b-7)$과 x축에 대하여 대칭인 점을 A, 점 $(2a-8,\ -b+5)$와 원점에 대하여 대칭인 점을 B라 하자. 두 점 A, B가 일치할 때, 점 $(a,\ b)$와 y축에 대하여 대칭인 점 C의 좌표를 구하시오.

핵심 04 좌표평면 위의 도형의 넓이

459 (대표 문제)

좌표평면 위의 점 $\mathrm{P}(4,\ -6)$과 x축에 대하여 대칭인 점 A와 두 점 $\mathrm{B}(-3,\ 1)$, $\mathrm{C}(2,\ -2)$를 꼭짓점으로 하는 삼각형 ABC의 넓이를 구하시오.

460

좌표평면 위의 두 점 $\mathrm{P}(-4a+3,\ 6b)$와 $\mathrm{Q}(a+8,\ 6-3b)$가 x축에 대하여 대칭일 때, 두 점 P, Q와 원점 O를 세 꼭짓점으로 하는 삼각형 OPQ의 넓이를 구하시오.

461

좌표평면 위의 네 점 $\mathrm{A}(-7,\ 2)$, $\mathrm{B}(-2,\ 2)$, $\mathrm{C}(-2,\ 6)$, $\mathrm{D}(k,\ 6)$을 꼭짓점으로 하는 사각형 ABCD의 넓이가 14일 때, k의 값을 구하시오. (단, $-7<k<-2$)

핵심 05 그래프의 해석

462 대표 문제

준영이가 공원에서 연을 날리고 있다. 아래 그림은 준영이가 연을 날리기 시작한 지 x분 후의 지면으로부터 연의 높이를 y m라 할 때, x와 y 사이의 관계를 나타낸 그래프이다. 다음 설명 중 옳지 않은 것은?

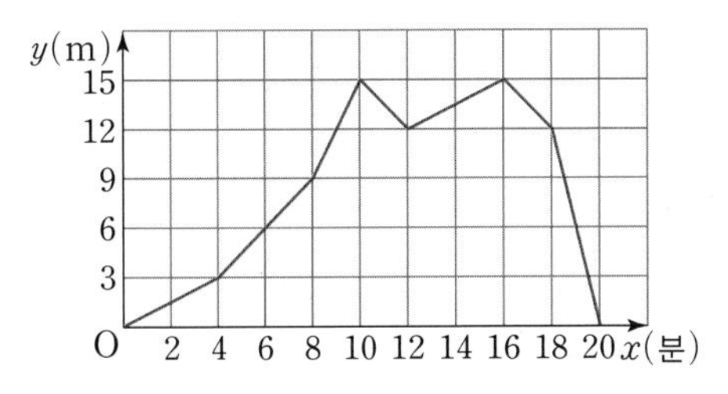

① 연을 날린 시간은 총 20분이다.
② 연의 높이가 가장 높을 때는 15 m일 때이다.
③ 연의 높이가 처음으로 9 m가 되는 것은 연을 날리기 시작한 지 8분 후이다.
④ 연의 높이가 12 m가 되는 경우는 총 2번이다.
⑤ 연의 높이가 낮아지다가 다시 높아지기 시작할 때는 연을 날리기 시작한 지 12분 후이다.

463

오른쪽 그림과 같은 모양의 그릇에 물을 일정한 속력으로 넣을 때, 다음 중 경과 시간 x와 물의 높이 y 사이의 관계를 나타낸 그래프로 적당한 것은?

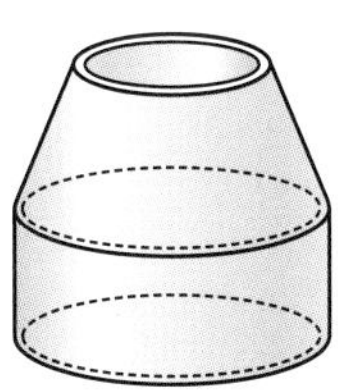

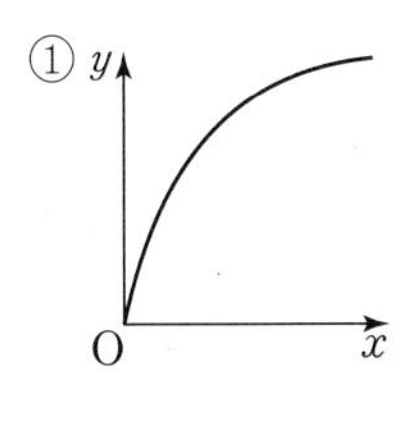

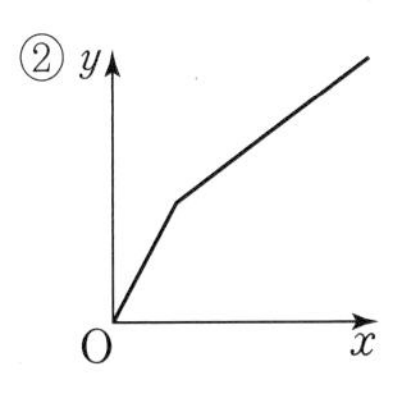

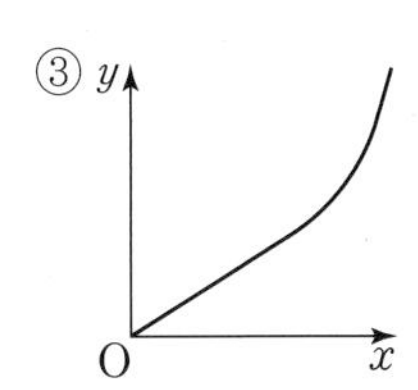

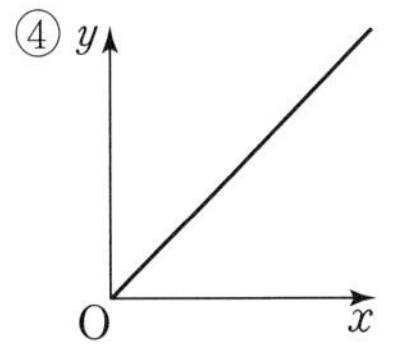

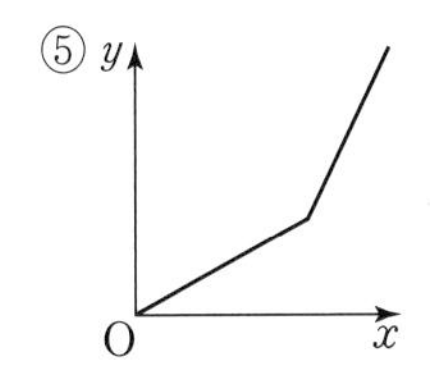

464

오른쪽 그림과 같이 계단이 있는 직육면체 모양의 나무 욕조에 물을 가득 채우려고 한다. 시간당 일정한 양의 물을 넣을 때, 다음 중 경과 시간 x와 물의 높이 y 사이의 관계를 나타낸 그래프로 적당한 것은?

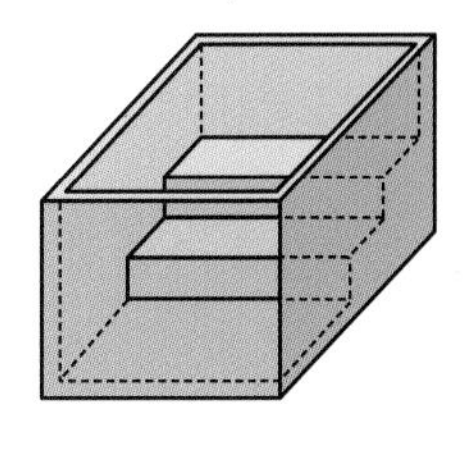

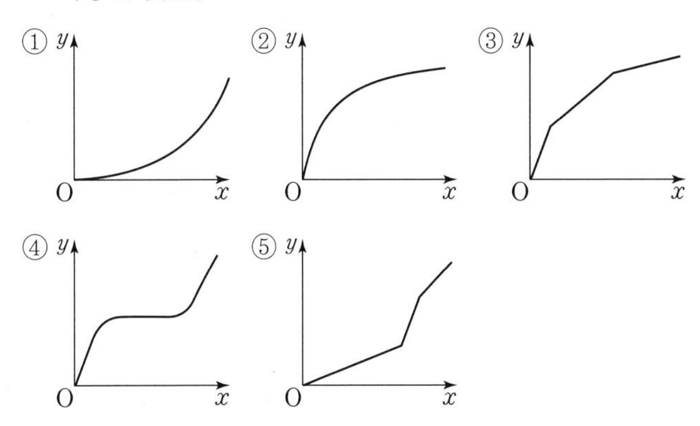

465

아래 그림은 민영이가 대관람차에 탑승한 지 x분 후의 지면으로부터 탑승한 칸의 높이를 y m라 할 때, x와 y 사이의 관계를 나타낸 그래프이다. 다음 물음에 답하시오.

(단, 민영이가 탑승한 대관람차는 2바퀴를 돌고 멈춘다.)

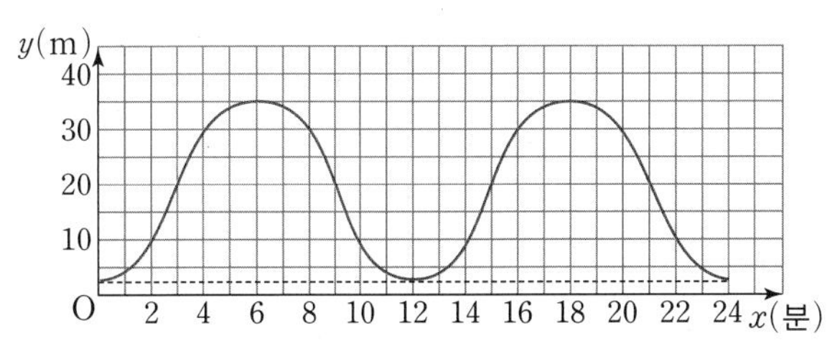

(1) 민영이가 탑승한 칸이 지면으로부터 가장 높은 곳에 있을 때의 높이를 구하시오.

(2) 지면으로부터 민영이가 탑승한 칸의 높이가 20 m 이상인 시간은 모두 몇 분인지 구하시오.

(3) 대관람차가 한 바퀴 도는 데 걸리는 시간을 구하시오.

수학의 바이블 개념ON 183쪽 | 유형ON 152쪽

Step 2 실전문제 체화를 위한 심화 유형

대표 문항 직사각형의 네 변 위를 움직이는 점의 좌표 이용하기

오른쪽 그림과 같이 직사각형 ABCD의 네 변 위를 움직이는 점 P(a, b)가 있다.(조건 ①) $a-b$의 값 중 가장 큰 값과 가장 작은 값을 각각 M, m이라 할 때,(조건 ②) $M-m$의 값을 구하시오.(답)

(단, 직사각형의 네 변은 x축 또는 y축에 평행하다.)(조건 ③)

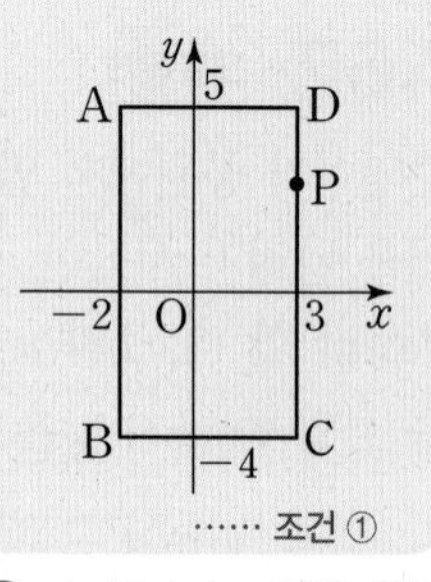

유형 01 순서쌍과 좌표 468, 490

스키마 schema

주어진 조건은 무엇인지? 답은 무엇인지? 이 둘을 어떻게 연결해야 하는지?

1 단계

조건 ① 점 P(a, b)가 직사각형 ABCD의 네 변 위를 움직인다.
③ 직사각형의 네 변은 x축 또는 y축에 평행하다.

a, b의 값의 범위를 각각 구한다. → $-2 \leq a \leq 3$, $-4 \leq b \leq 5$

점 P(a, b)가 직사각형 ABCD의 네 변 위를 움직이므로
$-2 \leq a \leq 3$, $-4 \leq b \leq 5$

2 단계

조건 ② $a-b$의 값 중 가장 큰 값을 M이라 하자.

a의 값은 최대이고, b의 값은 최소이어야 하므로 점 P가 점 C에 있을 때이다. →

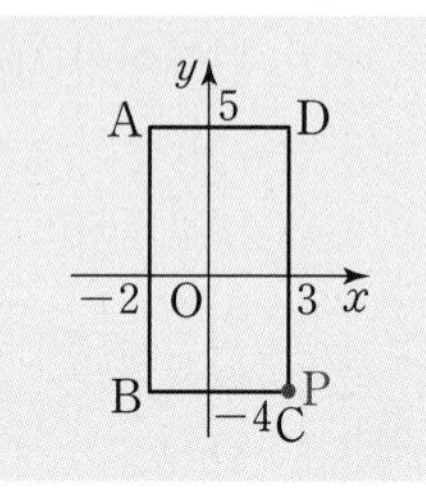

→ $a=3$, $b=-4$ → $M=7$

$a-b$의 값이 가장 크려면 a의 값은 최대이고, b의 값은 최소이어야 하므로 점 P가 점 C에 있을 때이다.
이때 점 C의 좌표는 $(3, -4)$이므로
$a=3$, $b=-4$
$\therefore a-b=3-(-4)=7$
$\therefore M=7$

3 단계

조건 ② $a-b$의 값 중 가장 작은 값을 m이라 하자.

a의 값은 최소이고, b의 값은 최대이어야 하므로 점 P가 점 A에 있을 때이다. →

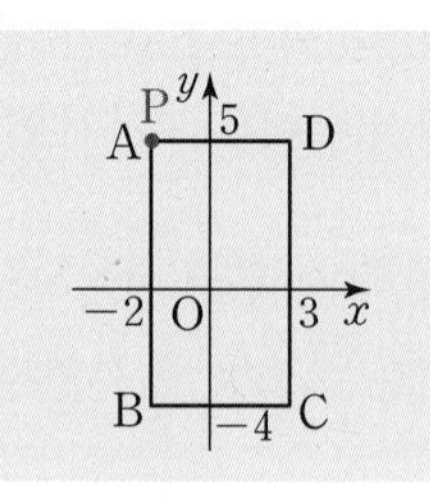

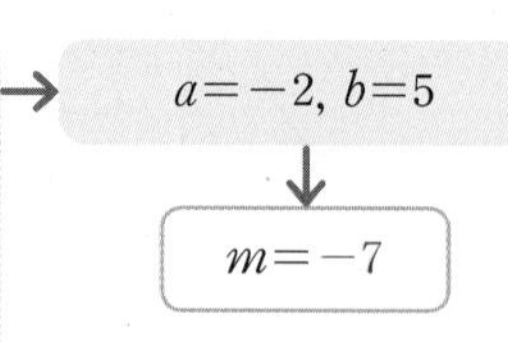

→ $a=-2$, $b=5$ → $m=-7$

$a-b$의 값이 가장 작으려면 a의 값은 최소이고, b의 값은 최대이어야 하므로 점 P가 점 A에 있을 때이다.
이때 점 A의 좌표는 $(-2, 5)$이므로
$a=-2$, $b=5$
$\therefore a-b=-2-5=-7$
$\therefore m=-7$

4 단계

답 $M-m$의 값 구하기

$M=7$, $m=-7$ → $M-m=14$

따라서 $M=7$, $m=-7$이므로
$M-m=7-(-7)=14$

답 14

대표 문항 넓이가 주어진 삼각형의 꼭짓점의 좌표 구하기

좌표평면 위의 세 점 $A(-1, 1)$, $B(3, 1)$, $C(1, k)$를 꼭짓점으로 하는 삼각형 ABC가 있다. 이때 삼각형 ABC의 넓이가 6이 되도록 하는 모든 k의 값의 합을 구하시오.

(조건 ①: 세 점 $A(-1, 1)$, $B(3, 1)$, $C(1, k)$를 꼭짓점으로 하는 삼각형 ABC가 있다. / 조건 ②: 삼각형 ABC의 넓이가 6 / 답: 모든 k의 값의 합)

유형 04 좌표평면 위의 도형의 넓이 482

스키마 schema

주어진 조건은 무엇인지? 답은 무엇인지? 이 둘을 어떻게 연결해야 하는지?

1 단계

조건 ① 세 점 $A(-1, 1)$, $B(3, 1)$, $C(1, k)$는 삼각형 ABC의 꼭짓점이다.

↓

두 점 A, B의 y좌표가 1로 같다. → 세 점 A, B, C를 선분으로 연결했을 때, 삼각형이 되려면 점 C의 y좌표가 1보다 크거나 1보다 작아야 한다.

↓

$k>1$일 때와 $k<1$일 때로 나누어 k의 값을 구한다.

두 점 $A(-1, 1)$, $B(3, 1)$은 y좌표가 1로 같으므로 세 점 A, B, C를 선분으로 연결했을 때, 삼각형이 되려면 점 C의 y좌표가 1보다 크거나 1보다 작아야 한다.

(i) $k>1$일 때 …… 조건 ③

(ii) $k<1$일 때 …… 조건 ④

2 단계

조건 ②, ③ $k>1$일 때, 삼각형 ABC의 넓이가 6이다.

↓

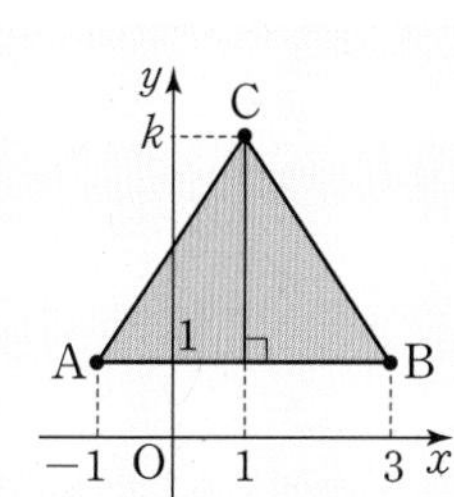

→ (삼각형 ABC의 넓이)

$=\frac{1}{2}\times\{3-(-1)\}\times(k-1)=6$

↓

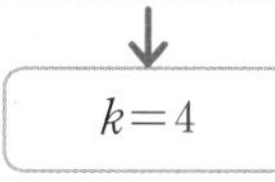

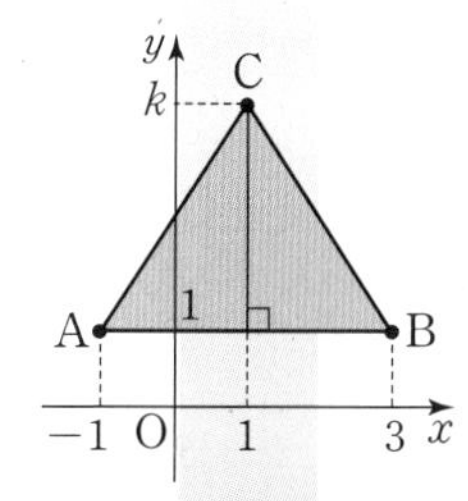

(i) $k>1$일 때, 세 점 A, B, C를 좌표평면 위에 나타내면 위의 그림과 같으므로

$\frac{1}{2}\times\{3-(-1)\}\times(k-1)=6$

$2(k-1)=6$, $k-1=3$ $\quad\therefore k=4$

3 단계

조건 ②, ④ $k<1$일 때, 삼각형 ABC의 넓이가 6이다.

↓

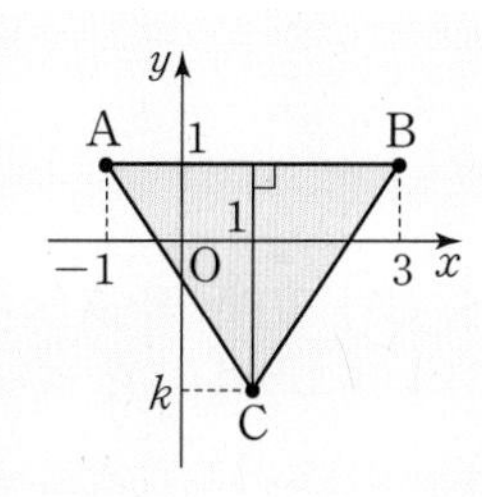

→ (삼각형 ABC의 넓이)

$=\frac{1}{2}\times\{3-(-1)\}\times(1-k)=6$

↓

$k=-2$

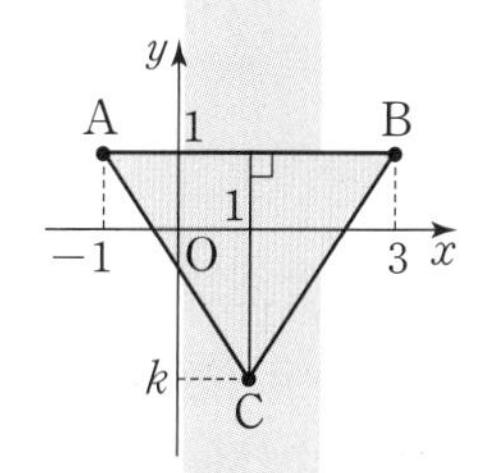

(ii) $k<1$일 때, 세 점 A, B, C를 좌표평면 위에 나타내면 위의 그림과 같으므로

$\frac{1}{2}\times\{3-(-1)\}\times(1-k)=6$

$2(1-k)=6$, $1-k=3$ $\quad\therefore k=-2$

4 단계

답 모든 k의 값의 합

↓

$4+(-2)=2$

(i), (ii)에서 구한 모든 k의 값의 합은

$4+(-2)=2$

답 2

유형 01 순서쌍과 좌표

466

주머니 A에는 1, 2, 3, 4가 각각 하나씩 적힌 4개의 공이 들어 있고, 주머니 B에는 1, 2, 3, 4, 5가 각각 하나씩 적힌 5개의 공이 들어 있다. 두 주머니 A, B에서 하나씩 꺼낸 공에 적힌 수를 각각 a, b라 할 때, $a+b$가 짝수가 되도록 하는 순서쌍 (a, b)의 개수를 구하시오.

467*

좌표평면 위의 세 점 $A(-3, -2)$, $B(4, -2)$, $D(-1, 3)$에 대하여 두 선분 AB, AD를 두 변으로 하는 평행사변형 ABCD에서 꼭짓점 C의 좌표를 구하시오.

468 스키마 schema

좌표평면 위의 네 점 $A(-6, 7)$, $B(-3, -4)$, $C(7, -5)$, $D(5, 3)$을 꼭짓점으로 하는 사각형이 있다. 점 $P(a, b)$가 이 사각형의 네 변 위를 움직이고 있을 때, $-a+b$의 최댓값과 $a-b$의 최댓값의 합을 구하시오.

469

좌표평면 위의 점 (x, y)를 점 $(-x+3y, -x-ay)$로 이동시키는 규칙이 있다. 세 점 $A(0, 0)$, $B(1, 0)$, $C(5, 2)$를 이 규칙에 따라 이동시킨 점을 각각 P, Q, R이라 할 때, 삼각형 PQR이 이등변삼각형이 되도록 하는 상수 a의 값을 모두 구하시오.

470

오른쪽 그림과 같이 좌표평면 위에 5개의 점 $A(2, 0)$, $B(6, 0)$, C, $D(0, 2)$, $E(0, 4)$가 있다. 점 P에 대하여 평행사변형 PABC의 넓이와 삼각형 PED의 넓이의 비가 $2:1$일 때, 다음 중 점 P의 좌표로 가능한 것은?

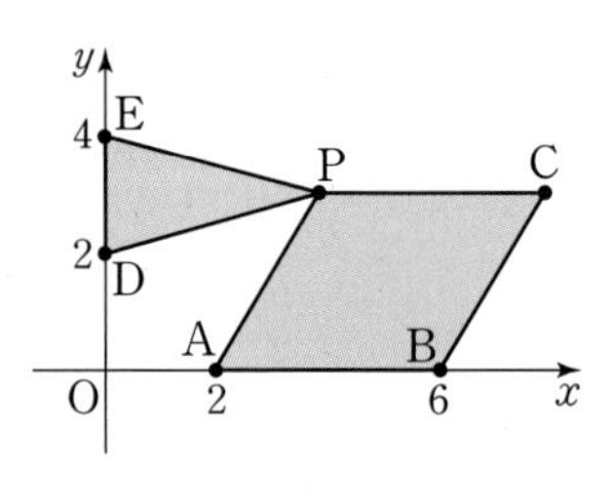

① $\left(-\frac{7}{2}, \frac{9}{4}\right)$ ② $\left(4, \frac{5}{2}\right)$ ③ $(4, 3)$

④ $\left(5, \frac{5}{2}\right)$ ⑤ $(6, 5)$

유형 02 사분면

471*

좌표평면 위에 세 점 A, B, C가 있다. 점 $A(a-4, b-3)$은 x축 위에 있고, 점 $B(a+6, b-2)$는 y축 위에 있고, 점 $C(a-c-1, b+c+2)$는 어느 사분면에도 속하지 않을 때, $a+b+c$의 값 중 가장 작은 값을 구하시오.

472

두 수 a, b가 다음 조건을 모두 만족할 때, 점 $(3a^2b, b-a)$는 제몇 사분면 위의 점인지 구하시오.

> (가) $\frac{b}{a}<0$　　(나) $a+b<0$　　(다) $|a|<|b|$

473

점 $A(a+b, bcd)$가 제2사분면 위의 점이고,
점 $B(3+e, a^2+b^2+1)$은 어느 사분면에도 속하지 않는다.
$ab>0$일 때, 점 $P\left(be-a, \frac{ce}{d}\right)$는 제$m$사분면,
점 $Q\left(\frac{de}{c}, a^2-e\right)$는 제$n$사분면 위의 점이다. 이때 $m+n$의 값을 구하시오.

474

두 유리수 a, b에 대하여 점 $P(a+b, ab)$가 제4사분면 위의 점이고 $|a|<1<|b|$일 때, 다음 중 항상 옳은 것은?

① $a^2>b^2$
② a는 0과 1 사이의 유리수이다.
③ 점 $(a-b, a)$는 제2사분면 위의 점이다.
④ 점 $(a^2, -a)$는 제1사분면 위의 점이다.
⑤ 점 $(a^3, 2a+b)$는 제2사분면 위의 점이다.

475*

점 $P(a, b)$는 제2사분면 위의 점이고 점 $Q(c, d)$는 제3사분면 위의 점일 때, 다음 중 제4사분면 위의 점인 것을 모두 고르면? (정답 2개)

① $(a+c, d-c^2)$
② $(a^3, ac-bd)$
③ $\left(\frac{c}{d}, acd\right)$
④ $(a+d, b^2+cd)$
⑤ $\left(ad-bc, \frac{c^2}{bd}\right)$

476*

세 점 $A(-3, 2)$, $B(-3, a)$, $C(b, 2)$가 다음 조건을 모두 만족할 때, $a+b$의 값을 구하시오.

> (가) 점 B는 제2사분면, 점 C는 제1사분면 위의 점이다.
> (나) 선분 AB의 길이는 3이다.
> (다) 선분 AC의 길이는 8이다.

유형 03 대칭인 점의 좌표

477*

점 $A(a, b)$와 x축에 대하여 대칭인 점은 제3사분면 위의 점이고, 점 $B(c, d)$와 y축에 대하여 대칭인 점은 제4사분면 위의 점이다. 이때 점 $P(a+c, bd+a)$는 제몇 사분면 위의 점인지 구하시오.

478*

좌표평면 위의 점 $P(2a,\ 3a+b)$와 y축에 대하여 대칭인 점을 Q, 점 $R(5a-4,\ -2b+6)$과 x축에 대하여 대칭인 점을 S라 하자. 두 점 Q, S가 원점에 대하여 대칭일 때, $a+b$의 값을 구하시오.

479

좌표평면 위의 점 $A(a,\ b)$와 점 C는 원점에 대하여 대칭이고, 점 B와 점 C는 y축에 대하여 대칭이고, 점 C와 점 D는 x축에 대하여 대칭이다. 네 점 A, B, C, D를 꼭짓점으로 하는 사각형의 둘레의 길이가 48일 때, 다음 중 점 A의 좌표가 될 수 없는 것은?

① $(3,\ 9)$ ② $(-4,\ 8)$ ③ $(-5,\ 7)$
④ $(-6,\ -8)$ ⑤ $(10,\ -2)$

480

점 $P_1(6,\ -8)$에 대하여 다음과 같은 과정을 계속하여 반복할 때, 점 P_{200}의 좌표를 구하시오.

> 점 P_2는 점 P_1과 x축에 대하여 대칭인 점이다.
> 점 P_3은 점 P_2와 y축에 대하여 대칭인 점이다.
> 점 P_4는 점 P_3과 원점에 대하여 대칭인 점이다.
> 점 P_5는 점 P_4와 x축에 대하여 대칭인 점이다.
> 점 P_6은 점 P_5와 y축에 대하여 대칭인 점이다.
> ⋮

유형 04 좌표평면 위의 도형의 넓이

481

좌표평면 위의 네 점 A, B, C, D가 다음 조건을 모두 만족할 때, 사각형 ABCD의 넓이를 구하시오.

> (가) $A(4,\ -3)$, $C(-2,\ 4)$
> (나) 점 B는 점 A와 원점에 대하여 대칭이다.
> (다) 점 D는 점 C와 y축에 대하여 대칭이다.

482* 스키마 schema

세 점 $A(-2,\ -3)$, $B(4,\ -3)$, $C(2,\ k)$를 꼭짓점으로 하는 삼각형 ABC가 있다. 이때 삼각형 ABC의 넓이가 12가 되도록 하는 k의 값을 모두 구하시오.

483

두 정수 a, b에 대하여 $a<0$, $b>0$일 때, 좌표평면 위의 세 점 $A(0,\ 3)$, $B(a,\ -4)$, $C(b,\ -4)$를 꼭짓점으로 하는 삼각형 ABC의 넓이가 21이다. 이때 $a+b$의 값 중 가장 큰 값을 구하시오.

유형 05 그래프의 해석

484* 대표 문제

다음 그림과 같이 부피가 같은 3개의 용기 A, B, C에 일정한 속력으로 물을 채우려고 한다. 각 용기에 x분 동안 물을 채웠을 때, 물의 높이를 y cm라 하자. 각 용기에 해당하는 그래프를 보기에서 골라 바르게 짝 지은 것은?

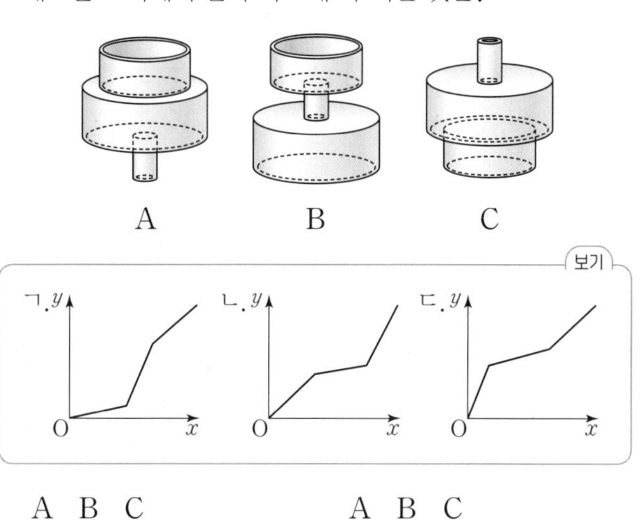

	A	B	C
①	ㄱ	ㄴ	ㄷ
②	ㄱ	ㄷ	ㄴ
③	ㄴ	ㄱ	ㄷ
④	ㄷ	ㄱ	ㄴ
⑤	ㄷ	ㄴ	ㄱ

485

오른쪽 그림과 같이 원기둥 모양의 빈 물통에 쇠구슬 1개가 들어 있다. 이 통에 시간당 일정한 양의 물을 넣을 때, x초 후의 수면의 높이를 y cm라 하자. 다음 중 x와 y 사이의 관계를 나타낸 그래프로 적당한 것은?

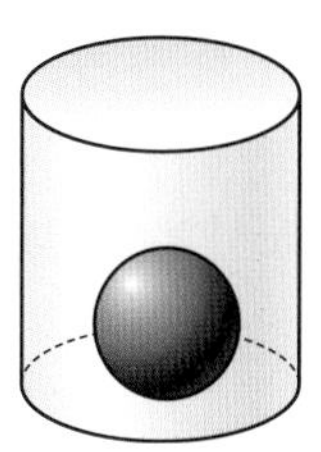

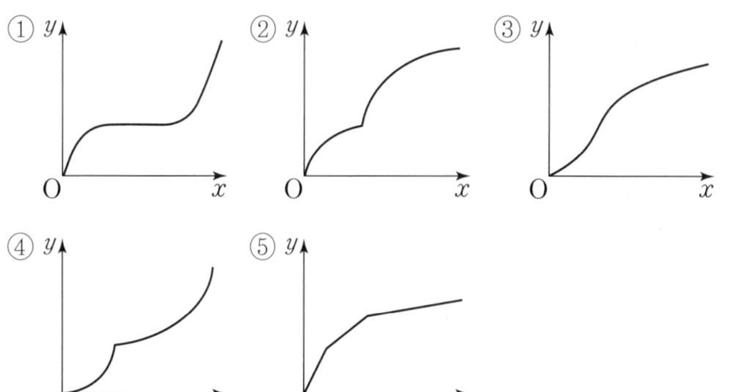

486*

아래 그림은 5 km 코스 마라톤 대회에 참가한 세 학생 A, B, C가 출발한 지 x분 후의 출발점으로부터 떨어진 거리를 y km라 할 때, x와 y 사이의 관계를 나타낸 그래프이다. 다음 중 옳지 않은 것은?

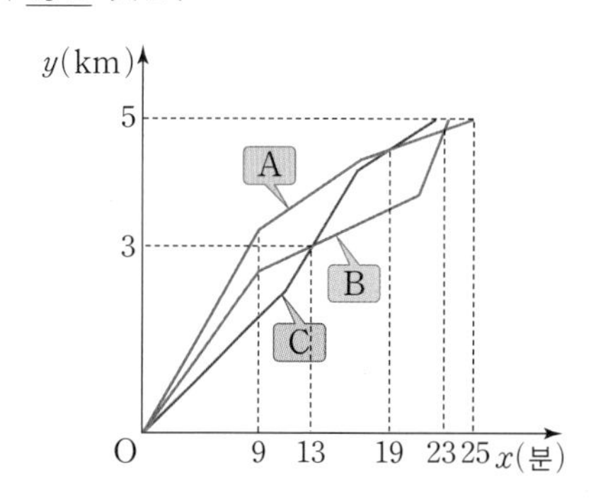

① 두 학생 B, C는 출발한 지 13분 후에 결승점으로부터 2 km 떨어진 지점에서 만난다.
② 출발한 지 19분 후에 학생 C가 학생 A를 추월한다.
③ 순위에 변동이 생기는 지점은 3군데이다.
④ 출발한 지 17분 후의 순위를 빠른 순서대로 나열하면 A, B, C이다.
⑤ 결승점에 빨리 도착한 순서대로 나열하면 C, B, A이다.

487

수현이가 수영장에 있는 직선 모양의 레인에서 8분 동안 수영을 할 때, 출발한 지 x분 후의 출발점으로부터 떨어진 거리를 y m라 하자. x와 y 사이의 관계를 나타낸 그래프가 다음과 같을 때, 물음에 답하시오.

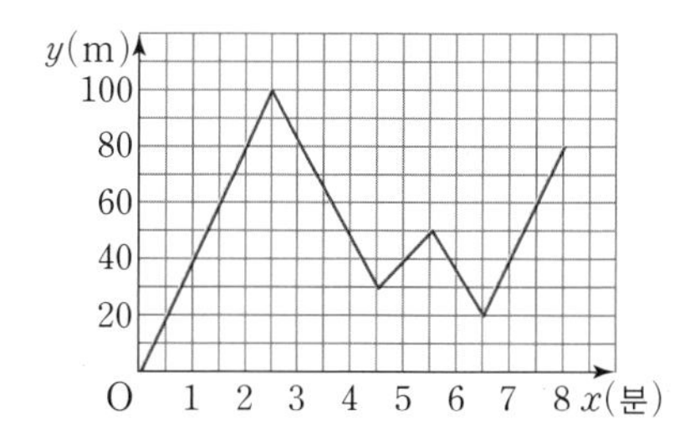

(1) 수현이가 두 번째로 방향을 바꾼 지점과 세 번째로 방향을 바꾼 지점 사이의 거리를 구하시오.

(2) 출발 후 정지할 때까지 수현이의 평균 속력은 분속 몇 m인지 구하시오.

488*

부피가 50 m^3인 물통에 처음 8분 동안은 A 호스만을 이용하여 물을 넣었고, 그 후에는 A 호스와 B 호스를 모두 이용하여 물을 넣었다. 다음은 물을 넣기 시작한 지 x분 후에 물통에 들어간 물의 양을 y m^3라 할 때, x와 y 사이의 관계를 나타낸 그래프의 일부이다. 이때 비어 있는 물통에 B 호스만을 이용하여 물을 가득 채우는 데 몇 분이 걸리는지 구하시오.

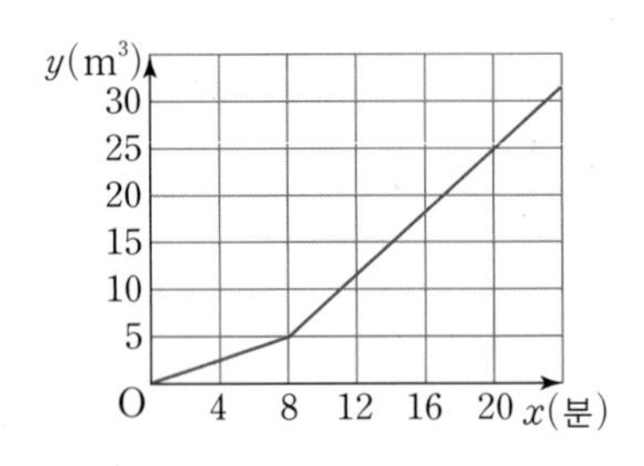

489

현재 오전 9시를 가리키는 원 모양의 시계가 있다. 다음 중 오전 9시부터 오전 10시까지 1시간 동안 움직인 이 시계의 시침의 끝과 분침의 끝의 높이의 변화를 나타낸 그래프로 적당한 것은? (단, 분침의 길이가 시침의 길이보다 길며, 시계 중심의 높이를 0으로 하여 높이의 기준으로 생각한다.)

①
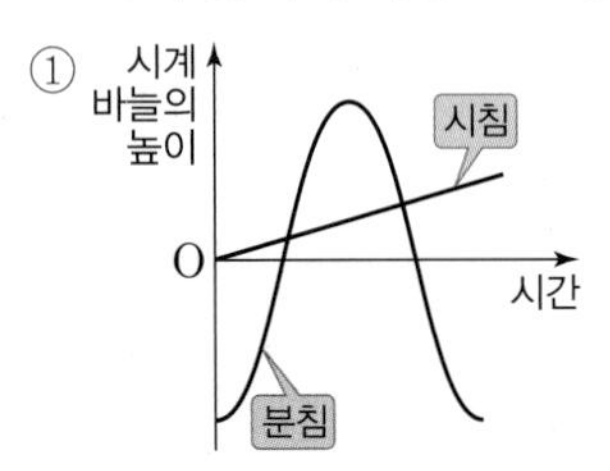

②
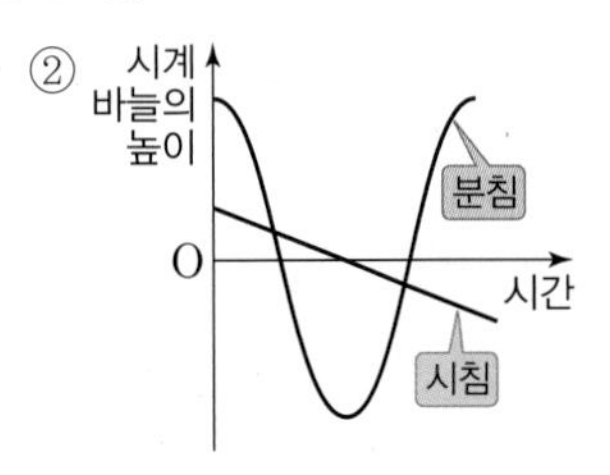

③
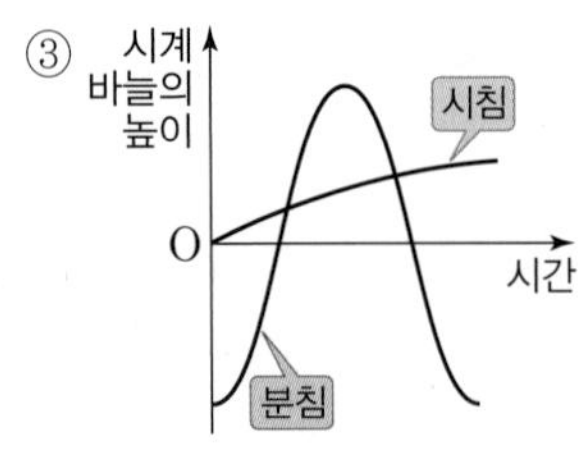

④
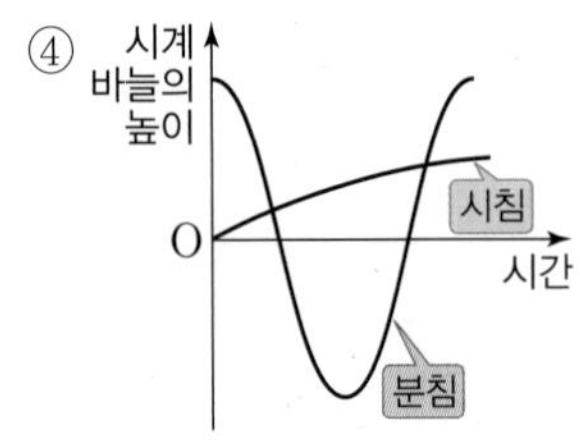

⑤
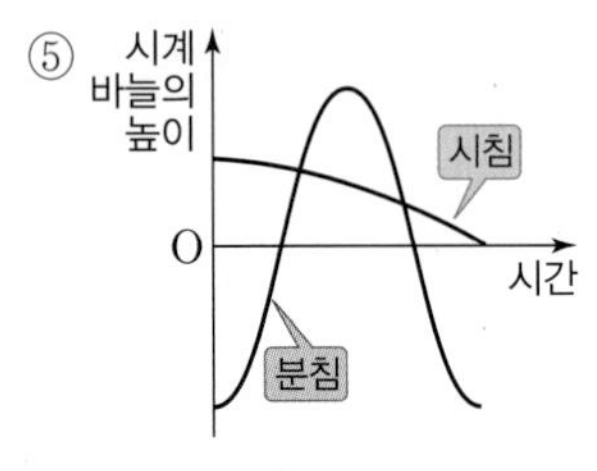

490, 491

서술형 풀이 과정을 쓰고 답을 구하시오.

490 스키마 schema

유형 01

오른쪽 그림과 같이 직사각형 ABCD의 네 변 위를 움직이는 점 P$(a,\ b)$가 있다. $a-b$의 값 중 가장 큰 값과 가장 작은 값을 각각 M, m이라 할 때, $M+m$의 값을 구하시오. (단, 직사각형의 네 변은 x축 또는 y축에 평행하다.)

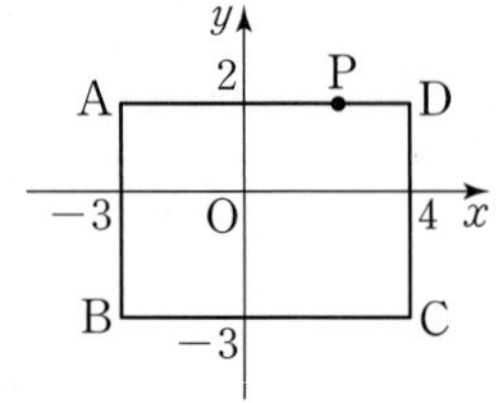

491

유형 03 유형 04

제2사분면 위의 점 P$(a,\ b)$와 원점에 대하여 대칭인 점을 Q라 하자. 두 점 P, Q와 점 R$(-a+3,\ b)$를 꼭짓점으로 하는 삼각형 PQR의 넓이가 25가 되도록 하는 두 정수 a, b의 순서쌍 $(a,\ b)$의 개수를 구하시오.

정답과 풀이 072쪽

492

좌표평면에서 점 $\mathrm{P}(-2a+3b,\ a^4b^3)$이 제3사분면 위의 점일 때, 점 $\mathrm{Q}(4a-11b,\ b)$는 제몇 사분면 위의 점인지 구하시오.

493

좌표평면 위의 네 점 $\mathrm{A}(-6,\ 0)$, $\mathrm{B}(-6,\ 12)$, $\mathrm{C}(12,\ 12)$, $\mathrm{D}(12,\ 0)$을 꼭짓점으로 하는 직사각형 ABCD가 있다. 두 점 P, Q가 각각 원점 O를 동시에 출발하여 점 P는 매초 4의 속력으로 시계 방향으로, 점 Q는 매초 6의 속력으로 시계 반대 방향으로 직사각형의 변 위를 움직인다고 한다. 다음 물음에 답하시오.

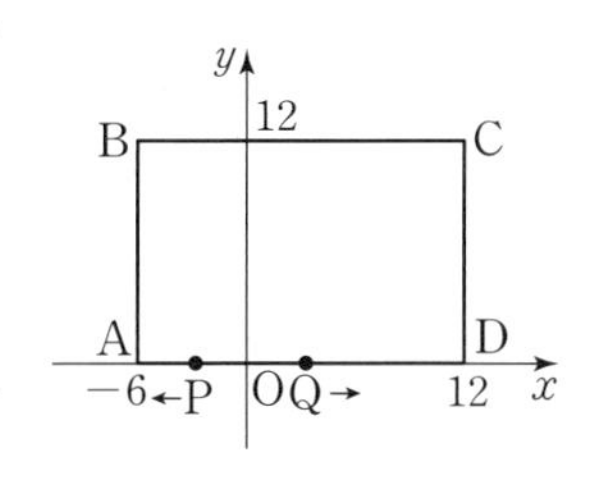

(1) 점 P가 변 AB의 한가운데 점에 있을 때, 점 Q의 좌표를 구하시오.

(2) 두 점 P, Q가 처음으로 다시 만나는 지점을 R이라 할 때, 점 R의 좌표를 구하시오.

(3) 두 점 P, Q가 원점 O에서 세 번째로 다시 만나는 것은 원점 O를 출발한 지 몇 초 후인지 구하시오.

494

점 $\mathrm{A}(a,\ b)$와 x축에 대하여 대칭인 점 B가 제1사분면 위에 있다. 두 점 A, B와 한 점 $\mathrm{C}(-a,\ -a+b)$를 세 꼭짓점으로 하는 삼각형 ABC의 넓이가 36일 때, 두 정수 a, b의 순서쌍 $(a,\ b)$의 개수를 구하시오.

495*

지수와 민영이가 집에서 2200 m 떨어진 도서관에 다녀오는데 민영이가 출발한 지 x분 후 두 사람이 집으로부터 떨어진 거리를 y m라 하자. x와 y 사이의 관계를 그래프로 나타내면 다음과 같을 때, 보기에서 옳은 것을 모두 고르시오.

(단, 두 사람은 직선 위를 움직인다.)

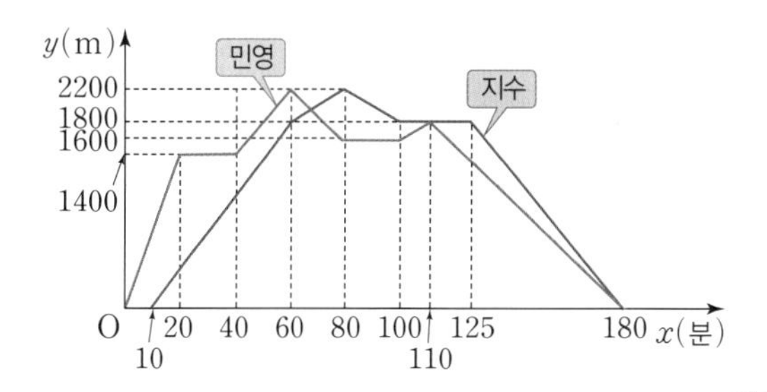

보기

ㄱ. 지수는 민영이보다 10분 늦게 출발했다.

ㄴ. 도서관에 갔다가 집으로 다시 돌아오는 동안 민영이는 2번 쉬고, 지수는 쉬지 않았다.

ㄷ. 두 사람의 휴식 시간을 합하면 65분이다.

ㄹ. 지수가 출발한 지 70분 후에 지수와 민영이 사이의 거리는 600 m이다.

ㅁ. 집에서 출발하여 도서관에 도착하는 데 걸린 시간은 민영이가 20분 빠르다.

ㅂ. 지수가 출발한 후 50분 동안의 속력은 분속 32 m이다.

496

세 유리수 a, b, c에 대하여 $b<a<c$, $ac<0$, $a+c<0$일 때, 점 $\mathrm{P}(|a|-|b|, bc)$는 제l사분면 위의 점이고, 점 $\mathrm{Q}\left(\frac{b+c}{a}, |c|-|a|\right)$와 원점에 대하여 대칭인 점은 제$m$사분면 위의 점이다. 또한 점 $\mathrm{R}\left(\frac{1}{a}-\frac{1}{b}, \frac{1}{|c|}-\frac{1}{|b|}\right)$과 x축에 대하여 대칭인 점이 제n사분면 위의 점일 때, $l+m+n$의 값을 구하시오.

497*

좌표평면 위의 세 점 $\mathrm{A}(a, 4)$, $\mathrm{B}(b, 4)$, $\mathrm{C}(c, -6)$이 다음 조건을 모두 만족할 때, 세 정수 a, b, c에 대하여 $a+b+c$의 값 중 가장 작은 값을 구하시오.

(가) $ab<0$, $a-b>0$
(나) $-6\le c\le 6$
(다) 삼각형 ABC의 넓이는 45이다.

498

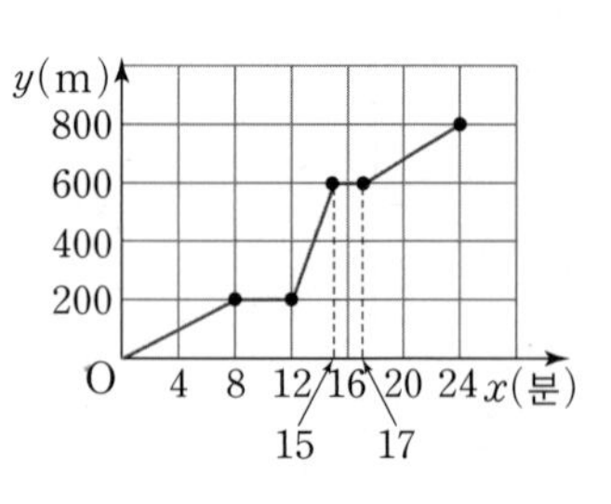

오른쪽 그림은 지호가 집에서 800 m 떨어진 학교까지 걸어서 등교하는데 x분 동안 걸은 거리를 y m라 할 때, x와 y 사이의 관계를 시간대별로 나타낸 그래프이다. 다음 중 옳지 <u>않은</u> 것은?

① 지호가 집에서 학교까지 걸어서 등교하는데 걸리는 시간은 24분이다.
② 지호는 출발한 지 15분 후부터 17분 후까지 걷지 않고 멈춰 있었다.
③ 멈춰 있는 경우를 제외하고 지호는 출발하고 8분 후까지 가장 느리게 걸었다.
④ 지호가 출발한 지 5분 후에는 집으로부터 130 m 떨어진 곳에 있었다.
⑤ 지호의 남동생이 지호보다 7분 늦게 출발하여 분속 50 m의 속력으로 일정하게 달려서 학교에 등교한다고 하면 지호의 남동생이 지호보다 1분 먼저 학교에 도착한다.

499

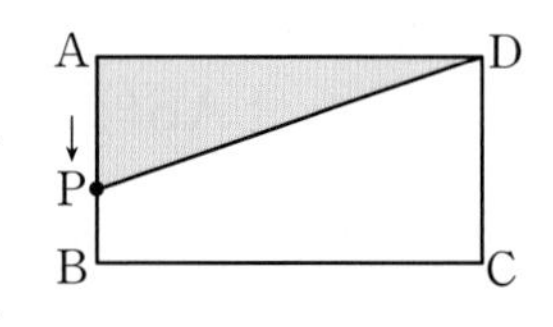

오른쪽 그림과 같은 직사각형 ABCD에서 점 P는 점 A에서 출발하여 점 D까지 시계 반대 방향으로 직사각형의 변 위를 일정한 속력으로 움직인다. 점 P가 출발한 지 x초 후의 삼각형 APD의 넓이를 y라 할 때, x와 y 사이의 관계를 나타낸 그래프로 적당한 것은?

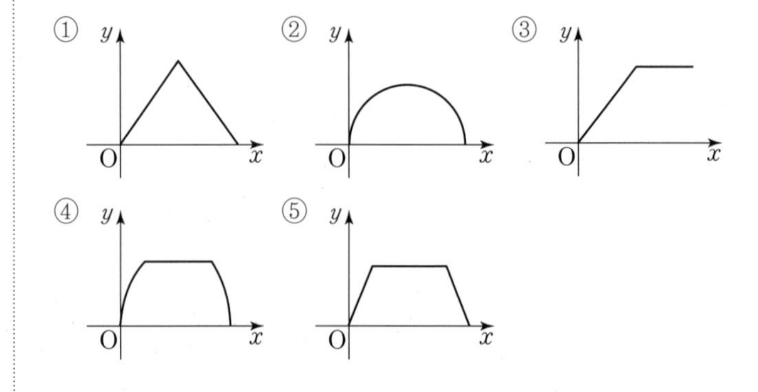

창의융합 기계를 사용하여 송편 만들기

500

어느 떡 공장에서는 A 기계와 B 기계를 사용하여 송편을 만든다. 다음 그림은 어느 날 이 공장에서 송편을 만들기 시작한 지 x분 후에 만들어진 송편의 개수를 y라 할 때, x와 y 사이의 관계를 나타낸 그래프의 일부이다. B 기계로만 송편 1280개를 만드는 데 며칠이 걸리는지 구하시오. (단, 두 기계는 하루에 8시간만 송편을 만든다.)

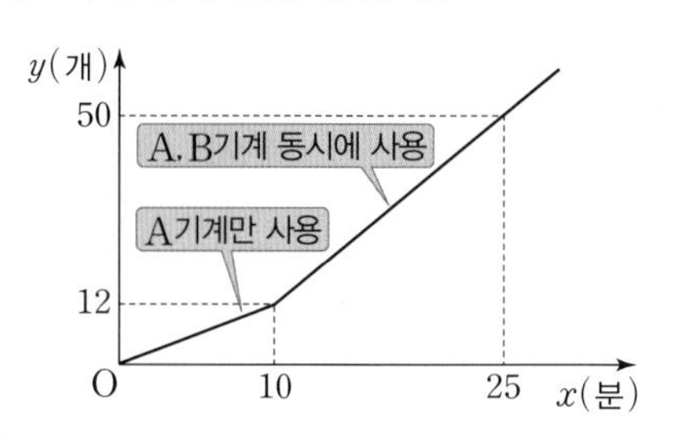

창의융합 칸막이가 있는 수조의 바닥의 넓이 구하기

501

다음 [그림 1]과 같이 높이가 30 cm인 직육면체 모양의 수조에 높이가 각각 10 cm, 20 cm인 2개의 칸막이를 밑면에 수직으로 세운 후 수조의 ㉮ 칸에 매초 150 cm^3의 물을 넣었을 때, 물을 넣은 지 x초 후의 수면의 최대 높이를 y cm라 하자. x와 y 사이의 관계를 나타낸 그래프가 [그림 2]와 같을 때, ㉮, ㉯, ㉰ 칸의 바닥의 넓이를 각각 구하시오.

(단, 수조와 칸막이의 두께는 생각하지 않는다.)

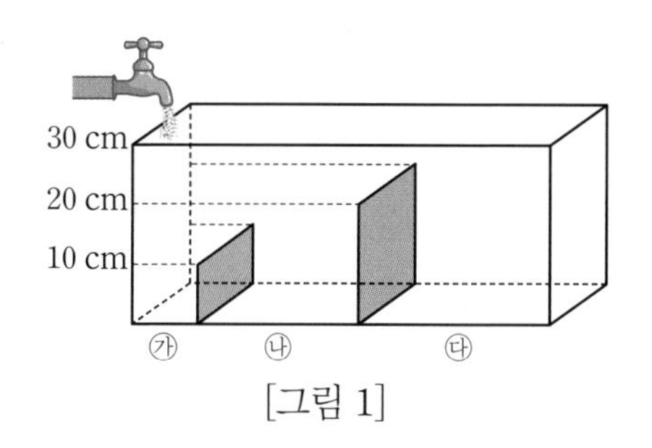

[그림 1]

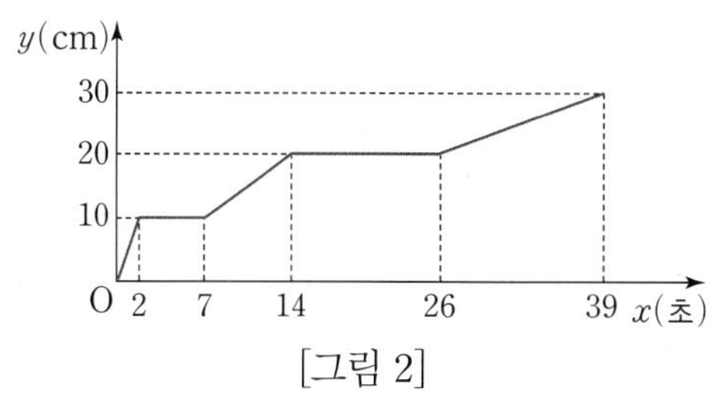

[그림 2]

정비례와 반비례

1 정비례

(1) 정비례

두 변수 x와 y 사이에 x의 값이 2배, 3배, 4배, …가 될 때, y의 값도 2배, 3배, 4배, …가 되는 관계가 있으면 y는 x에 **정비례**한다고 한다.

예) 1개에 500원인 초콜릿 x개의 가격 y원

x	1	2	3	4	…
y	500	500×2	500×3	500×4	…

➔ $y=500x$

(2) y가 x에 정비례하면 x와 y 사이에는 $y=ax\ (a\neq0)$가 성립한다. 또 x와 y 사이에 $y=ax\ (a\neq0)$가 성립하면 y는 x에 정비례한다.

참고) y가 x에 정비례할 때, $\frac{y}{x}\ (x\neq0)$의 값은 항상 일정하다.

➔ $y=ax$에서 $\frac{y}{x}=a$ (일정)

(3) 정비례 관계 $y=ax\ (a\neq0)$의 그래프

x의 값의 범위가 수 전체일 때, 정비례 관계 $y=ax\ (a\neq0)$의 그래프는 원점을 지나는 직선이다.

	$a>0$일 때	$a<0$일 때
그래프	$y=ax$	$y=ax$
그래프의 모양	원점을 지나고 오른쪽 위로 향하는 직선	원점을 지나고 오른쪽 아래로 향하는 직선
지나는 사분면	제1사분면, 제3사분면	제2사분면, 제4사분면
증가, 감소	x의 값이 증가하면 y의 값도 증가한다.	x의 값이 증가하면 y의 값은 감소한다.

참고) 정비례 관계 $y=ax\ (a\neq0)$의 그래프는

(1) $|a|$가 작을수록 x축에 가깝다.

(2) $|a|$가 클수록 y축에 가깝다.

2 반비례

(1) 반비례

두 변수 x와 y 사이에 x의 값이 2배, 3배, 4배, …가 될 때, y의 값은 $\frac{1}{2}$배, $\frac{1}{3}$배, $\frac{1}{4}$배, …가 되는 관계가 있으면 y는 x에 **반비례**한다고 한다.

예) 사과 48개를 한 바구니에 x개씩 담을 때, 필요한 바구니 y개

x	1	2	3	4	…
y	48	$48\times\frac{1}{2}$	$48\times\frac{1}{3}$	$48\times\frac{1}{4}$	…

➔ $y=\frac{48}{x}$

(2) y가 x에 반비례하면 x와 y 사이에는 $y=\frac{a}{x}\ (a\neq0)$가 성립한다. 또 x와 y 사이에 $y=\frac{a}{x}\ (a\neq0)$가 성립하면 y는 x에 반비례한다.

참고) y가 x에 반비례할 때, xy의 값은 항상 일정하다.

➔ $y=\frac{a}{x}$에서 $xy=a$ (일정)

(3) 반비례 관계 $y=\frac{a}{x}\ (a\neq0)$의 그래프

x의 값의 범위가 0이 아닌 수 전체일 때, 반비례 관계 $y=\frac{a}{x}\ (a\neq0)$의 그래프는 좌표축에 점점 가까워지면서 한없이 뻗어 나가는 한 쌍의 매끄러운 곡선이다.

	$a>0$일 때	$a<0$일 때
그래프	$y=\frac{a}{x}$	$y=\frac{a}{x}$
지나는 사분면	제1사분면, 제3사분면	제2사분면, 제4사분면
증가, 감소	각 사분면에서 x의 값이 증가하면 y의 값은 감소한다.	각 사분면에서 x의 값이 증가하면 y의 값도 증가한다.

참고) 반비례 관계 $y=\frac{a}{x}\ (a\neq0)$의 그래프는

(1) $|a|$가 작을수록 원점에 가깝다.

(2) 원점에 대하여 대칭이고 x축, y축과 만나지 않는다.

3 정비례, 반비례 관계의 활용

정비례, 반비례 관계의 활용 문제는 다음과 같은 순서로 푼다.

❶ 변화하는 두 양을 변수 x, y로 놓는다.

❷ 두 변수 x와 y가 정비례 관계인지, 반비례 관계인지 알아본다.

❸ 정비례하면 $y=ax$, 반비례하면 $y=\frac{a}{x}$로 놓고 a의 값을 찾은 후 문제에서 요구하는 값을 구한다.

❹ 구한 값이 문제의 조건에 맞는지 확인한다.

개념 Plus 톱니바퀴와 일에 대한 문제

(1) 두 톱니바퀴 A, B가 맞물려 돌아갈 때

➔ (A의 톱니 수)×(A의 회전수)=(B의 톱니 수)×(B의 회전수)

(2) 작업 속도가 같은 사람들이 함께 일을 할 때

➔ (전체 일의 양)=(사람 수)×(걸린 시간)

정답과 풀이 074쪽

핵심 01 정비례와 반비례

502 대표 문제

다음 중 y가 x에 반비례하는 것은?

① 시계의 분침이 x분 동안 회전한 각도 $y°$
② 넓이가 $20\ \text{cm}^2$인 마름모의 한 대각선의 길이가 x cm일 때, 다른 대각선의 길이 y cm
③ 둘레의 길이가 x cm인 정사각형의 넓이 $y\ \text{cm}^2$
④ 농도가 30 %인 소금물 x g에 들어 있는 소금의 양 y g
⑤ 하루 중 낮의 길이가 x시간일 때, 밤의 길이 y시간

503

x와 y의 곱이 일정하고 $x=3$일 때, $y=-5$이다. $y=\frac{5}{2}$일 때, x의 값을 구하시오.

504

y가 x에 정비례하고, $x=6$일 때의 y의 값과 $x=-3$일 때의 y의 값의 차가 27이다. x와 y 사이의 관계식을 모두 구하시오.

505

x의 값이 2배, 3배, 4배, …가 될 때 y의 값도 2배, 3배, 4배, …가 되는 관계가 있을 때, 다음 표에서 $A-3B+6C$의 값을 구하시오.

x	-6	-4	B	C	…
y	9	A	1	$-\frac{1}{4}$	…

핵심 02 정비례 관계 $y=ax\ (a\neq0)$의 그래프

506 대표 문제

오른쪽 그림과 같이 정비례 관계 $y=ax$의 그래프가 두 정비례 관계 $y=-2x$, $y=-\frac{1}{3}x$의 그래프 사이에 있을 때, 다음 중 상수 a의 값이 될 수 있는 것은?

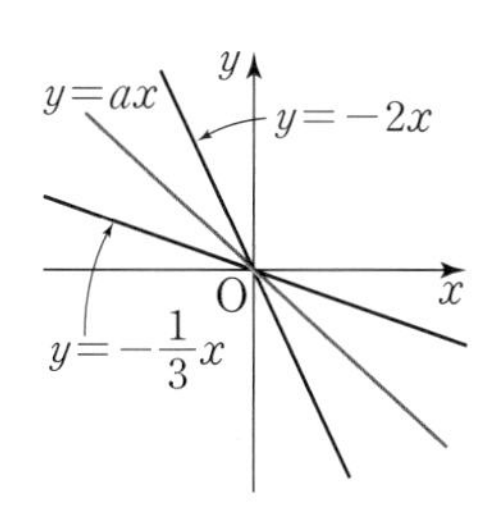

① $-\frac{5}{2}$　　② -1　　③ $-\frac{1}{4}$
④ $\frac{5}{3}$　　⑤ 2

507

오른쪽 그림과 같은 그래프에서 점 P의 x좌표를 구하시오.

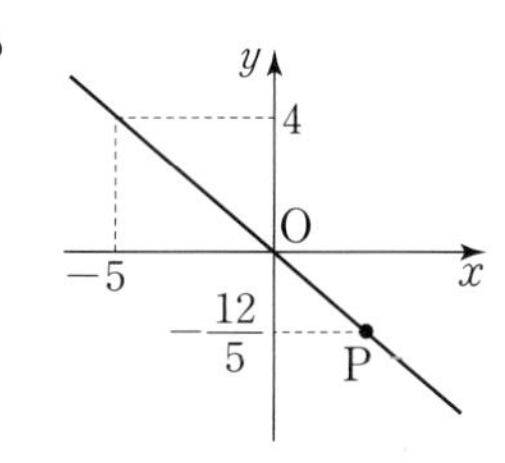

508

오른쪽 그림과 같이 정비례 관계 $y=-\frac{2}{3}x$, $y=2x$의 그래프가 y좌표가 4인 두 점 A, B를 각각 지날 때, 삼각형 AOB의 넓이를 구하시오. (단, O는 원점)

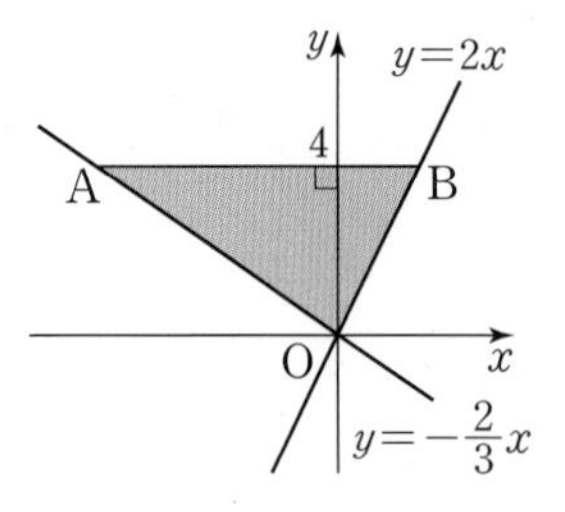

509

오른쪽 그림과 같이 정비례 관계 $y=ax$의 그래프 위의 점 P에서 y축에 내린 수선과 y축이 만나는 점을 Q라 할 때, 삼각형 OPQ의 넓이가 20이다. 이때 상수 a의 값을 구하시오. (단, O는 원점)

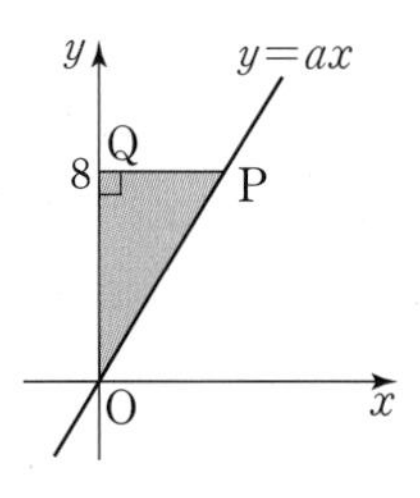

510

오른쪽 그림과 같이 정비례 관계 $y=ax$의 그래프가 두 점 A(4, 8), B(9, 6)을 이은 선분 AB와 만날 때, 상수 a의 값의 범위를 구하시오.

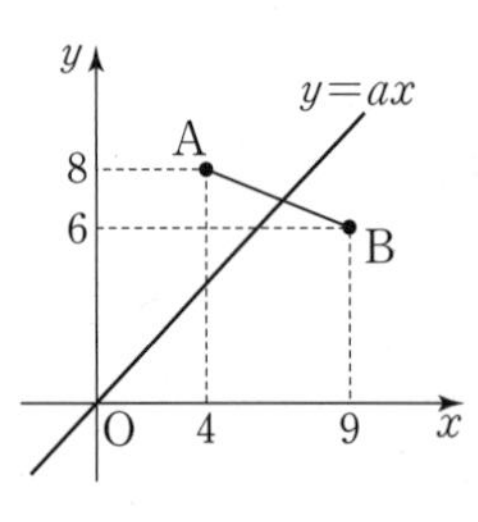

511

오른쪽 그림에서 두 점 A, B는 각각 두 정비례 관계 $y=3x\ (x>0)$, $y=\frac{3}{4}x\ (x>0)$의 그래프 위의 점이다. 두 점 A, B 사이의 거리가 18일 때, 점 A의 좌표를 구하시오.

(단, 두 점 A, B의 x좌표는 같다.)

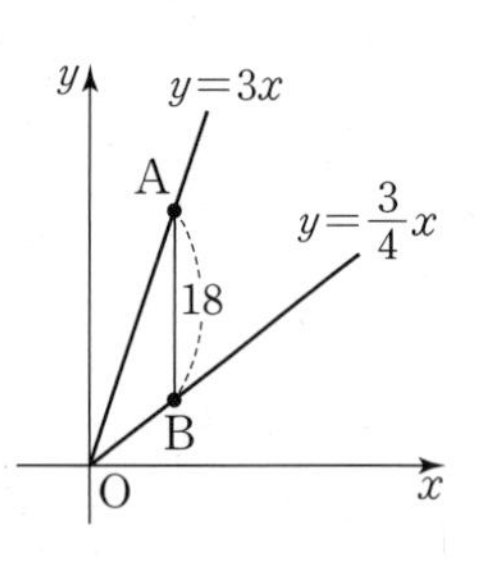

512

정비례 관계 $y=ax$의 그래프가 세 점 $(-3, 9)$, $(b, -12)$, $(c-4, 8-c)$를 지날 때, abc의 값을 구하시오.

(단, a는 상수)

발전 03 도형의 넓이를 이등분하는 직선

513 (대표 문제)

오른쪽 그림과 같이 정비례 관계 $y=\frac{3}{2}x$의 그래프 위의 한 점 A에서 x축에 내린 수선이 x축과 만나는 점을 B라 하자. 점 B의 x좌표가 4이고 정비례 관계 $y=ax$의 그래프가 삼각형 AOB의 넓이를 이등분할 때, 상수 a의 값을 구하시오.

(단, O는 원점)

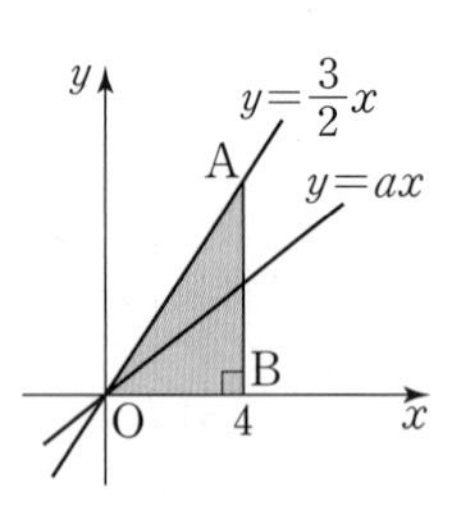

514

오른쪽 그림과 같이 세 점 O(0, 0), A(0, 8), B(6, 0)을 꼭짓점으로 하는 삼각형 AOB의 넓이를 정비례 관계 $y=ax$의 그래프가 이등분할 때, 상수 a의 값을 구하시오.

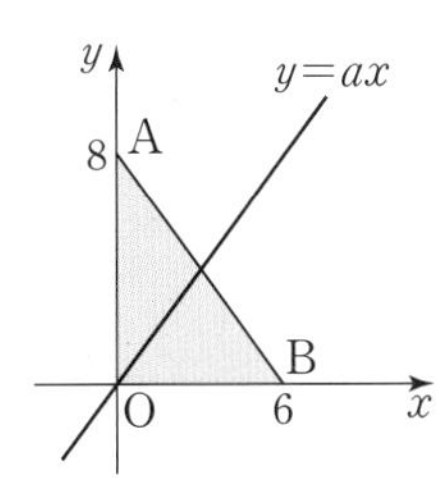

517

반비례 관계 $y=-\dfrac{a}{x}$의 그래프가 오른쪽 그림과 같을 때, 점 A(5, 4)를 지나고 y축에 평행한 직선이 $y=-\dfrac{a}{x}$의 그래프와 만나는 점을 B라 하자. 선분 AB의 길이가 7일 때, 양수 a의 값을 구하시오.

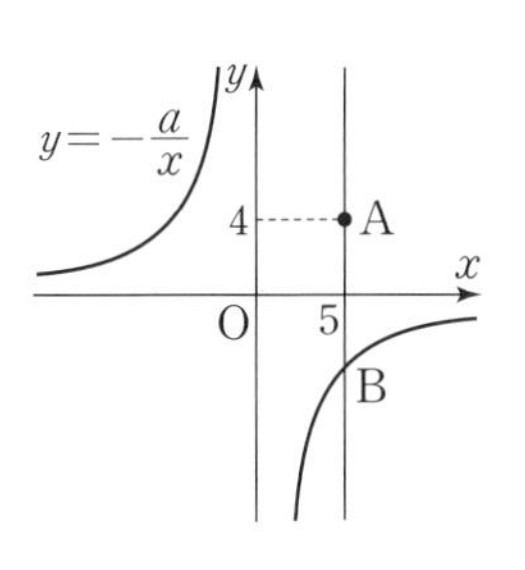

핵심 04 반비례 관계 $y=\dfrac{a}{x}$ $(a\neq0)$의 그래프

515 대표 문제

반비례 관계 $y=-\dfrac{12}{x}$의 그래프가 오른쪽 그림과 같을 때, $a+b$의 값을 구하시오.

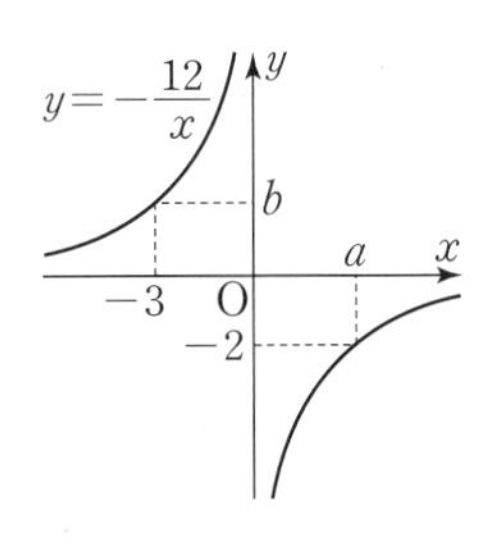

518

반비례 관계 $y=\dfrac{18}{x}$의 그래프 위의 점 중에서 제3사분면 위에 있고, x좌표와 y좌표가 모두 정수인 점의 개수를 구하시오.

516

오른쪽 그림은 두 정비례 관계 $y=ax$, $y=bx$의 그래프와 두 반비례 관계 $y=\dfrac{c}{x}$, $y=\dfrac{d}{x}$의 그래프이다. 이때 상수 a, b, c, d의 대소 관계를 바르게 나타낸 것은?

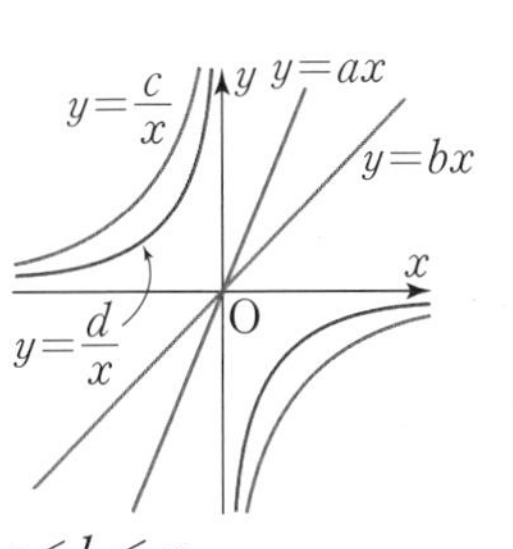

① $b<a<c<d$ ② $d<c<b<a$
③ $c<d<a<b$ ④ $c<d<b<a$
⑤ $d<c<a<b$

519

오른쪽 그림은 반비례 관계 $y=\dfrac{a}{x}$의 그래프이고, 두 점 A, C는 이 그래프 위의 점이다. 네 변이 x축 또는 y축에 평행한 직사각형 ABCD의 넓이가 48일 때, 상수 a의 값을 구하시오.

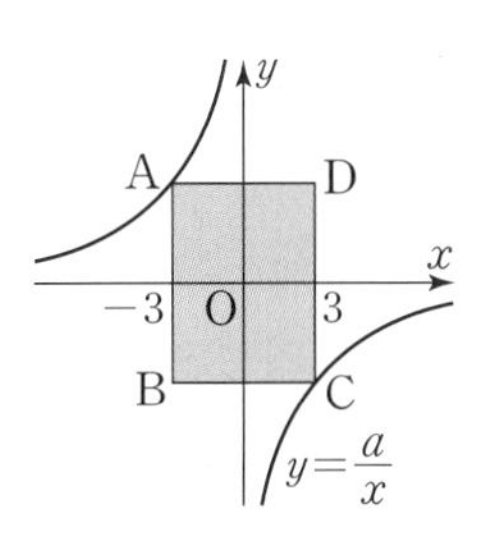

핵심 05 $y=ax\ (a\neq0)$, $y=\frac{b}{x}\ (b\neq0)$의 그래프의 교점

520 대표 문제

오른쪽 그림과 같이 정비례 관계 $y=-\frac{2}{3}x$의 그래프와 반비례 관계 $y=\frac{a}{x}$의 그래프가 점 A에서 만난다. 반비례 관계 $y=\frac{a}{x}$의 그래프 위의 한 점 B$(c,\ 6)$에 대하여 $a+b-c$의 값을 구하시오. (단, a는 상수)

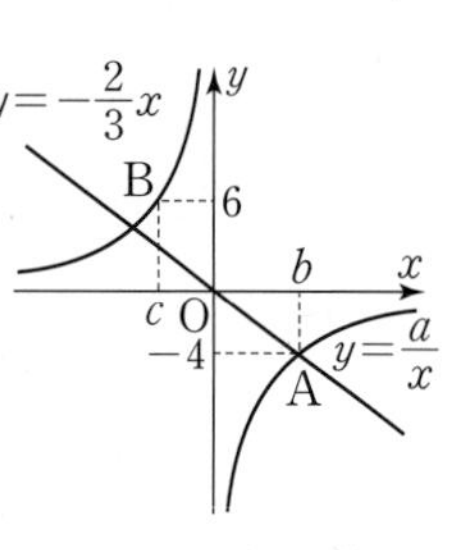

521

오른쪽 그림은 정비례 관계 $y=2x$의 그래프와 반비례 관계 $y=\frac{a}{x}\ (x>0)$의 그래프이다. 두 그래프가 만나는 점인 A의 x좌표는 3이고, 점 A에서 x축에 내린 수선과 x축이 만나는 점을 P라 하자. $y=\frac{a}{x}$의 그래프 위의 y좌표가 9인 점 Q에서 y축에 내린 수선과 y축이 만나는 점을 R이라 할 때, 사각형 OPQR의 넓이를 구하시오.

(단, a는 상수이고, O는 원점이다.)

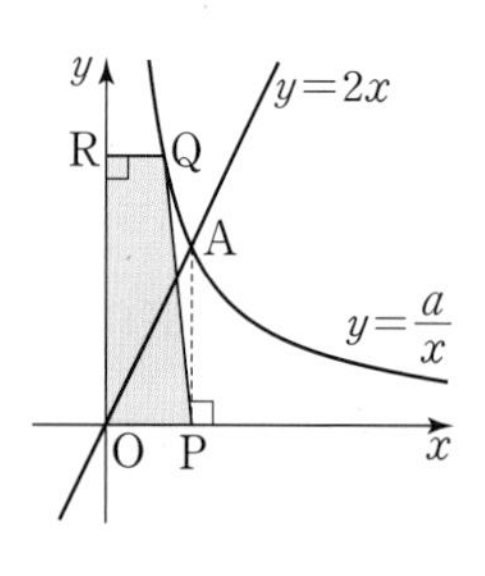

522

오른쪽 그림과 같이 반비례 관계 $y=\frac{a}{x}$의 그래프와 정비례 관계 $y=bx$의 그래프가 만나는 점 D의 x좌표가 2이다. 반비례 관계 $y=\frac{a}{x}$의 그래프 위의 점 B에 대하여 직사각형 ABCO의 넓이가 10일 때, $a+4b$의 값을 구하시오.

(단, a, b는 상수이고, O는 원점이다.)

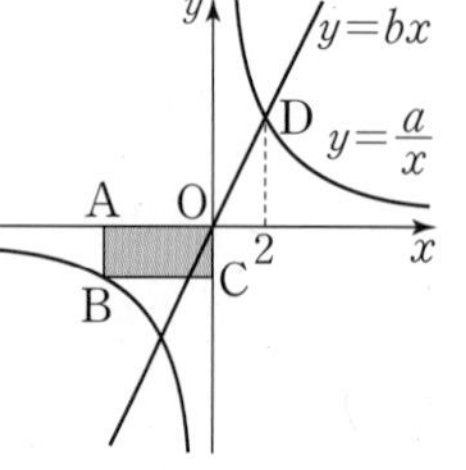

핵심 06 정비례, 반비례 관계의 활용

523 대표 문제

오른쪽 그림과 같은 직각삼각형 ABC에서 점 P는 점 B를 출발하여 점 C까지 초속 3 cm로 변 BC 위를 움직인다. 점 P가 점 B를 출발한 지 x초 후의 삼각형 ABP의 넓이를 $y\ \text{cm}^2$라 할 때, 다음 물음에 답하시오.

(단, $0<x\leq9$)

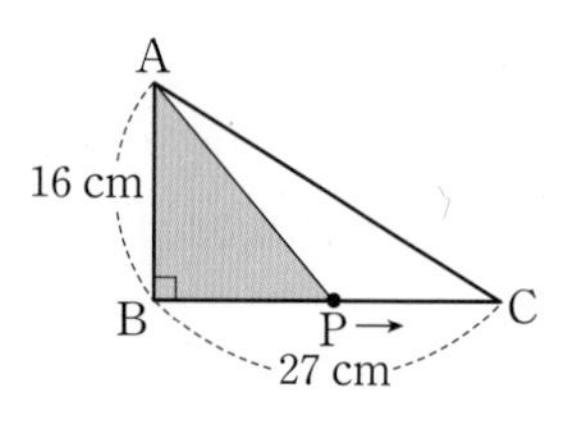

(1) x와 y 사이의 관계를 식으로 나타내시오.

(2) 삼각형 ABP의 넓이가 168 cm^2가 되는 것은 점 P가 점 B를 출발한 지 몇 초 후인지 구하시오.

524

학교 대강당을 청소하는 데 6명의 학생이 하면 25분이 걸린다고 한다. 학생 x명이 청소하는 데 걸리는 시간을 y분이라 할 때, x와 y 사이의 관계를 식으로 나타내고, 10분 만에 청소를 끝내려면 몇 명의 학생이 필요한지 구하시오.

(단, 학생들의 청소하는 능력은 모두 같다.)

525

속력이 일정한 음파의 파장은 진동수에 반비례한다. 오른쪽 그래프는 어떤 음파의 진동수 x Hz와 파장 y m 사이의 관계를 나타낸 것일 때, 다음 물음에 답하시오.

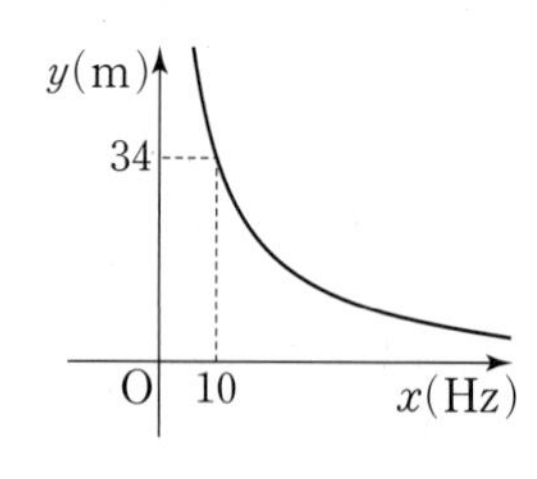

(1) 파장이 6.8 m인 음파의 진동수를 구하시오.

(2) 사람이 귀로 들을 수 있는 음파의 진동수의 범위가 20 Hz 이상 20000 Hz 이하일 때, 사람이 들을 수 있는 음파의 파장의 범위를 구하시오.

수학의 바이블 개념ON 203쪽 | 유형ON 166쪽

대표 문항 x좌표와 y좌표가 정수인 점의 개수

오른쪽 그림은 반비례 관계 $y=\frac{a}{x}$ (a는 상수)의 그래프이다. 색칠한 부분에 있는 점 중에서 x좌표와 y좌표가 모두 정수인 점의 개수를 구하시오. (단, 좌표축 및 곡선 위의 점은 포함하지 않는다.)

조건 ①: 점 $(-2, -5)$를 지난다. / 조건 ②: 그래프가 원점에 대하여 대칭이고, 제1, 3사분면을 지난다. 조건 ③ 조건 ④ 답

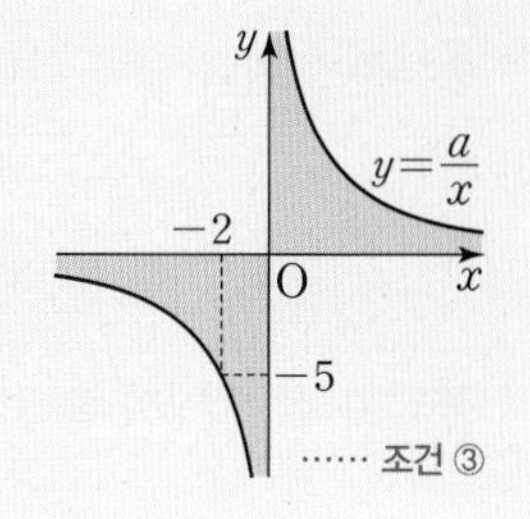

유형 04 반비례 관계 $y=\frac{a}{x}$ $(a\neq0)$의 그래프 538

스키마 schema 주어진 조건은 무엇인지? 답은 무엇인지? 이 둘을 어떻게 연결해야 하는지?

1 단계

조건 ① $y=\frac{a}{x}$의 그래프가 점 $(-2, -5)$를 지난다.

↓

$y=\frac{a}{x}$에 $x=-2$, $y=-5$를 대입하여 a의 값을 구한다. → $a=10$ → $y=\frac{10}{x}$

$y=\frac{a}{x}$의 그래프가 점 $(-2, -5)$를 지나므로
$y=\frac{a}{x}$에 $x=-2$, $y=-5$를 대입하면
$-5=\frac{a}{-2}$ $\quad\therefore a=10$
$\therefore y=\frac{10}{x}$

2 단계

조건 ②, ③ 제1사분면에서 색칠한 부분에 있는 점 중에서 x좌표와 y좌표가 모두 정수인 점
④ 좌표축 및 곡선 위의 점은 포함하지 않는다.

↓

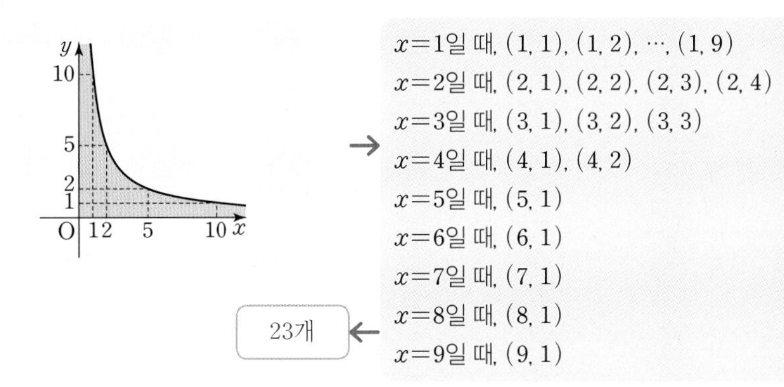

→
$x=1$일 때, $(1, 1)$, $(1, 2)$, $\cdots$, $(1, 9)$
$x=2$일 때, $(2, 1)$, $(2, 2)$, $(2, 3)$, $(2, 4)$
$x=3$일 때, $(3, 1)$, $(3, 2)$, $(3, 3)$
$x=4$일 때, $(4, 1)$, $(4, 2)$
$x=5$일 때, $(5, 1)$
$x=6$일 때, $(6, 1)$
$x=7$일 때, $(7, 1)$
$x=8$일 때, $(8, 1)$
$x=9$일 때, $(9, 1)$
→ 23개

제1사분면에서 색칠한 부분에 있는 점 중에서 x좌표와 y좌표가 모두 정수인 점을 순서쌍 (x, y)로 나타내면
$x=1$일 때, $(1, 1)$, $(1, 2)$, $\cdots$, $(1, 9)$의 9개
$x=2$일 때, $(2, 1)$, $(2, 2)$, $(2, 3)$, $(2, 4)$의 4개
$x=3$일 때, $(3, 1)$, $(3, 2)$, $(3, 3)$의 3개
$x=4$일 때, $(4, 1)$, $(4, 2)$의 2개
$x=5$일 때, $(5, 1)$의 1개
$x=6$일 때, $(6, 1)$의 1개
$x=7$일 때, $(7, 1)$의 1개
$x=8$일 때, $(8, 1)$의 1개
$x=9$일 때, $(9, 1)$의 1개
이므로 $9+4+3+2+5\times1=23$(개)

3 단계

조건 ② $y=\frac{10}{x}$의 그래프는 원점에 대하여 대칭이다.

↓

제3사분면에서 색칠한 부분에 있는 x좌표와 y좌표가 모두 정수인 점도 23개이다.

답 색칠한 부분에 있는 점 중에서 x좌표와 y좌표가 모두 정수인 점의 개수 → 46

$y=\frac{10}{x}$의 그래프는 원점에 대하여 대칭이므로 제3사분면에서 색칠한 부분에 있는 x좌표와 y좌표가 모두 정수인 점도 23개이다.
따라서 구하는 점의 개수는 $2\times23=46$

답 46

대표 문항 $y=ax\ (a\neq0)$, $y=\frac{b}{x}\ (b\neq0)$의 그래프의 교점과 일정한 속력으로 움직이는 점

오른쪽 그림과 같이 반비례 관계 $y=\frac{18}{x}\ (x>0)$의 그래프와 정비례 관계 $y=ax$, $y=bx$의 그래프가 만나는 점을 각각 P, Q라 하면 (조건 ①) 점 P의 y좌표는 9, 사각형 OAPB는 직사각형이다. (조건 ②) x축 위의 점 C가 점 A에서 출발하여 x축의 양의 방향으로 1초에 0.5만큼 움직일 때, (조건 ③) 8초 후 두 점 C, Q의 x좌표가 같아진다. (조건 ④) 상수 a, b에 대하여 $a+b$의 값을 구하시오. (답) (단, O는 원점)

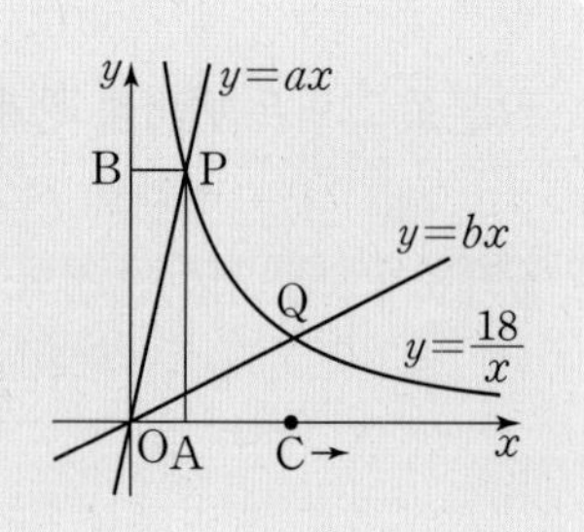

유형 05 $y=ax\ (a\neq0)$, $y=\frac{b}{x}\ (b\neq0)$의 그래프의 교점 548, 552

스키마 schema 주어진 조건은 무엇인지? 답은 무엇인지? 이 둘을 어떻게 연결해야 하는지?

1 단계

조건
① $y=\frac{18}{x}$의 그래프와 $y=ax$의 그래프가 만나는 점은 점 P이다.
② 점 P의 y좌표는 9이고, 사각형 OAPB는 직사각형이다.

y좌표가 9인 점 P는 $y=\frac{18}{x}$의 그래프 위의 점이다. → P(2, 9) → A(2, 0), B(0, 9)

점 P(2, 9)는 $y=ax$의 그래프 위의 점이다. → $a=\frac{9}{2}$

y좌표가 9인 점 P가 $y=\frac{18}{x}$의 그래프 위의 점이므로 $y=\frac{18}{x}$에 $y=9$를 대입하면

$9=\frac{18}{x}$ $\quad\therefore x=2$ $\quad\therefore$ P(2, 9)

이때 사각형 OAPB는 직사각형이므로 두 점 A, B의 좌표를 구하면

A(2, 0), B(0, 9)

점 P가 $y=ax$의 그래프 위의 점이므로 $y=ax$에 $x=2$, $y=9$를 대입하면

$9=2a$ $\quad\therefore a=\frac{9}{2}$

2 단계

조건
③ 점 C는 x축의 양의 방향으로 1초에 0.5만큼 움직인다.
④ 8초 후 두 점 C, Q의 x좌표가 같아진다.

점 C가 8초 동안 움직인 거리는 $8\times0.5=4$ → 8초 후의 점 C의 x좌표는 $2+4=6$

점 Q의 x좌표는 6 → 점 Q는 $y=\frac{18}{x}$의 그래프 위의 점이다. → Q(6, 3)

8초 후의 점 C의 x좌표는

$2+8\times0.5=6$

즉 점 Q의 x좌표는 6이므로

$y=\frac{18}{x}$에 $x=6$을 대입하면

$y=\frac{18}{6}=3$ $\quad\therefore$ Q(6, 3)

3 단계

조건
① $y=\frac{18}{x}$의 그래프와 $y=bx$의 그래프가 만나는 점은 점 Q이다.

점 Q(6, 3)은 $y=bx$의 그래프 위의 점이다. → $b=\frac{1}{2}$

답 $a+b$의 값 → $a+b=\frac{9}{2}+\frac{1}{2}=5$

점 Q가 $y=bx$의 그래프 위의 점이므로 $y=bx$에 $x=6$, $y=3$을 대입하면

$3=6b$ $\quad\therefore b=\frac{1}{2}$

$\therefore a+b=\frac{9}{2}+\frac{1}{2}=5$

답 5

유형 01 정비례와 반비례

526*

다음 조건을 모두 만족하는 x, y에 대하여 $x=10$일 때, y의 값을 구하시오.

> (가) $4y$가 x에 정비례한다.
> (나) $x=-5$일 때, $y=2$이다.

527*

다음 그림과 같은 상자 A에 x를 넣어서 나오는 수 y는 $y=ax$를 만족하고, 상자 B에 x를 넣어서 나오는 수 y는 $y=\frac{b}{x}$를 만족한다. 상자 A에 4를 넣어서 나오는 수를 상자 B에 넣었더니 -9가 나왔다. 이때 상자 A에 -6을 넣어서 나오는 수를 상자 B에 넣었을 때, 나오는 수를 구하시오.

(단, a, b는 상수)

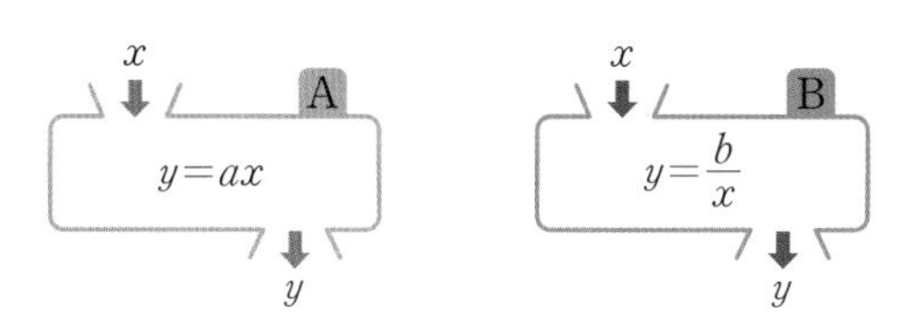

유형 02 정비례 관계 $y=ax$ $(a\neq0)$의 그래프

528*

오른쪽 그림과 같이 정비례 관계 $y=-3x$의 그래프 위의 x좌표가 -4인 점 A와 정비례 관계 $y=ax$의 그래프 위의 점 B를 이은 선분 AB가 x축과 평행할 때, 선분 AB와 y축이 만나는 점을 P라 하자. 선분 BP의 길이가 선분 AP의 길이의 2배일 때, 상수 a의 값을 구하시오.

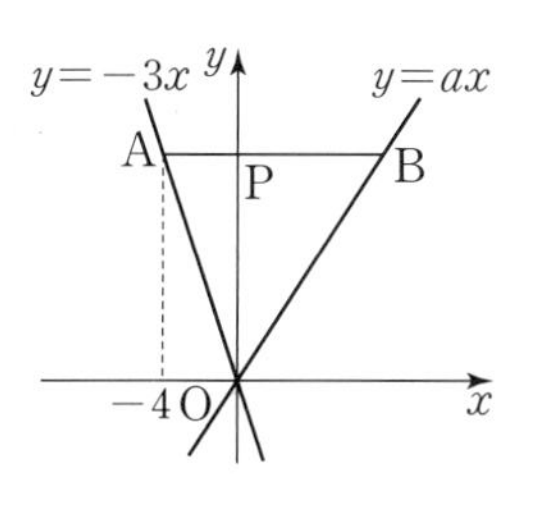

529*

오른쪽 그림에서 제1사분면 위의 두 점 A, C는 각각 정비례 관계 $y=4x$, $y=\frac{1}{4}x$의 그래프 위의 점이고, 점 A의 좌표는 A$(2,\ 8)$이다. 제1사분면 위의 사각형 ABCD가 정사각형일 때, 정사각형 ABCD의 한 변의 길이를 구하시오.
(단, 정사각형 ABCD의 네 변은 x축 또는 y축에 평행하다.)

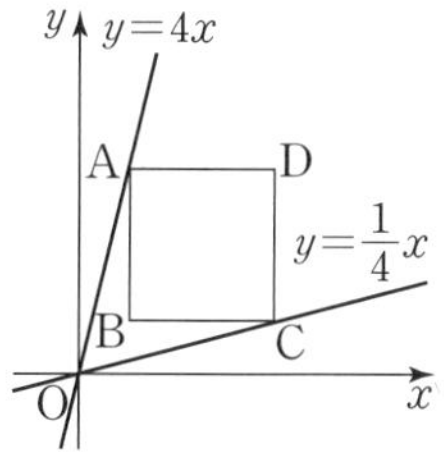

530

오른쪽 그림과 같이 좌표평면 위에 직사각형 OCBA가 있다. B$(6,\ 14)$이고, 정비례 관계 $y=\frac{7}{2}x$의 그래프와 변 AB가 만나는 점을 P, 정비례 관계 $y=\frac{2}{3}x$의 그래프와 변 BC가 만나는 점을 Q라 할 때, 사각형 OQBP의 넓이를 구하시오.

(단, O는 원점)

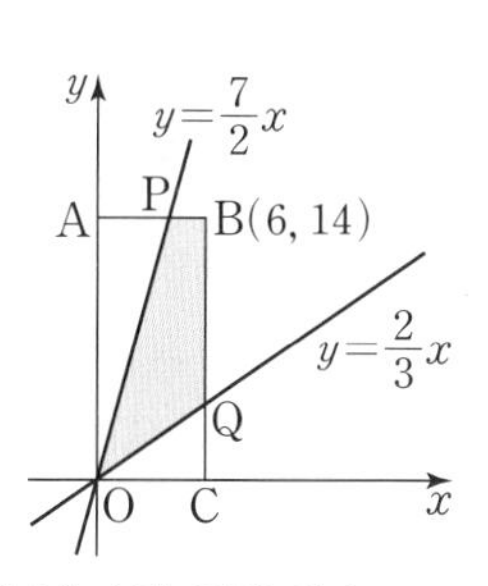

531

오른쪽 그림과 같이 점 A는 정비례 관계 $y=x$의 그래프 위의 점이고, 두 점 B, D는 정비례 관계 $y=\frac{2}{3}x$의 그래프 위의 점이다. 직사각형 ABCD의 둘레의 길이가 10일 때, 점 C의 좌표를 구하시오. (단, 직사각형 ABCD의 네 변은 x축 또는 y축에 평행하고, 네 꼭짓점은 제1사분면 위의 점이다.)

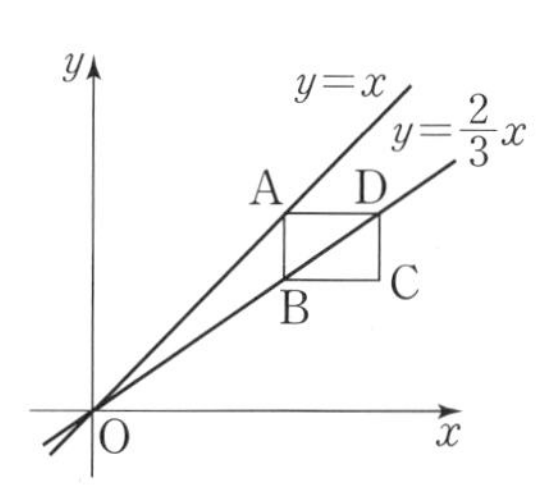

유형 03 도형의 넓이를 이등분하는 직선

532*

오른쪽 그림과 같이 네 점 O(0, 0), A(3, 4), B(5, 0), C(5, 4)를 꼭짓점으로 하는 사각형 AOBC의 넓이를 정비례 관계 $y=ax$의 그래프가 이등분할 때, 상수 a의 값을 구하시오.

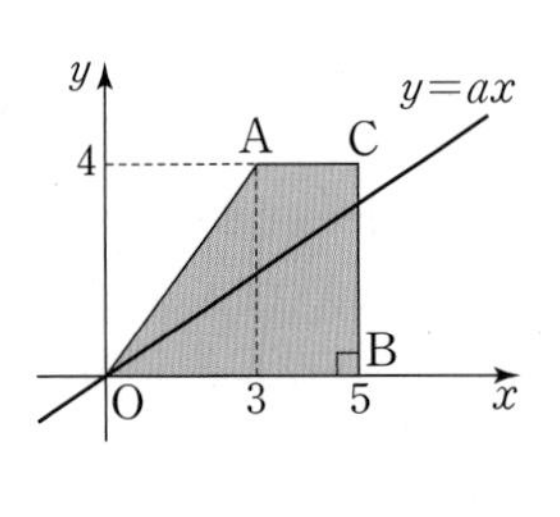

533*

오른쪽 그림과 같이 두 점 A(0, 12), B(9, 0)을 이은 선분 AB와 정비례 관계 $y=ax$의 그래프가 만나는 점을 P라 하자. 삼각형 OPA의 넓이와 삼각형 OBP의 넓이의 비가 3 : 4일 때, 상수 a의 값을 구하시오.

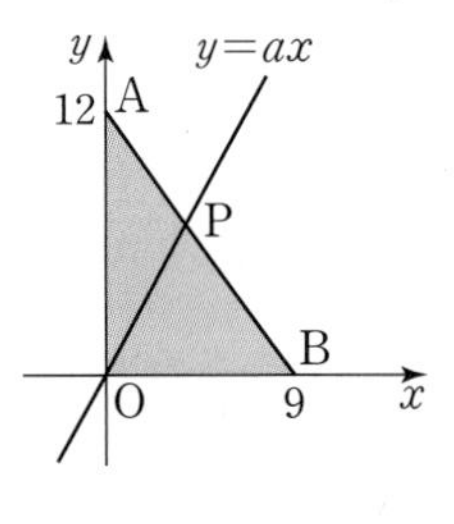

(단, O는 원점)

534

오른쪽 그림과 같이 정비례 관계 $y=ax$의 그래프가 직사각형 ABCD의 두 변 AB, CD와 만나는 점을 각각 E, F라 하자. 사다리꼴 AEFD의 넓이가 사다리꼴 BCFE의 넓이의 2배일 때, 상수 a의 값을 구하시오.

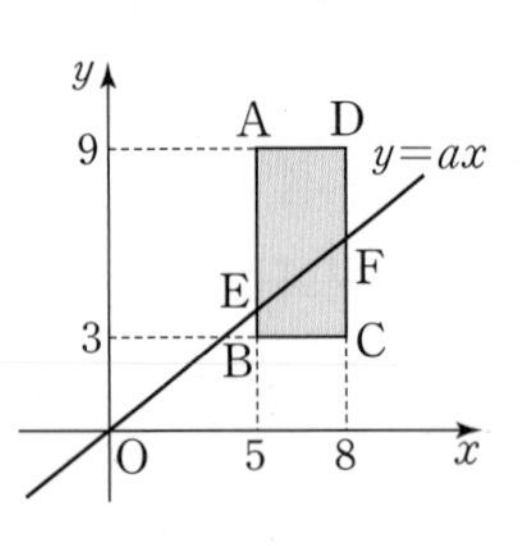

유형 04 반비례 관계 $y=\frac{a}{x}$ $(a\neq0)$의 그래프

535*

오른쪽 그림과 같이 점 $A_n(n, 0)$을 지나면서 y축에 평행한 직선이 반비례 관계 $y=\frac{7}{x}$ $(x>0)$의 그래프와 만나는 점을 B_n이라 하고, 점 B_n을 지나면서 x축에 평행한 직선이 y축과 만나는 점을 C_n이라 하자. 직사각형 $OA_nB_nC_n$의 넓이를 S_n이라 할 때, $S_1+S_2+S_3+\cdots+S_{50}$의 값을 구하시오.

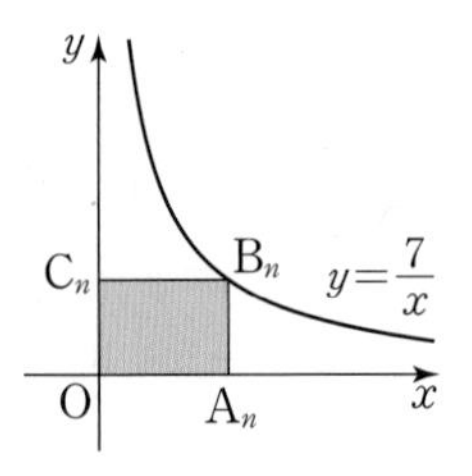

(단, O는 원점)

536*

오른쪽 그림에서 두 점 P, Q는 반비례 관계 $y=\frac{a}{x}$의 그래프 위의 점이다. 직사각형 BOAP의 넓이가 26일 때, 삼각형 OCQ의 넓이를 구하시오.

(단, a는 상수이고, O는 원점이다.)

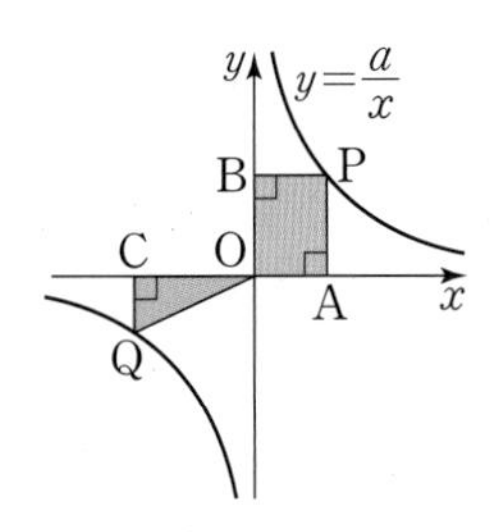

537

오른쪽 그림과 같이 반비례 관계 $y=\frac{3}{x}$의 그래프 위에 있는 제1사분면 위의 점 A에서 x축에 평행한 직선을 그어 반비례 관계 $y=-\frac{4}{x}$의 그래프와 만나는 점을 B라 하고, 점 B에서 y축에 평행한 직선을 그어 반비례 관계 $y=\frac{3}{x}$의 그래프와 만나는 점을 C라 할 때, 삼각형 ABC의 넓이를 구하시오.

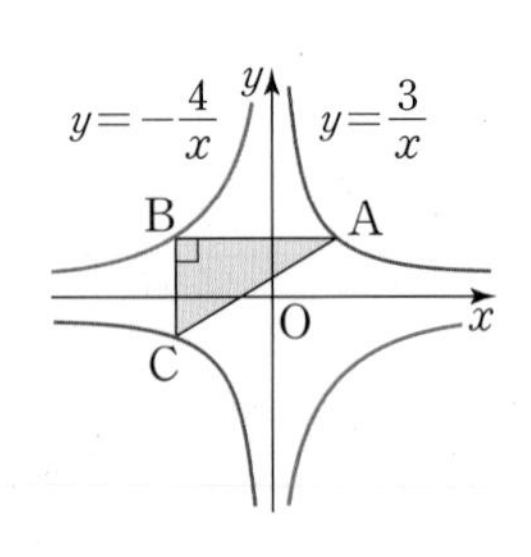

538* 스키마 schema

오른쪽 그림은 반비례 관계 $y=\frac{a}{x}$ (a는 상수)의 그래프이다. 색칠한 부분에 있는 점 중에서 x좌표와 y좌표가 모두 정수인 점의 개수를 구하시오. (단, 좌표축 및 곡선 위의 점은 포함하지 않는다.)

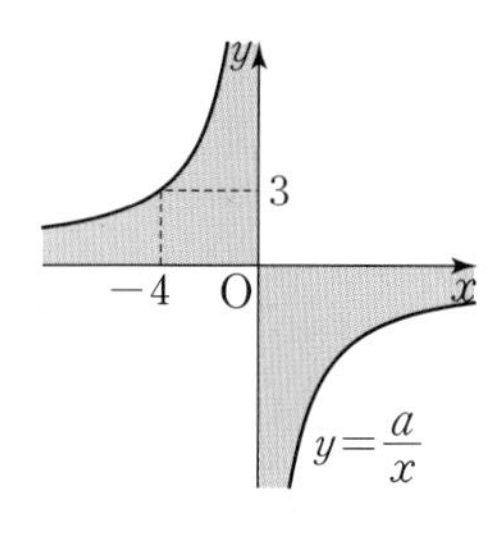

유형 05 $y=ax\ (a\neq0)$, $y=\frac{b}{x}\ (b\neq0)$의 그래프의 교점

539*

오른쪽 그림에서 점 A는 정비례 관계 $y=4x$의 그래프와 반비례 관계 $y=\frac{b}{x}$ $(x>0)$의 그래프의 교점이고, 점 B는 정비례 관계 $y=ax$의 그래프와 반비례 관계 $y=\frac{b}{x}$ $(x>0)$의 그래프의 교점일 때, ab의 값을 구하시오.

(단, a, b는 상수)

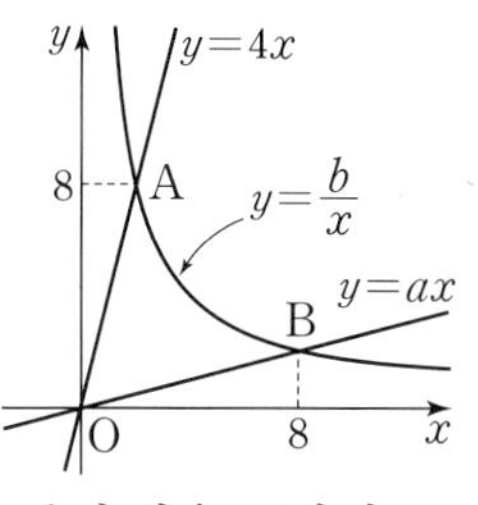

540*

오른쪽 그림과 같이 정비례 관계 $y=ax$의 그래프와 반비례 관계 $y=\frac{b}{x}$의 그래프가 만나는 두 점을 A, B라 할 때, 직사각형 ACBD의 넓이는 96이다. 두 점 A, D의 x좌표가 모두 4일 때, 상수 a, b에 대하여 ab의 값을 구하시오.

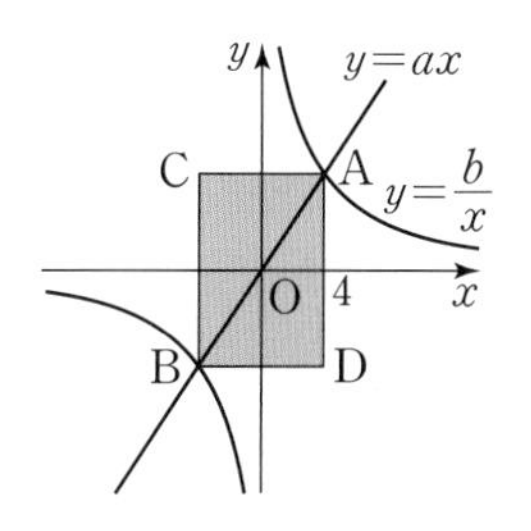

541

오른쪽 그림과 같이 정비례 관계 $y=ax$ $(a>0)$의 그래프와 두 반비례 관계 $y=\frac{4}{x}$, $y=\frac{b}{x}$의 그래프가 제1사분면 위의 두 점 $\mathrm{P}(x_1,\ y_1)$, $\mathrm{Q}(x_2,\ y_2)$에서 만난다. $x_1 : x_2=2 : 3$일 때, 상수 b의 값을 구하시오.

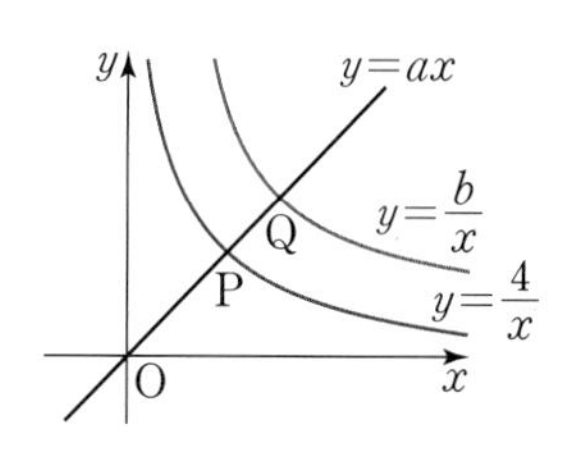

542

오른쪽 그림과 같이 정비례 관계 $y=2x$의 그래프 위에 있는 제1사분면 위의 점 A에서 x축, y축에 평행한 직선을 그어 정비례 관계 $y=-x$의 그래프, 반비례 관계 $y=\frac{b}{x}$ $(x>0)$의 그래프와 만나는 점을 각각 B, D라 하자. 점 A의 x좌표가 a이고, 정사각형 ABCD의 한 변의 길이가 9일 때, $b-a$의 값을 구하시오. (단, b는 상수)

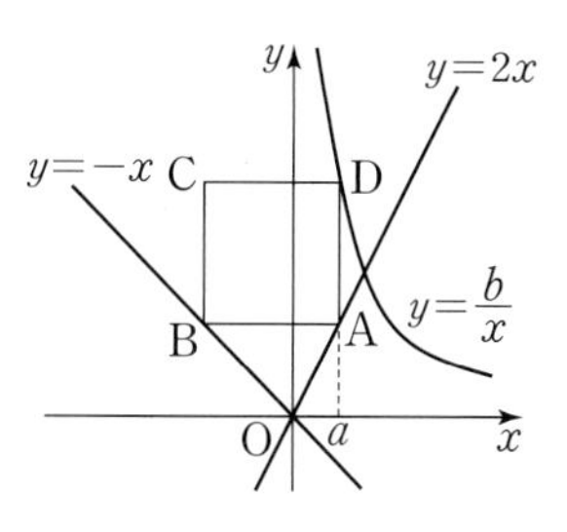

543

오른쪽 그림과 같이 정비례 관계 $y=-\frac{3}{2}x$의 그래프와 반비례 관계 $y=\frac{k}{x}$ (k는 상수)의 그래프가 점 S에서 만난다. 이때 사각형 PQOR의 넓이를 구하시오.

(단, O는 원점)

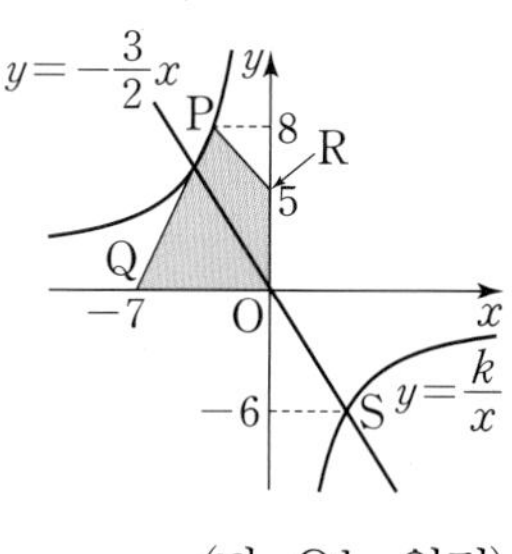

유형 06 정비례, 반비례 관계의 활용

544

톱니 수의 비가 7 : 3인 두 개의 톱니바퀴 A, B가 서로 맞물려 돌고 있다. 1분 동안 톱니바퀴 A는 x번 회전하고, 톱니바퀴 B는 y번 회전한다고 하자. x와 y 사이의 관계를 식으로 나타내고, 톱니바퀴 A가 45번 회전할 때 톱니바퀴 B는 몇 번 회전하는지 구하시오.

545*

넓이가 8 m^2인 직사각형 모양의 벽에 페인트를 칠하는 데 드는 비용은 56000원이고, 페인트를 칠하는 비용은 벽의 넓이에 정비례한다고 한다. 105000원의 비용으로 페인트를 칠할 수 있는 벽의 넓이는 A m^2이고, 이때의 벽은 가로, 세로의 길이가 각각 x m, y m인 직사각형 모양이다. A의 값을 구하고, x와 y 사이의 관계를 식으로 나타내시오.

546*

바닥에 구멍이 나서 물이 새는 부피가 700 L인 물통에 물을 가득 채우려고 한다. 물통에 넣는 물의 양을 A, 물통의 구멍으로 새어 나가는 물의 양을 B라 할 때, 시간에 따른 물의 양을 그래프로 나타내면 위와 같다. 빈 물통에 물을 가득 채우는 데 걸리는 시간을 구하시오.

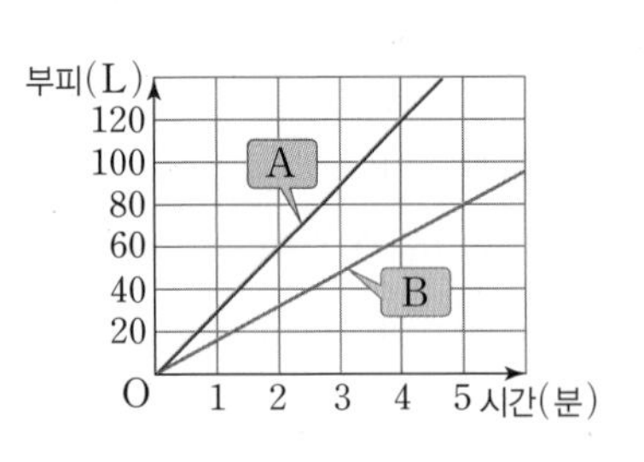

547, 548

서술형 풀이 과정을 쓰고 답을 구하시오.

547 (유형 06)

일정한 속력으로 달리는 기차가 길이가 300 m인 터널에 진입하여 완전히 빠져나가는 데 2분이 걸리고, 길이가 800 m인 터널에 진입하여 완전히 빠져나가는 데 3분이 걸린다. 이 기차가 x분 동안 이동한 거리를 y m라 할 때, x와 y 사이의 관계를 식으로 나타내고, 이 기차가 1시간 동안 이동한 거리는 몇 km인지 구하시오.

548 스키마 schema (유형 05)

오른쪽 그림과 같이 반비례 관계 $y=\frac{24}{x}$ $(x>0)$의 그래프와 정비례 관계 $y=ax$, $y=bx$의 그래프가 만나는 점을 각각 P, Q라 하면 점 P의 x좌표는 6이고 사각형 OAPB는 직사각형이다. y축 위의 점 C가 점 B에서 출발하여 y축의 양의 방향으로 1초에 1.2만큼 움직일 때, 5초 후 두 점 C, Q의 y좌표가 같아진다. 상수 a, b에 대하여 $b-a$의 값을 구하시오.

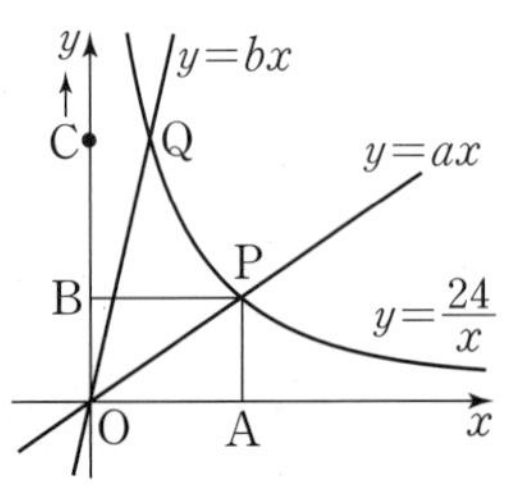

549

사과와 귤의 개수의 비가 1 : 3으로 들어 있는 상자가 있다. 이 상자에서 꺼낸 사과와 귤의 개수의 비가 1 : 5가 되도록 사과와 귤을 꺼냈더니 상자 안에 남아 있는 사과와 귤의 개수의 비가 4 : 3이 되었다. 다음 물음에 답하시오.

(1) 처음 상자 안에 들어 있던 사과의 개수를 x, 꺼낸 사과의 개수를 y라 할 때, x와 y 사이의 관계를 식으로 나타내시오.

(2) 꺼낸 사과가 18개일 때, 처음 상자 안에 들어 있던 귤의 개수를 구하시오.

550

오른쪽 그림과 같이 두 정비례 관계 $y=5x$의 그래프와 $y=\frac{1}{8}x$의 그래프 사이에 크기와 모양이 같은 3개의 직각삼각형이 놓여 있다. 3개의 직각삼각형의 가장 긴 변은 모두 한 직선 위에 놓여 있고, $a=d=e$, $b=c=f$이다. 정비례 관계 $y=kx$의 그래프가 점 A를 지날 때, 상수 k의 값을 구하시오.

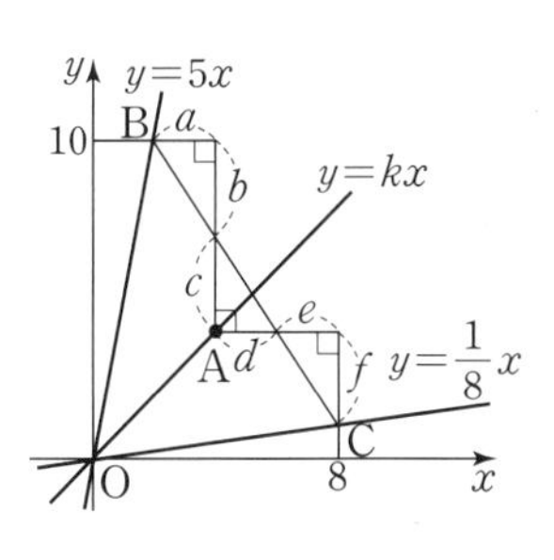

551

오른쪽 그림과 같이 반비례 관계 $y=\frac{a}{x}$의 그래프 위의 두 점 A, C에서 y축에 평행한 직선을 그어 정비례 관계 $y=-ax$의 그래프와 만나는 점을 각각 B, D라 하자. 두 점 A, C의 x좌표가 각각 3, k $(k>3)$이고 삼각형 COD의 넓이가 삼각형 AOB의 넓이의 5배일 때, k의 값을 구하시오.

(단, O는 원점이고, $a>0$인 상수)

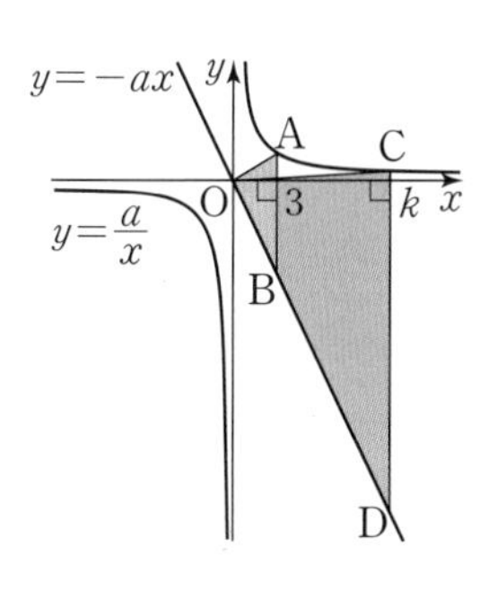

552* 스키마 schema

오른쪽 그림과 같이 정비례 관계 $y=2x$의 그래프와 반비례 관계 $y=\frac{a}{x}$ $(x>0)$의 그래프가 y좌표가 4인 한 점 P에서 만난다. 점 P에서 x축에 내린 수선과 x축이 만나는 점을 A라 하자. 점 B가 점 A를 출발하여 x축의 양의 방향으로 매초 $\frac{2}{3}$만큼씩 움직일 때, 점 B와 x좌표가 같은 반비례 관계 $y=\frac{a}{x}$의 그래프 위의 점을 Q라 하자. 점 B가 점 A를 출발한 지 6초 후의 사각형 PABQ의 넓이를 구하시오. (단, a는 상수)

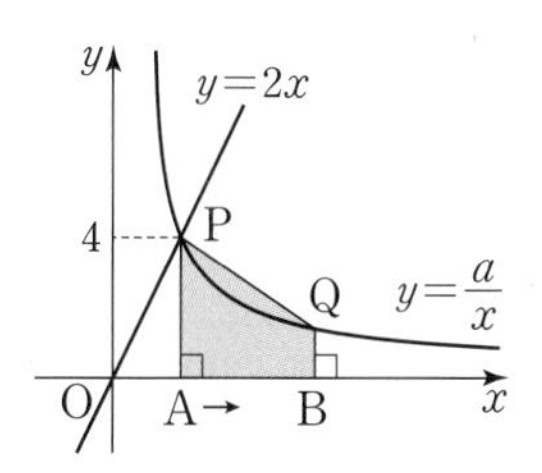

553

오른쪽 그림에서 두 점 A, B는 각각 반비례 관계 $y=\frac{a}{x}$ $(x>0)$의 그래프가 점 C(2, 2)를 지나고 y축, x축에 평행한 직선과 만나는 점이다. 사각형 OACB의 넓이가 $\frac{22}{7}$일 때, 상수 a의 값은?

(단, O는 원점이고, 점 A의 y좌표는 2보다 작다.)

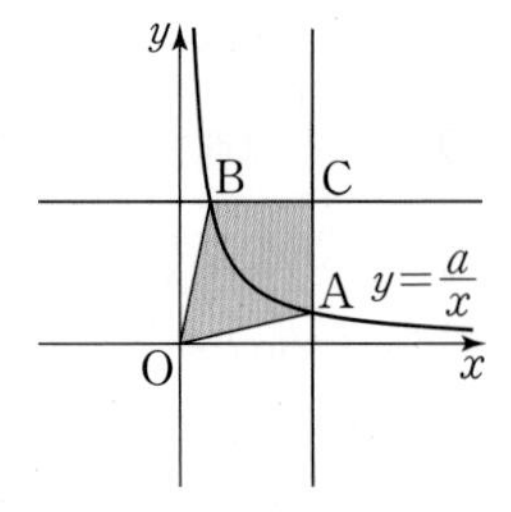

① $\frac{2}{7}$ ② $\frac{3}{7}$ ③ $\frac{4}{7}$
④ $\frac{5}{7}$ ⑤ $\frac{6}{7}$

554

오른쪽 그림과 같이 반비례 관계 $y=\frac{20}{x}$ $(x>0)$의 그래프 위의 점 P(a, b)에서 x축, y축에 내린 수선과 x축, y축이 만나는 점을 각각 Q, R이라 하자. a, b가 모두 자연수일 때, 직사각형 PROQ의 둘레의 길이의 가장 큰 값은 M이고, 가장 작은 값은 m이다. 이때 $M+m$의 값을 구하시오. (단, O는 원점)

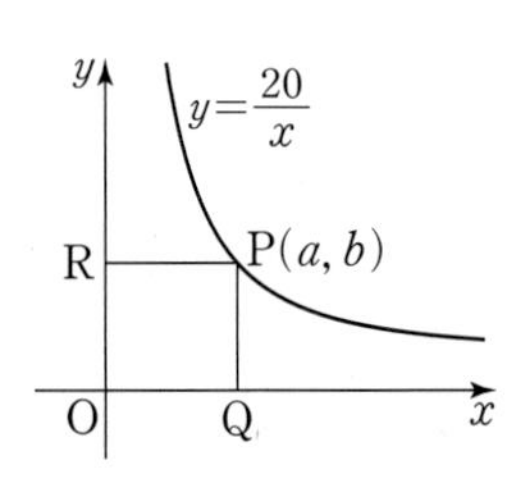

555*

오른쪽 그림과 같이 반비례 관계 $y=\frac{a}{x}$ $(x>0)$의 그래프 위의 두 점 A, B의 y좌표가 각각 14, 6이다. 점 A를 지나고 x축에 평행한 직선과 점 B를 지나고 y축에 평행한 직선이 만나는 점을 C라 하자. 삼각형 ABC의 넓이가 16일 때, 정비례 관계 $y=mx$의 그래프가 선분 AB와 만나도록 하는 상수 m의 값의 범위를 구하시오. (단, a는 상수)

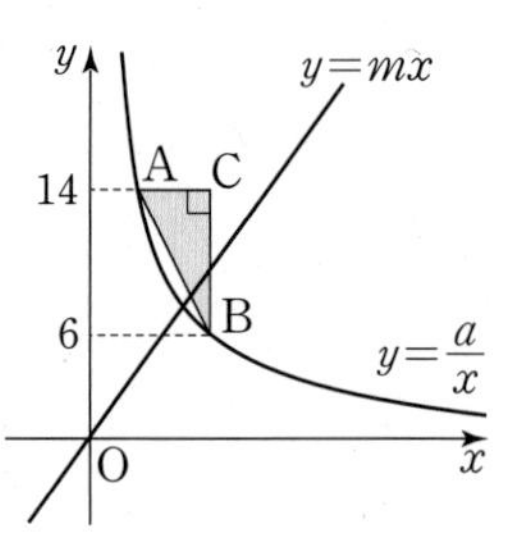

556

다음 그림과 같이 좌표평면 위에 두 정사각형 ABCD, EFGH가 있고, 두 정사각형의 둘레의 길이의 합은 40이다. 두 점 A, E는 정비례 관계 $y=\frac{x}{2}$의 그래프 위의 점이고, 선분 CF의 길이가 5일 때, 두 정사각형 ABCD, EFGH의 넓이의 합을 구하시오.

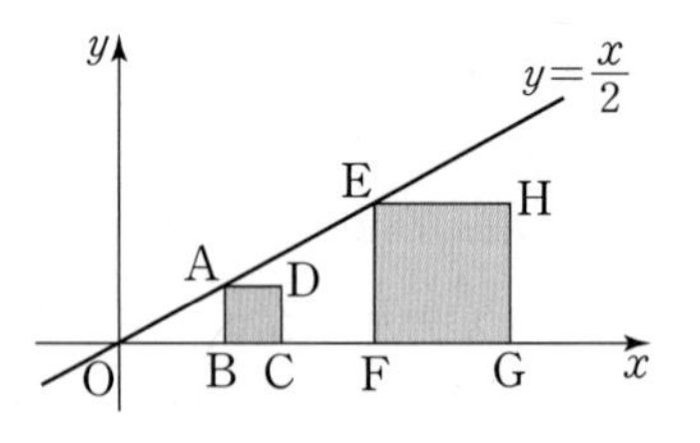

557

오른쪽 그림에서 직사각형 ABCD의 점 A와 대각선 BD의 한가운데 점 E는 반비례 관계 $y=\frac{4}{x}$ $(x>0)$의 그래프 위의 점이고, 두 점 B, C는 x축 위에 있다. 다음 물음에 답하시오.

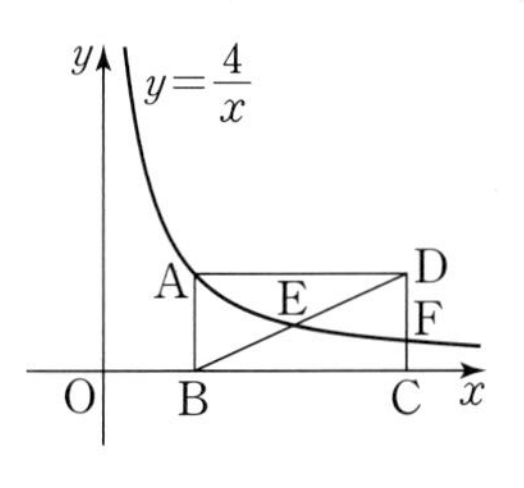

(1) 점 E의 x좌표가 m일 때, 점 B의 좌표를 m을 사용하여 나타내시오.

(2) 점 E의 x좌표가 4일 때, 반비례 관계 $y=\frac{4}{x}$의 그래프와 선분 CD가 만나는 점 F의 좌표를 구하시오.

tip ⊛ 직사각형의 한 대각선은 다른 대각선을 이등분함을 이용한다.

558*

오른쪽 그림과 같이 두 정비례 관계 $y=ax$, $y=bx$의 그래프가 반비례 관계 $y=\frac{3ab}{x}$ $(x>0)$의 그래프와 만나는 점을 각각 P, Q라 하자. P(1, 3)일 때, 삼각형 POQ의 넓이를 구하시오. (단, a, b는 상수이고 O는 원점이다.)

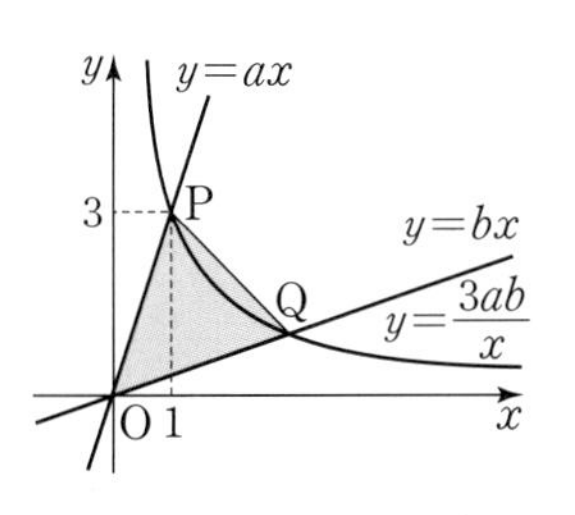

559

오른쪽 그림과 같이 정비례 관계 $y=ax$의 그래프와 반비례 관계 $y=\frac{b}{x}$ $(x>0)$의 그래프가 모두 점 (4, 8)을 지난다. $y=ax$의 그래프 위의 한 점 P를 지나고 점 P에서 x축, y축에 평행한 직선을 그어 $y=\frac{b}{x}$의 그래프와 만나는 점을 각각 A, B라 할 때, 선분 PA의 길이와 선분 PB의 길이의 비를 가장 간단한 자연수의 비로 나타내시오.
(단, a, b는 상수, 점 P의 x좌표는 0보다 크고 4보다 작다.)

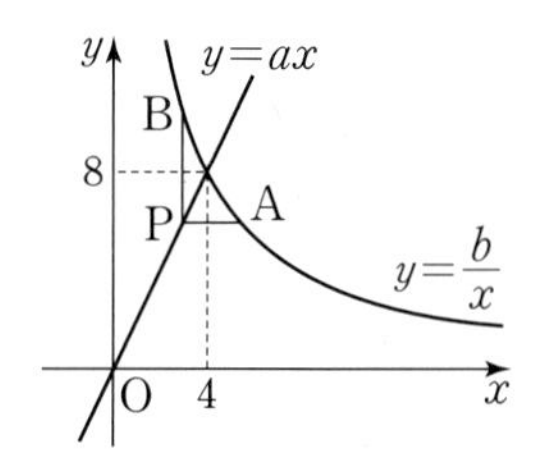

560

오른쪽 그림과 같이 반비례 관계 $y=\frac{a}{x}$ $(x>0)$의 그래프가 두 정비례 관계 $y=mx$, $y=nx$의 그래프와 만나는 점을 각각 P, Q라 하자. 점 P를 지나고 y축과 평행한 직선이 정비례 관계 $y=nx$의 그래프와 만나는 점 R에 대하여 삼각형 PRQ의 넓이가 $\frac{3}{2}$이다. 점 Q의 x좌표가 점 P의 x좌표의 2배일 때, 상수 a의 값을 구하시오. (단, m, n은 상수)

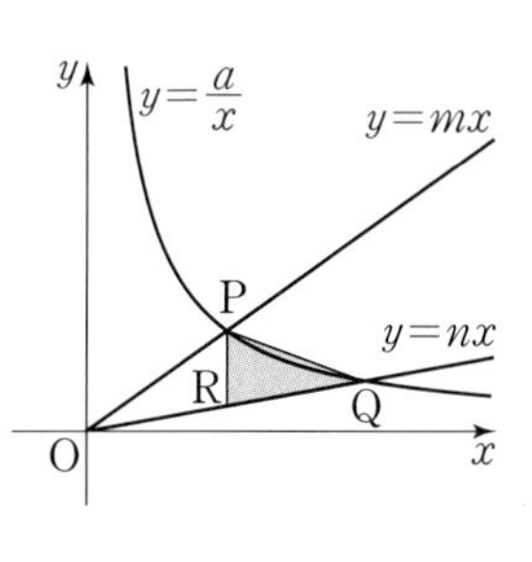

창의융합 열량 계산하여 컵라면 먹기

561

다음 그림은 세 영양소 탄수화물, 단백질, 지방의 섭취량에 따른 열량을 나타낸 그래프이다. 작은 컵라면 1개에 탄수화물 40 g, 단백질 8 g, 지방 8 g이 들어 있을 때, 1320 kcal의 열량을 얻으려면 이 컵라면을 몇 개 먹어야 하는지 구하시오.

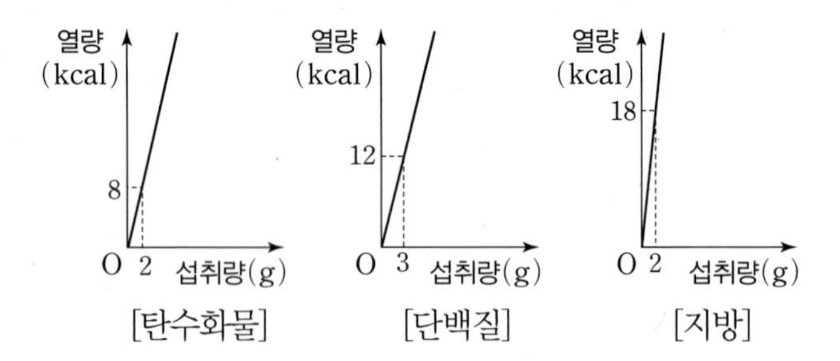

창의융합 톱니바퀴의 회전수 구하기

562

다음 그림과 같이 톱니가 각각 16개, 20개, 15개, 18개인 네 톱니바퀴 A, B, C, D가 맞물려 돌아가고 있다. 톱니바퀴 B와 톱니바퀴 C는 회전수가 같고, 톱니바퀴 A가 x번 회전하는 동안 톱니바퀴 D가 y번 회전할 때, x와 y 사이의 관계를 식으로 나타내고, 톱니바퀴 A가 9번 회전하는 동안 톱니바퀴 D는 몇 번 회전하는지 구하시오.

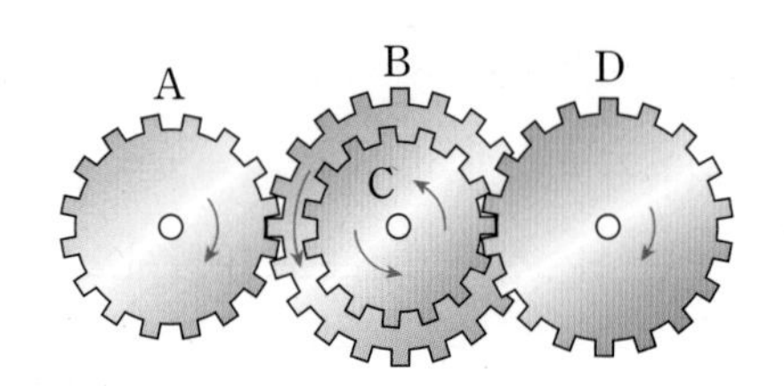

Work Book

중단원 TEST

대단원 TEST

01 소인수분해

01

본문 021

다음 조건을 모두 만족하는 자연수 n의 개수를 구하시오.

> (가) $40 < n < 50$
> (나) n의 모든 약수의 합은 $n+1$이다.

02

11로 나누면 몫과 나머지가 모두 소수인 30 이하의 자연수 중에서 가장 큰 수를 구하시오.

03

소수 x와 홀수 y에 대하여 $x^2+y=159$일 때, $y-x$의 값은?

① 101 ② 120 ③ 151
④ 153 ⑤ 159

04

본문 026

자연수 x에 대하여 $3^x+5^x+7^x$의 일의 자리의 숫자를 $f(x)$라 할 때, $f(134)$의 값을 구하시오.

05

본문 028

1부터 100까지의 자연수의 곱 $1\times2\times3\times\cdots\times99\times100$을 소인수분해하면 $2^m\times3^n\times\cdots\times97$일 때, 자연수 m, n에 대하여 $m-n$의 값은?

① 49 ② 53 ③ 57
④ 61 ⑤ 65

06

자연수 n을 소인수분해하였을 때, 나오는 모든 소인수를 그 개수만큼 더한 값을 $f(n)$이라 하자. 예를 들어 $28=2^2\times7$이므로 $f(28)=2+2+7=11$이다. 다음 물음에 답하시오.

(1) $f(300)$의 값을 구하시오.

(2) $f(a)=10$을 만족하는 가장 작은 자연수 a의 값을 구하시오.

07

본문 035

$(2\times3^2\times7)\times a$가 어떤 자연수의 제곱이 되도록 하는 두 자리의 자연수 a의 값의 합을 구하시오.

08

본문 027

소수인 세 자리의 자연수 abc를 두 번 반복하여 써서 여섯 자리의 자연수 $abcabc$를 만들었다. 이 여섯 자리의 자연수 $abcabc$의 약수의 개수를 구하시오.

(단, a, b, c는 각 자리의 숫자를 나타낸다.)

09

본문 040

a가 자연수일 때, $N(a)$는 a의 약수의 개수를 나타낸다. 다음 물음에 답하시오.

(1) $N(N(120))$을 구하시오.

(2) x가 1 이상 100 이하의 자연수일 때, $N(x)=3$을 만족하는 자연수 x의 개수를 구하시오.

10

$2^2\times\square$의 약수의 개수가 9일 때, 다음 중 $\square$ 안에 들어갈 수 없는 수는?

① 9 ② 25 ③ 32 ④ 49 ⑤ 121

11

본문 046

$\square\times3^3$의 약수의 개수는 12이다. $\square$ 안에 들어갈 수 있는 수를 작은 수부터 순서대로 나열할 때, 두 번째 수까지 더한 값을 구하시오.

12

다음 조건을 모두 만족하는 가장 작은 자연수 N의 값을 구하시오.

(가) N은 98로 나누어떨어진다.
(나) N을 소인수분해하였을 때, 소인수는 2, 7이다.
(다) N의 약수의 개수는 12이다.

02 최대공약수와 최소공배수

01

본문 086

다음 조건을 모두 만족하는 자연수 n의 값을 모두 구하시오.

(가) n과 60의 최대공약수는 12이다.
(나) n과 40의 최대공약수는 8이다.
(다) $100 < n < 200$

02

본문 093

서로 다른 세 자연수 8, 21, n의 최소공배수가 $2^3 \times 3^2 \times 5 \times 7$일 때, n의 값이 될 수 있는 자연수의 개수를 구하시오.

03

세 자연수 30, A, B에 대하여 30과 A, A와 B, B와 30의 최대공약수는 각각 6, 9, 15이고, A와 B의 최소공배수는 630이다. 이때 A의 값이 될 수 있는 수를 모두 구하시오.

04

세 자연수의 비가 3 : 9 : 13이고, 이 수들의 최대공약수와 최소공배수의 차가 1624일 때, 세 자연수 중 두 번째로 큰 수를 구하시오.

05

본문 098

민수네 반에서 가로의 길이가 225 cm, 세로의 길이가 211 cm인 직사각형 모양의 학급 게시판이 있다. 이 게시판을 테두리를 1 cm씩 남기고 정사각형 모양의 게시물을 간격이 1 cm가 되도록 붙여서 꾸미려고 한다. 정사각형 게시물을 최대한 적게 붙인다고 할 때 정사각형 게시물을 모두 몇 개 붙일 수 있는지 구하고, 붙이려고 하는 정사각형 게시물의 한 변의 길이를 구하시오.

(단, 간격 이외의 여백은 존재하지 않는다.)

06

한 개의 원 위를 같은 방향으로 일정한 속력으로 움직이는 세 점 A, B, C가 있다. 점 A는 1분에 15바퀴를 돌고, 점 B는 1분에 20바퀴, 점 C는 한 바퀴 도는 데 8초가 걸린다고 한다. 세 점 A, B, C가 동시에 점 P를 통과한 후, 5분 동안 점 P를 동시에 몇 번 통과하는지 구하시오.

07

어느 과일 가게에서 오늘 들여온 배를 포장하고 있다. 3개씩 포장하면 1개가 남고, 4개씩 포장하면 3개가 남고, 6개씩 포장하면 1개가 남고, 7개씩 포장하면 1개가 남는다고 한다. 하루에 들여오는 배가 150개 이상이라고 할 때, 오늘 들여온 배는 적어도 몇 개인지 구하시오.

08

본문 110

오른쪽 그림과 같은 산책로를 한 바퀴 도는 데 하진이는 2분이 걸리고, 유주는 3분, 은영이는 7분이 걸린다고 한다. 하진이는 한 바퀴를 돈 후 숙소 앞 식수대에서 2분간 쉬고, 유주는 두 바퀴를 돈 후 4분간 쉬고, 은영이는 한 바퀴를 돈 후 3분간 쉰다고 한다. 오전 9시에 세 사람이 동시에 숙소에서 출발한다고 할 때, 한 시간 반 동안 숙소 앞 식수대에서 세 사람이 모두 같이 쉬고 있는 시간은 총 몇 분인지 구하시오.

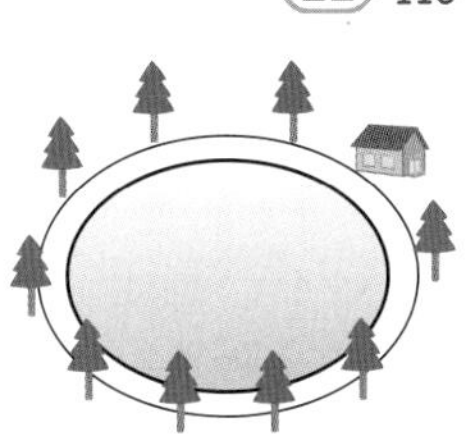

09

본문 116

최대공약수가 6인 두 자연수 a, b 중 b는 4의 배수이고 이 두 자연수의 곱 $a\times b$가 1512일 때, 이 두 자연수 중 a의 값이 될 수 있는 수를 모두 구하시오. (단, $a>b$)

10

본문 109

$x<y<z$인 세 자연수 x, y, z가 다음 조건을 모두 만족할 때, $x+y+z$의 값을 구하시오.

(가) x와 y의 최대공약수는 10, 최소공배수는 60이다.
(나) y와 z의 최대공약수는 15, 최소공배수는 90이다.

11

본문 107

두 자연수 A, B가 다음 조건을 모두 만족할 때, $A+B$의 값을 구하시오.

(가) $81\times A=33\times B$
(나) A, B의 최소공배수는 2079이다.

12

$A<B$인 두 자연수 A, B에 대하여 두 수의 합은 70이고, 두 수의 최대공약수와 최소공배수의 곱은 1200이다. 두 수 A, B의 최대공약수가 두 자리의 자연수일 때, 다음 물음에 답하시오.

(1) 두 수 A, B의 최대공약수를 구하시오.

(2) $B-A$의 값을 구하시오.

03 정수와 유리수

01

유리수 x에 대하여

$$<x>=\begin{cases}2 \ (x\text{는 자연수}) \\ 3 \ (x\text{는 자연수가 아닌 정수}) \\ 7 \ (x\text{는 정수가 아닌 유리수})\end{cases}$$

라 할 때, $\left\langle -\frac{63}{9} \right\rangle^{97}+<2.3>^{98}+\left\langle \frac{28}{5}-3.6 \right\rangle^{99}$의 일의 자리의 숫자를 구하시오.

02

본문 153

두 정수 a, b에 대하여 수직선에서 a, b를 나타내는 두 점 사이의 거리가 24이고 $a<b$, $|a|=7\times|b|$일 때, 모든 a의 절댓값의 합을 구하시오.

03

본문 156

0이 아닌 두 정수 a, b에 대하여 $|a|+|b|=6$, $a>b$이다. 두 정수 a, b를 (a, b)로 나타낼 때, (a, b)의 개수를 구하시오.

04

두 정수 a, b에 대하여 a의 절댓값은 b의 절댓값의 4배이고, 수직선 위에서 두 수 a, b를 나타내는 두 점 사이의 거리는 15이다. 이를 만족하는 두 정수 a, b를 (a, b)로 나타낼 때, (a, b)의 개수를 구하시오.

05

본문 158

다음 조건을 모두 만족하는 서로 다른 세 정수 a, b, c의 대소 관계를 부등호를 사용하여 나타내시오.

(가) a와 b는 모두 2보다 작다.
(나) c는 -2보다 작다.
(다) a의 절댓값은 2의 절댓값과 같다.
(라) 수직선에서 c를 나타내는 점은 b를 나타내는 점보다 2에 더 가깝다.

06

본문 159

정수 n과 유리수 x에 대하여 $n\le x<n+1$일 때, $[x]=n$이라 하자. $\left[-\frac{8}{3}\right]=a$, $\left[\frac{7}{2}\right]=b$, $\left[\frac{1}{4}\right]=c$일 때, $|a|+|b|-|c|$의 값은?

① 8 ② 7 ③ 6
④ 5 ⑤ 4

07

본문 160

두 수 x, y에 대하여 $|x|<|y|$일 때, 다음 중 옳은 것은?

① x는 y보다 작다.
② $x<0$이고 $y>0$이다.
③ 수직선 위에서 x는 y보다 원점에 가깝다.
④ 수직선 위에서 x는 y의 왼쪽에 있다.
⑤ x, y가 모두 음수이면 $x<y$이다.

08

수직선 위의 네 점 A, B, C, D가 다음 조건을 모두 만족한다고 한다.

(가) 점 B는 점 A보다 4만큼 왼쪽에 있다.
(나) 점 C는 점 B의 왼쪽에 있고, 점 D는 점 A와 점 B로부터 같은 거리에 있다.
(다) 이웃하는 두 점 사이의 거리가 모두 같다.

점 A가 나타내는 수가 4일 때, 네 개의 점 A, B, C, D 중에서 가장 멀리 떨어져 있는 두 점 사이에 있는 정수의 개수를 구하시오.

09

본문 162

다음 중 □ 안에 알맞은 자연수에 대한 설명으로 옳은 것은?

절댓값이 □ 이하인 정수는 999개이다.

① 짝수이다.
② 3의 배수이다.
③ 약수의 개수가 10이다.
④ 모든 약수의 합은 500이다.
⑤ 39와의 최대공약수는 13이다.

10

본문 164

다음 조건을 모두 만족하는 정수 a의 개수를 구하시오.

(가) a와 부호가 같은 정수 b에 대하여 $a<b$이고, a의 절댓값은 b의 절댓값보다 크다.
(나) a의 절댓값은 2보다 크고 30보다 작거나 같다.
(다) $|a|$의 약수의 개수는 3이다.

11

본문 171

두 정수 a, b에 대하여 $\frac{28}{a}$, $\frac{42}{a}$는 양의 정수이고, $\frac{b}{a}$는 $3<\left|\frac{b}{a}\right|<6$을 만족하는 정수이다. $\frac{b}{a}$의 값이 최대일 때, b의 최댓값을 구하시오.

12

본문 173

두 정수 a, b에 대하여

$$a\blacktriangle b=\begin{cases} a & (|a|\geq|b|) \\ b & (|a|<|b|) \end{cases},\ a\blacktriangledown b=\begin{cases} a & (|a|\leq|b|) \\ b & (|a|>|b|) \end{cases}$$

로 약속할 때, $\{(-6)\blacktriangle 5\}\blacktriangledown(m\blacktriangle 3)=3$을 만족하는 정수 m의 개수를 구하시오.

04 정수와 유리수의 계산

01

어떤 유리수에서 $-\frac{3}{5}$을 빼야 할 것을 잘못하여 더했더니 그 결과가 $-\frac{7}{10}$이 되었다. 이때 바르게 계산한 값을 구하시오.

02

본문 210

다음 그림에서 삼각형의 한 변에 놓인 세 수의 합이 모두 같을 때, $A-B$의 값을 구하시오.

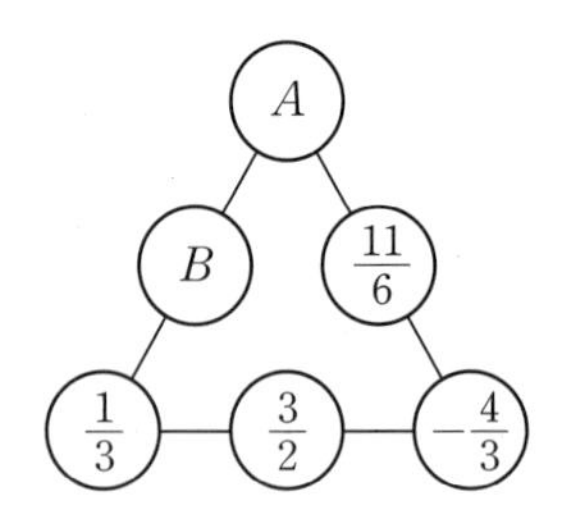

03

수직선에서 네 수 $-\frac{2}{3}$, x, $-\frac{2}{5}$, y를 나타내는 네 점 사이의 간격은 일정하다. 이때 $x+y$의 값을 구하시오.

$\left(단, -\frac{2}{3}<x<-\frac{2}{5}<y\right)$

04

하진이와 유주가 수직선 위에서 가위바위보 게임을 한다. 이기면 오른쪽으로 $\frac{2}{3}$만큼, 지면 왼쪽으로 $\frac{3}{4}$만큼, 비기면 왼쪽으로 $\frac{1}{2}$만큼 움직인다고 하자. 가위바위보를 총 12번 하여 하진이가 6번 이기고 1번은 비겼다고 할 때, 게임이 끝난 후 하진이와 유주의 위치와 두 사람 사이의 거리를 차례대로 구하시오. (단, 두 사람은 0을 나타내는 곳에서 시작한다.)

05

본문 222

두 유리수 a, b에 대하여

$a\star b=$(수직선에서 두 수 a, b를 나타내는 두 점으로부터 같은 거리에 있는 점이 나타내는 수)

라 할 때, $\left(-\frac{2}{3}\right)\star\left(\frac{1}{3}\star\frac{1}{5}\right)$의 값을 구하시오.

06

본문 224

네 자연수 a, b, c, d에 대하여

$\frac{18}{5}=a+\cfrac{1}{b+\cfrac{1}{c+\cfrac{1}{d}}}$일 때, $a+b+c+d$의 값을 구하시오.

07

두 유리수 a, b에 대하여 $a \diamond b=|-a^2 \div b|$,

$a \blacklozenge b=\frac{1}{a^2}\times b^2$이라 할 때, 다음 식의 값을 구하시오.

$$5\diamond\left[\left\{\left(-\frac{2}{3}\right)\diamond\frac{8}{9}\right\}\blacklozenge\left(-\frac{5}{4}\right)\right]$$

08

$\left[(-2)^3-\left\{-\left(-\frac{2}{5}\right)^2\times5\div\frac{1}{2}+1\right\}\div\left(\frac{3}{4}-\frac{2}{3}\right)\right]+(-1)^{51}$

의 값을 a라 할 때, $|x|<|a|$인 정수 x의 개수를 구하시오.

09

본문 238

5개의 유리수 -4, $+\frac{3}{2}$, -2, $-\frac{4}{3}$, $+\frac{5}{2}$ 중에서 서로 다른 세 수를 뽑아 곱한 값 중 가장 큰 값을 A, 가장 작은 값을 B라 할 때, 다음 식의 값을 구하시오.

$$\left[\{(A-15)+B\}\div\frac{5}{4}-(-1)^{21}\right]\times(-2^2)$$

10

본문 228

0이 아닌 세 유리수 a, b, c가 $a>b>c$, $\frac{a}{b}<0$, $a+b>0$, $a+c<0$을 만족할 때, 다음 중 세 수 $|a|$, $|b|$, $|c|$를 큰 것부터 차례로 나열한 것은?

① $|a|$, $|b|$, $|c|$ ② $|a|$, $|c|$, $|b|$
③ $|b|$, $|a|$, $|c|$ ④ $|c|$, $|a|$, $|b|$
⑤ $|c|$, $|b|$, $|a|$

11

네 정수 a, b, c, d에 대하여 $|a-b|=5$, $a\times b<0$, $|c+d|=6$, $c\times d>0$일 때, $a\times c$가 될 수 있는 값 중 최댓값은?

① 8 ② 12 ③ 15
④ 16 ⑤ 20

12

본문 236

자연수 n에 대하여 $\frac{1}{n\times(n+1)}=\frac{1}{n}-\frac{1}{n+1}$임을 이용하여 다음을 계산하시오.

$$\frac{1}{10\times11}+\frac{1}{11\times12}+\frac{1}{12\times13}+\cdots+\frac{1}{19\times20}$$

01

본문 275

$a \div b \times \{c \div (d \div 3)\} \div e$를 곱셈 기호와 나눗셈 기호를 생략하여 나타내면?

① $\dfrac{ac}{3bde}$ ② $\dfrac{3abc}{de}$ ③ $\dfrac{3ac}{bde}$
④ $\dfrac{3e}{abcd}$ ⑤ $\dfrac{3de}{abc}$

02

어느 반 학생들의 100 m 달리기 기록은 남학생 x명의 평균이 17초, 여학생 y명의 평균이 20초였다. 이 반 전체 학생의 100 m 달리기 기록의 평균을 x, y를 사용하여 나타낸 것은?

① $\dfrac{x+y}{37}$초 ② $\dfrac{17x+20y}{2}$초
③ $2(17x+20y)$초 ④ $\dfrac{17x+20y}{37}$초
⑤ $\dfrac{17x+20y}{x+y}$초

03

본문 282

$x=-1$일 때, $x+2x^2+3x^3+\cdots+5000x^{5000}$의 값을 구하시오.

04

본문 284

다음 그림과 같이 a를 넣으면 $\dfrac{2}{a^2}-\dfrac{4}{a}+3$이 나오는 상자 A와 $|a-5|-3$이 나오는 상자 B가 있다. 상자 A에 $\dfrac{2}{3}$를 넣어서 나온 수를 상자 B에 넣었을 때, 나오는 값을 구하시오.

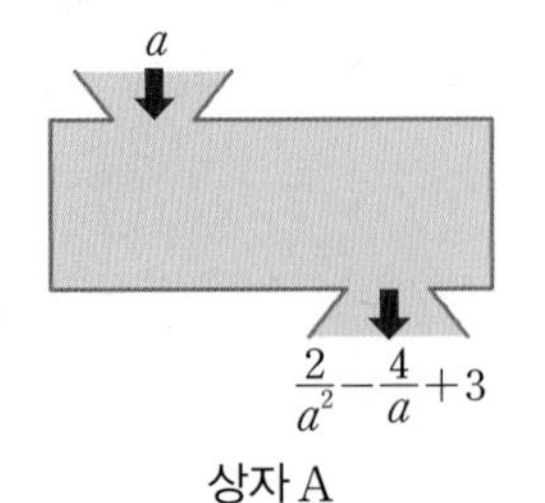

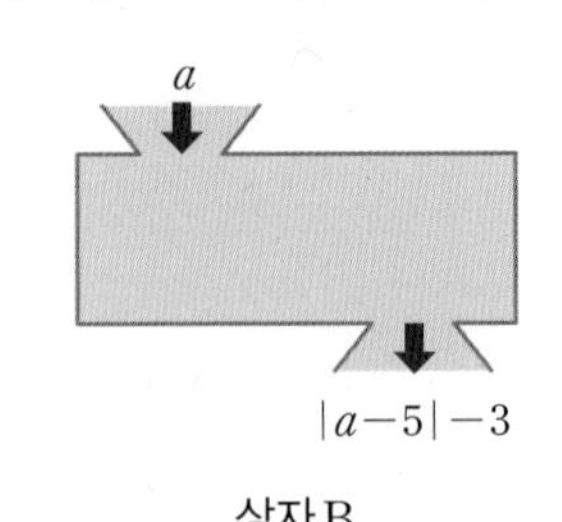

05

본문 289

$a(x^2+8x)-\left\{2x^2+7x-(4x^2+10)\div\dfrac{2}{5}\right\}$가 x에 대한 일차식일 때, x의 계수를 구하시오.

06

본문 292

n이 자연수일 때, 다음을 간단히 하시오.

$$\frac{x-3}{5}-\left\{(-1)^{2n}\times\frac{3x-3}{4}-(-1)^{2n+1}\times\frac{x+7}{2}\right\}$$

07

한 변의 길이가 a인 정사각형에서 윗변의 길이를 30 % 줄이고, 아랫변의 길이를 10 % 늘이고, 높이를 20 % 늘여서 만든 사다리꼴의 넓이는 처음 정사각형의 넓이보다 몇 % 증가 또는 감소하였는지 구하시오.

08

본문 296

두 수 x, y에 대하여 $x\star y=3x-2y$, $x\circledcirc y=-4x+7y$라 할 때, $-4x\star(3x\circledcirc 7y)=ax+by$를 만족하는 상수 a, b에 대하여 a^2-b의 값을 구하시오.

09

본문 298

한 변의 길이가 7 cm인 정사각형 모양의 종이 n장을 아래 그림과 같이 이웃하는 종이끼리 2 cm만큼 겹치도록 이어 붙여서 직사각형을 만들려고 한다. 다음 물음에 답하시오.

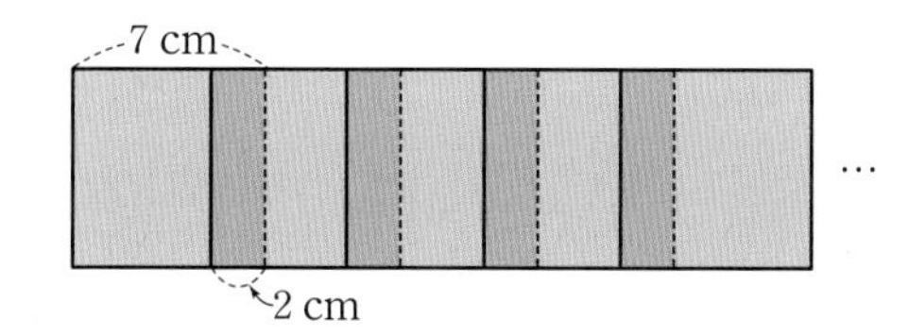

(1) 완성된 직사각형의 둘레의 길이를 n을 사용한 식으로 나타내시오.

(2) 위와 같은 방법으로 정사각형 모양의 종이 31장을 이어 붙여 완성된 직사각형의 둘레의 길이를 구하시오.

10

다음과 같은 규칙으로 아래 표의 빈칸을 채워 넣을 때, $-2A+B+2C$를 x를 사용한 식으로 나타내시오.

- 가로 방향 : 이웃한 두 칸의 식을 더하여 오른쪽 옆 칸에 적는다.
- 세로 방향 : 위 칸에서 아래 칸의 식을 빼서 마지막 칸에 적는다.

$3x+2$	$-5x+1$	$-2x+3$	
$5x+7$	$-x-2$	B	
A			C

11

본문 299

세 다항식 A, B, C에 대하여 다음을 모두 만족할 때, $A-B+C$를 x를 사용한 식으로 나타내시오.

$$A+3(x-4)=5x-7$$
$$B-5(3-x)=A$$
$$C-\frac{5}{3}(-6x+9)=B$$

12

본문 306

세 유리수 a, b, c에 대하여 $abc\neq0$, $a+b+c=0$일 때, 다음 식의 값을 구하시오.

$$a\left(\frac{3}{b}+\frac{3}{c}\right)+b\left(\frac{3}{c}+\frac{3}{a}\right)+c\left(\frac{3}{a}+\frac{3}{b}\right)$$

01

본문 344

등식 $\frac{4x-2}{3}-5b=ax+6$이 모든 x에 대하여 항상 참이 될 때, $a-b$의 값을 구하시오. (단, a, b는 상수)

02

본문 349

다음 (가), (나), (다)가 b, c를 사용한 식일 때, (가), (나), (다)에 알맞은 식의 합을 구하시오.

> $a=b$이면 $a-5c=$ (가)
> $a=4b+c$이면 $-2a=$ (나)
> $a=-4b-c$이면 $3a-c=$ (다)

03

다음 그림에서 아래 칸의 식은 선으로 연결된 위의 두 칸의 식을 더한 것과 같다. $A=10$일 때, x의 값을 구하시오.

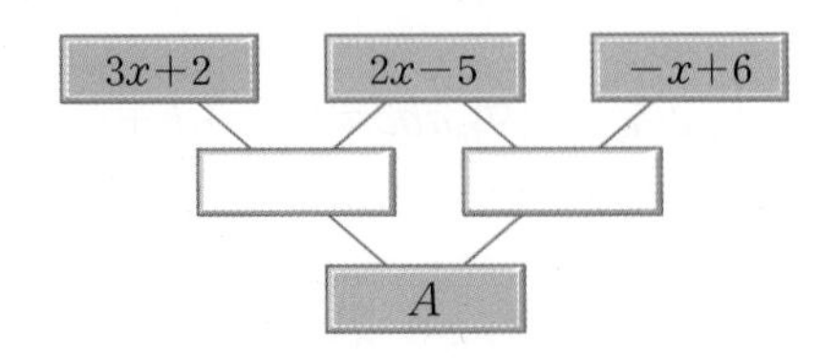

04

두 자연수 a, b가 다음 조건을 모두 만족할 때, x에 대한 일차방정식 $2x+(a^2-2)=-3(x-b)$의 해를 구하시오.

> (가) a는 12의 약수 중 세 번째로 작은 수이다.
> (나) b는 약수의 개수가 3인 자연수 중에서 가장 작은 수이다.

05

두 수 a, b에 대하여 $a\bigstar b=ab+a-b$라 할 때, 방정식 $|(5\bigstar x)-(x\bigstar 2)|=3$의 해는?

① $x=4$
② $x=10$
③ $x=-4$ 또는 $x=4$
④ $x=-10$ 또는 $x=4$
⑤ $x=-10$ 또는 $x=-4$

06

비례식 $\frac{7x+2}{3}:5=(2x-1):6$을 만족하는 x의 값이 일차방정식 $8x+a=5-\left(\frac{1}{3}x-2a\right)$의 해일 때, a보다 큰 음의 정수의 개수를 구하시오. (단, a는 상수)

07

본문 359

x에 대한 두 일차방정식 $1.7x+0.7=1.5x-0.5$, $\frac{3x+m}{4}=\frac{x-m}{3}$의 해가 모두 $x=n$일 때, 상수 m, n에 대하여 일차방정식 $mx+n=0$의 해를 구하시오.

08

본문 361

x에 대한 두 일차방정식 $\frac{x-a}{5}=\frac{3x-1}{4}-x$와 $3(x-a)=2(x-2)+a$의 해의 비가 $2:9$일 때, 상수 a의 값을 구하시오.

09

본문 363

현주가 일차방정식 $1.5x-2.3=\frac{1}{3}(2x+1.5)$를 푸는데 좌변의 x의 계수를 잘못 보고 풀었더니 해가 $x=3$이었다. 이때 좌변의 x의 계수를 어떤 수로 잘못 보았는지 구하시오.

10

본문 372

등식 $3a-4b=-2a+11b$가 성립할 때, x에 대한 일차방정식 $2x+k(x+5)=-10$의 해가 $x=\frac{3a-3b}{2a+2b}$이다. 이때 상수 k의 값을 구하시오. (단, $ab\neq0$)

11

본문 365

x에 대한 일차방정식 $\frac{ax-5}{6}=x+\frac{5}{3}$의 해가 정수가 되도록 하는 모든 정수 a의 값의 합을 구하시오.

12

비례식 $(2ax+1):\frac{4}{3}(a-x)=3:2$를 만족하는 x의 값이 존재하지 않도록 하는 상수 a에 대하여 a^2+5a-3의 값을 구하시오.

07 일차방정식의 활용

01

연속하는 25개의 짝수가 있다. 가장 큰 수와 가장 작은 수의 비가 3 : 1일 때, 가장 큰 짝수를 구하시오.

02

본문 411

십의 자리의 숫자가 6인 세 자리의 자연수가 있다. 백의 자리의 숫자는 일의 자리의 숫자의 2배보다 3만큼 작고, 백의 자리의 숫자와 십의 자리의 숫자를 바꾼 수는 처음 수보다 90만큼 클 때, 처음 수를 구하시오.

03

다음은 시인 롱펠로의 시 '수련꽃'이다. 이때 처음에 있던 꽃다발의 수련은 모두 몇 송이인지 구하시오.

예쁜 수련 꽃다발의
3분의 1은 마하데브에게,
5분의 1은 휴리에게,
6분의 1은 태양에게,
4분의 1은 데비에게,
그리고 남은 여섯 송이는
나의 선생님께 바치련다.

04

어느 회사는 입사 지원자를 대상으로 필기 시험을 실시하였는데 지원자의 $\frac{4}{7}$가 남자였다. 필기 시험을 본 결과 남자 지원자 중 $\frac{4}{9}$가 합격하였고, 여자 지원자 중 $\frac{3}{8}$이 합격하였다. 불합격한 여자 지원자가 270명일 때, 불합격한 남자 지원자는 몇 명인지 구하시오.

05

본문 415

A는 어떤 상품을 정가보다 5만 원 싸게 구입해 주고 구입 가격의 4 %를 수수료로 받았고, B는 같은 상품을 10만 원 싸게 구입해 주고 구입 가격의 8 %를 수수료로 받았다. 두 사람이 받은 수수료가 같을 때, A가 받은 수수료를 구하시오.

06

본문 420

어느 중학교 1학년 학생들을 대상으로 체육 대회에 참가할 학생들을 모집하고 있다. 각 학급에서 5명씩 모집하면 정원보다 6명이 부족하고, 1, 2반에서 각각 4명을 모집하고 나머지 반에서 각각 6명씩 모집하면 정원을 채울 수 있다. 체육 대회에 참가할 정원은 모두 몇 명인지 구하시오.

07

토끼와 거북이가 경주를 하는데 토끼는 거북이보다 440 m 뒤에서 거북이와 동시에 출발하였다. 거북이는 결승점까지 분속 12 m로 총 2 km를 달리고, 토끼는 거북이의 2배의 속력으로 달렸다. 토끼가 중간에 잠을 잔 후 다시 결승점으로 달려왔을 때 결승점에 이미 거북이가 토끼보다 9분 먼저 도착해 있었다면 토끼는 몇 분 동안 잠을 잤는지 구하시오.

08

본문 422

강물이 시속 3 km로 흐르는 강에서 일정한 속력으로 움직이는 배가 상류 쪽으로 10 km 거슬러 올라가는 데 걸리는 시간과 하류 쪽으로 14 km 내려가는 데 걸리는 시간이 같을 때, 정지한 물에서 배의 속력은?

① 시속 14 km ② 시속 15 km ③ 시속 16 km
④ 시속 17 km ⑤ 시속 18 km

09

본문 427

10 %의 소금물 400 g에서 한 컵의 소금물을 퍼내고, 퍼낸 소금물과 같은 양의 물을 부은 후 4 %의 소금물을 섞어 5 %의 소금물 500 g을 만들었다. 이때 컵으로 퍼낸 소금물에 들어 있는 소금의 양을 구하시오.

10

어떤 일을 완성하는 데 유미가 혼자 하면 15일, 경민이가 혼자 하면 10일이 걸린다. 유미가 혼자 7일 동안 한 후 유미와 경민이와 함께 하다가 경민이가 혼자 2일 동안 더해서 일을 끝냈다. 일을 완성하는 데 모두 며칠이 걸렸는지 구하시오.

11

다음 그림과 같이 S에 직선을 하나 그으면 S는 4조각으로 나누어지고, S에 직선을 2개 그으면 S는 7조각으로 나누어진다. S를 91개의 조각으로 나누려면 몇 개의 직선을 그어야 하는지 구하시오.

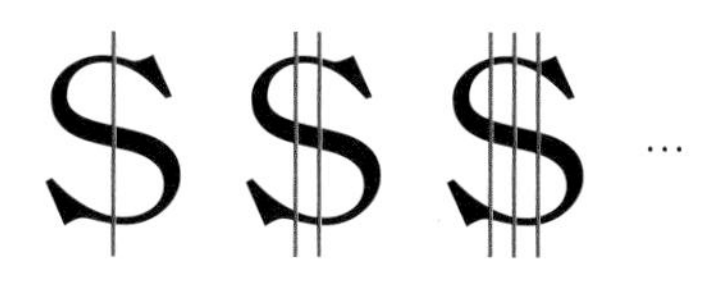

12

본문 435

다음 그림과 같이 짝수를 규칙적으로 나열하고 직사각형 모양으로 8개의 수를 묶을 때, 그 합이 600이 되었다. 이때 8개의 수 중 가장 작은 수를 구하시오.

2	4	6	8	10	12
14	16	18	20	22	24
26	28	30	32	34	36
38	40	42	44	46	48
⋮	⋮	⋮	⋮	⋮	⋮

08 좌표평면과 그래프

01

본문 466

1에서 4까지의 숫자가 각각의 면에 하나씩 적힌 오른쪽 그림과 같은 모양의 서로 다른 두 개의 주사위 A, B를 던져서 바닥에 있는 면에 적힌 눈의 수를 각각 a, b라 할 때, a, b가 서로소인 순서쌍 (a, b)의 개수를 구하시오.

(단, $a \neq b$)

02

본문 471

좌표평면 위에 세 점 A, B, C가 있다. 점 $A(a+2, b-6)$은 x축 위에 있고, 점 $B(a+5, b+1)$은 y축 위에 있고, 점 $C(b+c-2, a+c+4)$는 어느 사분면에도 속하지 않을 때, $a+b-c$의 값 중 가장 큰 값을 구하시오.

03

본문 472

두 수 a, b가 다음 조건을 모두 만족할 때, 점 $(a^2b, a-b)$는 어느 사분면 위에 있는지 구하시오.

(가) $ab<0$　　(나) $a+b>0$　　(다) $|a|<|b|$

04

점 $P(a+b, -3ab)$와 x축에 대하여 대칭인 점 Q의 좌표가 $(-5, 18)$이고 a, b가 모두 정수일 때, $|a-b|$의 값을 구하시오.

05

본문 479

좌표평면 위의 점 A와 점 C는 원점에 대하여 대칭이고, 점 B와 점 C는 y축에 대하여 대칭이고, 점 C와 점 D는 x축에 대하여 대칭이다. 네 점 A, B, C, D를 꼭짓점으로 하는 사각형의 둘레의 길이가 32일 때, 다음 중 점 A의 좌표가 될 수 없는 것은?

① $(-2, 6)$　② $(-3, 5)$　③ $(-7, 1)$
④ $(4, -4)$　⑤ $(8, -2)$

06

본문 470

오른쪽 그림과 같이 좌표평면 위에 네 점 $A(3, 0)$, $B(8, 0)$, $C(0, 2)$, $D(0, 5)$가 있다. 점 P에 대하여 삼각형 PAB와 삼각형 PDC의 넓이가 같다고 할 때, 다음 중 점 P의 좌표로 가능한 것은?

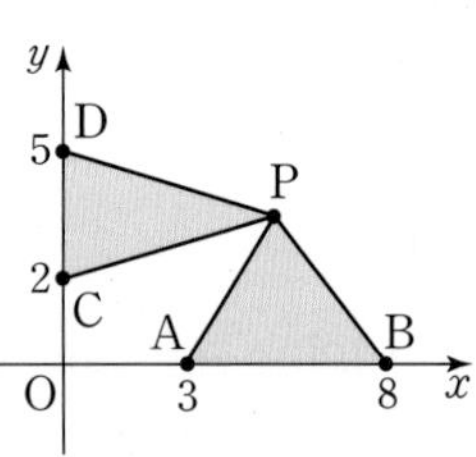

① $(-3, 5)$　② $\left(\frac{1}{3}, 1\right)$　③ $\left(\frac{3}{5}, -1\right)$
④ $\left(\frac{5}{3}, 1\right)$　⑤ $(5, 5)$

07

본문 481

좌표평면 위의 네 점 A, B, C, D가 다음 조건을 모두 만족할 때, 사각형 ABCD의 넓이를 구하시오.

(가) A$(0, 2)$, C$(2, -2)$
(나) 점 B는 점 $(4, 0)$과 y축에 대하여 대칭이다.
(다) 점 D는 점 $(4, 1)$과 x축에 대하여 대칭이다.

08

본문 485

오른쪽 그림과 같은 물병에 일정한 속력으로 물을 채우려고 한다. 물을 넣기 시작한 지 x분 후의 물의 높이를 y cm라 할 때, x와 y 사이의 관계를 나타낸 그래프로 적당한 것을 다음 보기에서 고르시오.

보기

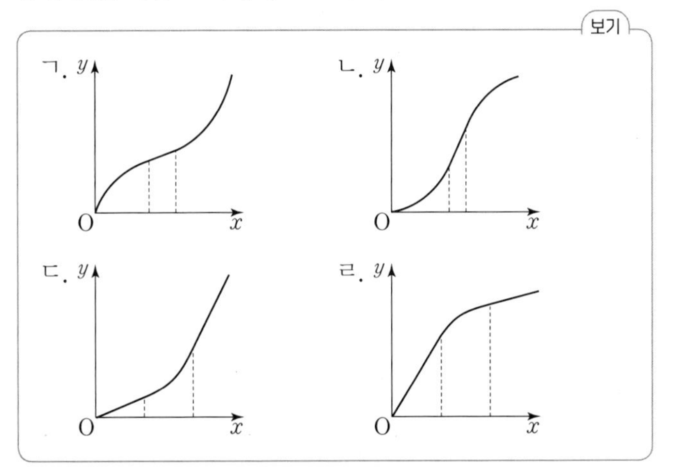

09

본문 486

수영, 동희, 진수가 음료수 500 mL를 마시고 있다. 음료수를 마시기 시작한 지 x초 후의 남아 있는 음료의 양을 y mL라 할 때, x와 y 사이의 관계를 그래프로 나타내면 다음과 같다. 이 그래프에 대한 설명을 보고 $ab+c$의 값을 구하시오.

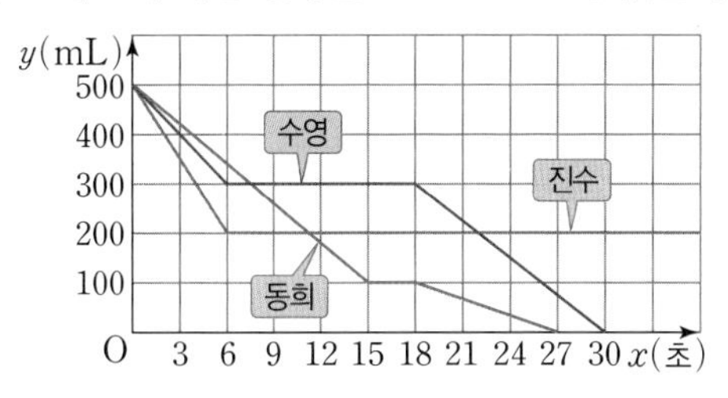

- 수영이는 음료수를 마시다가 중간에 a초 동안 쉬었다.
- 동희가 음료수를 다 마시고 b초 후에 수영이도 음료수를 다 마셨다.
- 진수는 음료수를 c mL만 마시고 그만 마셨다.

10

본문 488

부피가 104 L인 빈 물통에 A, B 두 호스를 모두 이용하여 물을 채우거나 A 호스만을 이용하여 물을 채우려고 할 때, 물을 넣기 시작한 지 x분 후의 물통에 들어간 물의 양을 y L라 하자. 다음은 x와 y 사이의 관계를 그래프로 나타낸 것일 때, B 호스만을 이용하여 빈 물통을 가득 채우는 데 몇 분이 걸리는지 구하시오.

(단, A, B 두 호스로 시간당 일정한 양의 물을 넣는다.)

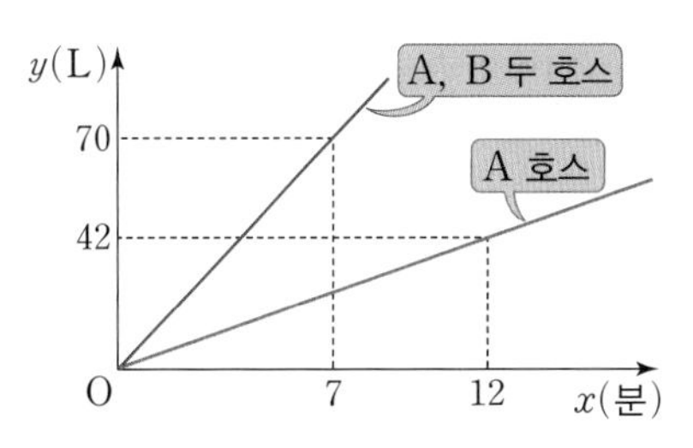

09 정비례와 반비례

01

본문 526

다음 조건을 모두 만족하는 x, y에 대하여 $x=-8$일 때, y의 값을 구하시오.

(가) $2y$가 x에 정비례한다.
(나) $x=-4$일 때, $y=3$이다.

02

오른쪽 그림과 같이 정비례 관계 $y=\frac{2}{3}x$의 그래프 위의 점 A와 정비례 관계 $y=-\frac{1}{2}x$의 그래프 위의 점 B의 x좌표가 모두 6일 때, 삼각형 AOB의 넓이를 구하시오.

(단, O는 원점)

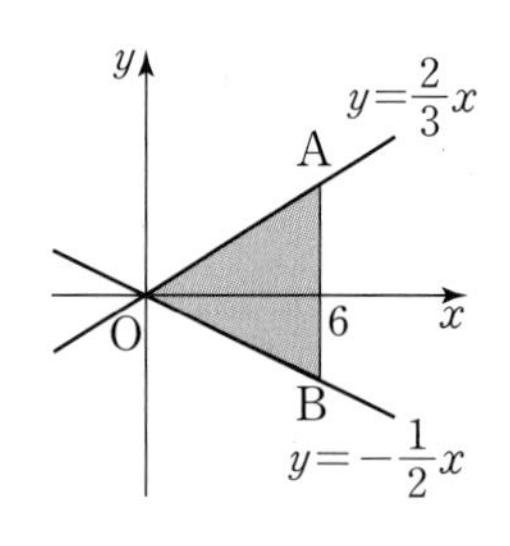

03

본문 529

오른쪽 그림에서 제1사분면 위의 두 점 A, C는 각각 정비례 관계 $y=2x$, $y=\frac{4}{5}x$의 그래프 위의 점이고, 점 A의 좌표는 (6, 12)이다. 제1사분면 위의 사각형 ABCD가 정사각형일 때, 정사각형 ABCD의 한 변의 길이를 구하시오.
(단, 정사각형 ABCD의 네 변은 x축 또는 y축에 평행하다.)

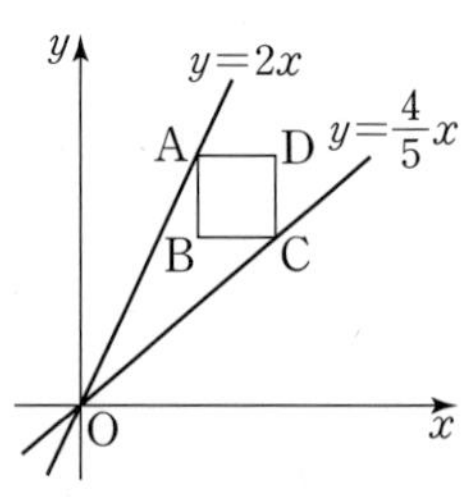

04

오른쪽 그림과 같이 정비례 관계 $y=-\frac{1}{3}x$의 그래프 위의 점 A와 정비례 관계 $y=\frac{2}{3}x$의 그래프 위의 점 B에서 x축에 내린 수선이 x축과 만나는 점을 각각 C, D라 하자. 선분 AB의 길이가 9일 때, 직사각형 ACDB의 넓이를 구하시오.

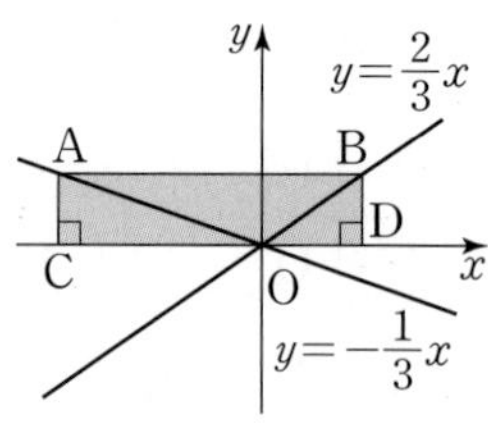

05

오른쪽 그림과 같이 y좌표가 -6인 두 점 A, B는 각각 정비례 관계 $y=\frac{3}{4}x$, $y=-3x$의 그래프 위의 점이다. 정비례 관계 $y=ax$의 그래프가 삼각형 OAB의 넓이를 이등분할 때, 상수 a의 값을 구하시오.

(단, O는 원점)

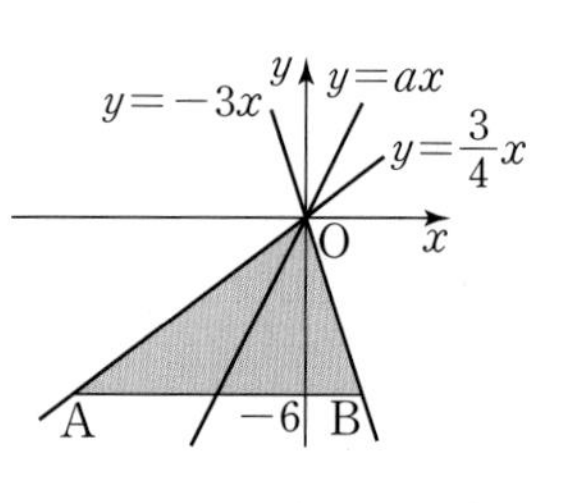

06

오른쪽 그림과 같이 반비례 관계 $y=\frac{15}{x}$의 그래프 위에 원점에 대하여 대칭인 두 점 B, D가 있다. 점 B에서 y축과 평행한 직선을 그어 x축과 만나는 점을 A, x축과 평행한 직선을 그어 y축과 만나는 점을 C라 하자. 점 B의 x좌표가 3일 때, 사각형 ABCD의 넓이를 구하시오.

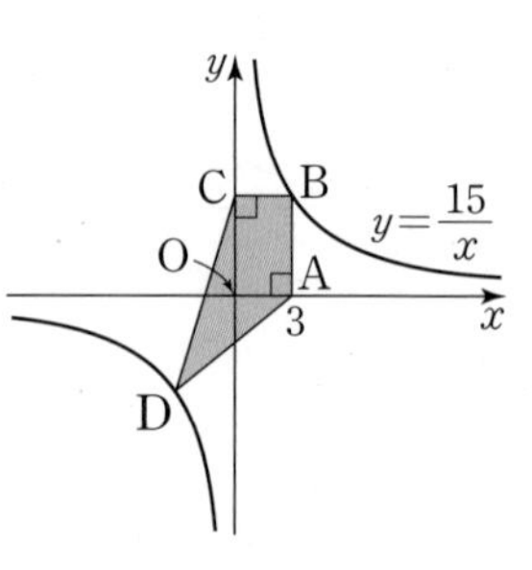

07

본문 538

오른쪽 그림은 반비례 관계 $y=\frac{a}{x}$ (a는 상수)의 그래프이다. 색칠한 부분에 있는 점 중에서 x좌표와 y좌표가 모두 정수인 점의 개수를 구하시오. (단, 좌표축 및 곡선 위의 점은 포함하지 않는다.)

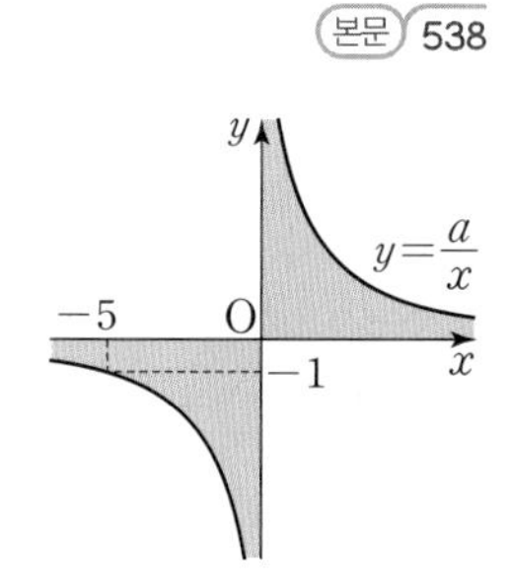

08

오른쪽 그림과 같이 정비례 관계 $y=ax$의 그래프와 반비례 관계 $y=\frac{b}{x}$의 그래프가 두 점 A, B에서 만난다. 점 A와 x축 위의 점 C의 x좌표가 4, 점 B의 x좌표가 -4이고 삼각형 ABC의 넓이가 48일 때, 상수 a, b에 대하여 $a+b$의 값을 구하시오.

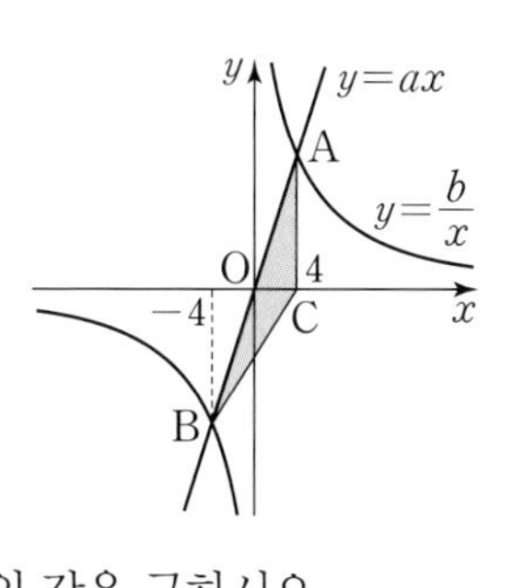

09

본문 540

오른쪽 그림과 같이 정비례 관계 $y=ax$의 그래프와 반비례 관계 $y=\frac{b}{x}$의 그래프가 만나는 두 점을 A, B라 할 때, 직사각형 ACBD의 넓이는 40이다. 두 점 A, D의 x좌표가 모두 2일 때, 상수 a, b에 대하여 ab의 값을 구하시오.

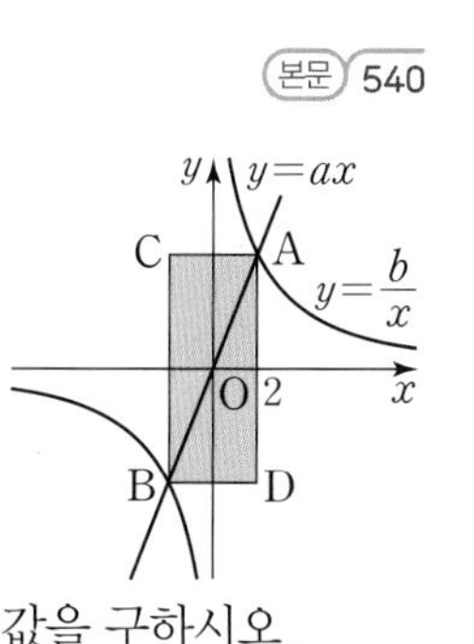

10

좌표평면 위의 세 점 A$(-3,\ 6)$, B$(-5,\ 3)$, C$(2,\ 5)$를 꼭짓점으로 하는 삼각형 ABC가 있다. 정비례 관계 $y=mx$의 그래프가 삼각형 ABC와 만나기 위한 상수 m의 값의 범위를 구하시오.

11

본문 544

톱니 수의 비가 5 : 2인 두 개의 톱니바퀴 A, B가 서로 맞물려 돌고 있다. 1분 동안 톱니바퀴 A는 x번 회전하고, 톱니바퀴 B는 y번 회전한다고 하자. x와 y 사이의 관계를 식으로 나타내고, 톱니바퀴 A가 36번 회전할 때 톱니바퀴 B는 몇 번 회전하는지 구하시오.

12

본문 545

학교 운동장에 넓이가 6 m^2인 직사각형 모양의 그늘막을 설치하는 데 드는 비용은 42000원이고, 그늘막 설치 비용은 그늘막의 넓이에 정비례한다고 한다. 98000원으로 설치할 수 있는 그늘막의 넓이는 A m^2이고, 이때의 그늘막은 가로, 세로의 길이가 각각 x m, y m인 직사각형 모양이다. A의 값을 구하고, x와 y 사이의 관계를 식으로 나타내시오.

01

다음 보기의 설명 중 옳은 것을 모두 고르시오.

보기

ㄱ. 자연수는 소수와 합성수로 이루어져 있다.
ㄴ. 소수의 제곱인 수는 약수의 개수가 3이다.
ㄷ. 모든 합성수는 소수들의 곱으로 나타낼 수 있다.
ㄹ. 소수는 그 수 자신만을 약수로 가지는 자연수이다.
ㅁ. 두 개 이상의 자연수의 공약수는 그 수들의 최대공약수의 약수이다.
ㅂ. 두 자연수 a, b에 대하여 $a<b$이면 b의 약수의 개수가 a의 약수의 개수보다 많다.

02

1에서 10까지의 자연수를 다음과 같이 연속한 5개의 수로 차례대로 묶어 놓았다.

$(1, 2, 3, 4, 5), (2, 3, 4, 5, 6), \cdots, (6, 7, 8, 9, 10)$

이때 다섯 개의 수의 합이 $p\times q$(p, q는 서로 다른 소수) 꼴로 소인수분해되는 것은 모두 몇 묶음인지 구하시오.

03

자연수 Q를 소인수분해하면 $2^2\times A^n$(n은 자연수)이고, 약수의 개수는 12이다. A가 $2<A<10$인 자연수일 때, A^n의 값 중 가장 큰 값과 가장 작은 값의 차를 구하시오.

04

x가 자연수일 때, $f(x)$는 x의 약수의 개수를 나타낸다. 다음 물음에 답하시오.

(1) $f(f(150))$을 구하시오.

(2) x가 1 이상 100 이하의 수일 때, $f(x)=3$을 만족하는 x의 개수를 구하시오.

(3) x가 1 이상 50 이하의 수일 때, $f(x)$의 값이 짝수인 x의 개수를 구하시오.

05

다음 조건을 모두 만족하는 자연수 n의 값을 구하시오.

(가) 90에 자연수 n을 곱하면 어떤 자연수의 제곱이 되도록 할 수 있다.
(나) n은 서로 다른 소인수 2개를 가진다.
(다) n의 약수의 개수는 8이고, 100보다 크지 않다.

06

□$\times 3^4$은 약수의 개수가 10이다. □ 안에 들어갈 수 있는 수를 작은 수부터 차례대로 나열할 때, 세 번째 수까지 더한 값을 구하시오.

07

약수의 개수가 15인 세 자리의 자연수 중에서 가장 큰 수와 가장 작은 수의 차를 구하시오.

08

1부터 28까지의 자연수가 각각 적혀 있는 28개의 상자가 있다. 1번 학생부터 28번 학생까지 다음의 규칙에 따라 상자에 구슬을 넣었을 때, 구슬이 4개 들어 있는 상자는 모두 몇 개인지 구하시오.

> 1번 학생은 모든 상자에 구슬을 넣는다.
> 2번 학생은 2의 배수가 적혀 있는 상자에 구슬을 넣는다.
> 3번 학생은 3의 배수가 적혀 있는 상자에 구슬을 넣는다.
> ⋮
> 28번 학생은 28의 배수가 적혀 있는 상자에 구슬을 넣는다.

09

서로 다른 세 자연수 4, 15, n의 최소공배수가 $2^2\times 3^2\times 5\times 7$일 때, n의 값이 될 수 있는 모든 자연수의 개수를 구하시오.

10

세 자연수의 비가 $4:8:11$이고, 이 수들의 최대공약수와 최소공배수의 차가 1305일 때, 세 자연수 중 가장 큰 수를 구하시오.

11

세 자연수 30, 18, N의 최대공약수가 6이고, 최소공배수가 180일 때, N의 값이 될 수 있는 모든 자연수의 합은?

① 12　② 48　③ 108
④ 192　⑤ 288

12

서로 다른 세 자연수 60, 70, a의 최대공약수가 5이고, 최소공배수의 크기를 가장 작게 할 때, a의 값이 될 수 있는 자연수의 개수를 구하시오.

13

최대공약수가 10인 두 자연수 a, b 중 b는 4의 배수이고 이 두 자연수의 곱 $a\times b$가 3000일 때, 이 두 자연수 a, b의 값을 각각 구하시오. (단, $a>b$)

14

두 자연수 a, b의 최소공배수가 210이고, $\frac{a-5}{b-6}=\frac{a}{b}$일 때, 두 수 a, b의 값을 각각 구하시오.

15

두 자연수 A, B에 대하여

$A\triangle B=(A, B$의 최대공약수$)$,

$A\blacktriangle B=(A, B$의 최소공배수$)$

라 할 때, 옳은 것을 보기에서 모두 고른 것은?

보기

ㄱ. $A\blacktriangle B=A\triangle B$이면 $A=B$

ㄴ. $A\triangle B=1$이면 $A\blacktriangle B=A\times B$

ㄷ. $(6\triangle n)\blacktriangle 10=10$을 만족하는 n의 개수는 6이다. (단, $1<n<10$)

① ㄱ ② ㄱ, ㄴ ③ ㄱ, ㄷ
④ ㄴ, ㄷ ⑤ ㄱ, ㄴ, ㄷ

16

세 분수 $\frac{a}{12}$, $\frac{a}{24}$, $\frac{a}{30}$를 모두 자연수가 되도록 하는 자연수 a의 값 중 가장 작은 수를 A, 세 분수 $\frac{12}{b}$, $\frac{24}{b}$, $\frac{30}{b}$을 모두 자연수가 되도록 하는 자연수 b의 값 중 가장 큰 수를 B라 할 때, $A-B$의 값은?

① 84 ② 94 ③ 104
④ 114 ⑤ 124

17

어떤 자연수를 5로 나누면 2가 남고, 8로 나누면 5가 남고, 10으로 나누면 7이 남는다고 한다. 이러한 자연수 중에서 500에 가장 가까운 수를 구하시오.

18

한 개에 400원인 초콜릿 24개, 한 개에 300원인 사탕 60개, 한 개에 200원인 젤리 84개를 최대한 많은 묶음으로 똑같이 나누어 포장하려고 한다. 다음 설명 중 옳지 않은 것은?

① 최대 12묶음을 만들 수 있다.
② 한 묶음의 가격은 3700원이다.
③ 한 묶음에 들어가는 사탕의 가격은 1500원이다.
④ 한 묶음에 들어가는 초콜릿의 가격은 800원이다.
⑤ 한 묶음에 들어가는 초콜릿, 사탕, 젤리의 개수의 합은 10개이다.

19

소율이네 집 앞 공원에는 세 변의 길이가 각각 54 m, 72 m, 90 m인 삼각형 모양의 공터가 있다. 이 공터의 가장자리를 따라 일정한 간격으로 나무를 심으려고 한다. 세 모퉁이에는 반드시 나무를 심어야 하고 나무의 수는 될 수 있는 한 적게 심으려고 할 때, 몇 그루의 나무를 심어야 하는지 구하시오.

(단, 나무 사이의 간격이 10 m를 넘지 않도록 한다.)

20

50원짜리와 100원짜리 동전 여러 개를 윤희와 성택이에게 같은 금액으로 나누어 주었다. 윤희가 받은 50원짜리 동전의 개수는 100원짜리 동전의 개수의 2배이고, 성택이가 받은 50원짜리 동전의 금액은 100원짜리 동전의 금액의 2배라고 한다. 두 사람이 받은 금액의 합은 2000원 이상 3000원 미만일 때, 다음 물음에 답하시오.

(1) 윤희가 받은 금액은 어떤 수의 배수로 나타낼 수 있는지 구하시오.

(2) 성택이가 받은 금액은 어떤 수의 배수로 나타낼 수 있는지 구하시오.

(3) 두 사람이 각각 받은 금액을 구하시오.

21

우리나라에서는 다음 그림과 같이 10개의 십간과 12개의 십이지를 순서대로 짝 지어서 해의 이름을 정한다. 예를 들어 이번 해가 갑자년이면 다음 해는 을축년이고 그 다음 해는 병인년이다.

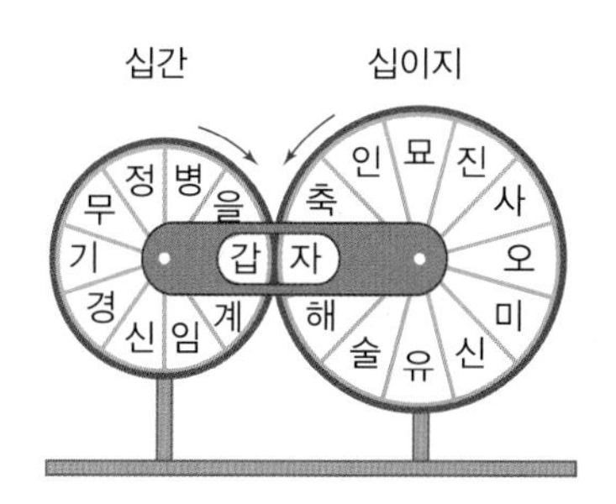

1446년은 한글을 반포한 해이다. 1989년이 기사년일 때, 십간과 십이지를 이용하여 1446년은 무슨 해인지 구하시오.

01

유리수에 대한 다음 설명 중 옳지 않은 것은?

① 0은 정수이지만 자연수는 아니다.
② 유리수는 양의 유리수와 음의 유리수로 이루어져 있다.
③ 유리수는 $\frac{(\text{정수})}{(0\text{이 아닌 정수})}$ 꼴로 나타낼 수 있다.
④ 서로 다른 두 유리수 사이에는 무수히 많은 유리수가 존재한다.
⑤ 수직선에서 음의 정수를 나타내는 점 중에서 가장 오른쪽에 위치한 점은 -1을 나타내는 점이다.

02

다음 수 중에서 양의 유리수의 개수를 a, 음의 유리수의 개수를 b, 정수가 아닌 유리수의 개수를 c라 할 때, $a\times b\times c$의 약수의 개수를 구하시오.

$$-5,\quad 3.7,\quad -\frac{11}{5},\quad 0,\quad -\frac{72}{18},\quad 1256,\quad 3.14,\quad \frac{4}{2}$$

03

유리수 x에 대하여

$$<x>=\begin{cases}0 & (x\text{는 정수})\\ 1 & (x\text{는 정수가 아닌 유리수})\end{cases}$$

라 할 때, 다음을 만족하는 a의 값이 아닌 것은?

$$<a>+\left\langle\frac{2}{3}\right\rangle+<0>+<3.1>=3$$

① $-\frac{7}{4}$ ② -0.8 ③ $\frac{8}{9}$
④ $\frac{6}{3}$ ⑤ 8.3

04

서로 다른 네 정수 a, b, c, d에 대하여 a와 b는 부호가 서로 반대이고 절댓값은 같다. c는 a보다 4만큼 크고, d는 b보다 5만큼 작다. $d=3$일 때, $c-a\times b$의 값을 각각 구하시오.

05

세 수 a, b, c가 다음 조건을 모두 만족할 때, 양의 정수 c의 값은?

(가) 수직선에서 a를 나타내는 점은 원점으로부터 3만큼 떨어져 있다.
(나) $|b|=|-5|$
(다) 세 수 a, b, c의 절댓값의 합은 10이다.

① 1 ② 2 ③ 3
④ 4 ⑤ 5

06

두 정수 a, b에 대하여 $|a|=4\times|b|$이고, 수직선 위에서 두 정수 a, b를 나타내는 두 점 사이의 거리가 30이다. 이를 만족하는 두 정수 a, b에 대하여 $a+b$의 값 중 가장 작은 값을 구하시오.

07

두 정수 a, b에 대하여

$$a\blacktriangle b=\begin{cases} a\ (|a|\geq|b|) \\ b\ (|a|<|b|) \end{cases},\ a\circledcirc b=\begin{cases} a\ (|a|\leq|b|) \\ b\ (|a|>|b|) \end{cases}$$

로 약속할 때, $\{(-8)\blacktriangle 4\}\circledcirc(m\blacktriangle 5)=5$를 만족하는 정수 m의 값 중에서 세 번째로 작은 값과 두 번째로 큰 값의 합을 구하시오.

08

두 정수 a, b에 대하여 $\frac{24}{a}$, $\frac{60}{a}$은 양의 정수이고 $\frac{b}{a}$는 $3<\left|\frac{b}{a}\right|<6$을 만족하는 정수이다. $\frac{b}{a}$의 값이 최대일 때, b의 최댓값을 구하시오.

09

$-\frac{3}{4}$보다 $\frac{7}{6}$만큼 작은 수를 a, 2.8보다 $-\frac{1}{5}$만큼 작은 수를 b라 할 때, $a<x<b$를 만족하는 정수 x의 개수를 구하시오.

10

두 수 a, b에 대하여 $[a, b]$를 두 수 a와 b의 차라 하자. 예를 들어 $[3, 8]=5$이고 $[-5, -7]=2$이다.
$[[-3, 6], [7, a]]=5$가 성립하도록 하는 a의 값 중에서 가장 큰 수를 M, 가장 작은 수를 m이라 할 때, $[M, m]$의 값은?

① 2 ② 10 ③ 14
④ 28 ⑤ 35

11

다음 그림은 왼쪽에 있는 수와 오른쪽에 있는 수의 합이 가운데 수가 되도록 계속해서 수를 적어 나간 것이다. 예를 들어 두 번째의 수 $-\frac{10}{3}$은 첫 번째의 수 $-\frac{1}{3}$과 세 번째의 수 -3의 합이다. 이때 29번째에 나오는 수를 구하시오.

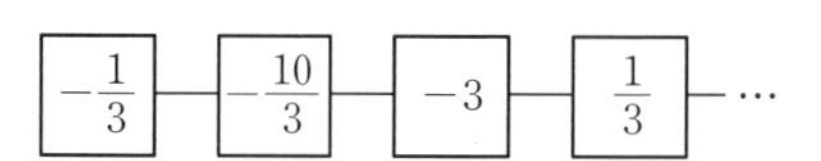

12

오른쪽 그림과 같이 ♣ 모양의 카드 8장을 연결하였다. 가로, 세로, 대각선으로 세 개씩 연결한 카드에 적힌 수의 합이 모두 같도록 a, b, c, d에 알맞은 수를 적어 넣으려고 한다. 이때 $a-b+c-d$의 값을 구하시오.

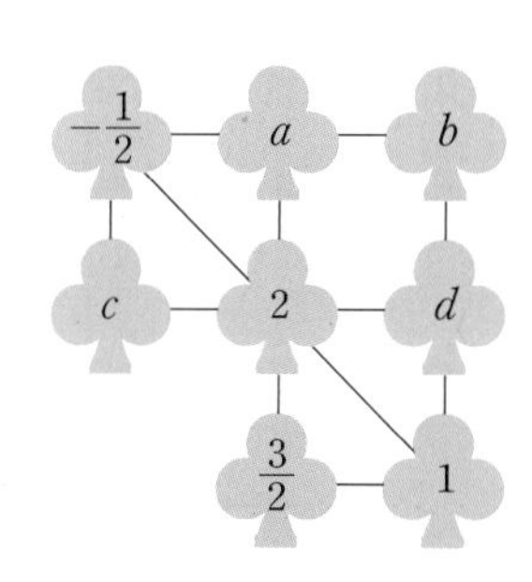

13

네 수 $-\frac{4}{5}$, $\frac{3}{4}$, $-\frac{4}{3}$, $-\frac{7}{6}$ 중에서 서로 다른 세 수를 선택하여 다음 □ 안에 넣어 계산하려고 한다. 계산 결과 중 가장 큰 값을 M, 가장 작은 값을 N이라 할 때, $\frac{M}{N}$의 값을 구하시오.

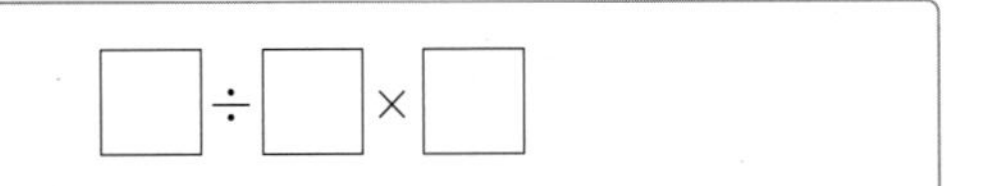

14

두 자연수 A, B가 $2+\cfrac{1}{A+\cfrac{1}{B+\cfrac{1}{5}}}=\frac{803}{371}$을 만족할 때, $B-A$의 값을 구하시오.

15

다음 수직선 위에 있는 두 점 A, B가 나타내는 수는 각각 $-\frac{3}{5}$, $\frac{2}{3}$이다. 두 점 A, B에서 같은 거리에 있는 점을 M이라 하고, 두 점 A, B 사이의 거리를 2 : 1로 나누는 점을 N이라 할 때, 두 점 M, N 사이의 거리를 구하시오.

16

$a=3-\left[\frac{1}{2}+(-1)^2\div\left\{4\times\left(-\frac{1}{2}\right)+8\right\}\right]\times 2$일 때, $|x|<|a|$인 정수 x의 개수는?

① 1 ② 2 ③ 3 ④ 4 ⑤ 5

17

$A=7+\left[\left(-\frac{3}{2}\right)-\left\{6-(-2)^3\times\left(-\frac{1}{4}\right)\right\}\div(-12)\right]\times 3$,
$B=\left(-\frac{4}{3}\right)\div\left(-\frac{2}{3}\right)^2+\left\{1+\frac{1}{3}\times(-2)^2\right\}$일 때, 다음 물음에 답하시오.

(1) A, B의 값을 각각 구하시오.

(2) 오른쪽 그림과 같은 전개도를 접어 직육면체를 만들려고 한다. 마주 보는 면에 적힌 두 수가 서로 역수일 때, $a\times\frac{b}{5}\times c$의 값을 구하시오.

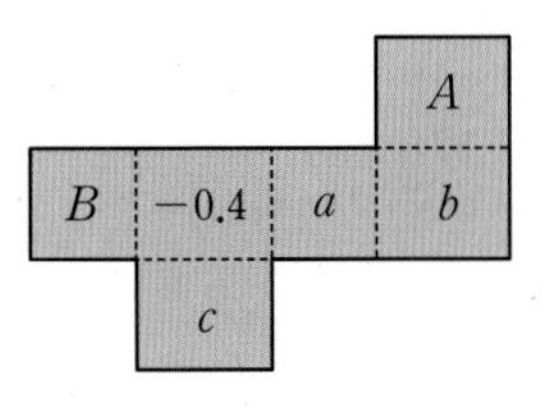

18

다음을 계산하시오.

$$\left(1-\frac{1}{2}\right)\div\left(1-\frac{1}{3}\right)\div\left(1-\frac{1}{4}\right)\div\cdots\div\left(1-\frac{1}{50}\right)$$
$$+\left(1-\frac{1}{51}\right)\times\left(1-\frac{1}{52}\right)\times\left(1-\frac{1}{53}\right)\times\cdots\times\left(1-\frac{1}{100}\right)$$

19

네 수 a, b, c, d가 다음 조건을 모두 만족할 때, $b-a^2+cd$의 부호를 부등호를 사용하여 나타내시오.

(가) $a\times b\times c\times d>0$ (나) $a-b>0$
(다) $a+b+c=0$ (라) $b\times d>0$

20

아래 조건을 모두 만족하는 세 유리수 a, b, c에 대하여 다음 5개의 유리수를 큰 것부터 차례대로 나열하시오.

(가) $a\div b\div c>0$
(나) $1<|b|<|a|<|c|$, $c>0$
(다) a, b, c는 모두 부호가 같지는 않다.

$\frac{1}{a}$, $-\frac{1}{b}$, $-c$, $\frac{1}{c}$, a^2

21

$a\times|a-b|=4$를 만족하는 두 정수 a, b에 대하여 (a, b)의 개수를 구하시오.

22

두 정수 x, y에 대하여 $|x|=8$, $|x|+|y|=14$일 때, $|x-y|$의 최댓값과 최솟값의 합을 구하시오.

23

세 정수 a, b, c에 대하여 $|a|<|b|<|c|$이고 $a\times b\times c=-70$, $a+b+c=0$일 때, $a^2+b\times c$의 값을 구하시오.

24

자연수 n에 대하여 $\frac{1}{n\times(n+1)}=\frac{1}{n}-\frac{1}{n+1}$임을 이용하여 $\frac{1}{12}+\frac{1}{20}+\frac{1}{30}+\frac{1}{42}+\frac{1}{56}$을 계산하시오.

01

$\frac{-5ab+b^2}{3(c-d)}$을 곱셈 기호와 나눗셈 기호를 사용하여 나타낸 것으로 옳은 것은?

① $(-5)\times a\times b+b\times b\div 3\div(c-d)$
② $\{(-5)\times a\times b+b\times b\}\times 3\div(c-d)$
③ $\{(-5)\times a\times b+b\times b\}\div 3\div(c-d)$
④ $\{(-5)\times a\times b+b\times b\}\div 3\times(c-d)$
⑤ $(-1)\times\{5\times a\times b+b\times b\}\div 3\div(c-d)$

02

오른쪽 그림과 같이 정사각형 모양의 종이 ABCD를 꼭짓점 A가 변 BC의 한가운데 점 M에 오도록 접었다. 선분 EB의 길이가 $3x$, 선분 BM의 길이와 선분 MC의 길이가 4, 선분 FG의 길이가 x일 때, 색칠한 부분의 넓이를 x를 사용한 식으로 나타내시오.

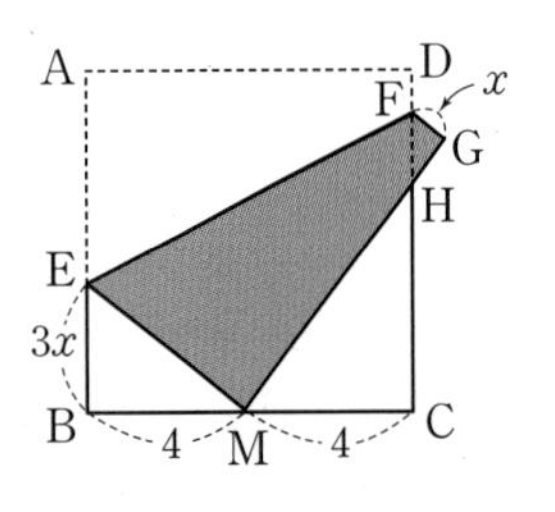

03

어느 회사의 작년 전체 사원 x명의 a %가 남자 사원이었을 때, 올해는 작년에 비해 여자 사원이 6 % 감소했다. 이때 올해 여자 사원 수를 문자를 사용한 식으로 나타내면?

① $\frac{47}{50}\left(1-\frac{ax}{100}\right)$
② $\frac{47}{50}\left(a-\frac{ax}{100}\right)$
③ $\frac{47}{50}\left(x-\frac{ax}{100}\right)$
④ $\frac{53}{50}\left(a-\frac{ax}{100}\right)$
⑤ $\frac{53}{50}\left(x-\frac{ax}{100}\right)$

04

다항식 $\frac{1}{4}x^2-\frac{4}{3}x-\frac{3}{5}$에서 x^2의 계수를 a, x의 계수를 b, 상수항을 c라 할 때, $\frac{1}{a^2}-\frac{4}{b}-\frac{9}{c^2}$의 값을 구하시오.

05

$A=3x-6$, $B=5x+2$, $C=-x+7$일 때, $2\{C-(A-2B)\}+\frac{1}{3}(2A-3B)$를 x를 사용한 식으로 나타내시오.

06

m, n이 자연수일 때, $\frac{(-1)^m(4x-1)+(-1)^n(8x+7)}{2\times(-1)^{m+n}}$을 간단히 한 결과로 옳지 <u>않은</u> 것은?

① $2x+4$
② $6x+3$
③ $-6x+3$
④ $-2x-4$
⑤ $-6x-3$

07

다음 도형의 둘레의 길이를 x, y를 사용한 식으로 나타내시오.

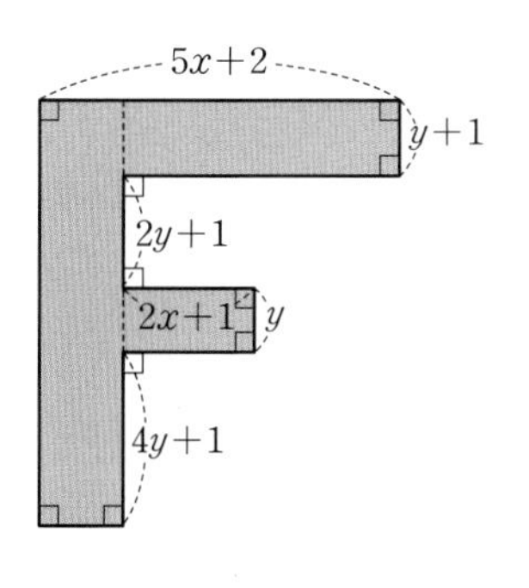

08

0이 아닌 두 유리수 x, y에 대하여 $x : y=3 : 4$일 때, $\dfrac{3x-2y}{2x-y}-\dfrac{5x-y}{x+3y}$의 값을 구하시오.

09

등식 $(a-4)x^2+5x+3=5x(x-b)+7$이 x에 대한 일차방정식이 되도록 하는 두 상수 a, b의 조건을 각각 구하시오.

10

세 유리수 a, b, c에 대하여 $a+2=b-2$, $c\neq0$일 때, 다음 중 옳지 않은 것은?

① $a+c=b+c-4$
② $a-b-c=-c-4$
③ $ac+4c=bc$
④ $\dfrac{a+5}{c}=\dfrac{b-5}{c}$
⑤ $\dfrac{a+2}{3c}=\dfrac{b-2}{3c}$

11

x에 대한 일차식 A가 있다. x에 대한 방정식 $5x-A-6=3(x-3)$에서 좌변의 $-A$를 $+A$로 잘못 보았더니 항등식이 되었다. 이 방정식을 바르게 풀었을 때의 해를 구하시오.

12

두 수 a, b에 대하여 $a\star b=ab-2a+b$로 약속할 때, $6\star(3\star x)=(-4)\star x$를 만족하는 x의 값을 구하시오.

대단원 TEST

13

약분하면 $\frac{5}{8}$가 되는 어떤 분수 $\frac{a}{b}$가 있다. 이 분수의 분자에 5를 더한 수를 분자로, 분모와 분자의 합에서 7을 뺀 수를 분모로 하는 분수를 만들어 약분하면 다시 $\frac{5}{8}$가 된다. 자연수 a, b에 대하여 $a+b$의 값은? (단, $a>0$, $b>0$)

① 26 ② 39 ③ 52
④ 65 ⑤ 78

14

일차방정식 $\frac{2}{3}(1.1x-0.9)=\frac{3}{5}x+1$의 해가 $|2k-8|=\frac{5}{6}x$를 만족할 때, 모든 상수 k의 값의 합을 구하시오.

15

일차방정식 $a(3x-1)=-x-13$의 해가 $x=3$일 때, 일차방정식 $\frac{x-2a}{5}-\frac{2-x}{4}=-a$의 해를 구하시오.

(단, a는 상수)

16

x에 대한 두 일차방정식

$$x-4a=4-5(x-1),\ x-\frac{x+2a}{5}=-\frac{13}{5}$$

의 해가 절댓값은 같고 부호는 서로 다를 때, 상수 a의 값을 구하시오.

17

x에 대한 일차방정식 $x-3(x+a)=2x-10$의 해가 자연수가 되도록 하는 모든 양수 a의 값의 합을 구하시오.

18

x에 대한 방정식 $(3a-1)x+5b-7=ax-b+11$이 $x=0$뿐만 아니라 다른 해도 가질 때, $4a+b^2$의 값을 구하시오.

(단, a, b는 상수)

19

각 자리의 숫자의 합이 13인 두 자리의 자연수가 있다. 이 자연수의 십의 자리의 숫자와 일의 자리의 숫자를 바꾼 수는 처음 수의 2배보다 31만큼 작다고 할 때, 처음 수는?

① 49 ② 58 ③ 67
④ 76 ⑤ 85

20

작년에 스터디카페 A의 1일 이용 요금이 스터디카페 B의 1일 이용 요금보다 300원 비쌌는데 올해는 두 스터디카페 A, B의 1일 이용 요금이 작년에 비해 각각 8 %, 10 % 증가하여 두 스터디카페의 이용 요금이 같아졌다고 한다. 작년의 스터디카페 A의 1일 이용 요금을 구하시오.

21

어느 회사의 입사 시험의 지원자의 남녀의 비는 5 : 3, 합격자의 남녀의 비는 3 : 2, 불합격자의 남녀의 비는 2 : 1이었다. 지원자 중 여자 불합격자가 20명이었을 때, 전체 입사 지원자는 몇 명인지 구하시오.

22

길이가 600 m인 터널을 완전히 통과하는 데 36초가 걸리는 여객 열차가 있다. 길이가 30 m이고 초속 10 m의 속력으로 반대 방향에서 마주 오는 화물 열차를 이 여객 열차가 완전히 지나치는 데 5초가 걸린다고 한다. 이 여객 열차의 길이를 구하시오.

23

A 그릇에는 30 %의 소금물 100 g, B 그릇에는 15 %의 소금물 200 g이 들어 있다. A, B 두 그릇에서 각각 같은 양의 소금물을 퍼내어 서로 바꾸어 넣었더니 두 그릇에 들어 있는 소금물의 농도가 같아졌다. 이때 두 그릇에서 각각 퍼낸 소금물의 양을 구하시오.

24

어느 공장에 있는 A 기계는 B 기계보다 3분 동안 27개의 물건을 더 만든다고 한다. A 기계로 21분, B 기계로 32분 동안 물건을 각각 만들었을 때, B 기계는 A 기계의 $\frac{2}{3}$만큼 만들었다. A 기계로 21분, B 기계로 32분 동안 만든 물건의 개수의 합은 몇 개인지 구하시오.

(단, 각 기계가 물건을 만드는 속도는 일정하다.)

01

두 점 $A(a+7,\ b-2)$, $B(2a+6,\ 4b+3)$은 각각 x축, y축 위의 점이다. 점 C의 x좌표는 점 A의 x좌표와 같고, 점 C의 y좌표는 점 B의 y좌표와 같을 때, 점 C의 좌표를 구하시오.

02

좌표평면 위에 세 점 $A(-6,\ -3)$, $B(4,\ -3)$, $D(-3,\ 2)$가 있다. 두 선분 AB, AD를 두 변으로 하는 평행사변형 ABCD를 만들려고 할 때, 꼭짓점 C의 좌표를 구하시오.

03

오른쪽 그림과 같이 좌표평면 위에 네 점 $A(-4,\ 6)$, $B(-4,\ 0)$, $C(5,\ 0)$, $D(5,\ 6)$을 꼭짓점으로 하는 직사각형 ABCD가 있다. 두 점 P, Q가 원점 O를 동시에 출발하여 점 P는 매초 3의 속력으로, 점 Q는 매초 5의 속력으로 각각 화살표 방향으로 직사각형의 변 위를 움직인다고 한다. 다음 물음에 답하시오.

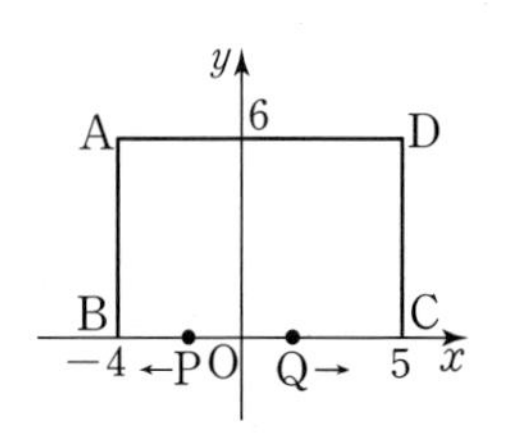

(1) 두 점 P, Q가 원점 O를 출발한 지 3초 후에 도착하는 점의 좌표를 각각 구하시오.

(2) 두 점 P, Q가 원점 O에서 처음으로 다시 만나는 것은 원점 O를 출발한 지 몇 초 후인지 구하시오.

04

점 $A(ab,\ a+b)$가 제3사분면 위의 점이고 $|a|<|b|$일 때, 점 $B(5a,\ -3b)$는 어느 사분면 위에 있는가?

① 제1사분면 ② 제2사분면
③ 제3사분면 ④ 제4사분면
⑤ 어느 사분면에도 속하지 않는다.

05

점 $P(a-b,\ -2ab)$와 x축에 대하여 대칭인 점 Q의 좌표가 $(2,\ 16)$이고 a, b가 모두 정수일 때, $|a+b|$의 값을 구하시오.

06

점 $P(3,\ 3)$과 y축에 대하여 대칭인 점 A와 두 점 $B(3,\ 2)$, $C(-1,\ -3)$을 꼭짓점으로 하는 삼각형 ABC의 넓이는?

① 16 ② 17 ③ 18
④ 19 ⑤ 20

07

두 정수 a, b에 대하여 $a<0$, $b>0$일 때, 좌표평면 위의 세 점 A$(0, 7)$, B$(a, -2)$, C$(b, -2)$를 꼭짓점으로 하는 삼각형 ABC의 넓이가 36이다. 이때 $a+b$의 값 중 가장 작은 값을 구하시오.

08

다음 [그림 1]과 같이 높이가 10 cm인 칸막이가 밑면과 수직으로 세워져 있는 직육면체 모양의 물통이 있다. [그림 2]는 이 물통의 A칸에 매초 45 cm^3의 물을 넣을 때, 물을 넣은 시간 x초와 물의 최대 높이 y cm 사이의 관계를 그래프로 나타낸 것이다. 물통의 높이가 18 cm일 때, 물음에 답하시오. (단, 물통과 칸막이의 두께는 생각하지 않는다.)

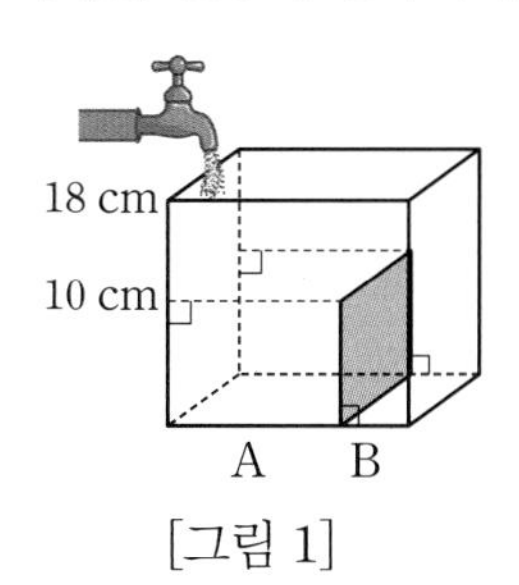

[그림 1]

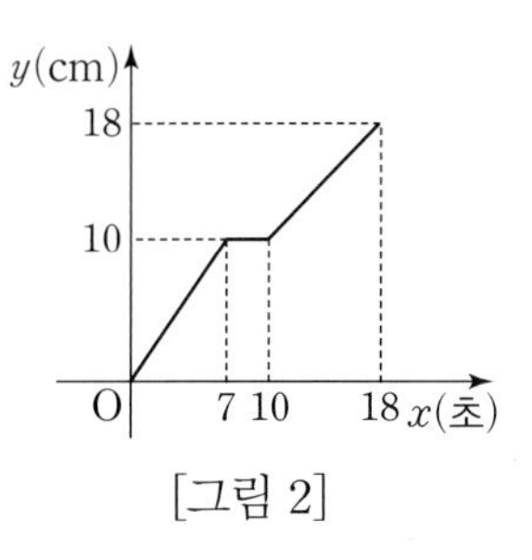

[그림 2]

(1) 칸막이 오른쪽에 물이 차기 시작한 후부터 칸막이 양쪽의 물의 높이가 같아질 때까지 걸린 시간을 구하시오.

(2) 물통 전체의 밑면의 넓이를 구하시오.

09

부피가 65 m^3인 물탱크에 처음 5분 동안은 A, B 두 호스를 모두 이용하여 물을 넣었고, 그 후에는 A 호스가 고장이 나서 B 호스만을 이용하여 물을 넣었다. 물을 넣기 시작한 지 x분 후에 물탱크에 들어간 물의 양을 y m^3라 할 때, x와 y 사이의 관계를 그래프로 나타내면 위와 같다. 이때 비어 있는 물탱크에 A 호스만을 이용하여 물을 가득 채우는 데 걸리는 시간은 몇 분인지 구하시오.

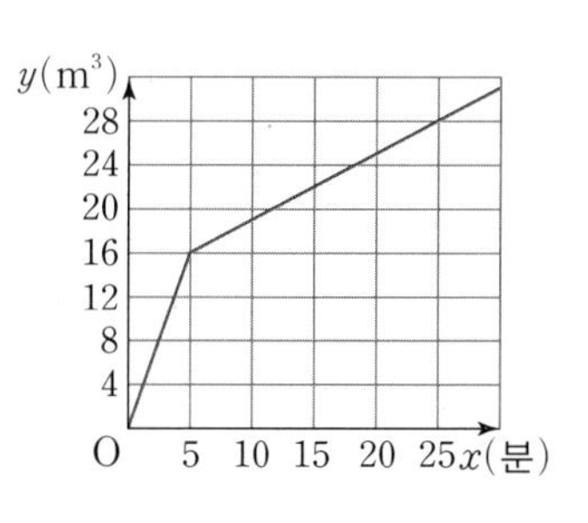

10

x, y, z가 다음을 만족할 때, y와 z 사이의 관계가 정비례인지 반비례인지 구하시오.

> (가) y는 x에 반비례한다.
> (나) x는 z에 반비례한다.

11

다음 조건을 모두 만족하는 x, y에 대하여 $x=-10$일 때, y의 값을 구하시오.

> (가) xy의 값은 일정한 음수이다.
> (나) $x=3$일 때의 y의 값과 $x=5$일 때의 y의 값의 차가 2이다.

12

y가 x에 정비례하고 x와 y 사이의 관계가 다음 표와 같을 때, a의 값을 구하시오.

x	2	3	4
y	a	$m-1$	$\frac{m}{3}+1$

13

오른쪽 그림과 같이 두 점 A(8, 0), B(0, 6)과 정비례 관계 $y=ax$의 그래프 위의 점 P에 대하여 삼각형 OAP와 삼각형 OPB의 넓이가 같을 때, 상수 a의 값을 구하시오. (단, O는 원점)

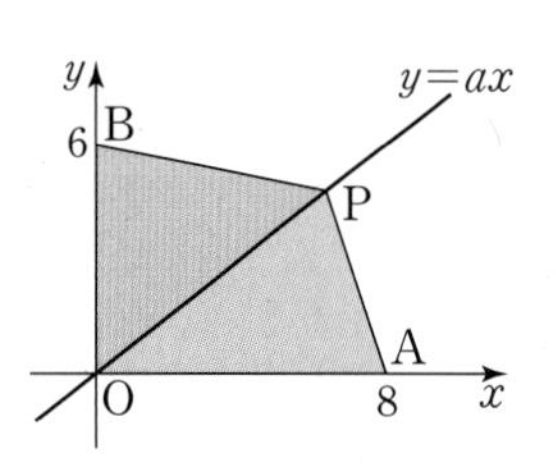

14

오른쪽 그림과 같이 두 정비례 관계 $y=ax$, $y=bx$의 그래프가 한 변의 길이가 2인 정사각형 ABCD와 각각 점 A, 점 C에서 만난다. 점 B의 좌표가 B(3, 3)일 때, 상수 a, b에 대하여 $6a-5b$의 값을 구하시오.

(단, 정사각형의 네 변은 x축 또는 y축에 각각 평행하다.)

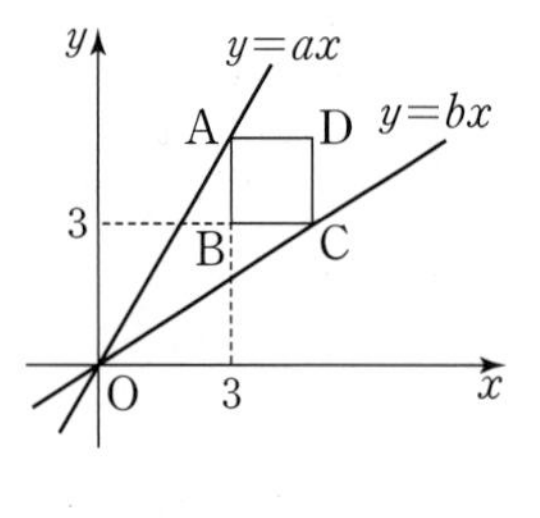

15

오른쪽 그림과 같이 두 점 A(2, 6), B(2, 0)을 꼭짓점으로 하는 정사각형 ABCD가 있다. 정비례 관계 $y=ax$의 그래프가 정사각형 ABCD의 넓이를 이등분할 때, 상수 a의 값을 구하시오.

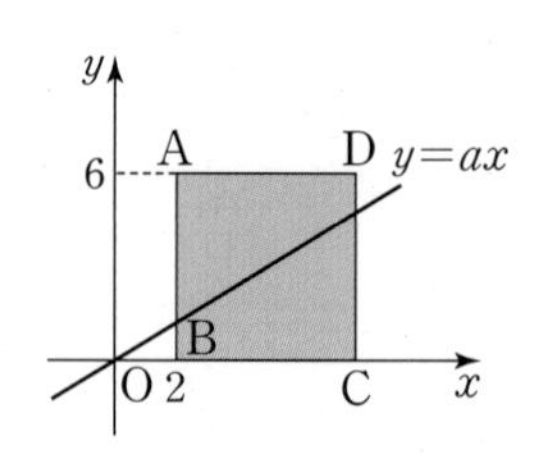

16

반비례 관계 $y=\frac{a}{x}$ $(a\neq0)$의 그래프가 다음 조건을 모두 만족할 때, 정수 a가 될 수 있는 값의 합을 구하시오.

> (가) $x<0$일 때, 그래프는 제2사분면을 지난다.
> (나) 반비례 관계 $y=-\frac{8}{x}$의 그래프보다 원점에 가깝다.
> (다) $|a|$의 약수는 3개 이상이다.

17

오른쪽 그림과 같이 점 $A_n(n, 0)$을 지나면서 y축에 평행한 직선이 반비례 관계 $y=\frac{a^2}{x}$ $(x>0)$의 그래프와 만나는 점을 B_n이라 하고, 점 B_n을 지나면서 x축에 평행한 직선이 y축과 만나는 점을 C_n이라 하자. 직사각형 $OA_nB_nC_n$의 넓이를 S_n이라 할 때, $\frac{S_1+S_2+S_3+\cdots+S_{70}}{7a^2}$의 값을 구하시오.

(단, a는 상수이고, O는 원점이다.)

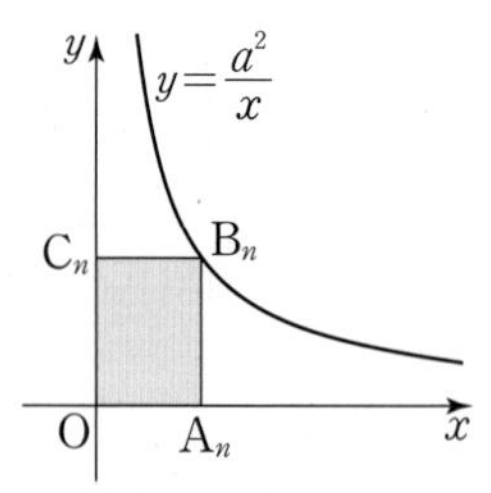

대단원 TEST

18

오른쪽 그림과 같이 두 반비례 관계 $y=\frac{3}{x}$, $y=-\frac{6}{x}$의 그래프 위에 네 점 A, B, C, D가 있다. 선분 AD와 선분 BC는 x축에 평행하고, 선분 CD는 y축에 평행하다. 이때 사다리꼴 ABCD의 넓이를 구하시오.

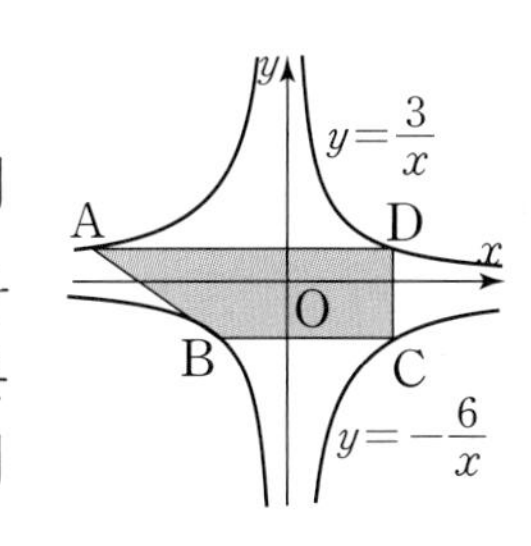

19

오른쪽 그림과 같이 직사각형 ABCD의 점 A와 대각선 BD의 한가운데 점 E는 반비례 관계 $y=\frac{3}{x}$ $(x>0)$의 그래프 위의 점이다. 점 E의 x좌표가 m일 때, 점 D의 좌표를 m을 사용하여 나타내시오.

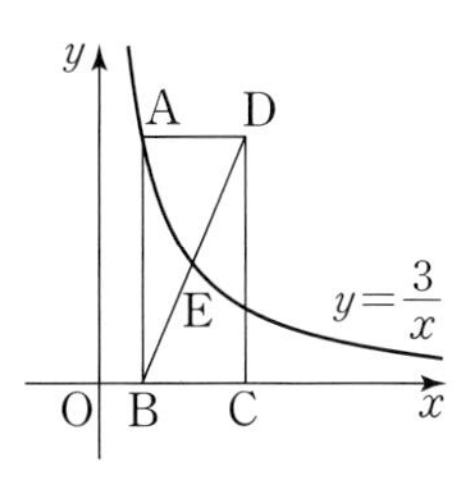

20

오른쪽 그림과 같이 정비례 관계 $y=\frac{5}{2}x$의 그래프와 반비례 관계 $y=\frac{a}{x}$ $(x>0)$의 그래프가 y좌표가 5인 한 점 P에서 만난다. 점 P에서 x축에 내린 수선과 x축이 만나는 점을 A라 할 때, 점 B는 점 A를 출발하여 x축의 양의 방향으로 매초 $\frac{2}{5}$만큼씩 움직인다. $y=\frac{a}{x}$의 그래프 위의 점 Q에 대하여 선분 BQ는 x축에 수직일 때, 점 B가 점 A를 출발한 지 10초 후의 사각형 PABQ의 넓이를 구하시오. (단, a는 상수)

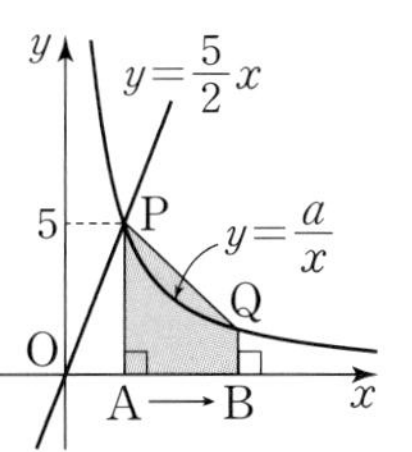

21

오른쪽 그림과 같이 반비례 관계 $y=-\frac{7a}{x}$ $(x<0)$의 그래프와 정비례 관계 $y=ax$의 그래프 위에 각각 두 점 A, C가 있다. 직사각형 ABCD는 가로와 세로의 길이의 비가 2 : 1이고 두 점 A, C의 x좌표는 각각 -2, 2일 때, 양수 a의 값을 구하시오.

(단, 직사각형의 네 변은 x축 또는 y축에 각각 평행하다.)

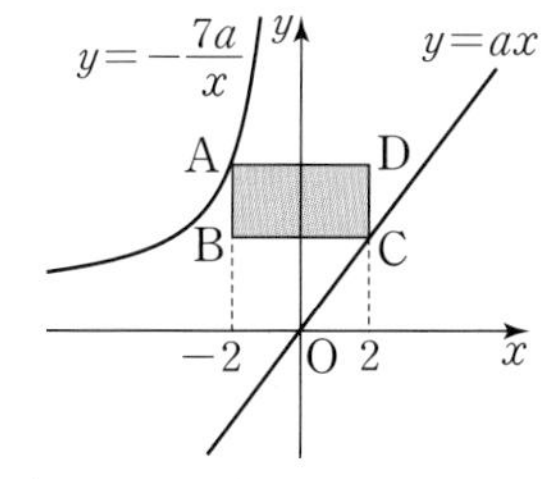

22

가로의 길이, 세로의 길이, 높이가 각각 4 cm, x cm, 10 cm인 직육면체 모양의 빈 물통이 있다. 이 물통에 일정한 속력으로 물을 넣었는데 수면의 높이가 3분에 1 cm씩 올라갔다. y분 후의 물통에 들어 있는 물의 부피가 40 cm^3일 때, x와 y 사이의 관계를 식으로 나타내시오.

23

연필과 지우개의 개수의 비가 1 : 3으로 들어 있는 상자가 있다. 이 상자에서 꺼낸 연필과 지우개의 개수의 비가 1 : 4가 되도록 연필과 지우개를 꺼냈더니 상자 안에 남아 있는 연필과 지우개의 개수의 비가 2 : 3이 되었다. 다음 물음에 답하시오.

(1) 처음 상자 안에 들어 있던 연필의 개수를 x, 꺼낸 연필의 개수를 y라 할 때, x와 y 사이의 관계를 식으로 나타내시오.

(2) 꺼낸 연필이 6개일 때, 처음 상자 안에 들어 있던 연필은 몇 개인지 구하시오.

MEMO

MEMO

빠른 정답 본교재

I ··· 소인수분해

01 소인수분해

Step 1 본교재 007~009쪽

001 ㄷ, ㄹ　002 3　003 ④, ⑤　004 ②　005 2
006 ③　007 ④　008 35　009 15　010 ④
011 ④　012 33　013 ④, ⑤　014 ③　015 ①
016 ①　017 4　018 10　019 6

Step 2 본교재 012~016쪽

020 ㄷ, ㅁ　021 240　022 36　023 42　024 46
025 2　026 10　027 4　028 ②　029 5
030 135　031 ④　032 84　033 385　034 126
035 75　036 7　037 14　038 40　039 9개
040 4　041 4　042 59　043 ⑤　044 8
045 56　046 2　047 252　048 11

Step 3 본교재 017~019쪽

049 45, 133　050 (1) 38 (2) 42　051 640
052 48　053 204　054 357　055 14개　056 8

창의 융합

057 5, 20, 45　058 10, 40, 90

02 최대공약수와 최소공배수

Step 1 본교재 021~024쪽

059 6　060 67　061 ④　062 ①, ⑤　063 ①
064 6　065 7　066 2　067 840
068 12 cm　069 14개　070 4　071 8　072 30
073 432 cm　074 141　075 3바퀴　076 37
077 14개　078 ③　079 ④　080 $A=42$, $B=18$
081 36　082 $A=6$, $B=14$

Step 2 본교재 027~031쪽

083 50　084 36　085 30　086 300　087 21
088 ③, ⑤　089 4　090 12　091 17　092 8
093 6　094 220　095 1　096 ㄱ, ㄴ　097 18
098 80그루　099 420장　100 108　101 120분 후
102 6회　103 9　104 80번　105 38회　106 60
107 16　108 65　109 63　110 6일

Step 3 본교재 032~034쪽

111 63　112 22　113 36　114 12　115 32
116 24, 216　117 16번째　118 ⑤　119 3
120 550 m

창의 융합

121 32개　122 138분

II ··· 정수와 유리수

03 정수와 유리수

Step 1 본교재 037~040쪽

123 4　124 ③　125 ①, ③　126 1
127 $a=-4$, $b=2$　128 -1　129 12　130 ⑤
131 ④　132 $\frac{3}{4}$　133 4　134 ㄷ, ㅁ, ㅂ
135 ⑤　136 ③　137 6　138 5　139 ①
140 60　141 ⑤　142 9　143 (1) 7 (2) 4
144 $-3, -2, -1, 0, 1, 2$　145 ④
146 b, c, a

Step 2 본교재 043~046쪽

147 ㄱ, ㄷ　148 2　149 13　150 16　151 9
152 $a=3$, $b=-4$　153 ⑤
154 $(-4, -1, 8)$, $(-16, -9, 12)$　155 23　156 12
157 $(4, -3, 2)$, $(3, -2, 1)$　158 $b<a<c<d$
159 17　160 ②, ⑤　161 23　162 ④　163 105
164 ④　165 c, d, a, e, b　166 ②, ④　167 18
168 5

Step 3

본교재 047~049쪽

169 (1) 2 (2) 4　170 13　171 162
172 $-3, -5, -10, 15$ 또는 $-3, 5, 10, -15$　173 16
174 24　175 2　176 57　177 4

창의 융합

178 30　179 e

4 정수와 유리수의 계산

Step 1

본교재 051~054쪽

180 ④　181 $\frac{7}{3}$　182 $-\frac{19}{21}$　183 $-\frac{7}{2}$
184 $-\frac{7}{15}$　185 $\frac{1}{9}$　186 ④　187 ④
188 $-\frac{19}{45}$　189 $-\frac{1}{8}$　190 7　191 $-\frac{10}{9}$　192 $\frac{15}{4}$
193 $-\frac{25}{2}$　194 -1　195 -2　196 ③
197 $-\frac{57}{10}$　198 3　199 $\frac{4}{3}$　200 -96　201 ③
202 ②　203 a　204 ⑤　205 8　206 9
207 $-12, -9$　208 7　209 161

Step 2

본교재 057~061쪽

210 $\frac{10}{3}$　211 ④　212 -3　213 -3　214 4
215 $\frac{15}{4}$　216 ④　217 ③　218 $-\frac{8}{9}$　219 2
220 1　221 $\frac{35}{58}$　222 $\frac{17}{48}$　223 6　224 3
225 39　226 ①　227 $a-b, b$　228 ②
229 ④　230 ②, ④　231 -27　232 $-2, -6$
233 -10　234 5　235 $\frac{119}{120}$　236 $\frac{6}{13}$　237 1
238 1

Step 3

본교재 062~064쪽

239 $\frac{25}{2}$　240 $\frac{5}{6}$　241 18　242 -3　243 c
244 0　245 $\frac{15}{4}$　246 $1, -16, -35, -87$
247 ㄷ

창의 융합

248 (1) 소라 : 5계단, 정훈 : 15계단 (2) 정훈, 10계단
249 ③

III … 문자와 식

5 문자의 사용과 식의 계산

Step 1

본교재 067~070쪽

250 ③　251 ④　252 ③　253 ①, ④
254 $\left(\frac{x}{3}+\frac{1}{6}\right)$시간　255 $\left(10000-\frac{4}{5}ab\right)$원
256 (1) $(4a+7b)$g (2) $\frac{4a+7b}{11}$ %　257 ③
258 A 마트　259 ③　260 ②　261 -1
262 -259　263 1038 m　264 ①, ④　265 ⑤
266 $-5x-2$　267 $-\frac{1}{5}$　268 $a=3$, $12x+7$
269 $7x+2$　270 $12x-9$
271 $3x-3$　272 (1) $S=-4x+4y+32$ (2) 25
273 $\frac{11}{21}$　274 $\frac{1}{3}$

Step 2

본교재 072~077쪽

275 ④　276 ③　277 ③　278 $6a^2+2a^2n$
279 12 % 감소　280 시속 $\frac{40a}{a+20}$ km　281 -7
282 -1512　283 ⑤　284 5　285 5
286 $\frac{28}{3}$　287 55　288 16　289 72　290 $\frac{42}{5}$
291 $-9x+3$　292 $\frac{11}{12}x+\frac{5}{12}$　293 10
294 ⑤　295 $(10a-40)$칸　296 7
297 $17x-19$　298 (1) $4n+4$ (2) 404
299 $12x-3$　300 $5x-6$　301 6
302 $10x+14y+38$　303 85　304 -1　305 2
306 -9　307 2　308 $3n-3$, 222개
309 $-17x$

Step 3

본교재 078~081쪽

310 A 그릇 : $\frac{x}{3}$ %, B 그릇 : $\frac{x+y}{2}$ % 311 $-34a-15b-7$

312 $27a+20$ 313 3 314 -1

315 (1) $\frac{ac}{b}$ (2) 84 316 ④ 317 -45 318 28

319 $a=15$, $b=10$ 320 16 : 11 321 1

322 b

창의 융합

323 $8x-10y$

324 (1) $n(n+1)$ (또는 n^2+n) (2) 13단계

06 일차방정식의 풀이

Step 1

본교재 083~085쪽

325 ④ 326 ④ 327 25 328 ④

329 $b-6$ 330 ⑤ 331 $x=\frac{3}{2}$ 332 ③ 333 6

334 4 335 $a=5$, $b\neq\frac{1}{3}$ 336 9 337 ⑤

338 -1 339 4 340 8 341 -10 342 24

343 2

Step 2

본교재 088~092쪽

344 $a=-\frac{3}{2}$, $b=-2$ 345 -5 346 3 347 ⑤

348 ⑤ 349 $-11b+19c$ 350 -1 351 6

352 3 353 -3 354 -8 355 $x=18$ 356 20

357 3 358 4 359 $x=-\frac{8}{11}$ 360 -9

361 2 362 $-\frac{23}{2}$ 363 $x=-\frac{7}{3}$

364 -27 365 -30 366 -11 367 ⑤ 368 10

369 27 370 $x=-7$ 371 $y=-5$

372 5

Step 3

본교재 093~095쪽

373 33 374 $x=9$ 375 $x=-2$ 376 16

377 $\frac{26}{7}$ 378 $x=-\frac{4}{5}$ 379 ㄱ, ㄷ, ㄹ

380 7 381 $x=14$

382 (1) $p=-\frac{13}{12}$, $q=16$ (2) $p\neq-\frac{13}{12}$, $q=16$

창의 융합

383 10 384 (1) 20 (2) 2, 2

07 일차방정식의 활용

Step 1

본교재 097~100쪽

385 69 386 ② 387 72 388 25명 389 13

390 10200원 391 15마리 392 60 kg 393 8개

394 ③ 395 18분 후 396 $\frac{3}{2}$ km

397 120 m, 초속 26 m 398 8 km 399 30 g 400 ①

401 150 g 402 3시간 403 17일 404 144분 405 6

406 27개 407 28 408 12시 $\frac{360}{11}$분

Step 2

본교재 103~107쪽

409 43세 410 3마리 411 542 412 308명 413 ④

414 20 415 20000원 416 54개 417 300개

418 ③ 419 117명 420 500원이 부족하다. 421 3번

422 ③ 423 7 km 424 180 m 425 39분 후

426 오전 11시 40분 427 5 g 428 45 g

429 120 g 430 4시간 431 ⑤ 432 3시간

433 20 cm 434 1시 20분 435 40

436 332 437 360 cm^2

Step 3

본교재 108~110쪽

438 15 % 439 3일 440 81점 441 14 km

442 4시간 $\frac{600}{11}$분 443 210 L

444 $a=\frac{200}{7}$, $b=\frac{200}{49}$ 445 6명

창의 융합

446 130

447 (1) 빨간 단추 : $x-6$, 파란 단추 : $84-x$

(2) 정삼각형 : $\frac{1}{3}x-1$, 정사각형 : $-\frac{1}{4}x+22$ (3) 36

IV ··· 좌표평면과 그래프

08 좌표평면과 그래프

Step 1
본교재 113~115쪽

448 13　449 14　450 C$(-5, -3)$, D$(3, -3)$, 32

451 C$\left(-\frac{1}{5}, 3\right)$　452 ④　453 ②　454 ④

455 Q$(3, -3)$　456 제4사분면　457 32

458 C$(-2, -6)$　459 23　460 84　461 -4

462 ④　463 ③　464 ③

465 (1) 35 m　(2) 12분　(3) 12분

Step 2
본교재 118~122쪽

466 10　467 C$(6, 3)$　468 25

469 -2, $-\frac{3}{2}$　470 ④　471 -10

472 제3사분면　473 2　474 ④

475 ③, ⑤　476 10　477 제3사분면　478 2

479 ④　480 $P_{200}(6, 8)$　481 24

482 1, -7　483 4　484 ④　485 ③　486 ④

487 (1) 20 m　(2) 분속 35 m　488 48분　489 ④

490 2　491 2

Step 3
본교재 123~125쪽

492 제4사분면

493 (1) Q$(12, 6)$　(2) R$(0, 12)$　(3) 90초 후　494 6

495 ㄱ, ㄷ, ㄹ　496 8　497 -13　498 ④

499 ⑤

창의 융합

500 2일　501 ㉮ : 30 cm^2, ㉯ : 75 cm^2, ㉰ : 90 cm^2

09 정비례와 반비례

Step 1
본교재 127~130쪽

502 ②　503 -6　504 $y=-3x$ 또는 $y=3x$

505 9　506 ②　507 3　508 16　509 $\frac{8}{5}$

510 $\frac{2}{3} \le a \le 2$　511 A$(8, 24)$

512 -24　513 $\frac{3}{4}$　514 $\frac{4}{3}$　515 10　516 ④

517 15　518 6　519 -12　520 -14　521 $\frac{45}{2}$

522 20　523 (1) $y=24x$　(2) 7초 후

524 $y=\frac{150}{x}$, 15명

525 (1) 50 Hz　(2) $\frac{17}{1000}$ m 이상 17 m 이하

Step 2
본교재 133~136쪽

526 -4　527 6　528 $\frac{3}{2}$　529 6　530 44

531 C$(9, 4)$　532 $\frac{14}{25}$　533 $\frac{16}{9}$　534 $\frac{10}{13}$

535 350　536 13　537 $\frac{49}{8}$　538 58　539 4

540 36　541 9　542 42　543 $\frac{71}{2}$

544 $y=\frac{7}{3}x$, 105번　545 $A=15$, $y=\frac{15}{x}$　546 50분

547 $y=500x$, 30 km　548 $\frac{7}{2}$

Step 3
본교재 137~140쪽

549 (1) $y=\frac{9}{17}x$　(2) 102　550 1　551 7

552 $\frac{32}{3}$　553 ⑤　554 60　555 $\frac{6}{7} \le m \le \frac{14}{3}$

556 58　557 (1) B$\left(\frac{m}{2}, 0\right)$　(2) F$\left(6, \frac{2}{3}\right)$　558 4

559 1 : 2　560 4

창의 융합

561 5개　562 $y=\frac{2}{3}x$, 6번

빠른 정답 WORKBOOK

중단원 TEST ···Ⅰ 소인수분해

01 소인수분해 워크북 142~143쪽

01 3　02 29　03 ④　04 3　05 ①
06 (1) 17 (2) 21　07 70　08 16
09 (1) 5 (2) 4　10 ③　11 22　12 392

02 최대공약수와 최소공배수 워크북 144~145쪽

01 144, 168, 192　02 8　03 18, 126　04 126
05 240개, 13 cm　06 12번　07 211개　08 13분
09 42, 126　10 95　11 266　12 (1) 10 (2) 10

중단원 TEST ···Ⅱ 정수와 유리수

03 정수와 유리수 워크북 146~147쪽

01 0　02 49　03 9　04 4
05 $b<c<a$　06 ③　07 ③　08 5　09 ④
10 3　11 70　12 6

04 정수와 유리수의 계산 워크북 148~149쪽

01 $\frac{1}{2}$　02 $-\frac{1}{6}$　03 $-\frac{4}{5}$　04 $-\frac{1}{4}$, $-\frac{5}{3}$, $\frac{17}{12}$
05 $-\frac{1}{5}$　06 7　07 4　08 3　09 28
10 ④　11 ⑤　12 $\frac{1}{20}$

중단원 TEST ···Ⅲ 문자와 식

05 문자의 사용과 식의 계산 워크북 150~151쪽

01 ③　02 ⑤　03 2500　04 $\frac{1}{2}$　05 -71
06 $-\frac{21}{20}x-\frac{67}{20}$　07 8 % 증가　08 242
09 (1) $(10n+18)$ cm (2) 328 cm　10 $-12x+17$
11 $-8x+20$　12 -9

06 일차방정식의 풀이 워크북 152~153쪽

01 $\frac{8}{3}$　02 $-19b-11c$　03 2　04 $x=1$
05 ⑤　06 23　07 $x=\frac{7}{5}$　08 $\frac{3}{4}$　09 1.6
10 -2　11 48　12 -7

07 일차방정식의 활용 워크북 154~155쪽

01 72　02 564　03 120송이　04 320명　05 4000원
06 56명　07 74분　08 ⑤　09 19 g　10 11일
11 30개　12 66

중단원 TEST ···Ⅳ 좌표평면과 그래프

08 좌표평면과 그래프 워크북 156~157쪽

01 10　02 5　03 제4사분면　04 1
05 ⑤　06 ④　07 15　08 ㄴ　09 336
10 16분

09 정비례와 반비례 워크북 158~159쪽

01 6　02 21　03 4　04 18　05 2
06 30　07 16　08 51　09 25
10 $m\le-\frac{3}{5}$ 또는 $m\ge\frac{5}{2}$　11 $y=\frac{5}{2}x$, 90번
12 $A=14$, $y=\frac{14}{x}$

대단원 TEST

Ⅰ 소인수분해

워크북 160~163쪽

01 ㄴ, ㄷ, ㅁ 02 2묶음 03 316 04 (1) 6 (2) 4 (3) 43
05 40 06 14 07 640 08 9개 09 6
10 165 11 ⑤ 12 4 13 $a=150$, $b=20$
14 $a=35$, $b=42$ 15 ② 16 ④ 17 517
18 ⑤ 19 24그루 20 (1) 200 (2) 300 (3) 1200원
21 병인년

Ⅱ 정수와 유리수

워크북 164~167쪽

01 ② 02 9 03 ④ 04 60 05 ②
06 -50 07 2 08 60 09 4 10 ④
11 $\frac{10}{3}$ 12 $\frac{1}{2}$ 13 $-\frac{16}{15}$ 14 6 15 $\frac{19}{90}$
16 ③ 17 (1) $A=\frac{7}{2}$, $B=-\frac{2}{3}$ (2) $\frac{3}{14}$ 18 13
19 $b-a^2+cd<0$ 20 a^2, $-\frac{1}{b}$, $\frac{1}{c}$, $\frac{1}{a}$, $-c$ 21 6
22 16 23 -31 24 $\frac{5}{24}$

Ⅲ 문자와 식

워크북 168~171쪽

01 ③ 02 $-8x+32$ 03 ③ 04 -6
05 $9x+28$ 06 ③ 07 $14x+16y+12$
08 $-\frac{7}{30}$ 09 $a=9$, $b\neq-1$ 10 ④
11 $x=-\frac{3}{2}$ 12 2 13 ② 14 8
15 $x=\frac{34}{9}$ 16 $\frac{3}{2}$ 17 $\frac{8}{3}$ 18 11 19 ②
20 16500원 21 160명 22 120 m 23 $\frac{200}{3}$ g
24 560개

Ⅳ 좌표평면과 그래프

워크북 172~175쪽

01 C(4, 11) 02 C(7, 2)
03 (1) P(-4, 5), Q(1, 6) (2) 30초 후 04 ① 05 6
06 ② 07 -6 08 (1) 3초 (2) 45 cm^2 09 25분
10 정비례 11 $\frac{3}{2}$ 12 $\frac{8}{9}$ 13 $\frac{3}{4}$ 14 7
15 $\frac{3}{5}$ 16 -10 17 10 18 $\frac{81}{4}$
19 $D\left(\frac{3m}{2}, \frac{6}{m}\right)$ 20 $\frac{40}{3}$ 21 $\frac{4}{3}$
22 $y=\frac{30}{x}$ 23 (1) $y=\frac{3}{5}x$ (2) 10개

MEMO

유 형 + 내 신

고쟁이

중학 1·1

정답과 풀이

Ⅰ … 소인수분해

01 소인수분해

Step 1 교과서를 정복하는 핵심 유형 본교재 007~009쪽

001 ㄷ, ㄹ	002 3	003 ④, ⑤	004 ②	005 2
006 ③	007 ④	008 35	009 15	010 ④
011 ④	012 33	013 ④, ⑤	014 ③	015 ①
016 ①	017 4	018 10	019 6	

핵심 01 소수와 합성수

001 답 ㄷ, ㄹ

ㄱ. 짝수 중에서 소수는 2의 1개뿐이다.
ㄷ. 2와 3은 소수이지만 $2\times3=6$은 합성수이다.
ㄹ. 소수가 아닌 자연수는 1 또는 합성수이다.
ㅁ. 30 이하의 자연수 중에서 소수는 2, 3, 5, 7, 11, 13, 17, 19, 23, 29의 10개이다.
따라서 옳지 않은 것은 ㄷ, ㄹ이다.

002 답 3

소수는 2, 79, 97의 3개이므로 $a=3$
합성수는 4, 15, 27, 63, 81, 111($\to 3\times37$)의 6개이므로 $b=6$
$\therefore b-a=6-3=3$

003 답 ④, ⑤

① 가장 작은 합성수는 4이다.
② 5의 배수 중에서 5는 소수이다.
③ 소수의 약수는 1과 자기 자신뿐이므로 약수는 항상 2개이다.
⑤ 소수 n의 약수는 1과 n뿐이므로 소수 n의 모든 약수의 합은 $n+1$이다.
따라서 옳은 것은 ④, ⑤이다.

핵심 02 거듭제곱

004 답 ②

$3^1=3$, $3^2=9$, $3^3=27$, $3^4=81$, $3^5=243$, …이므로 3의 거듭제곱의 일의 자리의 숫자는 3, 9, 7, 1이 순서대로 반복된다.
이때 $169=4\times42+1$이므로 3^{169}의 일의 자리의 숫자는 3, 9, 7, 1 중 첫 번째 수인 3이다.

005 답 2

tip ⊛ 어떤 수를 10으로 나누었을 때의 나머지는 어떤 수의 일의 자리의 숫자와 같다.
2^{57}을 10으로 나눈 나머지는 2^{57}의 일의 자리의 숫자와 같고, $2^1=2$, $2^2=4$, $2^3=8$, $2^4=16$, $2^5=32$, …이므로 2의 거듭제곱의 일의 자리의 숫자는 2, 4, 8, 6이 순서대로 반복된다.
이때 $57=4\times14+1$이므로 2^{57}을 10으로 나누었을 때의 나머지는 2, 4, 8, 6 중 첫 번째 수인 2이다.

핵심 03 소인수분해

006 답 ③

① $45=3^2\times5$이므로 소인수는 3, 5의 2개
② $48=2^4\times3$이므로 소인수는 2, 3의 2개
③ $84=2^2\times3\times7$이므로 소인수는 2, 3, 7의 3개
④ $147=3\times7^2$이므로 소인수는 3, 7의 2개
⑤ $484=2^2\times11^2$이므로 소인수는 2, 11의 2개
따라서 소인수의 개수가 나머지 넷과 다른 하나는 ③이다.

007 답 ④

882를 소인수분해하면 $882=2\times3^2\times7^2$이므로
882의 소인수는 2, 3, 7이다.
$\therefore <882>=2+3+7=12$

008 답 35

(가)에서 n의 값이 될 수 있는 수는 30, 31, 32, 33, 34, 35
이 수를 각각 소인수분해하면
$30=2\times3\times5$, 31, $32=2^5$, $33=3\times11$, $34=2\times17$, $35=5\times7$
(나)에서 두 소인수의 합이 12이므로 조건을 모두 만족하는 자연수 n의 값은 35이다.

다른 풀이
(나)에서 두 소인수의 합이 12이므로 12 이하의 소인수 2, 3, 5, 7, 11 중 두 소수의 합이 12가 되는 경우는 $5+7=12$뿐이다.
(가)에서 n의 값이 될 수 있는 수는 30, 31, 32, 33, 34, 35
이 중 5와 7을 소인수로 가지는 수는 35이다.

009 답 15

$1\times2\times3\times\cdots\times10$
$=1\times2\times3\times2^2\times5\times(2\times3)\times7\times2^3\times3^2\times(2\times5)$
$=2^8\times3^4\times5^2\times7$
이므로 $2^8\times3^4\times5^2\times7=2^a\times3^b\times5^c\times7^d$에서 $a=8$, $b=4$, $c=2$, $d=1$
$\therefore a+b+c+d=8+4+2+1=15$

핵심 04 제곱인 수

010 답 ④

189를 소인수분해하면 $189=3^3\times7$
189에 자연수를 곱하여 어떤 자연수의 제곱이 되려면 소인수의 지수가 모두 짝수이어야 하므로 곱하는 수는 $3\times7\times(\text{자연수})^2$ 꼴이어야 한다.
따라서 곱할 수 있는 가장 작은 자연수는 $3\times7=21$

011 답 ④

54를 소인수분해하면 $54=2\times3^3$

$54\times a=2\times3^3\times a=b^2$이 되려면 소인수의 지수가 모두 짝수이어야 하므로 곱하는 수는 $2\times3\times$(자연수)^2 꼴이어야 한다.

따라서 곱할 수 있는 가장 작은 자연수 a의 값은 $a=2\times3=6$

이때 $b^2=54\times6=324=18^2$이므로 $b=18$

$\therefore a+b=6+18=24$

012 답 33

528을 소인수분해하면 $528=2^4\times3\times11$

나누는 자연수를 a라 할 때, $\frac{528}{a}=\frac{2^4\times3\times11}{a}=$(자연수)^{2}이 되려면 소인수의 지수가 모두 짝수이어야 하므로 나누는 수는 $2^4\times3\times11$의 약수이면서 $3\times11\times$(자연수)^2 꼴이어야 한다.

따라서 a의 값 중 가장 작은 자연수는 $3\times11=33$

핵심 05 약수와 약수의 개수 구하기

013 답 ④, ⑤

252를 소인수분해하면 $252=2^2\times3^2\times7$이므로 252의 약수는 2^2의 약수와 3^2의 약수와 7의 약수의 곱으로 구할 수 있다.

2^2의 약수 : 1, 2, 2^2

3^2의 약수 : 1, 3, 3^2

7의 약수 : 1, 7

④ $2^3\times7$에서 2^3은 2^2의 약수가 아니므로 252의 약수가 아니다.

⑤ $2^4\times3\times7$에서 2^4은 2^2의 약수가 아니므로 252의 약수가 아니다.

따라서 252의 약수가 아닌 것은 ④, ⑤이다.

014 답 ③

300을 어떤 자연수로 나누면 나누어떨어지므로 어떤 자연수는 300의 약수이다.

300을 소인수분해하면 $300=2^2\times3\times5^2$이므로 300의 약수는 2^2의 약수와 3의 약수와 5^2의 약수의 곱으로 구할 수 있다.

2^2의 약수 : 1, 2, 2^2

3의 약수 : 1, 3

5^2의 약수 : 1, 5, 5^2

③ $2^2\times3^2$에서 3^2은 3의 약수가 아니므로 300의 약수가 아니다.
즉 300을 나누어떨어지게 할 수 없다.

따라서 어떤 자연수가 될 수 없는 것은 ③이다.

015 답 ①

약수의 개수를 구하면 다음과 같다.

① $2^2\times3\times5$의 약수의 개수는 $(2+1)\times(1+1)\times(1+1)=12$

② $5^2\times7^2$의 약수의 개수는 $(2+1)\times(2+1)=9$

③ $32=2^5$이므로 약수의 개수는 $5+1=6$

④ $54=2\times3^3$이므로 약수의 개수는 $(1+1)\times(3+1)=8$

⑤ $75=3\times5^2$이므로 약수의 개수는 $(1+1)\times(2+1)=6$

따라서 약수의 개수가 가장 많은 것은 ①이다.

016 답 ①

$2^2\times5\times11^x$의 약수의 개수가 12이므로

$(2+1)\times(1+1)\times(x+1)=12$, $6\times(x+1)=12$

$x+1=2$ $\quad\therefore x=1$

017 답 4

288을 소인수분해하면 $288=2^5\times3^2$이므로 288의 약수의 개수는

$(5+1)\times(2+1)=18$

$3\times5^a\times7^b$의 약수의 개수는

$(1+1)\times(a+1)\times(b+1)=2\times(a+1)\times(b+1)$

이때 288의 약수의 개수와 $3\times5^a\times7^b$의 약수의 개수가 같으므로

$2\times(a+1)\times(b+1)=18$, $(a+1)\times(b+1)=9$

a, b는 자연수이므로 $a+1=3$, $b+1=3$ $\quad\therefore a=2$, $b=2$

$\therefore a+b=2+2=4$

발전 06 약수가 k개인 자연수

018 답 10

약수의 개수가 홀수인 자연수는 어떤 자연수의 제곱인 수이다.

따라서 구하는 수는 $1^2=1$, $2^2=4$, $3^2=9$, $\cdots$, $10^2=100$의 10개이다.

019 답 6

약수의 개수가 3인 자연수는 어떤 소수의 제곱인 수이다.

따라서 구하는 수는 $2^2=4$, $3^2=9$, $5^2=25$, $7^2=49$, $11^2=121$, $13^2=169$의 6개이다.

Step 2 실전문제 체화를 위한 심화 유형

본교재 012~016쪽

020 ㄷ, ㅁ	021 240	022 36	023 42	024 46
025 2	026 10	027 4	028 ②	029 5
030 135	031 ④	032 84	033 385	034 126
035 75	036 7	037 14	038 40	039 9개
040 4	041 4	042 59	043 ⑤	044 8
045 56	046 2	047 252	048 11	

유형 01 소수와 합성수

020 답 ㄷ, ㅁ

ㄱ. $5+6=11$과 같이 소수와 합성수의 합이 소수일 수도 있다.

ㄴ. 2의 배수 중에서 2는 소수이다.

ㄹ. 10 이하의 소수는 2, 3, 5, 7의 4개이다.

ㅁ. a, b가 소수일 때, $a\times b$의 약수는 1, a, b, $a\times b$의 4개이므로 $a\times b$는 소수가 아니다.

ㅂ. 33은 약수가 1, 3, 11, 33의 4개이므로 소수가 아니다.

따라서 옳은 것은 ㄷ, ㅁ이다.

021 (답) 240

(나)에서 n의 약수는 1과 n뿐이므로 n은 소수이다.
이때 (가)에서 50 이상 70 이하인 자연수 중 소수는 53, 59, 61, 67이다.
따라서 조건을 모두 만족하는 모든 n의 값의 합은
$53+59+61+67=240$

022 (답) 36

(가)에서 약수가 2개인 자연수는 소수이므로 두 자연수의 곱은 소수이다.
즉 곱이 소수이기 위해서는 두 자연수 중 하나는 1이어야 한다.
(나)에서 두 자연수의 합이 38이므로 나머지 하나의 자연수는
$38-1=37$이다.
따라서 두 자연수의 차는 $37-1=36$

023 (답) 42

(나)에서 $10<a<35$를 만족하는 소수 a의 값은
11, 13, 17, 19, 23, 29, 31
(가)에서 $b=a-8$이므로 a의 각 값에 대하여 b의 값을 순서대로 나열하면
3, 5, 9, 11, 15, 21, 23
이 중에서 조건을 만족하는 b의 값이 될 수 있는 수는 소수이므로
$b=3, 5, 11, 23$
따라서 구하는 합은 $3+5+11+23=42$

024 (답) 46

$n=a\times b$ (a, b는 $a<b$인 소수)라 하면
n의 약수는 $1, a, b, n$이다.
자연수 n의 모든 약수의 합이 $n+26$이므로 $1+a+b+n=n+26$
$\therefore a+b=25$
이때 a, b는 모두 소수이고 합이 25인 두 소수는 2, 23뿐이므로
$a=2, b=23$
$\therefore n=2\times 23=46$

유형 02 거듭제곱

025 (답) 2

328^{67}의 일의 자리의 숫자는 8^{67}의 일의 자리의 숫자와 같다.
$8^1=8, 8^2=64, 8^3=512, 8^4=4096, 8^5=32768, \cdots$이므로 8의 거듭제곱의 일의 자리의 숫자는 8, 4, 2, 6이 순서대로 반복된다.
이때 $67=4\times 16+3$이므로 328^{67}의 일의 자리의 숫자는 8, 4, 2, 6 중 세 번째 수인 2이다.

026 (답) 10

$3^1=3, 3^2=9, 3^3=27, 3^4=81, 3^5=243, \cdots$이므로 3의 거듭제곱의 일의 자리의 숫자는 3, 9, 7, 1이 순서대로 반복된다.
이때 $104=4\times 26$이므로 3^{104}의 일의 자리의 숫자는 3, 9, 7, 1 중 네 번째 수인 1이다. $\therefore a=1$
$7^1=7, 7^2=49, 7^3=343, 7^4=2401, 7^5=16807, \cdots$이므로 7의 거듭제곱의 일의 자리의 숫자는 7, 9, 3, 1이 순서대로 반복된다.
이때 $402=4\times 100+2$이므로 7^{402}의 일의 자리의 숫자는 7, 9, 3, 1 중 두 번째 수인 9이다. $\therefore b=9$
$\therefore a+b=1+9=10$

유형 03 소인수분해

027 (답) 4

$239239=239\times 1001=239\times 7\times 11\times 13$
따라서 239239의 소인수는 7, 11, 13, 239의 4개이다.

028 (답) ②

$2=2$, $4=2^2$, $6=2\times 3$, $8=2^3$, $10=2\times 5$, $12=2^2\times 3$, $14=2\times 7$, $16=2^4$, $18=2\times 3^2$, $20=2^2\times 5$, $22=2\times 11$, $24=2^3\times 3$, $26=2\times 13$, $28=2^2\times 7$, $30=2\times 3\times 5$이므로
$2\times 4\times 6\times \cdots \times 30=2\times 2^2\times (2\times 3)\times \cdots \times (2\times 3\times 5)$
$=2^{26}\times 3^6\times 5^3\times 7^2\times 11\times 13$
따라서 $a=26, b=6, c=3, d=2$이므로
$a+b+c+d=26+6+3+2=37$

029 (답) 5

$[n]=3$이므로 n을 소인수분해하면 소인수 3의 지수는 3이다.
200 이하의 자연수 중 소인수분해하였을 때,
$3^3\times k$ (k는 3의 배수가 아닌 자연수) 꼴이 되는 수는
$27\times 1=27, 27\times 2=54, 27\times 4=108, 27\times 5=135, 27\times 7=189$
따라서 $[n]=3$이 되는 200 이하의 자연수 n은 27, 54, 108, 135, 189의 5개이다.

030 (답) 135

(나), (다)에서 두 소인수의 합이 8이므로 두 소인수는 3, 5이다.
(가)에서 100 미만의 자연수 중 소인수가 3, 5인 수는
$3\times 5=15, 3^2\times 5=45, 3\times 5^2=75$이므로 15, 45, 75이다.
따라서 구하는 합은 $15+45+75=135$

031 (답) ④

$A\times 140=A\times 2^2\times 5\times 7$이므로
$A\times 2^2\times 5\times 7=2^a\times b\times 7$ $\therefore b=5$ ($\because b$는 소수)
이때 $A\times 2^2=2^a$이므로 A는 2만을 소인수로 가진다.
$A\times 72=A\times 2^3\times 3^2$이므로
$A\times 2^3\times 3^2=2^b\times 3^c$
이때 $b=5$이고 A의 소인수는 2뿐이므로
$A\times 2^3=2^5, c=2$
$A\times 2^3=2^5$에서 $A\times 8=32$이므로 $A=4$
$A\times 2^2=2^a$이므로 $4\times 2^2=2^a$, $16=2^a$ $\therefore a=4$
$\therefore a+b+c=4+5+2=11$

032 (답) 84

(가)에서 4의 배수이고 $4=2^2$이므로 2를 소인수로 가진다.
(나)에서 두 자리의 자연수 중 4의 배수인 것을 큰 수부터 소인수분해하면

$96=4\times24=2^5\times3$의 소인수는 2, 3의 2개
$92=4\times23=2^2\times23$의 소인수는 2, 23의 2개
$88=4\times22=2^3\times11$의 소인수는 2, 11의 2개
$84=4\times21=2^2\times3\times7$의 소인수는 2, 3, 7의 3개
⋮
따라서 조건을 모두 만족하는 두 자리의 자연수 중에서 가장 큰 수는 84이다.

033 답 385

소수를 작은 수부터 나열하면 2, 3, 5, 7, …
$p<q<r$이므로
(i) $p=2$이면 $q=3$, $r=5$일 때, m의 값이 가장 작으므로
$m=2\times3\times5=30$
이때 $30>2^4\,(=16)$이므로 조건을 만족하지 않는다.
(ii) $p=3$이면 $q=5$, $r=7$일 때, m의 값이 가장 작으므로
$m=3\times5\times7=105$
이때 $105>3^4\,(=81)$이므로 조건을 만족하지 않는다.
(iii) $p=5$이면 $q=7$, $r=11$일 때, m의 값이 가장 작으므로
$m=5\times7\times11=385$
이때 $385<5^4\,(=625)$이므로 조건을 만족한다.
(i)~(iii)에서 조건을 만족하는 가장 작은 m의 값은 385이다.

034 답 126

$m\times n=1265=5\times11\times23$
m이 두 자리의 자연수이므로 가능한 m의 값은 11, 23, 55
(i) $m=11$이면 $n=5\times23=115$이므로 n이 세 자리의 자연수가 되어 조건을 만족한다.
(ii) $m=23$이면 $n=5\times11=55$이므로 n이 두 자리의 자연수가 되어 조건을 만족하지 않는다.
(iii) $m=55$이면 $n=23$이므로 n이 두 자리의 자연수가 되어 조건을 만족하지 않는다.
(i)~(iii)에서 $m=11$, $n=115$이므로
$m+n=11+115=126$

유형 04 제곱인 수

035 답 75

$(3^3\times5\times7^2)\times a$가 어떤 자연수의 제곱이 되게 하려면 소인수의 지수가 모두 짝수이어야 하므로 곱하는 수 a는 $3\times5\times(\text{자연수})^2$ 꼴이어야 한다.
a의 값이 될 수 있는 수는
$3\times5\times1^2=15$, $3\times5\times2^2=60$, $3\times5\times3^2=135$, …
이때 a는 두 자리의 자연수이므로 15, 60
따라서 구하는 합은 $15+60=75$

036 답 7

$20\times a=2^2\times5\times a$가 어떤 자연수의 제곱이 되게 하려면 소인수의 지수가 모두 짝수이어야 하므로 곱하는 수 a는 $5\times(\text{자연수})^2$ 꼴이어야 한다.
따라서 2000 이하인 자연수 a의 값은
5×1^2, 5×2^2, 5×3^2, …, 5×20^2
이 중에서 6과 서로소인 수는 (→ 소인수 중에서 6의 약수인 2와 3이 없는 수)
5×1^2, 5×5^2, 5×7^2, 5×11^2, 5×13^2, 5×17^2, 5×19^2의 7개이다.

037 답 14

$18\times a=2\times3^2\times a$, $24\times b=2^3\times3\times b$가 모두 자연수 c의 제곱이 되려면 소인수의 지수가 모두 짝수이어야 한다.
$2\times3^2\times a=2^3\times3\times b=c^2$에서 c의 값은 가장 작아야 하므로
$c^2=2^4\times3^2=144=12^2$ $\quad\therefore c=12$
$18\times a=144$에서 $a=8$
$24\times b=144$에서 $b=6$
$\therefore a-b+c=8-6+12=14$

유형 05 약수와 약수의 개수 구하기

038 답 40

$2^5\times3^4\times5^3\times7$의 약수 중에서 홀수의 개수는 $3^4\times5^3\times7$의 약수의 개수와 같다.
따라서 $2^5\times3^4\times5^3\times7$의 약수 중에서 홀수의 개수는
$(4+1)\times(3+1)\times(1+1)=40$

풀이 첨삭

여러 개의 자연수의 곱셈
(홀수)×(홀수)=(홀수)이지만 (짝수)×(짝수)=(짝수),
(짝수)×(홀수)=(짝수), (홀수)×(짝수)=(짝수)이다.
즉 여러 개의 자연수의 곱셈에서 결과가 홀수가 되려면 곱하는 수들은 모두 홀수이어야 한다.

039 답 9개

(가로의 길이)×(세로의 길이)=980이므로 가로의 길이와 세로의 길이는 모두 980의 약수이고, 그 곱은 980이다.
980을 소인수분해하면 $980=2^2\times5\times7^2$이므로
980의 약수의 개수는 $(2+1)\times(1+1)\times(2+1)=18$
따라서 가로의 길이와 세로의 길이의 쌍은 $18\div2=9$(쌍)이므로 직사각형은 모두 9개 만들 수 있다.

다른 풀이
980을 두 자연수의 곱으로 나타내면 1×980, 2×490, 4×245, 5×196, 7×140, 10×98, 14×70, 20×49, 28×35이므로 만들 수 있는 직사각형은 모두 9개이다.

040 답 4

1960을 소인수분해하면 $1960=2^3\times5\times7^2$이므로
$P(1960)=(3+1)\times(1+1)\times(2+1)=24$
$24=2^3\times3$이므로
$P(P(1960))=P(24)=(3+1)\times(1+1)=8$
$8=2^3$이므로
$P(P(P(1960)))=P(8)=3+1=4$

041

답 4

(나)에서 $2000=2^4\times5^3$이므로 2000의 약수는 다음과 같다.

$\times$	1	2	2^2	2^3	2^4
1	1	2	2^2	2^3	2^4
5	5	2×5	$2^2\times5$	$2^3\times5$	$2^4\times5$
5^2	5^2	2×5^2	$2^2\times5^2$	$2^3\times5^2$	$2^4\times5^2$
5^3	5^3	2×5^3	$2^2\times5^3$	$2^3\times5^3$	$2^4\times5^3$

(다)에서 2000의 약수 중 어떤 자연수의 제곱이 되는 수는
$1,\ 2^2,\ 2^4,\ 5^2,\ 2^2\times5^2,\ 2^4\times5^2$이다.
(가)에서 짝수이므로 (나), (다)를 만족하는 수들 중에서 짝수는
$2^2,\ 2^4,\ 2^2\times5^2,\ 2^4\times5^2$이다.
따라서 조건을 모두 만족하는 자연수는 4개이다.

042

답 59

tip 자연수 a는 1과 자기 자신 a를 반드시 약수로 가지므로 1과 a를 제외한 나머지 약수들의 합을 먼저 구한다.

자연수 a는 1과 a를 약수로 가지므로 1과 a를 제외한 나머지 약수들의 합을 k라 하면
$<a>=1+a+k=a+8$에서 $k=7$ (→ 나머지 약수들의 합)
즉 1과 a를 제외한 나머지 약수들의 합이 7이므로 자연수 a의 약수는 다음과 같은 경우로 나누어 생각할 수 있다.
(i) a의 약수가 $1,\ 2,\ 5,\ a$인 경우 $a=10$
(ii) a의 약수가 $1,\ 3,\ 4,\ a$인 경우 $a=12$
이때 12의 약수는 1, 2, 3, 4, 6, 12이므로 조건에 맞지 않는다.
(iii) a의 약수가 $1,\ 7,\ a$인 경우 $a=49$
(i)~(iii)에서 조건을 만족하는 자연수 a의 값은 10, 49이므로 구하는 합은
$10+49=59$

유형 06 약수가 k개인 자연수

043

답 ⑤

① 7의 약수의 개수는 2이므로 $f(7)=2$
② $f(5)=2,\ f(9)=f(3^2)=2+1=3$이므로 $f(5)+f(9)=2+3=5$
③ $2^2\times7^3\times11$의 약수의 개수는 $(2+1)\times(3+1)\times(1+1)=24$이므로 $f(2^2\times7^3\times11)=24$
④ 약수의 개수가 2인 수는 소수이다.
⑤ $36=2^2\times3^2$의 약수의 개수는 $(2+1)\times(2+1)=9$이므로
$f(36)\times f(x)=18$에서 $9\times f(x)=18$ $\therefore f(x)=2$
이때 약수의 개수가 2인 수는 소수이고 이 중 한 자리의 자연수 x는 2, 3, 5, 7의 4개이다.
따라서 옳지 않은 것은 ⑤이다.

044

답 8

$6=6\times1=3\times2$이므로 소인수분해하였을 때, 각각의 경우마다 조건을 만족하는 자연수를 구하면 다음과 같다.
(i) $6=6\times1=5+1$에서 a^5 (a는 소수) 꼴일 때, $2^5=32$
(ii) $6=3\times2=(2+1)\times(1+1)$에서
$a^2\times b$ ($a,\ b$는 서로 다른 소수) 꼴일 때,
$2^2\times3=12,\ 2^2\times5=20,\ 2^2\times7=28,\ 2^2\times11=44,$
$3^2\times2=18,\ 3^2\times5=45,\ 5^2\times2=50$
(i), (ii)에서 구하는 자연수는
12, 18, 20, 28, 32, 44, 45, 50의 8개이다.

045

답 56

자연수의 제곱이 되려면 소인수분해하였을 때, 모든 소인수의 지수가 짝수이어야 한다.
(가)에서 $126=2\times3^2\times7$이므로 a를 곱하여 어떤 자연수의 제곱이 되게 하려면 a는 $2\times7\times(\text{자연수})^2$ 꼴이어야 한다.
(나), (다)에서 서로 다른 소인수 2개를 가지고, 약수의 개수가 8이므로
a는 $2^3\times7=56$ 또는 $2\times7^3=686$이다.
이때 a는 100보다 크지 않으므로 구하는 a의 값은 56이다.

046

답 2

$5\times7^3\times\square$의 약수의 개수가 16이고,
$16=2\times8=4\times4=2\times4\times2$이므로
(i) $16=2\times8=(1+1)\times(7+1)$일 때,
$5\times7^3\times\square=5\times7^7$에서 $\square=7^4=2401$
(ii) $16=4\times4=(3+1)\times(3+1)$일 때,
$5\times7^3\times\square=5^3\times7^3$에서 $\square=5^2=25$
(iii) $16=2\times4\times2=(1+1)\times(3+1)\times(1+1)$일 때,
$5\times7^3\times\square=5\times7^3\times(5,\ 7\ \text{이외의 소수})$에서 $\square=2,\ 3,\ 11,\ \cdots$
(i)~(iii)에서 □ 안에 들어갈 수 있는 가장 작은 자연수는 2이다.

047

답 252

tip 7이 n의 소인수이다. → n은 7의 배수이다.

1단계 (나)를 만족하는 자연수 찾기

(나)에서 n은 7의 배수이므로
(가)에서 140 이하의 세 자리 자연수 중 7의 배수를 찾으면
105, 112, 119, 126, 133, 140이다. …… 30 %

2단계 1단계에서 구한 수를 소인수분해하기

이때 $105=3\times5\times7,\ 112=2^4\times7,\ 119=7\times17,\ 126=2\times3^2\times7,$
$133=7\times19,\ 140=2^2\times5\times7$이다. …… 50 %

3단계 조건을 모두 만족하는 모든 자연수 n의 값의 합 구하기

따라서 조건을 모두 만족하는 n은 119, 133이므로
구하는 합은 $119+133=252$ …… 20 %

048

답 11

1단계 □ 안에 알맞은 자연수의 소인수의 조건 구하기

$5^6\times\square$의 약수의 개수가 14이고 $14=14\times1=7\times2$이므로 다음과 같이 두 가지 경우로 나누어 생각할 수 있다.
(i) $14=14\times1=13+1$에서 소인수가 1개인 경우
(ii) $14=7\times2=(6+1)\times(1+1)$에서 소인수가 2개인 경우
…… 30 %

❷단계 소인수가 1개인 경우 □ 안에 알맞은 자연수 구하기

(i) $14=14\times1=13+1$에서 소인수가 1개인 경우
$14=13+1$이므로
$5^6\times\square=a^{13}$ (a는 자연수) 꼴이어야 한다.
$5^6\times\square$의 소인수가 1개이므로 $a=5$
즉 $5^6\times\square=5^{13}$이므로 $\square=5^7$ …… 30 %

❸단계 소인수가 2개인 경우 □ 안에 알맞은 자연수 구하기

(ii) $14=7\times2=(6+1)\times(1+1)$에서 소인수가 2개인 경우
$14=(6+1)\times(1+1)$이므로
$5^6\times\square=5^6\times p$ (p는 5가 아닌 소수) 꼴이어야 한다.
$\square=p$이므로 $\square=2, 3, 7, 11, \cdots$ …… 30 %

❹단계 □ 안에 알맞은 자연수 중에서 가장 작은 두 자리의 자연수 구하기

(i), (ii)에서 구하는 가장 작은 두 자리의 자연수는 11이다. …… 10 %

Step 3 최상위권 굳히기를 위한 최고난도 유형 본교재 017~019쪽

049 45, 133		**050** (1) 38 (2) 42		**051** 640
052 48	**053** 204	**054** 357	**055** 14개	**056** 8

창의 융합

057 5, 20, 45	**058** 10, 40, 90

049 답 45, 133

a를 소인수분해하면 $a=b\times d\times f\times g$이고 10보다 작은 소수는 2, 3, 5, 7이므로 $d=f$, $b+d+f-1=g$를 만족하는 세 소수 b, d, g를 (b, d, g)로 나타내면
$b=2$, $d=f=2$, $g=b+d+f-1=2+2+2-1=5$ 또는
$b=2$, $d=f=3$, $g=b+d+f-1=2+3+3-1=7$에서
$(2, 2, 5)$, $(2, 3, 7)$이다.
(i) $g=5$일 때, $a=b\times d\times f\times g$
$=2\times2\times2\times5=40$
이므로 $a+g=40+5=45$
(ii) $g=7$일 때, $a=b\times d\times f\times g$
$=2\times3\times3\times7=126$
이므로 $a+g=126+7=133$
(i), (ii)에서 $a+g$의 값은 45, 133이다.

풀이 첨삭

$b+d+f-1=g$에서 g는 2보다 큰 소수이므로 홀수이다.
따라서 $b+2\times d-1=g$, $b+$(짝수)$-1=$(홀수), 즉
$b+$(홀수)$=$(홀수)이려면 b는 짝수이면서 소수이므로 $b=2$뿐이다.

050 답 (1) 38 (2) 42

(1) 54를 소인수분해하면 $54=2\times3^3$이므로
$S(54)=2+3+3+3=11$
6300을 소인수분해하면 $6300=2^2\times3^2\times5^2\times7$이므로
$S(6300)=2+2+3+3+5+5+7=27$
$\therefore S(54)+S(6300)=11+27=38$
(2) 12를 서로 다른 세 소인수의 합으로 나타내고, 그때의 n의 값을 구하면 다음과 같다.
(i) $2+3+7=12$이므로 $n=2\times3\times7=42$
(ii) $2+2+3+5=12$이므로 $n=2^2\times3\times5=60$
(i), (ii)에서 $S(n)=12$를 만족하는 가장 작은 자연수 n의 값은 42이다.

051 답 640

$14=14\times1=7\times2$이므로 각각의 경우마다 조건을 만족하는 세 자리의 자연수를 구하면 다음과 같다.
(i) $14=14\times1=13+1$에서
a^{13} (a는 소수) 꼴일 때, $2^{13}>999$이므로
a^{13} 꼴인 세 자리의 자연수는 없다.
(ii) $14=7\times2=(6+1)\times(1+1)$에서
$a^6\times b$ (a, b는 서로 다른 소수) 꼴일 때, 세 자리의 자연수는
$2^6\times3=192$, $2^6\times5=320$, $2^6\times7=448$, $2^6\times11=704$,
$2^6\times13=832$
(i), (ii)에서 세 자리의 자연수 중 가장 작은 수는 192, 가장 큰 수는 832이므로 두 수의 차는 $832-192=640$

052 답 48

28을 소인수분해하면 $28=2^2\times7$이므로
$f(28)=(2+1)\times(1+1)=6$
24를 소인수분해하면 $24=2^3\times3$이므로
$g(24)=(1+2+2^2+2^3)\times(1+3)=15\times4=60$
$f(28)\times f(x)=g(24)$에서 $6\times f(x)=60$ $\quad\therefore f(x)=10$
즉 x는 약수의 개수가 10인 자연수이다.
이때 $10=10\times1=5\times2$이므로 각각의 경우마다 조건을 만족하는 가장 작은 수를 구하면 다음과 같다.
(i) $10=10\times1=9+1$에서 $x=a^9$ (a는 소수) 꼴일 때,
가장 작은 자연수는 $2^9=512$
(ii) $10=5\times2=(4+1)\times(1+1)$에서
$x=a^4\times b$ (a, b는 서로 다른 소수) 꼴일 때,
가장 작은 자연수는 $2^4\times3=48$
(i), (ii)에서 x의 값 중 가장 작은 자연수는 48이다.

053 답 204

구하는 수를 $a^l\times b^m\times c^n$ (a, b, c는 $a<b<c$인 소수이고 l, m, n은 자연수)이라 하면 (나)에서 $a+b+c=22$
이때 세 소인수의 합은 짝수이고 2를 제외한 소수는 모두 홀수이므로
$a=2$
즉 $2+b+c=22$에서 $b+c=20$
$\therefore a=2$, $b=3$, $c=17$ 또는 $a=2$, $b=7$, $c=13$
(가)에서 약수의 개수가 12이므로
$12=2\times2\times3=(1+1)\times(1+1)\times(2+1)$

이때 $a^l \times b^m \times c^n$이 가장 작은 자연수이려면 $l=2$, $m=1$, $n=1$이어야 한다.

(i) $a=2$, $b=3$, $c=17$일 때,
$a^2 \times b \times c = 2^2 \times 3 \times 17 = 204$

(ii) $a=2$, $b=7$, $c=13$일 때,
$a^2 \times b \times c = 2^2 \times 7 \times 13 = 364$

(i), (ii)에서 조건을 모두 만족하는 가장 작은 자연수는 204이다.

054 ··· 답 357

여섯 자리의 자연수 $abcabc$에 대하여
$abcabc = abc \times 1001 = abc \times 7 \times 11 \times 13$
이때 a, b, c는 서로 다른 한 자리의 소수이고 $a<b<c$이므로
$abc = 235, 237, 257, 357$

(i) $abc=235$일 때,
$abcabc = 235 \times 7 \times 11 \times 13 = 5 \times 7 \times 11 \times 13 \times 47$이므로
약수의 개수는
$(1+1)\times(1+1)\times(1+1)\times(1+1)\times(1+1)=32$

(ii) $abc=237$일 때,
$abcabc = 237 \times 7 \times 11 \times 13 = 3 \times 7 \times 11 \times 13 \times 79$이므로
약수의 개수는
$(1+1)\times(1+1)\times(1+1)\times(1+1)\times(1+1)=32$

(iii) $abc=257$일 때,
$abcabc = 257 \times 7 \times 11 \times 13$이므로
약수의 개수는 $(1+1)\times(1+1)\times(1+1)\times(1+1)=16$

(iv) $abc=357$일 때,
$abcabc = 357 \times 7 \times 11 \times 13 = 3 \times 7^2 \times 11 \times 13 \times 17$이므로
약수의 개수는
$(1+1)\times(2+1)\times(1+1)\times(1+1)\times(1+1)=48$

(i)~(iv)에서 약수의 개수가 48인 세 자리의 자연수 abc의 값은 357이다.

055 ··· 답 14개

우산이 펼쳐져 있으려면 스위치를 누른 횟수가 홀수이어야 한다.
이때 우산 번호 n에 대하여 n의 약수의 개수만큼 스위치가 눌리므로 약수의 개수가 홀수인 200 이하의 숫자를 찾아야 한다.
약수의 개수가 홀수인 수는 제곱인 수이므로 200 이하의 제곱인 수는
$1^2=1$, $2^2=4$, $3^2=9$, $4^2=16$, $5^2=25$, $6^2=36$, $7^2=49$, $8^2=64$, $9^2=81$, $10^2=100$, $11^2=121$, $12^2=144$, $13^2=169$, $14^2=196$이다.
따라서 200 이하의 제곱인 수는 14개이므로 펼쳐져 있는 우산은 모두 14개이다.

참고 약수의 개수가 홀수이면 우산은 펼쳐져 있고 약수의 개수가 짝수이면 우산은 접혀져 있다.

056 ··· 답 8

$N(N(x))=3$에서 $N(x)$를 k라 하면 $N(k)=3$이므로 k의 약수의 개수는 3이다.
약수의 개수가 3인 수는 소수의 제곱인 수이므로 k는 소수의 제곱인 수이다. 즉 $k=2^2, 3^2, 5^2, 7^2, \cdots$
따라서 $N(x)$의 값이 될 수 있는 수는 4, 9, 25, 49, …이다.

(i) x가 25 이상 40 이하인 자연수일 때 $N(x)=4$를 만족하는 x의 값을 구하면

㉠ $4=3+1$에서 $x=a^3$ (a는 소수) 꼴일 때, x가 될 수 있는 수는
$2^3, 3^3, 5^3, 7^3, \cdots$이다.
이 중 25 이상 40 이하인 자연수 x의 값은 $3^3=27$

㉡ $4=(1+1)\times(1+1)$에서 $x=a\times b$ (a, b는 서로 다른 소수) 꼴일 때, x가 될 수 있는 수는
$2\times3, 2\times5, 2\times7, 2\times11, 2\times13, 2\times17, 2\times19, 2\times23, \cdots$
$3\times5, 3\times7, 3\times11, 3\times13, 3\times17, \cdots$
$5\times7, 5\times11, \cdots$
⋮
이 중 25 이상 40 이하인 자연수 x의 값은 $2\times13=26$, $2\times17=34$, $2\times19=38$, $3\times11=33$, $3\times13=39$, $5\times7=35$

(ii) x가 25 이상 40 이하인 자연수일 때 $N(x)=9$를 만족하는 x의 값을 구하면

㉢ $9=8+1$에서 $x=a^8$ (a는 소수) 꼴일 때, $x>40$이므로 조건을 만족하지 않는다. → x가 될 수 있는 가장 작은 값이 $2^8=256$

㉣ $9=(2+1)\times(2+1)$에서 $x=a^2\times b^2$ (a, b는 서로 다른 소수) 꼴일 때, x가 될 수 있는 수는
$2^2\times3^2, 2^2\times5^2, 2^2\times7^2, \cdots$
$3^2\times5^2, 3^2\times7^2, 3^2\times11^2, \cdots$
⋮
이 중 25 이상 40 이하인 자연수 x의 값은 $2^2\times3^2=36$

(i), (ii)에서 조건을 만족하는 자연수 x는 26, 27, 33, 34, 35, 36, 38, 39의 8개이다.

창의 융합

057 ··· 답 5, 20, 45

전구의 전원이 ON이 되려면 번호의 약수의 개수가 홀수이어야 한다.
약수의 개수가 홀수이려면 $2^2\times5\times n$의 소인수의 지수가 모두 짝수이어야 하므로 $n=5\times(\text{자연수})^2$ 꼴이어야 한다.

(i) $n=5\times1^2=5$일 때, $2^2\times5\times n=2^2\times5\times5=100$

(ii) $n=5\times2^2=20$일 때, $2^2\times5\times n=2^2\times5\times20=400$

(iii) $n=5\times3^2=45$일 때, $2^2\times5\times n=2^2\times5\times45=900$

(iv) $n=5\times4^2=80$일 때, $2^2\times5\times n=2^2\times5\times80=1600$
이때 전구는 1500개뿐이므로 80은 n의 값이 될 수 없다.

(i)~(iv)에서 구하는 자연수 n의 값은 5, 20, 45이다.

창의 융합

058 ··· 답 10, 40, 90

$\dfrac{90\times a\times b}{c}$가 어떤 자연수의 제곱이 되려면 소인수분해하였을 때, 모든 소인수의 지수가 짝수이어야 한다.

$\dfrac{90\times a\times b}{c}=\dfrac{2\times3^2\times5\times a\times b}{c}$에서

(i) $c=1$일 때, $\dfrac{2\times3^2\times5\times a\times b}{1}=2\times3^2\times5\times a\times b$이므로
$\dfrac{90\times a\times b}{c}$가 제곱인 수가 되려면 $a\times b=2\times5$
$\therefore a\times b\times c=2\times5\times1=10$

(ii) $c=2$일 때, $\frac{2\times3^2\times5\times a\times b}{2}=3^2\times5\times a\times b$이므로

$\frac{90\times a\times b}{c}$가 제곱인 수가 되려면 $a\times b=5$ 또는 $a\times b=4\times5$

$\therefore a\times b\times c=5\times2=10$ 또는 $a\times b\times c=4\times5\times2=40$

(iii) $c=3$일 때, $\frac{2\times3^2\times5\times a\times b}{3}=2\times3\times5\times a\times b$이므로

$\frac{90\times a\times b}{c}$가 제곱인 수가 되려면 $a\times b=5\times6$

$\therefore a\times b\times c=5\times6\times3=90$

(iv) $c=4$일 때, $\frac{2\times3^2\times5\times a\times b}{4}=\frac{3^2\times5\times a\times b}{2}$이므로

$\frac{90\times a\times b}{c}$가 제곱인 수가 되려면 $a\times b=2\times5$

$\therefore a\times b\times c=2\times5\times4=40$

(v) $c=5$일 때, $\frac{2\times3^2\times5\times a\times b}{5}=2\times3^2\times a\times b$이므로

$\frac{90\times a\times b}{c}$가 제곱인 수가 되려면

$a\times b=1\times2$ 또는 $a\times b=2\times4$ 또는 $a\times b=3\times6$

$\therefore a\times b\times c=1\times2\times5=10$ 또는 $a\times b\times c=2\times4\times5=40$ 또는 $a\times b\times c=3\times6\times5=90$

(vi) $c=6$일 때, $\frac{2\times3^2\times5\times a\times b}{6}=3\times5\times a\times b$이므로

$\frac{90\times a\times b}{c}$가 제곱인 수가 되려면 $a\times b=3\times5$

$\therefore a\times b\times c=3\times5\times6=90$

(i)~(vi)에서 가능한 $a\times b\times c$의 값은 10, 40, 90이다.

풀이 첨삭

구하는 것은 $a\times b\times c$의 값이므로 a, b, c가 갖는 각각의 값은 중요하지 않다. 예를 들어 $a=2$, $b=3$, $c=5$인 경우, $a=3$, $b=2$, $c=5$인 경우, $a=1$, $b=6$, $c=5$인 경우는 모두 $a\times b\times c$의 값이 30이기 때문이다.
이때 두 수 a, b는 두 주사위의 눈의 수이므로 a, b의 값은 1, 2, 3, 4, 5, 6 중에서 하나이다. 즉 $a\times b$의 값은 1 이상이고 36 이하이다. 예를 들어 풀이 (i)에서 $c=1$일 때 $a\times b$의 값은 $2\times5\times$(자연수)^2 꼴이므로 $2\times5\times1^2$, $2\times5\times2^2$, $2\times5\times3^2$, …으로 나타낼 수 있지만 a, b가 주사위의 눈의 수라는 조건 때문에 $a\times b$의 값은 2×5만 가능하다.

02 최대공약수와 최소공배수

Step 1 교과서를 정복하는 핵심 유형

본교재 021~024쪽

059 6	060 67	061 ④	062 ①, ⑤	063 ①
064 6	065 7	066 2	067 840	
068 12 cm	069 14개	070 4	071 8	072 30
073 432 cm		074 141	075 3바퀴	076 37
077 14개	078 ③	079 ④	080 $A=42$, $B=18$	
081 36	082 $A=6$, $B=14$			

핵심 01 최대공약수

059 답 6

세 수의 최대공약수는 $2^2\times3$
이때 세 수의 공약수의 개수는 최대공약수의 약수의 개수와 같으므로
$(2+1)\times(1+1)=6$

$2^3\times3\times5$
$2^3\times3^2\times5$
$2^2\times3^3\quad\times7^2$
(최대공약수)$=2^2\times3$

060 답 67

$27=3^3$이므로 27과 서로소인 수는 3과 서로소인 수이다. 즉 3의 배수가 아닌 수이다.
100 이하의 자연수 중에서 3의 배수는 33개이므로 27과 서로소인 자연수는 $100-33=67$(개)

061 답 ④

$2\times3^2\,)\,\underline{2^4\times\square\quad2\times3^3\times7}$
$\qquad\quad2^3\times a\qquad3\times7$

즉 $\square=3^2\times a$ (a는 21과 서로소) 꼴이다.

$2^4\times\square$ ($\square$: $3^2\times a$ 꼴)
$2\times3^3\times7$
(최대공약수)$=2\times3^2$

① $18=3^2\times2$ → 2는 21과 서로소이다.
② $36=3^2\times4$ → 4는 21과 서로소이다.
③ $45=3^2\times5$ → 5는 21과 서로소이다.
④ $54=3^2\times6$ → 6은 21과 서로소가 아니다.
⑤ $72=3^2\times8$ → 8은 21과 서로소이다.
따라서 □ 안에 들어갈 수 없는 것은 ④이다.

062 답 ①, ⑤

② 5와 15는 모두 홀수이지만 최대공약수가 5이므로 서로소가 아니다.
③ 1은 모든 자연수와 서로소이다.
④ 5와 14는 서로소이지만 14는 소수가 아니다.
⑤ 10 이하의 자연수 중에서 8과 서로소인 자연수는 1, 3, 5, 7, 9의 5개이다.
따라서 옳은 것은 ①, ⑤이다.

참고 공통인 소인수를 갖지 않는 두 합성수는 서로소이다.
서로소인 두 자연수는 공통인 소인수는 없지만 공약수 1은 항상 갖는다.

핵심 02 최소공배수

063 ······ 답 ①

$140=2^2\times5\times7$이므로 세 수의 최소공배수는 $2^3\times3^2\times5\times7$

이때 세 수의 공배수는 세 수의 최소공배수인 $2^3\times3^2\times5\times7$의 배수이다.

① $2^3\times3^2\times5^2$은 $2^3\times3^2\times5\times7$의 배수가 아니므로 주어진 세 수의 공배수가 아니다.

$$\begin{array}{r} 2\times3^2\times5 \\ 2^3\times3 \\ 140=2^2\quad\times5\times7 \\ \hline (\text{최소공배수})=2^3\times3^2\times5\times7 \end{array}$$

064 ······ 답 6

$2^3\times3$, $2^2\times3\times5$의 공배수는 두 수의 최소공배수인 $2^3\times3\times5=120$의 배수이다.

따라서 800 이하의 자연수 중 120의 배수는 120, 240, 360, 480, 600, 720이므로 모두 6개이다.

$$\begin{array}{r} 2^3\times3 \\ 2^2\times3\times5 \\ \hline (\text{최소공배수})=2^3\times3\times5=120 \end{array}$$

065 ······ 답 7

세 자연수의 최소공배수는 $2^3\times3\times a=168$이므로

$24\times a=168\qquad\therefore a=7$

$$\begin{array}{r} 4\times a=2^2\quad\times a \\ 6\times a=2\times3\times a \\ 8\times a=2^3\quad\times a \\ \hline (\text{최소공배수})=2^3\times3\times a=24\times a \end{array}$$

066 ······ 답 2

세 수의 최대공약수가 $2^2\times5$이므로

$a=2$

세 수의 최소공배수가 $2^4\times3^4\times5^4\times7^2$이므로 $b=4$, $c=4$

$\therefore a+b-c=2+4-4=2$

$$\begin{array}{r} 2^a\times3^3\times5^b \\ 2^4\quad\times5\times7^2 \\ 2^3\times3^c\times5^2 \\ \hline (\text{최대공약수})=2^2\quad\times5 \\ (\text{최소공배수})=2^4\times3^4\times5^4\times7^2 \end{array}$$

067 ······ 답 840

1부터 8까지의 자연수를 모두 약수로 가지는 자연수는 1부터 8까지의 자연수의 공배수이므로 구하는 가장 작은 수는 이들의 최소공배수이다.

1, 2, 3, $4(=2^2)$, 5, $6(=2\times3)$, 7, $8(=2^3)$의 최소공배수는

$2^3\times3\times5\times7=840$

핵심 03 최대공약수의 활용

068 ······ 답 12 cm

가능한 한 큰 장난감 상자의 한 모서리의 길이는 288, 420, 252의 최대공약수와 같으므로 정육면체 모양의 장난감 상자의 한 모서리의 길이는

$2^2\times3=12(\text{cm})$

$$\begin{array}{r} 288=2^5\times3^2 \\ 420=2^2\times3\times5\times7 \\ 252=2^2\times3^2\quad\times7 \\ \hline (\text{최대공약수})=2^2\times3\qquad=12 \end{array}$$

069 ······ 답 14개

깃발 사이의 간격이 최대가 되려면 깃발 사이의 간격은 144, 108의 최대공약수이어야 하므로 $2^2\times3^2=36(\text{m})$

따라서 $144\div36=4$, $108\div36=3$이므로 필요한 깃발은 $(4+3)\times2=14$(개)

$$\begin{array}{r} 144=2^4\times3^2 \\ 108=2^2\times3^3 \\ \hline (\text{최대공약수})=2^2\times3^2=36 \end{array}$$

070 ······ 답 4

두 분수 $\frac{165}{n}$, $\frac{198}{n}$이 모두 자연수가 되려면 자연수 n은 165와 198의 공약수이어야 한다.

이때 165와 198의 최대공약수는 $3\times11=33$이므로 자연수 n의 개수는 33의 약수의 개수와 같다.

따라서 $33=3\times11$이므로 구하는 n의 개수는

$(1+1)\times(1+1)=4$

$$\begin{array}{r} 165=\quad3\times5\times11 \\ 198=2\times3^2\quad\times11 \\ \hline (\text{최대공약수})=\quad3\quad\times11=33 \end{array}$$

071 ······ 답 8

어떤 자연수로 18을 나누면 2가 남으므로 $18-2=16$은 어떤 자연수로 나누면 나누어떨어진다.

또 23을 나누면 1이 부족하므로 $23+1=24$는 어떤 자연수로 나누면 나누어떨어진다.

이때 어떤 자연수는 16과 24의 공약수 중 2보다 큰 수이고, 이 중 가장 큰 수는 최대공약수이다.

따라서 16과 24의 최대공약수는 $2^3=8$이므로 구하는 자연수는 8이다.

$$\begin{array}{r} 16=2^4 \\ 24=2^3\times3 \\ \hline (\text{최대공약수})=2^3\quad=8 \end{array}$$

072 ······ 답 30

(가)에서 n은 $79-7=72$, $115-7=108$, $187-7=180$의 공약수 중 7보다 큰 수이다.

이때 72, 108, 180의 최대공약수는 $2^2\times3^2=36$이고

36의 약수 중 7보다 큰 수는 9, 12, 18, 36이다.

(나)에서 9, 12, 18, 36 중 약수의 개수가 6인 수는 12, 18이므로 구하는 합은 $12+18=30$

$$\begin{array}{r} 72=2^3\times3^2 \\ 108=2^2\times3^3 \\ 180=2^2\times3^2\times5 \\ \hline (\text{최대공약수})=2^2\times3^2\quad=36 \end{array}$$

핵심 04 최소공배수의 활용

073 ······ 답 432 cm

가장 작은 정육면체를 만들려면 정육면체의 한 모서리의 길이는 48, 54, 24의 최소공배수이어야 하므로

$2^4\times3^3=432$

따라서 정육면체의 한 모서리의 길이는 432 cm이다.

$$\begin{array}{r} 48=2^4\times3 \\ 54=2\times3^3 \\ 24=2^3\times3 \\ \hline (\text{최소공배수})=2^4\times3^3=432 \end{array}$$

074 ····· 답 141

12, 8, 9로 나누면 나누어떨어지기 위해서는 모두 3이 부족하므로 구하는 수를 x라 하면 $x+3$은 12, 8, 9의 공배수이다.

12, 8, 9의 최소공배수는 $2^3\times3^2=72$이므로 $x+3=72, 144, 216, \cdots$

$\therefore x=69, 141, 213, \cdots$

따라서 세 자리의 자연수 중에서 가장 작은 수는 141이다.

$$12=2^2\times3$$
$$8=2^3$$
$$9=\quad 3^2$$
$$(\text{최소공배수})=2^3\times3^2=72$$

075 ····· 답 3바퀴

두 톱니바퀴가 처음으로 다시 같은 톱니에서 동시에 맞물릴 때까지 돌아간 톱니의 개수는 36, 24의 최소공배수이므로

$2^3\times3^2=72$

따라서 톱니바퀴 B가 $72\div24=3$(바퀴) 회전한 후이다.

$$36=2^2\times3^2$$
$$24=2^3\times3$$
$$(\text{최소공배수})=2^3\times3^2=72$$

076 ····· 답 37

$\frac{a}{b}$가 가장 작은 수가 되려면

a는 42, 21, 6의 최소공배수이어야 하므로 $a=42$

$$42=2\times3\times7$$
$$21=\quad 3\times7$$
$$6=2\times3$$
$$(\text{최소공배수})=2\times3\times7=42$$

b는 25, 10, 35의 최대공약수이어야 하므로 $b=5$

$\therefore a-b=42-5=37$

$$25=\quad 5^2$$
$$10=2\times5$$
$$35=\quad 5\times7$$
$$(\text{최대공약수})=\quad 5$$

077 ····· 답 14개

3 cm 간격으로 눈금을 그었을 때 생기는 눈금의 개수는

$(30\div3)-1=9$

5 cm 간격으로 눈금을 그었을 때 생기는 눈금의 개수는

$(30\div5)-1=5$

이때 3, 5의 최소공배수는 $3\times5=15$이므로 3 cm와 5 cm의 간격으로 눈금을 그었을 때 겹치는 눈금의 개수는 $(30\div15)-1=1$

따라서 길이가 30 cm인 선분에 그어진 눈금의 개수는

$9+5-1=13$이므로 길이가 30 cm인 선분은 $13+1=14$(개)의 부분으로 나누어진다.

발전 05 최대공약수와 최소공배수의 관계

078 ····· 답 ③

A, B의 최대공약수가 8이므로

$A=8\times a$, $B=8\times b$ ($a<b$, a와 b는 서로소)라 하면

$8\times a\times8\times b=960$이므로 $a\times b=15$

(i) $a=1$, $b=15$일 때, $A=8$, $B=120$

(ii) $a=3$, $b=5$일 때, $A=24$, $B=40$

(i), (ii)에서 A, B가 두 자리의 자연수이므로 $A=24$, $B=40$

$\therefore A+B=24+40=64$

079 ····· 답 ④

두 수의 최소공배수를 L이라 하면

(두 수의 곱)=(최대공약수)×(최소공배수)이므로

$720=6\times L \quad \therefore L=120$

080 ····· 답 $A=42$, $B=18$

A, B의 최대공약수가 6이므로

$A=6\times a$, $B=6\times b$ ($a>b$, a, b는 서로소)라 하면

$6\times a\times b=126 \quad \therefore a\times b=21$

(i) $a=7$, $b=3$일 때, $A=42$, $B=18$

(ii) $a=21$, $b=1$일 때, $A=126$, $B=6$

(i), (ii)에서 A, B는 두 자리의 자연수이므로 $A=42$, $B=18$

081 ····· 답 36

두 자연수 A, B의 곱은 최대공약수와 최소공배수의 곱과 같으므로

$A\times B=(\text{최대공약수})\times270=4860 \quad \therefore (\text{최대공약수})=18$

$A=18\times a$, $B=18\times b$ ($a<b$, a, b는 서로소)라 하면

두 자연수 A, B의 최소공배수가 270이므로

$18\times a\times b=270 \quad \therefore a\times b=15$

(i) $a=1$, $b=15$일 때, $A=18$, $B=270$

(ii) $a=3$, $b=5$일 때, $A=54$, $B=90$

이때 두 수 A, B의 합이 144이므로 $A=54$, $B=90$

$\therefore B-A=90-54=36$

다른 풀이

두 자연수 A, B의 곱은 최대공약수와 최소공배수의 곱과 같으므로

$A\times B=(\text{최대공약수})\times270=4860 \quad \therefore (\text{최대공약수})=18$

$A=18\times a$, $B=18\times b$ ($a<b$, a, b는 서로소)라 하면

$A+B=18\times a+18\times b=18\times(a+b)=144$이므로 $a+b=8$

a, b는 서로소이고 $a<b$이므로

$a=1$, $b=7$ 또는 $a=3$, $b=5$

이때 A, B의 최소공배수가 270이므로

$18\times a\times b=270 \quad \therefore a\times b=15$

$\therefore a=3$, $b=5$

따라서 $A=18\times a=18\times3=54$, $B=18\times b=18\times5=90$이므로

$B-A=90-54=36$

082 ····· 답 $A=6$, $B=14$

(두 수의 곱)=(최대공약수)×(최소공배수)이므로

$A\times B=G\times L=84 \quad \cdots\cdots$ ㉠

이때 $A+B=20$ ($A<B$)을 만족하는 두 자연수 A, B 중에서 ㉠을 만족하는 A, B의 값을 찾으면

$A=1$, $B=19$ → $A\times B=1\times19=19$
$A=2$, $B=18$ → $A\times B=2\times18=36$
$A=3$, $B=17$ → $A\times B=3\times17=51$
$A=4$, $B=16$ → $A\times B=4\times16=64$
$A=5$, $B=15$ → $A\times B=5\times15=75$
(위 경우는 ㉠을 만족하지 않는다.)

$A=6$, $B=14$ → $A\times B=6\times14=84$ — ㉠을 만족한다.

$\therefore A=6$, $B=14$

다른 풀이

두 자연수 $A=a\times G$, $B=b\times G$ ($a<b$, a, b는 서로소)라 하면

$84=2^2\times3\times7$이므로

$G\times L=G\times(G\times a\times b)=G^2\times a\times b=2^2\times3\times7$

$\therefore G=2,\ a\times b=21$ …… ㉠

$A+B=G\times a+G\times b=2\times a+2\times b=2\times(a+b)=20$

$\therefore a+b=10$ …… ㉡

㉠, ㉡에서 $a=3,\ b=7$ ($\because A<B$)

$\therefore A=2\times3=6,\ B=2\times7=14$

Step 2 실전문제 체화를 위한 심화 유형

본교재 027~031쪽

083 50	084 36	085 30	086 300	087 21
088 ③, ⑤	089 4	090 12	091 17	092 8
093 6	094 220	095 1	096 ㄱ, ㄴ	097 18
098 80그루	099 420장	100 108	101 120분 후	
102 6회	103 9	104 80번	105 38회	106 60
107 16	108 65	109 63	110 6일	

유형 01 최대공약수

083

답 50

k와 36의 최대공약수가 1이므로 k는 36과 서로소이다.

이때 $36=2^2\times3^2$이므로 k는 2의 배수도 아니고 3의 배수도 아닌 수이다.

150 미만의 자연수 중에서

2의 배수는 $149\div2=74.5$이므로 74개

3의 배수는 $149\div3=49.\times\times\times$이므로 49개

6의 배수는 $149\div6=24.\times\times\times$이므로 24개

따라서 구하는 자연수 k의 개수는 $149-(74+49-24)=50$

084

답 36

$360=2^3\times3^2\times5$이므로

$2^3\times3^2\times5$, $2^4\times3^2\times7$,

$2^3\times3^2\times5\times7$의 최대공약수는

$2^3\times3^2=72$이다.

따라서 세 수의 공약수는 최대공약수 72의 약수이므로 두 번째로 큰 공약수는

$2^2\times3^2=36$

$$\begin{array}{rl} 360= & 2^3\times3^2\times5 \\ & 2^4\times3^2\quad\ \times7 \\ & 2^3\times3^2\times5\times7 \\ \hline (\text{최대공약수})= & 2^3\times3^2\qquad\ =72 \end{array}$$

085

답 30

세 자연수의 최대공약수가 6이므로 $72=6\times12$, $84=6\times14$이고, $a=6\times\square$ 꼴이다.

이때 $12=2^2\times3$이고, $14=2\times7$이므로 □는 2와 서로소인 수이다.

2와 서로소인 수를 작은 수부터 차례대로 나열하면 1, 3, 5, 7, 9, …이므로 a의 값이 될 수 있는 수를 작은 수부터 차례대로 나열하면

$6\times1=6$, $6\times3=18$, $6\times5=30$, …이다.

따라서 세 번째에 오는 수는 30이다.

086

답 300

(가)에서 x와 $36=2^2\times3^2$의 최대공약수는 $12=2^2\times3$이고

(나)에서 x와 $45=3^2\times5$의 최대공약수는 $15=3\times5$이므로

x는 $2^2\times3\times5$를 인수로 가지지만 3^2은 인수로 가지지 않는다.

(다)에서 x는 400 이하의 자연수이므로 x의 값은

$x=2^2\times3\times5\times1=60$, $x=2^2\times3\times5\times2=120$,

$x=2^2\times3\times5\times4=240$, $x=2^2\times3\times5\times5=300$

따라서 자연수 x의 값 중에서 가장 큰 값은 300이다.

087

답 21

$490=2\times5\times7^2$

두 자연수 A, B는 서로소가 아니므로 두 수 A, B는 각각 7을 소인수로 가지고 있어야 한다.

이때 $A<B$이므로

(i) $A=2\times7=14$, $B=5\times7=35$ $\quad\therefore B-A=35-14=21$

(ii) $A=7$, $B=2\times5\times7=70$ $\quad\therefore B-A=70-7=63$

(i), (ii)에서 $B-A$의 값 중에서 가장 작은 값은 21이다.

088

답 ③, ⑤

$24=2^3\times3$, $40=2^3\times5$이므로 24와 40의 최대공약수는 2^3

$\therefore [24, 40]=3+1=4$

이때 $[[24, 40], [a, 16]]=1$에서 $[4, [a, 16]]=1$이므로

4와 $[a, 16]$은 서로소가 되어야 한다.

① $a=4$이면 $4=2^2$, $16=2^4$이므로 4와 16의 최대공약수는 2^2

$\quad\therefore [4, 16]=2+1=3$

$\quad$이때 4와 3의 최대공약수는 1이므로 $[4, [4, 16]]=[4, 3]=1$

② $a=5$이면 5와 16의 최대공약수는 1이므로 $[5, 16]=1$

$\quad$이때 4와 1의 최대공약수는 1이므로 $[4, [5, 16]]=[4, 1]=1$

③ $a=6$이면 $6=2\times3$, $16=2^4$이므로 6과 16의 최대공약수는 2

$\quad\therefore [6, 16]=1+1=2$

$\quad$이때 4와 2의 최대공약수는 2이므로

$\quad[4, [6, 16]]=[4, 2]=1+1=2$

④ $a=7$이면 7과 16의 최대공약수는 1이므로 $[7, 16]=1$

$\quad$이때 4와 1의 최대공약수는 1이므로 $[4, [7, 16]]=[4, 1]=1$

⑤ $a=8$이면 $8=2^3$, $16=2^4$이므로 8과 16의 최대공약수는 2^3

$\quad\therefore [8, 16]=3+1=4$

$\quad$이때 4와 4의 최대공약수는 $4=2^2$이므로

$\quad[4, [8, 16]]=[4, 4]=2+1=3$

따라서 a의 값이 될 수 없는 것은 ③, ⑤이다.

089

답 4

(나)에서 세 수 A, B, C의 최대공약수는 14이고 (다)에서 $A<B<C$이므로 $A=14\times a$, $B=14\times b$, $C=14\times c$ ($a<b<c$이고 a, b, c의 최대공약수는 1)라 하면 (가)에서 $A+B+C=140$이므로

$14\times a+14\times b+14\times c=14\times(a+b+c)=140$

$\therefore a+b+c=10$

이때 (A, B, C)의 개수는 세 자연수 a, b, c에 대하여 $a+b+c=10$을 만족하는 (a, b, c)의 개수와 같다.

따라서 (a, b, c)는 $(1, 2, 7)$, $(1, 3, 6)$, $(1, 4, 5)$, $(2, 3, 5)$의 4개이므로 구하는 (A, B, C)의 개수는 4이다.

유형 02 최소공배수

090
답 12

$84=2^2\times3\times7$이고 a와 84의 최소공배수가 84가 되도록 하는 자연수 a의 개수는 84의 약수의 개수와 같으므로
$(2+1)\times(1+1)\times(1+1)=12$

091
답 17

$2^2\times3^a\times5$, $2^b\times3^3\times c$의 최대공약수가 $2^2\times3^2$이므로 $3^a=3^2$
$\therefore a=2$
$2^2\times3^2\times5$, $2^b\times3^3\times c$의 최소공배수가 $2^4\times3^3\times5\times c$이므로
$2^b=2^4 \quad \therefore b=4$
이때 c는 10보다 큰 소수이므로 $a+b+c$의 값이 가장 작으려면 $c=11$이어야 한다.
따라서 $a+b+c$의 값 중에서 가장 작은 값은 $2+4+11=17$

092
답 8

$a+b=32$ $(a<b)$를 만족하는 두 자연수 a, b 중에서 최소공배수가 60인 두 수 a, b를 찾으면 $a=12$, $b=20$

a	1	2	3	…	12	…	15
b	31	30	29	…	20	…	17
최소공배수	31	30	87	…	60	…	255

$\therefore b-a=20-12=8$

다른 풀이
$a<b$이고 $a+b=32$이므로
a는 15 이하의 자연수이고, b는 17 이상의 자연수이다.
이때 최소공배수 $60=2^2\times3\times5$이므로
$a=2^2\times3=12$, $b=2^2\times5=20$
$\therefore b-a=20-12=8$

다른 풀이
$a=A\times G$, $b=B\times G(A<B)$라 하면
a, b의 최소공배수가 60이므로 $G\times A\times B=60$
$A\times G+B\times G=G\times(A+B)=32$이므로
$\dfrac{G\times A\times B}{G\times(A+B)}=\dfrac{60}{32}=\dfrac{2^2\times3\times5}{2^5}$
$\therefore \dfrac{A\times B}{A+B}=\dfrac{15}{8}$, $G=2^2$
$A\times B=15$, $A+B=8$이면서 $A<B$인 두 자연수 A, B는
$A=3$, $B=5$
따라서 $a=3\times2^2=12$, $b=5\times2^2=20$이므로
$b-a=20-12=8$

093
답 6

$36=2^2\times3^2$, $126=2\times3^2\times7$이고 36, 126, n의 최소공배수가 $504=2^3\times3^2\times7$이므로 n은 $2^3\times3^2\times7$의 약수이면서 2^3의 배수이어야 한다.
따라서 n의 값이 될 수 있는 자연수는 $2^3\times(3^2\times7$의 약수$)$이므로
2^3, $2^3\times3$, $2^3\times7$, $2^3\times3^2$, $2^3\times3\times7$, $2^3\times3^2\times7$의 6개이다.

참고 $3^2\times7$의 약수의 개수는 $(2+1)\times(1+1)=6$으로도 구할 수 있다.

094
답 220

(가)에서 $48=2^4\times3$, $104=2^3\times13$이므로 $48\bigstar104=2^3=8$
즉 $(48\bigstar104)\times x=560$에서 $8\times x=560 \quad \therefore x=70$
(나)에서 $42=2\times3\times7$, $30=2\times3\times5$이므로
$42\diamond30=2\times3\times5\times7=210$
즉 $7\times y=42\diamond30$에서 $7\times y=210 \quad \therefore y=30$
이때 $70=2\times5\times7$, $30=2\times3\times5$이므로
$x\bigstar y=70\bigstar30=2\times5=10$
$x\diamond y=70\diamond30=2\times3\times5\times7=210$
$\therefore (x\bigstar y)+(x\diamond y)=10+210=220$

095
답 1

서로소인 두 자연수의 최소공배수는 두 수의 곱과 같으므로
$A\times B=600=2^3\times3\times5^2$
두 수 A, B $(A>B)$는 서로소이므로 각각 소인수분해했을 때, 같은 소인수를 갖지 않아야 한다.
즉 인수 2^3, 3, 5^2은 각각 A, B 중 어느 하나의 인수이어야 한다.
(i) $A=2^3\times3\times5^2=600$, $B=1$일 때
600과 1은 두 자리의 자연수가 아니므로 조건을 만족하지 않는다.
(ii) $A=2^3\times5^2=200$, $B=3$일 때
200과 3은 두 자리의 자연수가 아니므로 조건을 만족하지 않는다.
(iii) $A=3\times5^2=75$, $B=2^3=8$일 때
8은 두 자리의 자연수가 아니므로 조건을 만족하지 않는다.
(iv) $A=5^2=25$, $B=2^3\times3=24$일 때
25와 24는 두 자리의 자연수이므로 조건을 만족한다.
(i)~(iv)에서 $A+B=25+24=49$, $A-B=25-24=1$이므로
49와 1의 최대공약수는 1이다.

096
답 ㄱ, ㄴ

ㄱ. $8=2^3$, $20=2^2\times5$이므로 8, 20의 최소공배수는 $2^3\times5=40$
$\therefore L(8, 20)=40$
ㄴ. 같은 두 수에 대하여 두 수의 최소공배수는 그 자신이다.
$\therefore L(A, A)=A$
ㄷ. $A=2$, $B=3$일 때, $L(2, 3)=6$이고 $L(2, 5)=10$이므로
$L(A, B)\neq L(A, A+B)$
ㄹ. $A=4$, $B=6$, $m=3$, $n=2$일 때,
$m\times A=3\times4=12$, $n\times B=2\times6=12$이므로
$L(m\times A, n\times B)=L(12, 12)=12$
한편 $L(A, B)=L(4, 6)=12$이므로
$m\times n\times L(A, B)=3\times2\times12=72$
$\therefore L(m\times A, n\times B)\neq m\times n\times L(A, B)$
따라서 옳은 것은 ㄱ, ㄴ이다.

유형 03 최대공약수의 활용

097

답 18

(가), (나), (다)에서 a로 $27-3=24$, $45+3=48$, $56+4=60$을 나누면 나누어떨어진다.

즉 a는 $24=2^3\times3$, $48=2^4\times3$, $60=2^2\times3\times5$의 공약수이면서 4보다 커야 한다.

$$\begin{aligned} 24&=2^3\times3\\ 48&=2^4\times3\\ 60&=2^2\times3\times5\\ \hline (\text{최대공약수})&=2^2\times3=12 \end{aligned}$$

이때 a는 세 수의 최대공약수 $2^2\times3=12$의 약수이면서 4보다 큰 수이므로 6, 12이다.

따라서 조건을 모두 만족하는 자연수 a의 값의 합은 $6+12=18$

098

답 80그루

가능한 한 나무를 적게 심어야 하므로 나무 사이의 간격이 최대가 되어야 한다.

$$\begin{aligned} 108&=2^2\times3^3\\ 84&=2^2\times3\times7\\ \hline (\text{최대공약수})&=2^2\times3=12 \end{aligned}$$

즉 108과 84의 최대공약수는 $2^2\times3=12$이므로 나무 사이의 간격은 12 m이다.

따라서 직사각형 모양의 공원에 가로로 $108\div12+1=10$(줄), 세로로 $84\div12+1=8$(줄)을 심어야 하므로 나무를 모두 $10\times8=80$(그루) 심을 수 있다.

099

답 420장

오른쪽 그림과 같이 직사각형 3개로 나누어지도록 보조선을 긋자.

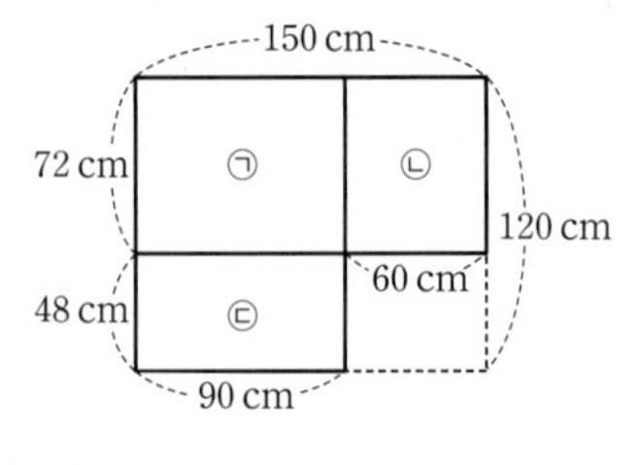

직사각형 ㉠의 내부에 가능한 한 큰 정사각형을 서로 겹치지 않고 빈틈없이 붙이려면 정사각형의 한 변의 길이는 $150-60=90$, $120-48=72$의 최대공약수이어야 한다.

90과 72의 최대공약수는 $2\times3^2=18$

$$\begin{aligned} 90&=2\times3^2\times5\\ 72&=2^3\times3^2\\ \hline (\text{최대공약수})&=2\times3^2=18 \end{aligned}$$

같은 방법으로 직사각형 ㉡에서 60과 72의 최대공약수는 $2^2\times3=12$

$$\begin{aligned} 60&=2^2\times3\times5\\ 72&=2^3\times3^2\\ \hline (\text{최대공약수})&=2^2\times3=12 \end{aligned}$$

직사각형 ㉢에서 90과 48의 최대공약수는 $2\times3=6$

$$\begin{aligned} 90&=2\times3^2\times5\\ 48&=2^4\times3\\ \hline (\text{최대공약수})&=2\times3=6 \end{aligned}$$

세 직사각형 ㉠, ㉡, ㉢에 크기가 같은 정사각형 모양의 종이를 붙여야 하므로 한 변의 길이는 18, 12, 6의 공약수이어야 하고 가능한 한 큰 정사각형 모양의 종이를 붙이려면 정사각형 모양의 종이의 한 변의 길이가 18, 12, 6의 최대공약수인 $2\times3=6$이 되어야 한다.

$$\begin{aligned} 18&=2\times3^2\\ 12&=2^2\times3\\ 6&=2\times3\\ \hline (\text{최대공약수})&=2\times3=6 \end{aligned}$$

따라서 정사각형 모양의 종이 1개의 넓이는 $6\times6=36(\text{cm}^2)$이므로 붙일 수 있는 정사각형 모양의 종이는

(세 직사각형의 넓이의 합)$\div36$

$=(150\times120-60\times48)\div36=420$(장)

100

답 108

두 분수 $\dfrac{96}{n}$, $\dfrac{102}{n}$가 모두 자연수이므로 n은 96과 102의 공약수이어야 하고, 분수 $\dfrac{m}{n}$을 약분하였을 때, 가장 작은 자연수가 되려면 n의 값은 96과 102의 공약수 중 가장 큰 수, 즉 최대공약수이어야 하므로 $n=2\times3=6$

$$\begin{aligned} 96&=2^5\times3\\ 102&=2\times3\times17\\ \hline (\text{최대공약수})&=2\times3=6 \end{aligned}$$

이때 $\dfrac{102}{n}<\dfrac{m}{n}$에서 $\dfrac{102}{6}<\dfrac{m}{6}$이므로

m은 102보다 큰 수 중 가장 작은 6의 배수이어야 한다.

$\therefore m=6\times18=108$

유형 04 최소공배수의 활용

101

답 120분 후

세 지점 A, B, C 사이의 거리의 합이 $249+278+313=840(\text{m})$이므로 민주는 $840\div84=10$(분)마다, 윤성이는 $840\div105=8$(분)마다, 다운이는 $840\div140=6$(분)마다 출발점을 지난다.

$$\begin{aligned} 10&=2\times5\\ 8&=2^3\\ 6&=2\times3\\ \hline (\text{최소공배수})&=2^3\times3\times5=120 \end{aligned}$$

따라서 10, 8, 6의 최소공배수가 $2^3\times3\times5=120$이므로 세 사람이 다시 동시에 자신의 출발점에 있게 되는 때는 120분 후이다.

102

답 6회

세 기차가 동시에 출발하는 간격은 20, 30, 40의 최소공배수이므로 $2^3\times3\times5=120$(분), 즉 2시간이다.

$$\begin{aligned} 20&=2^2\times5\\ 30&=2\times3\times5\\ 40&=2^3\times5\\ \hline (\text{최소공배수})&=2^3\times3\times5=120 \end{aligned}$$

이때 세 도시로 가는 기차가 처음으로 동시에 출발하는 시각은 오전 10시이므로 이 날 오후 9시까지 동시에 출발하는 횟수는 오전 10시, 낮 12시, 오후 2시, 오후 4시, 오후 6시, 오후 8시의 총 6회이다.

풀이 첨삭

기차역에서 세 도시로 가는 기차가 처음 출발하는 시각이 각각 다르므로 세 도시로 가는 기차가 처음으로 동시에 출발하는 시각을 구해야 한다.

기차	A	B	C
출발 시각	08:00		08:00
	08:20		
	08:40		08:40
	09:00	09:00	
	09:20		09:20
		09:30	
	09:40		
	10:00	10:00	10:00

따라서 세 기차가 처음으로 동시에 출발하는 시각은 오전 10시이다.

103 답 9

40, 90, 150의 최소공배수가 $2^3\times3^2\times5^2=1800$이므로 세 개의 증정품을 모두 받는 사람 수는 1800의 배수이다. 이때

$40=2^3\times5$
$90=2\times3^2\times5$
$150=2\times3\times5^2$
(최소공배수)$=2^3\times3^2\times5^2=1800$

$15000\div1800=8.\times\times\times$이므로 $a=8$
40, 150의 최소공배수가 $2^3\times3\times5^2=600$이므로 비누와 장바구니를 받게 되는 사람 수는 600의 배수이다. 이때 $15000\div600=25$이므로 25명인데 치약은 받지 않아야 하므로 세 가지를 모두 받은 사람을 제외해야 한다.
$\therefore b=25-8=17$
$\therefore b-a=17-8=9$

104 답 80번

두 톱니바퀴 A, B가 같은 톱니에서 처음으로 다시 맞물릴 때까지 돌아간 톱니의 수는 8과 12의 최소공배수이므로 $2^3\times3=24$이다.

$8=2^3$
$12=2^2\times3$
(최소공배수)$=2^3\times3=24$

이때 톱니 24개가 서로 맞물려 돌아가는 동안 같은 번호끼리 맞물리는 것은 처음의 8번이다.
톱니바퀴 A가 30바퀴 회전하는 동안 두 톱니바퀴 A, B는 모두 $8\times30=240$(개)의 톱니가 맞물리게 되므로 같은 번호가 적힌 톱니가 서로 맞물리는 것은 모두 $(240\div24)\times8=80$(번)이다.

105 답 38회

노즐 A는 $18+2=20$(초)마다 물을 내뿜고, 노즐 B는 $45+5=50$(초)마다 물을 내뿜고, 노즐 C는 $30+10=40$(초)마다 물을 내뿜는다.

$20=2^2\times5$
$50=2\times5^2$
$40=2^3\times5$
(최소공배수)$=2^3\times5^2=200$

이때 20, 50, 40의 최소공배수는 $2^3\times5^2=200$이므로 세 노즐은 200초마다 동시에 물을 내뿜는다.
오전 10시에 세 노즐이 동시에 물을 내뿜기 시작했으므로 3600초 후인 오전 11시에도 동시에 물을 내뿜는다. (→ 200의 배수)
따라서 오전 11시부터 오후 1시 5분까지, 즉 7500초 동안 세 노즐 A, B, C가 동시에 물을 내뿜는 횟수는 $7500\div200=37.5$에서 (→ 오전 11시 정각에 내뿜는 횟수를 제외한 횟수)
총 $37+1=38$(회)이다. (→ 오전 11시에 내뿜는 횟수)

유형 05 최대공약수와 최소공배수의 관계

106 답 60

A, B의 최대공약수가 12이므로
$A=12\times a$, $B=12\times b$ ($a<b$, a, b는 서로소)라 하면
두 자연수 A, B의 최소공배수가 72이므로
$12\times a\times b=72$ $\quad\therefore a\times b=6$
(i) $a=1$, $b=6$일 때, $A=12$, $B=72$
(ii) $a=2$, $b=3$일 때, $A=24$, $B=36$
이때 두 수 A, B의 차가 12이므로 $A=24$, $B=36$
$\therefore A+B=24+36=60$

107 답 16

$14\times A=16\times B$, 즉 $2\times7\times A=2\times8\times B$이고 7과 8은 서로소이므로 A는 8의 배수, B는 7의 배수이다.
A와 B의 최대공약수를 k (k는 자연수)라 하면
$A=8\times k$, $B=7\times k$이고
A, B의 최소공배수가 896이므로
$8\times7\times k=896$, $56\times k=896$ $\quad\therefore k=16$
따라서 $A=8\times16=128$, $B=7\times16=112$이므로
$A-B=128-112=16$

108 답 65

두 자연수 A, B의 최대공약수를 G, 최소공배수를 L이라 하면
(가)에서 $A:B=18:5$이므로
$A=18\times G$, $B=5\times G$
$L=18\times5\times G=90\times G$
(나)에서 $G+L=G+90\times G=91\times G=455$이므로 $G=5$
$\therefore A=18\times5=90$, $B=5\times5=25$
$\therefore A-B=90-25=65$

109 답 63

1단계 A, C의 값 구하기
(가)에서 $A=14\times a$, $C=14\times c$ ($a<c$, a와 c는 서로소)라 하면
A와 C의 최소공배수가 28이므로
$14\times a\times c=28$, $a\times c=2$
$\therefore a=1$, $c=2$ ($\because a<c$)
$\therefore A=14\times1=14$, $C=14\times2=28$ …… 40 %

2단계 B의 값 구하기
$C=28=7\times4$이므로 (나)에서
$B=7\times b$ ($b<4$, b와 4는 서로소)라 할 수 있다.
이때 B와 C의 최소공배수는 84이므로 $7\times b\times4=84$
$\therefore b=3$
$\therefore B=7\times3=21$ …… 40 %

3단계 $A+B+C$의 값 구하기
$\therefore A+B+C=14+21+28=63$ …… 20 %

110 답 6일

1단계 지호와 예서가 수학 공부를 며칠마다 다시 시작하는지 구하기
지호는 $3+1=4$(일)마다 수학 공부를 다시 시작하고
예서는 $5+2=7$(일)마다 수학 공부를 다시 시작한다. …… 10 %

2단계 지호와 예서가 수학 공부를 며칠마다 함께 다시 시작하는지 구하기
$4=2^2$, 7의 최소공배수는 $2^2\times7=28$이므로 28일마다 두 사람이 동시에 수학 공부를 다시 시작하게 된다. …… 30 %

❸단계 28일 동안 두 사람이 함께 쉬는 날 수 구하기

28일 동안 두 사람이 쉬는 날을 ○로 나타내면 다음과 같다.

	1	2	3	4	5	6	7	8	9	10	11	12	13	14
지호				○				○				○		
예서						○	○						○	○

	15	16	17	18	19	20	21	22	23	24	25	26	27	28
지호		○				○				○				○
예서						○	○						○	○

따라서 28일 동안 지호와 예서가 동시에 쉬는 날은 2일이다. ⋯⋯ 30 %

❹단계 7월 1일부터 9월 30일까지 두 사람이 동시에 쉬는 날 수 구하기

7월 1일부터 9월 30일까지 92일이고 $92 \div 28 = 3.\times\times\times$이므로 92일 동안 지호와 예서가 함께 쉬는 날은 $2 \times 3 = 6$(일)이다. ⋯⋯ 30 %

참고 $92 = 28 + 28 + 28 + 8$이므로 남은 8일 동안에는 진호와 예서가 같이 쉬는 날이 없으므로 둘이 함께 쉬는 날은 $2+2+2=6$(일)이다.

Step 3 최상위권 굳히기를 위한 최고난도 유형 본교재 032~034쪽

111 63 **112** 22 **113** 36 **114** 12 **115** 32
116 24, 216 **117** 16번째 **118** ⑤ **119** 3
120 550 m

창의 융합
121 32개 **122** 138분

111 답 63

$n(1, x) = n(1, 99) + n(100, x)$이므로

$n(1, x) = n(1, 99) + 50$ ⋯⋯ ㉠

이때 1 이상 99 이하의 자연수 중에서 2와 3의 공배수, 즉 6의 배수는 $99 \div 6 = 16.5$에서 16개

6과 5의 공배수, 즉 30의 배수는 $99 \div 30 = 3.3$에서 3개이므로

$n(1, 99) = 16 - 3 = 13$

따라서 ㉠에 $n(1, 99) = 13$을 대입하면

$n(1, x) = 13 + 50 = 63$

112 답 22

$14 = 2 \times 7$, $35 = 5 \times 7$, m의 최소공배수가 $140 = 2^2 \times 5 \times 7$이므로

m의 값이 될 수 있는 가장 작은 자연수는 $a = 2^2 = 4$

$36 = 2^2 \times 3^2$, $360 = 2^3 \times 3^2 \times 5$, n의 최대공약수가 $18 = 2 \times 3^2$이므로

n의 값이 될 수 있는 가장 작은 자연수는 $b = 2 \times 3^2 = 18$

$\therefore a + b = 4 + 18 = 22$

113 답 36

$\frac{18}{x}$, $\frac{36}{x}$이 자연수이므로 x는 18과 36의 공약수이고, 18과 36의 최대공약수는 18이므로 x는 18의 약수이다.

이때 18의 약수는 1, 2, 3, 6, 9, 18이고 x는 5보다 큰 자연수이므로

x의 값이 될 수 있는 수는 6, 9, 18

또 x와 y의 최소공배수가 5의 배수이므로 y는 5의 배수이고 $\frac{y}{x}$는 자연수이므로 y는 x의 배수이다. 즉 y는 x와 5의 공배수이다.

(i) $x=6$이면 y는 6과 5의 공배수이므로 $y = 30, 60, \cdots$

(ii) $x=9$이면 y는 9와 5의 공배수이므로 $y = 45, 90, \cdots$

(iii) $x=18$이면 y는 18과 5의 공배수이므로 $y = 90, 180, \cdots$

이때 $18 < y < 36$이므로 $y = 30$

$\therefore x + y = 6 + 30 = 36$

114 답 12

$60 = 2^2 \times 3 \times 5$, $270 = 2 \times 3^3 \times 5$이고, 60, A, 270의 최소공배수는 $1080 = 2^3 \times 3^3 \times 5$이므로 A는 $2^3 \times 3^3 \times 5$의 약수이면서 2^3의 배수이어야 한다.

즉 $A = 2^3 \times (3^3 \times 5$의 약수$)$ 꼴이므로 A가 될 수 있는 수는

2^3, $2^3 \times 3$, $2^3 \times 3^2$, $2^3 \times 3^3$, $2^3 \times 5$, $2^3 \times 3 \times 5$, $2^3 \times 3^2 \times 5$, $2^3 \times 3^3 \times 5$의 8개이다. $\therefore a = 8$

이때 최대공약수는 2를 반드시 포함해야 하므로 $2 \times (3 \times 5$의 약수$)$ 꼴이다. 즉 세 수의 최대공약수로 가능한 자연수는

2, 2×3, 2×5, $2 \times 3 \times 5$의 4개이다. $\therefore b = 4$

$\therefore a + b = 8 + 4 = 12$

참고 $a = (3^3 \times 5$의 약수의 개수$) = (3+1) \times (1+1) = 8$

$b = (3 \times 5$의 약수의 개수$) = (1+1) \times (1+1) = 4$

115 답 32

세 수 41, 105, 201을 A로 나눈 나머지를 r이라 하면

$41 = A \times a + r$, $105 = A \times b + r$, $201 = A \times c + r$

(a, b, c는 자연수, r은 0 이상 A 미만인 자연수)와 같이 나타낼 수 있다.

이때 $105 - 41 = A \times b - A \times a = 64$,

$201 - 41 = A \times c - A \times a = 160$,

$201 - 105 = A \times c - A \times b = 96$이므로 A는 64, 160, 96의 공약수이고 A의 값 중 가장 큰 수는 64, 160, 96의 최대공약수이다.

$$\begin{aligned} 64 &= 2^6 \\ 160 &= 2^5 \times 5 \\ 96 &= 2^5 \times 3 \\ \hline (\text{최대공약수}) &= 2^5 = 32 \end{aligned}$$

따라서 A의 값 중 가장 큰 수는 $2^5 = 32$

116 답 24, 216

A, B의 최대공약수가 6이므로

$A = 6 \times a$, $B = 6 \times b$ (a와 b는 서로소)라 하면

$A \times B = (6 \times a) \times (6 \times b)$에서

$a \times b \times 36 = 1296$ $\therefore a \times b = 36$

(i) $a=36$, $b=1$ 또는 $a=1$, $b=36$일 때,

$A = 6 \times 36 = 216$, $B = 6 \times 1 = 6$ 또는

$A = 6 \times 1 = 6$, $B = 6 \times 36 = 216$

이때 A는 4의 배수이므로 $A = 216$

(ii) $a=9$, $b=4$ 또는 $a=4$, $b=9$일 때,

$A = 6 \times 9 = 54$, $B = 6 \times 4 = 24$ 또는

$A = 6 \times 4 = 24$, $B = 6 \times 9 = 54$

이때 A는 4의 배수이므로 $A=24$
(i), (ii)에서 조건을 모두 만족하는 자연수 A의 값은 24, 216이다.

117 ······ 답 16번째

한 바퀴는 360°이고
48과 360의 최소공배수가
$2^4\times3^2\times5=720$이므로
첫 번째 삼각형과 처음으로 완전히
포개어지는 삼각형은 $720\div48+1=16$(번째) 삼각형이다.

$48=2^4\times3$
$360=2^3\times3^2\times5$
(최소공배수)$=2^4\times3^2\times5=720$

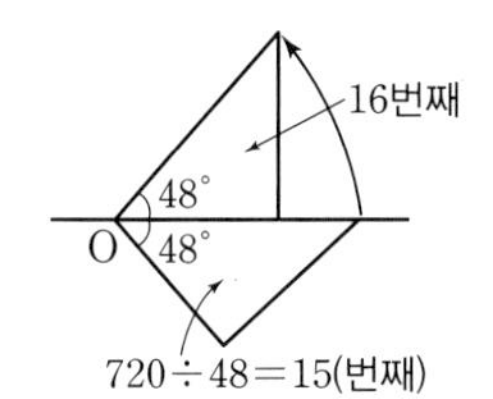

풀이 첨삭

x번째 삼각형이 첫 번째 삼각형과 완전히 포개어진다고 하면
$360^\circ\times n+48^\circ=48^\circ\times x$ (n은 자연수)
$\therefore 360^\circ\times n=(x-1)\times48^\circ$
$(x-1)\times48$이 48과 360의 최소공배수일 때, x번째 삼각형은 첫 번째 삼각형과 처음으로 완전히 포개어진다.

118 ······ 답 ⑤

모둠의 개수는 남학생 수 $29+1=30$과 여학생 수 $25-1=24$의 공약수가 되어야 한다. 이때 최대공약수가 $2\times3=6$이므로 만들 수 있는 모둠의 개수는 6의 약수인 1, 2, 3, 6인데 나머지 1보다는 커야 하므로 가능한 모둠의 개수는 2, 3, 6이다.

$30=2\times3\times5$
$24=2^3\times3$
(최대공약수)$=2\times3=6$

① 모둠은 최대 6개까지 만들 수 있다.
② 모둠의 개수를 3으로 하면 첫 번째 모둠과 두 번째 모둠에는 남학생 $30\div3=10$(명), 여학생 $24\div3=8$(명)씩 배정된다.
이때 마지막 모둠에는 남학생이 1명 적고, 여학생이 1명 많으므로 남학생 $10-1=9$(명), 여학생 $8+1=9$(명)이 배정된다.
따라서 각 모둠에 18명씩 배정된다.
③, ④, ⑤ 모둠의 개수를 최대 개수인 6으로 하면
각 모둠에 남학생 $30\div6=5$(명), 여학생 $24\div6=4$(명)씩 배정이 되지만 마지막 모둠에는 남학생 $5-1=4$(명), 여학생 $4+1=5$(명)이 배정되어 $4+5=9$(명)이 배정된다.
따라서 옳지 않은 것은 ⑤이다.

119 ······ 답 3

두 자연수 A, B의 최대공약수를 G, 최소공배수를 L이라 하고,
$A=a\times G$, $B=b\times G$ ($a>b$, a와 b는 서로소)라 하면
최소공배수를 최대공약수로 나눈 몫이 28이므로
$\frac{L}{G}=\frac{a\times b\times G}{G}=a\times b=28$
a, b는 서로소이고 $a>b$이므로 $a\times b=28$을 만족하는 a, b를 (a, b)로 나타내면 (7, 4), (28, 1)
(i) $a=7$, $b=4$일 때,
$A=7\times G$, $B=4\times G$이므로
$A+B=7\times G+4\times G=(7+4)\times G=11\times G=33$
$\therefore G=3$
$\therefore A=7\times3=21$, $B=4\times3=12$
(ii) $a=28$, $b=1$일 때,
$A=28\times G$, $B=1\times G$이므로
$A+B=28\times G+1\times G=(28+1)\times G=29\times G=33$
이를 만족하는 자연수 G는 존재하지 않는다.
(i), (ii)에서 $A-B=21-12=9=3^2$이므로 $A-B$, 즉 9의 약수의 개수는 $2+1=3$이다.

120 ······ 답 550 m

10과 22의 최소공배수는 $2\times5\times11=110$이므로 호수의 둘레의 길이는 110의 배수이다.

$10=2\times5$
$22=2\times11$
(최소공배수)$=2\times5\times11=110$

(i) 호수의 둘레의 길이가 110 m인 경우
묘목을 10 m 간격으로 심을 때, 필요한 묘목의 수는
$110\div10=11$
묘목을 22 m 간격으로 심을 때, 필요한 묘목의 수는
$110\div22=5$
따라서 두 경우에 심는 묘목의 수의 차는 $11-5=6$
(ii) 호수의 둘레의 길이가 $110\times2=220$(m)인 경우
묘목을 10 m 간격으로 심을 때, 필요한 묘목의 수는
$220\div10=22$
묘목을 22 m 간격으로 심을 때, 필요한 묘목의 수는
$220\div22=10$
따라서 두 경우에 심는 묘목의 수의 차는 $22-10=12$
(iii) 호수의 둘레의 길이가 $110\times3=330$(m)인 경우
묘목을 10 m 간격으로 심을 때, 필요한 묘목의 수는
$330\div10=33$
묘목을 22 m 간격으로 심을 때, 필요한 묘목의 수는
$330\div22=15$
따라서 두 경우에 심는 묘목의 수의 차는 $33-15=18$
⋮
(i), (ii), (iii), …에서 호수의 둘레의 길이가 110 m씩 늘어날수록 묘목의 수의 차가 6씩 커진다.
따라서 묘목의 수의 차가 30이 되려면 $30\div6=5$이므로 호수의 둘레의 길이는 $110\times5=550$(m)이다.

창의 융합

121 ······ 답 32개

직사각형 모양의 벽 ABCD의
가로에 들어가는 타일의 개수는 $144\div6=24$
세로에 들어가는 타일의 개수는 $96\div6=16$
24와 16의 최대공약수는 $2^3=8$이므로
직사각형 모양의 벽 ABCD와 가로, 세로의 길이의 비율이 같은 직사각형 중 가장

$24=2^3\times3$
$16=2^4$
(최대공약수)$=2^3=8$

적은 타일로 겹치지 않게 빈틈없이 붙일 수 있는 직사각형은
가로에 타일이 $24\div8=3$(개),
세로에 타일이 $16\div8=2$(개) 있는 직사각형이다.
가로에 타일이 3개, 세로에 타일이 2개가 들어간 직사각형에서 대각선이 지나는 타일은 오른쪽 그림과 같이 총 4개이다.
따라서 오른쪽 그림과 같은 직사각형 PBQR이 벽 ABCD에 총 $16\div2=8$(개) (또는 $24\div3=8$(개))
가 있으므로 대각선 BD가 지나가는 타일은
$4\times8=32$(개)

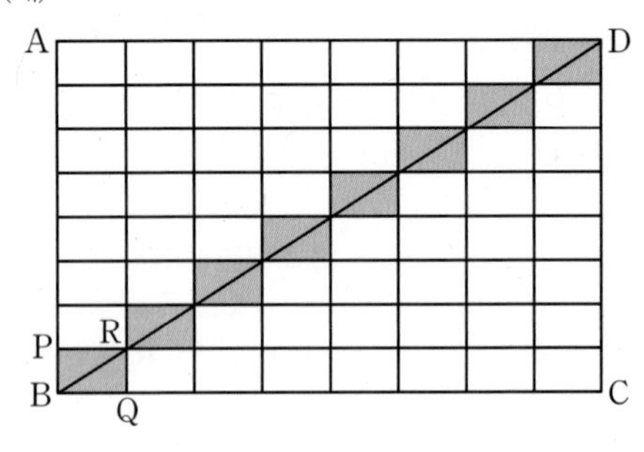

창의 융합

122

답 138분

$264=14\times18+12$이므로 케이블카 한 대에 14명씩 18번, 나머지 12명을 1번 태워야 한다.
A, B 케이블카가 올라가고 내려오는 데 걸리는 시간은 각각 12분, 20분이고, 두 케이블카는 12, 20의 공배수만큼의 시간이 지날 때마다 동시에 탑승장에 도착한다.
이때 12, 20의 최소공배수는 $2^2\times3\times5=60$이므로 60분 간격으로 두 케이블카는 동시에 출발한다.

$12=2^2\times3$
$20=2^2\quad\times5$
(최소공배수)$=2^2\times3\times5=60$

$60\div12=5$이므로 60분 동안 A 케이블카는 $5\times14=70$(명)을 태우고,
$60\div20=3$이므로 60분 동안 B 케이블카는 $3\times14=42$(명)을 태우고 전망대에 올라간다.
즉 60분 동안 $70+42=112$(명)이 전망대에 올라가고
$60\times2=120$(분) 동안 $112\times2=224$(명)이 전망대에 올라간다.
이때 남은 사람은 $264-224=40$(명)이고 A 케이블카는 6분 동안, B 케이블카는 10분 동안 동시에 14명씩 각각 태우고 올라가고 B 케이블카가 전망대에 도착하기 전에 A 케이블카가 다시 전망대를 출발하여 6분 동안 내려와 나머지 $40-(14+14)=12$(명)을 태우고 올라가는 데 6분이 걸린다.
따라서 구하는 최소 시간은 $120+12+6=138$(분)이다.

II … 정수와 유리수

03 정수와 유리수

Step 1 교과서를 정복하는 핵심 유형

본교재 037~040쪽

123 4	124 ③	125 ①, ③	126 1	
127 $a=-4$, $b=2$		128 -1	129 12	130 ⑤
131 ④	132 $\frac{3}{4}$	133 4	134 ㄷ, ㅁ, ㅂ	
135 ⑤	136 ③	137 6	138 5	139 ①
140 60	141 ⑤	142 9	143 (1) 7 (2) 4	
144 -3, -2, -1, 0, 1, 2			145 ④	
146 b, c, a				

핵심 01 정수와 유리수

123

답 4

정수는 0, $\frac{15}{3}=5$, $-\frac{34}{17}=-2$, 4의 4개이므로 $a=4$
정수가 아닌 유리수는 -1.2, $\frac{3}{4}$, $-\frac{7}{3}$의 3개이므로 $b=3$
음의 유리수는 -1.2, $-\frac{7}{3}$, $-\frac{34}{17}$의 3개이므로 $c=3$
$\therefore a+b-c=4+3-3=4$

124

답 ③

③ 기차가 출발한 지 10분 후이다. ➔ $+10$분

125

답 ①, ③

① $\frac{(\text{정수})}{(0\text{이 아닌 정수})}$ 꼴로 나타낼 수 있는 수가 유리수이다.
③ 음의 정수 중 가장 큰 수는 -1이다.

핵심 02 수직선

126

답 1

주어진 수를 수직선 위에 점으로 나타내면 다음 그림과 같다.

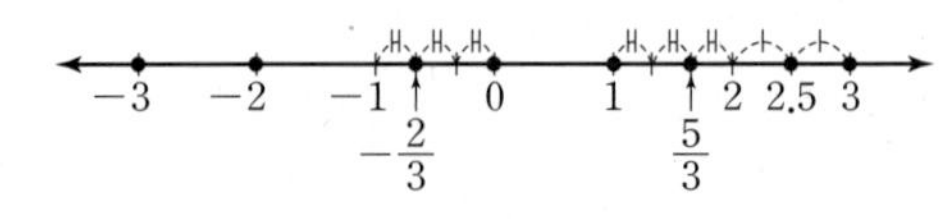

$\therefore -3<-2<-\frac{2}{3}<0<1<\frac{5}{3}<2.5<3$
따라서 오른쪽에서 네 번째에 있는 수는 1이다.

127 ⋯⋯ 답 $a=-4,\ b=2$

$-\frac{13}{3}=-4\frac{1}{3}$과 $\frac{7}{4}=1\frac{3}{4}$을 수직선 위에 점으로 나타내면 다음 그림과 같다.

따라서 $-\frac{13}{3}$에 가장 가까운 정수는 -4이므로 $a=-4$

$\frac{7}{4}$에 가장 가까운 정수는 2이므로 $b=2$

128 ⋯⋯ 답 -1

두 점 A와 B 사이의 거리가 10이므로 점 C는 두 수 -6과 4를 나타내는 점으로부터 $10\times\frac{1}{2}=5$만큼 떨어져 있고 수직선 위에 세 점 A, B, C를 나타내면 다음과 같다.

따라서 점 C가 나타내는 수는 -1이다.

129 ⋯⋯ 답 12

-3을 나타내는 점과 a를 나타내는 점 사이의 거리가 5이므로
$a=-8$ 또는 $a=2$

(i) $a=-8$일 때, $b=12$

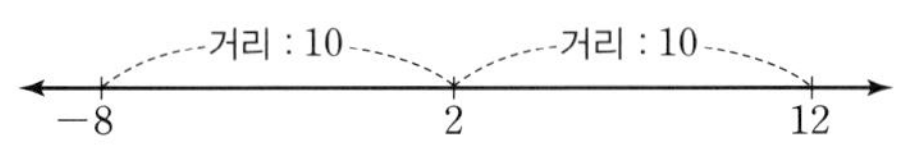

(ii) $a=2$일 때, $b=2$
이때 a, b가 서로 다른 두 수라는 조건을 만족하지 않는다.

(i), (ii)에서 $b=12$

핵심 03 절댓값

130 ⋯⋯ 답 ⑤

원점에서 가장 멀리 떨어져 있는 점이 나타내는 수는 절댓값이 가장 큰 수이다.

① $|-2.3|=2.3$ ② $\left|-\frac{8}{3}\right|=\frac{8}{3}=2\frac{2}{3}=2.666\cdots$

③ $|1|=1$ ④ $\left|-\frac{7}{8}\right|=\frac{7}{8}=0.875$

⑤ $|-3.1|=3.1$

따라서 $\left|-\frac{7}{8}\right|<|1|<|-2.3|<\left|-\frac{8}{3}\right|<|-3.1|$이므로 원점에서 가장 멀리 떨어져 있는 것은 ⑤이다.

131 ⋯⋯ 답 ④

$|a|=|b|$이고 a, b를 나타내는 두 점 사이의 거리가 $\frac{16}{7}$이므로 두 점은 원점으로부터 각각 $\frac{16}{7}\times\frac{1}{2}=\frac{8}{7}$만큼 떨어져 있다.

따라서 두 수는 $-\frac{8}{7}$, $\frac{8}{7}$이고 $a>b$이므로 $a=\frac{8}{7}$

풀이 첨삭

절댓값이 같고 부호가 반대인 두 수를 나타내는 두 점 사이의 거리가 $a\ (a>0)$

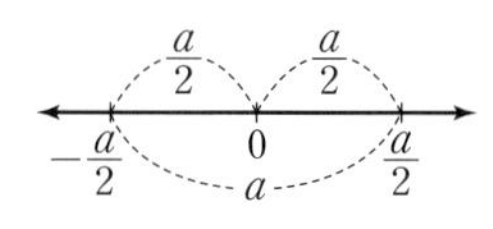

➔ 두 수의 차는 a

➔ 두 수 중 큰 수는 $\frac{a}{2}$, 작은 수는 $-\frac{a}{2}$

132 ⋯⋯ 답 $\frac{3}{4}$

$\left|-\frac{6}{7}\right|=\frac{6}{7}=\frac{120}{140}$, $\left|-\frac{4}{5}\right|=\frac{4}{5}=\frac{112}{140}$, $\left|\frac{3}{4}\right|=\frac{3}{4}=\frac{105}{140}$이므로

$\left\{\left(-\frac{6}{7}\right)\star\left(-\frac{4}{5}\right)\right\}\blacklozenge\frac{3}{4}=\left(-\frac{6}{7}\right)\blacklozenge\frac{3}{4}=\frac{3}{4}$

133 ⋯⋯ 답 4

$|x|=3$이므로 $x=3$ 또는 $x=-3$

$|y|=5$이므로 $y=5$ 또는 $y=-5$

(i) x, y를 나타내는 두 점 사이의 거리가 가장 멀 때,
$x=-3$, $y=5$ 또는 $x=3$, $y=-5$일 때이므로 $a=8$

(ii) x, y를 나타내는 두 점 사이의 거리가 가장 가까울 때,
$x=-3$, $y=-5$ 또는 $x=3$, $y=5$일 때이므로 $b=2$

(i), (ii)에서 $\frac{a}{b}=\frac{8}{2}=4$

134 ⋯⋯ 답 ㄷ, ㅁ, ㅂ

ㄱ. 절댓값은 항상 0 또는 양수이다.

ㄴ. 양수나 음수에 관계없이 원점에서 멀리 떨어져 있을수록 절댓값이 크다.

ㄹ. 음수는 절댓값이 클수록 작다.

ㅅ. 0의 절댓값은 0 하나뿐이다.

따라서 옳은 것은 ㄷ, ㅁ, ㅂ이다.

핵심 04 수의 대소 관계

135 ⋯⋯ 답 ⑤

① $\left|-\frac{5}{6}\right|=\frac{5}{6}$, $+\frac{2}{3}=+\frac{4}{6}$이므로 $\left|-\frac{5}{6}\right|>+\frac{2}{3}$

② (음수)<(양수)이므로 $-\frac{3}{4}<+\frac{4}{5}$

③ $-\frac{1}{2}=-\frac{3}{6}$, $-\frac{1}{3}=-\frac{2}{6}$이므로 $-\frac{1}{2}<-\frac{1}{3}$

④ $\left|-\frac{4}{7}\right|=\frac{4}{7}$이므로 $0<\left|-\frac{4}{7}\right|$

⑤ $\left|+\frac{6}{5}\right|=\frac{6}{5}=\frac{24}{20}$, $\left|-\frac{5}{4}\right|=\frac{5}{4}=\frac{25}{20}$이므로 $\left|+\frac{6}{5}\right|<\left|-\frac{5}{4}\right|$

따라서 옳은 것은 ⑤이다.

136
답 ③

① $-12 \boxed{<} -10$

② (음수)<(양수)이므로 $-0.33 \boxed{<} \frac{3}{10}$

③ $-\frac{4}{5}=-\frac{36}{45}$, $-\frac{8}{9}=-\frac{40}{45}$이므로 $-\frac{4}{5} \boxed{>} -\frac{8}{9}$

④ $\frac{3}{4}=\frac{21}{28}$, $\left|-\frac{6}{7}\right|=\frac{6}{7}=\frac{24}{28}$이므로 $\frac{3}{4} \boxed{<} \left|-\frac{6}{7}\right|$

⑤ $\left|-\frac{7}{9}\right|=\frac{7}{9}=\frac{14}{18}$, $\left|+\frac{5}{6}\right|=\frac{5}{6}=\frac{15}{18}$이므로 $\left|-\frac{7}{9}\right| \boxed{<} \left|+\frac{5}{6}\right|$

따라서 부등호가 나머지 넷과 다른 하나는 ③이다.

137
답 6

$-\frac{1}{4}=-\frac{3}{12}$과 $\frac{7}{6}=\frac{14}{12}$ 사이에 있는 정수가 아닌 유리수 중에서 기약분수로 나타낼 때 분모가 12인 분수는 $-\frac{1}{12}$, $\frac{1}{12}$, $\frac{5}{12}$, $\frac{7}{12}$, $\frac{11}{12}$, $\frac{13}{12}$의 6개이다.

138
답 5

(가)에서 $-2<a\le 4$이므로 이를 만족하는 정수 a는
$-1, 0, 1, 2, 3, 4$

(나)에서 $-\frac{9}{4}\le a<3.4$이므로 이를 만족하는 정수 a는
$-2, -1, 0, 1, 2, 3$

따라서 주어진 조건을 모두 만족하는 정수 a는
$-1, 0, 1, 2, 3$의 5개이다.

139
답 ①

$a\le x<8$을 만족하는 정수 x의 개수가 4이려면
$x=4, 5, 6, 7$이어야 하므로 $a=4$
$-3<y<b$를 만족하는 정수 y의 개수가 5이려면
$y=-2, -1, 0, 1, 2$이어야 하므로 $b=3$
$\therefore a-b=4-3=1$

140
답 60

A : $-10<5<8$에서 $a=-10$
B : $|1|<|-7|<|9|$에서 $b=9$
C : $\left|\frac{3}{4}\right|=\frac{3}{4}=\frac{45}{60}$, $\left|-\frac{4}{5}\right|=\frac{4}{5}=\frac{48}{60}$, $\left|-\frac{2}{3}\right|=\frac{2}{3}=\frac{40}{60}$이므로
$\left|-\frac{2}{3}\right|<\left|\frac{3}{4}\right|<\left|-\frac{4}{5}\right|$에서 $c=-\frac{2}{3}$

$\therefore |a|\times|b|\times|c|=|-10|\times|9|\times\left|-\frac{2}{3}\right|=10\times 9\times\frac{2}{3}=60$

141
답 ⑤

(가)에서 $b<0$, $|b|=4$이므로 $b=-4$
(나)에서 $|a|<|b|$이고 $b=-4$이므로 $|a|<|-4|=4$
$\therefore -4<a<4$
(다)에서 $c<-5$
따라서 $c<-5<-4=b<a<4$이므로 $c<b<a$

발전 05 절댓값의 범위

142
답 9

절댓값이 $\frac{34}{7}$인 두 수는 $-\frac{34}{7}$, $\frac{34}{7}$
이때 $-\frac{34}{7}=-4\frac{6}{7}$, $\frac{34}{7}=4\frac{6}{7}$이므로 $-\frac{34}{7}$와 $\frac{34}{7}$ 사이에 있는 정수는 $-4, -3, -2, -1, 0, 1, 2, 3, 4$의 9개이다.

143
답 (1) 7 (2) 4

(1) $\left|\frac{x}{2}\right|<2$에서 $-2<\frac{x}{2}<2$
따라서 $-\frac{4}{2}<\frac{x}{2}<\frac{4}{2}$이므로 구하는 정수 x는
$-3, -2, -1, 0, 1, 2, 3$의 7개이다.

(2) $3\le|x|<5$이므로 $|x|=3, 4$ ($\because$ x는 정수)
따라서 구하는 정수 x는 $-4, -3, 3, 4$의 4개이다.

144
답 $-3, -2, -1, 0, 1, 2$

(가)에서 $-4<a<4$이므로 이를 만족하는 정수 a는
$-3, -2, -1, 0, 1, 2, 3$
(나)에서 $-\frac{22}{3}=-7\frac{1}{3}$이므로 $-\frac{22}{3}\le a<3$을 만족하는 정수 a는
$-7, -6, -5, -4, -3, -2, -1, 0, 1, 2$
따라서 주어진 조건을 모두 만족하는 정수 a는
$-3, -2, -1, 0, 1, 2$

145
답 ④

$\left|\frac{n}{3}\right|\le 1$이므로 $-1\le\frac{n}{3}\le 1$
$-\frac{3}{3}\le\frac{n}{3}\le\frac{3}{3}$이므로 $-3\le|n|\le 3$을 만족하는 정수 n은
$-3, -2, -1, 0, 1, 2, 3$
$|n|\ge 0.9$이므로 $n\le -0.9$ 또는 $n\ge 0.9$
따라서 구하는 정수 n은 $-3, -2, -1, 1, 2, 3$의 6개이다.

146
답 b, c, a

(가)에서 $a>-3$이고, (다)에서 $|a|>3$이므로 $a<-3$ 또는 $a>3$
$\therefore a>3$
(가)에서 $-3<b$이고, (라)에서 $b<0$이므로 $-3<b<0$
(나)에서 c는 b보다 0에 더 가까우므로 $b<c<3$
즉 $-3<b<c<3<a$이므로 $b<c<a$
따라서 작은 수부터 차례대로 나열하면 b, c, a이다.

Step 2 실전문제 체화를 위한 심화 유형 본교재 043~046쪽

147 ㄱ, ㄷ	148 2	149 13	150 16	151 9
152 $a=3$, $b=-4$		153 ⑤		
154 $(-4, -1, 8)$, $(-16, -9, 12)$			155 23	156 12
157 $(4, -3, 2)$, $(3, -2, 1)$			158 $b<a<c<d$	
159 17	160 ②, ⑤	161 23	162 ④	163 105
164 ④	165 c, d, a, e, b		166 ②, ④	167 18
168 5				

유형 01 정수와 유리수

147 답 ㄱ, ㄷ

ㄴ. 음의 정수 중 가장 큰 수는 -1이므로 가장 오른쪽에 위치한 점이 나타내는 수는 -1이다.
ㄹ. 정수 3과 4 사이에는 다른 정수가 없다.
ㅁ. 유리수는 양의 유리수, 0, 음의 유리수로 이루어져 있다.
ㅂ. 서로 다른 두 정수 사이에 있는 정수의 개수는 항상 유한 개이므로 셀 수 있다.
따라서 보기 중 옳은 것은 ㄱ, ㄷ이다.

148 답 2

$\frac{14}{7}=2$, -3은 정수이고, -2.8, $\frac{3}{5}$은 정수가 아닌 유리수이다.

$\therefore \left\{\frac{14}{7}\right\}+\{-2.8\}-\{-3\}+\left\{\frac{3}{5}\right\}=0+1-0+1=2$

유형 02 수직선

149 답 13

점 A가 나타내는 수는 3 또는 -3

거리 : 3 거리 : 3
-3 -2 -1 0 1 2 3

점 B가 나타내는 수는 10 또는 -6

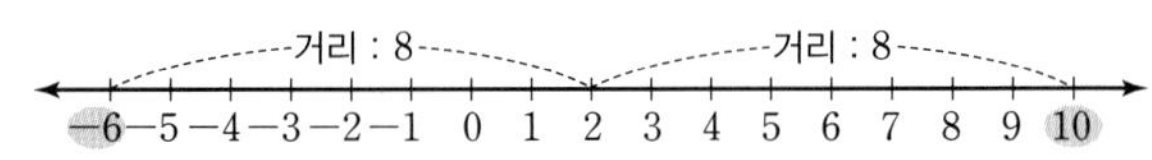

따라서 두 점 A, B가 나타내는 수가 각각 -3, 10일 때 두 점 A, B 사이의 거리가 최대이므로 구하는 거리는 13이다.

풀이 첨삭

점 A가 나타내는 수를 a, 점 B가 나타내는 수를 b라 할 때, 두 점 A, B 사이의 거리를 각각 구해보면 다음과 같다.
(i) $a=-3$, $b=-6$일 때, 두 점 사이의 거리는 3
(ii) $a=-3$, $b=10$일 때, 두 점 사이의 거리는 13
(iii) $a=3$, $b=-6$일 때, 두 점 사이의 거리는 9
(iv) $a=3$, $b=10$일 때, 두 점 사이의 거리는 7
(i)~(iv)에서 두 점 A, B 사이의 거리가 최대일 때, 두 점 사이의 거리는 13이다.

150 답 16

A B C D E
-4 b c 8 e

두 수 -4, 8을 나타내는 두 점 A, D 사이의 거리가 12이므로 두 점 A, B 사이의 거리는 $\frac{12}{3}=4$

즉 위의 그림과 같이 5개의 점 A, B, C, D, E 사이의 간격이 모두 4이므로 점 A에서 오른쪽으로 4만큼 떨어진 점 B가 나타내는 수는 0
점 C가 나타내는 수는 $0+4=4$
점 E가 나타내는 수는 $8+4=12$
따라서 $b=0$, $c=4$, $e=12$이므로 $b+c+e=0+4+12=16$

151 답 9

6개의 점을 주어진 조건에 따라 수직선 위에 나타내면 다음과 같다.

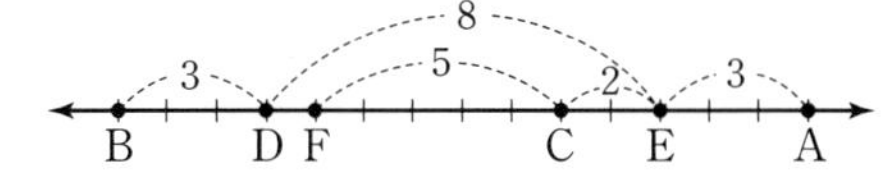

따라서 두 점 A, C 사이의 거리는 5, 두 점 B, F 사이의 거리는 4이므로 구하는 합은 $5+4=9$

유형 03 절댓값

152 답 $a=3$, $b=-4$

절댓값이 같고 거리가 24인 두 정수는 -12, 12이므로 두 점 A, B가 나타내는 수는 각각 -12, 12이다.

이때 두 점 A, B 사이의 거리를 8등분 하는 점들 사이의 간격은 $\frac{24}{8}=3$이므로 8등분 하는 7개의 점이 나타내는 수는 왼쪽에서부터 차례대로 -9, -6, -3, 0, 3, 6, 9이다.

따라서 오른쪽에서 세 번째에 있는 점이 나타내는 수는 3이므로 $a=3$

A(B) B(A)
-12 -9 -6 -3 0 3 6 9 12

또 두 점 A, B 사이의 거리를 6등분 하는 점들 사이의 간격은 $\frac{24}{6}=4$이므로 6등분 하는 5개의 점이 나타내는 수는 왼쪽에서부터 차례대로 -8, -4, 0, 4, 8이다.

따라서 왼쪽에서 두 번째에 있는 점이 나타내는 수는 -4이므로 $b=-4$

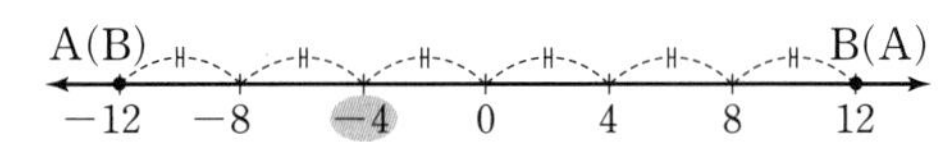

153 답 ⑤

(i) $0<a<b$일 때, 조건을 만족하는 a, b의 값은 존재하지 않는다.
(ii) $a<0<b$일 때, $a=-10$, $b=2$

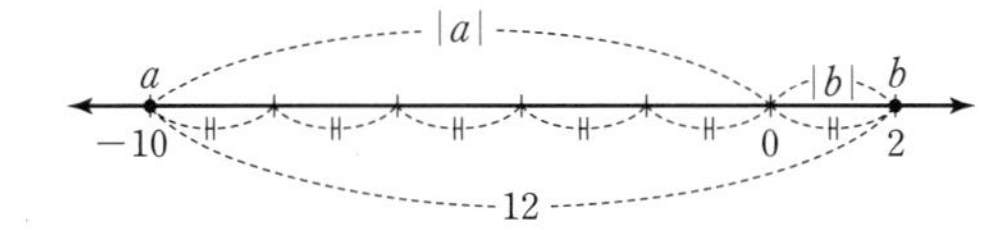

(iii) $a<b<0$일 때, $a=-15$, $b=-3$

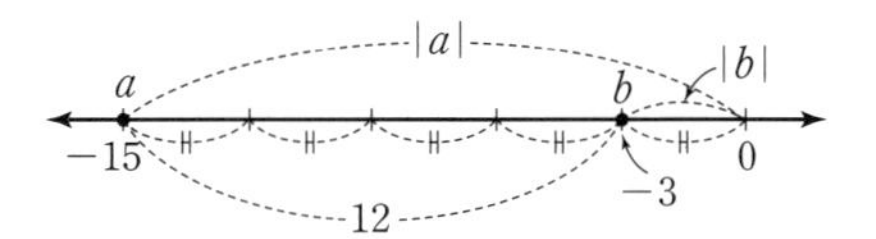

(i)~(iii)에서 모든 a의 절댓값의 합은

$|-10|+|-15|=10+15=25$

154

답 $(-4, -1, 8), (-16, -9, 12)$

점 C가 점 D보다 왼쪽에 위치하므로 점 C가 나타내는 수는 2 또는 -2이고 점 D가 나타내는 수는 5이다.

(i) 점 C가 나타내는 수가 2, 점 D가 나타내는 수가 5일 때, 두 점 C, D 사이의 거리는 3이므로 (a, b, e)는 $(-4, -1, 8)$

(ii) 점 C가 나타내는 수가 -2, 점 D가 나타내는 수가 5일 때, 두 점 C, D 사이의 거리는 7이므로 (a, b, e)는 $(-16, -9, 12)$

(i), (ii)에서 조건을 만족하는 (a, b, e)는

$(-4, -1, 8), (-16, -9, 12)$

155

답 23

(라)에서 $d=|-9|-|6|=9-6=3$

$d=3$이고 (다)에서 점 D는 점 B보다 5만큼 왼쪽에 있으므로 점 B는 점 D보다 5만큼 오른쪽에 있다.

$\therefore b=3+5=8$

(가)에서 a와 b는 부호가 서로 반대이고 절댓값은 같으므로 $a=-8$

(나)에서 점 C는 점 A보다 4만큼 오른쪽에 있으므로 다음 그림에서 $c=-4$

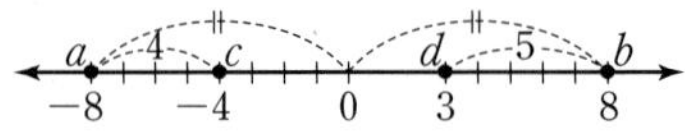

$\therefore |a|+|b|+|c|+|d|=|-8|+|8|+|-4|+|3|$
$=8+8+4+3=23$

156

답 12

(i) $|a|=0$, $|b|=3$일 때,
(a, b)는 $(0, 3), (0, -3)$의 2개이다.

(ii) $|a|=1$, $|b|=2$일 때,
(a, b)는 $(1, 2), (1, -2), (-1, 2), (-1, -2)$의 4개이다.

(iii) $|a|=2$, $|b|=1$일 때,
(a, b)는 $(2, 1), (2, -1), (-2, 1), (-2, -1)$의 4개이다.

(iv) $|a|=3$, $|b|=0$일 때,
(a, b)는 $(3, 0), (-3, 0)$의 2개이다.

(i)~(iv)에서 조건을 만족하는 (a, b)의 개수는

$2+4+4+2=12$

157

답 $(4, -3, 2), (3, -2, 1)$

(가)에서 $a>b$이고 a와 b는 서로 다른 부호이므로 $a>0$, $b<0$

(나)에서 a, c는 서로 같은 부호이므로 $c>0$

(다)에서 $|a|=|b|+1=(|c|+1)+1=|c|+2$

세 정수 a, b, c는 절댓값이 4 이하인 서로 다른 정수이므로

(i) $a=4$일 때, $b=-3$, $c=2$이므로 (a, b, c)는 $(4, -3, 2)$

(ii) $a=3$일 때, $b=-2$, $c=1$이므로 (a, b, c)는 $(3, -2, 1)$

(iii) $a=2$일 때, $b=-1$, $c=0$이므로 조건을 만족하지 않는다. $(\because c>0)$

(iv) $a=1$일 때, $b=0$이므로 조건을 만족하지 않는다. $(\because b<0)$

(i)~(iv)에서 조건을 모두 만족하는 (a, b, c)는

$(4, -3, 2), (3, -2, 1)$

유형 04 수의 대소 관계

158

답 $b<a<c<d$

(가)에서 두 점 A, B는 원점을 기준으로 왼쪽에 있으므로 $a<0$, $b<0$

(나)에서 점 A는 점 B보다 원점에 가까우므로 $b<a<0$

(다)에서 a와 c는 서로 다른 유리수이고 절댓값이 같으므로 $c>0$

(라)에서 점 C는 두 점 A, D의 한가운데에 있으므로 $a<0<c<d$

이때 네 점 A, B, C, D를 조건에 맞게 수직선 위에 나타내면 다음 그림과 같다.

$\therefore b<a<c<d$

159

답 17

-4.3보다 크지 않은 정수는 $-5, -6, -7, \cdots$이므로

$a=[-4.3]=-5$

0보다 크지 않은 정수는 $0, -1, -2, \cdots$이므로 $b=[0]=0$

5보다 크지 않은 정수는 $5, 4, 3, \cdots$이므로 $c=[5]=5$

1.8보다 크지 않은 정수는 $1, 0, -1, \cdots$이므로 $d=[1.8]=1$

$-\frac{16}{3}=-5\frac{1}{3}$이고 $-5\frac{1}{3}$보다 크지 않은 정수는

$-6, -7, -8, \cdots$이므로 $e=\left[-\frac{16}{3}\right]=-6$

$\therefore |a|+|b|+|c|+|d|+|e|$
$=|-5|+|0|+|5|+|1|+|-6|$
$=5+0+5+1+6=17$

160

답 ②, ⑤

① $a=-2$, $b=-1$일 때, $|b|<|a|$이지만 a는 b보다 작다.

② 절댓값이 작을수록 원점에 가깝다.

③ $a=-2$, $b=1$일 때, $|b|<|a|$이지만 b는 양수, a는 음수이다.

④ $a=1$, $b=0$일 때, $|b|<|a|$이지만 a는 양수이다.

⑤ 음수는 절댓값이 클수록 작은 수이므로 수직선에서 a를 나타내는 점이 b를 나타내는 점보다 왼쪽에 있다.

따라서 옳은 것은 ②, ⑤이다.

161

답 23

주어진 전개도로 정육면체를 만들면 a가 적혀 있는 면과 마주 보는 면에 적혀 있는 수는 -4이므로 $a=4$

이때 $b=3\times a$이므로 $b=3\times 4=12$

b가 적혀 있는 면과 마주 보는 면에 적혀 있는 수는 c이므로 $c=-12$

따라서 두 수 b, c 사이에 존재하는 정수는

$-11, -10, \cdots, -1, 0, 1, \cdots, 10, 11$의 23개이다.

유형 05 절댓값의 범위

162 답 ④

절댓값이 0인 수는 0의 1개
절댓값이 1인 수는 -1, 1의 2개
절댓값이 2인 수는 -2, 2의 2개
⋮
절댓값이 a $(a>0)$인 수는 $-a$, a의 2개
이때 절댓값이 □ 이하인 정수가 49개이므로 이 중 0을 제외한 정수는 48개이다.
따라서 □ 안에 들어갈 자연수는 $\frac{48}{2}=24$이다.

163 답 105

(가)에서 $11\le x<24$인 정수 x는
11, 12, 13, …, 22, 23
(나)에서 $|x|\ge15$이므로 x가 될 수 있는 수는 15, 16, 17, …, 23
(다)에서 x는 $13<x\le21$인 홀수이므로 x가 될 수 있는 수는
15, 17, 19, 21
따라서 조건을 모두 만족하는 x의 값은 15, 17, 19, 21이므로
$a=15$, $b=21$
이때 $15=3\times5$, $21=3\times7$이므로 a, b의 최소공배수는
$3\times5\times7=105$

164 답 ④

(가)에서 $b<a<0$
(나)에서 $61<|a|\le79$이므로 a가 될 수 있는 수는
-79, -78, …, -63, -62
(다)에서 $|a|$는 소수이므로 a가 될 수 있는 수는
-79, -73, -71, -67
따라서 조건을 모두 만족하는 정수 a는 -79, -73, -71, -67의 4개이다.

165 답 c, d, a, e, b

(가)에서 $\frac{13}{6}=2\frac{1}{6}$에 가장 가까운 정수는 2이므로 $a=2$
(나)에서 $b>4$
(다)에서 $c<0$이고, $|c|>3$에서 $c<-3$ 또는 $c>3$이므로 $c<-3$
(라)에서 $-2<d\le-0.8$이고 정수이므로 $d=-1$
(마)에서 $-\frac{17}{8}<e<\frac{23}{5}$을 만족하는 정수는 -2, -1, 0, 1, 2, 3, 4이고 이 중에서 절댓값이 두 번째로 큰 수는 3이므로 $e=3$

←c d a e b→
-3 -2 -1 0 1 2 3 4

따라서 작은 수부터 차례대로 나열하면 c, d, a, e, b이다.

166 답 ②, ④

① (가)에서 $|x|>6$, 즉 $x<-6$ 또는 $x>6$
그런데 (나)에서 $x<6$이므로 $x<-6$
② (가), (라)에서 $|z|>|x|>6$이고 (다)에서 $|y|=|z|$이므로 $|y|>6$
즉 $y<-6$ 또는 $y>6$
그런데 (나)에서 $y<6$이므로 $y<-6$
③ (다)에서 $|y|=|z|$이고 y와 z는 서로 다른 수이므로 y와 z는 부호가 서로 다르다. 즉 $z>6$
④ (다)에서 $|y|=|z|$이고 (라)에서 $|z|>|x|$이므로 $|y|>|x|$
그런데 $x<-6$, $y<-6$이므로 $x>y$
⑤ $x<-6$, $z>6$이므로 $x<z$
따라서 옳은 것은 ②, ④이다.

167 답 18

❶단계 $|x|+|y|<5$에서 $|x|$의 값이 될 수 있는 수 구하기
$|x|$, $|y|$는 0 또는 양의 정수이므로
$|x|+|y|<5$에서 $|x|$의 값이 될 수 있는 수는 0, 1, 2, 3, 4이다.
…… 15 %

❷단계 $|x|$의 값이 될 수 있는 수를 이용하여 조건을 만족하는 (x, y)의 개수 구하기 (1)
(i) $|x|=0$일 때, $|y|=0$, 1, 2, 3, 4
이때 $x<y$인 (x, y)는 $(0, 1)$, $(0, 2)$, $(0, 3)$, $(0, 4)$의 4개이다.
(ii) $|x|=1$일 때, $|y|=0$, 1, 2, 3
이때 $x<y$인 (x, y)는 $(-1, 0)$, $(-1, 1)$, $(-1, 2)$, $(-1, 3)$, $(1, 2)$, $(1, 3)$의 6개이다. …… 30 %

❸단계 $|x|$의 값이 될 수 있는 수를 이용하여 조건을 만족하는 (x, y)의 개수 구하기 (2)
(iii) $|x|=2$일 때, $|y|=0$, 1, 2
이때 $x<y$인 (x, y)는 $(-2, -1)$, $(-2, 0)$, $(-2, 1)$, $(-2, 2)$의 4개이다.
(iv) $|x|=3$일 때, $|y|=0$, 1
이때 $x<y$인 (x, y)는 $(-3, -1)$, $(-3, 0)$, $(-3, 1)$의 3개이다.
(v) $|x|=4$일 때, $|y|=0$
이때 $x<y$인 (x, y)는 $(-4, 0)$의 1개이다. …… 45 %

❹단계 답 구하기
(i)~(v)에서 조건을 만족하는 (x, y)의 개수는
$4+6+4+3+1=18$ …… 10 %

168 답 5

❶단계 X의 값 구하기
$|x|=\left|-\frac{7}{3}\right|=\frac{7}{3}$이므로 $x=-\frac{7}{3}$ 또는 $x=\frac{7}{3}$
$x=-\frac{7}{3}$일 때, $-\frac{7}{3}=-2\frac{1}{3}$보다 작은 수 중 가장 큰 정수는 -3이므로
$X=-3$
$x=\frac{7}{3}$일 때, $\frac{7}{3}=2\frac{1}{3}$보다 작은 수 중 가장 큰 정수는 2이므로
$X=2$ …… 30 %

❷단계 Y의 값 구하기
$|y|=\left|\frac{13}{4}\right|=\frac{13}{4}$이므로 $y=-\frac{13}{4}$ 또는 $y=\frac{13}{4}$
$y=-\frac{13}{4}$일 때, $-\frac{13}{4}=-3\frac{1}{4}$보다 큰 수 중 가장 작은 정수는 -3이므로 $Y=-3$

$y=\frac{13}{4}$일 때, $\frac{13}{4}=3\frac{1}{4}$보다 큰 수 중 가장 작은 정수는 4이므로
$Y=4$ …… 30 %

❸단계 $|X|+|Y|$의 값 구하기
(i) $X=-3$, $Y=-3$일 때, $|X|+|Y|=|-3|+|-3|=3+3=6$
(ii) $X=-3$, $Y=4$일 때, $|X|+|Y|=|-3|+|4|=3+4=7$
(iii) $X=2$, $Y=-3$일 때, $|X|+|Y|=|2|+|-3|=2+3=5$
(iv) $X=2$, $Y=4$일 때, $|X|+|Y|=|2|+|4|=2+4=6$
…… 30 %

❹단계 $|X|+|Y|$의 값 중에서 가장 작은 값 구하기
(i)~(iv)에서 $|X|+|Y|$의 값 중에서 가장 작은 값은 5이다.
…… 10 %

Step 3 최상위권 굳히기를 위한 최고난도 유형 본교재 047~049쪽

169 (1) 2 (2) 4 170 13 171 162
172 −3, −5, −10, 15 또는 −3, 5, 10, −15 173 16
174 24 175 2 176 57 177 4
창의 융합
178 30 179 e

169 ……… 답 (1) 2 (2) 4

(1) $\frac{14}{7}=2$는 자연수이므로 $\left\langle\frac{14}{7}\right\rangle=0$

0, $-\frac{12}{4}=-3$은 자연수가 아닌 정수이므로 $\langle 0\rangle=1$, $\left\langle-\frac{12}{4}\right\rangle=1$

$\frac{37}{6}$은 정수가 아닌 유리수이므로 $\left\langle\frac{37}{6}\right\rangle=2$

$\therefore \left\langle\frac{14}{7}\right\rangle+\langle a\rangle+\langle 0\rangle+\left\langle-\frac{12}{4}\right\rangle+\left\langle\frac{37}{6}\right\rangle$
$=0+\langle a\rangle+1+1+2=\langle a\rangle+4$

즉 $\langle a\rangle+4=6$이므로 $\langle a\rangle=2$

(2) $\frac{4}{2}=2$, $\frac{76}{19}=4$

$\langle a\rangle=2$를 만족하는 a는 정수가 아닌 유리수이므로 보기의 수 중에서 a의 값이 될 수 있는 수는 -0.38, $\frac{24}{7}$, 4.5, 0.01의 4개이다.

170 ……… 답 13

m, n은 정수이고 (가)에서 $3<|m|\le 5$이므로 $|m|=4, 5$
이를 만족하는 정수 m의 값은 $-5, -4, 4, 5$
$2\le|n|<5$이므로 $|n|=2, 3, 4$
이를 만족하는 정수 n의 값은 $-4, -3, -2, 2, 3, 4$
(나)에서 $m\le n$이므로
(i) $m=-5$일 때, 가능한 n의 값은 $-4, -3, -2, 2, 3, 4$의 6개이다.
(ii) $m=-4$일 때, 가능한 n의 값은 $-4, -3, -2, 2, 3, 4$의 6개이다.
(iii) $m=4$일 때, 가능한 n의 값은 4의 1개이다.
(iv) $m=5$일 때, 가능한 n의 값은 없다.

(i)~(iv)에서 구하는 (m, n)의 개수는
$6+6+1=13$

171 ……… 답 162

$\frac{36}{a}$, $\frac{90}{a}$이 양의 정수이므로 a의 값은 36과 90의 공약수인 1, 2, 3, 6, 9, 18 중 하나이다.
또 $\frac{b}{a}$는 $5<\left|\frac{b}{a}\right|<10$, 즉 $\left|\frac{b}{a}\right|=6, 7, 8, 9$를 만족하는 정수이므로
$\frac{b}{a}$의 값은 $-9, -8, -7, -6, 6, 7, 8, 9$이다.
$\frac{b}{a}$의 값이 최대일 때는 $\frac{b}{a}=9$이므로 a의 값이 클수록 b의 값도 커진다.
즉 $a=18$일 때, b의 값은 최대가 된다.
따라서 b의 최댓값은 $18\times 9=162$이다.

172 ……… 답 −3, −5, −10, 15 또는 −3, 5, 10, −15

(가), (다)에서 네 정수의 절댓값을 각각 a, b, $2b$, $3b$ (a, b는 자연수)라 하면
(가)에서 $a\times b\times 2b\times 3b=2250$, $6\times a\times b^3=2250$ $\quad\therefore a\times b^3=375$
(라)에서 네 수의 절댓값은 각각 1보다 크고 $375=3\times 5^3$이므로
$a=3$, $b=5$
이때 네 정수의 절댓값은 3, 5, 10, 15이므로
(나), (라)를 만족하는 네 정수는
$-3, -5, -10, 15$ 또는 $-3, 5, 10, -15$

173 ……… 답 16

$|-10|=10$, $|3|=3$에서 $|-10|>|3|$이므로 $(-10)▲3=-10$
$\{(-10)▲3\}◉(m▲8)=8$에서
$(-10)◉(m▲8)=8$이므로 $m▲8=8$이어야 한다.
(i) $|m|\ge|8|$일 때, $m▲8=m$
$\therefore m=8$
(ii) $|m|<|8|$일 때, $m▲8=8$
이때 $|m|<8$이므로 $-8<m<8$
$\therefore m=-7, -6, -5, -4, -3, -2, -1, 0, 1, 2, 3, 4, 5, 6, 7$
($\because m$은 정수)
(i), (ii)에서 주어진 식을 만족하는 정수 m은
$-7, -6, -5, -4, -3, -2, -1, 0, 1, 2, 3, 4, 5, 6, 7, 8$의 16개이다.

174 ……… 답 24

a의 절댓값은 b의 절댓값의 3배이므로 $|a|=3\times|b|$
수직선에서 두 수 a, b가 나타내는 두 점 사이의 거리가 24이므로
(i) $0<a<b$일 때, 조건을 만족하는 a, b는 존재하지 않는다.
(ii) $0<b<a$일 때, $a=36$, $b=12$ $\quad\therefore |a|+|b|=48$

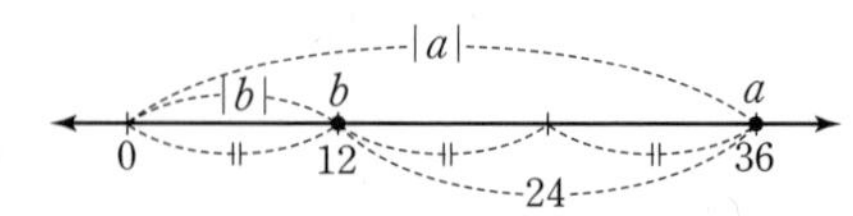

(iii) $a<0<b$일 때, $a=-18$, $b=6$ $\quad\therefore |a|+|b|=24$

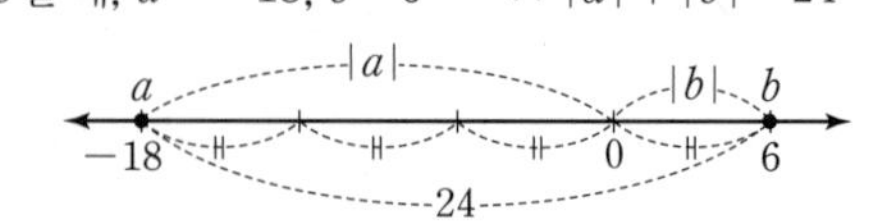

(ⅳ) $b<0<a$일 때, $a=18$, $b=-6$ $\quad\therefore |a|+|b|=24$

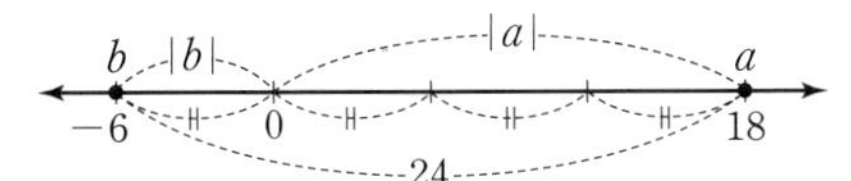

(ⅴ) $a<b<0$일 때, $a=-36$, $b=-12$ $\quad\therefore |a|+|b|=48$

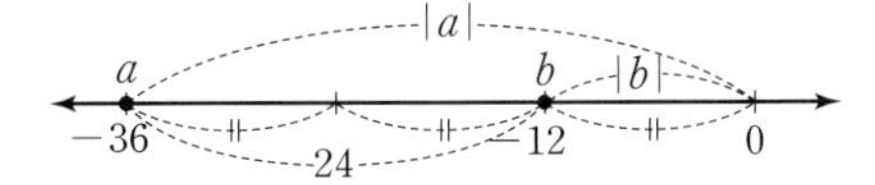

(ⅵ) $b<a<0$일 때, 조건을 만족하는 a, b는 존재하지 않는다.
(ⅰ)~(ⅵ)에서 $|a|+|b|$의 값 중 가장 작은 값은 24이다.

175 답 2

두 점 A와 E 사이의 거리가 8이고, 그 사이에 세 점 B, C, D가 같은 간격으로 놓여 있으므로 이웃하는 두 점 사이의 거리는 $\frac{8}{4}=2$
즉 네 점 B, C, D, F가 나타내는 수는 각각 4, 6, 8, 12이므로
$b=4$, $c=6$, $d=8$, $f=12$
x는 정수이고 ㈎에서 $4<|x|<8$이므로 $|x|=5, 6, 7$
$\therefore x=-7, -6, -5, 5, 6, 7$
㈏에서 $\frac{6}{5}<\frac{12}{|x|}<\frac{12}{6}$이므로
세 분수의 분자를 12로 같게 만들면
$\frac{12}{10}<\frac{12}{|x|}<\frac{12}{6}$
이때 $6<|x|<10$이므로 $|x|=7, 8, 9$ ($\because$ x는 정수)
$\therefore x=-9, -8, -7, 7, 8, 9$
따라서 조건을 모두 만족하는 정수 x는 -7, 7의 2개이다.

176 답 57

$-\frac{3}{4}$, $\frac{11}{5}$ 사이에 있는 분모가 7인 유리수를 $\frac{a}{7}$ (a는 정수)라 하면
$-\frac{3}{4}<\frac{a}{7}<\frac{11}{5}$, $-\frac{105}{140}<\frac{20\times a}{140}<\frac{308}{140}$
이때 가능한 정수 a의 값은 $-5, -4, \cdots, -1, 0, 1, \cdots, 14, 15$의 21개이다.
이 중 $\frac{a}{7}$의 값이 정수가 되는 a의 값은 0, 7, 14의 3개이다.
$\therefore A=21-3=18$
$-\frac{23}{3}$, $-\frac{5}{4}$ 사이에 있는 분모가 7인 유리수를 $\frac{b}{7}$ (b는 정수)라 하면
$-\frac{23}{3}<\frac{b}{7}<-\frac{5}{4}$, $-\frac{644}{84}<\frac{12\times b}{84}<-\frac{105}{84}$
이때 가능한 정수 b의 값은 $-53, -52, \cdots, -10, -9$의 45개이다.
이 중 $\frac{b}{7}$의 값이 정수가 되는 b의 값은
$-49, -42, -35, -28, -21, -14$의 6개이다.
$\therefore B=45-6=39$
$\therefore A+B=18+39=57$

177 답 4

(ⅰ) $a>0$, $b>0$일 때, ㈐에서 $0<a\le b$
이때 ㈏에서 $|b|\le|a|$이므로 $a=b$
(ⅱ) $a<0$, $b<0$일 때, ㈐에서 $c<a\le b<0$
이때 $c<a<0$이면 $|c|>|a|$이므로 ㈏를 만족하지 않는다.
(ⅲ) a와 b의 부호가 다를 때, ㈐에서 $b>0$, $c<a<0$
이때 $c<a<0$이면 $|c|>|a|$이므로 ㈏를 만족하지 않는다.
(ⅰ)~(ⅲ)에서 a와 b는 모두 양수이고, 그 값은 같다.
㈎에서 $|a|\times|b|\times|c|=100$이므로 $|a|$, $|b|$, $|c|$의 값으로 가능한 경우는
ⓐ $|a|=|b|=1$, $|c|=100$ ⓑ $|a|=|b|=2$, $|c|=25$
ⓒ $|a|=|b|=5$, $|c|=4$ ⓓ $|a|=|b|=10$, $|c|=1$
의 4가지이다.
이때 ⓐ~ⓓ 중에서 ㈏ $|c|\le|b|\le|a|$를 만족하는 것은
ⓒ $|a|=|b|=5$, $|c|=4$ 또는 ⓓ $|a|=|b|=10$, $|c|=1$
$\therefore a=5, b=5, c=-4$ 또는 $a=5, b=5, c=4$ 또는
$a=10, b=10, c=-1$ 또는 $a=10, b=10, c=1$
따라서 조건을 모두 만족하는 (a, b, c)는 $(5, 5, -4)$, $(5, 5, 4)$, $(10, 10, -1)$, $(10, 10, 1)$의 4개이다.

창의융합

178 답 30

주어진 표에 나타난 두 점 사이의 거리를 수직선 위에 나타내면 다음 그림과 같다.

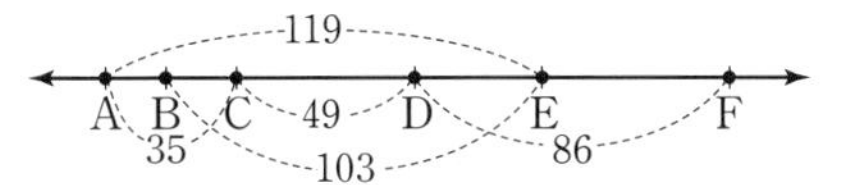

두 점 A와 B 사이의 거리는 $119-103=16$
두 점 B와 C 사이의 거리는 $35-16=19$
두 점 D와 E 사이의 거리는 $103-19-49=35$
이므로 구한 거리를 수직선 위에 나타내면 다음 그림과 같다.

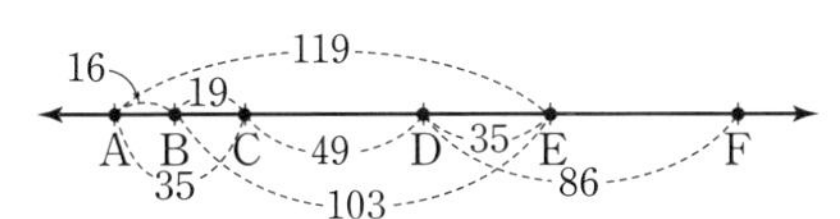

$\therefore a=19+49=68$, $b=49+35=84$
즉 $a<|x|<b$는 $68<|x|<84$이므로 $|x|=69, 70, 71, \cdots, 83$
즉 구하는 정수 x의 값은
$-83, -82, \cdots, -70, -69, 69, 70, \cdots, 82, 83$
따라서 $a<|x|<b$를 만족하는 정수 x는 30개이다.

창의융합

179 답 e

선물 세트 가격과 왕복 교통비 및 그 합을 표로 나타내면 다음과 같다.

백화점	선물 세트 가격	왕복 교통비	합
A	x원	3500원	$(x+3500)$원$(=a$원$)$
B	$(x-2000)$원	4000원	$(x+2000)$원$(=b$원$)$
C	$(x-4000)$원	3000원	$(x-1000)$원$(=c$원$)$
D	$(x-5000)$원	4200원	$(x-800)$원$(=d$원$)$
E	$(x-500)$원	2800원	$(x+2300)$원$(=e$원$)$

따라서 x, a, b, c, d, e를 수직선 위에 점으로 나타내면 다음 그림과 같으므로 오른쪽에서 두 번째에 있는 점이 나타내는 수는 e이다.

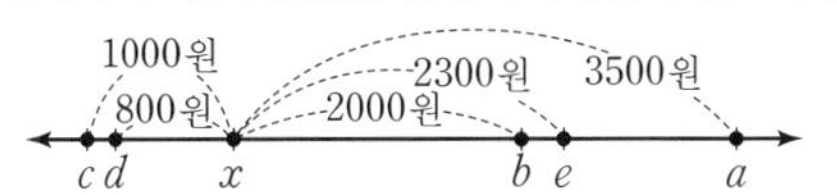

풀이 첨삭

선물 세트 가격을 수직선으로 알아보면 다음과 같다.

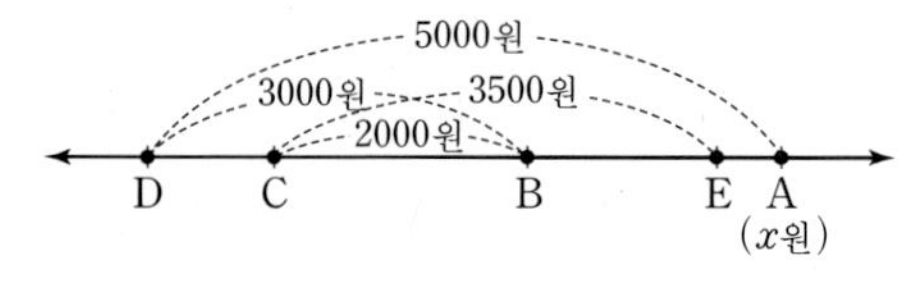

A 백화점의 선물 세트 가격이 x원이고

D 백화점의 선물 세트 가격은 A 백화점보다 5000원 싸므로
$x-5000$(원)

B 백화점의 선물 세트 가격은 D 백화점보다 3000원 비싸므로
$(x-5000)+3000=x-2000$(원)

C 백화점의 선물 세트 가격은 B 백화점보다 2000원 싸므로
$(x-2000)-2000=x-4000$(원)

E 백화점의 선물 세트 가격은 C 백화점보다 3500원 비싸므로
$(x-4000)+3500=x-500$(원)

04 정수와 유리수의 계산

Step 1 교과서를 정복하는 핵심 유형

본교재 051~054쪽

180 ④ 181 $\frac{7}{3}$ 182 $-\frac{19}{21}$ 183 $-\frac{7}{2}$
184 $-\frac{7}{15}$ 185 $\frac{1}{9}$ 186 ④ 187 ④
188 $-\frac{19}{45}$ 189 $-\frac{1}{8}$ 190 7 191 $-\frac{10}{9}$ 192 $\frac{15}{4}$
193 $-\frac{25}{2}$ 194 -1 195 -2 196 ③
197 $-\frac{57}{10}$ 198 3 199 $\frac{4}{3}$ 200 -96 201 ③
202 ② 203 a 204 ⑤ 205 8 206 9
207 -12, -9 208 7 209 161

핵심 01 유리수의 덧셈과 뺄셈

180 ······ 답 ④

① $\left(-\frac{1}{2}\right)+\left(-\frac{1}{3}\right)=\left(-\frac{3}{6}\right)+\left(-\frac{2}{6}\right)=-\left(\frac{3}{6}+\frac{2}{6}\right)=-\frac{5}{6}$

② $\left(+\frac{1}{4}\right)+\left(-\frac{2}{3}\right)+\left(-\frac{1}{6}\right)=\left(+\frac{3}{12}\right)+\left(-\frac{8}{12}\right)+\left(-\frac{2}{12}\right)$
$=-\frac{7}{12}$

③ $\left(-\frac{2}{5}\right)-\left(-\frac{7}{5}\right)=\left(-\frac{2}{5}\right)+\left(+\frac{7}{5}\right)=+\left(\frac{7}{5}-\frac{2}{5}\right)=\frac{5}{5}=1$

④ $\left(-\frac{1}{6}\right)+\left(-\frac{2}{3}\right)-\left(-\frac{5}{2}\right)=\left(-\frac{1}{6}\right)+\left(-\frac{4}{6}\right)+\left(+\frac{15}{6}\right)$
$=\frac{10}{6}=\frac{5}{3}$

⑤ $(-2.5)+\left(+\frac{3}{4}\right)+\left(+\frac{3}{8}\right)+(-1)$
$=\left(-\frac{5}{2}\right)+\left(+\frac{3}{4}\right)+\left(+\frac{3}{8}\right)+(-1)$
$=\left(-\frac{20}{8}\right)+\left(+\frac{6}{8}\right)+\left(+\frac{3}{8}\right)+\left(-\frac{8}{8}\right)=-\frac{19}{8}$

따라서 $-\frac{19}{8}<-\frac{5}{6}<-\frac{7}{12}<1<\frac{5}{3}$이므로 계산 결과가 가장 큰 것은 ④이다.

181 ······ 답 $\frac{7}{3}$

$a=-\frac{3}{4}-\left(-\frac{7}{3}\right)=-\frac{9}{12}+\left(+\frac{28}{12}\right)=\frac{19}{12}$

$b=-\frac{5}{4}+\frac{1}{2}=-\frac{5}{4}+\frac{2}{4}=-\frac{3}{4}$

$\therefore a-b=\frac{19}{12}-\left(-\frac{3}{4}\right)=\frac{19}{12}+\left(+\frac{9}{12}\right)=\frac{28}{12}=\frac{7}{3}$

182 ······ 답 $-\frac{19}{21}$

어떤 유리수를 x라 하면 $x+\frac{2}{7}=-\frac{1}{3}$이므로

$x=-\frac{1}{3}-\frac{2}{7}=-\frac{7}{21}-\frac{6}{21}=-\frac{13}{21}$

따라서 바르게 계산한 결과는 $-\frac{13}{21}-\frac{2}{7}=-\frac{13}{21}-\frac{6}{21}=-\frac{19}{21}$

183

답 $-\frac{7}{2}$

$-\frac{5}{3}<-\frac{5}{4}<-1<+\frac{3}{2}<+\frac{11}{6}$이므로 $a=-\frac{5}{3}$

$|-1|<\left|-\frac{5}{4}\right|<\left|+\frac{3}{2}\right|<\left|-\frac{5}{3}\right|<\left|+\frac{11}{6}\right|$이므로 $b=+\frac{11}{6}$

$\therefore a-b=\left(-\frac{5}{3}\right)-\left(+\frac{11}{6}\right)=\left(-\frac{10}{6}\right)+\left(-\frac{11}{6}\right)=-\frac{21}{6}=-\frac{7}{2}$

184

답 $-\frac{7}{15}$

a가 적힌 면과 마주 보는 면에 적힌 수는 $-\frac{11}{10}$이므로

$a+\left(-\frac{11}{10}\right)=-1$에서

$a=-1-\left(-\frac{11}{10}\right)=-\frac{10}{10}+\left(+\frac{11}{10}\right)=\frac{1}{10}$

b가 적힌 면과 마주 보는 면에 적힌 수는 $-\frac{3}{5}$이므로

$b+\left(-\frac{3}{5}\right)=-1$에서 $b=-1-\left(-\frac{3}{5}\right)=-\frac{5}{5}+\left(+\frac{3}{5}\right)=-\frac{2}{5}$

c가 적힌 면과 마주 보는 면에 적힌 수는 $-\frac{5}{6}$이므로

$c+\left(-\frac{5}{6}\right)=-1$에서 $c=-1-\left(-\frac{5}{6}\right)=-\frac{6}{6}+\left(+\frac{5}{6}\right)=-\frac{1}{6}$

$\therefore a+b+c=\frac{1}{10}+\left(-\frac{2}{5}\right)+\left(-\frac{1}{6}\right)$

$=\frac{3}{30}+\left(-\frac{12}{30}\right)+\left(-\frac{5}{30}\right)=-\frac{14}{30}=-\frac{7}{15}$

185

답 $\frac{1}{9}$

㉠	a	b	3	c	-5	$\frac{5}{3}$

위와 같이 빈칸의 수를 왼쪽에서부터 차례대로 a, b, c라 하면 이웃하는 네 수의 합이 항상 $-\frac{2}{9}$이므로

$3+c+(-5)+\frac{5}{3}=-\frac{2}{9}$, $-\frac{1}{3}+c=-\frac{2}{9}$

$\therefore c=-\frac{2}{9}-\left(-\frac{1}{3}\right)=-\frac{2}{9}+\frac{3}{9}=\frac{1}{9}$

㉠$+\underline{a+b+3}=\underline{a+b+3}+c$에서 ㉠$=c$이므로 ㉠$=\frac{1}{9}$

(같다.)

핵심 02 유리수의 곱셈과 나눗셈

186

답 ④

① $(-3)\times4\times\left(-\frac{1}{2}\right)^3=(-3)\times4\times\left(-\frac{1}{8}\right)=\frac{3}{2}$

② $2\times\left(-\frac{1}{10}\right)\div\left(-\frac{1}{5}\right)^2=2\times\left(-\frac{1}{10}\right)\times(+25)=-5$

③ $\frac{5}{6}\div\left(-\frac{3}{4}\right)\times\frac{1}{2}=\frac{5}{6}\times\left(-\frac{4}{3}\right)\times\frac{1}{2}=-\frac{5}{9}$

④ $\left(-\frac{9}{4}\right)\div\left(-\frac{1}{16}\right)\div(-3^3)=\left(-\frac{9}{4}\right)\times(-16)\div(-27)$

$=\left(-\frac{9}{4}\right)\times(-16)\times\left(-\frac{1}{27}\right)=-\frac{4}{3}$

⑤ $\left(-\frac{1}{2}\right)^2\times6\div24=\left(+\frac{1}{4}\right)\times6\times\frac{1}{24}=\frac{1}{16}$

따라서 옳지 않은 것은 ④이다.

187

답 ④

$A=\left(-\frac{11}{4}\right)\div\left(-\frac{10}{11}\right)\times\left(-\frac{15}{22}\right)$

$=\left(-\frac{11}{4}\right)\times\left(-\frac{11}{10}\right)\times\left(-\frac{15}{22}\right)=-\frac{33}{16}$

이때 $-\frac{33}{16}=-2\frac{1}{16}$이므로 A보다 작지 않은 음의 정수는 -2, -1의 2개이다.

188

답 $-\frac{19}{45}$

$a\times(b+c)=\frac{17}{45}$에서 $a\times b+a\times c=\frac{17}{45}$이고 $a\times c=\frac{4}{5}$이므로

$a\times b+\frac{4}{5}=\frac{17}{45}$

$\therefore a\times b=\frac{17}{45}-\frac{4}{5}=\frac{17}{45}-\frac{36}{45}=-\frac{19}{45}$

189

답 $-\frac{1}{8}$

$\left(-\frac{1}{2}\right)^3=-\frac{1}{8}$, $\left(-\frac{1}{2}\right)^2=\frac{1}{4}$, $-\left(-\frac{1}{2}\right)^2=-\left(+\frac{1}{4}\right)=-\frac{1}{4}$,

$-\left(-\frac{1}{2}\right)^3=-\left(-\frac{1}{8}\right)=\frac{1}{8}$

$-\frac{1}{2}<-\frac{1}{4}<-\frac{1}{8}<\frac{1}{8}<\frac{1}{4}$이므로

$-\frac{1}{2}<-\left(-\frac{1}{2}\right)^2<\left(-\frac{1}{2}\right)^3<-\left(-\frac{1}{2}\right)^3<\left(-\frac{1}{2}\right)^2$

따라서 가장 큰 수는 $\left(-\frac{1}{2}\right)^2$이고, 가장 작은 수는 $-\frac{1}{2}$이므로 그 곱은

$\left(-\frac{1}{2}\right)^2\times\left(-\frac{1}{2}\right)=\frac{1}{4}\times\left(-\frac{1}{2}\right)=-\frac{1}{8}$

190

답 7

세 수를 뽑아 곱한 값이 가장 큰 수가 되려면 양수이어야 하므로 양수 1개, 음수 2개를 곱해야 한다.
이때 음수는 절댓값이 큰 수를 선택해야 하므로

$a=(-4)\times\left(-\frac{7}{2}\right)\times2=28$

또 가장 작은 수가 되려면 음수이어야 하므로 음수 3개를 곱해야 한다.

$b=(-4)\times\left(-\frac{7}{2}\right)\times\left(-\frac{3}{2}\right)=-21$

$\therefore a+b=28+(-21)=7$

191

답 $-\frac{10}{9}$

$-\frac{3}{4}$의 역수는 $-\frac{4}{3}$이므로 $x=-\frac{4}{3}$

$1.5=\frac{3}{2}$이므로 1.5의 역수는 $\frac{2}{3}$이다. $\therefore y=\frac{2}{3}$

$z=\left(-\frac{1}{3}\right)^3\times9\div\left(-\frac{3}{5}\right)=-\frac{1}{27}\times9\times\left(-\frac{5}{3}\right)=\frac{5}{9}$

$\therefore x\div y\times z=-\frac{4}{3}\div\frac{2}{3}\times\frac{5}{9}=-\frac{4}{3}\times\frac{3}{2}\times\frac{5}{9}=-\frac{10}{9}$

192 답 $\frac{15}{4}$

A가 적힌 면과 마주 보는 면에 적힌 수는 $-\frac{4}{7}$이므로

$A\times\left(-\frac{4}{7}\right)=1$에서 $A=-\frac{7}{4}$

B가 적힌 면과 마주 보는 면에 적힌 수는 1.4이므로

$B\times1.4=1$에서 $1.4=\frac{7}{5}$이므로 $B\times\frac{7}{5}=1$ $\quad\therefore B=\frac{5}{7}$

C가 적힌 면과 마주 보는 면에 적힌 수는 -3이므로

$C\times(-3)=1$에서 $C=-\frac{1}{3}$

$\therefore A\times B\div C=\left(-\frac{7}{4}\right)\times\frac{5}{7}\div\left(-\frac{1}{3}\right)=\left(-\frac{7}{4}\right)\times\frac{5}{7}\times(-3)=\frac{15}{4}$

(참고) 마주 보는 면에 적힌 두 수의 곱이 1이므로 두 수는 서로 역수이다.

193 답 $-\frac{25}{2}$

주어진 식의 나눗셈을 역수의 곱셈으로 모두 고치면

$\left(-\frac{1}{2}\right)\times\left(+\frac{3}{2}\right)\times\left(-\frac{4}{3}\right)\times\cdots\times\left(+\frac{49}{48}\right)\times\left(-\frac{50}{49}\right)$

이때 음의 유리수의 개수가 25이므로 식의 값은 음수이다.

$\therefore \left(-\frac{1}{2}\right)\div\left(+\frac{2}{3}\right)\div\left(-\frac{3}{4}\right)\div\cdots\div\left(+\frac{48}{49}\right)\div\left(-\frac{49}{50}\right)$

$=-\left(\frac{1}{2}\times\frac{3}{2}\times\frac{4}{3}\times\frac{5}{4}\times\cdots\times\frac{49}{48}\times\frac{50}{49}\right)$

$=-\left(\frac{1}{2}\times\frac{1}{2}\times50\right)=-\frac{25}{2}$

194 답 -1

$(-1)\times(-1)^2\div(-1)^3\times(-1)^4\div(-1)^5\times\cdots\div(-1)^{449}\times(-1)^{450}$

$=(-1)\times(+1)\div(-1)\times(+1)\div(-1)\times\cdots\div(-1)\times(+1)$

$=(-1)\times(+1)\times(-1)\times(+1)\times(-1)\times\cdots\times(-1)\times(+1)$

$=\{(-1)\times(+1)\}\times\{(-1)\times(+1)\}\times\cdots\times\{(-1)\times(+1)\}$

$=\underbrace{(-1)\times(-1)\times(-1)\times\cdots\times(-1)}_{-1\text{이 }225\text{개}}$

$=(-1)^{225}=-1$

핵심 03 유리수의 혼합 계산

195 답 -2

$A=4\div\left(-\frac{3}{4}\right)-\left[\left(-\frac{1}{2}\right)+\frac{4}{5}\times\left\{(-10)+\left(-\frac{5}{2}\right)^2\right\}\right]$

$=4\times\left(-\frac{4}{3}\right)-\left[\left(-\frac{1}{2}\right)+\frac{4}{5}\times\left\{(-10)+\frac{25}{4}\right\}\right]$

$=\left(-\frac{16}{3}\right)-\left\{\left(-\frac{1}{2}\right)+\frac{4}{5}\times\left(-\frac{15}{4}\right)\right\}$

$=\left(-\frac{16}{3}\right)-\left\{\left(-\frac{1}{2}\right)+(-3)\right\}$

$=\left(-\frac{16}{3}\right)-\left(-\frac{7}{2}\right)=\left(-\frac{32}{6}\right)+\left(+\frac{21}{6}\right)=-\frac{11}{6}$

따라서 $-\frac{11}{6}=-1\frac{5}{6}$이므로 $-\frac{11}{6}$에 가장 가까운 정수는 -2이다.

196 답 ③

$B=\frac{3}{2}\div\left\{(-2)-\left(\frac{1}{2}-\frac{4}{3}\right)\times4-\left(-\frac{1}{2}\right)^3\right\}\times\frac{35}{18}$

$=\frac{3}{2}\div\left\{(-2)-\left(-\frac{5}{6}\right)\times4-\left(-\frac{1}{8}\right)\right\}\times\frac{35}{18}$

$=\frac{3}{2}\div\left\{(-2)-\left(-\frac{10}{3}\right)-\left(-\frac{1}{8}\right)\right\}\times\frac{35}{18}$

$=\frac{3}{2}\div\left\{(-2)+\frac{10}{3}+\frac{1}{8}\right\}\times\frac{35}{18}$

$=\frac{3}{2}\div\frac{35}{24}\times\frac{35}{18}=\frac{3}{2}\times\frac{24}{35}\times\frac{35}{18}=2$

이때 $A\times B=1$이므로 $A\times2=1$ $\quad\therefore A=\frac{1}{2}$

197 답 $-\frac{57}{10}$

$6\times(-1)^5-\frac{3}{4}\div\left\{3^2\times\left(-\frac{1}{2}\right)+2\right\}$

$=6\times(-1)-\frac{3}{4}\div\left\{9\times\left(-\frac{1}{2}\right)+2\right\}$

$=6\times(-1)-\frac{3}{4}\div\left(-\frac{9}{2}+2\right)$

$=6\times(-1)-\frac{3}{4}\div\left(-\frac{5}{2}\right)$

$=(-6)-\frac{3}{4}\times\left(-\frac{2}{5}\right)$

$=(-6)-\left(-\frac{3}{10}\right)$

$=(-6)+\left(+\frac{3}{10}\right)=-\frac{57}{10}$

198 답 3

(가)에서 나오는 수는 $(-3)\times\left(-\frac{1}{2}\right)-(-3)=\frac{3}{2}+3=\frac{9}{2}$

(나)에서 나오는 수는 $\left(\frac{9}{2}-2\right)\div\frac{5}{6}=\frac{5}{2}\times\frac{6}{5}=3$

199 답 $\frac{4}{3}$

$\frac{3}{4}\circ\frac{9}{4}=\frac{3}{4}\div\frac{9}{4}-1=\frac{3}{4}\times\frac{4}{9}-1=\frac{1}{3}-1=-\frac{2}{3}$

$\frac{5}{4}\circ\frac{5}{2}=\frac{5}{4}\div\frac{5}{2}-1=\frac{5}{4}\times\frac{2}{5}-1=\frac{1}{2}-1=-\frac{1}{2}$

$\therefore \left(\frac{3}{4}\circ\frac{9}{4}\right)\bigstar\left(\frac{5}{4}\circ\frac{5}{2}\right)=\left(-\frac{2}{3}\right)\bigstar\left(-\frac{1}{2}\right)$

$=\left(-\frac{2}{3}\right)\times\left(-\frac{1}{2}\right)+1$

$=\frac{1}{3}+1=\frac{4}{3}$

200 답 -96

주어진 식을 정리하면

$\left\{1-16\times\left(-\frac{1}{8}\right)\right\}-\square\div\left\{\left(-\frac{2}{3}\right)-(-8)\times\frac{3}{4}\right\}=21$

$\{1-(-2)\}-\square\div\left\{\left(-\frac{2}{3}\right)-(-6)\right\}=21$

$3-\square\div\frac{16}{3}=21$, $3-\square\times\frac{3}{16}=21$

$\square\times\frac{3}{16}=-18$ $\quad\therefore \square=-18\div\frac{3}{16}=-18\times\frac{16}{3}=-96$

핵심 04 문자로 주어진 유리수의 부호

201 ······ 답 ③

① $a+b$의 부호는 알 수 없다.
② $a^2>0$, $b<0$이므로 $a^2\times b<0$
③ $a>0$, $b^2>0$이므로 $a\div b^2>0$
④ $a\times b<0$
⑤ $b-a=b+(-a)=(\text{음수})+(\text{음수})<0$
따라서 항상 양수인 것은 ③이다.

202 ······ 답 ②

$a\times b>0$이므로 a, b의 부호는 같고
$b\times c<0$이므로 b, c의 부호는 다르다.
이때 $b-c<0$에서 $b<c$이므로 $b<0$, $c>0$
$b<0$이므로 $a\times b>0$에서 $a<0$
따라서 a, b, c의 부호로 옳은 것은 ②이다.

203 ······ 답 a

(i) $a<0$, $b>0$이므로 $a<b$
(ii) $a+b=(\text{음수})+(\text{양수})$이므로 $a<a+b<b$
(iii) $a-b=(\text{음수})-(\text{양수})=(\text{음수})+(\text{음수})$이므로
$a-b<a<a+b<b$
(iv) $b-a=(\text{양수})-(\text{음수})=(\text{양수})+(\text{양수})$이므로
$a-b<a<a+b<b<b-a$
(i)~(iv)에서 작은 수부터 차례대로 나열하면 두 번째에 오는 수는 a이다.

핵심 05 절댓값의 성질을 이용한 유리수의 계산

204 ······ 답 ⑤

$|x|=8$에서 $x=8$ 또는 $x=-8$,
$|y|=5$에서 $y=5$ 또는 $y=-5$이므로
$M=8-(-5)=8+(+5)=13$, $m=-8-5=-13$
$\therefore M-m=13-(-13)=13+(+13)=26$

205 ······ 답 8

$|A-2|=1$에서 $A-2=1$ 또는 $A-2=-1$이므로
$A=3$ 또는 $A=1$
$|B+3|=2$에서 $B+3=2$ 또는 $B+3=-2$이므로
$B=-1$ 또는 $B=-5$
이때 $A=3$, $B=-5$이면 $A-B$는 최댓값을 가진다.
$\therefore A-B=3-(-5)=8$

206 ······ 답 9

$a\times|a-b|=7$에서 $a>0$, $|a-b|>0$이고 a, b는 정수이므로
$a\times|a-b|=1\times7$ 또는 $a\times|a-b|=7\times1$
(i) $a=1$일 때, $|1-b|=7$에서 $1-b=7$ 또는 $1-b=-7$
$\therefore b=-6$ 또는 $b=8$
그런데 $b>0$이므로 $b=8$
(ii) $a=7$일 때, $|7-b|=1$에서 $7-b=1$ 또는 $7-b=-1$
$\therefore b=6$ 또는 $b=8$
(i), (ii)에서 주어진 조건을 만족하는 a, b의 값은
$a=1$, $b=8$ 또는 $a=7$, $b=6$ 또는 $a=7$, $b=8$이므로
$a+b$의 최솟값은 $1+8=9$

207 ······ 답 -12, -9

서로 다른 세 정수를 a, b, c라 하면 (가)에서 a, b, c는 모두 음수이다.
(다)에서 절댓값이 3인 정수를 a라 하면 $a=-3$
(나)에서 $(-3)\times b\times c=-24$이므로 $b\times c=8$
따라서 조건을 모두 만족하는 서로 다른 세 정수는
-3, -1, -8 또는 -3, -2, -4이므로 구하는 합은
$(-3)+(-1)+(-8)=-12$ 또는 $(-3)+(-2)+(-4)=-9$

발전 06 규칙이 있는 유리수의 계산

208 ······ 답 7

$$\left(\frac{1}{2}+\frac{1}{6}+\frac{1}{12}+\frac{1}{20}+\frac{1}{30}+\frac{1}{42}+\frac{1}{56}\right)\div\frac{1}{8}$$
$$=\left(\frac{1}{1\times2}+\frac{1}{2\times3}+\frac{1}{3\times4}+\cdots+\frac{1}{7\times8}\right)\div\frac{1}{8}$$
$$=\left\{\left(\frac{1}{1}-\frac{1}{2}\right)+\left(\frac{1}{2}-\frac{1}{3}\right)+\left(\frac{1}{3}-\frac{1}{4}\right)+\cdots+\left(\frac{1}{7}-\frac{1}{8}\right)\right\}\div\frac{1}{8}$$
$$=\left(1-\frac{1}{8}\right)\div\frac{1}{8}=\frac{7}{8}\times8=7$$

209 ······ 답 161

$$\frac{2}{9\times11}+\frac{2}{11\times13}+\frac{2}{13\times15}+\frac{2}{15\times17}$$
$$=\left(\frac{1}{9}-\frac{1}{11}\right)+\left(\frac{1}{11}-\frac{1}{13}\right)+\left(\frac{1}{13}-\frac{1}{15}\right)+\left(\frac{1}{15}-\frac{1}{17}\right)$$
$$=\frac{1}{9}-\frac{1}{17}=\frac{8}{153}=\frac{a}{b}$$
따라서 $a=8$, $b=153$이므로 $a+b=8+153=161$

Step 2 실전문제 체화를 위한 심화 유형

본교재 057~061쪽

210 $\frac{10}{3}$	211 ④	212 -3	213 -3	214 4
215 $\frac{15}{4}$	216 ④	217 ③	218 $-\frac{8}{9}$	219 2
220 1	221 $\frac{35}{58}$	222 $\frac{17}{48}$	223 6	224 3
225 39	226 ①	227 $a-b$, b		228 ②
229 ④	230 ②, ④	231 -27	232 -2, -6	
233 -10	234 5	235 $\frac{119}{120}$	236 $\frac{6}{13}$	237 1
238 1				

유형 01 유리수의 덧셈과 뺄셈

210
답 $\frac{10}{3}$

네 수의 합이 $(-1)+\left(-\frac{1}{4}\right)+\frac{5}{4}+4=-1+1+4=4$이므로

$(-1)+\frac{7}{2}+\left(-\frac{3}{2}\right)+A=4$, $(-1)+2+A=4$

$1+A=4 \quad \therefore A=3$

$A+\left(-\frac{8}{3}\right)+B+4=4$, $3+\left(-\frac{8}{3}\right)+B+4=4$

$\frac{13}{3}+B=4 \quad \therefore B=4-\frac{13}{3}=-\frac{1}{3}$

$\therefore A-B=3-\left(-\frac{1}{3}\right)=\frac{9}{3}+\left(+\frac{1}{3}\right)=\frac{10}{3}$

211
답 ④

$a=\left(-\frac{13}{2}\right)-(-7)=\left(-\frac{13}{2}\right)+\left(+\frac{14}{2}\right)=\frac{1}{2}$

$b=9+\frac{4}{3}=\frac{27}{3}+\frac{4}{3}=\frac{31}{3}$

$\frac{1}{2}\le|x|\le\frac{31}{3}$을 만족하는 $|x|$는 1, 2, 3, 4, 5, 6, 7, 8, 9, 10

따라서 정수 x는 -10부터 10까지 0을 제외한 정수이므로 20개이다.

212
답 -3

-2, $+3$, $+5$, $+2$, -3, a, b, c, $\cdots$라 하면

$2+a=-3$에서 $a=-3-2=-5$

$-3+b=a$, 즉 $-3+b=-5$에서

$b=-5-(-3)=-5+(+3)=-2$

$a+c=b$, 즉 $-5+c=-2$에서

$c=-2-(-5)=-2+(+5)=+3$

따라서 -2, $+3$, $+5$, $+2$, -3, -5의 여섯 개의 수가 반복되고, $41=6\times6+5$이므로 41번째에 나오는 수는 -2, $+3$, $+5$, $+2$, -3, -5의 5번째 수인 -3이다.

213
답 -3

$\left(-\frac{3}{2}\right)\diamond\frac{1}{3}=\left(-\frac{3}{2}-1\right)-\left(\frac{1}{3}-1\right)=-\frac{5}{2}-\left(-\frac{2}{3}\right)$

$=-\frac{15}{6}+\left(+\frac{4}{6}\right)=-\frac{11}{6}$

$\left(-\frac{2}{3}\right)\blacklozenge\left(-\frac{1}{2}\right)=\left(-\frac{2}{3}+1\right)-\left(-\frac{1}{2}+2\right)$

$=\frac{1}{3}-\frac{3}{2}=\frac{2}{6}-\frac{9}{6}=-\frac{7}{6}$

$\therefore \left\{\left(-\frac{3}{2}\right)\diamond\frac{1}{3}\right\}+\left\{\left(-\frac{2}{3}\right)\blacklozenge\left(-\frac{1}{2}\right)\right\}=-\frac{11}{6}+\left(-\frac{7}{6}\right)=-3$

214
답 4

$\left(\frac{1}{1}+\frac{1}{2}+\frac{1}{3}+\frac{1}{4}+\frac{1}{5}\right)-\left(\frac{2}{2}+\frac{2}{3}+\frac{2}{4}+\frac{2}{5}\right)$

$+\left(\frac{3}{3}+\frac{3}{4}+\frac{3}{5}\right)-\left(\frac{4}{4}+\frac{4}{5}\right)+\frac{5}{5}$

$=\frac{1}{1}+\left(\frac{1}{2}-\frac{2}{2}\right)+\left(\frac{1}{3}-\frac{2}{3}+\frac{3}{3}\right)$

$+\left(\frac{1}{4}-\frac{2}{4}+\frac{3}{4}-\frac{4}{4}\right)+\left(\frac{1}{5}-\frac{2}{5}+\frac{3}{5}-\frac{4}{5}+\frac{5}{5}\right)$

$=\frac{1}{1}+\left(-\frac{1}{2}\right)+\frac{2}{3}+\left(-\frac{1}{2}\right)+\frac{3}{5}$

$=1+(-1)+\frac{2}{3}+\frac{3}{5}=\frac{10}{15}+\frac{9}{15}=\frac{19}{15}=\frac{a}{b}$

따라서 $a=19$, $b=15$이므로 $a-b=19-15=4$

215
답 $\frac{15}{4}$

$-\frac{5}{6}<-\frac{2}{3}<\frac{5}{12}<\frac{1}{2}$

빼는 수가 가장 작을 때 계산 결과는 가장 크게 되므로 ⓒ에 음수 중 절댓값이 큰 수를 넣어야 한다.

$a=\frac{1}{2}-\left(-\frac{5}{6}\right)+\frac{5}{12}=\frac{6}{12}+\left(+\frac{10}{12}\right)+\frac{5}{12}=\frac{21}{12}=\frac{7}{4}$

빼는 수가 가장 클 때 계산 결과는 가장 작게 되므로 ⓒ에 양수 중 절댓값이 큰 수를 넣어야 한다.

$b=-\frac{5}{6}-\frac{1}{2}+\left(-\frac{2}{3}\right)=-\frac{5}{6}-\frac{3}{6}+\left(-\frac{4}{6}\right)=-2$

$\therefore a-b=\frac{7}{4}-(-2)=\frac{7}{4}+\left(+\frac{8}{4}\right)=\frac{15}{4}$

유형 02 유리수의 곱셈과 나눗셈

216
답 ④

a, b, c, d가 서로 다른 네 정수이므로 $10-a$, $10-b$, $10-c$, $10-d$도 서로 다른 네 정수이다.

$10-a$, $10-b$, $10-c$, $10-d$의 값은 순서에 상관없이 -2, -1, 1, 2 중 하나이므로

$(10-a)+(10-b)+(10-c)+(10-d)=-2+(-1)+1+2$

$40-(a+b+c+d)=0$

$\therefore a+b+c+d=40$

217
답 ③

$a\times(b-c)=-30$이므로 $a\times b-a\times c=-30$

$a\times b=-40$이므로 $-40-a\times c=-30$

$\therefore a\times c=-10$

이때 $a<0$, $0<c<5$이고 a, c는 정수이므로

$a=-10$, $c=1$ 또는 $a=-5$, $c=2$

(i) $a=-10$, $c=1$일 때, $a\times b=-40$이므로

$-10\times b=-40 \quad \therefore b=4$

(ii) $a=-5$, $c=2$일 때, $a\times b=-40$이므로

$-5\times b=-40 \quad \therefore b=8$

이때 $b<5$이므로 $a=-10$, $b=4$, $c=1$

$\therefore a+b+c=-10+4+1=-5$

다른 풀이

$a\times(b-c)=-30$이므로 $a\times b-a\times c=-30$

$a\times b=-40$이므로 $-40-a\times c=-30$ $\quad\therefore a\times c=-10$

이때 b는 40의 약수이면서 0과 5 사이에 있는 정수이므로 1, 2, 4가 될 수 있다.

(i) $b=1$일 때, $a=-40$이고 $a\times c=-10$이므로

$-40\times c=-10 \quad \therefore c=\frac{1}{4}$

(ii) $b=2$일 때, $a=-20$이고 $a\times c=-10$이므로

$-20\times c=-10 \quad \therefore c=\frac{1}{2}$

(iii) $b=4$일 때, $a=-10$이고 $a\times c=-10$이므로

$-10\times c=-10 \quad \therefore c=1$

이때 a, b, c는 모두 정수이고 $a<c<b$이므로 $a=-10$, $b=4$, $c=1$

$\therefore a+b+c=-10+4+1=-5$

218 .... 답 $-\frac{8}{9}$

$\left|\frac{6}{7}\right|<\left|\frac{4}{3}\right|<\left|-\frac{3}{2}\right|<\left|-\frac{12}{7}\right|$이므로 계산 결과가 가장 크려면 절댓값이 큰 양수가 되어야 한다. 즉 양수 1개와 음수 2개를 선택해야 한다.

이때 절댓값이 크려면 나누는 수의 절댓값이 작아야 하므로 나누는 수는 양수 $\frac{6}{7}$이고, 두 음수를 곱하면 된다.

$\therefore a=\left(-\frac{12}{7}\right)\div\frac{6}{7}\times\left(-\frac{3}{2}\right)=\left(-\frac{12}{7}\right)\times\frac{7}{6}\times\left(-\frac{3}{2}\right)=3$

계산 결과가 가장 작으려면 절댓값이 큰 음수가 되어야 하므로 양수 2개와 음수 1개를 선택해야 한다.

이때 절댓값이 크려면 나누는 수의 절댓값이 작아야 하므로 나누는 수는 양수 $\frac{6}{7}$이고, 나머지 양수 1개와 두 음수 중 작은 수를 곱한다.

$\therefore b=\left(-\frac{12}{7}\right)\div\frac{6}{7}\times\frac{4}{3}=\left(-\frac{12}{7}\right)\times\frac{7}{6}\times\frac{4}{3}=-\frac{8}{3}$

$\therefore \frac{b}{a}=b\div a=\left(-\frac{8}{3}\right)\div 3=\left(-\frac{8}{3}\right)\times\frac{1}{3}=-\frac{8}{9}$

유형 03 유리수의 혼합 계산

219 .... 답 2

n이 홀수이므로 $n+1$, $n+3$은 짝수이고, $n+2$, $n+4$는 홀수이다.

$-(-1)^{n+1}-(-1)^{n+2}+(-1)^{n+3}-(-1)^{n+4}$

$=-1-(-1)+1-(-1)$

$=-1+1+1+1=2$

220 .... 답 1

$(-1)^{\text{홀수}}=-1$, $(-1)^{\text{짝수}}=1$이므로 주어진 식은

$\left(-\frac{1}{5}\right)+\left(+\frac{2}{5}\right)+\left(-\frac{3}{5}\right)+\cdots+\left(-\frac{9}{5}\right)+2$

$=\left\{\left(-\frac{1}{5}\right)+\frac{2}{5}\right\}+\left\{\left(-\frac{3}{5}\right)+\frac{4}{5}\right\}+\left\{\left(-\frac{5}{5}\right)+\frac{6}{5}\right\}+\left\{\left(-\frac{7}{5}\right)+\frac{8}{5}\right\}$
$+\left\{\left(-\frac{9}{5}\right)+\frac{10}{5}\right\}$

$=\frac{1}{5}\times 5=1$

221 .... 답 $\frac{35}{58}$

두 점 A, B 사이의 거리는 $\frac{3}{2}-\left(-\frac{7}{3}\right)=\frac{9}{6}+\frac{14}{6}=\frac{23}{6}$이므로

두 점 A, M 사이의 거리는 $\frac{23}{6}\times\frac{1}{2}=\frac{23}{12}$

점 M이 나타내는 수는 $-\frac{7}{3}+\frac{23}{12}=-\frac{28}{12}+\frac{23}{12}=-\frac{5}{12}$

두 점 A, N 사이의 거리는 $\frac{23}{6}\times\frac{3}{3+4}=\frac{23}{6}\times\frac{3}{7}=\frac{23}{14}$

점 N이 나타내는 수는 $-\frac{7}{3}+\frac{23}{14}=-\frac{98}{42}+\frac{69}{42}=-\frac{29}{42}$

따라서 $a=-\frac{5}{12}$, $b=-\frac{29}{42}$이므로

$\frac{a}{b}=a\div b=\left(-\frac{5}{12}\right)\div\left(-\frac{29}{42}\right)=\left(-\frac{5}{12}\right)\times\left(-\frac{42}{29}\right)=\frac{35}{58}$

다른 풀이

점 M이 나타내는 수는

$\left(-\frac{7}{3}+\frac{3}{2}\right)\times\frac{1}{2}=\left(-\frac{14}{6}+\frac{9}{6}\right)\times\frac{1}{2}=-\frac{5}{6}\times\frac{1}{2}=-\frac{5}{12}$

참고 수직선 위의 두 점 A, B에서 같은 거리에 있는 점을 M이라 하면

A M B
a $\frac{a+b}{2}$ b

(1) (두 점 A, M 사이의 거리)

$=$(두 점 B, M 사이의 거리)$=\frac{b-a}{2}$

(2) (점 M이 나타내는 수)$=\frac{a+b}{2}$

222 .... 답 $\frac{17}{48}$

두 수 $\frac{1}{2}$과 $\frac{1}{4}$을 나타내는 두 점 사이의 거리는 $\frac{1}{2}-\frac{1}{4}=\frac{2}{4}-\frac{1}{4}=\frac{1}{4}$

이고 두 점으로부터 같은 거리에 있는 점이 나타내는 수는 각 점에서

$\frac{1}{4}\times\frac{1}{2}=\frac{1}{8}$만큼 떨어진 점이므로 $\frac{1}{2}\bigstar\frac{1}{4}=\frac{1}{2}-\frac{1}{8}=\frac{4}{8}-\frac{1}{8}=\frac{3}{8}$

두 수 $\frac{1}{3}$과 $\frac{3}{8}$을 나타내는 두 점 사이의 거리는 $\frac{3}{8}-\frac{1}{3}=\frac{9}{24}-\frac{8}{24}=\frac{1}{24}$

이고 두 점으로부터 같은 거리에 있는 점이 나타내는 수는 각 점에서

$\frac{1}{24}\times\frac{1}{2}=\frac{1}{48}$만큼 떨어진 점이므로

$\frac{1}{3}\bigstar\frac{3}{8}=\frac{1}{3}+\frac{1}{48}=\frac{16}{48}+\frac{1}{48}=\frac{17}{48}$

223 .... 답 6

$a=-\frac{11}{6}-\left\{-1+\frac{3}{4}\times\left(\frac{1}{3}\right)^2\div\left(-\frac{1}{2}\right)^3\right\}$

$=-\frac{11}{6}-\left\{-1+\frac{3}{4}\times\frac{1}{9}\times(-8)\right\}$

$=-\frac{11}{6}-\left\{-1+\left(-\frac{2}{3}\right)\right\}$

$=-\frac{11}{6}-\left(-\frac{5}{3}\right)=-\frac{11}{6}+\frac{10}{6}=-\frac{1}{6} \quad \therefore \frac{1}{a}=-6$

$b=\left\{1+\left(-\frac{2}{3}\right)^2\div\left(-\frac{4}{5}\right)\right\}\div\frac{1}{9}=\left\{1+\left(+\frac{4}{9}\right)\times\left(-\frac{5}{4}\right)\right\}\times 9$

$=\left\{1+\left(-\frac{5}{9}\right)\right\}\times 9=\frac{4}{9}\times 9=4 \quad \therefore \frac{1}{b}=\frac{1}{4}$

따라서 -6과 $\frac{1}{4}$ 사이에 있는 정수는 -5, -4, -3, -2, -1, 0의 6개이다.

224 답 3

$$6-\cfrac{2}{8-\cfrac{3}{2-\cfrac{2}{1+\cfrac{1}{4}}}}=6-\cfrac{2}{8-\cfrac{3}{2-\cfrac{2}{\cfrac{5}{4}}}}=6-\cfrac{2}{8-\cfrac{3}{2-\cfrac{8}{5}}}$$

$$=6-\cfrac{2}{8-\cfrac{3}{\cfrac{2}{5}}}=6-\cfrac{2}{8-\cfrac{15}{2}}$$

$$=6-\cfrac{2}{\cfrac{1}{2}}=6-4=2 \qquad \therefore a=2$$

따라서 $|x|<2$를 만족하는 정수 x는 -1, 0, 1의 3개이다.

└→ $-2<x<2$

225 답 39

4개의 주사위의 각 면에 적힌 수의 합은

$\left\{-\frac{5}{2}+(-1)+0+2+3+\frac{11}{2}\right\}\times4=7\times4=28$

가려지는 면에 적혀 있는 수의 합이 최소일 때, 가려지는 면을 제외한 모든 면에 적혀 있는 수의 합이 최대가 된다.

즉 한 면이 가려지는 3개의 주사위의 가려진 면에는 각각 $-\frac{5}{2}$가 적혀 있으면 되고, 세 면이 가려지는 1개의 주사위의 가려진 면에는 $-\frac{5}{2}$, -1, 0이 적혀 있으면 된다.

따라서 가려지는 면을 제외한 모든 면에 적힌 수의 합의 최댓값은

$28-\left\{\left(-\frac{5}{2}\right)\times3+\left(-\frac{5}{2}\right)+(-1)+0\right\}$

$=28-(-11)=28+11=39$

226 답 ①

$x+1\div\left(y+\frac{1}{z}\right)=x+\cfrac{1}{y+\cfrac{1}{z}}$

이때 $\frac{24}{5}=4+\frac{4}{5}=4+\cfrac{1}{\cfrac{5}{4}}=4+\cfrac{1}{1+\cfrac{1}{4}}$이므로 $x=4$, $y=1$, $z=4$

$\therefore x\div z-y^2=4\div4-1^2=1-1=0$

유형 04 문자로 주어진 유리수의 부호

227 답 $a-b$, b

$a+b<0$, $a\times b<0$이므로 a, b는 부호가 다르고 음수의 절댓값이 양수의 절댓값보다 더 크다.

이때 $|a|<|b|$이므로 $a>0$, $b<0$이다.

음수 b, $b-2a$, $-a$에서 절댓값이 큰 수가 작으므로 $b-2a<b<-a$

양수 $a-b$, a, $-b$에서 절댓값이 큰 수가 크므로 $a<-b<a-b$

$\therefore b-2a<b<-a<a<-b<a-b$

따라서 가장 큰 수는 $a-b$, 두 번째로 작은 수는 b이다.

228 답 ②

$a<b<c$, $\frac{c}{b}<0$에서 $b<0$, $c>0$이므로 $a<b<0<c$

$a+c<0$, $a<b<0<c$에서 $|a|>|c|$이고

$b+c>0$, $a<b<0<c$에서 $|b|<|c|$이므로 $|b|<|c|<|a|$

이때 $\frac{1}{|a|}$, $\frac{1}{|b|}$, $\frac{1}{|c|}$이 모두 양수이므로

$|b|<|c|<|a|$이면 $\frac{1}{|a|}<\frac{1}{|c|}<\frac{1}{|b|}$

229 답 ④

$b-c>0$, $b\times c<0$에서 $b>c$이므로 $b>0$, $c<0$

$\frac{a}{b}>0$이고 $b>0$이므로 $a>0$

$a+c<0$이고 $a>0$, $c<0$이므로 $|a|<|c|$

$b+c>0$이고 $b>0$, $c<0$이므로 $|c|<|b|$

$\therefore |a|<|c|<|b|$

①, ②, ③ $|a|<|c|<|b|$이므로

$|a|-|b|<0$, $|a|-|c|<0$, $|b|-|c|>0$

$a>0$, $b>0$, $c<0$이므로

④ $a\times b-c=$(양수)$\times$(양수)$-$(음수)$=$(양수)$+$(양수)$=$(양수)

$\therefore a\times b-c>0$

⑤ $b^2-a\times c=$(양수)$^2-$(양수)$\times$(음수)$=$(양수)$-$(음수)

$=$(양수)$+$(양수)$=$(양수)

$\therefore b^2-a\times c>0$

따라서 옳은 것은 ④이다.

230 답 ②, ④

(가)에서 $a<0$, $c<0$, (나)에서 $b>0$, $d>0$

양수인 b의 절댓값이 가장 크므로 $d<b$

음수인 a의 절댓값이 가장 작으므로 $c<a$

$\therefore c<a<0<d<b$

② 서로 같은 부호인 두 수의 곱은 양수이므로 $ac>0$, $bd>0$

④ $|b|>|a|$이고, $a<0$, $b>0$이므로 $a+b>0$

하지만 c, d의 절댓값의 대소 관계를 알 수 없으므로 $c+d$의 부호는 알 수 없다.

유형 05 절댓값의 성질을 이용한 유리수의 계산

231 답 -27

(가)에서 $-3\le a\le3$이고 a는 정수이므로

(i) $a=-3$일 때, (나)에서 $-1<n<b-2$를 만족하는 정수 n의 개수가 7이므로

$b-2=7 \qquad \therefore b=9$

$\therefore a\times b=-3\times9=-27$

(ii) $a=-2$일 때, (나)에서 $0<n<b-2$를 만족하는 정수 n의 개수가 7이므로

$b-2=8 \qquad \therefore b=10$

$\therefore a\times b=-2\times10=-20$

(iii) $a=-1$일 때, (나)에서 $1<n<b-2$를 만족하는 정수 n의 개수가 7이므로

$b-2=9 \qquad \therefore b=11$

$\therefore a\times b=-1\times11=-11$

(iv) $a=0$일 때, $a\times b=0\times b=0$
(v) $a=1, 2, 3$일 때, b는 양수이므로 $a\times b=$(양수)
따라서 $a\times b$의 최솟값은 -27이다.

232

답 $-2, -6$

㈎에서 a는 2보다 -3만큼 큰 수이므로 $a=2+(-3)=-1$
㈏에서 $|(-1)-1|=|b+2|$이므로 $2=|b+2|$
이때 $b+2=2$ 또는 $b+2=-2$이므로 $b=0$ 또는 $b=-4$
(i) $b=0$일 때, $a-b-c=(-1)-0-c=0$ $\quad\therefore c=-1$
$\therefore a+2\times b+c=(-1)+2\times 0+(-1)=-2$
(ii) $b=-4$일 때, $a-b-c=(-1)-(-4)-c=0$ $\quad\therefore c=3$
$\therefore a+2\times b+c=(-1)+2\times(-4)+3=-6$
(i), (ii)에서 구하는 값은 $-2, -6$이다.

233

답 -10

$1<|a|<|b|<|c|$이면서 $a\times b\times c=30$을 만족하는
$|a|, |b|, |c|$를 구하면 $|a|=2, |b|=3, |c|=5$
세 수의 곱이 양수이므로 세 수 모두 양수이거나 두 수는 음수, 나머지 한 수는 양수이어야 한다.
이때 세 수의 합이 0이므로 두 수는 음수, 나머지 한 수는 양수이다.
따라서 $a+b+c=0$이 되는 경우는
$a=-2, b=-3, c=5$이므로
$a+b-c=-2+(-3)-5=-10$

참고 $a\times b\times c=30$, $a+b+c=0$을 만족하는 a, b, c를 구하면 $a=1, b=5, c=6$도 있지만 $|a|>1$인 조건을 만족하지 않는다.

234

답 5

$|c|<|b|<|a|$이면서 $a\times b\times c=-12$인 경우는
$|c|=1, |b|=2, |a|=6$ 또는 $|c|=1, |b|=3, |a|=4$이다.
세 수의 곱이 음수이므로 세 수 모두 음수이거나 두 수는 양수, 나머지 한 수는 음수이어야 한다.
이때 세 수의 합이 양수이므로 두 수는 양수, 나머지 한 수는 음수이다.
따라서 $a+b+c=7$이 되는 경우는 $a=6, b=2, c=-1$일 때이므로
$a-b-c=6-2-(-1)=6-2+1=5$

유형 06 규칙이 있는 유리수의 계산

235

답 $\frac{119}{120}$

$$\frac{4}{1\times2\times3}+\frac{4}{2\times3\times4}+\cdots+\frac{4}{14\times15\times16}$$
$$=4\times\frac{1}{2}\times\left(\frac{1}{1\times2}-\frac{1}{2\times3}\right)+4\times\frac{1}{2}\times\left(\frac{1}{2\times3}-\frac{1}{3\times4}\right)+\cdots+4\times\frac{1}{2}\times\left(\frac{1}{14\times15}-\frac{1}{15\times16}\right)$$
$$=4\times\frac{1}{2}\times\left(\frac{1}{1\times2}-\frac{1}{2\times3}+\frac{1}{2\times3}-\frac{1}{3\times4}+\cdots+\frac{1}{14\times15}-\frac{1}{15\times16}\right)$$
$$=2\times\left(\frac{1}{1\times2}-\frac{1}{15\times16}\right)=1-\frac{1}{120}=\frac{119}{120}$$

236

답 $\frac{6}{13}$

$$\frac{1}{3}+\frac{1}{15}+\frac{1}{35}+\frac{1}{63}+\frac{1}{99}+\frac{1}{143}$$
$$=\frac{1}{2}\times\frac{2}{1\times3}+\frac{1}{2}\times\frac{2}{3\times5}+\frac{1}{2}\times\frac{2}{5\times7}+\frac{1}{2}\times\frac{2}{7\times9}+\frac{1}{2}\times\frac{2}{9\times11}+\frac{1}{2}\times\frac{2}{11\times13}$$
$$=\frac{1}{2}\times\left(\frac{2}{1\times3}+\frac{2}{3\times5}+\frac{2}{5\times7}+\frac{2}{7\times9}+\frac{2}{9\times11}+\frac{2}{11\times13}\right)$$
$$=\frac{1}{2}\times\left\{\left(\frac{1}{1}-\frac{1}{3}\right)+\left(\frac{1}{3}-\frac{1}{5}\right)+\left(\frac{1}{5}-\frac{1}{7}\right)+\left(\frac{1}{7}-\frac{1}{9}\right)+\left(\frac{1}{9}-\frac{1}{11}\right)+\left(\frac{1}{11}-\frac{1}{13}\right)\right\}$$
$$=\frac{1}{2}\times\left(1-\frac{1}{13}\right)=\frac{1}{2}\times\frac{12}{13}=\frac{6}{13}$$

237

답 1

❶단계 ㈎에서 a의 값 구하기

$$|a|=\frac{3}{2}-\left[\left\{\left(-\frac{1}{3}\right)^3+(-1)\right\}\div2\right]\times\frac{27}{4}$$
$$=\frac{3}{2}-\left[\left\{\left(-\frac{1}{27}\right)+(-1)\right\}\div2\right]\times\frac{27}{4}$$
$$=\frac{3}{2}-\left\{\left(-\frac{28}{27}\right)\times\frac{1}{2}\right\}\times\frac{27}{4}=\frac{3}{2}-\left(-\frac{14}{27}\right)\times\frac{27}{4}$$
$$=\frac{3}{2}-\left(-\frac{7}{2}\right)=\frac{3}{2}+\left(+\frac{7}{2}\right)=5$$

$\therefore a=5$ 또는 $a=-5$ …… 30 %

❷단계 ㈏에서 b의 값 구하기

(i) $a=5$를 ㈏에 대입하면 $|5+2|=|b-4|$ $\quad\therefore |b-4|=7$
$b-4=7$ 또는 $b-4=-7$ $\quad\therefore b=11$ 또는 $b=-3$
(ii) $a=-5$를 ㈏에 대입하면 $|-5+2|=|b-4|$ $\quad\therefore |b-4|=3$
$b-4=3$ 또는 $b-4=-3$ $\quad\therefore b=7$ 또는 $b=1$ …… 30 %

❸단계 ㈐에서 c의 값 구하기

(iii) $a=5, b=11$을 ㈐에 대입하면 $5+11-c=0$ $\quad\therefore c=16$
(iv) $a=5, b=-3$을 ㈐에 대입하면 $5+(-3)-c=0$ $\quad\therefore c=2$
(v) $a=-5, b=7$을 ㈐에 대입하면 $-5+7-c=0$ $\quad\therefore c=2$
(vi) $a=-5, b=1$을 ㈐에 대입하면 $-5+1-c=0$ $\quad\therefore c=-4$
…… 30 %

❹단계 $a\times c-b^2$의 값 구하기

(iii)~(vi)에서 $|a|>|b|>|c|$를 만족하는 a, b, c는
$a=5, b=-3, c=2$
$\therefore a\times c-b^2=5\times2-(-3)^2=1$ …… 10 %

참고 (iii), (v)는 $|a|<|b|$이므로 조건에 맞지 않아 c의 값까지 구하지 않아도 된다.

238

답 1

❶단계 A의 값 구하기

㉮+㉯−㉰의 계산 결과가 가장 크려면 더하는 수는 크고 빼는 수는 가장 작아야 한다.
$-4<-\frac{3}{4}<-\frac{1}{5}<\frac{1}{4}<\frac{2}{3}$이므로
$A=\frac{2}{3}+\frac{1}{4}-(-4)=\frac{8}{12}+\frac{3}{12}+\frac{48}{12}=\frac{59}{12}$ …… 30 %

❷단계 B의 값 구하기

㉮×㉯×㉰의 계산 결과가 가장 크려면 절댓값이 큰 양수가 되어야 하므로 절댓값이 큰 두 개의 음수와 절댓값이 큰 한 개의 양수를 곱해야 한다.

$\left|-\frac{1}{5}\right|<\left|\frac{1}{4}\right|<\left|\frac{2}{3}\right|<\left|-\frac{3}{4}\right|<|-4|$이므로

$B=(-4)\times\left(-\frac{3}{4}\right)\times\frac{2}{3}=2$ …… 30 %

❸단계 C의 값 구하기

㉮÷㉯×㉰의 계산 결과가 가장 작으려면 절댓값이 큰 음수가 되어야 하므로 나누는 수는 절댓값이 작아야 하고 곱하는 두 수는 절댓값이 커야 한다.

이때 절댓값의 곱이 크게 되도록 음수 3개 또는 음수 1개, 양수 2개를 선택하면 된다.

(i) 음수 3개를 선택하는 경우

$(-4)\div\left(-\frac{1}{5}\right)\times\left(-\frac{3}{4}\right)=(-4)\times(-5)\times\left(-\frac{3}{4}\right)=-15$

(ii) 음수 1개, 양수 2개를 선택하는 경우

㉠ 나누는 수가 양수인 경우

$(-4)\div\frac{1}{4}\times\frac{2}{3}=-4\times4\times\frac{2}{3}=-\frac{32}{3}=-10\frac{2}{3}$

㉡ 나누는 수가 음수인 경우

$\frac{2}{3}\div\left(-\frac{1}{5}\right)\times\frac{1}{4}=\frac{2}{3}\times(-5)\times\frac{1}{4}=-\frac{5}{6}$

(i), (ii)에서 $C=-15$ …… 30 %

❹단계 $12\times A+B+4\times C$의 값 구하기

$\therefore 12\times A+B+4\times C=12\times\frac{59}{12}+2+4\times(-15)$

$=59+2-60=1$ …… 10 %

Step 3 최상위권 굳히기를 위한 최고난도 유형 본교재 062~064쪽

239 $\frac{25}{2}$ **240** $\frac{5}{6}$ **241** 18 **242** -3 **243** c

244 0 **245** $\frac{15}{4}$ **246** 1, -16, -35, -87

247 ㄷ

창의융합

248 (1) 소라 : 5계단, 정훈 : 15계단 (2) 정훈, 10계단

249 ③

239 답 $\frac{25}{2}$

$[-3, 5]=5-(-3)=8$이므로 $[8, [a, 2]]=4$이려면 $[a, 2]=4$ 또는 $[a, 2]=12$이어야 한다.

(i) $[a, 2]=4$일 때, $a-2=4$ 또는 $2-a=4$이므로

$a=6$ 또는 $a=-2$

(ii) $[a, 2]=12$일 때, $a-2=12$ 또는 $2-a=12$이므로

$a=14$ 또는 $a=-10$

(i), (ii)에서 $M=14$, $m=-10$

$\therefore \left[\left[-11, \frac{1}{2}\right], [M, m]\right]=\left[\left[-11, \frac{1}{2}\right], [14, -10]\right]$

$=\left[\frac{23}{2}, 24\right]$

$=24-\frac{23}{2}=\frac{25}{2}$

240 답 $\frac{5}{6}$

$\frac{1}{6}$과 $\frac{2}{3}$를 나타내는 두 점 사이의 거리는

$\frac{2}{3}-\frac{1}{6}=\frac{4}{6}-\frac{1}{6}=\frac{3}{6}=\frac{1}{2}$

두 유리수 a, b에 대하여 $a<b$라 하면 이웃한 두 점 사이의 거리가 서로 같으면서 네 유리수 a, b, $\frac{1}{6}$, $\frac{2}{3}$의 대소 관계로 가능한 경우는 다음과 같다.

(i) $a<b<\frac{1}{6}<\frac{2}{3}$인 경우

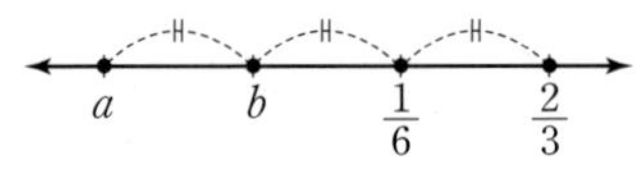

이웃한 두 점 사이의 거리는 $\frac{1}{2}$이고

$b=\frac{1}{6}-\frac{1}{2}=\frac{1}{6}-\frac{3}{6}=-\frac{1}{3}<0$이므로 $a<b<0$

따라서 $ab>0$이므로 조건을 만족하지 않는다.

(ii) $a<\frac{1}{6}<b<\frac{2}{3}$인 경우

a $\frac{1}{6}$ b $\frac{2}{3}$

이웃한 두 점 사이의 거리는 $\frac{1}{2}\times\frac{1}{2}=\frac{1}{4}$이므로

$a=\frac{1}{6}-\frac{1}{4}=\frac{2}{12}-\frac{3}{12}=-\frac{1}{12}<0$

$b=\frac{1}{6}+\frac{1}{4}=\frac{2}{12}+\frac{3}{12}=\frac{5}{12}>0$

따라서 $ab<0$을 만족하므로

$a+b=-\frac{1}{12}+\frac{5}{12}=\frac{4}{12}=\frac{1}{3}$

(iii) $a<\frac{1}{6}<\frac{2}{3}<b$인 경우

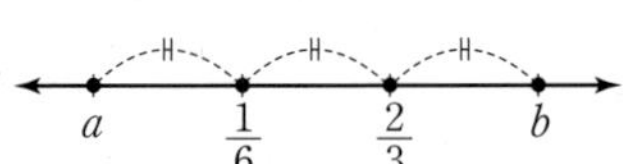

이웃한 두 점 사이의 거리는 $\frac{1}{2}$이므로

$a=\frac{1}{6}-\frac{1}{2}=\frac{1}{6}-\frac{3}{6}=-\frac{1}{3}<0$

$b=\frac{2}{3}+\frac{1}{2}=\frac{4}{6}+\frac{3}{6}=\frac{7}{6}>0$

따라서 $ab<0$을 만족하므로

$a+b=-\frac{1}{3}+\frac{7}{6}=-\frac{2}{6}+\frac{7}{6}=\frac{5}{6}$

(iv) $\frac{1}{6}<a<b<\frac{2}{3}$, $\frac{1}{6}<a<\frac{2}{3}<b$, $\frac{1}{6}<\frac{2}{3}<a<b$인 경우는 $ab>0$이 되어 조건을 만족하지 않는다.

(i)~(iv)에서 $a+b$의 최댓값은 $\frac{5}{6}$

마찬가지 방법으로 $a>b$인 경우에도 $a+b$의 최댓값은 $\frac{5}{6}$이다.

따라서 구하는 최댓값은 $\frac{5}{6}$이다.

241 답 18

정수 a, b에 대하여 $|a-b|=4$, $a\times b<0$이므로
$(a, b)=(3, -1), (2, -2), (1, -3), (-1, 3), (-2, 2), (-3, 1)$
정수 c, d에 대하여 $|c+d|=4$, $c\times d>0$이므로
$(c, d)=(1, 3), (2, 2), (3, 1), (-1, -3), (-2, -2), (-3, -1)$
이때 $a\times c$의 최댓값은 $(a, c)=(3, 3), (-3, -3)$일 때이고
$a\times c$의 최솟값은 $(a, c)=(3, -3), (-3, 3)$일 때이다.
따라서 $a\times c$가 될 수 있는 값 중 최댓값과 최솟값의 차는
$9-(-9)=18$

242 답 −3

$A_1=\frac{1}{2}$, $A_2=\frac{1}{1-\frac{1}{2}}=\frac{1}{1-A_1}=\frac{1}{\frac{1}{2}}=2$,

$A_3=\frac{1}{1-\frac{1}{1-\frac{1}{2}}}=\frac{1}{1-A_2}=\frac{1}{1-2}=-1$,

$A_4=\frac{1}{1-A_3}=\frac{1}{1-(-1)}=\frac{1}{2}$, …

이므로 $\frac{1}{2}$, 2, -1의 3개의 수가 이 순서대로 반복된다.
$230=3\times76+2$이므로 $A_{230}=A_2=2$
$255=3\times85$이므로 $A_{255}=A_3=-1$
따라서 $a=2$, $b=-1$이므로
$a+b-4=2+(-1)-4=-3$

243 답 c

(가)에서 b의 역수는 a이므로 a와 b의 부호는 같다.
$\therefore a\times b>0$, $a\times b=1$ (→ 두 수의 곱이 1이 될 때, 한 수를 다른 수의 역수라 한다.)
(라)에서 $a\times b\times c=1$이므로 $c=1$ (→ $a\times b=1$)
또한 a, b, c 중 적어도 하나는 음수인데 $c=1$이므로
$a<0$, $b<0$ → a와 b의 부호는 같다.
(나)에서 $c\times d\times e>0$이므로 $d\times e>0$ → $c=1$
(마)에서 b와 d의 부호는 반대이므로 $d>0$, $e>0$ → $b<0$
(가), (마)에서 b는 -1보다 작으므로 $b<-1<a<0$ → $|b|>1$
(바)에서 d의 절댓값이 가장 크므로 $|b|<|d|$이고
c, e는 b와 d 사이에 있다.
(다)에서 $|e|<1$이므로 서로 다른 5개의 유리수 a, b, c, d, e를 수직선 위에 나타내면 다음과 같다.

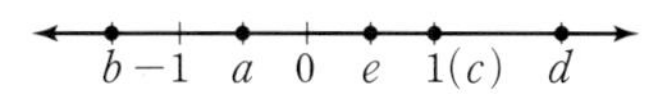

$\therefore b<a<e<c<d$
따라서 작은 것부터 순서대로 나열할 때, 네 번째 오는 수는 c이다.

244 답 0

(ⅰ) $a>0$, $b>0$일 때, $|a|=a$, $|b|=b$, $|a\times b|=a\times b$이므로

$$x=\frac{4|a|}{a}-\frac{3|b|}{b}+\frac{|2\times a\times b|}{a\times b}$$
$$=\frac{4a}{a}-\frac{3b}{b}+\frac{2\times a\times b}{a\times b}=4-3+2=3$$

(ⅱ) $a>0$, $b<0$일 때, $|a|=a$, $|b|=-b$, $|a\times b|=-(a\times b)$이므로

$$x=\frac{4|a|}{a}-\frac{3|b|}{b}+\frac{|2\times a\times b|}{a\times b}$$
$$=\frac{4a}{a}+\frac{3b}{b}-\frac{2\times a\times b}{a\times b}=4+3-2=5$$

(ⅲ) $a<0$, $b>0$일 때, $|a|=-a$, $|b|=b$, $|a\times b|=-(a\times b)$이므로

$$x=\frac{4|a|}{a}-\frac{3|b|}{b}+\frac{2\times a\times b}{a\times b}$$
$$=-\frac{4a}{a}-\frac{3b}{b}-\frac{2\times a\times b}{a\times b}=-4-3-2=-9$$

(ⅳ) $a<0$, $b<0$일 때, $|a|=-a$, $|b|=-b$, $|a\times b|=a\times b$이므로

$$x=\frac{4|a|}{a}-\frac{3|b|}{b}+\frac{|2\times a\times b|}{a\times b}$$
$$=-\frac{4a}{a}+\frac{3b}{b}+\frac{2\times a\times b}{a\times b}=-4+3+2=1$$

(ⅰ)~(ⅳ)에서 x의 값이 될 수 있는 수는
3, 5, -9, 1이므로 구하는 합은 $3+5+(-9)+1=0$

245 답 $\frac{15}{4}$

$-\frac{5}{4}$와 $\frac{3}{8}$을 나타내는 두 점 사이의 거리는

$\frac{3}{8}-\left(-\frac{5}{4}\right)=\frac{3}{8}+\frac{10}{8}=\frac{13}{8}$

x_1, x_2, x_3, x_4, x_5는 $-\frac{5}{4}$와 $\frac{3}{8}$ 사이의 거리를 6등분 하는 점이므로

$-\frac{5}{4}$와 x_1을 나타내는 두 점 사이의 거리는 $\frac{13}{8}\times\frac{1}{6}=\frac{13}{48}$

$x_1=-\frac{5}{4}+\frac{13}{48}$, $x_2=-\frac{5}{4}+\frac{13}{48}\times2$, $x_3=-\frac{5}{4}+\frac{13}{48}\times3$,

$x_4=-\frac{5}{4}+\frac{13}{48}\times4$, $x_5=-\frac{5}{4}+\frac{13}{48}\times5$이므로

$x_1+x_2+x_3+x_4+x_5=5\times\left(-\frac{5}{4}\right)+\frac{13}{48}\times(1+2+3+4+5)$

$y_1=\frac{3}{8}+\frac{13}{48}$, $y_2=\frac{3}{8}+\frac{13}{48}\times2$, $y_3=\frac{3}{8}+\frac{13}{48}\times3$,

$y_4=\frac{3}{8}+\frac{13}{48}\times4$, $y_5=\frac{3}{8}+\frac{13}{48}\times5$이므로

$y_1+y_2+y_3+y_4+y_5=5\times\frac{3}{8}+\frac{13}{48}\times(1+2+3+4+5)$

$\therefore x_1+x_2+x_3+x_4+x_5+y_1+y_2+y_3+y_4+y_5$
$$=5\times\left(-\frac{5}{4}\right)+5\times\frac{3}{8}+\frac{13}{48}\times15\times2=-\frac{25}{4}+\frac{15}{8}+\frac{65}{8}$$
$$=-\frac{50}{8}+\frac{15}{8}+\frac{65}{8}=\frac{30}{8}=\frac{15}{4}$$

다른 풀이

$x_1+y_5=x_2+y_4=x_3+y_3=x_4+y_2=x_5+y_1=\frac{3}{8}\times2=\frac{3}{4}$

$\therefore x_1+x_2+x_3+x_4+x_5+y_1+y_2+y_3+y_4+y_5=\frac{3}{4}\times5=\frac{15}{4}$

246 답 1, −16, −35, −87

$360=2^3\times3^2\times5$이고 $|b|=|d|$, $b<0$, $d>0$이므로
(ⅰ) $|b|=|d|=6$일 때, $b=-6$, $d=6$이다.
$a\times(-36)\times c=360$이므로 $a\times c=-10$이어야 한다.
$a<b<0<c<d$가 되어야 하므로 $a=-10$, $c=1$이다.
$\therefore a-b-c+d=(-10)-(-6)-1+6=1$

(ii) $|b|=|d|=3$일 때, $b=-3$, $d=3$이다.
$a\times(-9)\times c=360$이므로 $a\times c=-40$이어야 한다.
$a<b<0<c<d$가 되어야 하므로
$a=-20$, $c=2$ 또는 $a=-40$, $c=1$
$\therefore a-b-c+d=(-20)-(-3)-2+3=-16$ 또는
$a-b-c+d=(-40)-(-3)-1+3=-35$
(iii) $|b|=|d|=2$일 때, $b=-2$, $d=2$이다.
$a\times(-4)\times c=360$이므로 $a\times c=-90$이어야 한다.
$a<b<0<c<d$가 되어야 하므로 $a=-90$, $c=1$이다.
$\therefore a-b-c+d=(-90)-(-2)-1+2=-87$
(i)~(iii)에서 구하는 값은 1, -16, -35, -87이다.

247

답 ㄷ

(나)에서 $\frac{b}{d}>0$이므로 $b\times d>0$
이때 (가)에서 $a\times b\times c\times d<0$이므로 $a\times c<0$이다.
(라)에서 $a-b-c=0$이므로 $a=b+c$이고
(다)에서 $d-c<0$이므로 $d<c$이다.
(i) $a>0$일 때, $c<0$
$d<c$에서 $d<0$이므로 $b<0$
이때 $a=b+c$는 (양수)=(음수)+(음수)가 되어 조건에 맞지 않는다.
(ii) $a<0$일 때, $c>0$
$a=b+c$에서 (음수)$=b+$(양수)이므로 $b<0$ $\quad\therefore d<0$
(i), (ii)에서 $a<0$, $b<0$, $c>0$, $d<0$
ㄱ. $a^2>0$, $c^2>0$이므로
$-a^2+b-c^2+d=-$(양수)+(음수)−(양수)+(음수)
=(음수)+(음수)+(음수)+(음수)=(음수)
ㄴ. 절댓값은 모두 양수이므로
$-|a|-|b|-|c|+d=-$(양수)−(양수)−(양수)+(음수)
=(음수)+(음수)+(음수)+(음수)
=(음수)
ㄷ. $a<0$, $-b>0$, $-\left|\frac{c}{d}\right|<0$이므로
$a\times(-b)\times\left(-\left|\frac{c}{d}\right|\right)$=(음수)×(양수)×(음수)=(양수)
ㄹ. $-\left|\frac{1}{a}-\frac{1}{d}\right|<0$, $-\frac{1}{|b|}<0$, $-c<0$이므로
$-\left|\frac{1}{a}-\frac{1}{d}\right|\div\left(-\frac{1}{|b|}\right)\times(-c)$=(음수)÷(음수)×(음수)
=(음수)
따라서 계산 결과가 양수가 되는 것은 ㄷ이다.

창의 융합

248

답 (1) 소라 : 5계단, 정훈 : 15계단 (2) 정훈, 10계단

(1) 소라와 정훈이의 가위바위보 결과 중 이기는 경우에 색을 칠하면 다음과 같다.

소라	가위	가위	바위	바위	보	보
정훈	바위	보	가위	보	가위	바위
횟수(회)	4	5	2	4	3	2

처음 위치를 0, 올라가는 것을 +, 내려가는 것을 −라 하면
(i) 소라는 가위로 5번, 바위로 2번, 보로 2번 이기고 11번 졌으므로
소라의 위치는
$(+3)\times5+(+4)\times2+(+2)\times2+(-2)\times11$
$=15+8+4-22=5$
(ii) 정훈이는 가위로 3번, 바위로 4번, 보로 4번 이기고 9번 졌으므로
정훈이의 위치는
$(+3)\times3+(+4)\times4+(+2)\times4+(-2)\times9$
$=9+16+8-18=15$
(i), (ii)에서 처음 위치보다 소라는 5계단 위에 있고, 정훈이는 15계단 위에 있다.
(2) 정훈이가 소라보다 $15-5=10$(계단) 위에 있다.

창의 융합

249

답 ③

5대의 자동차의 처음 속력을 1이라 하면 (시간)$=\frac{(거리)}{(속력)}$이므로 5대의 자동차가 10 km를 달리는 데 걸리는 시간은 각각 다음과 같다.
(A 자동차가 걸린 시간)$=\frac{2}{1}+3\div\frac{1}{2}+5\div\frac{1}{2}\div\frac{1}{2}$
$=2+6+20=28$
(B 자동차가 걸린 시간)$=\frac{1}{1}+5\div\frac{1}{2}+4\div\frac{1}{2}\div\frac{1}{2}$
$=1+10+16=27$
(C 자동차가 걸린 시간)$=\frac{1}{1}+6\div\frac{1}{2}+3\div\frac{1}{2}\div\frac{1}{2}$
$=1+12+12=25$
(D 자동차가 걸린 시간)$=\frac{5}{1}+5\div\frac{1}{2}=5+10=15$
(E 자동차가 걸린 시간)$=\frac{5}{2}\div1+\frac{5}{2}\div\frac{1}{2}+5\div\frac{1}{2}\div\frac{1}{2}$
$=\frac{5}{2}+5+20=\frac{55}{2}=27\frac{1}{2}$
자동차 경주에서는 걸린 시간이 가장 적은 자동차가 가장 빨리 도착한 자동차이므로 가장 빨리 도착한 자동차부터 순서대로 나열하면 D, C, B, E, A이다.
따라서 2등한 자동차는 C이다.

III ··· 문자와 식

05 문자의 사용과 식의 계산

Step 1 교과서를 정복하는 핵심 유형

본교재 067~070쪽

250 ③ 251 ④ 252 ③ 253 ①, ④
254 $\left(\frac{x}{3}+\frac{1}{6}\right)$시간 255 $\left(10000-\frac{4}{5}ab\right)$원
256 (1) $(4a+7b)$g (2) $\frac{4a+7b}{11}$% 257 ③
258 A 마트 259 ③ 260 ② 261 -1
262 -259 263 1038 m 264 ①, ④ 265 ⑤
266 $-5x-2$ 267 $-\frac{1}{5}$ 268 $a=3$, $12x+7$
269 $7x+2$ 270 $12x-9$
271 $3x-3$ 272 (1) $S=-4x+4y+32$ (2) 25
273 $\frac{11}{21}$ 274 $\frac{1}{3}$

핵심 01 곱셈 기호와 나눗셈 기호의 생략

250 답 ③

③ $a\div b\div\frac{3}{5c}=a\times\frac{1}{b}\times\frac{5c}{3}=\frac{5ac}{3b}$

251 답 ④

① $x\div\frac{1}{y}\div z=x\times y\times\frac{1}{z}=\frac{xy}{z}$

② $x\div y\div z=x\times\frac{1}{y}\times\frac{1}{z}=\frac{x}{yz}$

③ $x\div(y\times z)=x\div yz=\frac{x}{yz}$

④ $x\div(y\div z)=x\div\frac{y}{z}=x\times\frac{z}{y}=\frac{xz}{y}$

⑤ $1\div(x\div y\times z)=1\div\left(\frac{x}{y}\times z\right)=1\div\frac{xz}{y}=1\times\frac{y}{xz}=\frac{y}{xz}$

따라서 곱셈 기호와 나눗셈 기호를 생략하여 나타낸 결과가 $\frac{xz}{y}$인 것은 ④이다.

252 답 ③

$-2a\div(b\div c)\times(2\times d)=-2a\div\frac{b}{c}\times 2d$
$=-2a\times\frac{c}{b}\times 2d=-\frac{4acd}{b}$

핵심 02 문자를 사용한 식으로 나타내기

253 답 ①, ④

① $10\times a+0\times b+0.1\times b=10a+0.1b$

④ $6000+6000\times\frac{x}{100}=6000+60x$(원)

254 답 $\left(\frac{x}{3}+\frac{1}{6}\right)$시간

10분은 $\frac{10}{60}=\frac{1}{6}$(시간)이고, (시간)$=\frac{(\text{거리})}{(\text{속력})}$이므로 동희가 집에서 출발하여 공원에 도착할 때까지 걸린 시간은 $\left(\frac{x}{3}+\frac{1}{6}\right)$시간이다.

255 답 $\left(10000-\frac{4}{5}ab\right)$원

(지불해야 하는 금액)$=a\times\left(1-\frac{20}{100}\right)\times b=a\times\frac{4}{5}\times b=\frac{4}{5}ab$(원)

따라서 거스름돈은 $\left(10000-\frac{4}{5}ab\right)$원이다.

256 답 (1) $(4a+7b)$ g (2) $\frac{4a+7b}{11}$%

(1) (소금의 양)$=\frac{(\text{소금물의 농도})}{100}\times$(소금물의 양)이므로
농도가 a %인 소금물 400 g에 들어 있는 소금의 양은
$\frac{a}{100}\times 400=4a$(g)
농도가 b %인 소금물 700 g에 들어 있는 소금의 양은
$\frac{b}{100}\times 700=7b$(g)
따라서 새로 만든 소금물에 들어 있는 소금의 양은 $(4a+7b)$ g

(2) (소금물의 농도)$=\frac{(\text{소금의 양})}{(\text{소금물의 양})}\times 100(\%)$이므로
새로 만든 소금물의 농도는
$\frac{4a+7b}{400+700}\times 100=\frac{4a+7b}{1100}\times 100=\frac{4a+7b}{11}(\%)$

257 답 ③

이 공장에서 한 명이 하루 동안 만들 수 있는 제품의 개수는
$z\div y\div x=z\times\frac{1}{y}\times\frac{1}{x}=\frac{z}{xy}$
따라서 세 명이 하루 동안 만들 수 있는 제품의 개수는
$3\times\frac{z}{xy}=\frac{3z}{xy}$

258 답 A 마트

음료수 한 묶음을 구입할 때
A 마트의 음료수 1개당 가격은
$6a\div 8=\frac{3}{4}a$(원)
B 마트의 음료수 1개당 가격은
$a-a\times\frac{20}{100}=a\times\left(1-\frac{1}{5}\right)=\frac{4}{5}a$(원)
이때 $\frac{3}{4}a=\frac{15}{20}a$, $\frac{4}{5}a=\frac{16}{20}a$이므로 음료수 한 묶음을 구입할 때, 1개당 가격은 A 마트가 더 저렴하다.

핵심 03 식의 값 구하기

259 — 답 ③

$$\frac{4}{a}-\frac{3}{b}-\frac{6}{c}=4\div a-3\div b-6\div c$$
$$=4\div\frac{2}{5}-3\div\left(-\frac{3}{4}\right)-6\div\frac{1}{2}$$
$$=4\times\frac{5}{2}-3\times\left(-\frac{4}{3}\right)-6\times 2$$
$$=10-(-4)-12$$
$$=10+4-12=2$$

260 — 답 ②

$x=-\frac{1}{2}$을 각각 대입하면

① $2x=2\times\left(-\frac{1}{2}\right)=-1$

② $\frac{1}{x}=1\div x=1\div\left(-\frac{1}{2}\right)=1\times(-2)=-2$ → $\frac{1}{x}$은 x의 역수 $x=-\frac{1}{2}$이므로 $\frac{1}{x}=-2$

③ $x^2+1=\left(-\frac{1}{2}\right)^2+1=\frac{1}{4}+1=\frac{5}{4}$

④ $x^3-1=\left(-\frac{1}{2}\right)^3-1=-\frac{1}{8}-1=-\frac{9}{8}$

⑤ $x^2-x=\left(-\frac{1}{2}\right)^2-\left(-\frac{1}{2}\right)=\frac{1}{4}+\frac{1}{2}=\frac{3}{4}$

따라서 식의 값이 가장 작은 것은 ②이다.

261 — 답 -1

$$\frac{z}{y}-\frac{xy+z}{x+y}=\frac{3}{2}-\frac{(-4)\times2+3}{-4+2}=\frac{3}{2}-\frac{5}{2}=-1$$

262 — 답 -259

$$x-x^2+x^3-x^4+x^5-x^6+\cdots+x^{259}$$
$$=(-1)-(-1)^2+(-1)^3-(-1)^4+(-1)^5-(-1)^6+\cdots+(-1)^{259}$$
$$=\underbrace{-1-1-1-1-1-1-1-\cdots-1}_{259\text{개}}$$
$$=-1\times259=-259$$

263 — 답 1038 m

$331+0.6x$에 $x=25$를 대입하면

$331+0.6\times25=346$이므로 소리의 속력은 초속 346 m이다.

이때 (거리)=(속력)×(시간)이고 번개가 친 지 3초 후에 천둥소리를 들었으므로 지영이가 있는 곳에서 번개가 친 곳까지의 거리는

$346\times3=1038(\text{m})$

핵심 04 일차식의 계산

264 — 답 ①, ④

① $4a^3b$는 단항식이고, 단항식은 모두 다항식이다.

② $2x^3-3x-4$에서 차수가 가장 큰 항의 차수는 3이므로 다항식의 차수는 3이다.

③ $\frac{y}{3}-7$에서 y의 계수는 $\frac{1}{3}$이다.

④ $0\times x^2-4x+3$은 $-4x+3$이므로 x에 대한 일차식이다.

⑤ $3x-5y-\frac{4}{3}$에서 x의 계수는 3이고 상수항은 $-\frac{4}{3}$이므로

$3+\left(-\frac{4}{3}\right)=\frac{9}{3}+\left(-\frac{4}{3}\right)=\frac{5}{3}$

따라서 옳은 것은 ①, ④이다.

265 — 답 ⑤

① $\frac{16x-24}{8}\times2-(2x-3)=(2x-3)\times2-2x+3$
$=4x-6-2x+3=2x-3$

→ $a=2$, $b=-3$이므로 $a-b=2-(-3)=5$

② $\frac{3x-1}{2}+\frac{2x+5}{3}=\frac{3(3x-1)+2(2x+5)}{6}$
$=\frac{9x-3+4x+10}{6}=\frac{13}{6}x+\frac{7}{6}$

→ $a=\frac{13}{6}$, $b=\frac{7}{6}$이므로 $a-b=\frac{13}{6}-\frac{7}{6}=1$

③ $\frac{3}{2}(5x-1)-0.5(3x-1)=\frac{3}{2}(5x-1)-\frac{1}{2}(3x-1)$
$=\frac{15}{2}x-\frac{3}{2}-\frac{3}{2}x+\frac{1}{2}=6x-1$

→ $a=6$, $b=-1$이므로 $a-b=6-(-1)=7$

④ $-2x-[6x-3+\{-x-(4x-1)\}]$
$=-2x-\{6x-3+(-x-4x+1)\}$
$=-2x-\{6x-3+(-5x+1)\}$
$=-2x-(x-2)$
$=-2x-x+2=-3x+2$

→ $a=-3$, $b=2$이므로 $a-b=-3-2=-5$

⑤ $(6x-8)\div\frac{2}{3}-\frac{1}{4}(20x+12)=(6x-8)\times\frac{3}{2}-5x-3$
$=9x-12-5x-3=4x-15$

→ $a=4$, $b=-15$이므로 $a-b=4-(-15)=19$

따라서 $a-b$의 값이 가장 큰 것은 ⑤이다.

266 — 답 $-5x-2$

n이 자연수일 때, $2n+1$은 홀수, $2n$은 짝수이므로

$(-1)^{2n+1}=-1$, $(-1)^{2n}=1$

$\therefore (-1)^{2n+1}(2x-5)-(-1)^{2n}(3x+7)=-(2x-5)-(3x+7)$
$=-2x+5-3x-7$
$=-5x-2$

267 — 답 $-\frac{1}{5}$

$$-0.2\left(-3x-\frac{1}{3}\right)-\left(\frac{10}{9}x-3\right)\div\frac{5}{3}+\frac{17}{15}$$
$$=-\frac{1}{5}\left(-3x-\frac{1}{3}\right)-\left(\frac{10}{9}x-3\right)\times\frac{3}{5}+\frac{17}{15}$$
$$=\frac{3}{5}x+\frac{1}{15}-\frac{2}{3}x+\frac{9}{5}+\frac{17}{15}$$
$$=\frac{9}{15}x-\frac{10}{15}x+\frac{1}{15}+\frac{27}{15}+\frac{17}{15}$$
$$=-\frac{1}{15}x+3$$

따라서 x의 계수는 $-\frac{1}{15}$이고 상수항은 3이므로

구하는 곱은 $-\frac{1}{15}\times3=-\frac{1}{5}$

268 ········ 답 $a=3,\ 12x+7$

$3x^2+6x+2-|a|x^2+2ax+5=(3-|a|)x^2+(2a+6)x+7$

이 식이 x에 대한 일차식이 되려면 $3-|a|=0,\ 2a+6\neq0$이어야 한다.

$3-|a|=0$에서 $|a|=3$ $\quad\therefore a=-3$ 또는 $a=3$

이때 $2a+6\neq0$에서 $a\neq-3$이므로 $a=3$

따라서 $a=3$일 때 주어진 식은 $12x+7$

핵심 05 일차식의 계산의 응용

269 ········ 답 $7x+2$

$$\begin{aligned}3(2A-B)-4(A-3B)&=6A-3B-4A+12B\\&=2A+9B\\&=2\left(\frac{x+3}{2}+1\right)+9\times\frac{2x-1}{3}\\&=x+3+2+3(2x-1)\\&=x+5+6x-3\\&=7x+2\end{aligned}$$

270 ········ 답 $12x-9$

$A+(4x-3)=x+2$이므로

$A=(x+2)-(4x-3)=x+2-4x+3=-3x+5$

$B-(3x-1)=6x-3$이므로

$B=(6x-3)+(3x-1)=9x-4$

$\therefore B-A=(9x-4)-(-3x+5)=9x-4+3x-5=12x-9$

271 ········ 답 $3x-3$

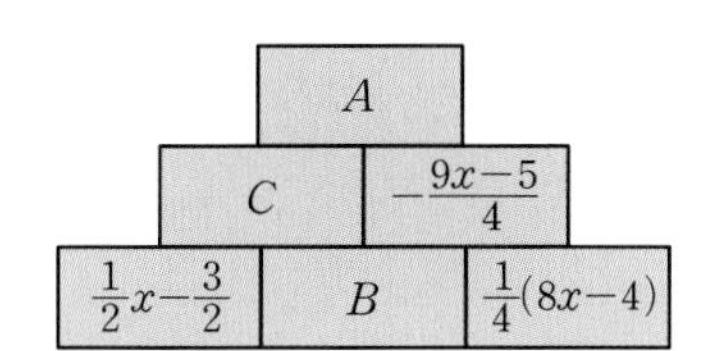

$B-\frac{1}{4}(8x-4)=-\frac{9x-5}{4}$이므로

$B=-\frac{9x-5}{4}+\frac{1}{4}(8x-4)=-\frac{9}{4}x+\frac{5}{4}+2x-1=-\frac{1}{4}x+\frac{1}{4}$

$C=\frac{1}{2}x-\frac{3}{2}-B$이므로

$C=\frac{1}{2}x-\frac{3}{2}-\left(-\frac{1}{4}x+\frac{1}{4}\right)=\frac{1}{2}x-\frac{3}{2}+\frac{1}{4}x-\frac{1}{4}=\frac{3}{4}x-\frac{7}{4}$

$A=C-\left(-\frac{9x-5}{4}\right)$이므로

$A=\frac{3}{4}x-\frac{7}{4}-\left(-\frac{9x-5}{4}\right)=\frac{3}{4}x-\frac{7}{4}+\frac{9}{4}x-\frac{5}{4}=3x-3$

272 ········ 답 (1) $S=-4x+4y+32$ (2) 25

(1) (선분 EI의 길이)=(선분 AE의 길이)$=8-x$이므로

$S=\frac{1}{2}\times\{(8-x)+y\}\times8=4(-x+y+8)=-4x+4y+32$

(2) $S=-4x+4y+32=-4\times\frac{7}{2}+4\times\frac{7}{4}+32=-14+7+32=25$

발전 06 문자의 수를 줄여 식의 값 구하기

273 ········ 답 $\frac{11}{21}$

$x:y=4:1$이므로 $x=4y$

$x=4y$를 주어진 식에 대입하면

$$\begin{aligned}\frac{x}{x+2y}-\frac{y}{2x-y}&=\frac{4y}{4y+2y}-\frac{y}{2\times4y-y}\\&=\frac{4y}{6y}-\frac{y}{7y}=\frac{2}{3}-\frac{1}{7}=\frac{11}{21}\end{aligned}$$

274 ········ 답 $\frac{1}{3}$

$\frac{1}{a}+\frac{1}{b}=5$에서 $\frac{a+b}{ab}=5$ $\quad\therefore a+b=5ab$

$a+b=5ab$를 주어진 식에 대입하면

$\frac{a-2ab+b}{9ab}=\frac{a+b-2ab}{9ab}=\frac{5ab-2ab}{9ab}=\frac{3ab}{9ab}=\frac{1}{3}$

Step 2 실전문제 체화를 위한 심화 유형

본교재 072~077쪽

275 ④ 276 ③ 277 ③ 278 $6a^2+2a^2n$

279 12 % 감소 280 시속 $\frac{40a}{a+20}$ km 281 -7

282 -1512 283 ⑤ 284 5 285 5

286 $\frac{28}{3}$ 287 55 288 16 289 72 290 $\frac{42}{5}$

291 $-9x+3$ 292 $\frac{11}{12}x+\frac{5}{12}$ 293 10

294 ⑤ 295 $(10a-40)$칸 296 7

297 $17x-19$ 298 (1) $4n+4$ (2) 404

299 $12x-3$ 300 $5x-6$ 301 6

302 $10x+14y+38$ 303 85 304 -1 305 2

306 -9 307 2 308 $3n-3$, 222개

309 $-17x$

유형 01 곱셈 기호와 나눗셈 기호의 생략

275 ········ 답 ④

$$\begin{aligned}a\div\{b\div c\div(5\times d)\}\div e&=a\div(b\div c\div5d)\div e\\&=a\div\left(b\times\frac{1}{c}\times\frac{1}{5d}\right)\div e\\&=a\div\frac{b}{5cd}\div e\\&=a\times\frac{5cd}{b}\times\frac{1}{e}=\frac{5acd}{be}\end{aligned}$$

276 ········ 답 ③

③ $x\times0.1\div z\div(5\div x\div y)=x\times0.1\times\frac{1}{z}\div\left(5\times\frac{1}{x}\times\frac{1}{y}\right)$

$=\frac{0.1x}{z}\div\frac{5}{xy}=\frac{0.1x}{z}\times\frac{xy}{5}=\frac{0.1x^2y}{5z}$

277 답 ③

$\frac{-0.1a^2+0.3b}{5(x-y)}=(-0.1a^2+0.3b)\div5(x-y)$

$=\{(-0.1)\times a\times a+0.3\times b\}\div\{5\times(x-y)\}$

$=\{(-0.1)\times a\times a+0.3\times b\}\div5\div(x-y)$

유형 02 문자를 사용한 식으로 나타내기

278 답 $6a^2+2a^2n$

주어진 방법으로 정육면체를 자르면 한 번씩 자를 때마다 2개의 면이 생기므로 n번 자르면 $2n$개의 면이 생긴다.
이때 자를 때마다 생기는 면은 모두 한 변의 길이가 a인 정사각형이다.
따라서 구하는 직육면체의 겉넓이의 합은 처음 정육면체의 겉넓이 $6a^2$에서 $a^2\times2n=2a^2n$만큼 늘어난 것과 같으므로 $6a^2+2a^2n$

279 답 12 % 감소

(처음 삼각형의 넓이)$=\frac{1}{2}ab$

(새로 만들어지는 삼각형의 넓이)

$=\frac{1}{2}\times\left\{a\times\left(1-\frac{20}{100}\right)\right\}\times\left\{b\times\left(1+\frac{10}{100}\right)\right\}$

$=\frac{1}{2}\times\frac{4}{5}a\times\frac{11}{10}b=\frac{1}{2}ab\times\frac{44}{50}=\frac{1}{2}ab\times\frac{88}{100}$

따라서 새로 만들어지는 삼각형의 넓이는 처음 삼각형의 넓이의 88 %이므로 처음 삼각형의 넓이보다 12 % 감소한다.

280 답 시속 $\frac{40a}{a+20}$ km

왕복하는 데 걸린 시간은 $\frac{40}{20}+\frac{40}{a}=2+\frac{40}{a}=\frac{2a+40}{a}$(시간)

이때 총 이동 거리는 $40+40=80$(km)이므로

(평균 속력)$=\frac{(\text{총 이동 거리})}{(\text{총 걸린 시간})}$

$=80\div\frac{2a+40}{a}=80\times\frac{a}{2a+40}$

$=\frac{80a}{2a+40}=\frac{40a}{a+20}$(km/시)

따라서 왕복하는 동안의 평균 속력은 시속 $\frac{40a}{a+20}$ km이다.

유형 03 식의 값 구하기

281 답 -7

$|a|=|b|=2$이고 $a<b$이므로 $a=-2$, $b=2$

$\therefore 3ab-\frac{a^2}{b}+7=3\times(-2)\times2-\frac{(-2)^2}{2}+7$

$=-12-2+7=-7$

282 답 -1512

$a+2a^2+3a^3+4a^4+\cdots+3023a^{3023}$

$=(-1)+2\times(-1)^2+3\times(-1)^3+4\times(-1)^4+\cdots$

$+3021\times(-1)^{3021}+3022\times(-1)^{3022}+3023\times(-1)^{3023}$

$=-1+2-3+4-\cdots-3021+3022-3023$

$=\{(-1)+2\}+\{(-3)+4\}+\{(-5)+6\}+\cdots$

$+\{(-3021)+3022\}-3023$

$=\underbrace{1+1+1+\cdots+1}_{1511\text{개}}-3023=1511-3023=-1512$

283 답 ⑤

① $|a^2-b^2|+ab=|(-1)^2-3^2|+(-1)\times3=|-8|-3=8-3=5$

② $\frac{2a-2b^2}{a-b}=\frac{2\times(-1)-2\times3^2}{-1-3}=\frac{-20}{-4}=5$

③ $\frac{3a^2b-13b}{ab-3}=\frac{3\times(-1)^2\times3-13\times3}{(-1)\times3-3}=\frac{-30}{-6}=5$

④ $\frac{-6a^3+8b}{-2ab}=\frac{-6\times(-1)^3+8\times3}{-2\times(-1)\times3}=\frac{30}{6}=5$

⑤ $\frac{8a+b}{-4a^3-b}=\frac{8\times(-1)+3}{-4\times(-1)^3-3}=\frac{-5}{1}=-5$

따라서 식의 값이 나머지 넷과 다른 하나는 ⑤이다.

284 답 5

$3a=-2$이므로

$-9a^2-3a+7=-(3a)^2-3a+7=-(-2)^2-(-2)+7$

$=-4+2+7=5$

다른 풀이

$3a=-2$이므로 $3\times a=-2$ $\quad\therefore a=-\frac{2}{3}$

$\therefore -9a^2-3a+7=-9\times\left(-\frac{2}{3}\right)^2-3\times\left(-\frac{2}{3}\right)+7$

$=-4+2+7=5$

285 답 5

$A=\frac{6}{x}-\frac{8}{y}=\frac{6}{-3}-\frac{8}{-2}=-2-(-4)=-2+4=2$

$B=x^3-3y+z^2=(-3)^3-3\times(-2)+(-5)^2$

$=-27-(-6)+25=-27+6+25=4$

$C=(-y)^3-\frac{3z}{x}=\{-(-2)\}^3-\frac{3\times(-5)}{-3}=8-5=3$

$\therefore AB-C=2\times4-3=5$

286 답 $\frac{28}{3}$

$\frac{ab}{c^2}-\left(\frac{1}{a}-\frac{1}{a^2}\right)$

$=a\times b\div c^2-(1\div a-1\div a^2)$

$=\left(-\frac{1}{3}\right)\times2\div\left(-\frac{1}{2}\right)^2-\left\{1\div\left(-\frac{1}{3}\right)-1\div\left(-\frac{1}{3}\right)^2\right\}$

$=\left(-\frac{1}{3}\right)\times2\times4-\{1\times(-3)-1\times9\}$

$=-\frac{8}{3}-(-3-9)=-\frac{8}{3}+12=\frac{28}{3}$

유형 04 일차식의 계산

287

답 55

$5x-\left\{2x+5-(4x-8)\div\frac{4}{3}\right\}-\frac{3}{2}-x$

$=5x-\left\{2x+5-(4x-8)\times\frac{3}{4}\right\}-\frac{3}{2}-x$

$=5x-\{2x+5-(3x-6)\}-\frac{3}{2}-x$

$=5x-(2x+5-3x+6)-\frac{3}{2}-x$

$=5x-(-x+11)-\frac{3}{2}-x$

$=5x+x-11-\frac{3}{2}-x=5x-\frac{25}{2}$

따라서 $a=5$, $b=-\frac{25}{2}$이므로

$a-4b=5-4\times\left(-\frac{25}{2}\right)=5-(-50)=55$

288

답 16

n이 홀수일 때, $(-1)^n=-1$, $(-1)^{2n}=1$이므로

$(-1)^n(7x+3)+(-1)^{2n}(7x-3)=-(7x+3)+(7x-3)$
$=-7x-3+7x-3=-6$

n이 짝수일 때, $(-1)^n=1$, $(-1)^{3n}=1$이므로

$(-1)^n(4x+5)-(-1)^{3n}(4x-5)=4x+5-(4x-5)$
$=4x+5-4x+5=10$

따라서 $a=-6$, $b=10$이므로 $b-a=10-(-6)=16$

289

답 72

$7x\{x+3(x-4)\}-2[6-2\{x+mx(x-5)\}]$

$=7x(4x-12)-2\{6-2(x+mx^2-5mx)\}$

$=28x^2-84x-2(6-2x-2mx^2+10mx)$

$=28x^2-84x-12+4x+4mx^2-20mx$

$=(28+4m)x^2+(-20m-80)x-12$

이 식이 x에 대한 일차식이므로 $28+4m=0$, $-20m-80\neq0$

$\therefore m=-7$, $m\neq-4$

따라서 $a=-20m-80=-20\times(-7)-80=140-80=60$,
$b=-12$이므로

$a-b=60-(-12)=72$

290

답 $\frac{42}{5}$

$(4x-3)+3\left\{0.3(20x-3)-\frac{1}{2}(6x-1)\right\}$

$=4x-3+3\left(6x-\frac{9}{10}-3x+\frac{1}{2}\right)$

$=4x-3+3\left(3x-\frac{2}{5}\right)$

$=4x-3+9x-\frac{6}{5}=13x-\frac{21}{5}$

$\therefore a=13$, $b=-\frac{21}{5}$

$\frac{2}{3}\left(\frac{1}{2}x-1\right)-\frac{1}{3}\left(\frac{3}{2}x-\frac{5x-1}{6}\right)$

$=\frac{1}{3}x-\frac{2}{3}-\frac{1}{2}x+\frac{5x-1}{18}$

$=\frac{6x-12-9x+5x-1}{18}=\frac{2x-13}{18}=\frac{1}{9}x-\frac{13}{18}$

$\therefore c=\frac{1}{9}$, $d=-\frac{13}{18}$

$\therefore \frac{abc}{d}=13\times\left(-\frac{21}{5}\right)\times\frac{1}{9}\div\left(-\frac{13}{18}\right)$

$=13\times\left(-\frac{21}{5}\right)\times\frac{1}{9}\times\left(-\frac{18}{13}\right)=\frac{42}{5}$

291

답 $-9x+3$

(가), (나)에서

$A=-4x+a$ (a는 상수), $B=bx-2$ (b는 상수, $b\neq0$)로 놓으면

(다)에서 $A-B=-7x+\frac{11}{3}$이므로

$A-B=-4x+a-(bx-2)$
$=-4x+a-bx+2$
$=(-4-b)x+a+2$

즉 $-4-b=-7$이므로 $b=3$

$a+2=\frac{11}{3}$이므로 $a=\frac{5}{3}$

따라서 $A=-4x+\frac{5}{3}$, $B=3x-2$이므로

$3A+B=3\left(-4x+\frac{5}{3}\right)+(3x-2)$
$=-12x+5+3x-2$
$=-9x+3$

292

답 $\frac{11}{12}x+\frac{5}{12}$

n이 자연수일 때, $2n-1$은 홀수, $2n$은 짝수이므로

$(-1)^{2n-1}=-1$, $(-1)^{2n}=1$

$\therefore \frac{-x+1}{2}-\left\{(-1)^{2n-1}\times\frac{2x-4}{3}-(-1)^{2n}\times\frac{3x+5}{4}\right\}$

$=\frac{-x+1}{2}-\left(-\frac{2x-4}{3}-\frac{3x+5}{4}\right)$

$=\frac{-x+1}{2}+\frac{2x-4}{3}+\frac{3x+5}{4}$

$=\frac{6(-x+1)+4(2x-4)+3(3x+5)}{12}$

$=\frac{-6x+6+8x-16+9x+15}{12}$

$=\frac{11x+5}{12}=\frac{11}{12}x+\frac{5}{12}$

293

답 10

$\frac{x+2a+3}{5}-1-\frac{x+7a}{10}=\frac{2(x+2a+3)-10-(x+7a)}{10}$

$=\frac{2x+4a+6-10-x-7a}{10}$

$=\frac{x}{10}-\frac{3a+4}{10}$

상수항은 $-\frac{3a+4}{10}$이므로 자연수가 되려면 $-3a-4$가 10의 배수가 되어야 한다.
즉 $-3a-4=10, 20, 30, 40, 50, \cdots$에서
$-3a=14, 24, 34, 44, 54, \cdots$이므로
a의 값이 될 수 있는 수는 $-\frac{14}{3}, -8, -\frac{34}{3}, -\frac{44}{3}, -18, \cdots$
$\therefore a=-8, -18, \cdots$
따라서 정수 a의 최댓값은 -8이고 이때의 상수항은 2이므로
$M=-8, k=2$
$\therefore k-M=2-(-8)=10$

유형 05 일차식의 계산의 응용

294 답 ⑤

$$(\text{지불해야 하는 금액})=a\times\left(1+\frac{p}{100}\right)\times\left(1-\frac{10}{100}\right)\times110$$
$$=a\times\left(1+\frac{p}{100}\right)\times\frac{9}{10}\times110$$
$$=99a\left(1+\frac{p}{100}\right)$$
$$=99a+\frac{99}{100}ap(\text{원})$$

295 답 $(10a-40)$칸

민수와 주희의 처음 위치를 0, 1칸 올라가는 것을 $+1$, 1칸 내려가는 것을 -1로 나타내자.
민수는 a번 이기고 $(8-a)$번 졌으므로 민수의 위치는
$3a-2(8-a)=3a-16+2a=5a-16$
주희는 $(8-a)$번 이기고 a번 졌으므로 주희의 위치는
$3(8-a)-2a=24-3a-2a=24-5a$
이때 $5a-16-(24-5a)=5a-16-24+5a=10a-40$이므로
민수는 주희보다 $(10a-40)$칸 위에 있다.

296 답 7

$2x◎15y=-3\times2x+\frac{1}{5}\times15y=-6x+3y$
$3x★(2x◎15y)=3x★(-6x+3y)$
$=2\times3x-\frac{1}{3}(-6x+3y)$
$=6x+2x-y=8x-y$
따라서 $a=8$, $b=-1$이므로 $a+b=8+(-1)=7$

297 답 $17x-19$

$A=\frac{x-5}{2}-\frac{2x+1}{3}=\frac{3(x-5)-2(2x+1)}{6}$
$=\frac{3x-15-4x-2}{6}=\frac{-x-17}{6}$
$B=\frac{9x-6}{5}\div\left(-\frac{3}{10}\right)=\frac{9x-6}{5}\times\left(-\frac{10}{3}\right)=-6x+4$
$\therefore 8A-B-2\{2A-(A-B)-5\}$
$=8A-B-2(2A-A+B-5)$
$=8A-B-2(A+B-5)$
$=8A-B-2A-2B+10$
$=6A-3B+10$
$=6\times\frac{-x-17}{6}-3\times(-6x+4)+10$
$=-x-17+18x-12+10$
$=17x-19$

298 답 (1) $4n+4$ (2) 404

(1) 정사각형 모양의 색종이 n장을 포개었을 때, 겹치는 부분은 한 변의 길이가 1인 정사각형 $(n-1)$개이다.
$\therefore$ (구하는 도형의 둘레의 길이)
$=$(색종이 1장의 둘레의 길이)$\times n$
$-$(겹치는 부분 1개의 둘레의 길이)$\times(n-1)$
$=(4\times2)\times n-(4\times1)\times(n-1)$
$=8n-4(n-1)=8n-4n+4=4n+4$
(2) $4n+4$에 $n=100$을 대입하면 $4n+4=4\times100+4=404$
따라서 구하는 도형의 둘레의 길이는 404이다.

다른 풀이

(1)

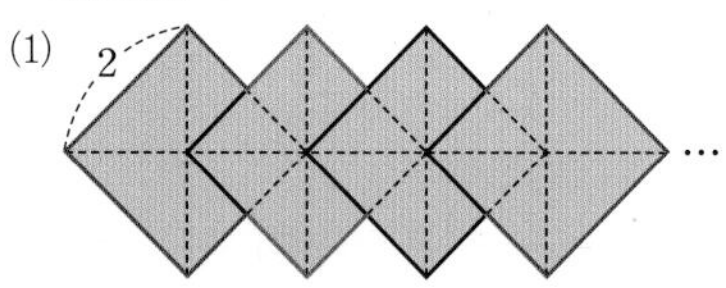

위의 그림에서 빨간색 선의 길의 합은 $6\times2=12$
파란색 선이 있는 정사각형의 개수는 $n-2$이므로 파란색 선의 길이의 합은 $4\times(n-2)$
$\therefore$ (구하는 도형의 둘레의 길이)$=12+4(n-2)=4n+4$

299 답 $12x-3$

(가)에서 $A-3(x-1)=5x+6$이므로
$A=5x+6+3(x-1)=5x+6+3x-3=8x+3$
(나)에서 $B+2(7-3x)=A$이므로
$B=8x+3-2(7-3x)=8x+3-14+6x=14x-11$
(다)에서 $C-\frac{2}{5}(15-10x)=B$이므로
$C=14x-11+\frac{2}{5}(15-10x)$
$=14x-11+6-4x=10x-5$
$\therefore A+B-C=(8x+3)+(14x-11)-(10x-5)$
$=8x+3+14x-11-10x+5$
$=12x-3$

300 답 $5x-6$

민석이가 계산한 식에서 $A+(2x+3)=7x-1$
$\therefore A=7x-1-(2x+3)=7x-1-2x-3=5x-4$
민석이는 x의 계수를 바르게 보았으므로 A의 x의 계수는 5이다.
현정이가 계산한 식에서 $A+(2x+3)=4x-3$
$\therefore A=4x-3-(2x+3)=4x-3-2x-3=2x-6$
현정이는 상수항을 바르게 보았으므로 A의 상수항은 -6이다.
$\therefore A=5x-6$

301

답 6

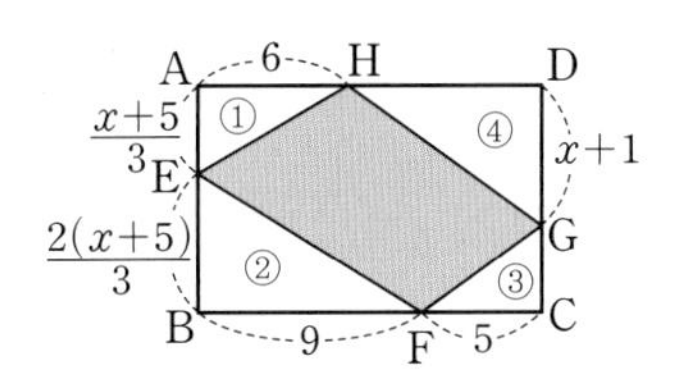

(직사각형의 가로의 길이)$=9+5=14$

(직사각형의 세로의 길이)$=\frac{x+5}{3}+\frac{2(x+5)}{3}=x+5$

$\therefore$ (직사각형의 넓이)$=14(x+5)=14x+70$

(①의 넓이)$=\frac{1}{2}\times6\times\frac{x+5}{3}=x+5$

(②의 넓이)$=\frac{1}{2}\times9\times\frac{2(x+5)}{3}=3x+15$

$\overline{GC}=x+5-(x+1)=4$이므로

(③의 넓이)$=\frac{1}{2}\times5\times4=10$

$\overline{HD}=9+5-6=8$이므로

(④의 넓이)$=\frac{1}{2}\times8\times(x+1)=4x+4$

$\therefore$ (색칠한 부분의 넓이)

$=$(직사각형의 넓이)$-$(①의 넓이)$-$(②의 넓이)$-$(③의 넓이)$-$(④의 넓이)

$=(14x+70)-(x+5)-(3x+15)-10-(4x+4)$

$=14x+70-x-5-3x-15-10-4x-4$

$=6x+36$

따라서 $a=6$, $b=36$이므로 $\frac{b}{a}=\frac{36}{6}=6$

302

답 $10x+14y+38$

다음 그림과 같이 주어지지 않은 변의 길이를 a, b, c, d라 하자.

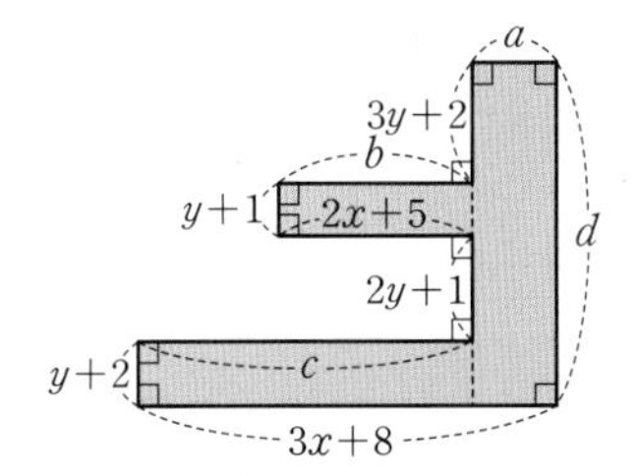

$a+b+c=(a+c)+b=(3x+8)+(2x+5)=5x+13$

$d=(3y+2)+(y+1)+(2y+1)+(y+2)=7y+6$

따라서 도형의 둘레의 길이는

$(3x+8)+(2x+5)+(a+b+c)+2d$

$=5x+13+(a+b+c)+2d$

$=5x+13+(5x+13)+2(7y+6)$

$=5x+13+5x+13+14y+12=10x+14y+38$

다른 풀이

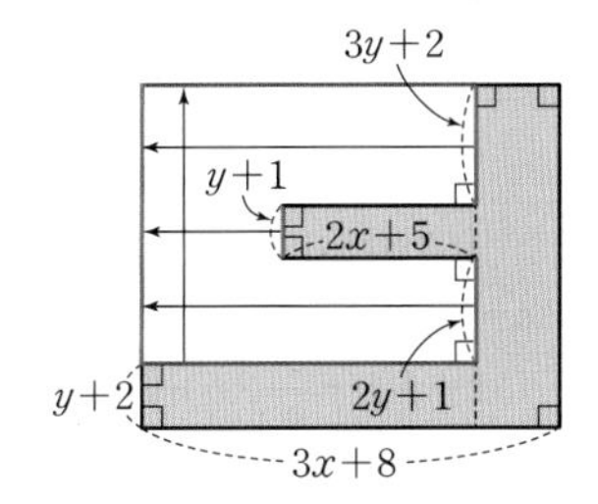

주어진 도형의 둘레의 길이는

(큰 직사각형의 둘레의 길이)$+2(2x+5)$

$=2(3x+8)+2\{(3y+2)+(y+1)+(2y+1)+(y+2)\}+4x+10$

$=6x+16+14y+12+4x+10$

$=10x+14y+38$

303

답 85

다음 그림과 같이 주어진 도형을 4개의 직사각형으로 나누면

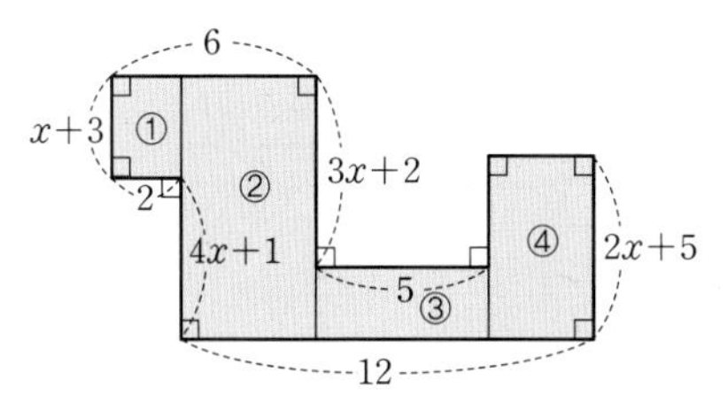

(①의 넓이)$=2(x+3)=2x+6$

(②의 넓이)$=(6-2)\times\{(x+3)+(4x+1)\}$

$=4(5x+4)=20x+16$

(③의 넓이)$=5\{(x+3)+(4x+1)-(3x+2)\}$

$=5(2x+2)=10x+10$

(④의 넓이)$=(12-4-5)\times(2x+5)=3(2x+5)=6x+15$

이므로 구하는 도형의 넓이는

(①의 넓이)$+$(②의 넓이)$+$(③의 넓이)$+$(④의 넓이)

$=(2x+6)+(20x+16)+(10x+10)+(6x+15)=38x+47$

따라서 x의 계수는 38이고 상수항은 47이므로 그 합은 $38+47=85$

다른 풀이

다음 그림과 같이 직사각형을 만들면

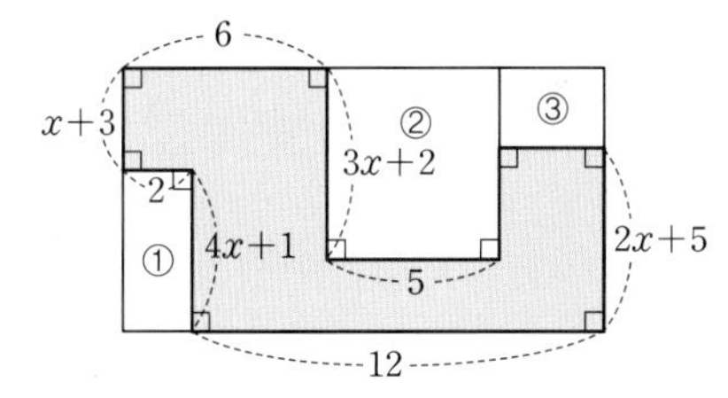

(가장 큰 직사각형의 넓이)$=(2+12)\times\{(x+3)+(4x+1)\}$

$=14(5x+4)=70x+56$

(①의 넓이)$=2(4x+1)=8x+2$

(②의 넓이)$=5(3x+2)=15x+10$

(③의 넓이)$=(14-6-5)\times\{(5x+4)-(2x+5)\}$

$=3(3x-1)=9x-3$

이므로 구하는 도형의 넓이는

(가장 큰 직사각형의 넓이)$-$(①의 넓이)$-$(②의 넓이)$-$(③의 넓이)

$=(70x+56)-(8x+2)-(15x+10)-(9x-3)$

$=38x+47$

따라서 x의 계수는 38이고 상수항은 47이므로 그 합은

$38+47=85$

유형 06 문자의 수를 줄여 식의 값 구하기

304

답 -1

$\frac{1}{x}-y=1$에서 $y=\frac{1}{x}-1$ $\quad\therefore y=\frac{1-x}{x}$

$x-\frac{1}{z}=1$에서 $\frac{1}{z}=x-1$ $\quad\therefore z=\frac{1}{x-1}$

$\therefore xyz=x\times\frac{1-x}{x}\times\frac{1}{x-1}$

$=x\times\frac{1-x}{x}\times\frac{1}{-(1-x)}=-1$

305

답 2

$\frac{x}{2}=\frac{2y}{3}=\frac{3z}{4}=t\ (t\neq0)$라 하면 $x=2t,\ y=\frac{3}{2}t,\ z=\frac{4}{3}t$

$\therefore \frac{2x+4y+3z}{x-2y+6z}=\frac{2\times2t+4\times\frac{3}{2}t+3\times\frac{4}{3}t}{2t-2\times\frac{3}{2}t+6\times\frac{4}{3}t}$

$=\frac{4t+6t+4t}{2t-3t+8t}=\frac{14t}{7t}=2$

다른 풀이

$\frac{x}{2}=\frac{y}{3}=\frac{z}{4}=t\ (t<0)$라 하면 $x=2t,\ 2y=3t,\ 3z=4t$

$\frac{2x+4y+3z}{x-2y+6z}=\frac{2x+2\times2y+3z}{x-2y+2\times3z}$

$=\frac{2\times2t+2\times3t+4t}{2t-3t+2\times4t}=\frac{14t}{7t}=2$

306

답 -9

$a+b-c=0$에서 $a+b=c,\ b-c=-a,\ c-a=b$이므로

$\frac{2ac}{(a+b)(b-c)}+\frac{3ab}{(b-c)(c-a)}-\frac{4bc}{(c-a)(a+b)}$

$=\frac{2ac}{c\times(-a)}+\frac{3ab}{(-a)\times b}-\frac{4bc}{b\times c}$

$=\frac{2ac}{-ac}+\frac{3ab}{-ab}-\frac{4bc}{bc}$

$=-2+(-3)-4=-9$

307

답 2

$\frac{y}{x}+\frac{x}{y}=\frac{x^2+y^2}{xy}=2$이므로 $x^2+y^2=2xy$

$A=\frac{x^2-3xy+y^2}{x^2+xy+y^2}=\frac{2xy-3xy}{2xy+xy}=\frac{-xy}{3xy}=-\frac{1}{3}$

$B=\frac{x^2+3xy+y^2}{x^2-xy+y^2}=\frac{2xy+3xy}{2xy-xy}=\frac{5xy}{xy}=5$

$\therefore \frac{3}{A^2}-B^2=3\div A^2-B^2=3\div\left(-\frac{1}{3}\right)^2-5^2$

$=3\times9-25=27-25=2$

308

답 $3n-3$, 222개

1단계 한 변에 놓인 바둑돌이 n개인 정삼각형을 만드는 데 사용되는 바둑돌의 총 개수를 n에 대한 일차식으로 나타내기

오른쪽 그림과 같이 각 변에 놓인 바둑돌의 개수를 3배 하면 꼭짓점의 위치에 놓인 바둑돌은 2번씩 중복하여 세어진다.

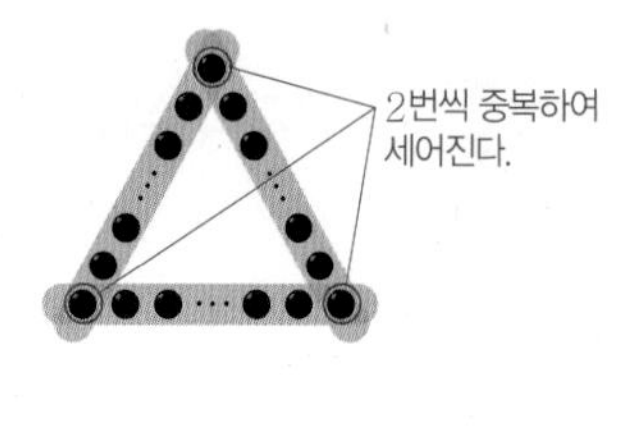

즉, 정삼각형을 만드는 데 사용되는 바둑돌의 총 개수는

한 변에 놓인 바둑돌이 2개인 경우 : $2\times3-3$

한 변에 놓인 바둑돌이 3개인 경우 : $3\times3-3$

한 변에 놓인 바둑돌이 4개인 경우 : $4\times3-3$

⋮

따라서 한 변에 놓인 바둑돌이 n개인 정삼각형을 만드는 데 사용되는 바둑돌의 총 개수는

$n\times3-3=3n-3$ …… 50 %

2단계 한 변에 놓인 바둑돌이 75개인 정삼각형을 만드는 데 사용되는 바둑돌의 총 개수 구하기

이때 $3n-3$에 $n=75$를 대입하면 $3\times75-3=222$이므로 한 변에 놓인 바둑돌이 75개인 정삼각형에 사용되는 바둑돌은 총 222개이다.

…… 50 %

다른 풀이

1단계에서 삼각형의 한 변에 놓인 바둑돌이 n개일 때, 삼각형의 꼭짓점에 위치한 바둑돌 3개를 빼면 각 변에 남은 바둑돌은 $(n-2)$개이므로 정삼각형을 만드는데 사용된 바둑돌은

$3\times(n-2)+3=3n-3$

309

답 $-17x$

	$-5x+2$	A	$3x+9$
	$3x$	C	$-x-5$
	$-4x-1$	$-5x+3$	B
$-5x-6$	$4x+5$	$6x+1$	D

1단계 일차식 A 구하기

A 아래의 일차식을 C라 하고 B 아래의 일차식을 D라 하면

두 번째 세로줄에서

$(-5x+2)+3x+(-4x-1)+(4x+5)=-2x+6$이므로

대각선에서

$(3x+9)+C+(-4x-1)+(-5x-6)=-2x+6$

$-6x+2+C=-2x+6$

$\therefore C=-2x+6-(-6x+2)=-2x+6+6x-2=4x+4$

세 번째 세로줄에서

$A+(4x+4)+(-5x+3)+(6x+1)=-2x+6$

$A+5x+8=-2x+6$

$\therefore A=-2x+6-(5x+8)=-2x+6-5x-8=-7x-2$

…… 40 %

2단계 일차식 B 구하기

네 번째 가로줄에서

$(-5x-6)+(4x+5)+(6x+1)+D=-2x+6$

$5x+D=-2x+6$

$\therefore D=-2x+6-5x=-7x+6$

네 번째 세로줄에서

$(3x+9)+(-x-5)+B+(-7x+6)=-2x+6$

$-5x+10+B=-2x+6$

$\therefore B=-2x+6-(-5x+10)=-2x+6+5x-10=3x-4$

…… 30 %

③단계 $\frac{1}{3}(9B-3A)-(-3A+4B)$를 x를 사용한 식으로 나타내기

$$\begin{aligned}\therefore \frac{1}{3}(9B-3A)-(-3A+4B)&=3B-A+3A-4B\\&=2A-B\\&=2(-7x-2)-(3x-4)\\&=-14x-4-3x+4=-17x\end{aligned}$$

...... 30 %

Step 3 최상위권 굳히기를 위한 **최고난도 유형** 본교재 078~081쪽

310 A 그릇 : $\frac{x}{3}$ %, B 그릇 : $\frac{x+y}{2}$ %
311 $-34a-15b-7$
312 $27a+20$
313 3
314 -1
315 (1) $\frac{ac}{b}$ (2) 84
316 ④
317 -45
318 28
319 $a=15$, $b=10$
320 16 : 11
321 1
322 b

창의 융합

323 $8x-10y$
324 (1) $n(n+1)$ (또는 n^2+n) (2) 13단계

310

답 A 그릇 : $\frac{x}{3}$ %, B 그릇 : $\frac{x+y}{2}$ %

A 그릇에서 소금물 200 g을 덜어 내어 B 그릇에 넣었을 때,
A 그릇에 들어 있는 소금의 양은

$\frac{x}{100}\times(300-200)=x$(g)

B 그릇에 들어 있는 소금의 양은

$\frac{y}{100}\times200+\frac{x}{100}\times200=2x+2y$(g)

이때 A 그릇에 물 200 g을 넣었으므로
A 그릇에 들어 있는 소금물의 농도는

$\frac{x}{100+200}\times100=\frac{x}{300}\times100=\frac{x}{3}$(%)

B 그릇에 들어 있는 소금물의 농도는

$\frac{2x+2y}{200+200}\times100=\frac{2x+2y}{400}\times100=\frac{x+y}{2}$(%)

311

답 $-34a-15b-7$

$A+(5a-4b+8)=-7a-5b+7$이므로

$$\begin{aligned}A&=-7a-5b+7-(5a-4b+8)\\&=-7a-5b+7-5a+4b-8\\&=-12a-b-1\end{aligned}$$

즉 바르게 계산하면

$$\begin{aligned}-12a-b-1-(5a-4b+8)&=-12a-b-1-5a+4b-8\\&=-17a+3b-9\end{aligned}$$

$\therefore B=-17a+3b-9$

$C-(a-5b-3)=-4a-b+6$이므로

$C=-4a-b+6+(a-5b-3)=-3a-6b+3$

즉 바르게 계산하면

$-3a-6b+3+(a-5b-3)=-2a-11b$

$\therefore D=-2a-11b$

$$\begin{aligned}\therefore\ &A+B+C+D\\&=(-12a-b-1)+(-17a+3b-9)+(-3a-6b+3)\\&\quad+(-2a-11b)\\&=-34a-15b-7\end{aligned}$$

312

답 $27a+20$

새로 만들어진 사다리꼴의 윗변의 길이는

$(a+4)\times\left(1+\frac{10}{100}\right)=\frac{110}{100}(a+4)=\frac{11}{10}(a+4)=\frac{11}{10}a+\frac{22}{5}$

아랫변의 길이는

$(2a-3)\times\left(1-\frac{20}{100}\right)=\frac{80}{100}(2a-3)=\frac{4}{5}(2a-3)=\frac{8}{5}a-\frac{12}{5}$

높이는 $16\times\left(1+\frac{25}{100}\right)=16\times\frac{125}{100}=16\times\frac{5}{4}=20$

따라서 새로 만들어진 사다리꼴의 넓이는

$\frac{1}{2}\times\left\{\left(\frac{11}{10}a+\frac{22}{5}\right)+\left(\frac{8}{5}a-\frac{12}{5}\right)\right\}\times20=10\left(\frac{27}{10}a+2\right)=27a+20$

313

답 3

$x : y=3 : 2$이므로 $2x=3y$ $\quad\therefore y=\frac{2}{3}x$

$x : z=4 : 3$이므로 $3x=4z$ $\quad\therefore z=\frac{3}{4}x$

$$\begin{aligned}\therefore \frac{9y^2-2yz+8xz}{4x^2-3xy+2yz}&=\frac{9\times\left(\frac{2}{3}x\right)^2-2\times\frac{2}{3}x\times\frac{3}{4}x+8x\times\frac{3}{4}x}{4x^2-3x\times\frac{2}{3}x+2\times\frac{2}{3}x\times\frac{3}{4}x}\\&=\frac{4x^2-x^2+6x^2}{4x^2-2x^2+x^2}=\frac{9x^2}{3x^2}=3\end{aligned}$$

314

답 -1

(i) n이 홀수인 경우

$n+1$은 짝수, $2n$은 짝수이므로

$x^n=(-1)^n=-1$, $x^{n+1}=(-1)^{n+1}=1$, $x^{2n}=(-1)^{2n}=1$

$$\begin{aligned}\therefore (\text{주어진 식})&=\frac{5\times(-1)}{5}+\frac{5^2\times1}{5^2}-\frac{5^3\times1}{5^3}\\&=-1+1-1=-1\end{aligned}$$

(ii) n이 짝수인 경우

$n+1$은 홀수, $2n$은 짝수이므로

$x^n=(-1)^n=1$, $x^{n+1}=(-1)^{n+1}=-1$, $x^{2n}=(-1)^{2n}=1$

$$\begin{aligned}\therefore (\text{주어진 식})&=\frac{5\times1}{5}+\frac{5^2\times(-1)}{5^2}-\frac{5^3\times1}{5^3}\\&=1+(-1)-1=-1\end{aligned}$$

(i), (ii)에서 주어진 식의 값은 -1이다.

다른 풀이

$$\begin{aligned}&\frac{5x^n}{y}+\frac{5^2x^{n+1}}{y^2}-\frac{5^3x^{2n}}{y^3}\\&=\frac{5\times(-1)^n}{5}+\frac{5^2\times(-1)^{n+1}}{5^2}-\frac{5^3\times(-1)^{2n}}{5^3}\\&=(-1)^n+(-1)^{n+1}-(-1)^{2n}\end{aligned}$$

(ⅰ) n이 홀수인 경우

$n+1$은 짝수, $2n$은 짝수이므로

$(-1)^n+(-1)^{n+1}-(-1)^{2n}=-1+1-1=-1$

(ⅱ) n이 짝수인 경우

$n+1$은 홀수, $2n$은 짝수이므로

$(-1)^n+(-1)^{n+1}-(-1)^{2n}=1+(-1)-1=-1$

따라서 주어진 식의 값은 -1이다.

315

답 (1) $\frac{ac}{b}$ (2) 84

(1) 직사각형 D의 넓이를 x라 하고 오른쪽 그림과 같이 작은 직사각형의 각 변의 길이를 p, q, r, s라 하면

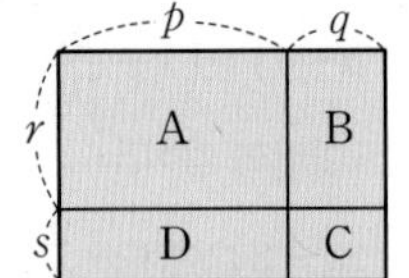

$a=pr$, $b=qr$, $c=qs$, $x=ps$

$a\times c=b\times x$ $\therefore x=\frac{ac}{b}$

따라서 직사각형 D의 넓이는 $\frac{ac}{b}$이다.

(2) $\frac{ac}{b}$에 $a=39$, $b=13$, $c=8$을 대입하면 $\frac{ac}{b}=\frac{39\times8}{13}=24$

$\therefore$ (처음 직사각형의 넓이)$=39+13+8+24=84$

316

답 ④

(ⅰ) m, n이 모두 짝수인 경우

$m+n$은 짝수이므로

(주어진 식)$=\frac{1\times(7x-3)+1\times(3x+5)}{2\times1}$

$=\frac{7x-3+3x+5}{2}=\frac{10x+2}{2}=5x+1$

(ⅱ) m, n이 모두 홀수인 경우

$m+n$은 짝수이므로

(주어진 식)$=\frac{(-1)\times(7x-3)+(-1)\times(3x+5)}{2\times1}$

$=\frac{-7x+3-3x-5}{2}=\frac{-10x-2}{2}=-5x-1$

(ⅲ) m은 짝수, n은 홀수인 경우

$m+n$은 홀수이므로

(주어진 식)$=\frac{1\times(7x-3)+(-1)\times(3x+5)}{2\times(-1)}$

$=\frac{7x-3-3x-5}{-2}=\frac{4x-8}{-2}=-2x+4$

(ⅳ) m은 홀수, n은 짝수인 경우

$m+n$은 홀수이므로

(주어진 식)$=\frac{(-1)\times(7x-3)+1\times(3x+5)}{2\times(-1)}$

$=\frac{-7x+3+3x+5}{-2}=\frac{-4x+8}{-2}=2x-4$

(ⅰ)~(ⅳ)에서 주어진 식을 간단히 한 결과로 옳지 않은 것은 ④이다.

317

답 -45

$x+y+z=0$이므로 $x+y=-z$, $y+z=-x$, $x+z=-y$

$\therefore 3x\left(\frac{5}{y}+\frac{5}{z}\right)+3y\left(\frac{5}{z}+\frac{5}{x}\right)+3z\left(\frac{5}{x}+\frac{5}{y}\right)$

$=\frac{15x}{y}+\frac{15x}{z}+\frac{15y}{z}+\frac{15y}{x}+\frac{15z}{x}+\frac{15z}{y}$

$=\frac{15y+15z}{x}+\frac{15x+15z}{y}+\frac{15x+15y}{z}$

$=\frac{15(y+z)}{x}+\frac{15(x+z)}{y}+\frac{15(x+y)}{z}$

$=\frac{-15x}{x}+\frac{-15y}{y}+\frac{-15z}{z}$

$=-15+(-15)+(-15)=-45$

318

답 28

세 자리의 자연수 a의 백의 자리의 숫자를 x, 십의 자리의 숫자를 y, 일의 자리의 숫자를 z라 하면

$a=100x+10y+z$

$b=100x+10z+y$ (단, x, y, z는 1 이상 9 이하의 자연수)

$\therefore a-b=100x+10y+z-(100x+10z+y)=9y-9z$

$9y-9z=45$에서 $9(y-z)=45$ $\therefore y-z=5$

이를 만족하는 y, z를 (y, z)로 나타내면

$(6, 1)$, $(7, 2)$, $(8, 3)$, $(9, 4)$이다.

이때 x, y, z는 모두 다른 숫자이므로 위의 각 경우에 대하여 x로 가능한 숫자는 9개의 숫자 1, 2, 3, ⋯, 9 중에서 y, z의 숫자 2개를 제외한 7개이다.

따라서 가능한 세 자리의 자연수 a의 개수는 $4\times7=28$

319

답 $a=15$, $b=10$

점 P가 점 A를 출발하여 n바퀴 돌고 난 후 점 D에 도착할 때까지 움직인 거리는

$6\times5\times n+6\times3=30n+18$(cm)

이때 점 P는 매초 3 cm의 속력으로 움직이므로 걸리는 시간은

$\frac{30n+18}{3}=10n+6$(초)

점 Q가 점 C를 출발하여 m바퀴 돌고 난 후 다시 점 C에 도착할 때까지 움직인 거리는

$6\times5\times m=30m$(cm)

이때 점 Q가 매초 4 cm의 속력으로 움직이므로 걸리는 시간은

$\frac{30m}{4}=\frac{15}{2}m$(초)

따라서 두 점이 움직이는 데 걸리는 시간은 같으므로

$\frac{15}{2}m=10n+6$ $\therefore a=15$, $b=10$

320

답 16 : 11

두 번째로 가장 작은 정사각형의 한 변의 길이를 a, 가장 작은 정사각형의 한 변의 길이를 b라 하고 각 변의 길이를 나타내면 오른쪽 그림과 같다.

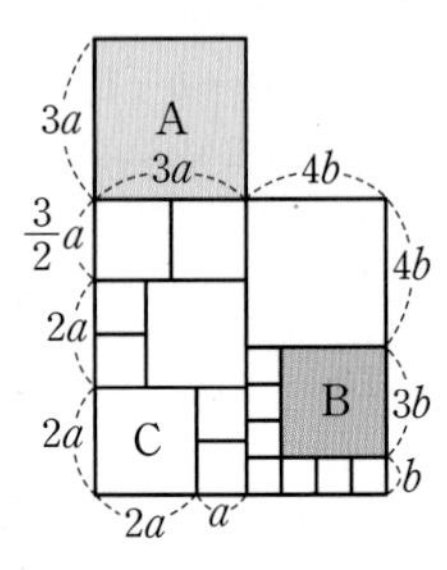

이때 $\frac{3}{2}a+2a+2a=4b+3b+b$이므로

$\frac{11}{2}a=8b$ $\therefore a=\frac{16}{11}b$

따라서 정사각형 A의 한 변의 길이와 정사각형 B의 한 변의 길이의 비는

$3a : 3b = 3\times\frac{16}{11}b : 3b = \frac{48}{11} : 3 = 16 : 11$

다른 풀이

정사각형 A의 한 변의 길이를 a, 가장 작은 정사각형과 두 번째로 작은 정사각형의 한 변의 길이를 각각 b, c라 하고 각 변의 길이를 나타내면 오른쪽 그림과 같다.

정사각형 C의 한 변의 길이는 $a-c=2c$이므로

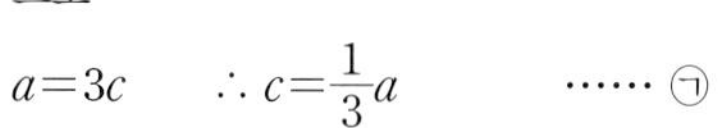

$a=3c \qquad \therefore c=\frac{1}{3}a$ ...... ㉠

또 $\frac{a}{2}+2c+(a-c)=4b+3b+b$이므로

$\frac{3}{2}a+c=8b$ ...... ㉡

㉠을 ㉡에 대입하면

$\frac{3}{2}a+\frac{1}{3}a=8b,\ \frac{11}{6}a=8b \qquad \therefore b=\frac{11}{48}a$

따라서 정사각형 B의 한 변의 길이는 $3b=3\times\frac{11}{48}a=\frac{11}{16}a$이므로

정사각형 A의 한 변의 길이와 정사각형 B의 한 변의 길이의 비는

$a : \frac{11}{16}a = 16 : 11$

321

답 1

$\frac{y}{1+y+yz}$의 분모, 분자에 x를 곱하면

$\frac{y}{1+y+yz}=\frac{xy}{x(1+y+yz)}=\frac{xy}{x+xy+xyz}=\frac{xy}{x+xy+1}$

$\frac{z}{1+z+xz}$의 분모, 분자에 xy를 곱하면

$\frac{z}{1+z+xz}=\frac{xyz}{xy(1+z+xz)}=\frac{xyz}{xy+xyz+x\times xyz}=\frac{1}{xy+1+x}$

$\therefore \frac{x}{1+x+xy}+\frac{y}{1+y+yz}+\frac{z}{1+z+xz}$

$=\frac{x}{1+x+xy}+\frac{xy}{1+x+xy}+\frac{1}{1+x+xy}=\frac{1+x+xy}{1+x+xy}=1$

다른 풀이

$xyz=1$에서 $z=\frac{1}{xy}$이므로

$\frac{x}{1+x+xy}+\frac{y}{1+y+yz}+\frac{z}{1+z+xz}$

$=\frac{x}{1+x+xy}+\frac{y}{1+y+y\times\frac{1}{xy}}+\frac{\frac{1}{xy}}{1+\frac{1}{xy}+x\times\frac{1}{xy}}$

$=\frac{x}{1+x+xy}+\frac{y}{1+y+\frac{1}{x}}+\frac{\frac{1}{xy}}{1+\frac{1}{xy}+\frac{1}{y}}$

$=\frac{x}{1+x+xy}+\frac{xy}{x+xy+1}+\frac{1}{xy+1+x}=\frac{1+x+xy}{1+x+xy}=1$

322

답 b

수학과 영어 특강을 모두 신청한 학생 수는 수학 특강을 신청한 학생 수의 12.5%이고, 영어 특강을 신청한 학생 수의 25%이므로

$x\times\frac{12.5}{100}=y\times\frac{25}{100},\ x=2y \qquad \therefore y=\frac{1}{2}x$ ...... ㉠

(수학 특강 또는 영어 특강을 신청한 학생 수)

=(수학 특강을 신청한 학생 수)+(영어 특강을 신청한 학생 수)

−(두 과목 모두 신청한 학생 수)

이므로

$x+y-\frac{12.5}{100}x=x+\frac{1}{2}x-\frac{1}{8}x=\frac{11}{8}x\ (\because ㉠)$ ...... ㉡

㉡은 전체 학생 수의 $100-12=88$(%)이므로

(전체 학생 수)$\times\frac{88}{100}=\frac{11}{8}x$

$\therefore$ (전체 학생 수)$=\frac{11}{8}x\div\frac{88}{100}=\frac{25}{16}x$

(i) 수학 특강을 신청하지 않은 학생 수는

(전체 학생 수)−(수학 특강을 신청한 학생 수)

$=\frac{25}{16}x-x=\frac{9}{16}x$ ...... ㉢

이므로 전체 학생 수의

$\frac{9}{16}x\div\frac{25}{16}x\times100=\frac{9}{25}\times100=36$(%)이다. $\qquad \therefore p=36$

(ii) 영어 방과 후 특강을 신청하지 않은 학생 수는

(전체 학생 수)−(영어 특강을 신청한 학생 수)

$=\frac{25}{16}x-y=\frac{25}{16}x-\frac{1}{2}x=\frac{17}{16}x\ (\because ㉠)$ ...... ㉣

이므로 전체 학생 수의

$\frac{17}{16}x\div\frac{25}{16}x\times100=\frac{17}{25}\times100=68$(%)이다. $\qquad \therefore q=68$

(i), (ii)에서 $p=36$, $q=68$이므로

$(-1)^{p+q-1}\times\frac{a-b}{2}-(-1)^{q-p+1}\times\frac{a+b}{2}$

$=(-1)^{36+68-1}\times\frac{a-b}{2}-(-1)^{68-36+1}\times\frac{a+b}{2}$

$=(-1)^{103}\times\frac{a-b}{2}-(-1)^{33}\times\frac{a+b}{2}$

$=(-1)\times\frac{a-b}{2}-(-1)\times\frac{a+b}{2}$

$=-\frac{a-b}{2}+\frac{a+b}{2}=\frac{2b}{2}=b$

창의 융합

323

답 $8x-10y$

9개의 정사각형을 크기가 작은 것부터 A, B, C, D, E, F, G, H, I라 하자.

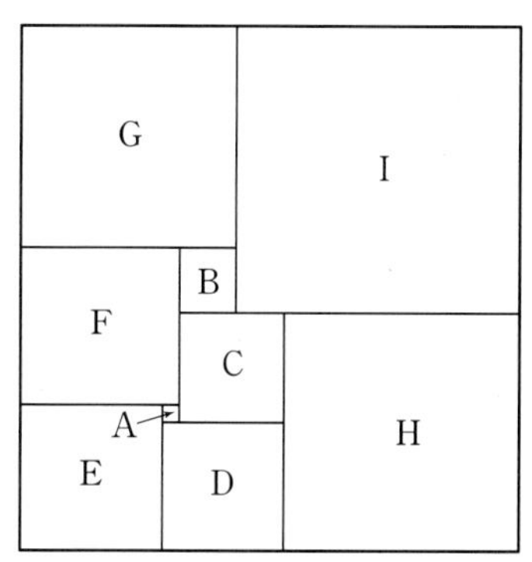

정사각형 A의 한 변의 길이를 a, 정사각형 C의 한 변의 길이를 b라 하면 각 정사각형의 한 변의 길이는 다음과 같다.

(정사각형 D의 한 변의 길이)$=a+b$
(정사각형 E의 한 변의 길이)$=a+(a+b)=2a+b$
(정사각형 F의 한 변의 길이)$=a+(2a+b)=3a+b$
(정사각형 B의 한 변의 길이)$=(3a+b)-(b-a)=4a$
(정사각형 G의 한 변의 길이)$=(3a+b)+4a=7a+b$
(정사각형 H의 한 변의 길이)$=b+(a+b)=a+2b$
(정사각형 I의 한 변의 길이)$=(7a+b)+4a=11a+b$

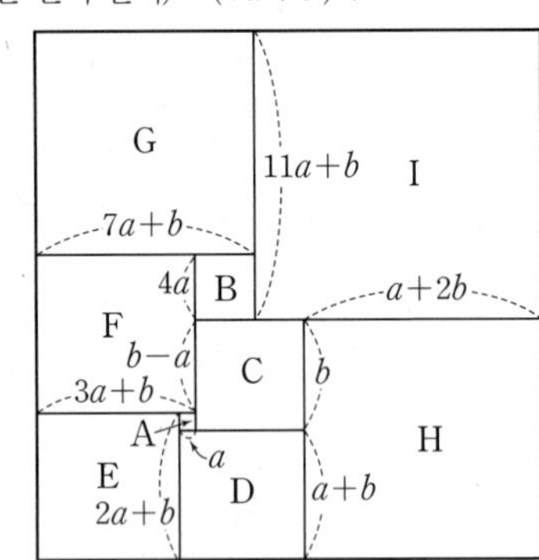

직사각형의 가로의 길이는
$(7a+b)+(11a+b)=18a+2b$ ······ ㉠
또는
$(2a+b)+(a+b)+(a+2b)=4a+4b$ ······ ㉡
직사각형의 세로의 길이는
$(11a+b)+(a+2b)=12a+3b$ ······ ㉢
㉠, ㉡이 서로 같으므로
$18a+2b=4a+4b$, $14a=2b$ $\therefore 7a=b$ ······ ㉣
㉣을 ㉠에 대입하면 $18a+2b=18a+2\times7a=32a$ ←가로의 길이
㉣을 ㉢에 대입하면 $12a+3b=12a+3\times7a=33a$ ←세로의 길이
따라서 (가로의 길이) : (세로의 길이)$=32a : 33a=32 : 33$
이므로 $m=32$, $n=33$
$\therefore (-1)^{n-m}(x-3y)+(-1)^{m+3}(-3x+8y)-(-1)^{n-2}(6x-5y)$
$=(-1)^{33-32}(x-3y)+(-1)^{32+3}(-3x+8y)-(-1)^{33-2}(6x-5y)$
$=(-1)\times(x-3y)+(-1)\times(-3x+8y)-(-1)\times(6x-5y)$
$=-x+3y+3x-8y+6x-5y$
$=8x-10y$

창의융합

324

답 (1) $n(n+1)$ (또는 n^2+n) (2) 13단계

(1) 각 단계의 선의 길이의 합을 구하면 다음과 같다.
<1단계> 1×2
<2단계> $1\times2+2\times2=2\times3$
<3단계> $1\times2+2\times2+3\times2=2\times3+2\times3=3\times4$
⋮
따라서 <n단계>의 선의 길이의 합은 $n(n+1)$ (또는 n^2+n)
(2) $n(n+1)$에 $n=12$를 대입하면 $12\times13=156<170$
$n(n+1)$에 $n=13$을 대입하면 $13\times14=182>170$
따라서 선의 길이의 합이 처음으로 170보다 길어지는 것은 13단계부터이다.

06 일차방정식의 풀이

Step 1 교과서를 정복하는 핵심 유형

본교재 083~085쪽

325 ④ 326 ④ 327 25 328 ④
329 $b-6$ 330 ⑤ 331 $x=\frac{3}{2}$ 332 ③ 333 6
334 4 335 $a=5$, $b\neq\frac{1}{3}$ 336 9 337 ⑤
338 -1 339 4 340 8 341 -10 342 24
343 2

핵심 01 방정식과 항등식

325

답 ④

x의 값에 따라 참이 되기도 하고, 거짓이 되기도 하는 등식은 방정식이다.
① (우변)$=4x-5-2x=2x-5$에서 (좌변)$=$(우변)이므로 항등식이다.
② (우변)$=4(2x-3)=8x-12$에서 (좌변)$=$(우변)이므로 항등식이다.
③ (좌변)$=7x+2-4x=3x+2$에서 (좌변)$=$(우변)이므로 항등식이다.
④ $x=4$일 때만 등식이 성립하므로 방정식이다.
⑤ (우변)$=(5x+3)+(x-5)=6x-2$에서 (좌변)$=$(우변)이므로 항등식이다.
따라서 방정식인 것은 ④이다.

326

답 ④

ㄱ. (좌변)$\neq$(우변)이므로 항등식이 아니다.
ㄴ. (좌변)$=6x-4x=2x$에서 (좌변)$\neq$(우변)이므로 항등식이 아니다.
ㄷ. (우변)$=3(4-x)=-3x+12$에서 (좌변)$=$(우변)이므로 항등식이다.
ㄹ. (우변)$=2x+6-3x=6-x$에서 (좌변)$=$(우변)이므로 항등식이다.
ㅁ. (좌변)$=8-4(x+1)=8-4x-4=-4x+4$에서 (좌변)$\neq$(우변)이므로 항등식이 아니다.
ㅂ. (우변)$=3(2x-1)-x+6=6x-3-x+6=5x+3$에서 (좌변)$=$(우변)이므로 항등식이다.
따라서 항등식은 ㄷ, ㄹ, ㅂ이다.

327

답 25

$9x-a(x+2)=9x-ax-2a=(9-a)x-2a$이므로
$(9-a)x-2a=-6x+3b$
이 등식이 x에 대한 항등식이므로
$9-a=-6$, $-2a=3b$
$9-a=-6$에서 $a=15$
$-2a=3b$에서 $-2\times15=3b$, $-30=3b$ $\therefore b=-10$
$\therefore a-b=15-(-10)=15+10=25$

핵심 02 등식의 성질

328 답 ④

① $10x=4y$의 양변을 2로 나누면 $5x=2y$
$5x=2y$의 양변에서 $2y$를 빼면 $5x-2y=0$
② $a+1=b+1$의 양변에 -1을 곱하면 $-a-1=-b-1$
$-a-1=-b-1$의 양변에 6을 더하면 $5-a=5-b$
③ $x=-y$의 양변에 2를 곱하면 $2x=-2y$
$2x=-2y$의 양변에 3을 더하면 $2x+3=3-2y$
④ $a=1$, $b=-1$, $c=0$인 경우 $ac=bc$이지만 $a+7\neq b+7$이다.
⑤ $7x=3y$의 양변에서 7을 빼면 $7x-7=3y-7$
$\therefore 7(x-1)=3y-7$
따라서 옳지 않은 것은 ④이다.

329 답 $b-6$

$4a+8=4(b+1)$의 양변을 4로 나누면 $a+2=b+1$
$a+2=b+1$의 양변에서 7을 빼면 $a-5=b-6$
따라서 □ 안에 알맞은 식은 $b-6$이다.

330 답 ⑤

① $a-5=b+3$의 양변에 8을 더하면 $a+3=b+11$
② $a-5=b+3$의 양변에 5를 더하면 $a=b+8$
③ $a-5=b+3$의 양변에 -1을 곱하면 $-a+5=-b-3$
$-a+5=-b-3$의 양변에서 8을 빼면 $-a-3=-b-11$
④ $a-5=b+3$의 양변에 c를 곱하면 $ac-5c=bc+3c$
$ac-5c=bc+3c$의 양변에 $5c$를 더하면 $ac=bc+8c$
$ac=bc+8c$의 양변에서 bc를 빼면 $ac-bc=8c$
⑤ $a-5=b+3$의 양변에 1을 더하면 $a-4=b+4$
$a-4=b+4$의 양변을 c로 나누면 $\frac{a-4}{c}=\frac{b+4}{c}$
따라서 옳은 것은 ⑤이다.

핵심 03 일차방정식의 풀이

331 답 $x=\frac{3}{2}$

$\frac{5(2x+3)}{3}+\frac{7}{6}x=\frac{3(5x-1)}{2}+2$의 양변에 6을 곱하면
$10(2x+3)+7x=9(5x-1)+12$
$20x+30+7x=45x-9+12$
$-18x=-27$ $\therefore x=\frac{3}{2}$

332 답 ③

$3x-2+4x=5x-8$에서 -2와 $5x$를 이항하면
$3x+4x-5x=-8+2$ $\therefore 2x=-6$
따라서 $a=2$, $b=-6$이므로
$a+b=2+(-6)=-4$

333 답 6

$0.3x-0.1=0.2(x-2)+0.18$의 양변에 100을 곱하면
$30x-10=20(x-2)+18$
$30x-10=20x-40+18$, $10x=-12$
$\therefore x=-\frac{6}{5}$
따라서 $a=-\frac{6}{5}$이므로
$-\frac{5}{2}a+3=-\frac{5}{2}\times\left(-\frac{6}{5}\right)+3=3+3=6$

334 답 4

$x\star 2=x+2-2x=-x+2$이므로
$(x\star 2)\star 5=(-x+2)\star 5$
$=(-x+2)+5-5(-x+2)$
$=-x+2+5+5x-10=4x-3$
따라서 $4x-3=13$이므로 $4x=16$ $\therefore x=4$

335 답 $a=5$, $b\neq\frac{1}{3}$

$(a-2)x^2-x+5=3x(x-b)-7$에서
$ax^2-2x^2-x+5=3x^2-3bx-7$
$ax^2-5x^2-x+3bx+12=0$
$\therefore (a-5)x^2+(3b-1)x+12=0$
이 방정식이 x에 대한 일차방정식이므로
$a-5=0$, $3b-1\neq 0$
$a-5=0$에서 $a=5$, $3b-1\neq 0$에서 $b\neq\frac{1}{3}$
$\therefore a=5$, $b\neq\frac{1}{3}$

336 답 9

$0.4(3x-2)=\frac{1}{5}(x+2)+0.8$의 양변에 10을 곱하면
$4(3x-2)=2(x+2)+8$, $12x-8=2x+4+8$
$10x=20$ $\therefore x=2$
따라서 $a=2$이므로
$|a-5|+|-3a|=|2-5|+|-3\times 2|$
$=|-3|+|-6|=3+6=9$

337 답 ⑤

$7x-\{3x-(2-x)\}=-5(x-3)+11$에서
$7x-(3x-2+x)=-5x+15+11$, $7x-(4x-2)=-5x+26$
$7x-4x+2=-5x+26$
$8x=24$ $\therefore x=3$
$3:(2x-5)=\frac{4}{5}:(x+1)$에서 $3(x+1)=\frac{4}{5}(2x-5)$
양변에 5를 곱하면 $15(x+1)=4(2x-5)$
$15x+15=8x-20$, $7x=-35$ $\therefore x=-5$
따라서 $a=3$, $b=-5$이므로 $a-b=3-(-5)=3+5=8$

핵심 04 해 또는 해의 조건이 주어질 때

338 답 -1

$(7-2x):\frac{9}{2}(x-1)=2:3$에서 $3(7-2x)=9(x-1)$

$21-6x=9x-9$, $-15x=-30$ $\therefore x=2$

따라서 $3x-a=7-(x+2a)$의 해가 $x=2$이므로

$3\times2-a=7-(2+2a)$, $6-a=7-2-2a$ $\therefore a=-1$

339 답 4

$1.8x-1.5=2.7x+0.3$의 양변에 10을 곱하면

$18x-15=27x+3$, $-9x=18$ $\therefore x=-2$

즉 $\frac{1}{2}-\frac{x-a}{4}=\frac{x+3a}{5}$의 해가 $x=-2$이므로

$\frac{1}{2}-\frac{-2-a}{4}=\frac{-2+3a}{5}$

양변에 20을 곱하면

$10-5(-2-a)=4(-2+3a)$, $10+10+5a=-8+12a$

$-7a=-28$ $\therefore a=4$

340 답 8

$3x-5=6x-9$의 좌변의 x의 계수 3을 a로 잘못 보았다고 하면

$ax-5=6x-9$

이 방정식의 해가 $x=-2$이므로

$-2a-5=-12-9$, $-2a=-16$ $\therefore a=8$

따라서 3을 8로 잘못 보았다.

341 답 -10

$2(x-3)=a-4(x-2)$에서

$2x-6=a-4x+8$, $6x=a+14$ $\therefore x=\frac{a+14}{6}$

이때 $\frac{a+14}{6}$가 자연수가 되려면 $a+14$는 6의 배수이어야 한다.

즉 $a+14=6, 12, 18, 24, \cdots$이므로

$a=-8, -2, 4, 10, \cdots$

따라서 모든 음의 정수 a의 값의 합은 $(-8)+(-2)=-10$

발전 05 특수한 해를 갖는 방정식

342 답 24

$ax-8=(2-b)x+4b$에서 $(a+b-2)x=4b+8$

이 방정식을 만족하는 x의 값이 무수히 많으므로

$a+b-2=0$, $4b+8=0$

$4b+8=0$에서 $b=-2$

$a+b-2=0$에서 $a-4=0$ $\therefore a=4$

$\therefore a^2-ab=4^2-4\times(-2)=16+8=24$

343 답 2

$(ax-5):\frac{3}{4}(x-a)=8:3$에서

$3(ax-5)=6(x-a)$, $3ax-15=6x-6a$

$(3a-6)x=-6a+15$

이 방정식을 만족하는 x의 값이 존재하지 않으므로

$3a-6=0$, $-6a+15\neq0$

$\therefore a=2$

Step 2 실전문제 체화를 위한 심화 유형 본교재 088~092쪽

344 $a=-\frac{3}{2}$, $b=-2$ 345 -5 346 3 347 ⑤
348 ⑤ 349 $-11b+19c$ 350 -1 351 6
352 3 353 -3 354 -8 355 $x=18$ 356 20
357 3 358 4 359 $x=-\frac{8}{11}$ 360 -9
361 2 362 $-\frac{23}{2}$ 363 $x=-\frac{7}{3}$
364 -27 365 -30 366 -11 367 ⑤ 368 10
369 27 370 $x=-7$ 371 $y=-5$
372 5

유형 01 방정식과 항등식

344 답 $a=-\frac{3}{2}$, $b=-2$

$ax+b(4x-3)=(5a-2)x+6$에서

$ax+4bx-3b=(5a-2)x+6$

$\therefore (a+4b)x-3b=(5a-2)x+6$

이 등식이 x에 대한 항등식이므로

$a+4b=5a-2$, $-3b=6$

$-3b=6$에서 $b=-2$

$b=-2$를 $a+4b=5a-2$에 대입하면

$a-8=5a-2$, $-4a=6$ $\therefore a=-\frac{3}{2}$

345 답 -5

$5kx-4b=ak+6x-2$에 $x=2$를 대입하면

$10k-4b=ak+12-2$

$\therefore 10k-4b=ak+10$

이 등식이 k에 대한 항등식이므로 $10=a$, $-4b=10$

따라서 $a=10$, $b=-\frac{5}{2}$이므로

$a+6b=10+6\times\left(-\frac{5}{2}\right)=10+(-15)=-5$

346 답 3

n이 홀수일 때, $n+8$은 홀수, $n+3$은 짝수이므로

$(-1)^{n+8}=-1$, $(-1)^{n+3}=1$

즉 주어진 등식을 정리하면

$-(a-x)-(bx+2)=0$

$-a+x-bx-2=0$

$\therefore (1-b)x-(a+2)=0$

이 등식이 x에 대한 항등식이므로
$1-b=0$, $a+2=0$
$\therefore a=-2$, $b=1$
$\therefore b-a=1-(-2)=3$

유형 02 등식의 성질

347 ······ 답 ⑤

① $x-4=3x+5$의 양변에서 $3x$를 빼면 $x-4-3x=5$
$x-4-3x=5$의 양변에 4를 더하면 $x-3x=5+4$
② $x-4=3x+5$의 양변에서 x를 빼면 $-4=2x+5$
$-4=2x+5$의 양변에 4를 더하면 $0=2x+9$
③ $x-4=3x+5$의 양변에 -1을 곱하면 $-x+4=-3x-5$
④ $x-4=3x+5$의 양변에서 $2x$를 빼면 $-x-4=x+5$
⑤ $x-4=3x+5$의 양변에 4를 더하면 $x=3x+9$
따라서 옳지 않은 것은 ⑤이다.

348 ······ 답 ⑤

① $\frac{a}{3}=-\frac{b}{4}$의 양변에 -12를 곱하면 $-4a=3b$
$-4a=3b$의 양변에 7을 더하면 $-4a+7=3b+7$
② $3a-2=-b+3$의 양변에 2를 더하면 $3a=-b+5$
$3a=-b+5$의 양변을 6으로 나누면 $\frac{a}{2}=-\frac{b}{6}+\frac{5}{6}$
③ $a-b=a+b$의 양변에서 a를 빼면 $-b=b$
$-b=b$의 양변에서 b를 빼면 $-2b=0$
$-2b=0$의 양변을 -2로 나누면 $b=0$
④ $2a-5b=0$의 양변에 $5b$를 더하면 $2a=5b$
$2a=5b$의 양변을 10으로 나누면 $\frac{a}{5}=\frac{b}{2}$
$\frac{a}{5}=\frac{b}{2}$의 양변에 4를 더하면 $\frac{a}{5}+4=\frac{b}{2}+4$
⑤ $-2ac+3=-2bc+3$의 양변에서 3을 빼면 $-2ac=-2bc$
$-2ac=-2bc$의 양변을 -2로 나누면 $ac=bc$
이때 $a=1$, $b=-1$, $c=0$인 경우 $ac=bc$이지만 $a\neq b$이므로
$a-1\neq b-1$이다.
따라서 옳지 않은 것은 ⑤이다.

349 ······ 답 $-11b+19c$

$a=b$의 양변에 $3c$를 더하면 $a+3c=\boxed{b+3c}$
$a=2b-3c$의 양변에 -3을 곱하면 $-3a=-3(2b-3c)$
$\therefore -3a=\boxed{-6b+9c}$
$a=-3b+c$의 양변에 2를 곱하면 $2a=2(-3b+c)$
$\therefore 2a=-6b+2c$
이 등식의 양변에 $5c$를 더하면 $2a+5c=-6b+2c+5c$
$\therefore 2a+5c=\boxed{-6b+7c}$
따라서 (가), (나), (다)에 알맞은 세 식은 각각 $b+3c$, $-6b+9c$, $-6b+7c$이므로 세 식의 합은
$(b+3c)+(-6b+9c)+(-6b+7c)=-11b+19c$

유형 03 일차방정식의 풀이

350 ······ 답 -1

$3(x-k)+5=6-5k$에서
$3x-3k+5=6-5k$
$3x=1-2k \qquad \therefore x=\frac{1-2k}{3}$
$k=1$일 때, $x_1=\frac{1-2\times1}{3}=-\frac{1}{3}$
$k=2$일 때, $x_2=\frac{1-2\times2}{3}=-1$
$k=3$일 때, $x_3=\frac{1-2\times3}{3}=-\frac{5}{3}$
$\therefore x_1-x_2+x_3=-\frac{1}{3}-(-1)+\left(-\frac{5}{3}\right)$
$=-\frac{1}{3}+1-\frac{5}{3}=-1$

351 ······ 답 6

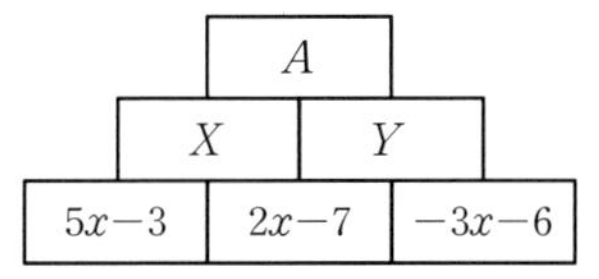

(위쪽의 식)=(왼쪽의 식)−(오른쪽의 식)이므로
$X=(5x-3)-(2x-7)=5x-3-2x+7=3x+4$
$Y=(2x-7)-(-3x-6)=2x-7+3x+6=5x-1$
$A=X-Y=(3x+4)-(5x-1)=-7$이므로
$3x+4-5x+1=-7$, $-2x+5=-7$
$-2x=-12 \qquad \therefore x=6$

352 ······ 답 3

$\frac{x}{2}-\frac{1}{3}\left\{x-\frac{1}{2}+\frac{1}{10}\left(\frac{x}{3}-\frac{x}{12}\right)\right\}=\frac{1}{8}$에서
$\frac{x}{2}-\frac{1}{3}\left(x-\frac{1}{2}+\frac{x}{40}\right)=\frac{1}{8}$
$\frac{x}{2}-\frac{1}{3}\left(\frac{41}{40}x-\frac{1}{2}\right)=\frac{1}{8}$
양변에 120을 곱하면
$60x-40\left(\frac{41}{40}x-\frac{1}{2}\right)=15$
$60x-41x+20=15$, $19x=-5$
$\therefore x=-\frac{5}{19}$
따라서 $A=-\frac{5}{19}$이므로 $\frac{1}{|A|}=\frac{19}{5}=3.8$보다 작은 자연수는 1, 2, 3의 3개이다.

353 ······ 답 -3

$\frac{a-x}{2}=\frac{5a-3}{4}+x$의 양변에 4를 곱하면
$2(a-x)=5a-3+4x$, $2a-2x=5a-3+4x$
$-6x=3a-3 \qquad \therefore x=-\frac{a-1}{2}$

$0.2(2x+3a+2)-\frac{x-2}{5}=-1$의 양변에 5를 곱하면

$(2x+3a+2)-(x-2)=-5$

$2x+3a+2-x+2=-5 \qquad \therefore x=-3a-9$

따라서 $A=-\frac{a-1}{2}$, $B=-3a-9$이므로

$A+B=2$에서 $-\frac{a-1}{2}+(-3a-9)=2$

양변에 2를 곱하면 $-(a-1)+2(-3a-9)=4$

$-a+1-6a-18=4,\ -7a=21 \qquad \therefore a=-3$

354

답 -8

$\begin{vmatrix} 5x-3 & -7 \\ -\frac{1}{5} & \frac{1}{2} \end{vmatrix}=\begin{vmatrix} x-2 & 0.5 \\ 0.8 & 2.25 \end{vmatrix}$에서

$\frac{1}{2}(5x-3)-\frac{7}{5}=2.25(x-2)-0.4$이므로

양변에 100을 곱하면 $50(5x-3)-140=225(x-2)-40$

$250x-150-140=225x-450-40$

$25x=-200 \qquad \therefore x=-8$

355

답 $x=18$

tip ⊛ $5a+3b+c=18$을 적당히 변형하여 주어진 식에 대입한다.

$5a+3b+c=18$이므로

$3b+c=18-5a,\ 5a+c=18-3b,\ 5a+3b=18-c$

주어진 식의 우변을 정리하면

$$\begin{aligned}\frac{3b+c}{5a}+\frac{5a+c}{3b}+\frac{5a+3b}{c}&=\frac{18-5a}{5a}+\frac{18-3b}{3b}+\frac{18-c}{c}\\&=\frac{18}{5a}-\frac{5a}{5a}+\frac{18}{3b}-\frac{3b}{3b}+\frac{18}{c}-\frac{c}{c}\\&=\frac{18}{5a}-1+\frac{18}{3b}-1+\frac{18}{c}-1\\&=\frac{18}{5a}+\frac{18}{3b}+\frac{18}{c}-3\end{aligned}$$

따라서 $\frac{x}{5a}+\frac{x}{3b}+\frac{x}{c}-3=\frac{18}{5a}+\frac{18}{3b}+\frac{18}{c}-3$이므로

$x\left(\frac{1}{5a}+\frac{1}{3b}+\frac{1}{c}\right)-3=18\left(\frac{1}{5a}+\frac{1}{3b}+\frac{1}{c}\right)-3$

$\therefore x=18\ \left(\because \frac{1}{5a}+\frac{1}{3b}+\frac{1}{c}\neq 0\right)$

356

답 20

$\frac{x}{2}=\frac{y}{3}=\frac{z}{5}=t\ (t\neq 0)$라 하면 $x=2t,\ y=3t,\ z=5t$

$3x-4y+2z=20$에 $x=2t,\ y=3t,\ z=5t$를 대입하면

$6t-12t+10t=20,\ 4t=20 \qquad \therefore t=5$

따라서 $x=10,\ y=15,\ z=25$이므로

$x-y+z=10-15+25=20$

357

답 3

$3x-2<3x+1$이므로 $(3x-2,\ 3x+1)=3x+1$

$2x-3>2x-5$이므로 $<2x-3,\ 2x-5>=2x-5$

$\frac{7}{3}>\frac{3}{2}$이므로 $\left(\frac{7}{3},\ \frac{3}{2}\right)=\frac{7}{3}$

따라서 주어진 방정식은 $\frac{3x+1}{4}-\frac{2x-5}{6}=\frac{7}{3}$

양변에 12를 곱하면 $3(3x+1)-2(2x-5)=28$

$9x+3-4x+10=28$

$5x=15 \qquad \therefore x=3$

유형 04 해 또는 해의 조건이 주어질 때

358

답 4

$5x-\frac{1}{2}(x+7a)=-1$의 양변에 2를 곱하면

$10x-(x+7a)=-2,\ 10x-x-7a=-2$

$9x=7a-2 \qquad \therefore x=\frac{7a-2}{9}$

이때 $\frac{7a-2}{9}$가 3보다 작은 유리수이므로 이를 만족하는 자연수 a는 1, 2, 3, 4의 4개이다.

참고 $a=1,\ 2,\ 3,\ 4$일 때의 일차방정식 $5x-\frac{1}{2}(x+7a)=-1$의 해는 각각 $x=\frac{5}{9},\ x=\frac{4}{3},\ x=\frac{19}{9},\ x=\frac{26}{9}$이다.

359

답 $x=-\frac{8}{11}$

$2(2x+3)=8-2x$에서 $4x+6=8-2x$

$6x=2 \qquad \therefore x=\frac{1}{3}$, 즉 $n=\frac{1}{3}$

$\frac{4x-m}{3}=\frac{m+3x}{5}$의 해가 $x=\frac{1}{3}$이므로

$\frac{1}{3}\left(\frac{4}{3}-m\right)=\frac{m+1}{5}$

양변에 45를 곱하면 $15\left(\frac{4}{3}-m\right)=9(m+1)$

$20-15m=9m+9,\ -24m=-11 \qquad \therefore m=\frac{11}{24}$

따라서 $\frac{11}{24}x+\frac{1}{3}=0$에서 $\frac{11}{24}x=-\frac{1}{3} \qquad \therefore x=-\frac{8}{11}$

360

답 -9

$4(x-4)+12=5x+1$에서

$4x-16+12=5x+1,\ -x=5 \qquad \therefore x=-5$

즉 일차방정식 $ax-1=3(a-x)$의 해는

$x=5$ 또는 $x=-5$이다.

(i) 해가 $x=5$일 경우

$ax-1=3(a-x)$에 $x=5$를 대입하면

$5a-1=3(a-5),\ 5a-1=3a-15$

$2a=-14 \qquad \therefore a=-7$

(ii) 해가 $x=-5$일 경우

$ax-1=3(a-x)$에 $x=-5$를 대입하면

$-5a-1=3(a+5),\ -5a-1=3a+15$

$-8a=16 \qquad \therefore a=-2$

(i), (ii)에서 모든 상수 a의 값의 합은

$(-7)+(-2)=-9$

361 (답) 2

$\frac{x-7}{3}-\frac{2a-3}{2}=1$의 양변에 6을 곱하면

$2(x-7)-3(2a-3)=6$

$2x-14-6a+9=6$, $2x=6a+11$ $\quad\therefore x=\frac{6a+11}{2}$

$5(x-3a)+6=6a-13$에서

$5x-15a+6=6a-13$, $5x=21a-19$ $\quad\therefore x=\frac{21a-19}{5}$

이때 두 일차방정식의 해의 비가 $5:2$이므로

$\frac{6a+11}{2}:\frac{21a-19}{5}=5:2$

$6a+11=21a-19$, $-15a=-30$ $\quad\therefore a=2$

362 (답) $-\frac{23}{2}$

$x+6a=4-3(x-3)$에서

$x+6a=4-3x+9$, $4x=13-6a$

$\therefore x=\frac{13-6a}{4}$

$x-\frac{x+5a}{4}=-1$의 양변에 4를 곱하면

$4x-(x+5a)=-4$, $4x-x-5a=-4$, $3x=5a-4$

$\therefore x=\frac{5a-4}{3}$

주어진 두 일차방정식의 해가 절댓값은 같고 부호는 서로 다르므로 두 해의 합은 0이다.

따라서 $\frac{13-6a}{4}+\frac{5a-4}{3}=0$이므로 양변에 12를 곱하면

$3(13-6a)+4(5a-4)=0$, $39-18a+20a-16=0$

$2a=-23$ $\quad\therefore a=-\frac{23}{2}$

363 (답) $x=-\frac{7}{3}$

a의 부호를 잘못 보았으므로

$1.6(-ax-0.5)=\frac{x+2}{5}+3$에 $x=3$을 대입하면

$1.6(-3a-0.5)=4$

양변에 10을 곱하면 $16(-3a-0.5)=40$

$-48a-8=40$, $-48a=48$ $\quad\therefore a=-1$

따라서 주어진 방정식은 $1.6(-x-0.5)=\frac{x+2}{5}+3$이므로

양변에 10을 곱하면 $16(-x-0.5)=2(x+2)+30$

$-16x-8=2x+4+30$, $-18x=42$ $\quad\therefore x=-\frac{7}{3}$

364 (답) -27

$0.08(x+4)+\frac{3}{5}=0.8-0.06x$의 양변에 100을 곱하면

$8(x+4)+60=80-6x$, $8x+32+60=80-6x$

$14x=-12$ $\quad\therefore x=-\frac{6}{7}$

즉 $|m-3|+7x=0$의 해가 $x=-\frac{6}{7}$이므로

$|m-3|-6=0$, $|m-3|=6$

$m-3=6$ 또는 $m-3=-6$

$\therefore m=9$ 또는 $m=-3$

따라서 모든 상수 m의 값의 곱은 $9\times(-3)=-27$

365 (답) -30

$\frac{ax-3}{5}=\frac{6}{5}-x$의 양변에 5를 곱하면

$ax-3=6-5x$, $(a+5)x=9$ $\quad\therefore x=\frac{9}{a+5}$

이때 $\frac{9}{a+5}$가 정수가 되려면 $a+5$가 9의 약수 또는 9의 약수에 음의 부호를 붙인 수이어야 한다.

즉 $a+5=1, 3, 9, -1, -3, -9$이므로

$a=-4, -2, 4, -6, -8, -14$

따라서 모든 정수 a의 값의 합은

$(-4)+(-2)+4+(-6)+(-8)+(-14)=-30$

366 (답) -11

$\frac{x}{3}+\frac{1}{6}=\frac{a-x}{12}-\frac{3}{4}$의 양변에 12를 곱하면

$4x+2=a-x-9$, $5x=a-11$ $\quad\therefore x=\frac{a-11}{5}$

$\frac{a-11}{5}$이 음수가 되게 하는 자연수 a의 값은 $1, 2, 3, \cdots, 10$

따라서 음수인 모든 x의 값의 합은

$\frac{1-11}{5}+\frac{2-11}{5}+\frac{3-11}{5}+\cdots+\frac{10-11}{5}$

$=-\frac{10}{5}-\frac{9}{5}-\frac{8}{5}-\cdots-\frac{1}{5}$

$=-\frac{1+2+3+\cdots+10}{5}$

$=-\frac{55}{5}=-11$

유형 05 특수한 해를 갖는 방정식

367 (답) ⑤

$\frac{3x-2}{4}+\frac{7-ax}{8}=\frac{x+b}{2}$의 양변에 8을 곱하면

$2(3x-2)+7-ax=4(x+b)$

$6x-4+7-ax=4x+4b$

$\therefore (2-a)x=4b-3$

이 방정식의 해가 무수히 많으므로 $2-a=0$, $4b-3=0$

따라서 $a=2$, $b=\frac{3}{4}$이므로 $a-b=2-\frac{3}{4}=\frac{5}{4}$

368 (답) 10

$(3a-2)x+5b-4=ax+b+8$에서

$(2a-2)x=-4b+12$

이 방정식이 $x=0$뿐만 아니라 다른 해도 가지므로 해가 무수히 많다.

따라서 $2a-2=0$, $-4b+12=0$이어야 하므로

$a=1$, $b=3$

$\therefore a^2+b^2=1^2+3^2=1+9=10$

다른 풀이

방정식 $(3a-2)x+5b-4=ax+b+8$이 $x=0$을 해로 가지므로

방정식에 $x=0$을 대입하면

$5b-4=b+8$, $4b=12$ $\therefore b=3$

주어진 방정식에 $b=3$을 대입하면

$(3a-2)x+11=ax+11$ $\therefore (2a-2)x=0$

이 방정식이 $x=0$ 이외에도 해를 가지므로

$2a-2=0$ $\therefore a=1$

$\therefore a^2+b^2=1^2+3^2=1+9=10$

369
답 27

$(a+5)x+2=2(3x-1)+7$에서 $(a+5)x+2=6x+5$

$(a-1)x=3$

이 방정식의 해가 없으므로 $a-1=0$ $\therefore a=1$

$(b-1)x-3a+8=2c-5$에서

$(b-1)x=3a+2c-13$

이 방정식의 해가 무수히 많으므로 $b-1=0$, $3a+2c-13=0$

$b-1=0$에서 $b=1$

$3a+2c-13=0$에서 $a=1$이므로 $3+2c-13=0$

$2c=10$ $\therefore c=5$

$\therefore a^2+b^2+c^2=1^2+1^2+5^2=1+1+25=27$

370
답 $x=-7$

$ax-10=(4-3b)x-5b$에서

$(a+3b-4)x=10-5b$

이 방정식의 해가 무수히 많으므로

$a+3b-4=0$, $10-5b=0$

$10-5b=0$에서 $b=2$

$a+3b-4=0$에서 $b=2$이므로 $a+6-4=0$ $\therefore a=-2$

이때 $\frac{ax+1}{3}-\frac{x+1}{b}=8$에 $a=-2$, $b=2$를 대입하면

$\frac{-2x+1}{3}-\frac{x+1}{2}=8$

양변에 6을 곱하면

$2(-2x+1)-3(x+1)=48$

$-4x+2-3x-3=48$

$-7x=49$ $\therefore x=-7$

371
답 $y=-5$

1단계 a, b의 조건 구하기

$(5a-2)x^2+(3b-1)x+4=0$이 x에 대한 일차방정식이 되려면

$5a-2=0$, $3b-1\neq0$이어야 한다.

$\therefore a=\frac{2}{5}$, $b\neq\frac{1}{3}$ …… 20 %

2단계 b의 값 구하기

즉 $(3b-1)x+4=0$의 해가 $x=-2$이므로

$(3b-1)\times(-2)+4=0$, $-6b+2+4=0$

$-6b=-6$ $\therefore b=1$ …… 40 %

3단계 y의 계수가 a이고, 상수항이 $2b$인 y에 대한 일차방정식의 해 구하기

y의 계수가 $\frac{2}{5}$이고, 상수항이 2인 y에 대한 일차방정식은

$\frac{2}{5}y+2=0$이므로 $\frac{2}{5}y=-2$ $\therefore y=-5$ …… 40 %

372
답 5

1단계 등식 $4a+7b=-2a-5b$를 이항하여 정리하기

$4a+7b=-2a-5b$에서 $6a=-12b$ $\therefore a=-2b$ …… 20 %

2단계 주어진 일차방정식의 해 구하기

$x=\frac{3a+8b}{a-4b}$에 $a=-2b$를 대입하면

$x=\frac{3\times(-2b)+8b}{-2b-4b}=\frac{2b}{-6b}=-\frac{1}{3}$ …… 40 %

3단계 상수 k의 값 구하기

따라서 $4x+k(x+3)=12$의 해가 $x=-\frac{1}{3}$이므로

$-\frac{4}{3}+k\left(-\frac{1}{3}+3\right)=12$, $-\frac{4}{3}+\frac{8}{3}k=12$

양변에 3을 곱하면 $-4+8k=36$

$8k=40$ $\therefore k=5$ …… 40 %

Step 3 최상위권 굳히기를 위한 최고난도 유형
본교재 093~095쪽

373 33　374 $x=9$　375 $x=-2$　376 16

377 $\frac{26}{7}$　378 $x=-\frac{4}{5}$　379 ㄱ, ㄷ, ㄹ

380 7　381 $x=14$

382 (1) $p=-\frac{13}{12}$, $q=16$ (2) $p\neq-\frac{13}{12}$, $q=16$

창의 융합

383 10　384 (1) 20 (2) 2, 2

373
답 33

약분하면 $\frac{4}{7}$가 되는 분수를 $\frac{4x}{7x}$ (x는 자연수)라 하면

$\frac{4x+4}{7x+4x-5}=\frac{4}{7}$

$\frac{4x+4}{11x-5}=\frac{4}{7}$, $7(4x+4)=4(11x-5)$

$28x+28=44x-20$, $-16x=-48$ $\therefore x=3$

따라서 처음의 분수는 $\frac{a}{b}=\frac{4x}{7x}=\frac{4\times3}{7\times3}=\frac{12}{21}$이므로 $a=12$, $b=21$

$\therefore a+b=12+21=33$

374
답 $x=9$

$a+b+c=0$이므로 $b+c=-a$, $a+c=-b$, $a+b=-c$ …… ㉠

$ax\left(\frac{1}{b}-\frac{1}{c}\right)-bx\left(\frac{1}{c}+\frac{1}{a}\right)-cx\left(\frac{1}{a}-\frac{1}{b}\right)=9$에서

$\frac{a}{b}x-\frac{a}{c}x-\frac{b}{c}x-\frac{b}{a}x-\frac{c}{a}x+\frac{c}{b}x=9$

$-\left(\frac{b+c}{a}\right)x+\left(\frac{a+c}{b}\right)x-\left(\frac{a+b}{c}\right)x=9$

이 방정식에 ㉠을 대입하면 $-\left(\frac{-a}{a}\right)x+\left(\frac{-b}{b}\right)x-\left(\frac{-c}{c}\right)x=9$

$x-x+x=9 \quad \therefore x=9$

375

답 $x=-2$

$a:b:c=4:3:1$이므로

$a=4t,\ b=3t,\ c=t\ (t\neq 0)$라 하면

$m=\frac{3a+b+c}{2a-b+3c}=\frac{12t+3t+t}{8t-3t+3t}=\frac{16t}{8t}=2$

$n=\frac{a^2+b^2-c^2}{ab+bc}=\frac{16t^2+9t^2-t^2}{12t^2+3t^2}=\frac{24t^2}{15t^2}=\frac{8}{5}$

이때 $\frac{x+m}{3}+(n-1)x=-\frac{6}{5}$에

$m=2,\ n=\frac{8}{5}$을 대입하면

$\frac{x+2}{3}+\frac{3}{5}x=-\frac{6}{5}$

양변에 15를 곱하면

$5(x+2)+9x=-18$

$5x+10+9x=-18$

$14x=-28 \quad \therefore x=-2$

376

답 16

$5(x-2)+a=x+7$에서

$5x-10+a=x+7,\ 4x=17-a \quad \therefore x=\frac{17-a}{4}$

이때 $\frac{17-a}{4}$가 자연수가 되려면 $17-a$는 4의 배수이어야 한다.

$17-a=4,\ 8,\ 12,\ 16,\ 20,\ \cdots$이므로 $a=13,\ 9,\ 5,\ 1,\ -3,\ \cdots$

즉 구하는 자연수 a의 값은 1, 5, 9, 13이다.

$3:2=(7-b):(y-3)$에서 $3(y-3)=2(7-b)$

$3y-9=14-2b,\ 3y=23-2b \quad \therefore y=\frac{23-2b}{3}$

이때 $\frac{23-2b}{3}$가 자연수가 되려면 $23-2b$는 3의 배수이어야 한다.

$23-2b=3,\ 6,\ 9,\ 12,\ 15,\ 18,\ 21,\ 24,\ \cdots$이므로

$2b=20,\ 17,\ 14,\ 11,\ 8,\ 5,\ 2,\ -1,\ \cdots$

$\therefore b=10,\ \frac{17}{2},\ 7,\ \frac{11}{2},\ 4,\ \frac{5}{2},\ 1,\ -\frac{1}{2},\ \cdots$

즉 구하는 자연수 b의 값은 1, 4, 7, 10이다.

따라서 서로 다른 $(a,\ b)$의 개수는 $4\times 4=16$

377

답 $\frac{26}{7}$

(선분 PA의 길이)$=6-2x$

(선분 AQ의 길이)$=(4x+6)-6=4x$

선분 PA의 길이와 선분 AQ의 길이의 비가 $1:4$이므로

$(6-2x):4x=1:4,\ 4(6-2x)=4x$

$24-8x=4x,\ -12x=-24 \quad \therefore x=2$

(선분 PB의 길이)$=k-2x=k-2\times 2=k-4$

(선분 BQ의 길이)$=(4x+6)-k=(4\times 2+6)-k=14-k$

선분 PB의 길이와 선분 BQ의 길이의 비가 $4:3$이므로

$(k-4):(14-k)=4:3,\ 3(k-4)=4(14-k)$

$3k-12=56-4k,\ 7k=68 \quad \therefore k=\frac{68}{7}$

따라서 선분 AB의 길이는 $k-6=\frac{68}{7}-\frac{42}{7}=\frac{26}{7}$

378

답 $x=-\frac{4}{5}$

$1-\frac{1}{1+\frac{1}{x}}=1-\frac{1}{\frac{x+1}{x}}=1-\frac{x}{x+1}=\frac{1}{x+1}$

$1-\frac{1}{1-\frac{1}{x}}=1-\frac{1}{\frac{x-1}{x}}=1-\frac{x}{x-1}=-\frac{1}{x-1}$

따라서 주어진 방정식은 $\frac{5}{\frac{1}{x+1}}=\frac{1}{-\frac{1}{x-1}}+x$

$5(x+1)=-(x-1)+x$

$5x+5=-x+1+x,\ 5x=-4 \quad \therefore x=-\frac{4}{5}$

379

답 ㄱ, ㄷ, ㄹ

$0.4\left(2x-\frac{a}{3}+4\right)-\frac{2x-3}{5}=\frac{1}{5}$의 양변에 5를 곱하면

$2\left(2x-\frac{a}{3}+4\right)-(2x-3)=1,\ 4x-\frac{2}{3}a+8-2x+3=1$

$2x=\frac{2}{3}a-10 \quad \therefore x=\frac{a}{3}-5$

ㄱ. ㄴ. $\frac{a}{3}-5$가 음의 정수가 되게 하는 자연수 a의 값은

$a=3,\ 6,\ 9,\ 12$이므로 4개이고 그 합은 $3+6+9+12=30$

ㄷ. ㄹ. $\frac{a}{3}-5$가 음의 유리수가 되게 하는 자연수 a의 값은

$a=1,\ 2,\ 3,\ \cdots,\ 13,\ 14$이므로 14개이다.

이때 $x=\frac{a}{3}-5=\frac{a-15}{3}$에 $a=1,\ 2,\ 3,\ \cdots,\ 13,\ 14$를 대입하면

$x=-\frac{14}{3},\ -\frac{13}{3},\ -\frac{12}{3},\ \cdots,\ -\frac{2}{3},\ -\frac{1}{3}$이므로 그 합은

$\left(-\frac{14}{3}\right)+\left(-\frac{13}{3}\right)+\left(-\frac{12}{3}\right)+\cdots+\left(-\frac{2}{3}\right)+\left(-\frac{1}{3}\right)$

$=-\frac{1+2+3+\cdots+13+14}{3}=-35$

따라서 옳은 것은 ㄱ, ㄷ, ㄹ이다.

380

답 7

$2x-(a+1-x)=x+3$에서 $2x-a-1+x=x+3$

$2x=a+4 \quad \therefore x=\frac{a}{2}+2$

$\frac{-x+a}{5}+\frac{x-1}{3}=1$의 양변에 15를 곱하면

$3(-x+a)+5(x-1)=15,\ -3x+3a+5x-5=15$

$2x=20-3a \quad \therefore x=10-\frac{3}{2}a$

주어진 세 일차방정식의 해가 같으므로 $\frac{a}{2}+2=10-\frac{3}{2}a$

$2a=8 \quad \therefore a=4$

즉 세 일차방정식의 해가 $x=\frac{a}{2}+2=\frac{4}{2}+2=4$로 같으므로 $c=4$
$9-\{x-2(b+1)+a\}=5$에 $x=4$, $a=4$를 대입하면
$9-\{4-2(b+1)+4\}=5$
$9-(-2b+6)=5$, $2b=2$ $\quad\therefore b=1$
$\therefore a-b+c=4-1+4=7$

381

답 $x=14$

$\frac{a(x-1)}{3}-\frac{5-bx}{2}=\frac{7}{6}$의 양변에 6을 곱하면
$2a(x-1)-3(5-bx)=7$, $2ax-2a-15+3bx=7$
$\therefore (2a+3b)x=2a+22$ $\quad\cdots\cdots$ ㉠
진주는 a를 -5로 잘못 보고 풀어서 해가 $x=-12$가 나왔으므로
㉠에 $a=-5$, $x=-12$를 대입하면
$(-10+3b)\times(-12)=-10+22$
$120-36b=12$, $-36b=-108$ $\quad\therefore b=3$
수영이는 b를 2로 잘못 보고 풀어서 해가 $x=-7$이 나왔으므로
㉠에 $b=2$, $x=-7$을 대입하면
$(2a+6)\times(-7)=2a+22$
$-14a-42=2a+22$, $-16a=64$ $\quad\therefore a=-4$
따라서 ㉠에 $a=-4$, $b=3$을 대입하면
$(-8+9)x=-8+22$ $\quad\therefore x=14$

382

답 (1) $p=-\frac{13}{12}$, $q=16$ (2) $p\neq-\frac{13}{12}$, $q=16$

(1) $3\star(x-2)=3\times3(x-2)-(x-2)+5$
$=9x-18-x+2+5=8x-11$
$\{3\star(x-2)\}\star2=(8x-11)\star2$
$=3(8x-11)\times2-2+5$
$=48x-66-2+5=48x-63$
$(x+p)\star q=3(x+p)\times q-q+5=3qx+3pq-q+5$
즉 $\{3\star(x-2)\}\star2=(x+p)\star q$에서
$48x-63=3qx+3pq-q+5$ $\quad\cdots\cdots$ ㉠
㉠이 x에 대한 항등식이 되려면 $48=3q$, $-63=3pq-q+5$
$48=3q$에서 $q=16$
$-63=3pq-q+5$에 $q=16$을 대입하면
$-63=48p-16+5$, $-48p=52$ $\quad\therefore p=-\frac{13}{12}$
$\therefore p=-\frac{13}{12}$, $q=16$
(2) (1)의 ㉠을 만족하는 x의 값이 존재하지 않으려면
$48=3q$, $-63\neq3pq-q+5$
$\therefore p\neq-\frac{13}{12}$, $q=16$

창의 융합

383

답 10

(선분 PA의 길이)$=3-(5-3x)=3-5+3x=3x-2$
(선분 AQ의 길이)$=(5x-1)-3=5x-4$
이때 선분 PA의 길이와 선분 AQ의 길이의 비가 $2:3$이므로
$(3x-2):(5x-4)=2:3$
$3(3x-2)=2(5x-4)$, $9x-6=10x-8$
$-x=-2$ $\quad\therefore x=2$
$\therefore$ (선분 PQ의 길이)$=(5x-1)-(5-3x)$
$=5x-1-5+3x$
$=8x-6$
$=8\times2-6=10$

창의 융합

384

답 (1) 20 (2) 2, 2

(1) 왼쪽 윗접시저울에서 $a+2b=2a+c$ $\quad\cdots\cdots$ ㉠
오른쪽 윗접시저울에서 $3a+c=3b$ $\quad\cdots\cdots$ ㉡
㉠의 양변에 a를 더하면 $a+2b+a=2a+c+a$
$\therefore 2a+2b=3a+c$
즉 $2a+2b=3a+c=3b$ ($\because$ ㉡)이므로 $2a+2b=3b$
$2a=b$ $\quad\therefore b=\boxed{2}a$ $\quad\cdots\cdots$ ㉢
㉠에 $b=2a$를 대입하면
$a+2\times2a=2a+c$ $\quad\therefore 2a+c=\boxed{5}a$
$b=2a$의 양변에 c를 더하면 $b+c=2a+c$
즉 $b+c=2a+c=a+2b$ ($\because$ ㉠)이므로
$b+c=a+\boxed{2}b$
따라서 □ 안에 알맞은 수의 곱은 $2\times5\times2=20$
(2) ㉡에서 $3a+c=3b$이고 ㉢에서 $b=2a$이므로
$3a+c=3\times2a$ $\quad\therefore c=3a$
윗접시저울의 오른쪽 접시의 무게가 $10a$ g이므로
$10a$를 $2a$와 $3a$의 합으로 나타내면
$10a=2a+2a+3a+3a$
$=b+b+c+c$
$=2b+2c$
따라서 왼쪽 접시에 올려야 하는 ●의 개수는 2, ★의 개수는 2이다.

07 일차방정식의 활용

Step 1 교과서를 정복하는 핵심 유형

본교재 097~100쪽

385 69	386 ②	387 72	388 25명	389 13
390 10200원		391 15마리	392 60 kg	393 8개
394 ③	395 18분 후		396 $\frac{3}{2}$ km	
397 120 m, 초속 26 m		398 8 km	399 30 g	400 ①
401 150 g	402 3시간	403 17일	404 144분	405 6
406 27개	407 28	408 12시 $\frac{360}{11}$분		

핵심 01 수, 개수에 대한 문제

385 답 69

어떤 수를 x라 하면

$4(x+5)=(5x+4)+3$

$4x+20=5x+7,\ -x=-13 \qquad \therefore x=13$

따라서 어떤 수는 13이므로 구하려고 했던 수는

$5x+4=5\times13+4=69$

386 답 ②

연속하는 세 짝수를 $x-2,\ x,\ x+2$라 하면

$3(x+2)=(x-2)+x+34$

$3x+6=2x+32 \qquad \therefore x=26$

따라서 연속하는 세 짝수는 24, 26, 28이므로 가장 큰 수는 28이다.

387 답 72

처음 수의 십의 자리의 숫자를 x라 하면

일의 자리의 숫자는 $9-x$이므로

$10(9-x)+x=10x+(9-x)-45$

$90-9x=9x-36,\ -18x=-126 \qquad \therefore x=7$

따라서 처음 수는 72이다.

388 답 25명

큰 스님을 x명이라 하면 작은 스님은 $(100-x)$명이므로

$3x+\frac{1}{3}(100-x)=100$

양변에 3을 곱하면 $9x+100-x=300$

$8x=200 \qquad \therefore x=25$

따라서 큰 스님은 25명이다.

389 답 13

작은 수를 x라 하면 큰 수는 $50-x$이다.

작은 수 뒤에 0을 하나 더 붙이면 원래 수 x의 10배가 되고 큰 수보다 93 만큼 큰 수가 되므로

$10x-(50-x)=93$

$11x=143 \qquad \therefore x=13$

따라서 작은 수는 13이다.

핵심 02 비율, 증가와 감소, 원가와 정가에 대한 문제

390 답 10200원

상품의 원가를 x원이라 하면

(정가)$=\left(1+\frac{30}{100}\right)x=\frac{13}{10}x$(원), (판매 가격)$=\frac{13}{10}x-1500$(원)

이때 (판매 가격)$-$(원가)$=$(이익)이므로 $\left(\frac{13}{10}x-1500\right)-x=1200$

$\frac{3}{10}x=2700 \qquad \therefore x=9000$

따라서 상품의 원가는 9000원이므로 판매 가격은

$9000+1200=10200$(원)

391 답 15마리

처음에 있던 벌이 모두 x마리라 하면

$\frac{1}{5}x+\frac{1}{3}x+3\left(\frac{1}{3}x-\frac{1}{5}x\right)+1=x$

$\frac{1}{5}x+\frac{1}{3}x+x-\frac{3}{5}x+1=x$

양변에 15를 곱하면 $3x+5x+15x-9x+15=15x$

$-x=-15 \qquad \therefore x=15$

따라서 처음에 있던 벌은 모두 15마리이다.

392 답 60 kg

지난달 동생의 몸무게를 x kg이라 하면

형의 몸무게는 $(x+15)$ kg이므로

현재 형의 몸무게는 $\left(1-\frac{4}{100}\right)\times(x+15)=\frac{96}{100}(x+15)$(kg)이고

동생의 몸무게는 $\left(1+\frac{5}{100}\right)x=\frac{105}{100}x$(kg)

현재 형과 동생의 몸무게의 합이 135 kg이므로

$\frac{96}{100}(x+15)+\frac{105}{100}x=135$

양변에 100을 곱하면 $96x+1440+105x=13500$

$201x=12060 \qquad \therefore x=60$

따라서 지난달 동생의 몸무게는 60 kg이다.

핵심 03 과부족에 대한 문제

393 답 8개

식탁의 개수를 x라 하면

4명씩 앉을 때의 손님의 수는 $4x+6$

6명씩 앉을 때의 손님의 수는 $6(x-2)+2$

이때 손님의 수는 같으므로 $4x+6=6(x-2)+2$

$4x+6=6x-10,\ -2x=-16 \qquad \therefore x=8$

따라서 이 식당의 식탁은 모두 8개이다.

394 답 ③

말이 x마리 있다고 하면

5개씩 나누어 줄 때의 당근의 수는 $5x+6$

8개씩 나누어 줄 때의 당근의 수는 $8x-9$

이때 당근의 수는 같으므로 $5x+6=8x-9$

$-3x=-15$ $\quad\therefore x=5$

따라서 말은 5마리이고 당근은 $5\times5+6=31$(개)이므로 5마리의 말에게 당근을 6개씩 나누어 주면 당근 $31-5\times6=1$(개)가 남는다.

핵심 04 거리, 속력, 시간에 대한 문제

395 ······ 답 18분 후

B가 출발한 지 x분 후에 처음으로 A를 만난다고 하면 B가 x분 동안 걸은 거리와 A가 $(10+x)$분 동안 걸은 거리의 합이 호수의 둘레의 길이와 같으므로

$90(10+x)+60x=3600$, $900+90x+60x=3600$

$150x=2700$ $\quad\therefore x=18$

따라서 B가 출발한 지 18분 후에 처음으로 A를 만난다.

396 ······ 답 $\frac{3}{2}$ km

집에서 약속 장소까지의 거리를 x km라 하면

시속 3 km로 가는 것과 시속 6 km로 가는 것의 시간 차이가

$10+5=15$(분), 즉 $\frac{15}{60}=\frac{1}{4}$(시간)이므로 $\frac{x}{3}-\frac{x}{6}=\frac{1}{4}$

양변에 12를 곱하면 $4x-2x=3$, $2x=3$ $\quad\therefore x=\frac{3}{2}$

따라서 집에서 약속 장소까지의 거리는 $\frac{3}{2}$ km이다.

397 ······ 답 120 m, 초속 26 m

기차의 길이를 x m라 하면 이 기차가 길이가 530 m인 다리를 완전히 통과할 때 이동한 거리는 $(530+x)$ m, 길이가 790 m인 다리를 완전히 통과할 때 이동한 거리는 $(790+x)$ m이다.

이때 기차의 속력이 일정하므로 $\frac{530+x}{25}=\frac{790+x}{35}$

양변에 175를 곱하면 $7(530+x)=5(790+x)$

$3710+7x=3950+5x$, $2x=240$ $\quad\therefore x=120$

따라서 기차의 길이는 120 m이므로

이 기차의 속력은 초속 $\frac{530+120}{25}=26$(m)

398 ······ 답 8 km

강물은 A섬에서 B섬을 향하여 흐르므로

(A섬에서 B섬으로 갈 때의 여객선의 속력)

=(정지한 물에서의 여객선의 속력)+(강물의 속력)

$=6+2=8$(km/시)

(B섬에서 A섬으로 갈 때의 여객선의 속력)

=(정지한 물에서의 여객선의 속력)−(강물의 속력)

$=6-2=4$(km/시)

두 섬 A, B 사이의 거리를 x km라 하면 $\frac{x}{8}+\frac{x}{4}=3$

양변에 8을 곱하면 $x+2x=24$

$3x=24$ $\quad\therefore x=8$

따라서 두 섬 A, B 사이의 거리는 8 km이다.

핵심 05 농도에 대한 문제

399 ······ 답 30 g

10 %의 소금물 240 g에 들어 있는 소금의 양은 $\frac{10}{100}\times240=24$(g)

다시 20 %의 소금물을 만들기 위해 소금 x g을 더 넣는다고 하면

$24+x=\frac{20}{100}\times(240+x)$

양변에 100을 곱하면 $2400+100x=4800+20x$

$80x=2400$ $\quad\therefore x=30$

따라서 소금을 30 g 더 넣어야 한다.

400 ······ 답 ①

처음 소금물의 농도를 x %라 하면

나중 소금물의 양은 $400+70+30=500$(g)이고, 농도는 $2x$ %이므로

$\frac{x}{100}\times400+30=\frac{2x}{100}\times500$

$4x+30=10x$, $-6x=-30$ $\quad\therefore x=5$

따라서 처음 소금물의 농도는 5 %이다.

401 ······ 답 150 g

증발시킨 물의 양을 x g이라 하면

12 %의 소금물의 양은 $200+300-x=500-x$(g)이므로

$\frac{6}{100}\times200+\frac{10}{100}\times300=\frac{12}{100}\times(500-x)$

양변에 100을 곱하면 $1200+3000=6000-12x$

$12x=1800$ $\quad\therefore x=150$

따라서 증발시킨 물의 양은 150 g이다.

핵심 06 일에 대한 문제

402 ······ 답 3시간

장난감을 완성하는 데 조립하는 양을 1이라 하면

재범, 연주, 선우가 1시간에 조립하는 양은 각각 $\frac{1}{8}$, $\frac{1}{6}$, $\frac{1}{12}$이다.

연주와 선우가 함께 조립한 시간을 x시간이라 하면

$\frac{1}{8}\times2+\left(\frac{1}{6}+\frac{1}{12}\right)\times x=1$, $\frac{1}{4}+\frac{1}{4}x=1$

양변에 4를 곱하면 $1+x=4$ $\quad\therefore x=3$

따라서 연주와 선우가 함께 장난감을 조립한 시간은 3시간이다.

403 ······ 답 17일

벽화를 완성하는 데 그리는 양을 1이라 하면

동민이와 유선이가 하루에 그리는 양은 각각 $\frac{1}{20}$, $\frac{1}{25}$이다.

두 사람이 함께 벽화를 그린 날을 x일이라 하면

$\frac{1}{20}\times7+\left(\frac{1}{20}+\frac{1}{25}\right)\times x+\frac{1}{25}\times5=1$

$\frac{7}{20}+\frac{9}{100}x+\frac{1}{5}=1$

양변에 100을 곱하면 $35+9x+20=100$, $9x=45$ $\quad\therefore x=5$

따라서 두 사람이 함께 벽화를 그린 날은 5일이므로 벽화를 완성하는 데 모두 $7+5+5=17$(일)이 걸렸다.

404 답 144분

수영장을 가득 채운 물의 양을 1이라 하면

A 수도관과 B 수도관은 각각 한 시간에 $\frac{1}{5}$, $\frac{1}{8}$만큼의 물을 채운다.

이때 A 수도관만 사용한 시간을 x시간이라 하면 두 수도관을 함께 사용한 시간은 $(4-x)$시간이므로

$\frac{1}{5}x+\left(\frac{1}{5}+\frac{1}{8}\right)\times(4-x)=1$

$\frac{1}{5}x+\frac{13}{40}(4-x)=1$

양변에 40을 곱하면 $8x+13(4-x)=40$

$8x+52-13x=40$, $-5x=-12$ $\quad\therefore x=\frac{12}{5}$

따라서 A 수도관만 사용한 시간은 $\frac{12}{5}$시간, 즉 $\frac{12}{5}\times60=144$(분)이다.

발전 07 도형, 규칙성, 시계에 대한 문제

405 답 6

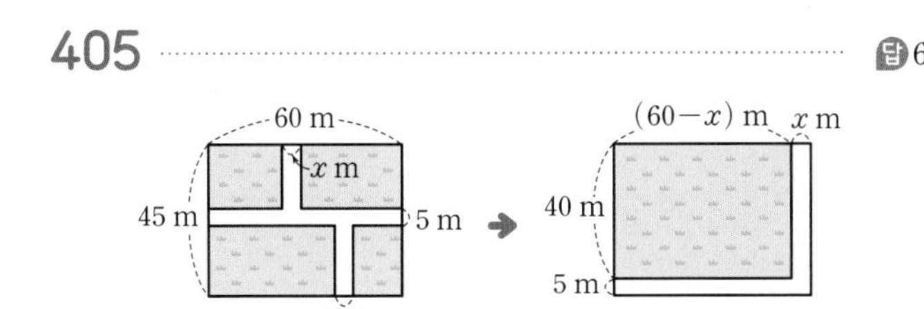

길을 제외한 땅의 넓이가 위의 그림과 같이 가로의 길이가 $(60-x)$ m, 세로의 길이가 40 m인 직사각형의 넓이와 같으므로

$(60-x)\times40=60\times45\times\frac{80}{100}$

$2400-40x=2160$, $-40x=-240$ $\quad\therefore x=6$

406 답 27개

처음 정육각형을 만드는 데 사용된 성냥개비가 6개이고, 정육각형을 1개씩 추가할 때마다 사용되는 성냥개비가 5개씩 늘어나므로 n개의 정육각형을 만드는 데 사용되는 성냥개비의 개수는

$6+5\times(n-1)=5n+1$

$5n+1=136$에서 $5n=135$ $\quad\therefore n=27$

따라서 136개의 성냥개비를 모두 사용하여 만들 수 있는 정육각형은 모두 27개이다.

407 답 28

묶인 수 중 가장 작은 수를 x라 하면 묶인 수들은 오른쪽과 같으므로

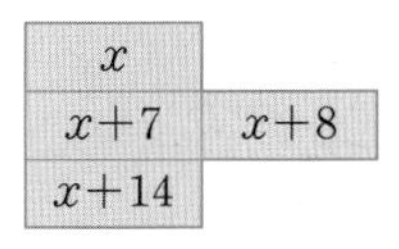

$x+(x+7)+(x+8)+(x+14)=85$

$4x+29=85$, $4x=56$ $\quad\therefore x=14$

따라서 구하는 가장 큰 수는 $14+14=28$

408 답 12시 $\frac{360}{11}$분

오른쪽 그림과 같이 12시 x분에 분침과 시침이 서로 반대 방향으로 일직선을 이룬다고 하면 x분 동안 분침과 시침이 움직인 각도는 각각 $6x°$, $0.5x°$이므로 $6x-0.5x=180$

$5.5x=180$, $55x=1800$

$\therefore x=\frac{360}{11}$

따라서 구하는 시각은 12시 $\frac{360}{11}$분이다.

Step 2 실전문제 체화를 위한 심화 유형

본교재 103~107쪽

409 43세 410 3마리 411 542 412 308명 413 ④
414 20 415 20000원 416 54개
417 300개 418 ③ 419 117명 420 500원이 부족하다.
421 3번 422 ③ 423 7 km 424 180 m
425 39분 후 426 오전 11시 40분 427 5 g
428 45 g 429 120 g 430 4시간 431 ⑤
432 3시간 433 20 cm 434 1시 20분
435 40 436 332 437 360 cm²

유형 01 수, 개수에 대한 문제

409 답 43세

(가)에서 동생의 나이를 x세라 하면 어머니의 나이는 $(4x+6)$세이므로

$4x+6=38$, $4x=32$ $\quad\therefore x=8$

즉 동생의 나이는 8세이다.

(나)에서 지애의 나이는 $\frac{7}{4}x$세이므로

$\frac{7}{4}x$에 $x=8$을 대입하면 $\frac{7}{4}\times8=14$

즉 지애의 나이는 14세이다.

(다)에서 올해 아버지의 나이를 y세라 하면

$y+15=2\times(14+15)$, $y+15=58$ $\quad\therefore y=43$

따라서 올해 아버지의 나이는 43세이다.

410 답 3마리

처음에 있던 참새를 x마리라 하면 두 마리가 더 날아왔으므로 $(x+2)$마리이고, 그것의 다섯 배인 $5(x+2)$마리가 더 날아왔다.

이때 열 마리의 참새가 돌아가고 스무 마리가 남았으므로

$(x+2)+5(x+2)-10=20$

$x+2+5x+10-10=20$, $6x=18$ $\quad\therefore x=3$

따라서 처음에 있던 참새는 모두 3마리이다.

411
답 542

처음 수의 일의 자리의 숫자를 x라 하면
백의 자리의 숫자는 $2x+1$이므로 처음 수는
$100(2x+1)+4\times10+x=200x+100+40+x=201x+140$
백의 자리의 숫자와 십의 자리의 숫자를 바꾼 수는
$4\times100+10(2x+1)+x=400+20x+10+x=21x+410$
이때 바꾼 수는 처음 수보다 90만큼 작으므로
$21x+410=201x+140-90$, $-180x=-360$ $\therefore x=2$
따라서 처음 수의 일의 자리의 숫자는 2, 백의 자리의 숫자는
$2\times2+1=5$이므로 처음 수는 542이다.

유형 02 비율, 증가와 감소, 원가와 정가에 대한 문제

412
답 308명

합격한 남자 지원자와 여자 지원자는 각각
$176\times\frac{5}{5+3}=110$(명), $176\times\frac{3}{5+3}=66$(명)
불합격한 남자 지원자와 여자 지원자 수를 각각 x명이라 하면
전체 남자 지원자와 여자 지원자 수는 각각 $110+x$, $66+x$이므로
$(110+x):(66+x)=4:3$
$3(110+x)=4(66+x)$, $330+3x=264+4x$ $\therefore x=66$
따라서 남자 지원자는 $110+66=176$(명),
여자 지원자는 $66+66=132$(명)이므로
전체 입사 지원자는 $176+132=308$(명)

413
답 ④

작년 남학생 수가 350이므로
올해 남학생 수는 $350\times\left(1+\frac{18}{100}\right)=350\times\frac{118}{100}=413$
작년 여학생 수가 $650-350=300$이었으므로
올해 여학생 수는 $300\times\left(1-\frac{8}{100}\right)=300\times\frac{92}{100}=276$
올해 전체 학생 수는 $413+276=689$이고
작년에 비하여 x % 증가하였다고 하면 $689=650\times\left(1+\frac{x}{100}\right)$
$689=650+\frac{13}{2}x$, $-\frac{13}{2}x=-39$ $\therefore x=6$
따라서 올해 전체 학생 수는 작년에 비하여 6 % 증가하였다.

414
답 20

9000원에서 x % 할인한 금액은 $9000\left(1-\frac{x}{100}\right)$원
이 금액의 10 %를 봉사료로 부과한 금액은
$9000\left(1-\frac{x}{100}\right)\left(1+\frac{10}{100}\right)=9900\left(1-\frac{x}{100}\right)$원
9000원에서 $0.4x$ % 할인한 금액은
$9000\left(1-\frac{0.4x}{100}\right)=9000\left(1-\frac{4x}{1000}\right)=9000\left(1-\frac{x}{250}\right)$(원)
이 금액은 기존 금액보다 360원 더 많으므로
$9000\left(1-\frac{x}{250}\right)=9900\left(1-\frac{x}{100}\right)+360$
$9000-36x=9900-99x+360$, $63x=1260$ $\therefore x=20$

415
답 20000원

상품의 표시 가격을 x원이라 하면
A가 받은 수수료는 $(x-100000)\times\frac{5}{100}=\frac{1}{20}(x-100000)$(원)
B가 받은 수수료는 $(x-300000)\times\frac{10}{100}=\frac{1}{10}(x-300000)$(원)
이때 두 사람이 받은 수수료가 같으므로
$\frac{1}{20}(x-100000)=\frac{1}{10}(x-300000)$
양변에 20을 곱하면 $x-100000=2(x-300000)$
$x-100000=2x-600000$ $\therefore x=500000$
따라서 상품의 표시 가격은 500000원이므로 A가 받은 수수료는
$(x-100000)\times\frac{1}{20}=(500000-100000)\times\frac{1}{20}=20000$(원)

416
답 54개

어머니가 세 개의 고개를 넘기 전에 가지고 있던 떡의 개수를 x라 하면
첫 번째 고개에서 호랑이에게 준 떡의 개수는 $\frac{1}{2}x+1$
이때 남은 떡의 개수는 $x-\left(\frac{1}{2}x+1\right)=\frac{1}{2}x-1$
두 번째 고개에서 호랑이에게 준 떡의 개수는
$\frac{1}{2}\left(\frac{1}{2}x-1\right)+1=\frac{1}{4}x+\frac{1}{2}$
이때 남은 떡의 개수는 $\frac{1}{2}x-1-\left(\frac{1}{4}x+\frac{1}{2}\right)=\frac{1}{4}x-\frac{3}{2}$
세 번째 고개에서 호랑이에게 준 떡의 개수는
$\frac{1}{2}\left(\frac{1}{4}x-\frac{3}{2}\right)+2=\frac{1}{8}x+\frac{5}{4}$
이때 남은 떡이 4개이므로
$\left(\frac{1}{2}x+1\right)+\left(\frac{1}{4}x+\frac{1}{2}\right)+\left(\frac{1}{8}x+\frac{5}{4}\right)+4=x$
양변에 8을 곱하면 $4x+8+2x+4+x+10+32=8x$
$-x=-54$ $\therefore x=54$
따라서 어머니가 세 개의 고개를 넘기 전에 가지고 있던 떡은 54개이다.

참고 남은 떡이 4개이므로 $\frac{1}{4}x-\frac{3}{2}-\left(\frac{1}{8}x+\frac{5}{4}\right)=4$를 이용하여 x의 값을 구할 수도 있다.

417
답 300개

마트 주인이 사온 사과의 개수를 x라 하면
사온 전체 사과의 가격은 $\frac{2000}{3}x$원이다.
첫째 날 사과의 총 판매 금액은
$\frac{1}{2}\times\frac{2000}{3}x\times\left(1+\frac{80}{100}\right)=\frac{1}{2}\times\frac{2000}{3}x\times\frac{9}{5}=600x$(원)
둘째 날 사과의 총 판매 금액은
$\frac{1}{4}\times\frac{2000}{3}x\times\left(1+\frac{60}{100}\right)=\frac{1}{4}\times\frac{2000}{3}x\times\frac{8}{5}=\frac{800}{3}x$(원)
셋째 날 사과의 총 판매 금액은
$\left(\frac{1}{2}-\frac{1}{4}\right)\times\frac{2000}{3}x\times\left(1+\frac{40}{100}\right)=\frac{1}{4}\times\frac{2000}{3}x\times\frac{7}{5}=\frac{700}{3}x$(원)

이때 총 130000원의 이익을 얻었으므로

$600x+\frac{800}{3}x+\frac{700}{3}x-\frac{2000}{3}x=130000$

$600x-\frac{500}{3}x=130000$

양변에 3을 곱하면 $1800x-500x=390000$

$1300x=390000 \qquad \therefore x=300$

따라서 마트 주인이 사온 사과는 300개이다.

418

답 ③

전송 비율만 비교하면 되므로 파일 1개의 용량과 파일 3개의 전체 용량을 똑같이 1이라 하자.

파일 3개 전체를 내려받는 데 걸리는 시간은 9분이므로 1분 동안의 전체 파일의 전송량은 $\frac{1}{9}$이고, 파일 1개를 내려받는 데 걸리는 시간은 3분이므로 현재 내려받는 파일에 대하여 1분 동안의 파일의 전송량은 $\frac{1}{3}$이다.

(i) 첫 번째 파일을 내려받을 때, 두 그래프의 길이가 같아진다고 하면

$\frac{1}{9}t=\frac{1}{3}t$이므로 $t=0$

(ii) 두 번째 파일을 내려받을 때, 두 그래프의 길이가 같아진다고 하면 현재 내려받는 파일의 전송 비율에서는 $(t-3)$분 동안의 전송 비율이 나타나므로 $\frac{1}{9}t=\frac{1}{3}(t-3)$

양변에 9를 곱하면 $t=3t-9$

$-2t=-9 \qquad \therefore t=4.5$

(iii) 세 번째 파일을 내려받을 때, 두 그래프의 길이가 같아진다고 하면 현재 내려받는 파일의 전송 비율에서는 $(t-6)$분 동안의 전송 비율이 나타나므로 $\frac{1}{9}t=\frac{1}{3}(t-6)$

양변에 9를 곱하면 $t=3t-18$

$-2t=-18 \qquad \therefore t=9$

(i)~(iii)에서 $0<t<9$이므로 가능한 t의 값은 4.5이다.

참고 첫 번째 파일 다운로드시 시작 지점에서만 같고, 세 번째 파일 다운로드시 다운로드 완료 지점에서만 같기 때문에 문제 조건을 만족하는 것은 두 번째 파일 다운로드 중 발생한다.

유형 03 과부족에 대한 문제

419

답 117명

긴 의자의 개수를 x라 하면

한 의자에 6명씩 앉을 때의 학생 수는 $6x+9$

한 의자에 8명씩 앉을 때의 학생 수는 $8(x-4)+5$

이때 학생 수는 같으므로 $6x+9=8(x-4)+5$

$6x+9=8x-27,\ -2x=-36 \qquad \therefore x=18$

따라서 긴 의자의 개수는 18이므로 강당에 있는 학생은

$6\times18+9=117$(명)

420

답 500원이 부족하다.

지영이네 반 학생 수를 x라 하면

1500원씩 걷을 때의 선물의 가격은 $(1500x+2900)$원

1700원씩 걷을 때의 선물의 가격은 $(1700x-1900)$원

이때 선물의 가격은 같으므로 $1500x+2900=1700x-1900$

$-200x=-4800 \qquad \therefore x=24$

즉 지영이네 반 학생 수는 24이므로

선물의 가격은 $1500\times24+2900=38900$(원)

따라서 24명에게 1600원씩 걷으면 $24\times1600=38400$(원)이므로

$38900-38400=500$(원)이 부족하다.

유형 04 거리, 속력, 시간에 대한 문제

421

답 3번

출발한 지 x초 후에 윤호와 지은이가 처음으로 만난다고 하면

(윤호가 달린 거리)−(지은이가 달린 거리)=(트랙의 둘레의 길이)이므로

$7x-3x=400,\ 4x=400 \qquad \therefore x=100$

즉 100초마다 윤호가 지은이를 추월하게 된다.

이때 6분은 360초이고 $360=100\times3+60$이므로 6분 동안 윤호가 지은이를 3번 추월하게 된다.

422

답 ③

정지한 물에서 배의 속력을 시속 x km라 하면

상류 쪽으로 올라갈 때의 배의 속력은 시속 $(x-4)$ km,

하류 쪽으로 내려갈 때의 배의 속력은 시속 $(x+4)$ km이므로

$\frac{12}{x-4}=\frac{20}{x+4}$

$12(x+4)=20(x-4),\ 12x+48=20x-80$

$-8x=-128 \qquad \therefore x=16$

따라서 정지한 물에서 배의 속력은 시속 16 km이다.

423

답 7 km

같은 길을 올 때는 시속 6 km의 속력으로 일정하게 달려서

1시간 50분, 즉 $1\frac{50}{60}=\frac{11}{6}$(시간)이 걸렸으므로

(집과 공원 사이의 거리)$=6\times\frac{11}{6}=11$(km)

집에서 공원까지 갈 때 시속 10 km로 달린 거리를 x km라 하면

시속 5 km로 달린 거리는 $(11-x)$ km이다. 이때

(시속 10 km로 달린 시간)+(시속 5 km로 달린 시간)=(1시간 30분)

이고 1시간 30분은 $1\frac{1}{2}=\frac{3}{2}$(시간)이므로 $\frac{x}{10}+\frac{11-x}{5}=\frac{3}{2}$

양변에 10을 곱하면 $x+2(11-x)=15$

$x+22-2x=15 \qquad \therefore x=7$

따라서 지수가 시속 10 km의 속력으로 달린 거리는 7 km이다.

424

답 180 m

기차 A의 길이를 x m라 하면

기차 A의 속력은 초속 $\frac{600+x}{20}$ m이다.

두 열차가 서로 반대 방향으로 달려서 완전히 지나치려면 두 열차가 5초 동안 달린 거리의 합이 두 열차의 길이의 합과 같아야 하므로

$\frac{600+x}{20}\times5+16\times5=x+95,\ \frac{600+x}{4}+80=x+95$

양변에 4를 곱하면 $600+x+320=4x+380$
$-3x=-540$ $\therefore x=180$
따라서 기차 A의 길이는 180 m이다.

425 — 답 39분 후

가영이가 집에서 출발하여 $2400\times\frac{1}{4}=600(\mathrm{m})$를 이동하는 데 걸린 시간은 $\frac{600}{60}=10$(분)이다.
즉 가영이가 수현이네 집까지 거리의 $\frac{1}{4}$이 되는 A 지점까지 왔다가 집으로 다시 돌아가 5분 동안 물건을 찾고 다시 출발할 때까지 걸린 시간은 $10\times2+5=25$(분)이다.
가영이가 집에서 다시 출발한 지 x분 후에 두 사람이 만난다고 하면 수현이는 두 사람이 만날 때까지 $(x+25)$분 동안 이동하였고 두 사람이 이동한 거리의 합이 2400 m이므로 $60x+40(x+25)=2400$
$60x+40x+1000=2400$
$100x=1400$ $\therefore x=14$
따라서 두 사람은 처음 출발한 지 $14+25=39$(분) 후에 만나게 된다.

426 — 답 오전 11시 40분

진주와 민영이가 걷는 속력을 각각 분속 $3k$ m, 분속 $2k$ m라 하자.
둘레의 길이가 3 km, 즉 3000 m인 호수의 둘레를 서로 반대 방향으로 걸어서 25분 만에 처음으로 만났으므로 두 사람이 25분 동안 걸은 거리의 합이 3000 m이다.
$3k\times25+2k\times25=3000$
$75k+50k=3000$, $125k=3000$ $\therefore k=24$
즉 진주와 민영이가 걷는 속력은 각각
분속 $3\times24=72(\mathrm{m})$, 분속 $2\times24=48(\mathrm{m})$이다.
두 사람이 휴식을 취한 지점에서 같은 방향으로 동시에 출발한 후 다시 처음으로 만날 때까지 걸린 시간을 x분이라 하면 두 사람이 x분 동안 걸은 거리의 차가 3000 m이므로
$72x-48x=3000$, $24x=3000$ $\therefore x=125$
두 사람이 오전 9시 25분에 처음으로 만났고 만난 지점에서 10분 동안 휴식을 취한 후 출발했으므로 다시 동시에 출발한 시각은 오전 9시 35분이다.
따라서 두 사람이 다시 처음으로 만나는 시각은 오전 9시 35분에서 125분, 즉 2시간 5분 후인 오전 11시 40분이다.

유형 05 농도에 대한 문제

427 — 답 5 g

덜어 낸 소금물의 양을 x g이라 하면
$\frac{8}{100}\times(300-x)+\frac{5}{100}\times(400-300)=\frac{6}{100}\times400$
양변에 100을 곱하면
$2400-8x+500=2400$, $-8x=-500$ $\therefore x=\frac{125}{2}$
따라서 덜어 낸 소금물의 양이 $\frac{125}{2}$ g이고, 이 소금물의 농도가 8 %이므로 덜어 낸 소금물에 들어 있는 소금의 양은 $\frac{8}{100}\times\frac{125}{2}=5(\mathrm{g})$

428 — 답 45 g

8 %의 소금물과 더 넣은 물의 양을 각각 $5x$ g, $3x$ g $(x>0)$이라 하면
(6 %의 소금물의 양)$=120-5x-3x=120-8x(\mathrm{g})$이므로
$\frac{6}{100}\times(120-8x)+\frac{8}{100}\times5x=\frac{5}{100}\times120$
양변에 100을 곱하면
$720-48x+40x=600$, $-8x=-120$ $\therefore x=15$
따라서 더 넣은 물의 양은 $3\times15=45(\mathrm{g})$

429 — 답 120 g

A, B 두 그릇에서 각각 소금물 x g을 덜어 내어 서로 바꾸어 넣었다고 하면
A 그릇에 들어 있는 소금물의 농도는
$\dfrac{\frac{20}{100}\times(200-x)+\frac{12}{100}\times x}{200}\times100=\frac{4000-8x}{200}(\%)$
B 그릇에 들어 있는 소금물의 농도는
$\dfrac{\frac{12}{100}\times(300-x)+\frac{20}{100}\times x}{300}\times100=\frac{3600+8x}{300}(\%)$
이때 두 소금물의 농도가 같으므로 $\frac{4000-8x}{200}=\frac{3600+8x}{300}$
양변에 600을 곱하면
$3(4000-8x)=2(3600+8x)$
$12000-24x=7200+16x$
$-40x=-4800$ $\therefore x=120$
따라서 두 그릇에서 각각 덜어 낸 소금물의 양은 120 g이다.

유형 06 일에 대한 문제

430 — 답 4시간

물통에 가득 찬 물의 양을 1이라 하면 A, B 두 호스로 1시간 동안 채울 수 있는 물의 양은 각각 $\frac{1}{6}$, $\frac{1}{3}$이고, C 호스로 1시간 동안 빼낼 수 있는 물의 양은 $\frac{1}{4}$이다.
물통에 물을 가득 채우는 데 걸리는 시간을 x시간이라 하면
$\left(\frac{1}{6}+\frac{1}{3}-\frac{1}{4}\right)\times x=1$, $\frac{1}{4}x=1$ $\therefore x=4$
따라서 물통에 물을 가득 채우는 데 걸리는 시간은 4시간이다.

431 — 답 ⑤

주인은 직원보다 5분 동안 35개의 빵을 더 만들 수 있으므로 1분 동안 7개의 빵을 더 만들 수 있다.
직원이 1분 동안 만들 수 있는 빵의 개수를 x라 하면 주인이 1분 동안 만들 수 있는 빵의 개수는 $(x+7)$이다.
이때 주인이 30분 동안 만든 빵의 개수는 $30(x+7)$, 직원이 50분 동안 만든 빵의 개수는 $50x$이므로
$50x=\frac{1}{2}\times30(x+7)$, $50x=15x+105$, $35x=105$ $\therefore x=3$
따라서 두 사람이 만든 빵의 개수의 차는
$30\times(3+7)-50\times3=300-150=150$(개)

432 ······ 답 3시간

전체 일의 양을 1이라 하면 지연이와 인수가 혼자 일할 때 1시간 동안 하는 일의 양은 각각 $\frac{1}{9}$, $\frac{1}{6}$이다.

또 두 사람이 함께 일할 때 지연이와 인수가 1시간 동안 하는 일의 양은 각각 $\frac{3}{5}\times\frac{1}{9}=\frac{1}{15}$, $\frac{3}{5}\times\frac{1}{6}=\frac{1}{10}$이다.

인수가 혼자 일하는 시간을 x시간이라 하면

$\left(\frac{1}{15}+\frac{1}{10}\right)\times3+\frac{1}{6}x=1$

$\frac{1}{5}+\frac{3}{10}+\frac{1}{6}x=1$

양변에 30을 곱하면 $6+9+5x=30$

$5x=15$ $\quad\therefore x=3$

따라서 인수가 혼자서 일하는 시간은 3시간이다.

433 ······ 답 20 cm

처음 양초 A의 길이를 x cm라 하면 처음 양초 B의 길이는 $(x+7)$ cm이다.

두 양초에 불을 붙이면 1분 동안 양초 A, B는 각각

$\frac{1}{50}x$ cm, $\frac{1}{30}(x+7)$ cm 줄어든다.

불을 붙이고 14분 후에 양초 A의 남은 길이는

$x-\frac{1}{50}x\times14=\frac{18}{25}x(\text{cm})$

양초 B의 남은 길이는

$(x+7)-\frac{1}{30}(x+7)\times14=\frac{8}{15}(x+7)(\text{cm})$

이때 두 양초의 남은 길이가 같으므로

$\frac{18}{25}x=\frac{8}{15}(x+7)$

양변에 75를 곱하면 $54x=40(x+7)$

$54x=40x+280$, $14x=280$ $\quad\therefore x=20$

따라서 처음 양초 A의 길이는 20 cm이다.

유형 07 도형, 규칙성, 시계에 대한 문제

434 ······ 답 1시 20분

오른쪽 그림과 같이 1시 x분에 시침과 분침이 이루는 작은 각의 크기가 처음으로 80°가 된다고 하면 x분 동안 분침과 시침이 움직인 각도는 각각 $6x^\circ$, $0.5x^\circ$이므로

$6x-(30+0.5x)=80$, $5.5x=110$

양변에 10을 곱하면 $55x=1100$ $\quad\therefore x=20$

따라서 구하는 시각은 1시 20분이다.

435 ······ 답 40

직사각형 모양으로 묶인 8개의 수 중 가장 오른쪽 위에 있는 수를 x라 하면 직사각형 모양 안의 수는

$x-6$	$x-4$	$x-2$	x
$x+4$	$x+6$	$x+8$	$x+10$

이므로

$(x-6)+(x-4)+(x-2)+x+(x+4)+(x+6)+(x+8)+(x+10)=336$

$8x+16=336$, $8x=320$ $\quad\therefore x=40$

따라서 8개의 수 중 가장 오른쪽 위에 있는 수는 40이다.

436 ······ 답 332

❶단계 a의 값 구하기

(가) x번째 주사위의 한 모서리의 길이는 $\frac{1}{2}x$ cm이므로

$\frac{1}{2}x=8$ $\quad\therefore x=16$

따라서 한 모서리의 길이가 8 cm인 주사위는 16번째 주사위이다.

$\therefore a=16$ ······ 25 %

❷단계 b의 값 구하기

(나) x번째 주사위의 각 면에 쓰인 자연수 중 가장 큰 수는 $6x$이므로 각 면에 쓰인 자연수는 각각 $6x-5$, $6x-4$, $6x-3$, $6x-2$, $6x-1$, $6x$이다.

x번째 주사위의 각 면에 쓰인 자연수의 총합은

$(6x-5)+(6x-4)+(6x-3)+(6x-2)+(6x-1)+6x$

$=36x-15$

이므로 $36x-15=237$, $36x=252$ $\quad\therefore x=7$

따라서 주사위의 각 면에 쓰인 자연수의 총합이 237이 되는 것은 7번째 주사위이다. $\quad\therefore b=7$ ······ 40 %

❸단계 c의 값 구하기

(다) $36x-15$에 $x=9$를 대입하면 $36\times9-15=309$이므로 9번째 주사위의 각 면에 쓰인 자연수의 총합은 309이다.

$\therefore c=309$ ······ 25%

❹단계 $a+b+c$의 값 구하기

$\therefore a+b+c=16+7+309=332$ ······ 10 %

437 ······ 답 360 cm²

❶단계 두 점 P, Q가 몇 초 후에 만나는지 구하기

두 점 P, Q가 x초 후에 점 R에서 만난다고 하면

두 점 P, Q가 움직인 거리는 각각 $3x$ cm, $4x$ cm이고,

(점 P가 움직인 거리)+(점 Q가 움직인 거리)

=(직사각형 ABCD의 둘레의 길이)

이므로 $3x+4x=2\times(39+24)$

$7x=126$ $\quad\therefore x=18$

즉 두 점 P, Q는 18초 후에 점 R에서 만난다. ······ 50 %

❷단계 선분 BR의 길이 구하기

이때 점 P가 18초 동안 움직인 거리는 $3\times18=54(\text{cm})$이므로

선분 BR의 길이는 $54-24=30(\text{cm})$ ······ 30 %

❸단계 삼각형 ABR의 넓이 구하기

$\therefore$ (삼각형 ABR의 넓이)$=\frac{1}{2}\times30\times24=360(\text{cm}^2)$ ······ 20 %

Step 3 최상위권 굳히기를 위한 **최고난도 유형** 본교재 108~110쪽

438 15 % **439** 3일 **440** 81점 **441** 14 km

442 4시간 $\frac{600}{11}$분 **443** 210 L

444 $a=\frac{200}{7}$, $b=\frac{200}{49}$ **445** 6명

창의 융합

446 130

447 (1) 빨간 단추 : $x-6$, 파란 단추 : $84-x$

(2) 정삼각형 : $\frac{1}{3}x-1$, 정사각형 : $-\frac{1}{4}x+22$ (3) 36

438

답 15 %

상품 1개의 정가는 $3000\times\left(1+\frac{20}{100}\right)=3000\times\frac{120}{100}=3600$(원)

상품 200개의 25 %, 즉 50개는 정가로 팔았으므로 50개의 판매 이익은

$(3600-3000)\times50=600\times50=30000$(원)

나머지는 정가의 x %를 할인하여 판매하였다고 하면 상품 1개의 판매 가격은 $\left\{3600\times\left(1-\frac{x}{100}\right)\right\}$원이므로 나머지 150개의 판매 이익은

$\left\{3600\times\left(1-\frac{x}{100}\right)-3000\right\}\times150=(600-36x)\times150$

$=90000-5400x$(원)

총 이익이 39000원이므로 $30000+(90000-5400x)=39000$

$120000-5400x=39000$, $-5400x=-81000$ $\therefore x=15$

따라서 정가에서 15 % 할인해서 팔았다.

439

답 3일

지연이가 주말에 A 스터디카페를 x일 이용하였다고 하면 B 스터디카페는 주말에 $(6-x)$일을 이용하였다. 이때 A 스터디카페를 6일 이용하였으므로 평일에 A 스터디카페를 $(6-x)$일을 이용하였고, B 스터디카페를 10일 이용하였으므로 평일에 B 스터디카페를

$10-(6-x)=x+4$(일) 이용하였다.

스터디카페 이용료가 총 30900원이므로

$3000x+2000(6-x)+1800(6-x)+1500(x+4)=30900$

양변을 100으로 나누면

$30x+20(6-x)+18(6-x)+15(x+4)=309$

$30x+120-20x+108-18x+15x+60=309$

$7x=21$ $\therefore x=3$

따라서 지연이는 주말에 A 스터디카페를 3일 이용하였다.

440

답 81점

불합격자의 점수의 평균을 x점이라 하면

최저 합격 점수는 $(2x-9)$점

합격자의 점수의 평균은 $(2x-9)+4=2x-5$(점)

200명의 점수의 평균은 $(2x-9)-30=2x-39$(점)

합격자는 30명, 불합격자는 170명이므로 200명의 평균을 이용하면

$2x-39=\frac{30\times(2x-5)+170\times x}{200}$

$2x-39=\frac{3}{20}(2x-5)+\frac{17}{20}x$

양변에 20을 곱하면

$20(2x-39)=3(2x-5)+17x$

$40x-780=6x-15+17x$, $17x=765$ $\therefore x=45$

따라서 최저 합격 점수는 $2x-9=2\times45-9=81$(점)

441

답 14 km

진수가 평소 걷는 속력을 시속 x km, 집에서 공원까지 가는 데 걸리는 시간을 y시간이라 하면 시속 1 km 더 빠르게 걸었을 때 걸리는 시간은

$y\times\left(1-\frac{20}{100}\right)=\frac{4}{5}y$(시간)이고, 걸은 거리는 같으므로

$xy=(x+1)\times\frac{4}{5}y$

이때 $y\neq0$이므로 양변을 y로 나누면 $x=\frac{4}{5}(x+1)$

양변에 5를 곱하면 $5x=4x+4$ $\therefore x=4$

또 시속 0.5 km 더 느리게 걸었을 때 걸리는 시간은 $\left(y+\frac{30}{60}\right)$시간이고, 걸은 거리는 같으므로 $4y=3.5\left(y+\frac{30}{60}\right)$

$4y=\frac{7}{2}\left(y+\frac{1}{2}\right)$, $4y=\frac{7}{2}y+\frac{7}{4}$

양변에 4를 곱하면

$16y=14y+7$, $2y=7$ $\therefore y=\frac{7}{2}$

따라서 집에서 공원까지의 거리는 $4\times\frac{7}{2}=14$(km)

442

답 4시간 $\frac{600}{11}$분

(i) 책을 읽기 시작한 때의 시각을 오후 4시 x분이라 하자.

12시 지점을 기준으로

(분침이 움직인 각도)$=6x^\circ$,

(시침이 움직인 각도)$=(30\times4+0.5x)^\circ$이고

시침과 분침이 이루는 각의 크기가 0°이므로

$(120+0.5x)-6x=0$

$-5.5x=-120$

양변에 10을 곱하면

$-55x=-1200$ $\therefore x=\frac{240}{11}$

따라서 4시 $\frac{240}{11}$분이다.

(ii) 책을 다 읽었을 때의 시각을 오후 9시 y분이라 하자.

12시 지점을 기준으로

(분침이 움직인 각도)$=6y^\circ$,

(시침이 움직인 각도)$=(30\times9+0.5y)^\circ$이고

시침과 분침이 이루는 각의 크기가 180°이므로

$(270+0.5y)-6y=180$

$-5.5y=-90$

양변에 10을 곱하면

$-55y=-900$ $\therefore y=\frac{180}{11}$

따라서 9시 $\frac{180}{11}$분이다.

(i), (ii)에서 지수가 책을 읽은 시간은

9시 $\frac{180}{11}$분$-$4시 $\frac{240}{11}$분$=$4시간 $\frac{600}{11}$분

443 ······ 답 210 L

수조의 부피를 x L라 하면

펌프 수리 후 수조에 물이 가득 찰 때까지 더 넣는 물의 양은 $(x-60)$ L이고, 1시간에 넣는 물의 양은 $60\times\left(1+\frac{25}{100}\right)=75$(L)이므로

수조가 가득 찰 때까지 걸리는 시간은 $\frac{x-60}{75}$시간이다.

펌프가 고장나지 않았다면 1시간 후에 $\frac{x-60}{60}$시간 동안 물을 더 넣어야 했고, 펌프가 고장나 예정 시간보다 15분이 더 걸렸으므로

$\frac{x-60}{60}+\frac{15}{60}=\frac{x-60}{75}+\frac{45}{60}$

양변에 300을 곱하면

$5(x-60)+75=4(x-60)+225$

$5x-300+75=4x-240+225$ $\therefore x=210$

따라서 수조의 부피는 210 L이다.

444 ······ 답 $a=\frac{200}{7}$, $b=\frac{200}{49}$

(i) 1번 시행 후

A 그릇의 소금의 양 : $\frac{a}{100}\times(100-30)=\frac{7}{10}a$(g)

B 그릇의 소금의 양 : $\frac{b}{100}\times(100-30)+\frac{a}{100}\times30$

$=\frac{3}{10}a+\frac{7}{10}b$(g)

(ii) 2번 시행 후

A 그릇의 소금의 양 : $\frac{7}{10}\times\frac{7}{10}a=\frac{49}{100}a$(g)

B 그릇의 소금의 양 : $\frac{3}{10}\times\frac{7}{10}a+\frac{7}{10}\left(\frac{3}{10}a+\frac{7}{10}b\right)$

$=\frac{21}{50}a+\frac{49}{100}b$(g)

이때 두 그릇의 소금물의 양이 모두 100 g이므로 소금물의 농도는

A 그릇 : $\frac{\frac{49}{100}a}{\cancel{100}}\times\cancel{100}=\frac{49}{100}a$ %

B 그릇 : $\frac{\left(\frac{21}{50}a+\frac{49}{100}b\right)}{\cancel{100}}\times\cancel{100}=\left(\frac{21}{50}a+\frac{49}{100}b\right)$ %

두 그릇에 들어 있는 소금물의 농도가 14 %로 같아졌으므로

$\frac{49}{100}a=14$ $\therefore a=\frac{200}{7}$

$\frac{21}{50}a+\frac{49}{100}b=14$이므로

$\frac{21}{50}\times\frac{200}{7}+\frac{49}{100}b=14$

$\frac{49}{100}b=2$ $\therefore b=\frac{200}{49}$

445 ······ 답 6명

바구니 안에 있었던 귤의 개수를 x라 하면

지운이가 가지고 간 귤의 개수는 $1+(x-1)\times\frac{1}{7}=\frac{1}{7}x+\frac{6}{7}$(개)

지운이가 가지고 간 후 남은 귤의 개수는

$x-\left(\frac{1}{7}x+\frac{6}{7}\right)=\frac{6}{7}x-\frac{6}{7}$

민수가 가지고 간 귤의 개수는

$2+\left(\frac{6}{7}x-\frac{6}{7}-2\right)\times\frac{1}{7}=2+\left(\frac{6}{7}x-\frac{20}{7}\right)\times\frac{1}{7}$

$=2+\frac{6}{49}x-\frac{20}{49}=\frac{6}{49}x+\frac{78}{49}$

지운이와 민수가 갖고 있는 귤의 개수가 같으므로

$\frac{1}{7}x+\frac{6}{7}=\frac{6}{49}x+\frac{78}{49}$

양변에 49를 곱하면

$7x+42=6x+78$ $\therefore x=36$

따라서 한 학생이 갖고 있는 귤의 개수는 $\frac{1}{7}\times36+\frac{6}{7}=\frac{42}{7}=6$이므로

귤을 나누어 가진 학생은 모두 $\frac{36}{6}=6$(명)이다.

창의 융합

446 ······ 답 130

정사각형 G의 한 변의 길이를 x라 하면 정사각형 I의 한 변의 길이는 1이고 주어진 그림에서 9개의 사각형 A, B, C, D, E, F, G, H, I는 모두 정사각형이므로

정사각형 H의 한 변의 길이는

(정사각형 G의 한 변의 길이)−(정사각형 I의 한 변의 길이)$=x-1$

정사각형 F의 한 변의 길이는

(정사각형 G의 한 변의 길이)+(정사각형 I의 한 변의 길이)$=x+1$

정사각형 D의 한 변의 길이는

(정사각형 F의 한 변의 길이)+(정사각형 G의 한 변의 길이)

$=(x+1)+x=2x+1$

정사각형 E의 한 변의 길이는

(정사각형 F의 한 변의 길이)+(정사각형 D의 한 변의 길이)

$=(x+1)+(2x+1)=3x+2$

정사각형 C의 한 변의 길이는

(정사각형 H의 한 변의 길이)+(정사각형 G의 한 변의 길이)

+(정사각형 D의 한 변의 길이)

$=(x-1)+x+(2x+1)=4x$

정사각형 B의 한 변의 길이는

(정사각형 C의 한 변의 길이)+(정사각형 H의 한 변의 길이)

$=4x+(x-1)=5x-1$

정사각형 A의 한 변의 길이는

(정사각형 E의 한 변의 길이)+(정사각형 F의 한 변의 길이)

+(정사각형 I의 한 변의 길이)

$=(3x+2)+(x+1)+1=4x+4$

이때 구한 변의 길이를 나타내면 다음 그림과 같다.

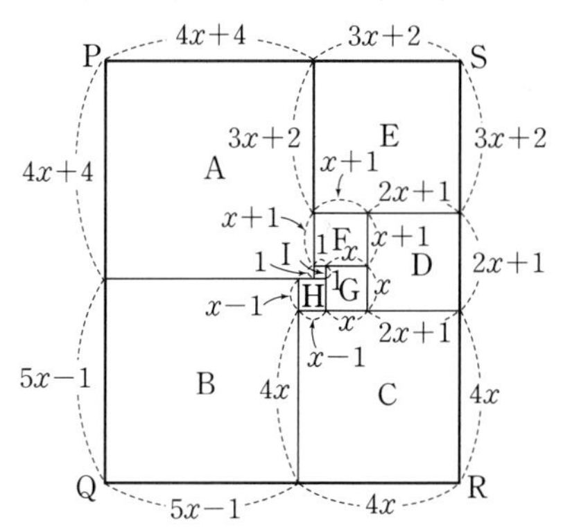

직사각형 PQRS에서 세로의 길이는
(변 PQ의 길이)$=(4x+4)+(5x-1)=9x+3$
(변 RS의 길이)$=(3x+2)+(2x+1)+4x=9x+3$
가로의 길이는
(변 PS의 길이)$=(4x+4)+(3x+2)=7x+6$
(변 QR의 길이)$=(5x-1)+4x=9x-1$
이때 (변 PS의 길이)=(변 QR의 길이)이므로
$7x+6=9x-1$, $-2x=-7$ $\therefore x=\frac{7}{2}$
따라서 직사각형 PQRS의 가로의 길이는 $7\times\frac{7}{2}+6=\frac{61}{2}$,
세로의 길이는 $9\times\frac{7}{2}+3=\frac{69}{2}$이므로 둘레의 길이는
$2\times\left(\frac{61}{2}+\frac{69}{2}\right)=130$

(참고) 정사각형 A를 이용하여 x의 값을 구할 수도 있다.
A는 정사각형이므로 $4x+4=(5x-1)+(x-1)-1$
$4x+4=6x-3$, $-2x=-7$ $\therefore x=\frac{7}{2}$

창의 융합

447

답 (1) 빨간 단추 : $x-6$, 파란 단추 : $84-x$
(2) 정삼각형 : $\frac{1}{3}x-1$, 정사각형 : $-\frac{1}{4}x+22$
(3) 36

(1) 빨간 단추 전체의 개수를 x라 하면 빨간 단추로 정삼각형을 만들면 빨간 단추는 6개가 남으므로 정삼각형을 만드는 데 사용된 빨간 단추의 개수는 $x-6$이고, 정사각형을 만드는 데 사용된 파란 단추의 개수는 $84-x$이다.
(2) 정삼각형에 사용된 빨간 단추의 개수가 $x-6$이므로 정삼각형의 한 변에 놓이는 빨간 단추의 개수는
$\frac{1}{3}(x-6)+1=\frac{1}{3}x-2+1=\frac{1}{3}x-1$
또 정사각형에 사용된 파란 단추의 개수가 $84-x$이므로 정사각형의 한 변에 놓이는 파란 단추의 개수는
$\frac{1}{4}(84-x)+1=21-\frac{1}{4}x+1=-\frac{1}{4}x+22$
(3) 정사각형의 한 변에 놓이는 파란 단추의 개수는 정삼각형의 한 변에 놓이는 빨간 단추의 개수의 2배보다 9개가 적으므로
$-\frac{1}{4}x+22=2\left(\frac{1}{3}x-1\right)-9$
양변에 12를 곱하면
$-3x+264=8x-24-108$
$-11x=-396$ $\therefore x=36$

다른 풀이
(2) 정삼각형에 사용된 빨간 단추의 개수가 $x-6$이므로 정삼각형의 한 변에 놓이는 빨간 단추의 개수는
$(x-6-3)\times\frac{1}{3}+2=\frac{1}{3}x-1$
또 정사각형에 사용된 파란 단추의 개수가 $84-x$이므로 정사각형의 한 변에 놓이는 파란 단추의 개수는
$(84-x-4)\times\frac{1}{4}+2=-\frac{1}{4}x+22$

IV ··· 좌표평면과 그래프

08 좌표평면과 그래프

Step 1 교과서를 정복하는 핵심 유형

본교재 113~115쪽

448 13　449 14　450 C$(-5, -3)$, D$(3, -3)$, 32
451 C$\left(-\frac{1}{5}, 3\right)$　452 ④　453 ②　454 ④
455 Q$(3, -3)$　456 제4사분면　457 32
458 C$(-2, -6)$　459 23　460 84　461 -4
462 ④　463 ③　464 ③
465 (1) 35 m (2) 12분 (3) 12분

핵심 01 순서쌍과 좌표

448

답 13

$2a-7=5a+2$이므로 $-3a=9$ $\therefore a=-3$
$3a-b+11=-a-5b+7$이므로 $-9-b+11=3-5b+7$
$-b+2=-5b+10$, $4b=8$ $\therefore b=2$
$\therefore a^2+b^2=(-3)^2+2^2=9+4=13$

449

답 14

상자 A에서 나올 수 있는 카드에 적힌 수는 $a=1, 2, 3, 4, 5, 6$
상자 B에서 나올 수 있는 카드에 적힌 수는 $b=1, 2, 3, 4$
(i) $a=2$일 때, $b=1$이므로 구하는 순서쌍은 $(2, 1)$의 1개
(ii) $a=3$일 때, $b=1, 2$이므로 구하는 순서쌍은 $(3, 1)$, $(3, 2)$의 2개
(iii) $a=4$일 때, $b=1, 2, 3$이므로 구하는 순서쌍은
$(4, 1)$, $(4, 2)$, $(4, 3)$의 3개
(iv) $a=5$일 때, $b=1, 2, 3, 4$이므로 구하는 순서쌍은
$(5, 1)$, $(5, 2)$, $(5, 3)$, $(5, 4)$의 4개
(v) $a=6$일 때, $b=1, 2, 3, 4$이므로 구하는 순서쌍은
$(6, 1)$, $(6, 2)$, $(6, 3)$, $(6, 4)$의 4개
(i)~(v)에서 구하는 순서쌍 (a, b)의 개수는 $1+2+3+4+4=14$

450

답 C$(-5, -3)$, D$(3, -3)$, 32

주어진 조건을 만족하는 정사각형 ABCD를 좌표평면 위에 나타내면 오른쪽 그림과 같다.

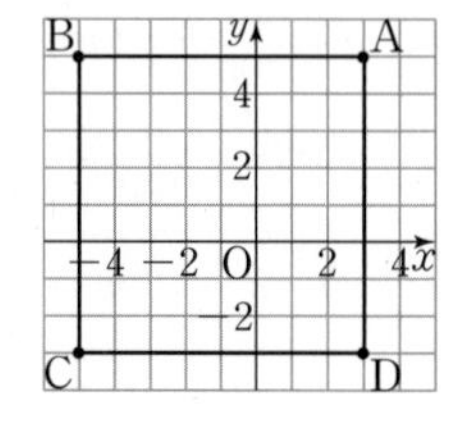

따라서 두 꼭짓점 C, D의 좌표는
C$(-5, -3)$, D$(3, -3)$
이때 정사각형 ABCD의 한 변의 길이가 8이므로 둘레의 길이는 $8\times4=32$

451

답 C$\left(-\frac{1}{5}, 3\right)$

점 A$(3a-2, 4-b)$가 x축 위에 있으므로
$4-b=0$ $\therefore b=4$
점 B$(-5a+3, 2b-5)$가 y축 위에 있으므로
$-5a+3=0$ $\therefore a=\frac{3}{5}$

따라서 점 A의 x좌표는 $3a-2=3\times\frac{3}{5}-2=\frac{9}{5}-2=-\frac{1}{5}$이고,
점 B의 y좌표는 $2b-5=2\times4-5=8-5=3$이므로
점 C의 좌표는 $C\left(-\frac{1}{5},\ 3\right)$이다.

핵심 02 사분면

452 ……… 답 ④

$ab>0$이므로 a, b는 서로 같은 부호이고, $a+b<0$이므로 $a<0$, $b<0$

$\frac{a}{5}<0$, $a^2-b>0$이므로 점 $\left(\frac{a}{5},\ a^2-b\right)$는 제2사분면 위의 점이다.

따라서 점 $\left(\frac{a}{5},\ a^2-b\right)$와 같은 사분면 위의 점은 ④이다.

453 ……… 답 ②

점 $(a,\ b)$가 제2사분면 위의 점이므로 $a<0$, $b>0$
① $a<0$, $ab<0$이므로 점 $(a,\ ab)$는 제3사분면 위의 점이다.
② $b-a>0$, $-a^2<0$이므로 점 $(b-a,\ -a^2)$은 제4사분면 위의 점이다.
③ $-b<0$, $a-b<0$이므로 점 $(-b,\ a-b)$는 제3사분면 위의 점이다.
④ $ab^2<0$, $\frac{b}{a}<0$이므로 점 $\left(ab^2,\ \frac{b}{a}\right)$는 제3사분면 위의 점이다.
⑤ $\frac{a}{b}<0$, $-a^2b<0$이므로 점 $\left(\frac{a}{b},\ -a^2b\right)$는 제3사분면 위의 점이다.
따라서 다른 네 점과 같은 사분면 위에 있지 않은 점은 ②이다.

454 ……… 답 ④

점 $(a-b,\ ab)$가 제3사분면 위의 점이므로
$a-b<0$, $ab<0$ $\quad\therefore a<0$, $b>0$
① $a^3<0$, $-ab>0$이므로 점 $(a^3,\ -ab)$는 제2사분면 위의 점이다.
② $-a>0$, $-b<0$이므로 점 $(-a,\ -b)$는 제4사분면 위의 점이다.
③ $a+b$의 부호를 알 수 없으므로 점 $(-ab,\ a+b)$는 어느 사분면 위의 점인지 알 수 없다.
④ $b-a>0$, $-\frac{b}{a}>0$이므로 점 $\left(b-a,\ -\frac{b}{a}\right)$는 제1사분면 위의 점이다.
⑤ $\frac{a}{b}-a^2<0$, $a-b<0$이므로 점 $\left(\frac{a}{b}-a^2,\ a-b\right)$는 제3사분면 위의 점이다.
따라서 항상 제1사분면 위에 있는 점의 좌표는 ④이다.

핵심 03 대칭인 점의 좌표

455 ……… 답 Q(3, −3)

$2a-3=4a+3$에서 $-2a=6$ $\quad\therefore a=-3$
$-b+5=-(-2b+4)$에서 $-b+5=2b-4$
$-3b=-9$ $\quad\therefore b=3$
따라서 점 $P(-3,\ 3)$과 원점에 대하여 대칭인 점 Q의 좌표는 $Q(3,\ -3)$이다.

456 ……… 답 제4사분면

점 $P(a,\ b)$와 y축에 대하여 대칭인 점이 제4사분면 위에 있으므로
점 P는 제3사분면 위의 점이다.
즉 $a<0$, $b<0$이므로 $ab>0$, $a+b<0$
따라서 점 $Q(ab,\ a+b)$는 제4사분면 위의 점이다.

457 ……… 답 32

점 $A(-3,\ -5)$와 x축에 대하여 대칭인 점 B의 좌표는 $B(-3,\ 5)$
점 $A(-3,\ -5)$와 y축에 대하여 대칭인 점 C의 좌표는 $C(3,\ -5)$
점 $A(-3,\ -5)$와 원점에 대하여 대칭인 점 D의 좌표는 $D(3,\ 5)$
따라서 네 점 A, B, C, D를 좌표평면 위에 나타내면 오른쪽 그림과 같으므로 사각형 ACDB의 둘레의 길이는
$2\times(6+10)=32$

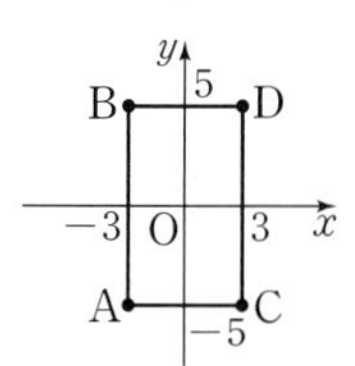

458 ……… 답 C(−2, −6)

점 $(a+2,\ -3b-7)$과 x축에 대하여 대칭인 점 A의 좌표는
$A(a+2,\ 3b+7)$
점 $(2a-8,\ -b+5)$와 원점에 대하여 대칭인 점 B의 좌표는
$B(-2a+8,\ b-5)$
두 점 A, B가 일치하므로
$a+2=-2a+8$에서 $3a=6$ $\quad\therefore a=2$
$3b+7=b-5$에서 $2b=-12$ $\quad\therefore b=-6$
따라서 점 $(2,\ -6)$과 y축에 대하여 대칭인 점 C의 좌표는 $C(-2,\ -6)$이다.

핵심 04 좌표평면 위의 도형의 넓이

459 ……… 답 23

점 $P(4,\ -6)$과 x축에 대하여 대칭인 점 A의 좌표는 $A(4,\ 6)$
따라서 세 점 A, B, C를 좌표평면 위에 나타내면 오른쪽 그림과 같으므로
(삼각형 ABC의 넓이)
=(직사각형 DEFA의 넓이)
 −{(삼각형 ADB의 넓이)
  +(삼각형 BEC의 넓이)
  +(삼각형 ACF의 넓이)}
$=7\times8-\left(\frac{1}{2}\times7\times5+\frac{1}{2}\times5\times3+\frac{1}{2}\times2\times8\right)$
$=56-\left(\frac{35}{2}+\frac{15}{2}+8\right)=56-33=23$

460 ……… 답 84

두 점 $P(-4a+3,\ 6b)$와 $Q(a+8,\ 6-3b)$가 x축에 대하여 대칭이므로
$-4a+3=a+8$에서 $-5a=5$ $\quad\therefore a=-1$
$6b=-(6-3b)$에서 $6b=-6+3b$
$3b=-6$ $\quad\therefore b=-2$

따라서 점 P(7, −12), 점 Q(7, 12)이고,
좌표평면 위에 나타내면 오른쪽 그림과 같으므로
(삼각형 OPQ의 넓이)
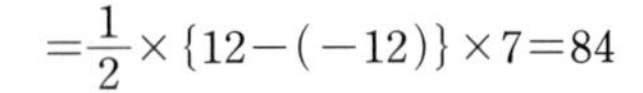
$=\frac{1}{2}\times\{12-(-12)\}\times7=84$

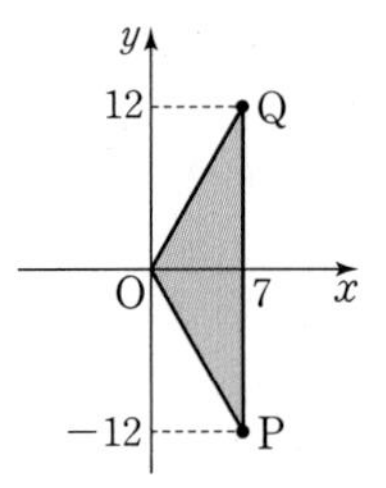

461 　답 −4

네 점 A(−7, 2), B(−2, 2), C(−2, 6), D(k, 6)을 좌표평면 위에 나타내면 오른쪽 그림과 같으므로
선분 AB의 길이는 $-2-(-7)=5$
선분 DC의 길이는 $-2-k$
이때 사각형 ABCD의 넓이가 14이므로
$\frac{1}{2}\times\{5+(-2-k)\}\times(6-2)=14$
$2(3-k)=14$, $3-k=7$ 　$\therefore k=-4$

핵심 05 그래프의 해석

462 　답 ④

④ 연의 높이가 12 m가 되는 경우는 총 3번이다.

463 　답 ③

그릇의 폭이 일정하다가 위로 올라갈수록 좁아지므로 물의 높이는 일정하게 증가하다가 점점 빠르게 증가한다.
따라서 그래프로 적당한 것은 ③이다.

464 　답 ③

폭이 좁고 일정한 부분에서 물의 높이는 빠르고 일정하게 증가하고, 폭이 넓고 일정한 부분에서 물의 높이는 느리고 일정하게 증가한다.
따라서 그래프로 적당한 것은 ③이다.

465 　답 (1) 35 m (2) 12분 (3) 12분

(1) 민영이가 탑승한 칸이 지면으로부터 가장 높은 곳에 있을 때의 높이는 35 m이다.
(2) 지면으로부터 민영이가 탑승한 칸의 높이가 20 m 이상인 시간은 탑승한 지 3분 후부터 9분 후까지, 15분 후부터 21분 후까지이므로 모두 6+6=12(분)이다.
(3) 민영이가 탑승한 칸의 높이가 처음과 같아졌을 때가 한 바퀴 회전한 것이므로 대관람차가 한 바퀴 도는 데 걸리는 시간은 12분이다.

Step 2 실전문제 체화를 위한 심화 유형 　본교재 118~122쪽

466 10　467 C(6, 3)　468 25
469 -2, $-\frac{3}{2}$　470 ④　471 −10
472 제3사분면　473 2　474 ④
475 ③, ⑤　476 10　477 제3사분면　478 2
479 ④　480 $P_{200}(6, 8)$　481 24
482 1, −7　483 4　484 ④　485 ③　486 ④
487 (1) 20 m (2) 분속 35 m　488 48분　489 ④
490 2　491 2

유형 01 순서쌍과 좌표

466 　답 10

(i) a=1일 때, b=1, 3, 5이므로 구하는 순서쌍은
(1, 1), (1, 3), (1, 5)의 3개
(ii) a=2일 때, b=2, 4이므로 구하는 순서쌍은 (2, 2), (2, 4)의 2개
(iii) a=3일 때, b=1, 3, 5이므로 구하는 순서쌍은
(3, 1), (3, 3), (3, 5)의 3개
(iv) a=4일 때, b=2, 4이므로 구하는 순서쌍은 (4, 2), (4, 4)의 2개
(i)~(iv)에서 구하는 순서쌍 (a, b)의 개수는 3+2+3+2=10

467 　답 C(6, 3)

세 점 A, B, D를 좌표평면 위에 나타내고 두 선분 AB, AD를 두 변으로 하는 평행사변형 ABCD를 그리면 오른쪽 그림과 같다.
이때 변 DC는 변 AB와 평행하므로 점 C의 y좌표는 3이다. 또 변 DC의 길이는 변 AB의 길이와 같으므로
(변 DC의 길이)=(변 AB의 길이)=4−(−3)=7
따라서 점 C의 x좌표는 −1+7=6
∴ C(6, 3)

468 　답 25

네 점 A(−6, 7), B(−3, −4), C(7, −5), D(5, 3)을 좌표평면 위에 나타내면 다음 그림과 같다.

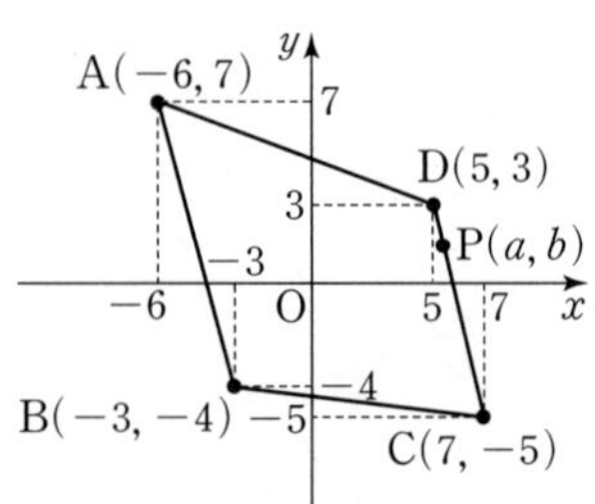

−a+b의 값이 최대이려면 a의 값이 최소이고, b의 값이 최대이어야 하므로 점 P가 점 A에 위치해야 한다.
즉 a=−6, b=7이므로 −a+b의 최댓값은
−(−6)+7=13
a−b의 값이 최대이려면 a의 값이 최대이고, b의 값이 최소이어야 하므로 점 P가 점 C에 위치해야 한다.

즉 $a=7$, $b=-5$이므로 $a-b$의 최댓값은 $7-(-5)=12$
따라서 구하는 합은 $13+12=25$

469 ······ 답 -2, $-\frac{3}{2}$

점 $A(0, 0)$을 주어진 규칙에 따라 이동시키면 $P(0, 0)$
점 $B(1, 0)$을 주어진 규칙에 따라 이동시키면 $Q(-1, -1)$
점 $C(5, 2)$를 주어진 규칙에 따라 이동시키면
$R(-5+6, -5-2a)$, 즉 $R(1, -5-2a)$
이때 삼각형 PQR이 이등변삼각형이려면 오른쪽 그림과 같이 점 R의 y좌표는 -1 또는 -2이어야 한다.

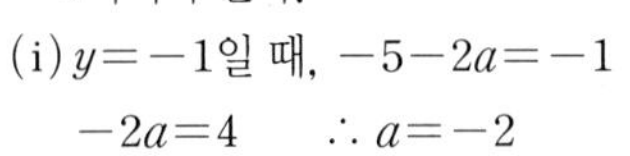

(i) $y=-1$일 때, $-5-2a=-1$
$-2a=4$ $\quad\therefore a=-2$
(ii) $y=-2$일 때, $-5-2a=-2$
$-2a=3$ $\quad\therefore a=-\frac{3}{2}$

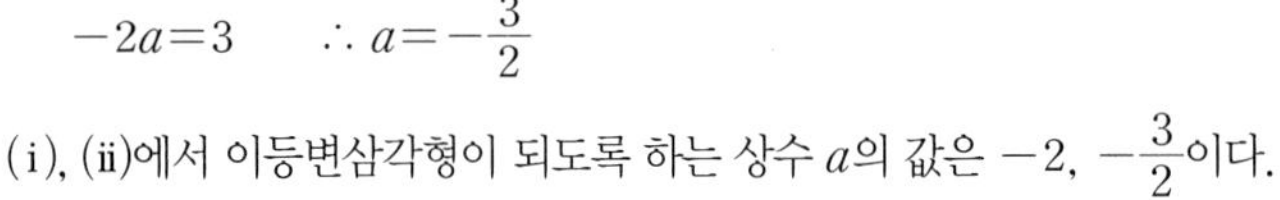

(i), (ii)에서 이등변삼각형이 되도록 하는 상수 a의 값은 -2, $-\frac{3}{2}$이다.

470 ······ 답 ④

점 P의 좌표를 (a, b) $(a\neq0, b\neq0)$라 하면
평행사변형 PABC의 밑변이 선분 AB일 때 높이는 점 P의 y좌표인 b의 절댓값이고, 삼각형 PED의 밑변이 선분 ED일 때 높이는 점 P의 x좌표인 a의 절댓값이므로
(평행사변형 PABC의 넓이)$=4\times|b|$
(삼각형 PED의 넓이)$=\frac{1}{2}\times2\times|a|=|a|$
평행사변형 PABC의 넓이와 삼각형 PED의 넓이의 비가 $2:1$이므로
$4\times|b| : |a|=2:1$, $4|b|=2|a|$, $|a|=2|b|$
$\therefore a=2b$ 또는 $a=-2b$
따라서 점 P의 좌표로 가능한 것은 ④이다.

유형 02 사분면

471 ······ 답 -10

점 $A(a-4, b-3)$은 x축 위에 있으므로 $b-3=0$ $\quad\therefore b=3$
점 $B(a+6, b-2)$는 y축 위에 있으므로 $a+6=0$ $\quad\therefore a=-6$
즉 점 C의 좌표는 $C(-7-c, 5+c)$이고, 점 C는 어느 사분면에도 속하지 않으므로
$-7-c=0$ 또는 $5+c=0$
$\therefore c=-7$ 또는 $c=-5$
따라서 $a+b+c$의 값 중 가장 작은 값은 c의 값이 가장 작을 때이므로
$-6+3+(-7)=-10$

472 ······ 답 제3사분면

(가)에서 $\frac{b}{a}<0$이므로 a, b의 부호는 서로 다르다.
(나), (다)에서 $a+b<0$이고 $|a|<|b|$이므로 $a>0$, $b<0$
따라서 $3a^2b<0$, $b-a<0$이므로 점 $(3a^2b, b-a)$는 제3사분면 위의 점이다.

473 ······ 답 2

점 $A(a+b, bcd)$가 제2사분면 위의 점이므로
$a+b<0$, $bcd>0$
$ab>0$이고 $a+b<0$이므로
$a<0$, $b<0$, $cd<0$
점 $B(3+e, a^2+b^2+1)$은 어느 사분면에도 속하지 않고
$a^2+b^2+1\neq0$이므로 $3+e=0$ $\quad\therefore e=-3$
$a<0$, $b<0$, $e=-3$이므로 $be>0$ $\quad\therefore be-a>0$
└ (양수)−(음수) =(양수)+(양수) =(양수)
$e=-3$, $cd<0$이므로 $\frac{ce}{d}>0$
따라서 점 $P\left(be-a, \frac{ce}{d}\right)$는 제1사분면 위의 점이다. $\quad\therefore m=1$
또한 $\frac{de}{c}>0$, $a^2-e>0$이므로 점 $Q\left(\frac{de}{c}, a^2-e\right)$도 제1사분면 위의 점이다. $\quad\therefore n=1$
$\therefore m+n=1+1=2$

참고 $a^2\geq0$, $b^2\geq0$이므로 $a^2+b^2\geq0$이다.

474 ······ 답 ④

점 $P(a+b, ab)$가 제4사분면 위의 점이므로
$a+b>0$, $ab<0$
$ab<0$이므로 a와 b는 서로 다른 부호이고, $a+b>0$이므로 양수의 절댓값이 음수의 절댓값보다 더 크다.
이때 $|a|<1<|b|$이므로 $a<0$, $b>0$
① $|a|<|b|$이므로 $a^2<b^2$
② $a<0$, $|a|<1$이므로 $-1<a<0$
즉 a는 -1과 0 사이의 유리수이다.
③ $a-b<0$, $a<0$이므로 점 $(a-b, a)$는 제3사분면 위의 점이다.
④ $a<0$에서 $a^2>0$, $-a>0$이므로 점 $(a^2, -a)$는 제1사분면 위의 점이다.
⑤ $-2<2a<0$이고 $1<b$일 때, $2a+b$는 정해지지 않으므로 점 $(a^3, 2a+b)$는 제몇 사분면 위의 점인지 알 수 없다.
따라서 항상 옳은 것은 ④이다.

475 ······ 답 ③, ⑤

점 $P(a, b)$는 제2사분면 위의 점이므로 $a<0$, $b>0$
점 $Q(c, d)$는 제3사분면 위의 점이므로 $c<0$, $d<0$
① $a+c<0$, $d-c^2<0$이므로 점 $(a+c, d-c^2)$은 제3사분면 위의 점이다.
② $a^3<0$, $ac-bd>0$이므로 점 $(a^3, ac-bd)$는 제2사분면 위의 점이다.
③ $\frac{c}{d}>0$, $acd<0$이므로 점 $\left(\frac{c}{d}, acd\right)$는 제4사분면 위의 점이다.
④ $a+d<0$, $b^2+cd>0$이므로 점 $(a+d, b^2+cd)$는 제2사분면 위의 점이다.
⑤ $ad-bc>0$, $\frac{c^2}{bd}<0$이므로 점 $\left(ad-bc, \frac{c^2}{bd}\right)$은 제4사분면 위의 점이다.
따라서 제4사분면 위의 점인 것은 ③, ⑤이다.

476 ······ 답 10

점 $\mathrm{B}(-3,\ a)$는 제2사분면 위의 점이고, 선분 AB의 길이가 3이므로 $a>2$

점 $\mathrm{C}(b,\ 2)$는 제1사분면 위의 점이므로 $b>0$

즉 세 점 A, B, C를 좌표평면 위에 나타내면 오른쪽 그림과 같다.

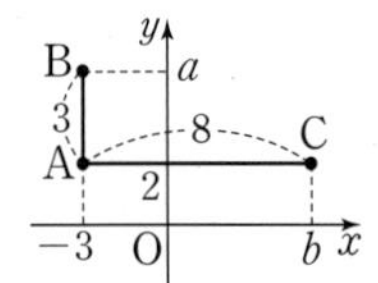

이때 두 점 A, B의 x좌표가 같으므로

$a-2=3 \qquad \therefore a=5$

또 두 점 A, C의 y좌표가 같으므로

$b-(-3)=8,\ b+3=8 \qquad \therefore b=5$

$\therefore a+b=5+5=10$

유형 03 대칭인 점의 좌표

477 ······ 답 제3사분면

점 $\mathrm{A}(a,\ b)$와 x축에 대하여 대칭인 점을 A′이라 하면 $\mathrm{A}'(a,\ -b)$

이때 점 $\mathrm{A}'(a,\ -b)$가 제3사분면 위의 점이므로

$a<0,\ -b<0 \qquad \therefore a<0,\ b>0$

점 $\mathrm{B}(c,\ d)$와 y축에 대하여 대칭인 점을 B′이라 하면 $\mathrm{B}'(-c,\ d)$

이때 점 $\mathrm{B}'(-c,\ d)$가 제4사분면 위의 점이므로

$-c>0,\ d<0 \qquad \therefore c<0,\ d<0$

따라서 $a+c<0,\ bd+a<0$이므로 점 $\mathrm{P}(a+c,\ bd+a)$는 제3사분면 위의 점이다.

478 ······ 답 2

점 $\mathrm{P}(2a,\ 3a+b)$와 y축에 대하여 대칭인 점 Q의 좌표는 $\mathrm{Q}(-2a,\ 3a+b)$

점 $\mathrm{R}(5a-4,\ -2b+6)$과 x축에 대하여 대칭인 점 S의 좌표는 $\mathrm{S}(5a-4,\ 2b-6)$

두 점 Q, S가 원점에 대하여 대칭이므로

$-(-2a)=5a-4,\ 2a=5a-4$

$-3a=-4 \qquad \therefore a=\dfrac{4}{3}$

$-(3a+b)=2b-6,\ -4-b=2b-6$

$-3b=-2 \qquad \therefore b=\dfrac{2}{3}$

$\therefore a+b=\dfrac{4}{3}+\dfrac{2}{3}=2$

479 ······ 답 ④

점 C는 점 A와 원점에 대하여 대칭인 점이므로 점 C의 좌표는 $\mathrm{C}(-a,\ -b)$

점 B는 점 C와 y축에 대하여 대칭인 점이므로 점 B의 좌표는 $\mathrm{B}(a,\ -b)$

점 D의 좌표는 점 C와 x축에 대하여 대칭인 점이므로 점 D의 좌표는 $\mathrm{D}(-a,\ b)$

즉 네 점 A, B, C, D를 좌표평면 위에 나타내면 오른쪽 그림과 같으므로 사각형 ABCD의 가로의 길이는 $|2a|$, 세로의 길이는 $|2b|$이다.

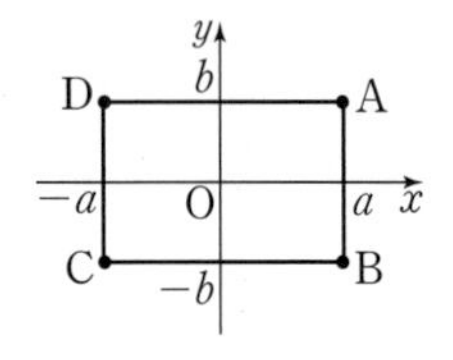

이 직사각형 ABCD의 둘레의 길이가 48이므로 $2(|2a|+|2b|)=48$

$4(|a|+|b|)=48 \qquad \therefore |a|+|b|=12$

따라서 점 A의 좌표가 될 수 없는 것은 ④이다.

480 ······ 답 $\mathrm{P}_{200}(6,\ 8)$

$\mathrm{P}_2(6,\ 8),\ \mathrm{P}_3(-6,\ 8),\ \mathrm{P}_4(6,\ -8),\ \mathrm{P}_5(6,\ 8),\ \cdots$

따라서 점 $\mathrm{P}_1,\ \mathrm{P}_2,\ \mathrm{P}_3,\ \cdots$의 좌표는 $(6,\ -8),\ (6,\ 8),\ (-6,\ 8)$이 이 순서대로 반복된다.

이때 $200=3\times66+2$이므로 점 P_{200}의 좌표는 점 P_2의 좌표와 같다.

$\therefore \mathrm{P}_{200}(6,\ 8)$

유형 04 좌표평면 위의 도형의 넓이

481 ······ 답 24

점 $\mathrm{A}(4,\ -3)$과 원점에 대하여 대칭인 점 B의 좌표는 $\mathrm{B}(-4,\ 3)$

점 $\mathrm{C}(-2,\ 4)$와 y축에 대하여 대칭인 점 D의 좌표는 $\mathrm{D}(2,\ 4)$

따라서 사각형 ABCD를 좌표평면 위에 나타내면 오른쪽 그림과 같으므로

(사각형 ABCD의 넓이)

=(사각형 APQR의 넓이)

 −{(삼각형 APD의 넓이)

  +(삼각형 BCQ의 넓이)

  +(삼각형 ABR의 넓이)}

$=8\times7-\left(\dfrac{1}{2}\times7\times2+\dfrac{1}{2}\times2\times1+\dfrac{1}{2}\times8\times6\right)$

$=56-(7+1+24)=24$

482 ······ 답 1, −7

두 점 $\mathrm{A}(-2,\ -3),\ \mathrm{B}(4,\ -3)$은 y좌표가 -3으로 같으므로 세 점 A, B, C를 선분으로 연결했을 때, 삼각형이 되려면 점 C의 y좌표가 -3보다 크거나 -3보다 작아야 한다.

(i) $k>-3$일 때, 세 점 A, B, C를 좌표평면 위에 나타내면 오른쪽 그림과 같으므로

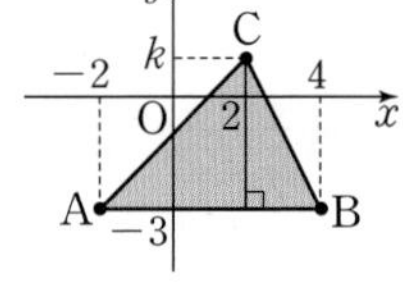

$\dfrac{1}{2}\times\{4-(-2)\}\times\{k-(-3)\}=12$

$3(k+3)=12,\ k+3=4 \qquad \therefore k=1$

(ii) $k<-3$일 때, 세 점 A, B, C를 좌표평면 위에 나타내면 오른쪽 그림과 같으므로

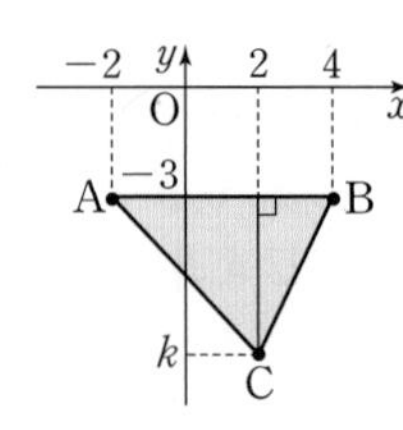

$\dfrac{1}{2}\times\{4-(-2)\}\times(-3-k)=12$

$3(-3-k)=12,\ -3-k=4$

$\therefore k=-7$

(i), (ii)에서 구하는 k의 값은 1, −7이다.

483 ······ 답 4

$a<0,\ b>0$이므로 세 점 $\mathrm{A}(0,\ 3),\ \mathrm{B}(a,\ -4),\ \mathrm{C}(b,\ -4)$를 좌표평면 위에 나타내면 오른쪽 그림과 같다.

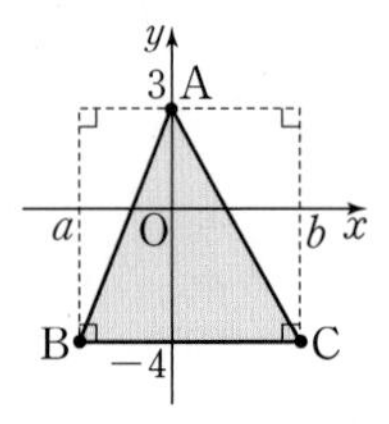

이때 삼각형 ABC의 넓이가 21이므로

$\dfrac{1}{2}\times(b-a)\times\{3-(-4)\}=21$

$\dfrac{7}{2}(b-a)=21 \qquad \therefore b-a=6$

$b=a+6$을 만족하고 $a<0$, $b>0$인 두 정수 a, b를 순서쌍 (a, b)로 나타내면 $(-5, 1)$, $(-4, 2)$, $(-3, 3)$, $(-2, 4)$, $(-1, 5)$이다.
따라서 $a+b$의 값은 -4, -2, 0, 2, 4이므로 이 중 가장 큰 값은 4이다.

유형 05 그래프의 해석

484 답 ④

세 용기 A, B, C를 이루고 있는 원기둥의 밑면의 반지름의 길이를 아랫부분부터 살펴보면 다음과 같다.
A : 짧은 원기둥 – 긴 원기둥 – 중간 원기둥
B : 긴 원기둥 – 짧은 원기둥 – 중간 원기둥
C : 중간 원기둥 – 긴 원기둥 – 짧은 원기둥
이때 밑면의 반지름의 길이가 긴 원기둥에 물을 넣을 때에는 물의 높이가 느리고 일정하게 증가하고, 반지름의 길이가 짧은 원기둥에 물을 넣을 때에는 물의 높이가 빠르고 일정하게 증가한다.
따라서 세 용기 A, B, C에 해당하는 그래프는 각각 ㄷ, ㄱ, ㄴ이다.

485 답 ③

쇠구슬의 중간 지점까지는 수면의 높이가 점점 빠르게 증가하고, 쇠구슬의 중간 지점 이후에는 수면의 높이가 점점 천천히 증가한다.
쇠구슬이 완전히 잠긴 이후에는 수면의 높이가 일정하게 증가한다.
따라서 적당한 그래프는 ③이다.

486 답 ④

④ 출발한 지 17분 후에 출발점에서 멀리 떨어진 순서대로 나열하면 A, C, B이다.

487 답 (1) 20 m (2) 분속 35 m

(1) 두 번째로 방향을 바꾼 지점은 출발한 지 4분 30초 후일 때이므로 출발점으로부터 30 m 떨어진 곳이고, 세 번째로 방향을 바꾼 지점은 출발한 지 5분 30초 후일 때이므로 출발점으로부터 50 m 떨어진 곳이다.
따라서 두 지점 사이의 거리는 $50-30=20$(m)
(2) 수현이가 수영한 거리는 총
$100+(100-30)+(50-30)+(50-20)+(80-20)$
$=100+70+20+30+60=280$(m)이므로
(평균 속력)$=\dfrac{(\text{전체 이동한 거리})}{(\text{전체 걸린 시간})}=\dfrac{280}{8}=35$(m/분)
따라서 수현이의 평균 속력은 분속 35 m이다.

488 답 48분

A 호스만을 이용하여 처음 8분 동안 넣은 물의 양이 5 m^3이므로 1분에 $\dfrac{5}{8}$ m^3의 물을 넣을 수 있다.
또 A 호스와 B 호스를 모두 이용하여 물을 넣을 때, 물을 넣기 시작한 지 8분 후부터 20분 후까지, 즉 12분 동안 넣은 물의 양은 $25-5=20(\text{m}^3)$이므로 1분에 $\dfrac{20}{12}=\dfrac{5}{3}(\text{m}^3)$의 물을 넣을 수 있다.
이때 B 호스만을 이용하여 1분에 넣을 수 있는 물의 양은
$\dfrac{5}{3}-\dfrac{5}{8}=\dfrac{40}{24}-\dfrac{15}{24}=\dfrac{25}{24}(\text{m}^3)$
따라서 B 호스만을 이용하여 부피가 50 m^3인 물통에 물을 가득 채우는 데
$50\div\dfrac{25}{24}=50\times\dfrac{24}{25}=48$(분)이 걸린다.

489 답 ④

(i) 오전 9시일 때, 시계의 중심에서 분침의 높이를 h라 하면 분침의 높이를 나타내는 그래프는 $(0, h)$에서 움직이기 시작하고, 시간이 지남에 따라 분침의 높이는 낮아진다.
분침이 움직이기 시작한 지 30분 후 분침의 높이는 $-h$가 되었다가 이때부터 30분 동안 분침의 높이는 점점 높아져 처음 높이 h에서 멈춘다.
(ii) 시침의 높이는 시계의 중심과 같은 0에서 시작하여 점점 높아지고, 시작한 지 60분 후의 시침의 높이는 h보다 낮은 곳에서 멈춘다.
(i), (ii)에서 적당한 그래프는 ④이다.

490 답 2

1단계 M의 값 구하기
점 $P(a, b)$가 직사각형 ABCD의 네 변 위를 움직이므로
$-3\le a\le 4$, $-3\le b\le 2$
$a-b$의 값이 가장 크려면 a의 값은 최대이고, b의 값은 최소이어야 하므로 점 P가 점 C에 있을 때이다.
이때 점 C의 좌표는 $(4, -3)$이므로 $a=4$, $b=-3$
$\therefore a-b=4-(-3)=7$
$\therefore M=7$ …… 50 %

2단계 m의 값 구하기
$a-b$의 값이 가장 작으려면 a의 값은 최소이고, b의 값은 최대이어야 하므로 점 P가 점 A에 있을 때이다.
이때 점 A의 좌표는 $(-3, 2)$이므로 $a=-3$, $b=2$
$\therefore a-b=-3-2=-5$
$\therefore m=-5$ …… 40 %

3단계 $M+m$의 값 구하기
$\therefore M+m=7+(-5)=2$ …… 10 %

491 답 2

1단계 세 점 P, Q, R이 제몇 사분면 위의 점인지 구하기
점 $P(a, b)$와 원점에 대하여 대칭인 점 Q의 좌표는 $Q(-a, -b)$
점 P가 제2사분면 위에 있으므로 $a<0$, $b>0$
점 Q는 제4사분면 위에 있으므로 $-a>0$, $-b<0$
이때 $-a+3>0$, $b>0$이므로 점 $R(-a+3, b)$는 제1사분면 위의 점이다. …… 30 %

2단계 b의 값이 될 수 있는 수를 모두 구하기
세 점 P, Q, R을 좌표평면 위에 나타내면 오른쪽 그림과 같다.

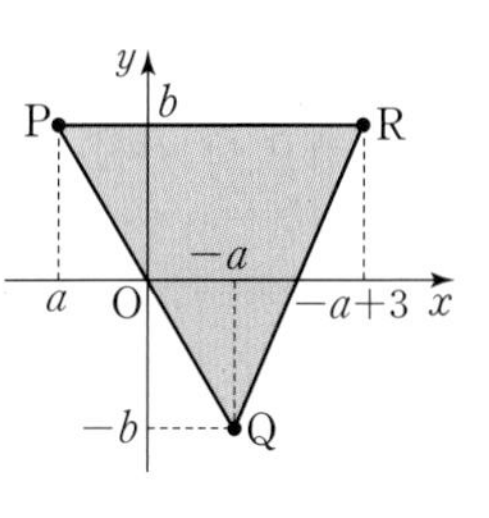

삼각형 PQR의 넓이가 25이므로
$\dfrac{1}{2}\times\{(-a+3)-a\}\times\{b-(-b)\}=25$
$\dfrac{1}{2}\times(3-2a)\times 2b=25$

$\therefore b(3-2a)=25$

이때 a는 정수이므로 $3-2a$도 정수이고, b는 정수이면서 $b>0$이므로 b의 값이 될 수 있는 수는 1, 5, 25이다. …… 40 %

3단계 순서쌍의 개수 구하기

(i) $b=1$일 때, $3-2a=25$에서

$-2a=22 \quad \therefore a=-11$

(ii) $b=5$일 때, $3-2a=5$에서

$-2a=2 \quad \therefore a=-1$

(iii) $b=25$일 때, $3-2a=1$에서

$-2a=-2 \quad \therefore a=1$

(i)~(iii)에서 $a<0$, $b>0$인 두 정수 a, b의 순서쌍 (a, b)는 $(-11, 1)$, $(-1, 5)$의 2개이다. …… 30 %

Step 3 최상위권 굳히기를 위한 최고난도 유형 본교재 123~125쪽

492 제4사분면

493 (1) Q(12, 6) (2) R(0, 12) (3) 90초 후

494 6

495 ㄱ, ㄷ, ㄹ

496 8

497 −13

498 ④

499 ⑤

창의융합

500 2일

501 ㉮ : 30 cm², ㉯ : 75 cm², ㉰ : 90 cm²

492 답 제4사분면

점 $P(-2a+3b, a^4b^3)$이 제3사분면 위의 점이므로

$-2a+3b<0$, $a^4b^3<0$

$a^4b^3<0$에서 $a\neq0$이고 a의 값에 관계없이 $a^4>0$이므로 $b^3<0$

$\therefore b<0$

따라서 $4a-11b=-2(-2a+3b)-5b>0$이므로

점 $Q(4a-11b, b)$는 제4사분면 위에 있다.

(음수)×(음수)−(음수) =(양수)+(양수) =(양수)

493 답 (1) Q(12, 6) (2) R(0, 12) (3) 90초 후

(1) 변 AB의 한가운데 점의 좌표는 $(-6, 6)$이므로 점 P가 변 AB의 한가운데 점에 위치할 때까지 점 P가 원점 O를 출발하여 움직인 거리는 $6+6=12$

점 P는 매초 4의 속력으로 움직이므로 점 P가 변 AB의 한가운데 점에 위치할 때까지 $\frac{12}{4}=3$(초)가 걸린다.

이때 점 Q는 매초 6의 속력으로 움직이므로 점 Q가 원점 O를 출발하여 3초 동안 움직인 거리는 $6\times3=18$

따라서 점 Q는 변 CD 위에 있고 점 D로부터 $18-12=6$만큼 더 움직인 거리와 같으므로 점 Q의 좌표는 Q(12, 6)이다.

(2) 두 점 P, Q가 처음으로 다시 만나는 때를 원점 O를 출발한 지 x초 후라 하면 직사각형 ABCD의 둘레의 길이가 $2\times(18+12)=60$이므로

$4x+6x=60$, $10x=60 \quad \therefore x=6$

따라서 두 점 P, Q는 원점 O를 출발한 지 6초 후에 처음으로 다시 만난다.

점 P가 6초 동안 움직인 거리는 $4\times6=24$

점 P가 원점 O를 출발하여 점 A까지 움직인 거리는 6,

점 A를 출발하여 점 B까지 움직인 거리는 12,

점 B를 출발하여 $24-(12+6)=6$만큼 더 움직여 도착한 지점이 두 점 P, Q가 처음으로 다시 만나는 지점 R이므로

점 R의 좌표는 R(0, 12)이다.

(3) 직사각형 ABCD의 둘레의 길이가 60이므로

점 P는 $60\div4=15$(초)마다 원점 O로 되돌아오고,

점 Q는 $60\div6=10$(초)마다 원점 O로 되돌아온다.

이때 $15=3\times5$와 $10=2\times5$의 최소공배수가 $2\times3\times5=30$이므로 두 점 P, Q가 처음으로 다시 원점 O에서 만나는 것은 원점 O를 출발한 지 30초 후이다.

따라서 두 점 P, Q가 원점 O를 출발한 후 세 번째로 다시 원점 O에서 만나는 것은 원점 O를 출발한 지 $30\times3=90$(초) 후이다.

494 답 6

점 $A(a, b)$와 x축에 대하여 대칭인 점 B의 좌표는 $B(a, -b)$

점 B가 제1사분면 위에 있으므로 $a>0$, $-b>0 \quad \therefore a>0, b<0$

이때 $-a<0$, $-a+b<0$이므로 점 $C(-a, -a+b)$는 제3사분면 위의 점이다.

즉 세 점 A, B, C를 좌표평면 위에 나타내면 오른쪽 그림과 같고, 삼각형 ABC의 넓이가 36이므로

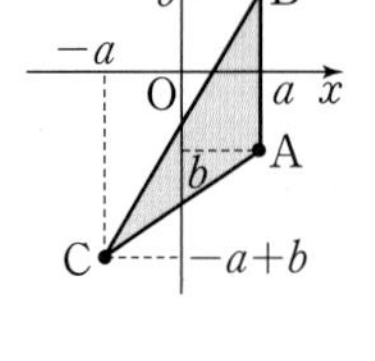

$\frac{1}{2}\times\{a-(-a)\}\times(-b-b)=36$

$\frac{1}{2}\times2a\times(-2b)=36$, $-2ab=36$

$\therefore ab=-18$

이때 $a>0$, $b<0$이므로 두 정수 a, b의 순서쌍 (a, b)는 $(1, -18)$, $(2, -9)$, $(3, -6)$, $(6, -3)$, $(9, -2)$, $(18, -1)$의 6개이다.

495 답 ㄱ, ㄷ, ㄹ

ㄴ. 그래프가 x축과 평행한 곳에서는 거리의 증가, 감소가 없으므로 쉬었다고 볼 수 있다.

따라서 도서관에 갔다가 집으로 다시 돌아오는 동안 민영이는 2번 쉬고, 지수는 1번 쉬었다.

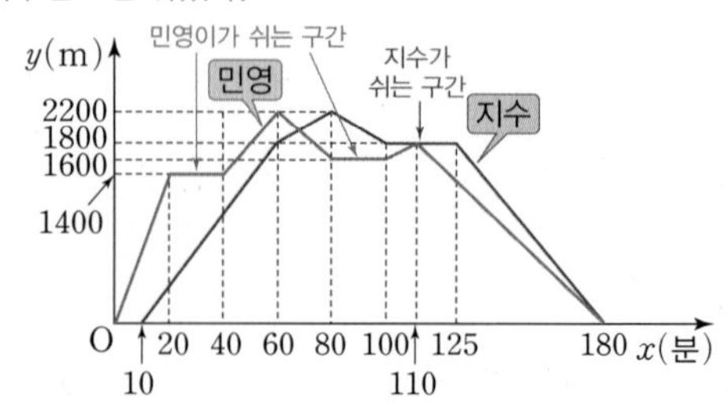

ㄷ. 민영이의 휴식 시간은 민영이가 출발한 지 20분 후부터 40분 후까지, 80분 후부터 100분 후까지, 지수의 휴식 시간은 민영이가 출발한 지 100분 후부터 125분 후까지이므로 두 사람의 휴식 시간을 더하면

$20+20+25=65$(분)

ㄹ. 지수가 출발한 지 70분 후의 위치는 집으로부터 2200 m 떨어진 지점이고 민영이는 집으로부터 1600 m 떨어진 지점에 있으므로 두 사람의 거리의 차는 $2200-1600=600(\mathrm{m})$

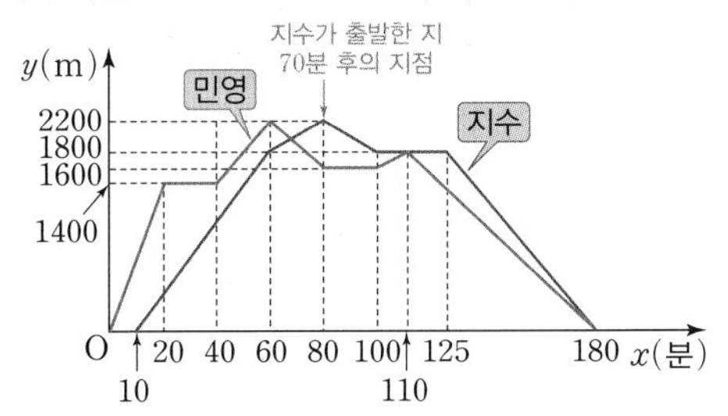

ㅁ. 도서관까지의 거리가 2200 m이므로 민영이는 출발한 지 60분 후에 도서관에 도착하고, 지수는 출발한 지 $80-10=70$(분) 후에 도서관에 도착한다.
따라서 도서관에 도착하는 데 걸리는 시간은 민영이가
$70-60=10$(분) 빠르다.

ㅂ. 지수가 출발한 후 50분 동안 이동한 거리는 1800 m이므로 속력은 분속 $\frac{1800}{50}$ m, 즉 분속 36 m이다.

따라서 옳은 것은 ㄱ, ㄷ, ㄹ이다.

496 답 8

$b<a<c$이고, $ac<0$, $a+c<0$이므로
$b<a<0<c$이고, $|c|<|a|<|b|$

(i) $|a|<|b|$에서 $|a|-|b|<0$,
$b<0$, $c>0$에서 $bc<0$이므로
점 $\mathrm{P}(|a|-|b|, bc)$는 제3사분면 위의 점이다. $\therefore l=3$

(ii) $|c|<|b|$이고 $b<0$, $c>0$에서 $b+c<0$
이때 $a<0$이므로 $\frac{b+c}{a}>0$
$|c|<|a|$이므로 $|c|-|a|<0$
즉 점 $\mathrm{Q}\left(\frac{b+c}{a}, |c|-|a|\right)$는 제4사분면 위의 점이므로 점 Q와 원점에 대하여 대칭인 점은 제2사분면 위의 점이다. $\therefore m=2$

(iii) $b<a<0$에서 $\frac{1}{b}>\frac{1}{a}$이므로 $\frac{1}{a}-\frac{1}{b}<0$
$0<|c|<|b|$에서 $\frac{1}{|c|}>\frac{1}{|b|}$이므로 $\frac{1}{|c|}-\frac{1}{|b|}>0$
즉 점 $\mathrm{R}\left(\frac{1}{a}-\frac{1}{b}, \frac{1}{|c|}-\frac{1}{|b|}\right)$은 제2사분면 위의 점이므로 점 R과 x축에 대하여 대칭인 점은 제3사분면 위의 점이다. $\therefore n=3$

(i)~(iii)에서 $l+m+n=3+2+3=8$

497 답 −13

(가)에서 $ab<0$이므로 두 수 a, b의 부호가 서로 다르고,
$a-b>0$에서 $a>b$이므로 $a>0$, $b<0$이다.
(나)에서 $-6\le c\le 6$이므로 삼각형 ABC를 좌표평면 위에 나타내면 오른쪽 그림과 같다.

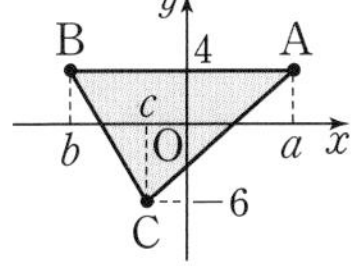

(다)에서 삼각형 ABC의 넓이가 45이므로

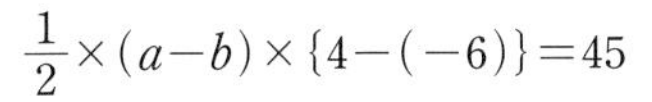

$\frac{1}{2}\times(a-b)\times\{4-(-6)\}=45$

$5(a-b)=45 \qquad \therefore a-b=9$

$a=b+9$ ($a>0$, $b<0$)를 만족하는 두 정수 a, b를 순서쌍 (a, b)로 나타내면 $(8, -1)$, $(7, -2)$, $(6, -3)$, $(5, -4)$, $(4, -5)$, $(3, -6)$, $(2, -7)$, $(1, -8)$이므로 $a+b$의 값이 될 수 있는 것은 7, 5, 3, 1, −1, −3, −5, −7이다.
따라서 $a+b$의 값 중 가장 작은 값은 −7이고, 가장 작은 c의 값은 −6이므로 $a+b+c$의 값 중 가장 작은 값은 $-7+(-6)=-13$

498 답 ④

① 그래프가 점 (24, 800)을 지나므로 집에서 학교까지 800 m를 가는 데 걸린 시간은 24분이다.

② 지호는 출발한 지 15분 후부터 17분 후까지는 거리의 증가, 감소가 없으므로 멈춰 있었다.

③ 지호는
(i) 처음 8분 동안 200 m를 이동하였으므로 속력은 분속 $\frac{200}{8}=25(\mathrm{m})$이다.
(ii) 집에서 출발한 지 12분 후부터 15분 후까지는 3분 동안 $600-200=400(\mathrm{m})$를 이동하였으므로 속력은 분속 $\frac{400}{3}$ m이다.
(iii) 출발한 지 17분 후부터 24분 후까지는 7분 동안 $800-600=200(\mathrm{m})$를 이동하였으므로 속력은 분속 $\frac{200}{7}$ m이다.
(i)~(iii)에서 $25<\frac{200}{7}<\frac{400}{3}$이므로 지호는 출발하고 8분 후까지 가장 느리게 걸었다.

④ ③에서 처음 8분 동안 분속 25 m로 걸었으므로 집에서 출발한 지 5분 후에는 집으로부터 $25\times5=125(\mathrm{m})$ 떨어진 곳에 있었다.

⑤ 지호의 남동생이 800 m를 분속 50 m의 속력으로 달려서 학교에 간다면 걸리는 시간은 $\frac{800}{50}=16$(분)이므로 지호의 남동생은 지호보다 7분 늦게 출발해도 지호가 출발한지 $7+16=23$(분) 후에는 학교에 도착한다.
즉 지호보다 $24-23=1$(분) 먼저 학교에 도착한다.

따라서 옳지 않은 것은 ④이다.

499 답 ⑤

(i) 점 P가 점 A에서 점 B까지 움직일 때
(삼각형 APD의 넓이)$=\frac{1}{2}\times$(선분 AD의 길이)$\times$(선분 AP의 길이)
에서 선분 AD의 길이는 일정하고 선분 AP의 길이는 시간에 따라 일정하게 길어지므로 삼각형 APD의 넓이는 시간에 따라 일정하게 커진다.

(ii) 점 P가 점 B에서 점 C까지 움직일 때
(삼각형 APD의 넓이)$=\frac{1}{2}\times$(선분 AD의 길이)$\times$(선분 AB의 길이)
에서 선분 AD의 길이와 선분 AB의 길이는 일정하므로 삼각형 APD의 넓이는 시간이 지나도 변하지 않는다.

(iii) 점 P가 점 C에서 점 D까지 움직일 때
(삼각형 APD의 넓이)$=\frac{1}{2}\times$(선분 AD의 길이)$\times$(선분 DP의 길이)
에서 선분 AD의 길이는 일정하고 선분 DP의 길이는 시간에 따라 일정하게 짧아지므로 삼각형 APD의 넓이는 시간에 따라 일정하게 줄어든다.

(i)~(iii)에서 구하는 그래프로 적당한 것은 ⑤이다.

창의 융합

500 ········ 답 2일

주어진 그래프에서 A 기계로만 10분 동안 송편 12개를 만들었으므로 A 기계로 1분 동안 만들 수 있는 송편의 개수는

$\frac{12}{10}=\frac{6}{5}$

A 기계와 B 기계로 동시에 15분 동안 만든 송편은 $50-12=38$(개)이므로 두 기계로 1분 동안 함께 만들 수 있는 송편의 개수는 $\frac{38}{15}$

B 기계로만 1분 동안 만들 수 있는 송편의 개수는 $\frac{38}{15}-\frac{6}{5}=\frac{4}{3}$이므로

B 기계로만 하루 동안에 만들 수 있는 송편의 개수는 $\frac{4}{3}\times60\times8=640$

따라서 1280개의 송편을 B 기계로만 만들려면 $1280\div640=2$(일) 걸린다.

창의 융합

501 ········ 답 ㉮ : 30 cm^2, ㉯ : 75 cm^2, ㉰ : 90 cm^2

㉮ 칸에서 높이가 10 cm인 칸막이까지 물을 채우는 데 2초가 걸리므로 높이가 10 cm인 칸막이까지 ㉮ 칸에 채워진 물의 양은

$2\times150=300(\text{cm}^3)$

$\therefore$ (㉮ 칸의 바닥의 넓이)$=\frac{300}{10}=30(\text{cm}^2)$

㉯ 칸에서 높이가 10 cm인 칸막이까지 물을 채우는 데 $7-2=5$(초)가 걸리므로 높이가 10 cm인 칸막이까지 ㉯ 칸에 채워진 물의 양은

$5\times150=750(\text{cm}^3)$

$\therefore$ (㉯ 칸의 바닥의 넓이)$=\frac{750}{10}=75(\text{cm}^2)$

㉰ 칸에서 높이가 20 cm인 칸막이까지 물을 채우는 데 $26-14=12$(초)가 걸리므로 높이가 20 cm인 칸막이까지 ㉰ 칸에 채워진 물의 양은

$12\times150=1800(\text{cm}^3)$

$\therefore$ (㉰ 칸의 바닥의 넓이)$=\frac{1800}{20}=90(\text{cm}^2)$

09 정비례와 반비례

Step 1 교과서를 정복하는 핵심 유형

본교재 127~130쪽

502 ② 503 -6 504 $y=-3x$ 또는 $y=3x$
505 9 506 ② 507 3 508 16 509 $\frac{8}{5}$
510 $\frac{2}{3}\le a\le2$ 511 A$(8, 24)$
512 -24 513 $\frac{3}{4}$ 514 $\frac{4}{3}$ 515 10 516 ④
517 15 518 6 519 -12 520 -14 521 $\frac{45}{2}$
522 20 523 (1) $y=24x$ (2) 7초 후
524 $y=\frac{150}{x}$, 15명
525 (1) 50 Hz (2) $\frac{17}{1000}$ m 이상 17 m 이하

핵심 01 정비례와 반비례

502 ········ 답 ②

① 분침은 1분에 6°씩 회전하므로 $y=6x$ (정비례 관계)

② $\frac{1}{2}\times x\times y=20$ $\therefore y=\frac{40}{x}$ (반비례 관계)

③ 둘레의 길이가 x cm인 정사각형의 한 변의 길이는 $\frac{x}{4}$ cm이므로

$y=\frac{x}{4}\times\frac{x}{4}$ $\therefore y=\frac{x^2}{16}$ (정비례 관계도 반비례 관계도 아니다.)

④ (소금의 양)$=\frac{(\text{소금물의 농도})}{100}\times$(소금물의 양)이므로 $y=\frac{30}{100}\times x$

$\therefore y=\frac{3}{10}x$ (정비례 관계)

⑤ 하루는 24시간이므로 $x+y=24$

$\therefore y=24-x$ (정비례 관계도 반비례 관계도 아니다.)

따라서 y가 x에 반비례하는 것은 ②이다.

503 ········ 답 -6

y는 x에 반비례하므로 $y=\frac{a}{x}$ $(a\neq0)$라 하고

$x=3$, $y=-5$를 대입하면 $-5=\frac{a}{3}$ $\therefore a=-15$

$y=-\frac{15}{x}$에 $y=\frac{5}{2}$를 대입하면 $\frac{5}{2}=-\frac{15}{x}$ $\therefore x=-6$

504 ········ 답 $y=-3x$ 또는 $y=3x$

y가 x에 정비례하므로 $y=ax$ $(a\neq0)$라 하자.

$x=6$일 때의 y의 값과 $x=-3$일 때의 y의 값의 차가 27이므로

$|6a-(-3a)|=27$, $|9a|=27$, $|a|=3$

$\therefore a=-3$ 또는 $a=3$

따라서 x와 y 사이의 관계식은 $y=-3x$ 또는 $y=3x$

505 답 9

y가 x에 정비례하므로 $y=ax$ $(a\neq0)$라 하고

$x=-6$, $y=9$를 대입하면 $9=-6a$ $\quad\therefore a=-\frac{3}{2}$

$y=-\frac{3}{2}x$에 $x=-4$, $y=A$를 대입하면 $A=-\frac{3}{2}\times(-4)=6$

$y=-\frac{3}{2}x$에 $x=B$, $y=1$을 대입하면 $1=-\frac{3}{2}B$ $\quad\therefore B=-\frac{2}{3}$

$y=-\frac{3}{2}x$에 $x=C$, $y=-\frac{1}{4}$을 대입하면 $-\frac{1}{4}=-\frac{3}{2}C$

$\therefore C=-\frac{1}{4}\div\left(-\frac{3}{2}\right)=-\frac{1}{4}\times\left(-\frac{2}{3}\right)=\frac{1}{6}$

$\therefore A-3B+6C=6-3\times\left(-\frac{2}{3}\right)+6\times\frac{1}{6}=6+2+1=9$

핵심 02 정비례 관계 $y=ax$ $(a\neq0)$의 그래프

506 답 ②

$y=ax$의 그래프가 제2사분면과 제4사분면을 지나므로 $a<0$

또 $y=ax$의 그래프가 $y=-2x$와 $y=-\frac{1}{3}x$의 그래프 사이에 있으므로

$-2<a<-\frac{1}{3}$

따라서 a의 값이 될 수 있는 것은 ②이다.

507 답 3

그래프가 원점을 지나는 직선이므로 $y=ax$ $(a\neq0)$라 하자.

이 그래프가 점 $(-5, 4)$를 지나므로

$y=ax$에 $x=-5$, $y=4$를 대입하면 $4=-5a$

$\therefore a=-\frac{4}{5}$

$y=-\frac{4}{5}x$의 그래프가 점 P를 지나므로

$y=-\frac{4}{5}x$에 $y=-\frac{12}{5}$를 대입하면

$-\frac{12}{5}=-\frac{4}{5}x$ $\quad\therefore x=3$

따라서 점 P의 x좌표는 3이다.

508 답 16

$y=-\frac{2}{3}x$에 $y=4$를 대입하면

$4=-\frac{2}{3}x$ $\quad\therefore x=-6$

$\therefore$ A$(-6, 4)$

$y=2x$에 $y=4$를 대입하면

$4=2x$ $\quad\therefore x=2$

$\therefore$ B$(2, 4)$

따라서 삼각형 AOB의 넓이는

$\frac{1}{2}\times\{2-(-6)\}\times4=16$

509 답 $\frac{8}{5}$

점 P의 y좌표가 8이므로 $y=ax$에 $y=8$을 대입하면 $8=ax$

$\therefore x=\frac{8}{a}$ $\quad\therefore$ P$\left(\frac{8}{a}, 8\right)$

이때 $a>0$이므로 (선분 OQ의 길이)$=8$, (선분 PQ의 길이)$=\frac{8}{a}$이고

삼각형 OPQ의 넓이가 20이므로

$\frac{1}{2}\times8\times\frac{8}{a}=20$, $\frac{32}{a}=20$ $\quad\therefore a=\frac{8}{5}$

510 답 $\frac{2}{3}\leq a\leq2$

$y=ax$의 그래프가 선분 AB와 만나려면 $a>0$이어야 한다.

오른쪽 그림처럼 $y=ax$의 그래프가 직선 ㉠과 같이 점 A를 지날 때 a의 값이 가장 크므로

$y=ax$에 $x=4$, $y=8$을 대입하면

$8=4a$ $\quad\therefore a=2$

또 $y=ax$의 그래프가 직선 ㉡과 같이 점 B를 지날 때 a의 값이 가장 작으므로 $y=ax$에

$x=9$, $y=6$을 대입하면

$6=9a$ $\quad\therefore a=\frac{2}{3}$

따라서 a의 값의 범위는 $\frac{2}{3}\leq a\leq2$

511 답 A$(8, 24)$

두 점 A, B의 x좌표를 a라 하면 A$(a, 3a)$, B$\left(a, \frac{3}{4}a\right)$

이때 두 점 A, B 사이의 거리가 18이므로

$3a-\frac{3}{4}a=18$, $\frac{9}{4}a=18$ $\quad\therefore a=8$

$\therefore$ A$(8, 24)$

512 답 -24

$y=ax$에 $x=-3$, $y=9$를 대입하면 $9=-3a$ $\quad\therefore a=-3$

$y=-3x$에 $x=b$, $y=-12$를 대입하면 $-12=-3b$ $\quad\therefore b=4$

$y=-3x$에 $x=c-4$, $y=8-c$를 대입하면

$8-c=-3(c-4)$, $8-c=-3c+12$

$2c=4$ $\quad\therefore c=2$

$\therefore abc=-3\times4\times2=-24$

발전 03 도형의 넓이를 이등분하는 직선

513 답 $\frac{3}{4}$

오른쪽 그림과 같이 $y=ax$의 그래프와 선분 AB가 만나는 점을 P라 하자.

두 점 A, P의 x좌표가 모두 4이므로

$y=\frac{3}{2}x$에 $x=4$를 대입하면 $y=\frac{3}{2}\times4=6$

$\therefore$ A$(4, 6)$

점 P가 $y=ax$의 그래프 위에 있으므로 P$(4, 4a)$

이때 (삼각형 POB의 넓이)$=\frac{1}{2}\times$(삼각형 AOB의 넓이)이므로

$\frac{1}{2}\times4\times4a=\frac{1}{2}\times\left(\frac{1}{2}\times4\times6\right)$, $8a=6$ $\quad\therefore a=\frac{3}{4}$

514

답 $\frac{4}{3}$

오른쪽 그림과 같이 $y=ax$의 그래프와 선분 AB가 만나는 점을 P라 하고, 점 P의 좌표를 $\mathrm{P}(m, n)$ $(m>0, n>0)$이라 하자.

(삼각형 AOB의 넓이)$=\frac{1}{2}\times6\times8=24$에서

(삼각형 AOP의 넓이)$=\frac{1}{2}\times24=12$이므로

$\frac{1}{2}\times8\times m=12$, $4m=12$ $\quad\therefore m=3$

(삼각형 POB의 넓이)$=\frac{1}{2}\times24=12$이므로

$\frac{1}{2}\times6\times n=12$, $3n=12$ $\quad\therefore n=4$

따라서 $y=ax$의 그래프가 점 $\mathrm{P}(3, 4)$를 지나므로

$y=ax$에 $x=3$, $y=4$를 대입하면

$4=3a$ $\quad\therefore a=\frac{4}{3}$

핵심 04 반비례 관계 $y=\frac{a}{x}$ $(a\neq0)$의 그래프

515

답 10

$y=-\frac{12}{x}$의 그래프가 두 점 $(a, -2)$, $(-3, b)$를 지나므로

$y=-\frac{12}{x}$에 $x=a$, $y=-2$를 대입하면 $-2=-\frac{12}{a}$ $\quad\therefore a=6$

$y=-\frac{12}{x}$에 $x=-3$, $y=b$를 대입하면 $b=-\frac{12}{-3}=4$

$\therefore a+b=6+4=10$

516

답 ④

$y=ax$, $y=bx$의 그래프는 제1사분면과 제3사분면을 지나고,

$y=\frac{c}{x}$, $y=\frac{d}{x}$의 그래프는 제2사분면과 제4사분면을 지나므로

$a>0$, $b>0$, $c<0$, $d<0$

이때 $y=ax$의 그래프가 $y=bx$의 그래프보다 y축에 가까우므로

$|a|>|b|$ $\quad\therefore a>b$

또 $y=\frac{d}{x}$의 그래프가 $y=\frac{c}{x}$의 그래프보다 원점에 가까우므로

$|d|<|c|$ $\quad\therefore d>c$

$\therefore c<d<b<a$

517

답 15

두 점 A, B의 x좌표가 같으므로 점 B의 x좌표는 5이다.

점 B는 $y=-\frac{a}{x}$의 그래프 위의 점이므로 $\mathrm{B}\left(5, -\frac{a}{5}\right)$

이때 선분 AB의 길이가 7이므로

$4-\left(-\frac{a}{5}\right)=7$, $\frac{a}{5}=3$ $\quad\therefore a=15$

518

답 6

$y=\frac{18}{x}$의 그래프 위의 점 중에서 x좌표와 y좌표가 모두 정수인 점은 x좌표의 절댓값이 18의 약수이어야 한다.

이때 제3사분면 위의 점은 x좌표와 y좌표가 모두 음수이므로 x좌표의 값은 -18, -9, -6, -3, -2, -1이다.

따라서 구하는 점은 $(-18, -1)$, $(-9, -2)$, $(-6, -3)$, $(-3, -6)$, $(-2, -9)$, $(-1, -18)$의 6개이다.

519

답 -12

두 점 A, C는 $y=\frac{a}{x}$의 그래프 위의 점이고,

점 A의 x좌표가 -3이므로 $\mathrm{A}\left(-3, -\frac{a}{3}\right)$

점 C의 x좌표가 3이므로 $\mathrm{C}\left(3, \frac{a}{3}\right)$

$\therefore$ (직사각형 ABCD의 넓이)$=\{3-(-3)\}\times\left(-\frac{a}{3}-\frac{a}{3}\right)$

$=6\times\left(-\frac{2}{3}a\right)=-4a$

이때 직사각형 ABCD의 넓이는 48이므로

$-4a=48$ $\quad\therefore a=-12$

핵심 05 $y=ax$ $(a\neq0)$, $y=\frac{b}{x}$ $(b\neq0)$의 그래프의 교점

520

답 -14

점 $\mathrm{A}(b, -4)$가 $y=-\frac{2}{3}x$의 그래프 위의 점이므로

$y=-\frac{2}{3}x$에 $x=b$, $y=-4$를 대입하면 $-4=-\frac{2}{3}b$ $\quad\therefore b=6$

점 $\mathrm{A}(6, -4)$가 $y=\frac{a}{x}$의 그래프 위의 점이므로

$y=\frac{a}{x}$에 $x=6$, $y=-4$를 대입하면 $-4=\frac{a}{6}$ $\quad\therefore a=-24$

점 $\mathrm{B}(c, 6)$은 $y=-\frac{24}{x}$의 그래프 위의 점이므로

$y=-\frac{24}{x}$에 $x=c$, $y=6$을 대입하면 $6=-\frac{24}{c}$ $\quad\therefore c=-4$

$\therefore a+b-c=-24+6-(-4)=-24+6+4=-14$

521

답 $\frac{45}{2}$

$y=2x$에 $x=3$을 대입하면 $y=2\times3=6$

$\therefore \mathrm{A}(3, 6)$, $\mathrm{P}(3, 0)$

$y=\frac{a}{x}$의 그래프가 점 $\mathrm{A}(3, 6)$을 지나므로

$y=\frac{a}{x}$에 $x=3$, $y=6$을 대입하면 $6=\frac{a}{3}$ $\quad\therefore a=18$

즉 $y=\frac{18}{x}$에 $y=9$를 대입하면 $9=\frac{18}{x}$ $\quad\therefore x=2$

$\therefore \mathrm{Q}(2, 9)$, $\mathrm{R}(0, 9)$

따라서 사각형 OPQR의 넓이는 $\frac{1}{2}\times(2+3)\times9=\frac{45}{2}$

522 ··· 답 20

$y=\frac{a}{x}$의 그래프가 제1사분면과 제3사분면을 지나므로 $a>0$이다.

이때 점 A의 x좌표를 t $(t<0)$라 하면 $B\left(t,\ \frac{a}{t}\right)$

직사각형 ABCO의 넓이가 10이므로

$(-t)\times\left(-\frac{a}{t}\right)=10$ $\therefore a=10$

$\therefore y=\frac{10}{x}$

$y=\frac{10}{x}$에 $x=2$를 대입하면 $y=\frac{10}{2}=5$

$\therefore D(2,\ 5)$

또 점 D는 $y=bx$의 그래프 위의 점이므로

$y=bx$에 $x=2$, $y=5$를 대입하면 $5=2b$

$\therefore b=\frac{5}{2}$

$\therefore a+4b=10+4\times\frac{5}{2}=20$

핵심 06 정비례, 반비례 관계의 활용

523 ··· 답 (1) $y=24x$ (2) 7초 후

(1) x초 후의 선분 BP의 길이가 $3x$ cm이므로

삼각형 ABP의 넓이는 $y=\frac{1}{2}\times 3x\times 16$, 즉 $y=24x$

(2) $y=24x$에 $y=168$을 대입하면 $168=24x$ $\therefore x=7$

따라서 점 P가 점 B를 출발한 지 7초 후에 삼각형 ABP의 넓이가 $168\ cm^2$가 된다.

524 ··· 답 $y=\frac{150}{x}$, 15명

$xy=6\times 25=150$ $\therefore y=\frac{150}{x}$

$y=\frac{150}{x}$에 $y=10$을 대입하면

$10=\frac{150}{x}$ $\therefore x=15$

따라서 10분 만에 청소를 끝내려면 15명의 학생이 필요하다.

525 ··· 답 (1) 50 Hz (2) $\frac{17}{1000}$ m 이상 17 m 이하

(1) y가 x에 반비례하므로 $y=\frac{a}{x}$ $(a\neq 0)$라 하자.

주어진 그래프가 점 $(10,\ 34)$를 지나므로

$y=\frac{a}{x}$에 $x=10$, $y=34$를 대입하면 $34=\frac{a}{10}$ $\therefore a=340$

$\therefore y=\frac{340}{x}$

$y=\frac{340}{x}$에 $y=6.8$을 대입하면 $6.8=\frac{340}{x}$ $\therefore x=50$

따라서 파장이 6.8 m인 음파의 진동수는 50 Hz이다.

(2) $y=\frac{340}{x}$에 $x=20$을 대입하면 $y=\frac{340}{20}=17$

$y=\frac{340}{x}$에 $x=20000$을 대입하면 $y=\frac{340}{20000}=\frac{17}{1000}$

따라서 사람이 들을 수 있는 음파의 파장의 범위는

$\frac{17}{1000}$ m 이상 17 m 이하이다.

Step 2 실전문제 체화를 위한 심화 유형 본교재 133~136쪽

526 -4	527 6	528 $\frac{3}{2}$	529 6	530 44
531 $C(9,\ 4)$		532 $\frac{14}{25}$	533 $\frac{16}{9}$	534 $\frac{10}{13}$
535 350	536 13	537 $\frac{49}{8}$	538 58	539 4
540 36	541 9	542 42	543 $\frac{71}{2}$	
544 $y=\frac{7}{3}x$, 105번		545 $A=15$, $y=\frac{15}{x}$		546 50분
547 $y=500x$, 30 km		548 $\frac{7}{2}$		

유형 01 정비례와 반비례

526 ··· 답 -4

(가)에서 $4y$가 x에 정비례하므로 $4y=ax$ $(a\neq 0)$로 놓으면 $y=\frac{a}{4}x$

(나)에서 $x=-5$일 때, $y=2$이므로 $y=\frac{a}{4}x$에 $x=-5$, $y=2$를 대입하면

$2=\frac{a}{4}\times(-5)$ $\therefore a=-\frac{8}{5}$

즉 x와 y 사이의 관계식은 $y=\frac{1}{4}\times\left(-\frac{8}{5}\right)x=-\frac{2}{5}x$

따라서 $y=-\frac{2}{5}x$에 $x=10$을 대입하면 $y=-\frac{2}{5}\times 10=-4$

527 ··· 답 6

상자 A에 4를 넣어서 나오는 수는 $4a$이고, $4a$를 상자 B에 넣어서 나오는 수는 $\frac{b}{4a}$이므로 $\frac{b}{4a}=-9$ $\therefore \frac{b}{a}=-36$

이때 상자 A에 -6을 넣어서 나오는 수는 $-6a$이고, $-6a$를 상자 B에 넣어서 나오는 수는 $\frac{b}{-6a}=-\frac{1}{6}\times(-36)=6$

유형 02 정비례 관계 $y=ax$ $(a\neq 0)$의 그래프

528 ··· 답 $\frac{3}{2}$

$y=-3x$에 $x=-4$를 대입하면

$y=-3\times(-4)=12$ $\therefore A(-4,\ 12)$

선분 AP의 길이가 4이므로 선분 BP의 길이는

$2\times 4=8$ $\therefore B(8,\ 12)$

이때 $y=ax$의 그래프가 점 $B(8,\ 12)$를 지나므로

$y=ax$에 $x=8$, $y=12$를 대입하면 $12=8a$ $\therefore a=\frac{3}{2}$

529 답 6

오른쪽 그림과 같이 정사각형 ABCD의 한 변의 길이를 a라 하면

B$(2, 8-a)$, C$(2+a, 8-a)$

점 C가 $y=\frac{1}{4}x$의 그래프 위의 점이므로

$y=\frac{1}{4}x$에 $x=2+a$, $y=8-a$를 대입하면

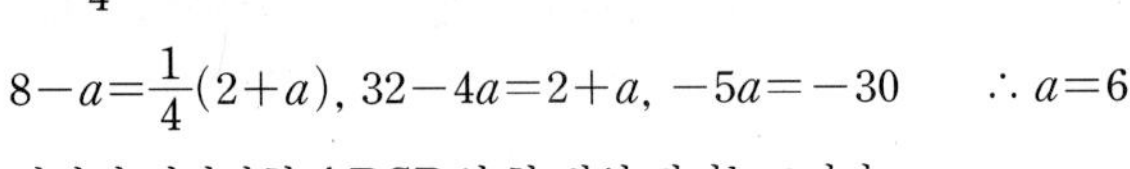

$8-a=\frac{1}{4}(2+a)$, $32-4a=2+a$, $-5a=-30$ $\therefore a=6$

따라서 정사각형 ABCD의 한 변의 길이는 6이다.

530 답 44

점 P의 y좌표가 14이므로 $y=\frac{7}{2}x$에 $y=14$를 대입하면 $14=\frac{7}{2}x$ $\therefore x=4$

$\therefore$ P$(4, 14)$

점 Q의 x좌표가 6이므로 $y=\frac{2}{3}x$에 $x=6$을 대입하면

$y=\frac{2}{3}\times 6=4$ $\therefore$ Q$(6, 4)$

$\therefore$ (사각형 OQBP의 넓이)

$=$(직사각형 OCBA의 넓이)$-$(삼각형 AOP의 넓이)

$-$(삼각형 QOC의 넓이)

$=6\times 14-\frac{1}{2}\times 14\times 4-\frac{1}{2}\times 6\times 4=84-28-12=44$

531 답 C$(9, 4)$

점 A의 x좌표를 t $(t>0)$라 하면

A(t, t), B$\left(t, \frac{2}{3}t\right)$

두 점 A, D의 y좌표가 같고, 점 D는 $y=\frac{2}{3}x$의 그래프 위의 점이므로

$y=\frac{2}{3}x$에 $y=t$를 대입하면

$t=\frac{2}{3}x$ $\therefore x=\frac{3}{2}t$

$\therefore$ D$\left(\frac{3}{2}t, t\right)$

점 C의 x좌표는 점 D의 x좌표와 같고, y좌표는 점 B의 y좌표와 같으므로

C$\left(\frac{3}{2}t, \frac{2}{3}t\right)$

이때 직사각형 ABCD에서 선분 AB의 길이는 $t-\frac{2}{3}t=\frac{t}{3}$,

선분 AD의 길이는 $\frac{3}{2}t-t=\frac{t}{2}$이고,

직사각형 ABCD의 둘레의 길이가 10이므로 $2\left(\frac{t}{3}+\frac{t}{2}\right)=10$

$\frac{5}{3}t=10$ $\therefore t=6$

$\therefore$ C$(9, 4)$

유형 03 도형의 넓이를 이등분하는 직선

532 답 $\frac{14}{25}$

(사다리꼴 AOBC의 넓이)$=\frac{1}{2}\times\{(5-3)+5\}\times 4=14$

(삼각형 COB의 넓이)$=\frac{1}{2}\times 5\times 4=10$

$\therefore$ (삼각형 COB의 넓이)$>\frac{1}{2}\times$(사다리꼴 AOBC의 넓이)

즉 $y=ax$의 그래프가 사다리꼴 AOBC의 넓이를 이등분하려면 $y=ax$의 그래프는 선분 BC와 만나야 한다.

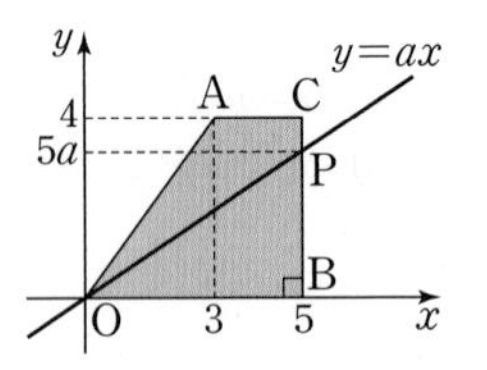

오른쪽 그림과 같이 $y=ax$의 그래프와 선분 BC가 만나는 점을 P라 하자.

점 P의 x좌표는 5이고, 점 P는 $y=ax$의 그래프 위의 점이므로 P$(5, 5a)$

이때

(삼각형 POB의 넓이)$=\frac{1}{2}\times$(사각형 AOBC의 넓이)이므로

$\frac{1}{2}\times 5\times 5a=\frac{1}{2}\times 14$

$\frac{25}{2}a=7$ $\therefore a=\frac{14}{25}$

533 답 $\frac{16}{9}$

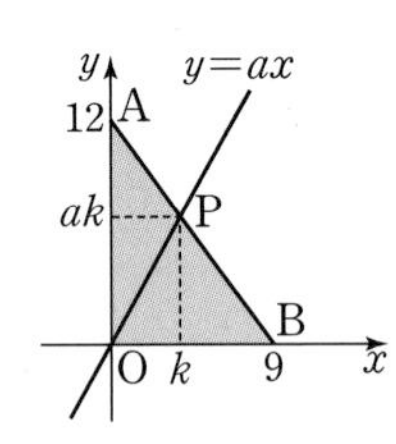

오른쪽 그림과 같이 점 P의 x좌표를 k $(k>0)$라 하면 점 P는 $y=ax$의 그래프 위의 점이므로 P(k, ak)

(삼각형 OPA의 넓이)$=\frac{1}{2}\times 12\times k=6k$

(삼각형 OBP의 넓이)$=\frac{1}{2}\times 9\times ak=\frac{9}{2}ak$

이때 (삼각형 OPA의 넓이) : (삼각형 OBP의 넓이)$=3:4$이므로

$6k:\frac{9}{2}ak=3:4$, $24k=\frac{27}{2}ak$ $\therefore a=\frac{16}{9}$

534 답 $\frac{10}{13}$

(직사각형 ABCD의 넓이)

$=(8-5)\times(9-3)=3\times 6=18$

이때 사다리꼴 AEFD의 넓이가 사다리꼴 BCFE의 넓이의 2배이므로

(사다리꼴 BCFE의 넓이)$=\frac{1}{3}\times 18=6$

점 E의 x좌표는 5이고, 점 E는 $y=ax$의 그래프 위의 점이므로

E$(5, 5a)$

또 점 F의 x좌표는 8이고, 점 F는 $y=ax$의 그래프 위의 점이므로

F$(8, 8a)$

따라서 사다리꼴 BCFE의 넓이가 6이므로

$\frac{1}{2}\times\{(5a-3)+(8a-3)\}\times(8-5)=6$

$\frac{3}{2}(13a-6)=6$, $13a-6=4$, $13a=10$ $\therefore a=\frac{10}{13}$

유형 04 반비례 관계 $y=\frac{a}{x}$ $(a\neq0)$의 그래프

535 ……… 답 350

점 B_n의 x좌표가 n이고, 점 B_n은 $y=\frac{7}{x}$의 그래프 위의 점이므로

$B_n\left(n,\ \frac{7}{n}\right)$

따라서 $S_n=n\times\frac{7}{n}=7$이므로 $S_1=S_2=S_3=\cdots=S_{50}=7$

$\therefore S_1+S_2+S_3+\cdots+S_{50}=7\times50=350$

536 ……… 답 13

점 P의 x좌표를 k $(k>0)$라 하면

점 P는 $y=\frac{a}{x}$의 그래프 위의 점이므로 $P\left(k,\ \frac{a}{k}\right)$

이때 직사각형 BOAP의 넓이는 26이므로 $k\times\frac{a}{k}=26$, $a=26$

$\therefore y=\frac{26}{x}$

점 Q의 x좌표를 t $(t<0)$라 하면

점 Q는 $y=\frac{26}{x}$의 그래프 위의 점이므로 $Q\left(t,\ \frac{26}{t}\right)$

따라서 (선분 OC의 길이)$=-t$, (선분 CQ의 길이)$=-\frac{26}{t}$이므로

(삼각형 OCQ의 넓이)$=\frac{1}{2}\times(-t)\times\left(-\frac{26}{t}\right)=13$

537 ……… 답 $\frac{49}{8}$

점 A의 x좌표를 a $(a>0)$라 하면

점 A는 $y=\frac{3}{x}$의 그래프 위의 점이므로

$A\left(a,\ \frac{3}{a}\right)$

이때 두 점 A, B의 y좌표가 같으므로

$y=-\frac{4}{x}$에 $y=\frac{3}{a}$을 대입하면

$\frac{3}{a}=-\frac{4}{x}$ $\qquad\therefore x=-\frac{4}{3}a$

$\therefore B\left(-\frac{4}{3}a,\ \frac{3}{a}\right)$

두 점 B, C의 x좌표가 같으므로 $y=\frac{3}{x}$에 $x=-\frac{4}{3}a$를 대입하면

$y=3\div\left(-\frac{4}{3}a\right)=3\times\left(-\frac{3}{4a}\right)=-\frac{9}{4a}$

$\therefore C\left(-\frac{4}{3}a,\ -\frac{9}{4a}\right)$

$\therefore$ (삼각형 ABC의 넓이)$=\frac{1}{2}\times\left\{a-\left(-\frac{4}{3}a\right)\right\}\times\left\{\frac{3}{a}-\left(-\frac{9}{4a}\right)\right\}$

$=\frac{1}{2}\times\frac{7a}{3}\times\frac{21}{4a}=\frac{49}{8}$

538 ……… 답 58

반비례 관계 $y=\frac{a}{x}$의 그래프가 점 $(-4,\ 3)$을 지나므로

$y=\frac{a}{x}$에 $x=-4$, $y=3$을 대입하면 $3=\frac{a}{-4}$ $\qquad\therefore a=-12$

제4사분면에서 색칠한 부분에 있는 x좌표와 y좌표가 모두 정수인 점은

$x=1$일 때, $y=-1,\ -2,\ \cdots,\ -11$의 11개

$x=2$일 때, $y=-1,\ -2,\ \cdots,\ -5$의 5개

$x=3$일 때, $y=-1,\ -2,\ -3$의 3개

$x=4,\ 5$일 때, $y=-1,\ -2$의 각 2개씩

$x=6,\ 7,\ 8,\ 9,\ 10,\ 11$일 때, $y=-1$의 각 1개씩

이므로 $11+5+3+2\times2+6\times1=29$(개)

이와 같은 방법으로 제2사분면에서 색칠한 부분에 있는 x좌표와 y좌표가 모두 정수인 점도 29개이므로 구하는 점의 개수는 $2\times29=58$

유형 05 $y=ax$ $(a\neq0)$, $y=\frac{b}{x}$ $(b\neq0)$의 그래프의 교점

539 ……… 답 4

점 A의 y좌표가 8이므로 $y=4x$에 $y=8$을 대입하면

$8=4x$ $\qquad\therefore x=2$ $\qquad\therefore A(2,\ 8)$

$y=\frac{b}{x}$의 그래프가 점 $A(2,\ 8)$을 지나므로

$y=\frac{b}{x}$에 $x=2$, $y=8$을 대입하면

$8=\frac{b}{2}$ $\qquad\therefore b=16$ $\qquad\therefore y=\frac{16}{x}$

점 B의 x좌표가 8이므로

$y=\frac{16}{x}$에 $x=8$을 대입하면

$y=\frac{16}{8}=2$ $\qquad\therefore B(8,\ 2)$

이때 $y=ax$의 그래프가 점 $B(8,\ 2)$를 지나므로

$y=ax$에 $x=8$, $y=2$를 대입하면 $2=8a$ $\qquad\therefore a=\frac{1}{4}$

$\therefore ab=\frac{1}{4}\times16=4$

540 ……… 답 36

점 A의 x좌표가 4이고, 점 A가 $y=ax$의 그래프 위의 점이므로 $A(4,\ 4a)$

이때 $y=\frac{b}{x}$의 그래프가 원점에 대하여 대칭인 한 쌍의 곡선이므로 $B(-4,\ -4a)$

$\therefore C(-4,\ 4a)$, $D(4,\ -4a)$

직사각형 ACBD의 넓이가 96이므로

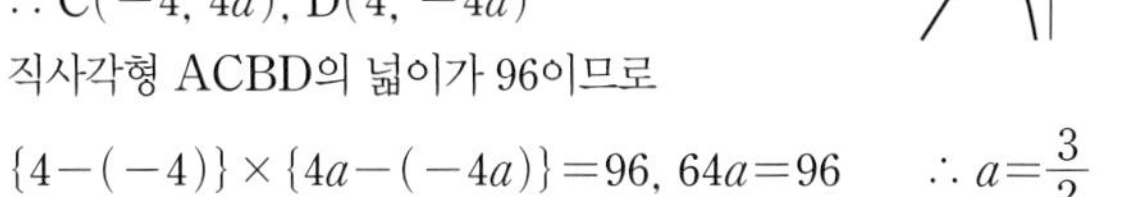

$\{4-(-4)\}\times\{4a-(-4a)\}=96$, $64a=96$ $\qquad\therefore a=\frac{3}{2}$

따라서 점 $A(4,\ 6)$이 $y=\frac{b}{x}$의 그래프 위의 점이므로

$y=\frac{b}{x}$에 $x=4$, $y=6$을 대입하면

$6=\frac{b}{4}$ $\qquad\therefore b=24$

$\therefore ab=\frac{3}{2}\times24=36$

541 ……… 답 9

$x_1 : x_2=2 : 3$이므로 $x_1=2k$, $x_2=3k$ $(k>0)$라 하면

두 점 P, Q는 각각 $y=\frac{4}{x}$, $y=\frac{b}{x}$의 그래프 위의 점이므로

$P\left(2k, \frac{2}{k}\right)$, $Q\left(3k, \frac{b}{3k}\right)$

이때 두 점 $P\left(2k, \frac{2}{k}\right)$, $Q\left(3k, \frac{b}{3k}\right)$는 $y=ax$의 그래프 위의 점이므로

$y=ax$에 $x=2k$, $y=\frac{2}{k}$를 대입하면 $\frac{2}{k}=2ak$ $\quad\therefore ak^2=1$

$y=ax$에 $x=3k$, $y=\frac{b}{3k}$를 대입하면 $\frac{b}{3k}=3ak$ $\quad\therefore b=9ak^2=9$

542 답 42

점 A의 x좌표가 a이고, 점 A는 $y=2x$의 그래프 위의 점이므로

$A(a, 2a)$

정사각형 ABCD의 한 변의 길이가 9이므로

$B(a-9, 2a)$, $D(a, 2a+9)$

점 B가 $y=-x$의 그래프 위의 점이므로

$y=-x$에 $x=a-9$, $y=2a$를 대입하면

$2a=-(a-9)$, $2a=-a+9$

$3a=9$ $\quad\therefore a=3$ $\quad\therefore D(3, 15)$

이때 점 D가 $y=\frac{b}{x}$의 그래프 위의 점이므로

$y=\frac{b}{x}$에 $x=3$, $y=15$를 대입하면

$15=\frac{b}{3}$ $\quad\therefore b=45$

$\therefore b-a=45-3=42$

543 답 $\frac{71}{2}$

점 S의 y좌표가 -6이고, 점 S는 $y=-\frac{3}{2}x$의 그래프 위의 점이므로

$y=-\frac{3}{2}x$에 $y=-6$을 대입하면

$-6=-\frac{3}{2}x$ $\quad\therefore x=4$

$\therefore S(4, -6)$

$y=\frac{k}{x}$의 그래프가 점 S를 지나므로

$y=\frac{k}{x}$에 $x=4$, $y=-6$을 대입하면

$-6=\frac{k}{4}$ $\quad\therefore k=-24$

$y=-\frac{24}{x}$의 그래프 위의 점 P의 y좌표가 8이므로

$y=-\frac{24}{x}$에 $y=8$을 대입하면 $8=-\frac{24}{x}$ $\quad\therefore x=-3$

$\therefore P(-3, 8)$

$\therefore$ (사각형 PQOR의 넓이)

$=$(삼각형 PQO의 넓이)$+$(삼각형 POR의 넓이)

$=\frac{1}{2}\times7\times8+\frac{1}{2}\times5\times3=28+\frac{15}{2}=\frac{71}{2}$

유형 06 정비례, 반비례 관계의 활용

544 답 $y=\frac{7}{3}x$, 105번

두 톱니바퀴 A, B의 톱니 수를 각각 $7a$, $3a$ $(a>0)$라 하면

$7a\times x=3a\times y$ $\quad\therefore y=\frac{7}{3}x$

$y=\frac{7}{3}x$에 $x=45$를 대입하면 $y=\frac{7}{3}\times45=105$

따라서 톱니바퀴 A가 45번 회전할 때 톱니바퀴 B는 105번 회전한다.

545 답 $A=15$, $y=\frac{15}{x}$

넓이가 8 m^2인 직사각형 모양의 벽에 페인트를 칠하는 데 드는 비용은 56000원이므로 넓이가 1 m^2인 직사각형 모양의 벽에 페인트를 칠하는 데 드는 비용은 $\frac{56000}{8}=7000$(원)

따라서 105000원의 비용으로 페인트를 칠할 수 있는 벽의 넓이는

$\frac{105000}{7000}=15(m^2)$이므로 $A=15$

이때 넓이가 15 m^2인 벽의 가로, 세로의 길이가 각각 x m, y m이므로

$xy=15$

$\therefore y=\frac{15}{x}$

546 답 50분

A : x분 동안 넣는 물의 양을 y L라 하면 y가 x에 정비례하므로

$y=ax$ $(a\neq0)$로 놓고 $x=2$, $y=60$을 대입하면

$60=2a$ $\quad\therefore a=30$ $\quad\therefore y=30x$

B : x분 동안 새어 나가는 물의 양을 y L라 하면 y가 x에 정비례하므로

$y=bx$ $(b\neq0)$로 놓고 $x=5$, $y=80$을 대입하면

$80=5b$ $\quad\therefore b=16$ $\quad\therefore y=16x$

이때 x분 동안 채워지는 물의 양을 y L라 하면 $y=30x-16x=14x$

$y=14x$에 $y=700$을 대입하면 $700=14x$ $\quad\therefore x=50$

따라서 빈 물통에 물을 가득 채우는 데 걸리는 시간은 50분이다.

547 답 $y=500x$, 30 km

1단계 기차의 길이와 기차의 속력 구하기

기차의 길이를 a m라 하면 기차의 속력은 일정하므로

$\frac{300+a}{2}=\frac{800+a}{3}$

양변에 6을 곱하면 $3(300+a)=2(800+a)$

$900+3a=1600+2a$ $\quad\therefore a=700$

즉 기차의 길이는 700 m이므로

기차의 속력은 분속 $\frac{300+700}{2}=500$(m)이다. …… 50 %

2단계 x와 y 사이의 관계를 식으로 나타내기

이 기차가 x분 동안 이동한 거리는 $500x$ m이므로

$y=500x$ …… 20 %

3단계 기차가 1시간 동안 이동한 거리 구하기

이때 1시간은 60분이므로 $y=500x$에 $x=60$을 대입하면

$y=500\times60=30000$

따라서 이 기차가 1시간 동안 이동한 거리는
30000 m, 즉 30 km이다. …… 30 %

548 ······ 답 $\frac{7}{2}$

❶단계 세 점 P, A, B의 좌표 구하기

$y=\frac{24}{x}$에 $x=6$을 대입하면 $y=\frac{24}{6}=4$

$\therefore$ P(6, 4), A(6, 0), B(0, 4) …… 20 %

❷단계 a의 값 구하기

점 P가 $y=ax$의 그래프 위의 점이므로

$y=ax$에 $x=6$, $y=4$를 대입하면

$4=6a \qquad \therefore a=\frac{2}{3}$ …… 20 %

❸단계 b의 값 구하기

5초 후의 점 C의 y좌표는 $4+5\times1.2=10$

즉 점 Q의 y좌표는 10이므로

$y=\frac{24}{x}$에 $y=10$을 대입하면

$10=\frac{24}{x} \qquad \therefore x=\frac{12}{5} \qquad \therefore \text{Q}\left(\frac{12}{5}, 10\right)$

점 Q가 $y=bx$의 그래프 위의 점이므로

$y=bx$에 $x=\frac{12}{5}$, $y=10$을 대입하면

$10=\frac{12}{5}b \qquad \therefore b=\frac{25}{6}$ …… 40 %

❹단계 $b-a$의 값 구하기

$\therefore b-a=\frac{25}{6}-\frac{2}{3}=\frac{25}{6}-\frac{4}{6}=\frac{7}{2}$ …… 20 %

Step 3 최상위권 굳히기를 위한 최고난도 유형 본교재 137~140쪽

549 (1) $y=\frac{9}{17}x$ (2) 102 **550** 1 **551** 7
552 $\frac{32}{3}$ **553** ⑤ **554** 60 **555** $\frac{6}{7}\le m\le\frac{14}{3}$
556 58 **557** (1) $\text{B}\left(\frac{m}{2}, 0\right)$ (2) $\text{F}\left(6, \frac{2}{3}\right)$ **558** 4
559 1 : 2 **560** 4

창의 융합

561 5개 **562** $y=\frac{2}{3}x$, 6번

549 ······ 답 (1) $y=\frac{9}{17}x$ (2) 102

(1) 처음 상자 안에 들어 있던 사과의 개수가 x이므로 처음 상자 안에 들어 있던 귤의 개수는 $3x$이다.
꺼낸 사과의 개수가 y이므로 꺼낸 귤의 개수는 $5y$이다.
남아 있는 사과와 귤의 개수의 비가 4 : 3이므로
$(x-y):(3x-5y)=4:3$, $3(x-y)=4(3x-5y)$
$3x-3y=12x-20y$, $17y=9x \qquad \therefore y=\frac{9}{17}x$

(2) $y=\frac{9}{17}x$에 $y=18$을 대입하면 $18=\frac{9}{17}x \qquad \therefore x=34$
따라서 처음 상자 안에 들어 있던 사과의 개수는 34이므로
귤의 개수는 $3\times34=102$

550 ······ 답 1

점 B의 y좌표가 10이므로

$y=5x$에 $y=10$을 대입하면

$10=5x \qquad \therefore x=2 \qquad \therefore$ B(2, 10)

점 C의 x좌표가 8이므로

$y=\frac{1}{8}x$에 $x=8$을 대입하면

$y=1 \qquad \therefore$ C(8, 1)

점 B의 x좌표가 2, 점 C의 x좌표가 8이고

$a=d=e$이므로 $a+d+e=8-2$

$3a=6 \qquad \therefore a=2$

점 B의 y좌표가 10, 점 C의 y좌표가 1이고

$b=c=f$이므로 $b+c+f=10-1$

$3b=9 \qquad \therefore b=3$

점 A의 x좌표는 $2+2=4$, y좌표는 $1+3=4$이므로

A(4, 4)

따라서 $y=kx$에 $x=4$, $y=4$를 대입하면

$4=4k \qquad \therefore k=1$

551 ······ 답 7

두 점 A, B의 x좌표가 3이므로

$\text{A}\left(3, \frac{a}{3}\right)$, $\text{B}(3, -3a)$

두 점 C, D의 x좌표가 k이므로

$\text{C}\left(k, \frac{a}{k}\right)$, $\text{D}(k, -ak)$

선분 AB의 길이가 $\frac{a}{3}-(-3a)=\frac{10}{3}a$이므로

삼각형 AOB의 넓이는 $\frac{1}{2}\times\frac{10}{3}a\times3=5a$

선분 CD의 길이가 $\frac{a}{k}-(-ak)=\frac{a}{k}+ak$이므로

삼각형 COD의 넓이는 $\frac{1}{2}\times\left(\frac{a}{k}+ak\right)\times k=\frac{1}{2}a+\frac{1}{2}ak^2$

이때 삼각형 COD의 넓이가 삼각형 AOB의 넓이의 5배이므로

$\frac{1}{2}a+\frac{1}{2}ak^2=5a\times5$

$a+ak^2=50a$, $ak^2=49a$

$k^2=49$ ($\because a\ne0$) $\qquad \therefore k=7$ ($\because k>3$)

552 ······ 답 $\frac{32}{3}$

점 P의 y좌표가 4이고, 점 P는 $y=2x$의 그래프 위의 점이므로

$y=2x$에 $y=4$를 대입하면 $4=2x \qquad \therefore x=2$

$\therefore$ P(2, 4), A(2, 0)

점 P(2, 4)가 $y=\frac{a}{x}$의 그래프 위의 점이므로

$y=\frac{a}{x}$에 $x=2$, $y=4$를 대입하면

$4=\frac{a}{2}$ $\quad\therefore a=8$ $\quad\therefore y=\frac{8}{x}$

점 B가 점 A를 출발한 지 6초 후의 x좌표는 $2+\frac{2}{3}\times 6=6$

$\therefore$ B$(6, 0)$

점 Q의 x좌표가 6이고, 점 Q는 $y=\frac{8}{x}$의 그래프 위의 점이므로

$y=\frac{8}{x}$에 $x=6$을 대입하면 $y=\frac{8}{6}=\frac{4}{3}$ $\quad\therefore$ Q$\left(6, \frac{4}{3}\right)$

$\therefore$ (사각형 PABQ의 넓이)$=\frac{1}{2}\times\left(4+\frac{4}{3}\right)\times(6-2)$

$=\frac{1}{2}\times\frac{16}{3}\times 4=\frac{32}{3}$

553 답 ⑤

점 A의 x좌표는 2이고, 점 A는 $y=\frac{a}{x}$의 그래프 위의 점이므로

A$\left(2, \frac{a}{2}\right)$

점 B의 y좌표는 2이고, 점 B는 $y=\frac{a}{x}$의 그래프 위의 점이므로

$y=\frac{a}{x}$에 $y=2$를 대입하면

$2=\frac{a}{x}$ $\quad\therefore x=\frac{a}{2}$ $\quad\therefore$ B$\left(\frac{a}{2}, 2\right)$

오른쪽 그림과 같이 점 C를 지나고 y축에 평행한 직선이 x축과 만나는 점을 D, 점 C를 지나고 x축에 평행한 직선이 y축과 만나는 점을 E라 하면

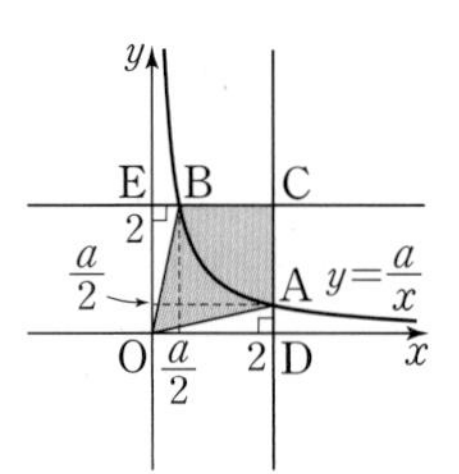

D$(2, 0)$, E$(0, 2)$

삼각형 ODA와 삼각형 OBE는 직각삼각형이므로

(삼각형 ODA의 넓이)$=\frac{1}{2}\times\overline{\text{OD}}\times\overline{\text{AD}}=\frac{1}{2}\times 2\times\frac{a}{2}=\frac{a}{2}$

(삼각형 OBE의 넓이)$=\frac{1}{2}\times\overline{\text{OE}}\times\overline{\text{BE}}=\frac{1}{2}\times 2\times\frac{a}{2}=\frac{a}{2}$

사각형 ODCE는 한 변의 길이가 2인 정사각형이므로

(사각형 OACB의 넓이)

$=$(사각형 ODCE의 넓이)$-$(삼각형 ODA의 넓이)

$-$(삼각형 OBE의 넓이)

$=2\times 2-\frac{a}{2}-\frac{a}{2}=4-a$

따라서 $4-a=\frac{22}{7}$이므로 $a=\frac{6}{7}$

554 답 60

점 P(a, b)가 $y=\frac{20}{x}$ $(x>0)$의 그래프 위의 점이므로

$y=\frac{20}{x}$에 $x=a$, $y=b$를 대입하면 $b=\frac{20}{a}$ $\quad\therefore ab=20$

이때 a, b가 모두 자연수이므로 점 P(a, b)가 될 수 있는 점의 좌표는

$(1, 20)$, $(2, 10)$, $(4, 5)$, $(5, 4)$, $(10, 2)$, $(20, 1)$

(i) 직사각형 PROQ의 둘레의 길이가 가장 크려면 x좌표와 y좌표의 합이 가장 클 때이므로 점 P의 좌표가 $(1, 20)$ 또는 $(20, 1)$일 때이다. 이때의 직사각형 PROQ의 둘레의 길이는 $2\times(20+1)=42$이므로 $M=42$

(ii) 직사각형 PROQ의 둘레의 길이가 가장 작으려면 x좌표와 y좌표의 합이 가장 작을 때이므로 점 P의 좌표가 $(4, 5)$ 또는 $(5, 4)$일 때이다. 이때의 직사각형 PROQ의 둘레의 길이는 $2\times(4+5)=18$이므로 $m=18$

(i), (ii)에서 $M+m=42+18=60$

555 답 $\frac{6}{7}\le m\le\frac{14}{3}$

두 점 A, B의 좌표를 각각 A$(p, 14)$, B$(q, 6)$ $(p>0, q>0)$이라 하면 두 점 A, B는 $y=\frac{a}{x}$의 그래프 위의 점이므로

$y=\frac{a}{x}$에 $x=p$, $y=14$를 대입하면 $14=\frac{a}{p}$ $\quad\therefore p=\frac{a}{14}$

$y=\frac{a}{x}$에 $x=q$, $y=6$을 대입하면 $6=\frac{a}{q}$ $\quad\therefore q=\frac{a}{6}$

이때 삼각형 ABC의 넓이가 16이므로

$\frac{1}{2}\times(q-p)\times(14-6)=16$

$\frac{1}{2}\times\left(\frac{a}{6}-\frac{a}{14}\right)\times 8=16$, $\frac{8}{21}a=16$ $\quad\therefore a=42$

즉 $p=3$, $q=7$이므로 A$(3, 14)$, B$(7, 6)$

$y=mx$의 그래프가 점 A를 지날 때 m의 값은 최대이고, 점 B를 지날 때 m의 값은 최소이다.

(i) $y=mx$의 그래프가 점 A$(3, 14)$를 지날 때, $14=3m$

$\therefore m=\frac{14}{3}$

(ii) $y=mx$의 그래프가 점 B$(7, 6)$을 지날 때, $6=7m$ $\quad\therefore m=\frac{6}{7}$

(i), (ii)에서 구하는 상수 m의 값의 범위는 $\frac{6}{7}\le m\le\frac{14}{3}$

556 답 58

두 정사각형의 둘레의 길이의 합이 40이므로 두 정사각형의 한 변의 길이의 합은 $40\div 4=10$이다.

정사각형 ABCD의 한 변의 길이를 a라 하면

점 A의 y좌표가 a이고 점 A가 $y=\frac{x}{2}$의 그래프 위의 점이므로

$y=\frac{x}{2}$에 $y=a$를 대입하면 $a=\frac{x}{2}$ $\quad\therefore x=2a$

$\therefore$ A$(2a, a)$, B$(2a, 0)$

점 C의 x좌표는 $2a+a=3a$이므로 점 C의 좌표는 C$(3a, 0)$이고

선분 CF의 길이가 5이므로 점 F의 x좌표는 $3a+5$

즉 점 E의 y좌표는 $\frac{3a+5}{2}$이므로 정사각형 EFGH의 한 변의 길이는 $\frac{3a+5}{2}$이다.

이때 $a+\frac{3a+5}{2}=10$이므로 $2a+3a+5=20$, $5a=15$ $\quad\therefore a=3$

따라서 정사각형 ABCD의 한 변의 길이는 3이고, 정사각형 EFGH의 한 변의 길이는 $10-3=7$이므로 두 정사각형의 넓이의 합은

$3^2+7^2=58$

557 답 (1) B$\left(\frac{m}{2}, 0\right)$ (2) F$\left(6, \frac{2}{3}\right)$

(1) 점 E의 x좌표가 m이고, 점 E가 $y=\frac{4}{x}$의 그래프 위의 점이므로

E$\left(m, \frac{4}{m}\right)$

점 E는 대각선 AC의 한가운데 점이므로
점 A의 y좌표는 점 E의 y좌표의 2배이다.

이때 점 A의 x좌표를 a라 하면 y좌표는 $\frac{4}{a}$이므로

$\frac{4}{a}=\frac{4}{m}\times 2 \qquad \therefore a=\frac{m}{2}$

$\therefore B\left(\frac{m}{2}, 0\right)$

(2) 점 E의 x좌표가 4일 때, E(4, 1), B(2, 0)
이때 점 E는 직사각형 ABCD의 대각선의 한가운데 점이므로
점 C의 x좌표를 b라 하면 $\frac{2+b}{2}=4$

$2+b=8 \qquad \therefore b=6$

따라서 점 F의 x좌표는 6이고, 점 F는 $y=\frac{4}{x}$의 그래프 위의 점이므로

점 F의 y좌표는 $\frac{4}{6}=\frac{2}{3}$

$\therefore F\left(6, \frac{2}{3}\right)$

558 답 4

점 P(1, 3)이 $y=ax$의 그래프 위의 점이므로 $y=ax$에 $x=1$, $y=3$을 대입하면 $a=3$

이때 점 P(1, 3)이 $y=\frac{3ab}{x}$, 즉 $y=\frac{9b}{x}$의 그래프 위의 점이므로

$y=\frac{9b}{x}$에 $x=1$, $y=3$을 대입하면

$3=9b \qquad \therefore b=\frac{1}{3}$

점 Q는 $y=\frac{1}{3}x$의 그래프 위의 점이므로

점 Q의 좌표를 $Q\left(t, \frac{1}{3}t\right)$ $(t>0)$로 놓을 수 있다.

점 $Q\left(t, \frac{1}{3}t\right)$는 $y=\frac{3ab}{x}$, 즉 $y=\frac{3}{x}$의 그래프 위의 점이므로

$y=\frac{3}{x}$에 $x=t$, $y=\frac{1}{3}t$를 대입하면 $\frac{1}{3}t=\frac{3}{t}$

$t^2=9 \qquad \therefore t=3\ (\because t>0)$

$\therefore$ Q(3, 1)

$\therefore$ (삼각형 POQ의 넓이)
=(사각형 APOB의 넓이)−(삼각형 APQ의 넓이)
−(삼각형 QOB의 넓이)

$=\frac{1}{2}\times(2+3)\times 3-\frac{1}{2}\times 2\times 2-\frac{1}{2}\times 3\times 1$

$=\frac{15}{2}-2-\frac{3}{2}=4$

559 답 1 : 2

점 (4, 8)이 $y=ax$, $y=\frac{b}{x}$의 그래프 위의 점이므로

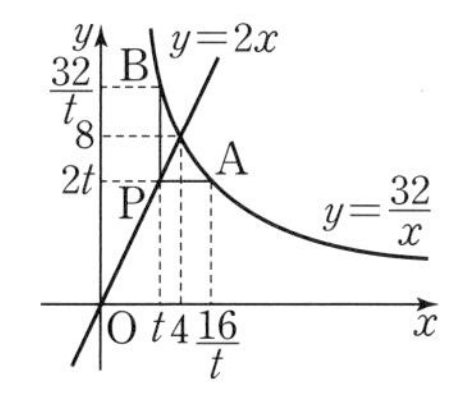

$y=ax$에 $x=4$, $y=8$을 대입하면

$8=4a \qquad \therefore a=2 \qquad \therefore y=2x$

$y=\frac{b}{x}$에 $x=4$, $y=8$을 대입하면

$8=\frac{b}{4} \qquad \therefore b=32 \qquad \therefore y=\frac{32}{x}$

이때 점 P는 $y=2x$의 그래프 위의 점이므로 점 P의 좌표를 P$(t, 2t)$ $(0<t<4)$로 놓을 수 있다.

두 점 A, P의 y좌표가 $2t$로 같고,
점 A는 $y=\frac{32}{x}$의 그래프 위의 점이므로

$y=\frac{32}{x}$에 $y=2t$를 대입하면 $2t=\frac{32}{x} \qquad \therefore x=\frac{16}{t}$

$\therefore A\left(\frac{16}{t}, 2t\right)$

두 점 B, P의 x좌표가 t로 같고,
점 B는 $y=\frac{32}{x}$의 그래프 위의 점이므로 $B\left(t, \frac{32}{t}\right)$

$\therefore$ (선분 PA의 길이) : (선분 PB의 길이)

$=\left(\frac{16}{t}-t\right) : \left(\frac{32}{t}-2t\right)=\left(\frac{16}{t}-t\right) : 2\left(\frac{16}{t}-t\right)=1 : 2$

560 답 4

점 R의 좌표를 (p, q) $(p>0, q>0)$라 하면 점 P의 x좌표는 p이다.
두 점 R, Q는 $y=nx$의 그래프 위의 점이고, 점 Q의 x좌표가 점 R의 x좌표의 2배이므로 점 Q의 y좌표도 점 R의 y좌표의 2배이다.

$\therefore$ Q$(2p, 2q)$

두 점 P, Q는 $y=\frac{a}{x}$의 그래프 위의 점이고, 점 P의 x좌표가 점 Q의 x좌표의 $\frac{1}{2}$배이므로 점 P의 y좌표는 점 Q의 y좌표의 2배이다.

$\therefore$ P$(p, 4q)$

오른쪽 그림과 같이 점 Q에서 선분 RP에 내린 수선의 발을 H라 하면

$\overline{QH}=2p-p=p$,

$\overline{PR}=4q-q=3q$이므로

(삼각형 PRQ의 넓이)$=\frac{1}{2}\times\overline{PR}\times\overline{QH}$

$=\frac{1}{2}\times 3q\times p=\frac{3}{2}pq$

즉 $\frac{3}{2}pq=\frac{3}{2}$이므로 $pq=1$

따라서 점 P$(p, 4q)$는 $y=\frac{a}{x}$의 그래프 위의 점이므로

$y=\frac{a}{x}$에 $x=p$, $y=4q$를 대입하면

$4q=\frac{a}{p} \qquad \therefore a=4pq=4\times 1=4$

창의 융합

561 답 5개

(i) x g의 탄수화물에서 y kcal의 열량을 얻는다고 하면 y가 x에 정비례하므로 $y=ax$ $(a\neq 0)$로 놓고 $x=2$, $y=8$을 대입하면

$8=2a \qquad \therefore a=4$

$\therefore y=4x$

(ii) x g의 단백질에서 y kcal의 열량을 얻는다고 하면 y가 x에 정비례하므로 $y=bx$ $(b\neq 0)$로 놓고 $x=3$, $y=12$를 대입하면

$12=3b \qquad \therefore b=4$

$\therefore y=4x$

(iii) x g의 지방에서 y kcal의 열량을 얻는다고 하면 y가 x에 정비례하므로 $y=cx$ $(c\neq0)$로 놓고 $x=2$, $y=18$을 대입하면

$18=2c$ $\quad\therefore c=9$

$\therefore y=9x$

이때 작은 컵라면 한 개에 탄수화물 40 g, 단백질 8 g, 지방 8 g이 들어 있으므로

(컵라면 1개의 열량)$=4\times40+4\times8+9\times8=264$(kcal)

따라서 1320 kcal의 열량을 얻으려면 컵라면을 $1320\div264=5$(개) 먹어야 한다.

다른 풀이

(i) 탄수화물은 2 g의 열량이 8 kcal이므로 1 g의 열량은 $8\div2=4$(kcal)이다.
컵라면 1개의 탄수화물은 40 g이므로 컵라면 x개의 탄수화물에서 얻을 수 있는 열량을 y kcal라 하면 $y=4\times40\times x$ $\quad\therefore y=160x$

(ii) 단백질은 3 g의 열량이 12 kcal이므로 1 g의 열량은 $12\div3=4$(kcal)이다.
컵라면 1개의 단백질은 8 g이므로 컵라면 x개의 단백질에서 얻을 수 있는 열량을 y kcal라 하면 $y=4\times8\times x$ $\quad\therefore y=32x$

(iii) 지방은 2 g의 열량이 18 kcal이므로 1 g의 열량은 $18\div2=9$(kcal)이다.
컵라면 1개의 지방은 8 g이므로 컵라면 x개의 지방에서 얻을 수 있는 열량을 y kcal라 하면 $y=9\times8\times x$ $\quad\therefore y=72x$

(i)~(iii)에서 컵라면 x개에서 얻을 수 있는 열량을 y kcal라 하면

$y=160x+32x+72x=264x$

$y=264x$에 $y=1320$을 대입하면

$1320=264x$ $\quad\therefore x=5$

따라서 컵라면을 5개 먹어야 한다.

창의 융합

562

답 $y=\frac{2}{3}x$, 6번

톱니바퀴 A가 x번 회전하는 동안 톱니바퀴 B가 a번 회전한다고 하면

$16\times x=20\times a$ $\quad\therefore a=\frac{4}{5}x$ $\quad\cdots\cdots$ ㉠

톱니바퀴 B가 a번 회전할 때, 톱니바퀴 C도 a번 회전하므로
톱니바퀴 C가 a번 회전하는 동안 톱니바퀴 D가 y번 회전한다고 하면

$15\times a=18\times y$ $\quad\therefore a=\frac{6}{5}y$ $\quad\cdots\cdots$ ㉡

㉠, ㉡에서 $\frac{4}{5}x=\frac{6}{5}y$이므로 $y=\frac{2}{3}x$

이때 톱니바퀴 A가 9번 회전하므로 $y=\frac{2}{3}x$에 $x=9$를 대입하면

$y=\frac{2}{3}\times9=6$

따라서 톱니바퀴 A가 9번 회전하는 동안 톱니바퀴 D는 6번 회전한다.

유형 + 내신

고쟁이

중학 1·1

정답과 풀이 | WORKBOOK

중단원 TEST

…Ⅰ 소인수분해

01 소인수분해

워크북 142~143쪽

01 3	02 29	03 ④	04 3	05 ①
06 (1) 17 (2) 21		07 70	08 16	
09 (1) 5 (2) 4		10 ③	11 22	12 392

01

답 3

(나)에서 n의 약수는 1과 n뿐이므로 n은 소수이다.
이때 (가)에서 $40<n<50$인 소수는 41, 43, 47이므로 조건을 모두 만족하는 자연수 n의 값은 3개이다.

02

답 29

$11\times 3=33$이므로 30 이하의 자연수를 11로 나누었을 때의 몫은 0, 1, 2이고 이 중에서 소수는 2뿐이다.
즉 30 이하의 자연수 중에서 11×2에 소수를 더한 수를 구하면
$11\times 2+2=24$, $11\times 2+3=25$, $11\times 2+5=27$, $11\times 2+7=29$
따라서 구하는 가장 큰 수는 29이다.

03

답 ④

(짝수)+(홀수)=(홀수)이므로 $x^2+y=159$에서 $x^2=$(짝수)이어야 한다.
이때 소수의 제곱이 짝수가 되려면 x는 짝수인 소수이어야 하므로 $x=2$
즉 $2^2+y=159$ $\quad\therefore y=159-4=155$
$\therefore y-x=155-2=153$

04

답 3

(i) $3^1=3$, $3^2=9$, $3^3=27$, $3^4=81$, $3^5=243$, …이므로 3의 거듭제곱의 일의 자리의 숫자는 3, 9, 7, 1이 순서대로 반복된다.
(ii) $5^1=5$, $5^2=25$, …이므로 5의 거듭제곱의 일의 자리의 숫자는 5가 반복된다.
(iii) $7^1=7$, $7^2=49$, $7^3=343$, $7^4=2401$, $7^5=16807$, …이므로 7의 거듭제곱의 일의 자리의 숫자는 7, 9, 3, 1이 순서대로 반복된다.
(i)~(iii)에서 $134=4\times 33+2$이므로 3^{134}의 일의 자리의 숫자는 9, 5^{134}의 일의 자리의 숫자는 5, 7^{134}의 일의 자리의 숫자는 9이다.
따라서 $3^{134}+5^{134}+7^{134}$의 일의 자리의 숫자는 $9+5+9=23$에서 3이므로 $f(134)=3$

05

답 ①

1부터 100까지의 자연수 중에서 2의 배수는 50개, $4(=2^2)$의 배수는 25개, $8(=2^3)$의 배수는 12개, $16(=2^4)$의 배수는 6개, $32(=2^5)$의 배수는 3개, $64(=2^6)$의 배수는 1개이므로
$m=$(2의 배수의 개수)+(2^2의 배수의 개수)+…+(2^6의 배수의 개수)
$=50+25+12+6+3+1=97$
또한 1부터 100까지의 자연수 중에서 3의 배수는 33개, $9(=3^2)$의 배수는 11개, $27(=3^3)$의 배수는 3개, $81(=3^4)$의 배수는 1개이므로
$n=$(3의 배수의 개수)+(3^2의 배수의 개수)+(3^3의 배수의 개수)
+(3^4의 배수의 개수)
$=33+11+3+1=48$
$\therefore m-n=97-48=49$

06

답 (1) 17 (2) 21

(1) 300을 소인수분해하면 $300=2^2\times 3\times 5^2$이므로
$f(300)=2+2+3+5+5=17$
(2) 10을 소수의 합으로 나타내고, 그때의 a의 값을 구하면 다음과 같다.
(i) $10=2+2+2+2+2$이므로 $a=2^5=32$
(ii) $10=2+2+3+3$이므로 $a=2^2\times 3^2=36$
(iii) $10=2+3+5$이므로 $a=2\times 3\times 5=30$
(iv) $10=3+7$이므로 $a=3\times 7=21$
(v) $10=5+5$이므로 $a=5^2=25$
(i)~(v)에서 $f(a)=10$을 만족하는 가장 작은 자연수 a의 값은 21이다.

07

답 70

$(2\times 3^2\times 7)\times a$가 어떤 자연수의 제곱이 되려면 소인수의 지수가 모두 짝수이어야 하므로 곱하는 수 a는 $2\times 7\times$(자연수)^2 꼴이어야 한다.
a의 값이 될 수 있는 수는 $2\times 7\times 1^2=14$, $2\times 7\times 2^2=56$, $2\times 7\times 3^2=126$, …
이때 a는 두 자리의 자연수이므로 14, 56
따라서 구하는 합은 $14+56=70$

08

답 16

$abcabc=abc\times 1001=7\times 11\times 13\times abc$
이때 7, 11, 13, abc는 모두 소수이므로 $7\times 11\times 13\times abc$는 여섯 자리의 자연수 $abcabc$를 소인수분해한 것이다.
따라서 구하는 약수의 개수는
$(1+1)\times(1+1)\times(1+1)\times(1+1)=16$

09

답 (1) 5 (2) 4

(1) $120=2^3\times 3\times 5$이므로 약수의 개수는
$(3+1)\times(1+1)\times(1+1)=16$ $\quad\therefore N(N(120))=N(16)$
$16=2^4$이므로 약수의 개수는 $4+1=5$
$\therefore N(N(120))=N(16)=5$
(2) $N(x)=3$이면 x의 약수의 개수가 3이어야 하므로 x는 소수의 제곱인 수이다.
따라서 1 이상 100 이하인 수 중에서 x의 값이 될 수 있는 수는
$2^2=4$, $3^2=9$, $5^2=25$, $7^2=49$의 4개이다.

10

답 ③

□ 안에 주어진 수를 대입하여 약수의 개수를 구하면 다음과 같다.
① $2^2\times 9=2^2\times 3^2$의 약수의 개수는 $(2+1)\times(2+1)=9$
② $2^2\times 25=2^2\times 5^2$의 약수의 개수는 $(2+1)\times(2+1)=9$
③ $2^2\times 32=2^2\times 2^5=2^7$의 약수의 개수는 $7+1=8$
④ $2^2\times 49=2^2\times 7^2$의 약수의 개수는 $(2+1)\times(2+1)=9$
⑤ $2^2\times 121=2^2\times 11^2$의 약수의 개수는 $(2+1)\times(2+1)=9$
따라서 □ 안에 들어갈 수 없는 수는 ③이다.

11 ······ 답 22

$\square\times3^3$의 약수의 개수가 12이고 $12=12\times1=3\times4=2\times6$이므로

(i) $12=11+1$일 때, $\square\times3^3=3^{11}$이어야 하므로 $\square=3^8$

(ii) $12=(2+1)\times(3+1)$에서 $\square=(3\text{이 아닌 소수})^2$ 꼴이어야 하므로
$\square$는 $2^2=4,\ 5^2=25,\ 7^2=49,\ \cdots$

(iii) $12=(1+1)\times(5+1)$에서 $\square=(3\text{이 아닌 소수})\times3^2$ 꼴이어야 하므로 $\square$는 $2\times3^2=18,\ 5\times3^2=45,\ \cdots$

(i)~(iii)에서 $\square$ 안에 들어갈 수 있는 수를 작은 수부터 차례대로 나열하면 4, 18, 25, ⋯이므로 두 번째 수까지 더한 값은
$4+18=22$

12 ······ 답 392

(가)에서 N은 98로 나누어떨어지므로 N은 $98=2\times7^2$의 배수이다.
(나)에서 N의 소인수는 2, 7이므로 $N=2^a\times7^b$ (a, b는 자연수) 꼴로 나타낼 수 있다. 이때 a는 1 이상이고 b는 2 이상인 수이다.
(다)에서 N의 약수의 개수는 12이므로 $(a+1)\times(b+1)=12$
$12=2\times6=3\times4=4\times3$이므로

(i) $12=2\times6$일 때, $a=1,\ b=5$
$\therefore N=2\times7^5=33614$

(ii) $12=3\times4$일 때, $a=2,\ b=3$
$\therefore N=2^2\times7^3=1372$

(iii) $12=4\times3$일 때, $a=3,\ b=2$
$\therefore N=2^3\times7^2=392$

(i)~(iii)에서 조건을 모두 만족하는 가장 작은 자연수 N의 값은 392이다.

참고 $12=6\times2$일 때, $a=5,\ b=1$이므로 b가 2 이상인 자연수라는 조건을 만족하지 않는다.

2 최대공약수와 최소공배수 워크북 144~145쪽

01 144, 168, 192	02 8	03 18, 126	04 126
05 240개, 13 cm	06 12번	07 211개	08 13분
09 42, 126	10 95	11 266	12 (1) 10 (2) 10

01 ······ 답 144, 168, 192

(가)에서 n과 $60=2^2\times3\times5$의 최대공약수는 $12=2^2\times3$이고,
(나)에서 n과 $40=2^3\times5$의 최대공약수는 $8=2^3$이므로
n은 $2^3\times3$을 인수로 가지지만 5는 소인수로 가지지 않는다.
(다)에서 $100<n<200$이므로 n의 값은
$2^3\times3\times6=144,\ 2^3\times3\times7=168,\ 2^3\times3\times8=192$

02 ······ 답 8

$8=2^3$, $21=3\times7$이고 8, 21, n의 최소공배수가 $2^3\times3^2\times5\times7$이므로
n은 $2^3\times3^2\times5\times7$의 약수이면서 $3^2\times5$의 배수이어야 한다.
따라서 n의 값이 될 수 있는 자연수는 $3^2\times5\times(2^3\times7\text{의 약수})$이므로
$3^2\times5,\ 2\times3^2\times5,\ 2^2\times3^2\times5,\ 2^3\times3^2\times5,\ 3^2\times5\times7,\ 2\times3^2\times5\times7,\ 2^2\times3^2\times5\times7,\ 2^3\times3^2\times5\times7$의 8개이다.

03 ······ 답 18, 126

A는 $6=2\times3$과 $9=3^2$의 공배수이므로 $18=2\times3^2$의 배수이고
B는 $9=3^2$과 $15=3\times5$의 공배수이므로 $45=3^2\times5$의 배수이다.
$30=2\times3\times5$이고 A, B의 최소공배수는 $630=2\times3^2\times5\times7$이므로
A나 B의 인수에 7이 있어야 하고 A는 $2\times3^2\times a$ (a와 2, 3, 5는 서로소) 꼴이어야 한다.
따라서 A의 값이 될 수 있는 수는 $2\times3^2=18,\ 2\times3^2\times7=126$

04 ······ 답 126

세 자연수를
$3\times a,\ 9\times a,\ 13\times a$
(a는 자연수)라 하면
세 수의 최대공약수는 a,
최소공배수는 $3^2\times13\times a=117\times a$

$$\begin{array}{rl} 3\times a= & 3\qquad\quad\times a \\ 9\times a= & 3^2\qquad\ \ \times a \\ 13\times a= & \qquad 13\times a \\ \hline (\text{최소공배수})= & 3^2\times13\times a=117\times a \end{array}$$

최대공약수와 최소공배수의 차가 1624이므로
$117\times a-a=1624,\ 116\times a=1624\qquad\therefore a=14$
따라서 두 번째로 큰 수는 $9\times a=9\times14=126$

05 ······ 답 240개, 13 cm

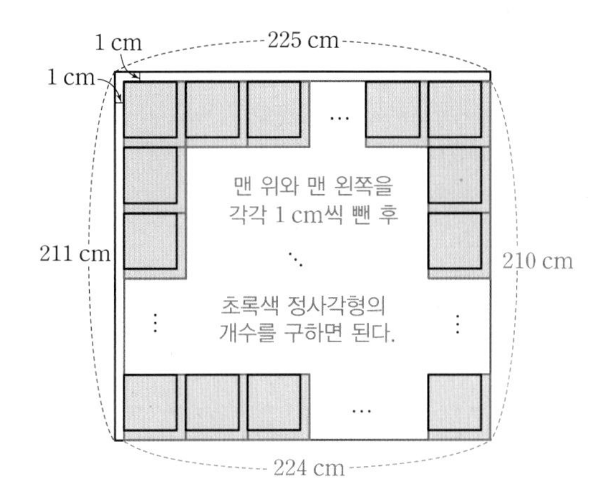

테두리와 게시물 사이의 간격이 모두 1 cm씩 떨어져야 하므로 맨 위와 맨 왼쪽을 1 cm씩 빼준 후 구하면 된다.
$225-1=224$와 $211-1=210$의
최대공약수를 구하면 $2\times7=14$
이다.

$$\begin{array}{rl} 224= & 2^5\qquad\qquad\ \times7 \\ 210= & 2\ \times3\times5\times7 \\ \hline (\text{최대공약수})= & 2\qquad\qquad\ \ \times7=14 \end{array}$$

따라서 가로는 $224\div14=16$(개),
세로는 $210\div14=15$(개)이므로 구하는 정사각형 게시물은 모두
$16\times15=240$(개)이고, 게시물의 한 변의 길이는 $14-1=13$(cm)이다.

06 ······ 답 12번

1분은 60초이므로 점 A는 1바퀴 도는 데 $60\div15=4$(초)가 걸리고
점 B는 1바퀴 도는 데 $60\div20=3$(초)가 걸린다.
이때 점 C는 1바퀴 도는 데 8초가 걸리므로 세 점은 4, 3, 8의 최소공배수인
$2^3\times3=24$(초)마다 점 P를 동시에 통과한다.

$$\begin{array}{rl} 4= & 2^2 \\ 3= & \qquad 3 \\ 8= & 2^3 \\ \hline (\text{최소공배수})= & 2^3\times3=24 \end{array}$$

따라서 5분은 300초이고, $300\div24=12.5$
이므로 점 P를 동시에 12번 통과한다.

07 .... 답 211개

구하는 배의 개수를 x라 하면
$x-1$은 3, 6, 7의 공배수이다.
즉 3, 6, 7의 최소공배수는
$2\times3\times7=42$이므로

$3=\quad 3$
$6=2\times3$
$7=\quad\quad 7$
(최소공배수)$=2\times3\times7=42$

$x-1=42, 84, 126, 168, 210, \cdots$
$\therefore x=43, 85, 127, 169, 211, \cdots$
이때 x는 150 이상이면서 (4의 배수)$+3$ 꼴이다.
따라서 $169=4\times42+1$, $211=4\times52+3$이므로 오늘 들여온 배는 적어도 211개이다.

08 .... 답 13분

세 사람은 $2+2=4$, $3+3+4=10$,
$7+3=10$의 최소공배수인
$2^2\times5=20$(분)마다 처음 출발 지점에서
만나게 된다.

$4=2^2$
$10=2\times5$
$10=2\times5$
(최소공배수)$=2^2\times5=20$

이때 20분 동안 세 사람이 산책로를 도는
중일 때는 ○로, 쉬는 때는 ×로 표시하여 표로 나타내면 다음과 같다.

	1	2	3	4	5	6	7	8	9	10
하진	○	○	×	×	○	○	×	×	○	○
유주	○	○	○	○	○	○	×	×	×	×
은영	○	○	○	○	○	○	○	×	×	×

	11	12	13	14	15	16	17	18	19	20
하진	×	×	○	○	×	×	○	○	×	×
유주	○	○	○	○	○	○	×	×	×	×
은영	○	○	○	○	○	○	○	×	×	×

20분마다 8분 째, 19분 째, 20분 째 이렇게 3분 동안 함께 쉬므로 1시간 30분, 즉 90분 동안 함께 쉬는 시간은 3분씩 4번 쉬고 마지막 10분 동안에는 1분을 함께 쉬게 된다.
따라서 한 시간 반 동안 숙소 앞 식수대에서 세 사람이 모두 같이 쉬고 있는 시간은 총 $12+1=13$(분)이다.

09 .... 답 42, 126

a, b의 최대공약수가 6이므로 a는 6의 배수이고, b는 6의 배수이면서 4의 배수이므로 12의 배수이다.
$a=6\times x$, $b=12\times y$ (x, y는 서로소)라 하면
$6\times x\times12\times y=1512$ $\quad\therefore x\times y=21$
이때 x, y는 서로소이므로
$(x, y)=(1, 21), (3, 7), (7, 3), (21, 1)$
$(a, b)=(6, 252), (18, 84), (42, 36), (126, 12)$
따라서 $a>b$이므로 가능한 a의 값은 42, 126

10 .... 답 95

(가)에서 $x=10\times a$, $y=10\times b$ ($a<b$, a와 b는 서로소)
이때 x와 y의 최소공배수가 60이므로
$10\times a\times b=60$, $a\times b=6$
$\therefore (a, b)=(1, 6), (2, 3)$ ($\because a<b$)

(i) $(a, b)=(1, 6)$이면 $x=10$, $y=60$
이때 (나)에서 $y=60=15\times4$이므로
$z=15\times c$ (c는 4와 서로소)
y와 z의 최소공배수가 90이므로 $15\times4\times c=90$ $\quad\therefore c=\frac{3}{2}$
c는 자연수이어야 하므로 조건을 만족하지 않는다.

(ii) $(a, b)=(2, 3)$이면 $x=20$, $y=30$
이때 (나)에서 $y=30=15\times2$이므로
$z=15\times c$ (c는 2와 서로소)
y와 z의 최소공배수가 90이므로 $15\times2\times c=90$ $\quad\therefore c=3$
따라서 $x=20$, $y=30$, $z=15\times3=45$이고 조건을 만족한다.

(i), (ii)에서 $x+y+z=20+30+45=95$

11 .... 답 266

(가)에서 $81\times A=33\times B$, 즉 $3\times27\times A=3\times11\times B$이고
27과 11은 서로소이므로 A는 11의 배수, B는 27의 배수이다.
A와 B의 최대공약수를 k (k는 자연수)라 하면
$A=11\times k$, $B=27\times k$이고
(나)에서 A, B의 최소공배수가 2079이므로
$11\times27\times k=2079$, $297\times k=2079$ $\quad\therefore k=7$
따라서 $A=11\times7=77$, $B=27\times7=189$이므로
$A+B=77+189=266$

12 .... 답 (1) 10 (2) 10

(1) A, B의 최대공약수를 G라 하면
$A=G\times a$, $B=G\times b$ ($a<b$, a와 b는 서로소)
두 수의 합이 70이므로
$A+B=G\times a+G\times b=70$
$\therefore G\times(a+b)=70$ $\quad\cdots\cdots$ ㉠
두 수의 최대공약수와 최소공배수의 곱은 두 수의 곱과 같으므로
$A\times B=G\times a\times G\times b=1200$
$\therefore G^2\times a\times b=1200$ $\quad\cdots\cdots$ ㉡
㉠, ㉡에서 G는 70, 1200의 공약수이다.
이때 70, 1200의 최대공약수는 $2\times5=10$이고
G는 10의 약수 중에서 두 자리의 자연수이므로 $G=10$

$70=2\quad\times5\times7$
$1200=2^4\times3\times5^2$
(최대공약수)$=2\quad\times5\quad=10$

따라서 A, B의 최대공약수는 10이다.

(2) A, B의 최대공약수는 10이므로
(1)의 ㉠에서 $10\times(a+b)=70$ $\quad\therefore a+b=7$
㉡에서 $100\times a\times b=1200$ $\quad\therefore a\times b=12$
$\therefore a=3$, $b=4$ ($\because a<b$, a와 b는 서로소)
즉 $A=10\times3=30$, $B=10\times4=40$이므로
$B-A=40-30=10$

3 정수와 유리수

워크북 146~147쪽

01 0	02 49	03 9	04 4
05 $b<c<a$		06 ③	07 ③	08 5
09 ④	10 3	11 70	12 6

01 답 0

$\left\langle -\frac{63}{9} \right\rangle^{97}+<2.3>^{98}+\left\langle \frac{28}{5}-3.6 \right\rangle^{99}$
$=<-7>^{97}+<2.3>^{98}+<2>^{99}$
$=3^{97}+7^{98}+2^{99}$

$3^1=3$, $3^2=9$, $3^3=27$, $3^4=81$, $3^5=243$, …이므로 3의 거듭제곱의 일의 자리의 숫자는 3, 9, 7, 1이 반복되고 $97=4\times24+1$이므로 3^{97}의 일의 자리의 숫자는 3이다.

$7^1=7$, $7^2=49$, $7^3=343$, $7^4=2401$, $7^5=16807$, …이므로 7의 거듭제곱의 일의 자리의 숫자는 7, 9, 3, 1이 반복되고 $98=4\times24+2$이므로 7^{98}의 일의 자리의 숫자는 9이다.

$2^1=2$, $2^2=4$, $2^3=8$, $2^4=16$, $2^5=32$, …이므로 2의 거듭제곱의 일의 자리의 숫자는 2, 4, 8, 6이 반복되고 $99=4\times24+3$이므로 2^{99}의 일의 자리의 숫자는 8이다.

따라서 $3^{97}+7^{98}+2^{99}$의 일의 자리의 숫자는 $3+9+8=20$이므로 0이다.

02 답 49

(i) $0<a<b$일 때, 조건을 만족하는 a, b의 값은 존재하지 않는다.

(ii) $a<0<b$일 때, $a=-21$, $b=3$

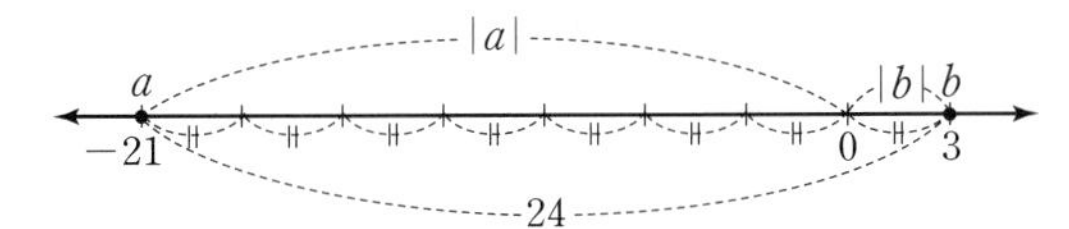

(iii) $a<b<0$일 때, $a=-28$, $b=-4$

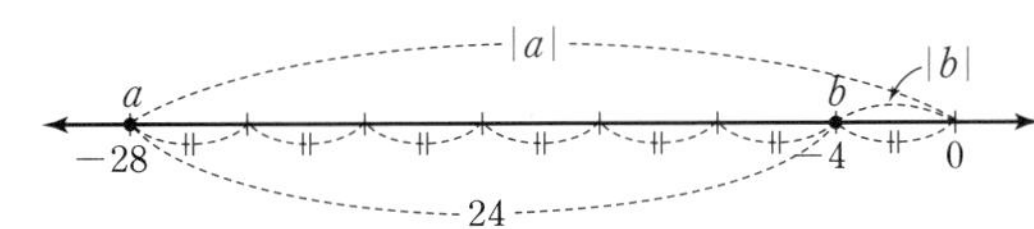

(i)~(iii)에서 모든 a의 절댓값의 합은

$|-21|+|-28|=21+28=49$

03 답 9

(i) $|a|=1$, $|b|=5$일 때, (a, b)는 $(1, -5)$, $(-1, -5)$의 2개

(ii) $|a|=2$, $|b|=4$일 때, (a, b)는 $(2, -4)$, $(-2, -4)$의 2개

(iii) $|a|=3$, $|b|=3$일 때, (a, b)는 $(3, -3)$의 1개

(iv) $|a|=4$, $|b|=2$일 때, (a, b)는 $(4, -2)$, $(4, 2)$의 2개

(v) $|a|=5$, $|b|=1$일 때, (a, b)는 $(5, -1)$, $(5, 1)$의 2개

(i)~(v)에서 주어진 조건을 모두 만족하는 (a, b)의 개수는

$2+2+1+2+2=9$

04 답 4

a의 절댓값은 b의 절댓값의 4배이므로 $|a|=4\times|b|$

수직선 위에서 두 수 a, b가 나타내는 두 점 사이의 거리가 15이므로

(i) $0<a<b$일 때, 조건을 만족하는 (a, b)는 존재하지 않는다.

(ii) $0<b<a$일 때, $a=20$, $b=5$ $\therefore (20, 5)$

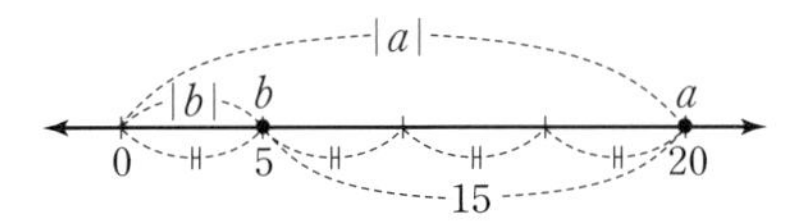

(iii) $a<0<b$일 때, $a=-12$, $b=3$ $\therefore (-12, 3)$

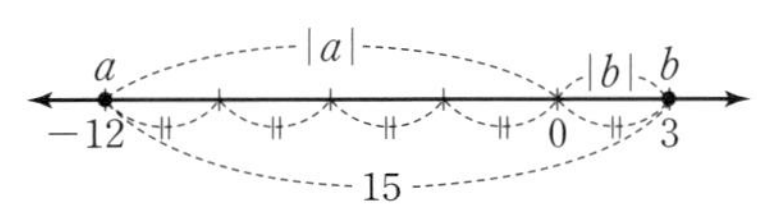

(iv) $b<0<a$일 때, $a=12$, $b=-3$ $\therefore (12, -3)$

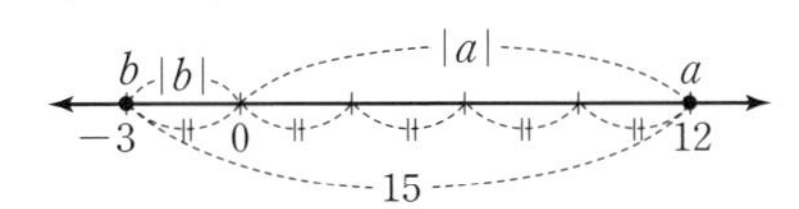

(v) $a<b<0$일 때, $a=-20$, $b=-5$ $\therefore (-20, -5)$

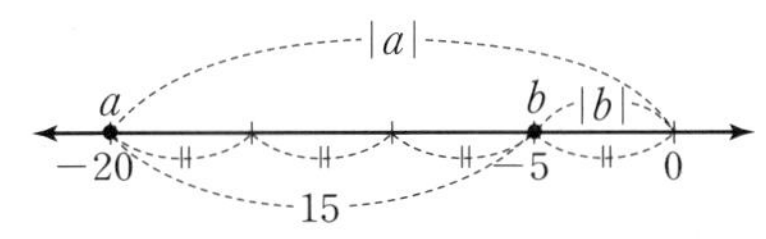

(vi) $b<a<0$일 때, 조건을 만족하는 (a, b)는 존재하지 않는다.

(i)~(vi)에서 조건을 모두 만족하는 (a, b)는

$(20, 5)$, $(-12, 3)$, $(12, -3)$, $(-20, -5)$의 4개이다.

05 답 $b<c<a$

(가), (다)에서 $a=-2$이다.

(나)에서 c를 나타내는 점은 -2를 나타내는 점보다 왼쪽에 있다.

(가), (라)에서 b는 c보다 작다.

따라서 a, b, c를 수직선 위에 나타내면 다음 그림과 같다.

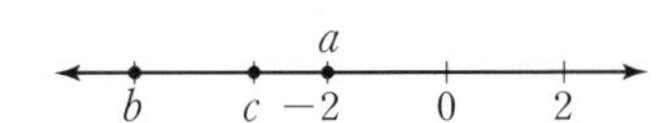

$\therefore b<c<a$

06 답 ③

$-3\leq-\frac{8}{3}<-2$이므로 $a=\left[-\frac{8}{3}\right]=-3$

$3\leq\frac{7}{2}<4$이므로 $b=\left[\frac{7}{2}\right]=3$

$0\leq\frac{1}{4}<1$이므로 $c=\left[\frac{1}{4}\right]=0$

$\therefore |a|+|b|-|c|=|-3|+|3|-|0|=3+3-0=6$

07 답 ③

① $x=2$, $y=-3$일 때, $|x|<|y|$이지만 $x>y$이다.

② $x=2$, $y=-3$일 때, $|x|<|y|$이지만 $x>0$, $y<0$이다.

③ 절댓값이 작을수록 원점에 가깝다.

④ $x=2$, $y=-3$일 때, $|x|<|y|$이지만 x는 y의 오른쪽에 있다.

⑤ 음수는 절댓값이 작을수록 크므로 $x>y$이다.

따라서 옳은 것은 ③이다.

08 ······ 답 5

주어진 조건을 만족하는 네 개의 점 A, B, C, D를 수직선 위에 나타내면 다음 그림과 같다.

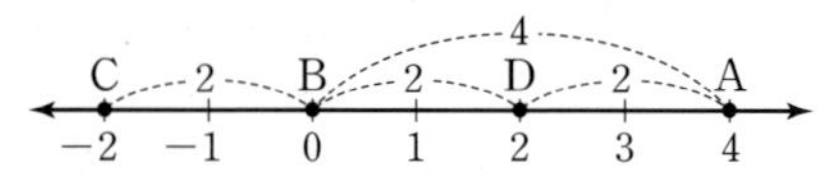

따라서 가장 멀리 떨어져 있는 두 점은 A, C이고, 두 점 A, C 사이에 있는 정수는 -1, 0, 1, 2, 3의 5개이다.

09 ······ 답 ④

절댓값이 □ 이하인 정수가 999개이므로 이 중 0을 제외한 정수는 998개이다.

따라서 □ 안에 들어갈 자연수는 $\frac{998}{2}=499$이다.

① 홀수이다.
② 3의 배수가 아니다.
③ 499는 소수이므로 약수의 개수는 2이다.
④ 499는 소수이므로 약수의 합은 $1+499=500$
⑤ 39와의 최대공약수는 1이다.

따라서 옳은 것은 ④이다.

10 ······ 답 3

(가)에서 $a<b<0$

(나)에서 $2<|a|\le 30$이므로 a가 될 수 있는 수는

-30, -29, $\cdots$, -4, -3

(다)에서 $|a|$는 소수의 제곱인 수이므로 a가 될 수 있는 수는

-4, -9, -25

따라서 조건을 모두 만족하는 정수 a는 -4, -9, -25의 3개이다.

11 ······ 답 70

$\frac{28}{a}$, $\frac{42}{a}$가 양의 정수이므로 a의 값은 28과 42의 공약수인 1, 2, 7, 14 중 하나이다.

또 $\frac{b}{a}$는 $3<\left|\frac{b}{a}\right|<6$, 즉 $\left|\frac{b}{a}\right|=4, 5$를 만족하는 정수이므로

$\frac{b}{a}$의 값은 -5, -4, 4, 5이다.

$\frac{b}{a}$의 값이 최대일 때는 $\frac{b}{a}=5$이고, a의 값이 클수록 b의 값도 커진다.

즉 $a=14$일 때, b의 값은 최대가 된다.

따라서 b의 최댓값은 $14\times5=70$이다.

12 ······ 답 6

$|-6|=6$, $|5|=5$에서 $|-6|>|5|$이므로 $(-6)\blacktriangle5=-6$

$\{(-6)\blacktriangle5\}\blacktriangledown(m\blacktriangle3)=3$에서

$(-6)\blacktriangledown(m\blacktriangle3)=3$이므로 $m\blacktriangle3=3$이어야 한다.

(i) $|m|\ge|3|$일 때, $m\blacktriangle3=m$

$\therefore m=3$

(ii) $|m|<|3|$일 때, $m\blacktriangle3=3$

이때 $|m|<3$이므로 $-3<m<3$

$\therefore m=-2, -1, 0, 1, 2$ ($\because$ m은 정수)

(i), (ii)에서 주어진 식을 만족하는 정수 m은 -2, -1, 0, 1, 2, 3의 6개이다.

04 정수와 유리수의 계산

워크북 148~149쪽

01 $\frac{1}{2}$	02 $-\frac{1}{6}$	03 $-\frac{4}{5}$	04 $-\frac{1}{4}$, $-\frac{5}{3}$, $\frac{17}{12}$	
05 $-\frac{1}{5}$	06 7	07 4	08 3	09 28
10 ④	11 ⑤	12 $\frac{1}{20}$		

01 ······ 답 $\frac{1}{2}$

어떤 유리수를 x라 하면 $x+\left(-\frac{3}{5}\right)=-\frac{7}{10}$

$\therefore x=-\frac{7}{10}-\left(-\frac{3}{5}\right)=-\frac{7}{10}+\left(+\frac{6}{10}\right)=-\frac{1}{10}$

따라서 바르게 계산하면

$\left(-\frac{1}{10}\right)-\left(-\frac{3}{5}\right)=-\frac{1}{10}+\left(+\frac{6}{10}\right)=\frac{5}{10}=\frac{1}{2}$

02 ······ 답 $-\frac{1}{6}$

$A+\frac{11}{6}+\left(-\frac{4}{3}\right)=\frac{1}{3}+\frac{3}{2}+\left(-\frac{4}{3}\right)$에서

$A=\frac{1}{3}+\frac{3}{2}-\frac{11}{6}=\frac{2}{6}+\frac{9}{6}-\frac{11}{6}=0$

$0+B+\frac{1}{3}=0+\frac{11}{6}+\left(-\frac{4}{3}\right)$에서

$B=\frac{11}{6}+\left(-\frac{4}{3}\right)-\frac{1}{3}=\frac{11}{6}+\left(-\frac{8}{6}\right)-\frac{2}{6}=\frac{1}{6}$

$\therefore A-B=0-\frac{1}{6}=-\frac{1}{6}$

03 ······ 답 $-\frac{4}{5}$

$-\frac{2}{3}$와 $-\frac{2}{5}$를 나타내는 두 점 사이의 거리는

$-\frac{2}{5}-\left(-\frac{2}{3}\right)=-\frac{2}{5}+\left(+\frac{2}{3}\right)=-\frac{6}{15}+\frac{10}{15}=\frac{4}{15}$

네 점 사이의 간격이 일정하므로 이웃한 두 수를 나타내는 두 점 사이의 거리는 $\frac{4}{15}\times\frac{1}{2}=\frac{2}{15}$

$x=\left(-\frac{2}{3}\right)+\frac{2}{15}=-\frac{10}{15}+\frac{2}{15}=-\frac{8}{15}$

$y=\left(-\frac{2}{5}\right)+\frac{2}{15}=-\frac{6}{15}+\frac{2}{15}=-\frac{4}{15}$

$\therefore x+y=-\frac{8}{15}+\left(-\frac{4}{15}\right)=-\frac{12}{15}=-\frac{4}{5}$

04 답 $-\frac{1}{4}$, $-\frac{5}{3}$, $\frac{17}{12}$

하진이가 6번 이기고, 1번 비기고, 5번 졌으므로 하진이의 위치는

$6\times\left(+\frac{2}{3}\right)+1\times\left(-\frac{1}{2}\right)+5\times\left(-\frac{3}{4}\right)$

$=4+\left(-\frac{1}{2}\right)+\left(-\frac{15}{4}\right)=\frac{16}{4}+\left(-\frac{2}{4}\right)+\left(-\frac{15}{4}\right)=-\frac{1}{4}$

유주는 5번 이기고, 1번 비기고, 6번 졌으므로 유주의 위치는

$5\times\left(+\frac{2}{3}\right)+1\times\left(-\frac{1}{2}\right)+6\times\left(-\frac{3}{4}\right)$

$=\frac{10}{3}+\left(-\frac{1}{2}\right)+\left(-\frac{9}{2}\right)=\frac{20}{6}+\left(-\frac{3}{6}\right)+\left(-\frac{27}{6}\right)=-\frac{5}{3}$

따라서 하진이와 유주 사이의 거리는

$\left(-\frac{1}{4}\right)-\left(-\frac{5}{3}\right)=-\frac{3}{12}+\frac{20}{12}=\frac{17}{12}$

다른 풀이

하진이가 유주보다 1번 더 이겼으므로 하진이와 유주 사이의 거리는

$\frac{2}{3}-\left(-\frac{3}{4}\right)=\frac{8}{12}+\frac{9}{12}=\frac{17}{12}$

05 답 $-\frac{1}{5}$

두 수 $\frac{1}{3}$과 $\frac{1}{5}$을 나타내는 두 점 사이의 거리는

$\frac{1}{3}-\frac{1}{5}=\frac{5}{15}-\frac{3}{15}=\frac{2}{15}$이고 두 점으로부터 같은 거리에 있는 점이 나타내는 수는 각 점에서 $\frac{2}{15}\times\frac{1}{2}=\frac{1}{15}$만큼 떨어진 점이므로

$\frac{1}{3}\star\frac{1}{5}=\frac{1}{3}-\frac{1}{15}=\frac{5}{15}-\frac{1}{15}=\frac{4}{15}$

두 수 $-\frac{2}{3}$와 $\frac{4}{15}$를 나타내는 두 점 사이의 거리는

$\frac{4}{15}-\left(-\frac{2}{3}\right)=\frac{4}{15}+\frac{10}{15}=\frac{14}{15}$이고 두 점으로부터 같은 거리에 있는 점이 나타내는 수는 각 점에서 $\frac{14}{15}\times\frac{1}{2}=\frac{7}{15}$만큼 떨어진 점이므로

$\left(-\frac{2}{3}\right)\star\frac{4}{15}=-\frac{2}{3}+\frac{7}{15}=-\frac{10}{15}+\frac{7}{15}=-\frac{3}{15}=-\frac{1}{5}$

06 답 7

$\frac{18}{5}=3+\frac{3}{5}=3+\cfrac{1}{\frac{5}{3}}=3+\cfrac{1}{1+\frac{2}{3}}=3+\cfrac{1}{1+\cfrac{1}{\frac{3}{2}}}=3+\cfrac{1}{1+\cfrac{1}{1+\frac{1}{2}}}$

따라서 $a=3$, $b=1$, $c=1$, $d=2$이므로

$a+b+c+d=3+1+1+2=7$

07 답 4

$\left(-\frac{2}{3}\right)\diamond\frac{8}{9}=\left|-\left(-\frac{2}{3}\right)^2\div\frac{8}{9}\right|=\left|-\frac{4}{9}\times\frac{9}{8}\right|=\left|-\frac{1}{2}\right|=\frac{1}{2}$이므로

$\left\{\left(-\frac{2}{3}\right)\diamond\frac{8}{9}\right\}\blacklozenge\left(-\frac{5}{4}\right)=\frac{1}{2}\blacklozenge\left(-\frac{5}{4}\right)=\frac{1}{\left(\frac{1}{2}\right)^2}\times\left(-\frac{5}{4}\right)^2$

$=4\times\frac{25}{16}=\frac{25}{4}$

$\therefore 5\diamond\left[\left\{\left(-\frac{2}{3}\right)\diamond\frac{8}{9}\right\}\blacklozenge\left(-\frac{5}{4}\right)\right]$

$=5\diamond\frac{25}{4}=\left|-5^2\div\frac{25}{4}\right|=\left|-25\times\frac{4}{25}\right|=|-4|=4$

08 답 3

$\left[(-2)^3-\left\{-\left(-\frac{2}{5}\right)^2\times5\div\frac{1}{2}+1\right\}\div\left(\frac{3}{4}-\frac{2}{3}\right)\right]+(-1)^{51}$

$=\left[(-8)-\left\{-\left(+\frac{4}{25}\right)\times5\times2+1\right\}\div\left(+\frac{1}{12}\right)\right]+(-1)$

$=\left[(-8)-\left\{\left(-\frac{8}{5}\right)+1\right\}\div\left(+\frac{1}{12}\right)\right]+(-1)$

$=\left\{(-8)-\left(-\frac{3}{5}\right)\times12\right\}+(-1)$

$=\left\{(-8)-\left(-\frac{36}{5}\right)\right\}+(-1)$

$=\left(-\frac{40}{5}+\frac{36}{5}\right)-1=-\frac{4}{5}-1=-\frac{9}{5}=a$

따라서 $|x|<\left|-\frac{9}{5}\right|$에서 $|x|<\frac{9}{5}$, 즉 $-\frac{9}{5}<x<\frac{9}{5}$인 정수 x는 -1, 0, 1의 3개이다.

09 답 28

세 수를 뽑아 곱한 값 중 가장 큰 값이 되려면 계산 결과가 양수이면서 절댓값이 가장 큰 값이어야 하므로 절댓값이 큰 음수 2개와 양수 1개를 선택해야 한다.

$\therefore A=(-4)\times(-2)\times\left(+\frac{5}{2}\right)=20$

세 수를 뽑아 곱한 값 중 가장 작은 값이 되려면 계산 결과가 음수이어야 하므로 음수 3개 또는 음수 1개, 양수 2개를 곱해야 한다.

이때 음수는 절댓값이 큰 수를 선택해야 한다.

(i) 음수 3개를 곱한 경우

$(-4)\times(-2)\times\left(-\frac{4}{3}\right)=-\frac{32}{3}=-10\frac{2}{3}$

(ii) 음수 1개, 양수 2개를 곱한 경우

$(-4)\times\left(+\frac{3}{2}\right)\times\left(+\frac{5}{2}\right)=-15$

(i), (ii)에서 $B=-15$

따라서 주어진 식에 $A=20$, $B=-15$를 넣으면

$\left[\{(20-15)+(-15)\}\div\frac{5}{4}-(-1)^{21}\right]\times(-2^2)$

$=\left\{(5-15)\times\frac{4}{5}-(-1)\right\}\times(-4)$

$=\left\{(-10)\times\frac{4}{5}+1\right\}\times(-4)$

$=(-8+1)\times(-4)=(-7)\times(-4)=28$

10 답 ④

$\frac{a}{b}<0$이므로 a, b의 부호가 다르다.

이때 $a>b$이므로 $a>0$, $b<0$이다.

또한 $b>c$이므로 $c<0$이다.

$a+b>0$이므로 $|a|>|b|$이고, $a+c<0$이므로 $|c|>|a|$이다.

$\therefore |c|>|a|>|b|$

11 답 ⑤

$a\times c$가 최대이려면 a의 값과 c의 값이 부호가 같으면서 절댓값이 최대이어야 한다.

$|a-b|=5$, $a\times b<0$이므로

$(a, b)=(1, -4), (2, -3), (3, -2), (4, -1),$
$(-1, 4), (-2, 3), (-3, 2), (-4, 1)$

$|c+d|=6$, $c\times d>0$이므로

$(c, d)=(1, 5), (2, 4), (3, 3), (4, 2), (5, 1), (-1, -5),$
$(-2, -4), (-3, -3), (-4, -2), (-5, -1)$

따라서 $a\times c$가 될 수 있는 값 중 최댓값은 $(a, c)=(4, 5), (-4, -5)$일 때이므로 $a\times c=20$

12
답 $\frac{1}{20}$

$\frac{1}{10\times11}+\frac{1}{11\times12}+\frac{1}{12\times13}+\cdots+\frac{1}{19\times20}$
$=\left(\frac{1}{10}-\frac{1}{11}\right)+\left(\frac{1}{11}-\frac{1}{12}\right)+\left(\frac{1}{12}-\frac{1}{13}\right)+\cdots+\left(\frac{1}{19}-\frac{1}{20}\right)$
$=\frac{1}{10}-\frac{1}{20}=\frac{2}{20}-\frac{1}{20}=\frac{1}{20}$

중단원 TEST …Ⅲ 문자와 식

05 문자의 사용과 식의 계산
워크북 150~151쪽

01 ③ 02 ⑤ 03 2500 04 $\frac{1}{2}$ 05 -71
06 $-\frac{21}{20}x-\frac{67}{20}$ 07 8 % 증가 08 242
09 (1) $(10n+18)$ cm (2) 328 cm 10 $-12x+17$
11 $-8x+20$ 12 -9

01
답 ③

$a\div b\times\{c\div(d\div3)\}\div e=a\div b\times\left(c\div\frac{d}{3}\right)\div e$
$=a\times\frac{1}{b}\times\left(c\times\frac{3}{d}\right)\times\frac{1}{e}$
$=a\times\frac{1}{b}\times\frac{3c}{d}\times\frac{1}{e}=\frac{3ac}{bde}$

02
답 ⑤

남학생 x명의 100 m 달리기 기록의 총합은 $17\times x=17x$(초)
여학생 y명의 100 m 달리기 기록의 총합은 $20\times y=20y$(초)
따라서 전체 학생은 $(x+y)$명이므로

$(100\text{ m 달리기 기록의 평균})=\frac{(\text{전체 학생의 100 m 달리기 기록의 합})}{(\text{전체 학생 수})}$
$=\frac{17x+20y}{x+y}$(초)

03
답 2500

$x+2x^2+3x^3+\cdots+5000x^{5000}$
$=(-1)+2\times(-1)^2+3\times(-1)^3+4\times(-1)^4+\cdots$
$+4999\times(-1)^{4999}+5000\times(-1)^{5000}$
$=\{(-1)+2\}+\{(-3)+4\}+\cdots+\{(-4999)+5000\}$
$=\underbrace{1+1+\cdots+1}_{2500\text{개}}=2500$

04
답 $\frac{1}{2}$

상자 A에 $\frac{2}{3}$를 넣어서 나오는 수는 $\frac{2}{a^2}-\frac{4}{a}+3$에 $a=\frac{2}{3}$를 대입한 값과 같으므로

$\frac{2}{a^2}-\frac{4}{a}+3=2\div\left(\frac{2}{3}\right)^2-4\div\frac{2}{3}+3$
$=2\times\frac{9}{4}-4\times\frac{3}{2}+3$
$=\frac{9}{2}-6+3=\frac{3}{2}$

상자 B에 $\frac{3}{2}$을 넣어서 나오는 수는 $|a-5|-3$에 $a=\frac{3}{2}$을 대입한 값과 같으므로

$|a-5|-3=\left|\frac{3}{2}-5\right|-3=\left|-\frac{7}{2}\right|-3=\frac{7}{2}-3=\frac{1}{2}$

05 ········ 답 -71

$a(x^2+8x)-\left\{2x^2+7x-(4x^2+10)\div\frac{2}{5}\right\}$

$=ax^2+8ax-\left\{2x^2+7x-(4x^2+10)\times\frac{5}{2}\right\}$

$=ax^2+8ax-\{2x^2+7x-(10x^2+25)\}$

$=ax^2+8ax-(2x^2+7x-10x^2-25)$

$=ax^2+8ax-(-8x^2+7x-25)$

$=ax^2+8ax+8x^2-7x+25$

$=(a+8)x^2+(8a-7)x+25$

이 식이 x에 대한 일차식이므로 $a+8=0$, $8a-7\neq0$이어야 한다.

따라서 $a=-8$이므로 주어진 식의 x의 계수는

$8a-7=8\times(-8)-7=-71$

06 ········ 답 $-\frac{21}{20}x-\frac{67}{20}$

n이 자연수일 때, $2n$은 짝수, $2n+1$은 홀수이므로

$(-1)^{2n}=1$, $(-1)^{2n+1}=-1$

$\therefore \frac{x-3}{5}-\left\{(-1)^{2n}\times\frac{3x-3}{4}-(-1)^{2n+1}\times\frac{x+7}{2}\right\}$

$=\frac{x-3}{5}-\left\{\frac{3x-3}{4}-\left(-\frac{x+7}{2}\right)\right\}$

$=\frac{x-3}{5}-\left(\frac{3x-3}{4}+\frac{x+7}{2}\right)$

$=\frac{x-3}{5}-\left(\frac{3x-3}{4}+\frac{2x+14}{4}\right)$

$=\frac{x-3}{5}-\frac{5x+11}{4}$

$=\frac{4(x-3)-5(5x+11)}{20}$

$=\frac{4x-12-25x-55}{20}$

$=\frac{-21x-67}{20}=-\frac{21}{20}x-\frac{67}{20}$

07 ········ 답 8 % 증가

(처음 정사각형의 넓이)$=a^2$

(새로 만들어지는 사다리꼴의 넓이)

$=\frac{1}{2}\times\left\{a\times\left(1-\frac{30}{100}\right)+a\times\left(1+\frac{10}{100}\right)\right\}\times\left\{a\times\left(1+\frac{20}{100}\right)\right\}$

$=\frac{1}{2}\times\left(\frac{7}{10}a+\frac{11}{10}a\right)\times\frac{6}{5}a=\frac{1}{2}\times\frac{9}{5}a\times\frac{6}{5}a=\frac{27}{25}a^2=\frac{108}{100}a^2$

따라서 새로 만들어지는 사다리꼴의 넓이는 처음 정사각형의 넓이의 108 %이므로 처음 정사각형의 넓이보다 8 % 증가한다.

08 ········ 답 242

$3x◎7y=-4\times3x+7\times7y=-12x+49y$

$-4x★(3x◎7y)=-4x★(-12x+49y)$

$=3\times(-4x)-2(-12x+49y)$

$=-12x+24x-98y$

$=12x-98y$

따라서 $a=12$, $b=-98$이므로

$a^2-b=12^2-(-98)=144+98=242$

09 ········ 답 (1) $(10n+18)$ cm (2) 328 cm

(1) 겹쳐지지 않은 부분의 길이는 $7-2=5$(cm)이므로 오른쪽 표에서 n장의 종이를 붙였을 때, 직사각형의 가로의 길이는

겹친 종이의 수(장)	가로의 길이(cm)
1	7
2	$5\times1+7=12$
3	$5\times2+7=17$
⋮	⋮

$5\times(n-1)+7=5n+2$(cm)

따라서 완성된 직사각형의 둘레의 길이는

$2\times(5n+2+7)=10n+18$(cm)

(2) $10n+18$에 $n=31$을 대입하면 $10\times31+18=328$이므로 구하는 직사각형의 둘레의 길이는 328 cm이다.

참고 직사각형의 가로의 길이는 다음과 같이 구할 수 있다. 종이 7장을 이어 붙이면 겹치는 부분이 $(n-1)$개 생기므로 직사각형의 가로의 길이는

$7\times n-2\times(n-1)=7n-2n+2=5n+2$ (cm)

10 ········ 답 $-12x+17$

$3x+2$	$-5x+1$	$-2x+3$	㉠
$5x+7$	$-x-2$	B	㉡
A			C

$A=(3x+2)-(5x+7)=3x+2-5x-7=-2x-5$

$B=(5x+7)+(-x-2)=4x+5$

㉠$=(-5x+1)+(-2x+3)=-7x+4$

㉡$=(-x-2)+B=(-x-2)+(4x+5)=3x+3$

$C=$㉠$-$㉡$=(-7x+4)-(3x+3)=-7x+4-3x-3=-10x+1$

$\therefore -2A+B+2C=-2(-2x-5)+(4x+5)+2(-10x+1)$

$=4x+10+4x+5-20x+2=-12x+17$

11 ········ 답 $-8x+20$

$A+3(x-4)=5x-7$에서

$A=5x-7-3(x-4)=5x-7-3x+12=2x+5$

$B-5(3-x)=A$에서 $B-5(3-x)=2x+5$

$\therefore B=2x+5+5(3-x)=2x+5+15-5x=-3x+20$

$C-\frac{5}{3}(-6x+9)=B$에서 $C-\frac{5}{3}(-6x+9)=-3x+20$

$\therefore C=-3x+20+\frac{5}{3}(-6x+9)$

$=-3x+20-10x+15=-13x+35$

$\therefore A-B+C=(2x+5)-(-3x+20)+(-13x+35)$

$=2x+5+3x-20-13x+35$

$=-8x+20$

12 ········ 답 -9

$a+b+c=0$이므로 $a+b=-c$, $a+c=-b$, $b+c=-a$

$\therefore a\left(\frac{3}{b}+\frac{3}{c}\right)+b\left(\frac{3}{c}+\frac{3}{a}\right)+c\left(\frac{3}{a}+\frac{3}{b}\right)$

$=\frac{3a}{b}+\frac{3a}{c}+\frac{3b}{c}+\frac{3b}{a}+\frac{3c}{a}+\frac{3c}{b}$

$=\frac{3(b+c)}{a}+\frac{3(a+c)}{b}+\frac{3(a+b)}{c}$

$=\frac{-3a}{a}+\frac{-3b}{b}+\frac{-3c}{c}$

$=-3-3-3=-9$

06 일차방정식의 풀이

워크북 152~153쪽

01 $\frac{8}{3}$	02 $-19b-11c$	03 2	04 $x=1$
05 ⑤	06 23	07 $x=\frac{7}{5}$	08 $\frac{3}{4}$
09 1.6	10 -2	11 48	12 -7

01

답 $\frac{8}{3}$

$\frac{4x-2}{3}-5b=ax+6$의 양변에 3을 곱하면

$4x-2-15b=3ax+18$

이 등식이 x에 대한 항등식이므로 $4=3a$, $-2-15b=18$

$4=3a$에서 $a=\frac{4}{3}$

$-2-15b=18$에서 $-15b=20$ $\quad\therefore b=-\frac{4}{3}$

$\therefore a-b=\frac{4}{3}-\left(-\frac{4}{3}\right)=\frac{8}{3}$

02

답 $-19b-11c$

$a=b$의 양변에서 $5c$를 빼면 $a-5c=\boxed{b-5c}$

$a=4b+c$의 양변에 -2를 곱하면 $-2a=-2(4b+c)$

$\therefore -2a=\boxed{-8b-2c}$

$a=-4b-c$의 양변에 3을 곱하면

$3a=3(-4b-c)$ $\quad\therefore 3a=-12b-3c$

$3a=-12b-3c$의 양변에서 c를 빼면

$3a-c=-12b-3c-c$ $\quad\therefore 3a-c=\boxed{-12b-4c}$

따라서 (가), (나), (다)에 알맞은 세 식은 각각 $b-5c$, $-8b-2c$, $-12b-4c$이므로 세 식의 합은

$(b-5c)+(-8b-2c)+(-12b-4c)=-19b-11c$

03

답 2

다음 그림과 같이 두 번째 줄의 빈칸의 식을 각각 B, C라 하면

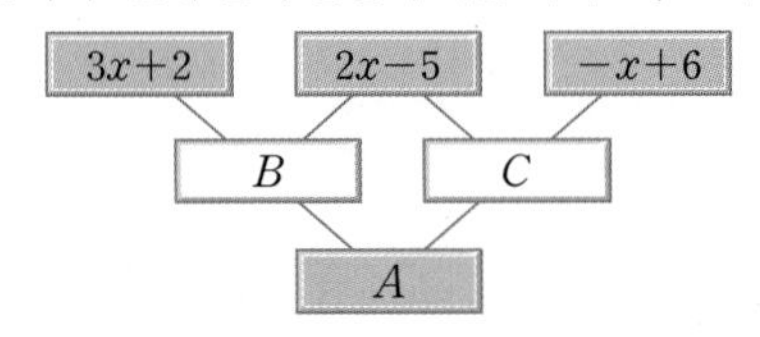

$B=(3x+2)+(2x-5)=5x-3$

$C=(2x-5)+(-x+6)=x+1$

$\therefore A=B+C=(5x-3)+(x+1)=6x-2$

따라서 $6x-2=10$이므로 $6x=12$ $\quad\therefore x=2$

04

답 $x=1$

(가)에서 12의 약수는 1, 2, 3, 4, 6, 12이므로 $a=3$

(나)에서 약수의 개수가 3인 자연수는 (소수)^2 꼴이므로 $b=2^2=4$

따라서 방정식 $2x+(3^2-2)=-3(x-4)$를 풀면

$2x+7=-3x+12$, $5x=5$ $\quad\therefore x=1$

05

답 ⑤

$5\star x=5x+5-x=4x+5$

$x\star 2=2x+x-2=3x-2$

$|(5\star x)-(x\star 2)|=3$이므로

$|4x+5-(3x-2)|=3$, $|4x+5-3x+2|=3$

$\therefore |x+7|=3$

이때 절댓값이 3인 수는 -3 또는 3이므로

$x+7=-3$ 또는 $x+7=3$

$\therefore x=-10$ 또는 $x=-4$

06

답 23

$\frac{7x+2}{3}:5=(2x-1):6$에서 $2(7x+2)=5(2x-1)$

$14x+4=10x-5$, $4x=-9$ $\quad\therefore x=-\frac{9}{4}$

방정식 $8x+a=5-\left(\frac{1}{3}x-2a\right)$의 해가 $x=-\frac{9}{4}$이므로

$8\times\left(-\frac{9}{4}\right)+a=5-\left\{\frac{1}{3}\times\left(-\frac{9}{4}\right)-2a\right\}$

$-18+a=5-\left(-\frac{3}{4}-2a\right)$

$-18+a=5+\frac{3}{4}+2a$, $-a=\frac{95}{4}$ $\quad\therefore a=-\frac{95}{4}$

따라서 $-\frac{95}{4}=-23.75$보다 큰 음의 정수는 $-23, -22, \cdots, -1$이므로 23개이다.

07

답 $x=\frac{7}{5}$

$1.7x+0.7=1.5x-0.5$의 양변에 10을 곱하면

$17x+7=15x-5$, $2x=-12$ $\quad\therefore x=-6$

$\therefore n=-6$

즉 방정식 $\frac{3x+m}{4}=\frac{x-m}{3}$의 해가 $x=-6$이므로

$\frac{-18+m}{4}=\frac{-6-m}{3}$

양변에 12를 곱하면 $3(-18+m)=4(-6-m)$

$-54+3m=-24-4m$

$7m=30$ $\quad\therefore m=\frac{30}{7}$

따라서 $\frac{30}{7}x-6=0$이므로 $\frac{30}{7}x=6$ $\quad\therefore x=\frac{7}{5}$

08

답 $\frac{3}{4}$

$\frac{x-a}{5}=\frac{3x-1}{4}-x$의 양변에 20을 곱하면

$4(x-a)=5(3x-1)-20x$, $4x-4a=15x-5-20x$

$9x=4a-5$ $\quad\therefore x=\frac{4a-5}{9}$

$3(x-a)=2(x-2)+a$에서 $3x-3a=2x-4+a$

$\therefore x=4a-4$

이때 두 일차방정식의 해의 비가 $2:9$이므로

$\frac{4a-5}{9}:(4a-4)=2:9$

$4a-5=2(4a-4)$, $4a-5=8a-8$

$-4a=-3 \qquad \therefore a=\frac{3}{4}$

09 답 1.6

$1.5x-2.3=\frac{1}{3}(2x+1.5)$의 좌변의 x의 계수 1.5를 a로 잘못 보았다고 하면

$ax-2.3=\frac{1}{3}(2x+1.5)$

이 방정식의 해가 $x=3$이므로

$3a-2.3=\frac{1}{3}(6+1.5)$, $3a-2.3=2.5$

$3a=4.8 \qquad \therefore a=1.6$

따라서 1.5를 1.6으로 잘못 보았다.

10 답 -2

$3a-4b=-2a+11b$에서 $5a=15b \qquad \therefore a=3b$

$x=\frac{3a-3b}{2a+2b}$에 $a=3b$를 대입하면

$x=\frac{3\times 3b-3b}{2\times 3b+2b}=\frac{6b}{8b}=\frac{3}{4}$

따라서 방정식 $2x+k(x+5)=-10$의 해가 $x=\frac{3}{4}$이므로

$\frac{3}{2}+\frac{23}{4}k=-10$

양변에 4를 곱하면 $6+23k=-40$

$23k=-46 \qquad \therefore k=-2$

11 답 48

$\frac{ax-5}{6}=x+\frac{5}{3}$의 양변에 6을 곱하면

$ax-5=6x+10$, $(a-6)x=15 \qquad \therefore x=\frac{15}{a-6}$

이때 $\frac{15}{a-6}$가 정수가 되려면 $a-6$이 15의 약수 또는 15의 약수에 음의 부호를 붙인 수이어야 한다.

즉 $a-6=1, 3, 5, 15, -1, -3, -5, -15$

$\therefore a=7, 9, 11, 21, 5, 3, 1, -9$

따라서 모든 정수 a의 값의 합은

$7+9+11+21+5+3+1+(-9)=48$

12 답 -7

$(2ax+1):\frac{4}{3}(a-x)=3:2$에서

$2(2ax+1)=4(a-x)$, $4ax+2=4a-4x$, $(4a+4)x=4a-2$

이 방정식을 만족하는 x의 값이 존재하지 않으므로

$4a+4=0$, $4a-2\neq 0$

$\therefore a=-1$

$\therefore a^2+5a-3=(-1)^2+5\times(-1)-3=1-5-3=-7$

07 일차방정식의 활용

워크북 154~155쪽

01 72	02 564	03 120송이	04 320명	05 4000원
06 56명	07 74분	08 ⑤	09 19 g	10 11일
11 30개	12 66			

01 답 72

연속하는 25개의 짝수 중 가장 작은 수를 x라 하면

가장 큰 수는 $x+2\times 24=x+48$

이때 가장 큰 수와 가장 작은 수의 비가 $3:1$이므로

$(x+48):x=3:1$

$x+48=3x$, $-2x=-48 \qquad \therefore x=24$

따라서 가장 큰 짝수는 $24+48=72$

02 답 564

처음 수의 일의 자리의 숫자를 x라 하면

백의 자리의 숫자는 $2x-3$이므로

처음 수는

$100(2x-3)+6\times 10+x=200x-300+60+x=201x-240$

백의 자리의 숫자와 십의 자리의 숫자를 바꾼 수는

$6\times 100+10(2x-3)+x=600+20x-30+x=21x+570$

이때 바꾼 수는 처음 수보다 90만큼 크므로

$21x+570=201x-240+90$, $-180x=-720 \qquad \therefore x=4$

따라서 처음 수의 일의 자리의 숫자는 4, 백의 자리의 숫자는 $2\times 4-3=5$이므로 처음 수는 564이다.

03 답 120송이

처음에 있던 꽃다발의 수련을 x송이라 하면

$\frac{1}{3}x+\frac{1}{5}x+\frac{1}{6}x+\frac{1}{4}x+6=x$

양변에 60을 곱하면 $20x+12x+10x+15x+360=60x$

$-3x=-360 \qquad \therefore x=120$

따라서 처음에 있던 꽃다발의 수련은 모두 120송이이다.

04 답 320명

입사 지원자 수를 x라 하면

(남자 지원자 수)$=\frac{4}{7}x$, (여자 지원자 수)$=\frac{3}{7}x$

(불합격한 남자 지원자 수)$=\frac{4}{7}x\times\left(1-\frac{4}{9}\right)=\frac{4}{7}x\times\frac{5}{9}=\frac{20}{63}x$

(불합격한 여자 지원자 수)$=\frac{3}{7}x\times\left(1-\frac{3}{8}\right)=\frac{3}{7}x\times\frac{5}{8}=\frac{15}{56}x$

이때 불합격한 여자 지원자가 270명이므로

$\frac{15}{56}x=270 \qquad \therefore x=1008$

따라서 불합격한 남자 지원자는 $\frac{20}{63}\times 1008=320$(명)

05

답 4000원

상품의 정가를 x원이라 하면

A가 받은 수수료는 $(x-50000)\times\frac{4}{100}=\frac{1}{25}(x-50000)$ (원)

B가 받은 수수료는 $(x-100000)\times\frac{8}{100}=\frac{2}{25}(x-100000)$ (원)

이때 두 사람이 받은 수수료가 같으므로

$\frac{1}{25}(x-50000)=\frac{2}{25}(x-100000)$

양변에 25를 곱하면 $x-50000=2(x-100000)$

$x-50000=2x-200000$ $\quad\therefore x=150000$

따라서 상품의 정가가 150000원이므로 A가 받은 수수료는

$\frac{1}{25}(x-50000)=\frac{1}{25}(150000-50000)=4000$(원)

06

답 56명

1학년 학급 수를 x라 하면

각 학급에서 5명씩 모집할 때의 정원은 $(5x+6)$명

1반, 2반에서 각각 4명을 모집하고 $(x-2)$개의 반에서 6명씩 모집할 때의 정원은 $\{4\times2+6(x-2)\}$명

이때 참가할 정원은 같으므로

$5x+6=4\times2+6(x-2)$

$5x+6=8+6x-12$ $\quad\therefore x=10$

따라서 체육 대회에 참가할 정원은 $5\times10+6=56$(명)

07

답 74분

거북이와 토끼가 결승점까지 달린 거리는 각각 2000 m, 2440 m이고, 거북이와 토끼의 속력은 각각 분속 12 m, 분속 24 m이므로 토끼가 x분 동안 잠을 잤다고 하면

$\frac{2440}{24}+x=\frac{2000}{12}+9$

양변에 24를 곱하면 $2440+24x=4000+216$

$24x=1776$ $\quad\therefore x=74$

따라서 토끼는 74분 동안 잠을 잤다.

08

답 ⑤

정지한 물에서 배의 속력을 시속 x km라 하면

상류 쪽으로 올라갈 때의 배의 속력은 시속 $(x-3)$ km,

하류 쪽으로 내려갈 때의 배의 속력은 시속 $(x+3)$ km이므로

$\frac{10}{x-3}=\frac{14}{x+3}$, $10(x+3)=14(x-3)$, $10x+30=14x-42$

$-4x=-72$ $\quad\therefore x=18$

따라서 정지한 물에서 배의 속력은 시속 18 km이다.

09

답 19 g

퍼낸 소금물의 양을 x g이라 하면

$\frac{10}{100}\times(400-x)+\frac{4}{100}\times(500-400)=\frac{5}{100}\times500$

양변에 100을 곱하면 $4000-10x+400=2500$

$-10x=-1900$ $\quad\therefore x=190$

따라서 퍼낸 소금물의 양은 190 g이고 이 소금물의 농도가 10 %이므로

퍼낸 소금물에 들어 있는 소금의 양은 $\frac{10}{100}\times190=19$(g)

10

답 11일

전체 일의 양을 1이라 하면 유미가 하루에 하는 일의 양은 $\frac{1}{15}$,

경민이가 하루에 하는 일의 양은 $\frac{1}{10}$이다.

두 사람이 함께 일한 날을 x일이라 하면

$\frac{1}{15}\times7+\left(\frac{1}{15}+\frac{1}{10}\right)\times x+\frac{1}{10}\times2=1$

$\frac{7}{15}+\frac{1}{6}x+\frac{1}{5}=1$

양변에 30을 곱하면 $14+5x+6=30$, $5x=10$ $\quad\therefore x=2$

따라서 일을 완성하는 데 모두 $7+2+2=11$(일)이 걸렸다.

11

답 30개

직선을 하나 그으면 S가 4조각으로 나누어지고, 직선을 한 개씩 더 그을 때마다 조각이 3개씩 늘어나므로 직선을 x개 그으면 나누어지는 조각의 개수는 $4+3(x-1)=3x+1$

$3x+1=91$에서 $3x=90$ $\quad\therefore x=30$

따라서 S를 91개의 조각으로 나누려면 30개의 직선을 그어야 한다.

12

답 66

직사각형 모양으로 묶인 8개의 수 중 가장 작은 수를 x라 하면 직사각형 모양 안의 수는

x	$x+2$	$x+4$	$x+6$
$x+12$	$x+14$	$x+16$	$x+18$

이므로

$x+(x+2)+(x+4)+(x+6)+(x+12)+(x+14)+(x+16)+(x+18)=600$

$8x+72=600$, $8x=528$ $\quad\therefore x=66$

따라서 8개의 수 중 가장 작은 수는 66이다.

08 좌표평면과 그래프

워크북 156～157쪽

01 10	02 5	03 제4사분면		04 1
05 ⑤	06 ④	07 15	08 ㄴ	09 336
10 16분				

01 답 10

$a=1$인 경우 순서쌍 (a, b)는 $(1, 2)$, $(1, 3)$, $(1, 4)$의 3개
$a=2$인 경우 순서쌍 (a, b)는 $(2, 1)$, $(2, 3)$의 2개
$a=3$인 경우 순서쌍 (a, b)는 $(3, 1)$, $(3, 2)$, $(3, 4)$의 3개
$a=4$인 경우 순서쌍 (a, b)는 $(4, 1)$, $(4, 3)$의 2개
따라서 구하는 순서쌍 (a, b)의 개수는 $3+2+3+2=10$

02 답 5

점 $A(a+2, b-6)$은 x축 위에 있으므로 $b-6=0$ $\quad\therefore b=6$
점 $B(a+5, b+1)$은 y축 위에 있으므로 $a+5=0$ $\quad\therefore a=-5$
이때 점 C의 좌표는 $C(c+4, c-1)$이고, 점 C는 어느 사분면에도 속하지 않으므로 $c+4=0$ 또는 $c-1=0$ $\quad\therefore c=-4$ 또는 $c=1$
따라서 $a+b-c$의 값 중 가장 큰 값은 c의 값이 가장 작을 때이므로
$-5+6-(-4)=-5+6+4=5$

03 답 제4사분면

(가)에서 $ab<0$이므로 a, b의 부호는 서로 다르다.
(나), (다)에서 $a+b>0$이고 $|a|<|b|$이므로 $a<0$, $b>0$
따라서 $a^2b>0$, $a-b<0$이므로 점 $(a^2b, a-b)$는 제4사분면 위에 있다.

04 답 1

점 $P(a+b, -3ab)$와 x축에 대하여 대칭인 점 Q의 좌표가 $(a+b, 3ab)$이므로 $a+b=-5$, $3ab=18$
$\therefore a+b=-5$, $ab=6$
이때 a, b는 모두 정수이므로 $a=-2$, $b=-3$ 또는 $a=-3$, $b=-2$
(i) $a=-2$, $b=-3$일 때,
$|a-b|=|-2-(-3)|=|-2+3|=1$
(ii) $a=-3$, $b=-2$일 때,
$|a-b|=|-3-(-2)|=|-3+2|=1$
(i), (ii)에서 $|a-b|=1$

05 답 ⑤

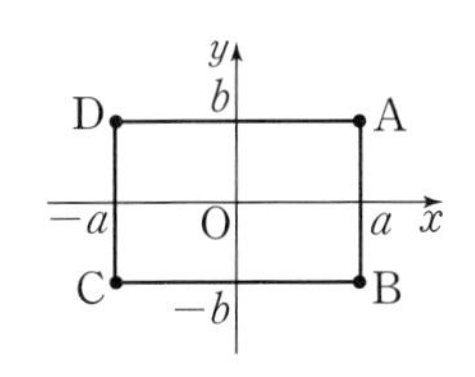

점 A의 좌표를 $A(a, b)$라 하면
$C(-a, -b)$, $B(a, -b)$, $D(-a, b)$
즉 네 점 A, B, C, D를 좌표평면 위에 나타내면 오른쪽 그림과 같으므로 사각형 ABCD의 가로의 길이는 $|2a|$, 세로의 길이는 $|2b|$이다. 이 직사각형 ABCD의 둘레의 길이가 32이므로
$2(|2a|+|2b|)=32$
$4(|a|+|b|)=32$ $\quad\therefore |a|+|b|=8$
따라서 점 A의 좌표가 될 수 없는 것은 ⑤이다.

06 답 ④

점 P의 좌표를 (m, n) $(mn\neq0)$이라 하면
(삼각형 PAB의 넓이)
$=\frac{1}{2}\times(8-3)\times|n|=\frac{5}{2}|n|$
(삼각형 PDC의 넓이)
$=\frac{1}{2}\times(5-2)\times|m|=\frac{3}{2}|m|$
$\frac{5}{2}|n|=\frac{3}{2}|m|$이므로 $5|n|=3|m|$
$\therefore n=\frac{3}{5}m$ 또는 $n=-\frac{3}{5}m$
따라서 점 P의 좌표로 가능한 것은 ④이다.

07 답 15

(나)에서 점 $(4, 0)$과 y축에 대하여 대칭인 점 B의 좌표는 $B(-4, 0)$
(다)에서 점 $(4, 1)$과 x축에 대하여 대칭인 점 D의 좌표는 $D(4, -1)$
따라서 사각형 ABCD를 좌표평면 위에 나타내면 오른쪽 그림과 같다.

$\therefore$ (사각형 ABCD의 넓이)
$=$(사각형 EFGH의 넓이)
$-\{$(삼각형 AEB의 넓이)
$+$(삼각형 BFC의 넓이)
$+$(삼각형 CGD의 넓이)
$+$(삼각형 DHA의 넓이)$\}$
$=8\times4-\left(\frac{1}{2}\times4\times2+\frac{1}{2}\times6\times2+\frac{1}{2}\times2\times1+\frac{1}{2}\times4\times3\right)$
$=32-(4+6+1+6)=32-17=15$

08 답 ㄴ

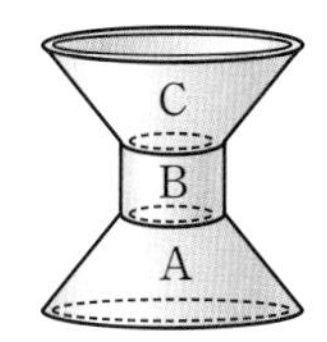

오른쪽 그림에서 A 부분에 물을 채울 때는 처음에는 물의 높이가 서서히 높아지다가 나중에 빠르게 높아진다.
B 부분에 물을 채울 때는 물의 높이가 일정하게 높아진다.
C 부분에 물을 채울 때는 처음에는 물의 높이가 빠르게 높아지다가 나중에는 서서히 높아진다.
따라서 x와 y 사이의 관계를 나타낸 그래프로 적당한 것은 ㄴ이다.

09 답 336

수영이는 음료수를 마시다가 중간에 $18-6=12$(초) 동안 쉬었으므로 $a=12$
동희가 음료수를 다 마시고 $30-27=3$(초) 후에 수영이도 음료수를 다 마셨으므로 $b=3$
진수는 음료수를 $500-200=300$(mL)만 마시고 그만 마셨으므로 $c=300$
$\therefore ab+c=12\times3+300=336$

10

답 16분

A, B 두 호스로 물을 채우면 7분 동안 70 L를 채우므로 1분에 $\frac{70}{7}=10(\text{L})$의 물을 채울 수 있다.

A 호스만을 이용하여 물을 채우면 12분 동안 42 L를 채우므로 1분에 $\frac{42}{12}=\frac{7}{2}(\text{L})$의 물을 채울 수 있다.

따라서 B 호스만을 이용하면 1분에 $10-\frac{7}{2}=\frac{13}{2}(\text{L})$의 물을 채울 수 있으므로 부피가 104 L인 물통을 B 호스만을 이용하여 물을 채우는 데 걸리는 시간은 $104\div\frac{13}{2}=104\times\frac{2}{13}=16$(분)이다.

09 정비례와 반비례

워크북 158~159쪽

01 6 　 02 21 　 03 4 　 04 18 　 05 2
06 30 　 07 16 　 08 51 　 09 25
10 $m\le-\frac{3}{5}$ 또는 $m\ge\frac{5}{2}$ 　 11 $y=\frac{5}{2}x$, 90번
12 $A=14$, $y=\frac{14}{x}$

01

답 6

(가)에서 $2y$가 x에 정비례하므로 $2y=ax$ $(a\neq0)$로 놓으면 $y=\frac{a}{2}x$

(나)에서 $x=-4$일 때, $y=3$이므로

$y=\frac{a}{2}x$에 $x=-4$, $y=3$을 대입하면

$3=\frac{a}{2}\times(-4)$ 　 $\therefore a=-\frac{3}{2}$

즉 x와 y 사이의 관계식은 $y=\frac{1}{2}\times\left(-\frac{3}{2}\right)x=-\frac{3}{4}x$

따라서 $y=-\frac{3}{4}x$에 $x=-8$을 대입하면

$y=-\frac{3}{4}\times(-8)=6$

02

답 21

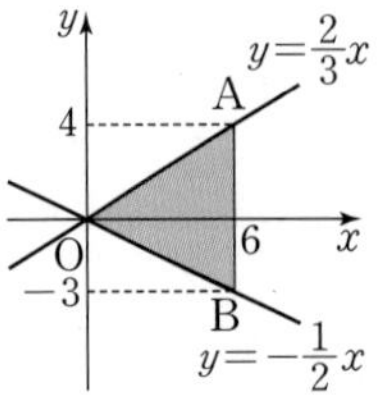

점 A의 x좌표가 6이므로 $y=\frac{2}{3}x$에 $x=6$을 대입하면

$y=\frac{2}{3}\times6=4$ 　 $\therefore$ A(6, 4)

점 B의 x좌표가 6이므로 $y=-\frac{1}{2}x$에 $x=6$을 대입하면

$y=-\frac{1}{2}\times6=-3$ 　 $\therefore$ B(6, −3)

$\therefore$ (삼각형 AOB의 넓이)$=\frac{1}{2}\times\{4-(-3)\}\times6$

$=\frac{1}{2}\times7\times6=21$

03

답 4

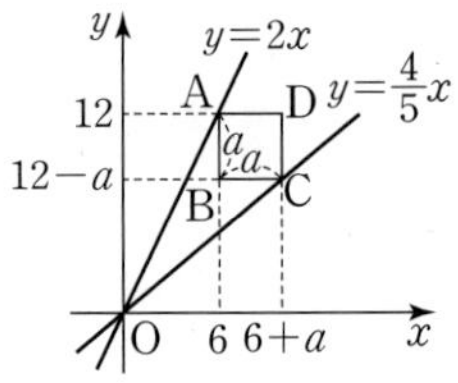

오른쪽 그림과 같이 정사각형 ABCD의 한 변의 길이를 a라 하면

B$(6, 12-a)$, C$(6+a, 12-a)$

점 C가 $y=\frac{4}{5}x$의 그래프 위의 점이므로

$y=\frac{4}{5}x$에 $x=6+a$, $y=12-a$를 대입하면

$12-a=\frac{4}{5}(6+a)$, $60-5a=24+4a$

$-9a=-36$ 　 $\therefore a=4$

따라서 정사각형 ABCD의 한 변의 길이는 4이다.

04

답 18

두 점 A, B의 y좌표를 a라 하자.

$y=-\frac{1}{3}x$에 $y=a$를 대입하면 $a=-\frac{1}{3}x$ 　 $\therefore x=-3a$

$y=\frac{2}{3}x$에 $y=a$를 대입하면 $a=\frac{2}{3}x$ 　 $\therefore x=\frac{3}{2}a$

$\therefore$ A$(-3a, a)$, B$\left(\frac{3}{2}a, a\right)$, C$(-3a, 0)$, D$\left(\frac{3}{2}a, 0\right)$

이때 선분 AB의 길이가 9이므로

$\frac{3}{2}a-(-3a)=9$, $\frac{9}{2}a=9$ 　 $\therefore a=2$

따라서 선분 AC의 길이가 2이므로 직사각형 ACDB의 넓이는

$9\times2=18$

05

답 2

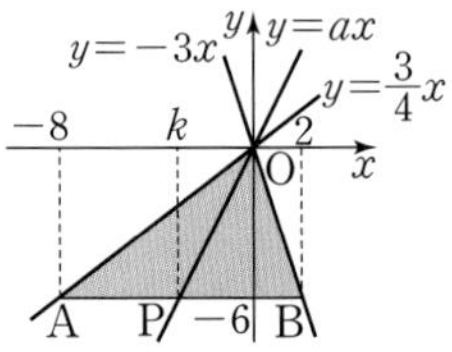

두 점 A, B의 y좌표가 모두 −6이므로

$y=\frac{3}{4}x$에 $y=-6$을 대입하면

$-6=\frac{3}{4}x$ 　 $\therefore x=-8$

$\therefore$ A(−8, −6)

$y=-3x$에 $y=-6$을 대입하면

$-6=-3x$ 　 $\therefore x=2$

$\therefore$ B(2, −6)

즉 선분 AB의 길이는 $2-(-8)=10$이므로

삼각형 OAB의 넓이는 $\frac{1}{2}\times10\times6=30$

이때 $y=ax$의 그래프와 선분 AB가 만나는 점을 P$(k, -6)$이라 하면

삼각형 OAP의 넓이는 $30\times\frac{1}{2}=15$이므로

$\frac{1}{2}\times\{k-(-8)\}\times6=15$, $3(k+8)=15$

$k+8=5$ 　 $\therefore k=-3$

따라서 $y=ax$에 $x=-3$, $y=-6$을 대입하면

$-6=-3a$ 　 $\therefore a=2$

06

답 30

점 B의 x좌표가 3이고, 점 B는 $y=\frac{15}{x}$의 그래프 위의 점이므로

$y=\frac{15}{x}$에 $x=3$을 대입하면 $y=\frac{15}{3}=5$ 　 $\therefore$ B(3, 5)

$\therefore$ C(0, 5)

이때 점 D는 점 B와 원점에 대하여 대칭이므로 $D(-3, -5)$

$\therefore$ (사각형 ABCD의 넓이)

$=$(삼각형 ABD의 넓이)$+$(삼각형 BCD의 넓이)

$=\frac{1}{2}\times5\times\{3-(-3)\}+\frac{1}{2}\times3\times\{5-(-5)\}$

$=15+15=30$

07

답 16

반비례 관계 $y=\frac{a}{x}$의 그래프가 점 $(-5, -1)$을 지나므로

$y=\frac{a}{x}$에 $x=-5$, $y=-1$을 대입하면 $-1=\frac{a}{-5}$ $\therefore a=5$

제1사분면에서 색칠한 부분에 있는 x좌표와 y좌표가 모두 정수인 점을 순서쌍 (x, y)로 나타내면

$x=1$일 때, $(1, 1)$, $(1, 2)$, $(1, 3)$, $(1, 4)$의 4개

$x=2$일 때, $(2, 1)$, $(2, 2)$의 2개

$x=3$일 때, $(3, 1)$의 1개

$x=4$일 때, $(4, 1)$의 1개

이므로 $4+2+1+1=8$(개)

이와 같은 방법으로 제3사분면에서 색칠한 부분에 있는 x좌표와 y좌표가 모두 정수인 점은 8개이므로 구하는 점의 개수는 $2\times8=16$

08

답 51

두 점 A, C의 x좌표가 4이므로 $A(4, 4a)$, $C(4, 0)$

삼각형 ABC의 넓이가 48이므로

$\frac{1}{2}\times4a\times\{4-(-4)\}=48$, $16a=48$ $\therefore a=3$

따라서 $y=\frac{b}{x}$의 그래프가 점 $A(4, 12)$를 지나므로

$y=\frac{b}{x}$에 $x=4$, $y=12$를 대입하면

$12=\frac{b}{4}$ $\therefore b=48$

$\therefore a+b=3+48=51$

09

답 25

점 A의 x좌표가 2이고, 점 A는 $y=ax$의 그래프 위의 점이므로 $A(2, 2a)$

이때 $y=\frac{b}{x}$의 그래프가 원점에 대하여 대칭인 한 쌍의 곡선이므로 $B(-2, -2a)$

$\therefore C(-2, 2a)$, $D(2, -2a)$

직사각형 ACBD의 넓이가 40이므로

$\{2-(-2)\}\times\{2a-(-2a)\}=40$, $16a=40$ $\therefore a=\frac{5}{2}$

따라서 점 $A(2, 5)$는 $y=\frac{b}{x}$의 그래프 위의 점이므로

$y=\frac{b}{x}$에 $x=2$, $y=5$를 대입하면

$5=\frac{b}{2}$ $\therefore b=10$

$\therefore ab=\frac{5}{2}\times10=25$

10

답 $m\le-\frac{3}{5}$ 또는 $m\ge\frac{5}{2}$

세 점 A, B, C를 좌표평면 위에 나타내면 오른쪽 그림과 같다.

(i) $m<0$인 경우

m은 $y=mx$의 그래프가 점 $B(-5, 3)$을 지날 때 가장 큰 값을 가지므로

$y=mx$에 $x=-5$, $y=3$을 대입하면

$3=-5m$, $m=-\frac{3}{5}$ $\therefore m\le-\frac{3}{5}$

(ii) $m>0$인 경우

m은 $y=mx$의 그래프가 점 $C(2, 5)$를 지날 때 가장 작은 값을 가지므로 $y=mx$에 $x=2$, $y=5$를 대입하면

$5=2m$, $m=\frac{5}{2}$

$\therefore m\ge\frac{5}{2}$

(i), (ii)에서 구하는 m의 값의 범위는 $m\le-\frac{3}{5}$ 또는 $m\ge\frac{5}{2}$

11

답 $y=\frac{5}{2}x$, 90번

두 개의 톱니바퀴 A, B의 톱니 수를 각각 $5a$, $2a$ $(a>0)$라 하면

$5a\times x=2a\times y$ $\therefore y=\frac{5}{2}x$

$y=\frac{5}{2}x$에 $x=36$을 대입하면 $y=\frac{5}{2}\times36=90$

따라서 톱니바퀴 A가 36번 회전할 때 톱니바퀴 B는 90번 회전한다.

12

답 $A=14$, $y=\frac{14}{x}$

넓이가 6 m^2인 직사각형 모양의 그늘막을 설치하는 데 드는 비용은 42000원이므로 넓이가 1 m^2인 직사각형 모양의 그늘막을 설치하는 데 드는 비용은 $\frac{42000}{6}=7000$(원)

따라서 98000원으로 설치할 수 있는 그늘막의 넓이는

$\frac{98000}{7000}=14(\text{m}^2)$이므로 $A=14$

이때 넓이가 14 m^2인 그늘막의 가로, 세로의 길이가 각각 x m, y m이므로

$xy=14$ $\therefore y=\frac{14}{x}$

대단원 TEST

Ⅰ 소인수분해

워크북 160~163쪽

01 ㄴ, ㄷ, ㅁ 02 2묶음 03 316 04 (1) 6 (2) 4 (3) 43
05 40 06 14 07 640 08 9개 09 6
10 165 11 ⑤ 12 4 13 $a=150$, $b=20$
14 $a=35$, $b=42$ 15 ② 16 ④ 17 517
18 ⑤ 19 24그루 20 (1) 200 (2) 300 (3) 1200원
21 병인년

01

답 ㄴ, ㄷ, ㅁ

ㄱ. 자연수는 1, 소수, 합성수로 이루어져 있다.
ㄹ. 소수는 1과 자기 자신만을 약수로 가진다.
ㅂ. $a=4$, $b=5$인 경우 $a<b$이지만 a의 약수는 3개, b의 약수는 2개이므로 a의 약수의 개수가 b의 약수의 개수보다 많다.
따라서 보기의 설명 중 옳은 것은 ㄴ, ㄷ, ㅁ이다.

02

답 2묶음

다섯 개의 수의 합은 각각 15, 20, 25, 30, 35, 40이다.
$15=3\times5$, $20=2^2\times5$, $25=5^2$,
$30=2\times3\times5$, $35=5\times7$, $40=2^3\times5$
따라서 $p\times q$ 꼴로 소인수분해되는 것은 15, 35이므로
(1, 2, 3, 4, 5), (5, 6, 7, 8, 9)의 2묶음이다.

03

답 316

자연수 Q를 소인수분해하면 $2^2\times A^n$이고 A가 $2<A<10$인 자연수이므로 A는 2가 아닌 한 자리의 소수이다.
$2^2\times A^n$의 약수의 개수가 12이므로
$(2+1)\times(n+1)=12$, $n+1=4$ $\quad\therefore n=3$
따라서 조건을 만족하는 A^n의 값 중 가장 큰 값은 $7^3=343$, 가장 작은 값은 $3^3=27$이므로 구하는 차는 $343-27=316$

04

답 (1) 6 (2) 4 (3) 43

(1) $150=2\times3\times5^2$이므로 약수의 개수는
$(1+1)\times(1+1)\times(2+1)=12$
$\therefore f(f(150))=f(12)$
$12=2^2\times3$이므로 약수의 개수는 $(2+1)\times(1+1)=6$
$\therefore f(12)=6$
(2) $f(x)=3$이므로 x는 소수의 제곱인 수이다.
이때 $100=10^2$이므로 그 소수는 10보다 작아야 한다.
따라서 x의 값이 될 수 있는 수는 $2^2=4$, $3^2=9$, $5^2=25$, $7^2=49$의 4개이다.
(3) 약수의 개수가 홀수인 수는 자연수의 제곱인 수이다.
1부터 50까지 자연수 중에서 제곱인 수는 1^2, 2^2, $\cdots$, 7^2의 7개이다.
따라서 약수의 개수가 짝수인 수는 $50-7=43$(개)

05

답 40

자연수의 제곱이 되려면 소인수분해하였을 때 모든 소인수의 지수가 짝수이어야 한다.
(가)에서 $90=2\times3^2\times5$이므로 어떤 자연수의 제곱이 되게 하려면 $n=2\times5\times(\text{자연수})^2$ 꼴이어야 한다.
(나), (다)에서 서로 다른 소인수 2개를 가지고, 약수의 개수가 8이므로 n은 $2^3\times5=40$ 또는 $2\times5^3=250$이다.
이때 n은 100보다 크지 않으므로 구하는 n의 값은 40이다.

06

답 14

$\square\times3^4$의 약수의 개수가 10이고 $10=10\times1=2\times5$이므로
(i) $10=10\times1=9+1$일 때, $3^4\times\square=3^9$에서 $\square=3^5$
(ii) $10=2\times5=(1+1)\times(4+1)$일 때,
$\square\times3^4=(3\text{이 아닌 소수})\times3^4$에서 $\square=2, 5, 7, \cdots$
(i), (ii)에서 $\square$ 안에 들어갈 수 있는 수를 작은 수부터 차례대로 나열하면 2, 5, 7, ⋯이므로 세 번째 수까지 더한 값은 $2+5+7=14$

07

답 640

$15=15\times1=5\times3$이므로 소인수분해하였을 때, 각각의 경우마다 조건을 만족하는 세 자리의 자연수를 구하면 다음과 같다.
(i) $15=15\times1=14+1$에서 a^{14} (a는 소수) 꼴일 때,
$2^{14}>999$이므로 a^{14}을 만족하는 세 자리의 자연수는 없다.
(ii) $15=5\times3=(4+1)\times(2+1)$에서 $a^4\times b^2$ (a, b는 서로 다른 소수) 꼴일 때,
가장 작은 세 자리의 자연수는 $2^4\times3^2=144$,
가장 큰 세 자리의 자연수는 $2^4\times7^2=784$
(i), (ii)에서 세 자리의 자연수 중 가장 큰 수는 784, 가장 작은 수는 144이므로 두 수의 차는 $784-144=640$

08

답 9개

구슬이 4개가 들어 있는 상자는 적혀 있는 번호의 약수의 개수가 4인 상자이므로 상자의 번호는 a^3 (a는 소수) 꼴 또는 $a\times b$ (a, b는 서로 다른 소수) 꼴이고 28 이하의 수이다.
따라서 구하는 수는 2^3, 3^3, 2×3, 2×5, 2×7, 2×11, 2×13, 3×5, 3×7이므로 구슬이 4개 들어 있는 상자는 모두 9개이다.

09

답 6

$4=2^2$, $15=3\times5$이고 4, 15, n의 최소공배수가 $2^2\times3^2\times5\times7$이므로 n은 $2^2\times3^2\times5\times7$의 약수이면서 $3^2\times7$의 배수이어야 한다.
따라서 n의 값이 될 수 있는 자연수는 $3^2\times7\times(2^2\times5\text{의 약수})$이므로
$3^2\times7$, $2\times3^2\times7$, $2^2\times3^2\times7$, $3^2\times5\times7$, $2\times3^2\times5\times7$,
$2^2\times3^2\times5\times7$의 6개이다.

참고 n의 값의 개수는 $2^2\times5$의 약수의 개수와 같으므로 $(2+1)\times(1+1)=6$

10

답 165

세 자연수를 $4\times a$, $8\times a$, $11\times a$ (a는 자연수)라 하면
세 수의 최대공약수는 a,
최소공배수는 $2^3\times11\times a=88\times a$

$$
\begin{array}{rl}
4\times a=2^2 & \times a \\
8\times a=2^3 & \times a \\
11\times a= \quad 11 & \times a \\
\hline
(\text{최소공배수})=2^3\times11\times a=88\times a &
\end{array}
$$

최대공약수와 최소공배수의 차가 1305이므로

$88\times a-a=1305$, $87\times a=1305$ $\quad\therefore a=15$

따라서 가장 큰 수는 $11\times a=11\times 15=165$

11 ⋯⋯ 답 ⑤

$30=2\times 3\times 5$, $18=2\times 3^2$이고, 최대공약수는 $6=2\times 3$,

최소공배수는 $180=2^2\times 3^2\times 5$이므로 N은 $2^2\times 3^2\times 5$의 약수이면서 $2^2\times 3$의 배수이어야 한다.

따라서 N의 값이 될 수 있는 수는 $2^2\times 3=12$, $2^2\times 3^2=36$, $2^2\times 3\times 5=60$, $2^2\times 3^2\times 5=180$이므로 그 합은

$12+36+60+180=288$

12 ⋯⋯ 답 4

$60=2^2\times 3\times 5$, $70=2\times 5\times 7$이고 세 수의 최대공약수가 5일 때, 최소공배수의 크기를 가장 작게 하려면 a는 5의 배수이면서 2를 소인수로 갖지 않으며 두 수 60, 70의 최소공배수인 $2^2\times 3\times 5\times 7$의 약수가 되어야 한다.

따라서 $a=5\times(3\times 7$의 약수$)$ 꼴이므로 a의 값이 될 수 있는 수는

5, $3\times 5=15$, $5\times 7=35$, $3\times 5\times 7=105$의 4개이다.

(참고) a의 값이 될 수 있는 수는 3×7의 약수의 개수와 같으므로

$(1+1)\times(1+1)=4$

13 ⋯⋯ 답 $a=150$, $b=20$

a는 10의 배수이고, b는 10의 배수이면서 4의 배수이므로 20의 배수이다.

$a=10\times x$, $b=20\times y$ (x, y는 서로소)라 하면

$10\times x\times 20\times y=3000$ $\quad\therefore x\times y=15$

이때 x, y는 서로소이므로

$(x, y)=(1, 15), (3, 5), (5, 3), (15, 1)$

$\therefore (a, b)=(10, 300), (30, 100), (50, 60), (150, 20)$

이때 $a>b$이므로 $a=150$, $b=20$

14 ⋯⋯ 답 $a=35$, $b=42$

$\frac{a-5}{b-6}=\frac{a}{b}$이므로 $a\times b-5\times b=a\times b-6\times a$

$\therefore 6\times a=5\times b$

즉 5와 6은 서로소이므로 a는 5의 배수, b는 6의 배수이다.

a와 b의 최대공약수를 k (k는 자연수)라 하면

$a=5\times k$, $b=6\times k$이고

a, b의 최소공배수가 210이므로

$5\times 6\times k=210$ $\quad\therefore k=7$

$\therefore a=5\times 7=35$, $b=6\times 7=42$

15 ⋯⋯ 답 ②

ㄱ. $A\blacktriangle B=A\triangle B=k$라 하면 k는 A, B의 배수이면서 약수이므로 $k=A=B$

ㄴ. $A\triangle B=1$이면 A와 B는 서로소이므로 $A\blacktriangle B=A\times B$

ㄷ. $(6\triangle n)\blacktriangle 10=10$에서 $6\triangle n$은 10의 약수이므로

$6\triangle n=1, 2, 5, 10$ (단, $1<n<10$)

(i) $6\triangle n=1$일 때, 6과 n은 서로소이므로 $n=5, 7$

(ii) $6\triangle n=2$일 때, 6과 n의 최대공약수가 2이므로 n은 2의 배수이면서 3의 배수는 아니다. $\quad\therefore n=2, 4, 8$

(iii) $6\triangle n=5$일 때, 6은 5의 배수가 아니므로 n은 존재하지 않는다.

(iv) $6\triangle n=10$일 때, 6은 10의 배수가 아니므로 n은 존재하지 않는다.

(i)~(iv)에서 조건을 만족하는 n의 값은 2, 4, 5, 7, 8의 5개이다.

따라서 옳은 것은 ㄱ, ㄴ이다.

16 ⋯⋯ 답 ④

세 분수 $\frac{a}{12}$, $\frac{a}{24}$, $\frac{a}{30}$가 모두 자연수가 되려면 자연수 a는 12, 24, 30의 공배수이어야 하므로 a의 값 중 가장 작은 수 A는 12, 24, 30의 최소공배수이다.

$12=2^2\times 3$
$24=2^3\times 3$
$30=2\times 3\times 5$
(최소공배수)$=2^3\times 3\times 5=120$
(최대공약수)$=2\times 3=6$

$\therefore A=2^3\times 3\times 5=120$

세 분수 $\frac{12}{b}$, $\frac{24}{b}$, $\frac{30}{b}$이 모두 자연수가 되려면 자연수 b는 12, 24, 30의 공약수이어야 하므로 b의 값 중 가장 큰 수 B는 12, 24, 30의 최대공약수이다.

$\therefore B=2\times 3=6$

$\therefore A-B=120-6=114$

17 ⋯⋯ 답 517

어떤 자연수를 n이라 하면 n은 5, 8, 10의 어느 것으로 나누어도 항상 3이 부족하므로 $n+3$은 5, 8, 10의 공배수이다.

$5=5$
$8=2^3$
$10=2\times 5$
(최소공배수)$=2^3\times 5=40$

이때 5, 8, 10의 최소공배수는 $2^3\times 5=40$이고 40의 배수 중 500에 가장 가까운 수는 480과 520이다.

(i) $n+3=480$일 때, $n=477$

(ii) $n+3=520$일 때, $n=517$

(i), (ii)에서 500에 가장 가까운 수는 517이다.

18 ⋯⋯ 답 ⑤

묶음의 수는 24, 60, 84를 모두 나눌 수 있어야 하므로 세 수 24, 60, 84의 공약수이다. 이때 세 수의 최대공약수가 $2^2\times 3=12$이므로

$24=2^3\times 3$
$60=2^2\times 3\times 5$
$84=2^2\times 3\times 7$
(최대공약수)$=2^2\times 3=12$

① 최대 12묶음을 만들 수 있다.

② 이때 한 묶음에 들어가는 초콜릿은 $24\div 12=2$(개), 사탕은 $60\div 12=5$(개), 젤리는 $84\div 12=7$(개)이므로 한 묶음의 가격은 $2\times 400+5\times 300+7\times 200=800+1500+1400=3700$(원)

③ 한 묶음에 들어가는 사탕의 가격은 $5\times 300=1500$(원)

④ 한 묶음에 들어가는 초콜릿의 가격은 $2\times 400=800$(원)

⑤ 한 묶음에 들어가는 초콜릿, 사탕, 젤리의 개수의 합은 $2+5+7=14$(개)이다.

따라서 옳지 않은 것은 ⑤이다.

19

답 24그루

나무 사이의 간격이 일정하려면 나무 사이의 간격은 54, 72, 90의 공약수이어야 한다.

$54=2\times3^3$
$72=2^3\times3^2$
$90=2\times3^2\times5$
(최대공약수)$=2\times3^2=18$

이때 54, 72, 90의 최대공약수는 $2\times3^2=18$이고 나무 사이의 간격이 10 m를 넘지 않고 될 수 있는 한 적게 심어야 하므로 나무 사이의 간격은 18의 약수 중 10 이하의 가장 큰 수인 9 m이어야 한다.
따라서 세 변의 길이의 합이 $54+72+90=216$(m)이므로 $216\div9=24$(그루)의 나무를 심어야 한다.

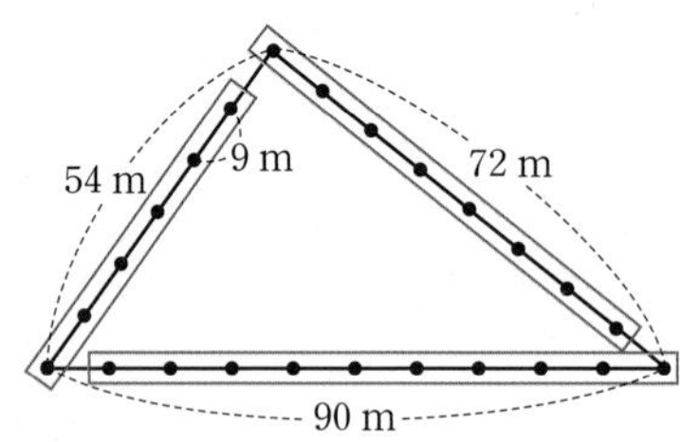

20

답 (1) 200 (2) 300 (3) 1200원

(1) 윤희가 받은 50원짜리 동전의 개수는 100원짜리 동전의 개수의 2배이므로 윤희가 받은 금액은 $50\times2+100=200$의 배수이다.
(2) 성택이가 받은 50원짜리 동전의 금액이 100원짜리 동전의 금액의 2배이므로 성택이가 받은 금액은 $100\times2+100=300$의 배수이다.
(3) 두 사람이 가진 금액의 합은 200과 300의 최소공배수 $2^3\times3\times5^2=600$의 배수이다.

$200=2^3\times5^2$
$300=2^2\times3\times5^2$
(최소공배수)$=2^3\times3\times5^2=600$

따라서 600의 배수 중에서 2000원 이상 3000원 미만인 금액은 2400원이므로 두 사람이 각각 받은 금액은 $2400\div2=1200$(원)

21

답 병인년

같은 이름의 해는 10과 12의 공배수마다 돌아온다.
이때 10과 12의 최소공배수는 $2^2\times3\times5=60$이므로 60년마다 반복이 된다.

$10=2\times5$
$12=2^2\times3$
(최소공배수)$=2^2\times3\times5=60$

$1989-1446=543$이므로 1446년은 1989년으로부터 $(60\times9+3)$년 전이다.
따라서 1446년의 해의 이름은 1989년으로부터 3년 전 해의 이름과 같으므로 병인년이다.

참고

	1989년	1988년	1987년	1986년
십간	기	무	정	병
십이지	사	진	묘	인

대단원 TEST

II 정수와 유리수

워크북 164~167쪽

01 ② 02 9 03 ④ 04 60 05 ②
06 -50 07 2 08 60 09 4 10 ④
11 $\frac{10}{3}$ 12 $\frac{1}{2}$ 13 $-\frac{16}{15}$ 14 6 15 $\frac{19}{90}$
16 ③ 17 (1) $A=\frac{7}{2}$, $B=-\frac{2}{3}$ (2) $\frac{3}{14}$ 18 13
19 $b-a^2+cd<0$ 20 a^2, $-\frac{1}{b}$, $\frac{1}{c}$, $\frac{1}{a}$, $-c$ 21 6
22 16 23 -31 24 $\frac{5}{24}$

01

답 ②

② 유리수는 양의 유리수, 0, 음의 유리수로 이루어져 있다.

02

답 9

양의 유리수는 3.7, 1256, 3.14, $\frac{4}{2}=2$의 4개이므로 $a=4$
음의 유리수는 -5, $-\frac{11}{5}$, $-\frac{72}{18}=-4$의 3개이므로 $b=3$
정수가 아닌 유리수는 3.7, $-\frac{11}{5}$, 3.14의 3개이므로 $c=3$
$\therefore a\times b\times c=4\times3\times3=2^2\times3^2$
따라서 $a\times b\times c$의 약수의 개수는
$(2+1)\times(2+1)=9$

03

답 ④

0은 정수이고 $\frac{2}{3}$, 3.1은 정수가 아닌 유리수이므로
$\left\langle\frac{2}{3}\right\rangle=1$, $\langle0\rangle=0$, $\langle3.1\rangle=1$
$\langle a\rangle+\left\langle\frac{2}{3}\right\rangle+\langle0\rangle+\langle3.1\rangle=\langle a\rangle+1+0+1=\langle a\rangle+2$
즉 $\langle a\rangle+2=3$이므로 $\langle a\rangle=1$
따라서 a는 정수가 아닌 유리수이므로 a의 값이 아닌 것은 ④ $\frac{6}{3}=2$이다.

04

답 60

$d=3$이고 d는 b보다 5만큼 작으므로 b는 d보다 5만큼 크다.
$\therefore b=8$
a와 b는 부호가 서로 반대이고 절댓값은 같으므로 $a=-8$
c는 a보다 4만큼 크므로 $c=-4$
$\therefore c-a\times b=-4-(-8)\times8=60$

05

답 ②

(가)에서 $|a|=3$
(나)에서 $|b|=|-5|=5$
(다)에서 $|a|+|b|+|c|=10$이므로
$3+5+|c|=10$ $\therefore |c|=2$
이때 c는 양의 정수이므로 $c=2$

06 ········ 답 -50

$|a|=4\times|b|$이고 수직선 위에서 두 수 a, b를 나타내는 두 점 사이의 거리가 30이므로

(ⅰ) $0<a<b$일 때, 조건을 만족하는 a, b는 존재하지 않는다.

(ⅱ) $0<b<a$일 때, $a=40$, $b=10$ $\quad\therefore a+b=40+10=50$

(ⅲ) $a<0<b$일 때, $a=-24$, $b=6$ $\quad\therefore a+b=-24+6=-18$

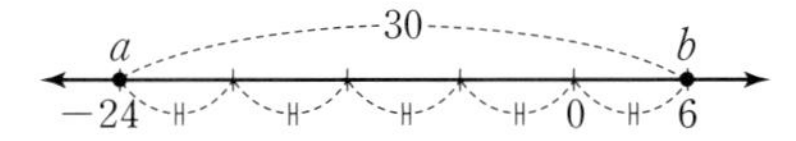

(ⅳ) $b<0<a$일 때, $a=24$, $b=-6$ $\quad\therefore a+b=24+(-6)=18$

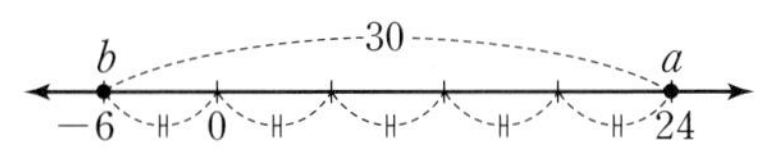

(ⅴ) $a<b<0$일 때, $a=-40$, $b=-10$

$\therefore a+b=-40+(-10)=-50$

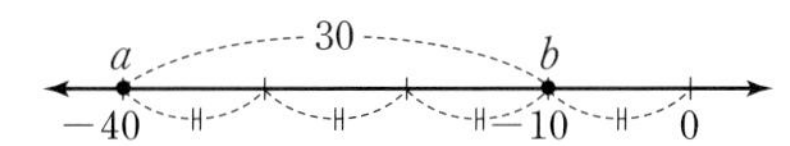

(ⅵ) $b<a<0$일 때, 조건을 만족하는 a, b는 존재하지 않는다.

(ⅰ)~(ⅵ)에서 $a+b$의 값 중 가장 작은 값은 -50이다.

07 ········ 답 2

$|-8|=8$, $|4|=4$에서 $|-8|>|4|$이므로 $(-8)\blacktriangle 4=-8$

$\{(-8)\blacktriangle 4\}\circledcirc(m\blacktriangle 5)=5$에서

$(-8)\circledcirc(m\blacktriangle 5)=5$이므로 $m\blacktriangle 5=5$이어야 한다.

(ⅰ) $|m|\geq|5|$일 때, $m\blacktriangle 5=m$ $\quad\therefore m=5$

(ⅱ) $|m|<|5|$일 때, $m\blacktriangle 5=5$

이때 $|m|<5$이므로 $-5<m<5$

$\therefore m=-4, -3, -2, -1, 0, 1, 2, 3, 4$ ($\because m$은 정수)

(ⅰ), (ⅱ)에서 주어진 식을 만족하는 정수 m은

$-4, -3, -2, -1, 0, 1, 2, 3, 4, 5$이므로

세 번째로 작은 값과 두 번째로 큰 값의 합은

$-2+4=2$

08 ········ 답 60

$\frac{24}{a}$, $\frac{60}{a}$이 양의 정수이므로 a의 값은 24와 60의 공약수인 1, 2, 3, 4, 6, 12 중 하나이다.

또 $\frac{b}{a}$는 $3<\left|\frac{b}{a}\right|<6$, 즉 $\left|\frac{b}{a}\right|=4, 5$를 만족하는 정수이므로

$\frac{b}{a}$의 값은 -5, -4, 4, 5이다.

$\frac{b}{a}$의 값이 최대일 때는 $\frac{b}{a}=5$이고 a의 값이 클수록 b의 값도 커진다.

즉 $a=12$일 때, b의 값은 최대가 된다.

따라서 $a=12$일 때, b는 최댓값 $12\times5=60$을 가진다.

09 ········ 답 4

$a=-\frac{3}{4}-\frac{7}{6}=-\frac{9}{12}-\frac{14}{12}=-\frac{23}{12}$

$b=2.8-\left(-\frac{1}{5}\right)=\frac{14}{5}+\left(+\frac{1}{5}\right)=\frac{15}{5}=3$

따라서 $-\frac{23}{12}<x<3$을 만족하는 정수 x는 -1, 0, 1, 2의 4개이다.

10 ········ 답 ④

$[-3, 6]=9$이므로 $[[-3, 6], [7, a]]=[9, [7, a]]=5$이려면

$[7, a]=4$ 또는 $[7, a]=14$

(ⅰ) $[7, a]=4$일 때, $7-a=4$ 또는 $a-7=4$이므로

$a=3$ 또는 $a=11$

(ⅱ) $[7, a]=14$일 때, $7-a=14$ 또는 $a-7=14$이므로

$a=-7$ 또는 $a=21$

(ⅰ), (ⅱ)에서 $M=21$, $m=-7$이므로

$[M, m]=[21, -7]=21-(-7)=21+7=28$

11 ········ 답 $\frac{10}{3}$

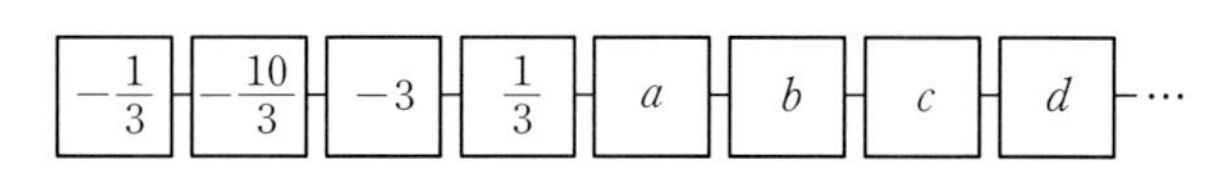

$\frac{1}{3}$의 오른쪽의 수를 a라 하면 $-3+a=\frac{1}{3}$이므로

$a=\frac{1}{3}-(-3)=\frac{1}{3}+\frac{9}{3}=\frac{10}{3}$

$\frac{10}{3}$의 오른쪽의 수를 b라 하면 $\frac{1}{3}+b=\frac{10}{3}$이므로

$b=\frac{10}{3}-\frac{1}{3}=3$

3의 오른쪽의 수를 c라 하면 $\frac{10}{3}+c=3$이므로

$c=3-\frac{10}{3}=\frac{9}{3}-\frac{10}{3}=-\frac{1}{3}$

$-\frac{1}{3}$의 오른쪽의 수를 d라 하면 $3+d=-\frac{1}{3}$이므로

$d=-\frac{1}{3}-3=-\frac{1}{3}-\frac{9}{3}=-\frac{10}{3}$

따라서 나열된 수는 $-\frac{1}{3}$, $-\frac{10}{3}$, -3, $\frac{1}{3}$, $\frac{10}{3}$, 3의 6개의 수가 반복되고 $29=6\times4+5$이므로 29번째에 나오는 수는

$-\frac{1}{3}$, $-\frac{10}{3}$, -3, $\frac{1}{3}$, $\frac{10}{3}$, 3에서 5번째 수인 $\frac{10}{3}$이다.

12 ········ 답 $\frac{1}{2}$

대각선으로 연결된 카드에 적힌 세 수의 합은 $-\frac{1}{2}+2+1=\frac{5}{2}$

$a+2+\frac{3}{2}=\frac{5}{2}$에서 $a=-1$

$-\frac{1}{2}+a+b=\frac{5}{2}$에서 $-\frac{1}{2}+(-1)+b=\frac{5}{2}$, $-\frac{3}{2}+b=\frac{5}{2}$

$\therefore b=\frac{5}{2}-\left(-\frac{3}{2}\right)=\frac{5}{2}+\frac{3}{2}=4$

$b+d+1=\frac{5}{2}$에서 $4+d+1=\frac{5}{2}$, $5+d=\frac{5}{2}$

$\therefore d=\frac{5}{2}-5=\frac{5}{2}-\frac{10}{2}=-\frac{5}{2}$

$c+2+d=\frac{5}{2}$에서 $c+2+\left(-\frac{5}{2}\right)=\frac{5}{2}$, $c+\left(-\frac{1}{2}\right)=\frac{5}{2}$

$\therefore c=\frac{5}{2}-\left(-\frac{1}{2}\right)=\frac{5}{2}+\frac{1}{2}=3$

$\therefore a-b+c-d=-1-4+3-\left(-\frac{5}{2}\right)=-1-4+3+\frac{5}{2}=\frac{1}{2}$

13 ··· 답 $-\frac{16}{15}$

$\left|\frac{3}{4}\right|<\left|-\frac{4}{5}\right|<\left|-\frac{7}{6}\right|<\left|-\frac{4}{3}\right|$이고,

계산 결과가 가장 크게 되려면 절댓값이 큰 양수가 되어야 하므로 양수 1개와 음수 2개를 선택해야 한다.

이때 절댓값이 크려면 나누는 수의 절댓값은 작아야 하므로

나누는 수가 양수인 경우

(i) 나누는 수는 $\frac{3}{4}$이고, 절댓값이 큰 두 음수를 곱하면 된다.

$\left(-\frac{4}{3}\right)\div\frac{3}{4}\times\left(-\frac{7}{6}\right)=\left(-\frac{4}{3}\right)\times\frac{4}{3}\times\left(-\frac{7}{6}\right)=\frac{56}{27}$

(ii) 나누는 수가 음수인 경우

나누는 수는 $-\frac{4}{5}$이고 절댓값이 큰 음수와 $\frac{3}{4}$을 곱하면 된다.

$\left(-\frac{4}{3}\right)\div\left(-\frac{4}{5}\right)\times\frac{3}{4}=\left(-\frac{4}{3}\right)\times\left(-\frac{5}{4}\right)\times\frac{3}{4}=\frac{5}{4}$

(i), (ii)에서 $M=\frac{56}{27}$

계산 결과가 가장 작게 되려면 절댓값이 큰 음수가 되어야 하므로 음수 3개를 선택한다.

이때 절댓값이 크려면 나누는 수의 절댓값이 작아야 하므로 나누는 수는 음수 $-\frac{4}{5}$이고, 나머지 두 음수를 곱하면 된다.

$N=\left(-\frac{4}{3}\right)\div\left(-\frac{4}{5}\right)\times\left(-\frac{7}{6}\right)=\left(-\frac{4}{3}\right)\times\left(-\frac{5}{4}\right)\times\left(-\frac{7}{6}\right)=-\frac{35}{18}$

$\therefore \frac{M}{N}=\frac{56}{27}\div\left(-\frac{35}{18}\right)=\frac{56}{27}\times\left(-\frac{18}{35}\right)=-\frac{16}{15}$

14 ··· 답 6

$\frac{803}{371}=2+\frac{61}{371}=2+\frac{1}{\frac{371}{61}}=2+\frac{1}{6+\frac{5}{61}}$

$=2+\frac{1}{6+\frac{1}{\frac{61}{5}}}=2+\frac{1}{6+\frac{1}{12+\frac{1}{5}}}$

따라서 $A=6$, $B=12$이므로 $B-A=12-6=6$

15 ··· 답 $\frac{19}{90}$

두 점 A, B 사이의 거리는 $\frac{2}{3}-\left(-\frac{3}{5}\right)=\frac{10}{15}+\frac{9}{15}=\frac{19}{15}$이므로

두 점 A, M 사이의 거리는 $\frac{19}{15}\times\frac{1}{2}=\frac{19}{30}$

점 M이 나타내는 수는 $-\frac{3}{5}+\frac{19}{30}=-\frac{18}{30}+\frac{19}{30}=\frac{1}{30}$

두 점 A, N 사이의 거리는 $\frac{19}{15}\times\frac{2}{2+1}=\frac{19}{15}\times\frac{2}{3}=\frac{38}{45}$

점 N이 나타내는 수는 $-\frac{3}{5}+\frac{38}{45}=-\frac{27}{45}+\frac{38}{45}=\frac{11}{45}$

따라서 두 점 M, N 사이의 거리는 $\frac{11}{45}-\frac{1}{30}=\frac{22}{90}-\frac{3}{90}=\frac{19}{90}$

다른 풀이

점 M이 나타내는 수는

$\left(-\frac{3}{5}+\frac{2}{3}\right)\times\frac{1}{2}=\left(-\frac{9}{15}+\frac{10}{15}\right)\times\frac{1}{2}=\frac{1}{15}\times\frac{1}{2}=\frac{1}{30}$

16 ··· 답 ③

$a=3-\left[\frac{1}{2}+(-1)^2\div\left\{4\times\left(-\frac{1}{2}\right)+8\right\}\right]\times2$

$=3-\left[\frac{1}{2}+(+1)\div\{(-2)+8\}\right]\times2$

$=3-\left\{\frac{1}{2}+(+1)\div(+6)\right\}\times2$

$=3-\left\{\frac{1}{2}+\left(+\frac{1}{6}\right)\right\}\times2$

$=3-\left(+\frac{2}{3}\right)\times2=3-\frac{4}{3}=\frac{5}{3}$

따라서 $|x|<\left|\frac{5}{3}\right|$에서 $|x|<\frac{5}{3}$, 즉 $-\frac{5}{3}<x<\frac{5}{3}$인 정수 x는 -1, 0, 1의 3개이다.

17 ··· 답 (1) $A=\frac{7}{2}$, $B=-\frac{2}{3}$ (2) $\frac{3}{14}$

(1) $A=7+\left[\left(-\frac{3}{2}\right)-\left\{6-(-2)^3\times\left(-\frac{1}{4}\right)\right\}\div(-12)\right]\times3$

$=7+\left[\left(-\frac{3}{2}\right)-\left\{6-(-8)\times\left(-\frac{1}{4}\right)\right\}\div(-12)\right]\times3$

$=7+\left[\left(-\frac{3}{2}\right)-\{6-(+2)\}\div(-12)\right]\times3$

$=7+\left\{\left(-\frac{3}{2}\right)-(+4)\times\left(-\frac{1}{12}\right)\right\}\times3$

$=7+\left\{\left(-\frac{3}{2}\right)-\left(-\frac{1}{3}\right)\right\}\times3$ → $\left(-\frac{3}{2}\right)-\left(-\frac{1}{3}\right)=\left(-\frac{9}{6}\right)+\left(+\frac{2}{6}\right)=-\frac{7}{6}$

$=7+\left(-\frac{7}{6}\right)\times3=7+\left(-\frac{7}{2}\right)=\frac{7}{2}$

$B=\left(-\frac{4}{3}\right)\div\left(-\frac{2}{3}\right)^2+\left\{1+\frac{1}{3}\times(-2)^2\right\}$

$=\left(-\frac{4}{3}\right)\div\left(+\frac{4}{9}\right)+\left\{1+\frac{1}{3}\times(+4)\right\}$

$=\left(-\frac{4}{3}\right)\div\left(+\frac{4}{9}\right)+\left\{1+\left(+\frac{4}{3}\right)\right\}$

$=\left(-\frac{4}{3}\right)\times\left(+\frac{9}{4}\right)+\left(+\frac{7}{3}\right)=(-3)+\left(+\frac{7}{3}\right)=-\frac{2}{3}$

(2) 직육면체에서 마주 보는 면에 적힌 두 수는 각각 A와 c, B와 a, -0.4와 b이다. (A → $\frac{7}{2}$, B → $-\frac{2}{3}$, -0.4 → $-\frac{2}{5}$)

따라서 $a=-\frac{3}{2}$, $b=-\frac{5}{2}$, $c=\frac{2}{7}$이므로

$a\times\frac{b}{5}\times c=\left(-\frac{3}{2}\right)\times\left\{\left(-\frac{5}{2}\right)\times\frac{1}{5}\right\}\times\frac{2}{7}$

$=\left(-\frac{3}{2}\right)\times\left(-\frac{1}{2}\right)\times\frac{2}{7}=\frac{3}{14}$

18 ··· 답 13

$\left(1-\frac{1}{2}\right)\div\left(1-\frac{1}{3}\right)\div\left(1-\frac{1}{4}\right)\div\cdots\div\left(1-\frac{1}{50}\right)$

$=\frac{1}{2}\div\frac{2}{3}\div\frac{3}{4}\div\cdots\div\frac{49}{50}=\frac{1}{2}\times\frac{3}{2}\times\frac{4}{3}\times\cdots\times\frac{50}{49}=\frac{50}{4}=\frac{25}{2}$

$\left(1-\frac{1}{51}\right)\times\left(1-\frac{1}{52}\right)\times\left(1-\frac{1}{53}\right)\times\cdots\times\left(1-\frac{1}{100}\right)$

$=\frac{50}{51}\times\frac{51}{52}\times\frac{52}{53}\times\cdots\times\frac{99}{100}=\frac{50}{100}=\frac{1}{2}$

$\therefore$ (주어진 식)$=\frac{25}{2}+\frac{1}{2}=13$

19 ········ 답 $b-a^2+cd<0$

(가), (라)에서 $b\times d>0$이고 $a\times b\times c\times d>0$이므로 b, d의 부호가 같고 a, c의 부호가 같다.
(다)에서 $a+c=-b$이므로 a, c와 b, d의 부호는 달라야 한다.
a와 b의 부호는 다르고 (나)에서 $a-b>0$, $a>b$이므로 $a>0$, $b<0$
$\therefore a>0,\ b<0,\ c>0,\ d<0$
$a^2>0$, $cd<0$이므로
$b-a^2+cd=$(음수)$-$(양수)$+$(음수)
$=$(음수)$+$(음수)$+$(음수)$=$(음수)
$\therefore b-a^2+cd<0$

20 ········ 답 $a^2,\ -\frac{1}{b},\ \frac{1}{c},\ \frac{1}{a},\ -c$

(가), (나)에서 $c>0$이므로 $a\div b>0$, (다)에서 a, b, c는 모두 부호가 같지 않으므로 $a<0$, $b<0$, 즉 $\frac{1}{a}$, $-c$는 음수이고 $-\frac{1}{b}$, $\frac{1}{c}$, a^2은 양수이다.
(나)에서 $0<\left|\frac{1}{a}\right|<1<|-c|$이므로 $-c<\frac{1}{a}<0$
$0<\left|\frac{1}{c}\right|<\left|-\frac{1}{b}\right|<1<|a^2|$이므로 $0<\frac{1}{c}<-\frac{1}{b}<a^2$
$\therefore a^2>-\frac{1}{b}>\frac{1}{c}>\frac{1}{a}>-c$

다른 풀이
$a<0$, $b<0$, $c>0$이고 $1<|b|<|a|<|c|$이므로
$a=-3$, $b=-2$, $c=4$라 하면
$\frac{1}{a}=-\frac{1}{3}$, $-\frac{1}{b}=\frac{1}{2}$, $-c=-4$, $\frac{1}{c}=\frac{1}{4}$, $a^2=9$
$\therefore a^2>-\frac{1}{b}>\frac{1}{c}>\frac{1}{a}>-c$

21 ········ 답 6

$a\times|a-b|=4$에서 $|a-b|>0$이므로 $a>0$
a, b가 정수이므로 $a\times|a-b|=1\times4$ 또는 2×2 또는 4×1
(i) $a=1$일 때, $|1-b|=4$이므로 $1-b=4$ 또는 $1-b=-4$
$\therefore b=-3$ 또는 $b=5$
(ii) $a=2$일 때, $|2-b|=2$이므로 $2-b=2$ 또는 $2-b=-2$
$\therefore b=0$ 또는 $b=4$
(iii) $a=4$일 때, $|4-b|=1$이므로 $4-b=1$ 또는 $4-b=-1$
$\therefore b=3$ 또는 $b=5$
(i)~(iii)에서 조건을 만족하는 $(a,\ b)$는
$(1,\ -3)$, $(1,\ 5)$, $(2,\ 0)$, $(2,\ 4)$, $(4,\ 3)$, $(4,\ 5)$의 6개이다.

22 ········ 답 16

$|x|=8$에서 $x=8$ 또는 $x=-8$
$|x|+|y|=14$에서 $8+|y|=14$ $\therefore |y|=6$
$\therefore y=6$ 또는 $y=-6$
즉 $|x-y|$의 최댓값은
$|8-(-6)|=|-8-6|=14$이고
최솟값은 $|8-6|=|-8-(-6)|=2$이다.
따라서 $|x-y|$의 최댓값과 최솟값의 합은 $14+2=16$

23 ········ 답 -31

$a\times b\times c=-70<0$이므로 a, b, c는 모두 음의 정수이거나 세 수 중 하나는 음의 정수이고 나머지 두 수는 양의 정수이어야 한다.
그런데 $a+b+c=0$에서 세 수는 모두 음의 정수일 수 없으므로 세 수 중 하나만 음의 정수이다.
$70=2\times5\times7$이므로
합이 0이고 곱이 -70인 세 정수는 2, 5, -7이다.
이때 $|a|<|b|<|c|$를 만족하는 a, b, c의 값을 구하면
$a=2$, $b=5$, $c=-7$
$\therefore a^2+b\times c=2^2+5\times(-7)=4+(-35)=-31$

24 ········ 답 $\frac{5}{24}$

$\frac{1}{12}+\frac{1}{20}+\frac{1}{30}+\frac{1}{42}+\frac{1}{56}$
$=\frac{1}{3\times4}+\frac{1}{4\times5}+\frac{1}{5\times6}+\frac{1}{6\times7}+\frac{1}{7\times8}$
$=\left(\frac{1}{3}-\frac{1}{4}\right)+\left(\frac{1}{4}-\frac{1}{5}\right)+\left(\frac{1}{5}-\frac{1}{6}\right)+\left(\frac{1}{6}-\frac{1}{7}\right)+\left(\frac{1}{7}-\frac{1}{8}\right)$
$=\frac{1}{3}-\frac{1}{8}=\frac{8}{24}-\frac{3}{24}=\frac{5}{24}$

대단원 TEST

III 문자와 식

워크북 168~171쪽

01 ③ 02 $-8x+32$ 03 ③ 04 -6
05 $9x+28$ 06 ③ 07 $14x+16y+12$
08 $-\frac{7}{30}$ 09 $a=9$, $b\neq-1$ 10 ④
11 $x=-\frac{3}{2}$ 12 2 13 ② 14 8
15 $x=\frac{34}{9}$ 16 $\frac{3}{2}$ 17 $\frac{8}{3}$ 18 11 19 ②
20 16500원 21 160명 22 120 m 23 $\frac{200}{3}$ g
24 560개

01

답 ③

$$\frac{-5ab+b^2}{3(c-d)}=(-5ab+b^2)\div3(c-d)$$
$$=\{(-5)\times a\times b+b\times b\}\div\{3\times(c-d)\}$$
$$=\{(-5)\times a\times b+b\times b\}\div3\div(c-d)$$

02

답 $-8x+32$

(선분 EM의 길이)=(선분 AE의 길이)$=8-3x$,
(선분 GM의 길이)=(선분 AD의 길이)=(선분 BC의 길이)$=8$
이므로 색칠한 부분의 넓이는
$\frac{1}{2}\times\{(8-3x)+x\}\times8=4(8-2x)=-8x+32$

03

답 ③

작년 남자 사원 수는 $x\times\frac{a}{100}=\frac{ax}{100}$이므로
작년 여자 사원 수는 $x-\frac{ax}{100}$이다.
올해는 작년에 비해 여자 사원이 6 % 감소하였으므로
올해 여자 사원 수는
$\left(x-\frac{ax}{100}\right)\times\left(1-\frac{6}{100}\right)=\left(x-\frac{ax}{100}\right)\times\frac{94}{100}=\frac{47}{50}\left(x-\frac{ax}{100}\right)$

04

답 -6

$a=\frac{1}{4}$, $b=-\frac{4}{3}$, $c=-\frac{3}{5}$이므로
$a^2=\left(\frac{1}{4}\right)^2=\frac{1}{16}$, $c^2=\left(-\frac{3}{5}\right)^2=\frac{9}{25}$

$$\therefore \frac{1}{a^2}-\frac{4}{b}-\frac{9}{c^2}=1\div a^2-4\div b-9\div c^2$$
$$=1\div\frac{1}{16}-4\div\left(-\frac{4}{3}\right)-9\div\frac{9}{25}$$
$$=1\times16-4\times\left(-\frac{3}{4}\right)-9\times\frac{25}{9}$$
$$=16+3-25=-6$$

05

답 $9x+28$

$$2\{C-(A-2B)\}+\frac{1}{3}(2A-3B)$$
$$=2(C-A+2B)+\frac{1}{3}(2A-3B)$$
$$=2C-2A+4B+\frac{2}{3}A-B$$
$$=-\frac{4}{3}A+3B+2C$$
$$=-\frac{4}{3}(3x-6)+3(5x+2)+2(-x+7)$$
$$=-4x+8+15x+6-2x+14$$
$$=9x+28$$

06

답 ③

(i) m, n이 모두 짝수인 경우
$m+n$은 짝수이므로
$$\frac{(-1)^m(4x-1)+(-1)^n(8x+7)}{2\times(-1)^{m+n}}$$
$$=\frac{1\times(4x-1)+1\times(8x+7)}{2\times1}$$
$$=\frac{12x+6}{2}=6x+3$$

(ii) m, n이 모두 홀수인 경우
$m+n$은 짝수이므로
$$\frac{(-1)^m(4x-1)+(-1)^n(8x+7)}{2\times(-1)^{m+n}}$$
$$=\frac{(-1)\times(4x-1)+(-1)\times(8x+7)}{2\times1}$$
$$=\frac{-4x+1-8x-7}{2}=\frac{-12x-6}{2}=-6x-3$$

(iii) m은 짝수, n은 홀수인 경우
$m+n$은 홀수이므로
$$\frac{(-1)^m(4x-1)+(-1)^n(8x+7)}{2\times(-1)^{m+n}}$$
$$=\frac{1\times(4x-1)+(-1)\times(8x+7)}{2\times(-1)}$$
$$=\frac{4x-1-8x-7}{-2}=\frac{-4x-8}{-2}=2x+4$$

(iv) m은 홀수, n은 짝수인 경우
$m+n$은 홀수이므로
$$\frac{(-1)^m(4x-1)+(-1)^n(8x+7)}{2\times(-1)^{m+n}}$$
$$=\frac{(-1)\times(4x-1)+1\times(8x+7)}{2\times(-1)}$$
$$=\frac{-4x+1+8x+7}{-2}=\frac{4x+8}{-2}=-2x-4$$

따라서 옳지 않은 것은 ③이다.

07 ······ 답 $14x+16y+12$

다음 그림과 같이 주어지지 않은 변의 길이를 a, b, c, d라 하자.

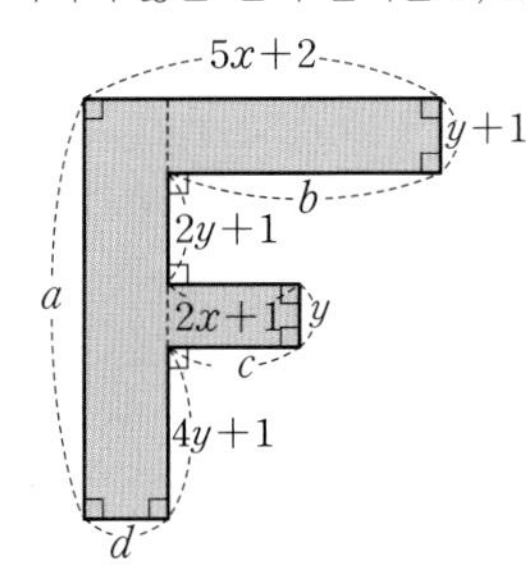

$a=(y+1)+(2y+1)+y+(4y+1)=8y+3$

$b+c+d=(b+d)+c=(5x+2)+(2x+1)=7x+3$

따라서 도형의 둘레의 길이는

$2a+(5x+2)+(2x+1)+b+c+d$

$=2(8y+3)+(7x+3)+(7x+3)$

$=16y+6+14x+6$

$=14x+16y+12$

08 ······ 답 $-\frac{7}{30}$

$x:y=3:4$이므로 $x=3k$, $y=4k$ $(k\neq0)$라 하면

$\frac{3x-2y}{2x-y}-\frac{5x-y}{x+3y}=\frac{3\times3k-2\times4k}{2\times3k-4k}-\frac{5\times3k-4k}{3k+3\times4k}$

$=\frac{9k-8k}{6k-4k}-\frac{15k-4k}{3k+12k}$

$=\frac{k}{2k}-\frac{11k}{15k}$

$=\frac{1}{2}-\frac{11}{15}=-\frac{7}{30}$

09 ······ 답 $a=9$, $b\neq-1$

$(a-4)x^2+5x+3=5x(x-b)+7$에서

$ax^2-4x^2+5x+3=5x^2-5bx+7$

$ax^2-9x^2+5x+5bx-4=0$

$\therefore (a-9)x^2+(5+5b)x-4=0$

이 등식이 x에 대한 일차방정식이므로 $a-9=0$, $5+5b\neq0$

$a-9=0$에서 $a=9$, $5+5b\neq0$에서 $b\neq-1$

$\therefore a=9$, $b\neq-1$

10 ······ 답 ④

① $a+2=b-2$의 양변에서 2를 빼면 $a=b-4$
  $a=b-4$의 양변에 c를 더하면 $a+c=b+c-4$

② $a+2=b-2$의 양변에서 2를 빼면 $a=b-4$
  $a=b-4$의 양변에서 b를 빼면 $a-b=-4$
  $a-b=-4$의 양변에서 c를 빼면 $a-b-c=-c-4$

③ $a+2=b-2$의 양변에 2를 더하면 $a+4=b$
  $a+4=b$의 양변에 c를 곱하면 $ac+4c=bc$

④ $a+2=b-2$의 양변에 3을 더하면 $a+5=b+1$
  $a+5=b+1$의 양변을 c로 나누면 $\frac{a+5}{c}=\frac{b+1}{c}$

⑤ $a+2=b-2$의 양변을 $3c$로 나누면 $\frac{a+2}{3c}=\frac{b-2}{3c}$

따라서 옳지 않은 것은 ④이다.

11 ······ 답 $x=-\frac{3}{2}$

$5x+A-6=3(x-3)$이 항등식이므로 $5x+A-6=3x-9$

$\therefore A=3x-9-(5x-6)=3x-9-5x+6=-2x-3$

이 식을 $5x-A-6=3(x-3)$에 대입하면

$5x-(-2x-3)-6=3(x-3)$

$5x+2x+3-6=3x-9$

$4x=-6$ $\therefore x=-\frac{3}{2}$

12 ······ 답 2

$3\star x=3x-6+x=4x-6$이므로

$6\star(3\star x)=6\star(4x-6)$

$=6(4x-6)-12+(4x-6)$

$=24x-36-12+4x-6$

$=28x-54$

$(-4)\star x=-4x+8+x=-3x+8$

따라서 $28x-54=-3x+8$이므로 $31x=62$ $\therefore x=2$

13 ······ 답 ②

약분하면 $\frac{5}{8}$가 되는 분수를 $\frac{5x}{8x}$(x는 자연수)라 하면

$\frac{5x+5}{8x+5x-7}=\frac{5}{8}$, $\frac{5x+5}{13x-7}=\frac{5}{8}$

$8(5x+5)=5(13x-7)$, $40x+40=65x-35$

$-25x=-75$ $\therefore x=3$

따라서 처음의 분수는 $\frac{a}{b}=\frac{5x}{8x}=\frac{5\times3}{8\times3}=\frac{15}{24}$이므로 $a=15$, $b=24$

$\therefore a+b=15+24=39$

14 ······ 답 8

$\frac{2}{3}(1.1x-0.9)=\frac{3}{5}x+1$의 양변에 15를 곱하면

$10(1.1x-0.9)=9x+15$, $11x-9=9x+15$

$2x=24$ $\therefore x=12$

$|2k-8|=\frac{5}{6}x$에 $x=12$를 대입하면 $|2k-8|=10$

이때 절댓값이 10인 수는 -10 또는 10이므로

(i) $2k-8=-10$일 때, $2k=-2$ $\therefore k=-1$

(ii) $2k-8=10$일 때, $2k=18$ $\therefore k=9$

따라서 모든 상수 k의 값의 합은 $(-1)+9=8$

15 ······ 답 $x=\frac{34}{9}$

$a(3x-1)=-x-13$에 $x=3$을 대입하면

$a\times(9-1)=-3-13$, $8a=-16$ $\therefore a=-2$

$\frac{x-2a}{5}-\frac{2-x}{4}=-a$에 $a=-2$를 대입하면

$\frac{x+4}{5}-\frac{2-x}{4}=2$

양변에 20을 곱하면

$4(x+4)-5(2-x)=40$

$4x+16-10+5x=40$, $9x=34$ $\therefore x=\frac{34}{9}$

16 답 $\frac{3}{2}$

$x-4a=4-5(x-1)$에서

$x-4a=4-5x+5$, $6x=4a+9$ $\therefore x=\frac{4a+9}{6}$

$x-\frac{x+2a}{5}=-\frac{13}{5}$의 양변에 5를 곱하면

$5x-x-2a=-13$, $4x=2a-13$ $\therefore x=\frac{2a-13}{4}$

주어진 두 일차방정식의 해가 절댓값은 같고 부호는 서로 다르므로 두 해의 합은 0이다.

즉 $\frac{4a+9}{6}+\frac{2a-13}{4}=0$이므로 양변에 12를 곱하면

$2(4a+9)+3(2a-13)=0$, $8a+18+6a-39=0$

$14a=21$ $\therefore a=\frac{3}{2}$

17 답 $\frac{8}{3}$

$x-3(x+a)=2x-10$에서

$x-3x-3a=2x-10$

$-4x=3a-10$ $\therefore x=\frac{-3a+10}{4}$

이때 $\frac{-3a+10}{4}$이 자연수가 되려면 $-3a+10$은 4의 배수이어야 하므로

$-3a+10=4, 8, 12, 16, \cdots$

$-3a=-6, -2, 2, 6, \cdots$

$\therefore a=2, \frac{2}{3}, -\frac{2}{3}, -2, \cdots$

따라서 조건을 만족하는 양수 a의 값은 2, $\frac{2}{3}$이므로 그 합은 $2+\frac{2}{3}=\frac{8}{3}$

18 답 11

$(3a-1)x+5b-7=ax-b+11$에서

$3ax-x+5b-7=ax-b+11$

$3ax-x-ax=-b+11-5b+7$

$\therefore (2a-1)x=-6b+18$ …… ㉠

이 방정식이 $x=0$뿐만 아니라 다른 해도 가지므로 해가 무수히 많다.

즉 ㉠은 항등식이므로 $2a-1=0$, $-6b+18=0$ $\therefore a=\frac{1}{2}$, $b=3$

$\therefore 4a+b^2=4\times\frac{1}{2}+3^2=2+9=11$

다른 풀이

방정식 $(3a-1)x+5b-7=ax-b+11$이 $x=0$을 해로 가지므로 방정식에 $x=0$을 대입하면

$5b-7=-b+11$, $6b=18$ $\therefore b=3$

주어진 방정식에 $b=3$을 대입하면

$(3a-1)x+15-7=ax-3+11$

$\therefore (2a-1)x=0$

이 방정식이 $x=0$ 이외에도 해를 가져야 하므로 $2a-1=0$ $\therefore a=\frac{1}{2}$

$\therefore 4a+b^2=4\times\frac{1}{2}+3^2=2+9=11$

19 답 ②

처음 수의 일의 자리의 숫자를 x라 하면 각 자리의 숫자의 합이 13이므로 십의 자리의 숫자는 $13-x$이다.

이때 처음 수는 $10(13-x)+x=130-9x$

십의 자리의 숫자와 일의 자리의 숫자를 바꾼 수는

$10\times x+13-x=9x+13$

이때 바꾼 수는 처음 수의 2배보다 31만큼 작으므로

$9x+13=2(130-9x)-31$

$9x+13=260-18x-31$, $27x=216$ $\therefore x=8$

따라서 처음 수는 58이다.

20 답 16500원

작년의 스터디카페 A의 1일 이용 요금을 x원이라 하면

작년의 스터디카페 B의 1일 이용 요금은 $(x-300)$원이다.

올해 두 스터디카페 A, B의 1일 이용 요금이 작년에 비해 각각 8 %, 10 % 증가하여 이용 요금이 같아졌으므로

$x\times\left(1+\frac{8}{100}\right)=(x-300)\times\left(1+\frac{10}{100}\right)$

$\frac{27}{25}x=\frac{11}{10}(x-300)$

양변에 50을 곱하면

$54x=55(x-300)$, $54x=55x-16500$ $\therefore x=16500$

따라서 작년의 스터디카페 A의 1일 이용 요금은 16500원이다.

21 답 160명

불합격자의 남녀의 비가 2 : 1이고, 여자 불합격자가 20명이므로 남자 불합격자는 40명이다.

합격자의 남녀의 비가 3 : 2이므로 남자 합격자와 여자 합격자의 수를 각각 $3x$, $2x$라 하면

(남자 지원자의 수)$=3x+40$, (여자 지원자의 수)$=2x+20$

전체 지원자의 남녀의 비가 5 : 3이므로

$(3x+40):(2x+20)=5:3$, $3(3x+40)=5(2x+20)$

$9x+120=10x+100$ $\therefore x=20$

따라서 남자 합격자와 여자 합격자는 각각 60명, 40명이므로 전체 입사 지원자는 $40+20+60+40=160$(명)

22 답 120 m

여객 열차의 길이를 x m라 하면

여객 열차의 속력은 초속 $\frac{600+x}{36}$ m이다.

여객 열차와 화물 열차가 서로 반대 방향으로 완전히 지나치려면

(두 열차가 5초 동안 달린 거리의 합)=(두 열차의 길이의 합)

이어야 하므로 $\frac{600+x}{36}\times5+10\times5=x+30$

양변에 36을 곱하면 $3000+5x+1800=36x+1080$

$-31x=-3720$ $\therefore x=120$

따라서 여객 열차의 길이는 120 m이다.

23 ㉠ $\frac{200}{3}$ g

두 그릇에서 각각 퍼낸 소금물의 양을 x g이라 하면
A 그릇에 들어 있는 소금물의 농도는

$\frac{\frac{30}{100}\times(100-x)+\frac{15}{100}\times x}{100}\times100=\frac{3000-15x}{100}(\%)$

B 그릇에 들어 있는 소금물의 농도는

$\frac{\frac{15}{100}\times(200-x)+\frac{30}{100}\times x}{200}\times100=\frac{3000+15x}{200}(\%)$

이때 두 소금물의 농도가 같으므로

$\frac{3000-15x}{100}=\frac{3000+15x}{200}$

양변에 200을 곱하면 $2(3000-15x)=3000+15x$

$6000-30x=3000+15x$, $-45x=-3000$ $\quad\therefore x=\frac{200}{3}$

따라서 두 그릇에서 각각 퍼낸 소금물의 양은 $\frac{200}{3}$ g이다.

24 ㉠ 560개

A 기계가 B 기계보다 1분 동안 9개를 더 만들 수 있으므로 B 기계가 1분 동안 x개를 만든다고 하면 A 기계는 1분 동안 $(x+9)$개를 만들 수 있다.
A 기계가 21분 동안 만든 물건은 $21(x+9)$개, B 기계가 32분 동안 만든 물건은 $32x$개이므로

$32x=\frac{2}{3}\times21(x+9)$, $32x=14x+126$, $18x=126$ $\quad\therefore x=7$

따라서 A 기계로 21분, B 기계로 32분 동안 만든 물건의 개수의 합은
$32\times7+21\times(7+9)=224+336=560$(개)

대단원 TEST

IV. 좌표평면과 그래프

워크북 172~175쪽

01 C(4, 11) 02 C(7, 2) 03 (1) P(−4, 5), Q(1, 6) (2) 30초 후 04 ① 05 6
06 ② 07 −6 08 (1) 3초 (2) 45 cm^2 09 25분
10 정비례 11 $\frac{3}{2}$ 12 $\frac{8}{9}$ 13 $\frac{3}{4}$ 14 7
15 $\frac{3}{5}$ 16 −10 17 10 18 $\frac{81}{4}$
19 $D\left(\frac{3m}{2}, \frac{6}{m}\right)$ 20 $\frac{40}{3}$ 21 $\frac{4}{3}$
22 $y=\frac{30}{x}$ 23 (1) $y=\frac{3}{5}x$ (2) 10개

01 ㉠ C(4, 11)

점 $A(a+7, b-2)$는 x축 위에 있으므로 $b-2=0$ $\quad\therefore b=2$
점 $B(2a+6, 4b+3)$은 y축 위에 있으므로 $2a+6=0$ $\quad\therefore a=-3$
점 A의 x좌표는 $a+7=-3+7=4$이고,
점 B의 y좌표는 $4b+3=4\times2+3=11$이므로
점 C의 좌표는 C(4, 11)

02 ㉠ C(7, 2)

세 점 A(−6, −3), B(4, −3), D(−3, 2)를 좌표평면 위에 나타내고 평행사변형 ABCD를 그리면 오른쪽 그림과 같다.

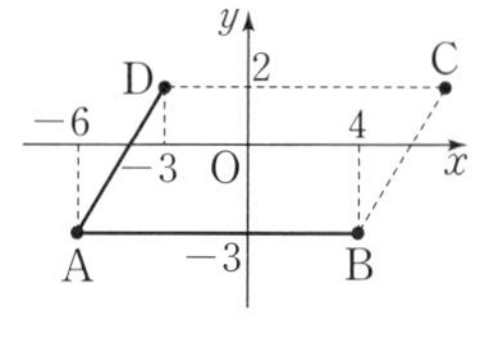

이때 변 DC는 변 AB와 평행하므로 점 C의 y좌표는 2이다.
또 변 DC의 길이는 변 AB의 길이와 같으므로
(변 DC의 길이)=(변 AB의 길이)
$=4-(-6)=10$
따라서 점 C의 x좌표는 $-3+10=7$
∴ C(7, 2)

03 ㉠ (1) P(−4, 5), Q(1, 6) (2) 30초 후

(1) 두 점 P, Q가 출발한 후 3초 동안 움직인 거리는 각각
$3\times3=9$, $5\times3=15$
이때 점 P가 출발한 지 3초 후에 도착하는 점이 선분 AB 위에 있으므로 x좌표는 −4이고, y좌표는 $9-4=5$
즉 3초 후에 점 P가 도착하는 점의 좌표는 (−4, 5)
점 Q가 출발한 지 3초 후에 도착하는 점이 선분 AD 위에 있으므로 y좌표는 6이고, $15-(5+6)=4$이므로 x좌표는 $5-4=1$
즉 3초 후에 점 Q가 도착하는 점의 좌표는 (1, 6)

(2) 직사각형 ABCD의 둘레의 길이는 $2\times(6+9)=30$이므로
점 P는 $30\div3=10$(초)마다 원점 O로 되돌아오고,
점 Q는 $30\div5=6$(초)마다 원점 O로 되돌아온다.
이때 10과 6의 최소공배수는 30이므로 두 점 P, Q가 원점 O에서 처음으로 다시 만나는 것은 원점 O를 출발한 지 30초 후이다.

04 답 ①

$A(ab, a+b)$가 제3사분면 위의 점이므로 $ab<0$, $a+b<0$

$ab<0$에서 a, b의 부호가 서로 다르고

$a+b<0$에서 음수의 절댓값이 더 크다.

이때 $|a|<|b|$이므로 $a>0$, $b<0$

따라서 $5a>0$, $-3b>0$이므로 점 $B(5a, -3b)$는 제1사분면 위의 점이다.

05 답 6

점 $P(a-b, -2ab)$와 x축에 대하여 대칭인 점의 좌표 $Q(a-b, 2ab)$가 $(2, 16)$이므로 $a-b=2$, $2ab=16$ $\quad\therefore a-b=2$, $ab=8$

이때 a, b가 모두 정수이므로 $a=-2$, $b=-4$ 또는 $a=4$, $b=2$

(i) $a=-2$, $b=-4$일 때, $|a+b|=|(-2)+(-4)|=6$

(ii) $a=4$, $b=2$일 때, $|a+b|=|4+2|=6$

(i), (ii)에서 $|a+b|=6$

06 답 ②

점 $P(3, 3)$과 y축에 대하여 대칭인 점 A의 좌표는 $A(-3, 3)$

따라서 세 점 A, B, C를 좌표평면 위에 나타내면 오른쪽 그림과 같으므로

(삼각형 ABC의 넓이)

=(사각형 ADEP의 넓이)

−(삼각형 ADC의 넓이)

−(삼각형 BCE의 넓이)

−(삼각형 ABP의 넓이)

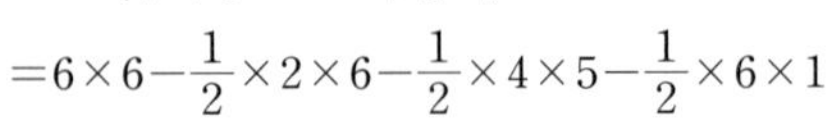

$=6\times6-\frac{1}{2}\times2\times6-\frac{1}{2}\times4\times5-\frac{1}{2}\times6\times1$

$=36-6-10-3=17$

07 답 −6

$a<0$, $b>0$이므로 세 점 $A(0, 7)$, $B(a, -2)$, $C(b, -2)$를 좌표평면 위에 나타내면 오른쪽 그림과 같다.

삼각형 ABC의 넓이가 36이므로

$\frac{1}{2}\times(b-a)\times\{7-(-2)\}=36$

$\frac{9}{2}(b-a)=36$

$\therefore b-a=8$

즉 $b=a+8$을 만족하고 $a<0$, $b>0$인 두 정수 a, b를 순서쌍 (a, b)로 나타내면

$(-1, 7)$, $(-2, 6)$, $(-3, 5)$, $(-4, 4)$, $(-5, 3)$, $(-6, 2)$, $(-7, 1)$

따라서 $a+b$의 값은 6, 4, 2, 0, −2, −4, −6이므로 가장 작은 값은 −6이다.

08 답 (1) 3초 (2) 45 cm^2

(1) 칸막이 왼쪽에 물이 다 찬 후 오른쪽에 물이 차기 시작하므로 양쪽의 물의 높이가 같아질 때까지 물통에 있는 물의 최대 높이는 일정하다. 따라서 칸막이 오른쪽에 물이 차기 시작한 후부터 칸막이 양쪽의 물의 높이가 같아질 때까지 걸린 시간은 $10-7=3$(초)

(2) 높이가 18 cm인 물통에 물을 가득 채우는 데 걸리는 시간은 18초이므로 물통의 부피는 $18\times45=810(cm^3)$

따라서 물통 전체의 밑면의 넓이는 $\frac{810}{18}=45(cm^2)$

09 답 25분

A, B 두 호스를 모두 이용하여 처음 5분 동안 넣은 물의 양이 16 m^3이므로 1분에 $\frac{16}{5}$ m^3의 물을 넣을 수 있다.

B 호스만을 이용하여 물을 넣을 때, 5분 후부터 25분 후까지, 즉 $25-5=20$(분) 동안 넣은 물의 양이 $28-16=12(m^3)$이므로 1분에 $\frac{12}{20}=\frac{3}{5}(m^3)$의 물을 넣을 수 있다.

따라서 A 호스만을 이용하여 1분에 넣을 수 있는 물의 양은

$\frac{16}{5}-\frac{3}{5}=\frac{13}{5}(m^3)$이므로 부피가 65 m^3인 물통을 가득 채우는 데 걸리는 시간은 $65\div\frac{13}{5}=65\times\frac{5}{13}=25$(분)

10 답 정비례

(가)에서 y는 x에 반비례하므로 $y=\frac{a}{x}$ $(a\neq0)$로 놓을 수 있다.

(나)에서 x는 z에 반비례하므로 $x=\frac{b}{z}$ $(b\neq0)$로 놓을 수 있다.

따라서 $y=\frac{a}{x}=a\div\frac{b}{z}=a\times\frac{z}{b}=\frac{a}{b}z$이므로 y는 z에 정비례한다.

11 답 $\frac{3}{2}$

(가)에서 $xy=a$ $(a<0)$라 하면 $y=\frac{a}{x}$

(나)에서 $x=3$일 때의 y의 값과 $x=5$일 때의 y의 값의 차가 2이므로

$\left|\frac{a}{3}-\frac{a}{5}\right|=2$, $\left|\frac{2a}{15}\right|=2$ $\quad\therefore |a|=15$

$\therefore a=-15$ 또는 $a=15$

이때 $a<0$이므로 $a=-15$ $\quad\therefore y=-\frac{15}{x}$

따라서 $x=-10$일 때, y의 값은 $y=-\frac{15}{-10}=\frac{3}{2}$

12 답 $\frac{8}{9}$

y가 x에 정비례하므로

$3:4=(m-1):\left(\frac{m}{3}+1\right)$, $3\left(\frac{m}{3}+1\right)=4(m-1)$

$m+3=4m-4$, $-3m=-7$ $\quad\therefore m=\frac{7}{3}$

$x=2$일 때의 y의 값은 $x=4$일 때의 y의 값의 $\frac{1}{2}$배이므로

$a=\left(\frac{7}{3}\div3+1\right)\times\frac{1}{2}=\frac{16}{9}\times\frac{1}{2}=\frac{8}{9}$

13 ········· 답 $\frac{3}{4}$

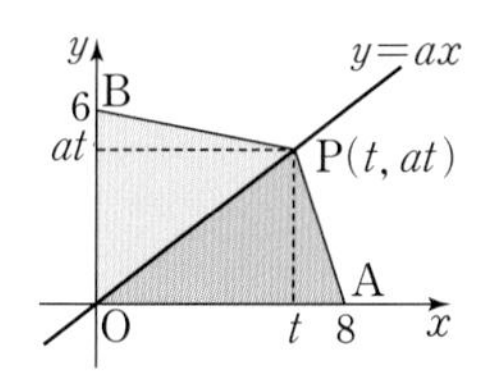

오른쪽 그림과 같이 점 P의 x좌표를 t $(t>0)$라 하면 점 P는 $y=ax$의 그래프 위의 점이므로 $P(t, at)$

(삼각형 OAP의 넓이)$=\frac{1}{2}\times 8\times at=4at$

(삼각형 OPB의 넓이)$=\frac{1}{2}\times 6\times t=3t$

이때 삼각형 OAP와 삼각형 OPB의 넓이가 같으므로 $4at=3t$

$\therefore a=\frac{3}{4}$

14 ········· 답 7

점 B의 좌표가 $B(3, 3)$이고 정사각형 ABCD의 한 변의 길이가 2이므로 $A(3, 5)$, $C(5, 3)$

$y=ax$의 그래프가 점 $A(3, 5)$를 지나므로 $5=3a$ $\quad\therefore a=\frac{5}{3}$

$y=bx$의 그래프가 점 $C(5, 3)$을 지나므로 $3=5b$ $\quad\therefore b=\frac{3}{5}$

$\therefore 6a-5b=6\times\frac{5}{3}-5\times\frac{3}{5}=10-3=7$

15 ········· 답 $\frac{3}{5}$

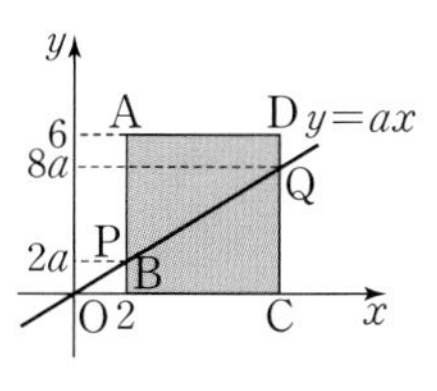

사각형 ABCD는 한 변의 길이가 6인 정사각형이므로 $C(8, 0)$, $D(8, 6)$

오른쪽 그림과 같이 $y=ax$의 그래프가 두 선분 AB, CD와 만나는 점을 각각 P, Q라 하면 $x=2$일 때 $y=2a$, $x=8$일 때 $y=8a$이므로 $P(2, 2a)$, $Q(8, 8a)$

따라서 사다리꼴 PBCQ의 넓이는 $\frac{1}{2}\times 6\times 6=18$이므로

$\frac{1}{2}\times(2a+8a)\times 6=18$, $30a=18$ $\quad\therefore a=\frac{3}{5}$

다른 풀이

$y=ax$의 그래프가 정사각형 ABCD의 두 대각선이 만나는 점을 지날 때, 정사각형 ABCD의 넓이가 이등분된다.

두 대각선이 만나는 점의 좌표는 $(5, 3)$이므로

$3=a\times 5$ $\quad\therefore a=\frac{3}{5}$

16 ········· 답 -10

(가)에서 $a<0$

(나)에서 $|a|<|-8|$ $\quad\therefore |a|<8$

이때 a는 정수이므로 $a=-7, -6, -5, -4, -3, -2, -1$

(다)에서 $|a|$는 합성수이므로 $a=-6, -4$

따라서 구하는 a의 값의 합은 $(-6)+(-4)=-10$

17 ········· 답 10

점 B_n의 x좌표가 n이고, 점 B_n이 $y=\frac{a^2}{x}$의 그래프 위의 점이므로

$B_n\left(n, \frac{a^2}{n}\right)$

따라서 $S_n=n\times\frac{a^2}{n}=a^2$이므로 $S_1=S_2=S_3=\cdots=S_{70}=a^2$

$\therefore \frac{S_1+S_2+S_3+\cdots+S_{70}}{7a^2}=\frac{70a^2}{7a^2}=10$

18 ········· 답 $\frac{81}{4}$

점 D의 x좌표를 a라 하면 점 D는 $y=\frac{3}{x}$의 그래프 위의 점이므로

$D\left(a, \frac{3}{a}\right)$

점 C의 x좌표는 a이고, 점 C는 $y=-\frac{6}{x}$의 그래프 위의 점이므로

$C\left(a, -\frac{6}{a}\right)$

점 B의 y좌표는 $-\frac{6}{a}$이고, 점 B는 $y=\frac{3}{x}$의 그래프 위의 점이므로

$y=\frac{3}{x}$에 $y=-\frac{6}{a}$을 대입하면

$-\frac{6}{a}=\frac{3}{x}$ $\quad\therefore x=-\frac{a}{2}$ $\quad\therefore B\left(-\frac{a}{2}, -\frac{6}{a}\right)$

점 A의 y좌표는 $\frac{3}{a}$이고, 점 A는 $y=-\frac{6}{x}$의 그래프 위의 점이므로

$y=-\frac{6}{x}$에 $y=\frac{3}{a}$을 대입하면

$\frac{3}{a}=-\frac{6}{x}$ $\quad\therefore x=-2a$ $\quad\therefore A\left(-2a, \frac{3}{a}\right)$

따라서 선분 AD의 길이는 $a-(-2a)=3a$,

선분 BC의 길이는 $a-\left(-\frac{a}{2}\right)=\frac{3}{2}a$,

선분 CD의 길이는 $\frac{3}{a}-\left(-\frac{6}{a}\right)=\frac{9}{a}$이므로

(사다리꼴 ABCD의 넓이)

$=\frac{1}{2}\times\left(3a+\frac{3}{2}a\right)\times\frac{9}{a}=\frac{1}{2}\times\frac{9}{2}a\times\frac{9}{a}=\frac{81}{4}$

19 ········· 답 $D\left(\frac{3m}{2}, \frac{6}{m}\right)$

점 A의 좌표를 $A\left(a, \frac{3}{a}\right)$이라 하면 $B(a, 0)$

점 D의 x좌표를 b라 하면 $D\left(b, \frac{3}{a}\right)$

점 E는 대각선 BD의 한가운데 점이므로 $E\left(\frac{a+b}{2}, \frac{3}{2a}\right)$

점 E는 $y=\frac{3}{x}$의 그래프 위의 점이므로

$\frac{3}{2a}=3\div\frac{a+b}{2}$, $\frac{a+b}{2}\times\frac{3}{2a}=3$, $a+b=4a$ $\quad\therefore b=3a$

이때 $\frac{a+b}{2}=m$이므로 $b=3a$를 $a+b=2m$에 대입하면

$4a=2m$ $\quad\therefore a=\frac{m}{2}$

$\therefore b=3a=\frac{3m}{2}$

$\therefore D\left(\frac{3m}{2}, \frac{6}{m}\right)$

20

답 $\frac{40}{3}$

점 P의 y좌표가 5이고, 점 P는 $y=\frac{5}{2}x$의 그래프 위의 점이므로

$y=\frac{5}{2}x$에 $y=5$를 대입하면 $5=\frac{5}{2}x$ $\quad\therefore x=2$

$\therefore P(2, 5), A(2, 0)$

$y=\frac{a}{x}$의 그래프가 점 $P(2, 5)$를 지나므로

$y=\frac{a}{x}$에 $x=2$, $y=5$를 대입하면

$5=\frac{a}{2}$ $\quad\therefore a=10$ $\quad\therefore y=\frac{10}{x}$

점 B가 점 A를 출발한 지 10초 후의 x좌표는 $2+\frac{2}{5}\times10=6$

$\therefore B(6, 0)$

점 Q의 x좌표가 6이고, 점 Q는 $y=\frac{10}{x}$의 그래프 위의 점이므로

$y=\frac{10}{x}$에 $x=6$을 대입하면 $y=\frac{10}{6}=\frac{5}{3}$ $\quad\therefore Q\left(6, \frac{5}{3}\right)$

$\therefore$ (사각형 PABQ의 넓이)$=\frac{1}{2}\times\left(5+\frac{5}{3}\right)\times4=\frac{40}{3}$

21

답 $\frac{4}{3}$

점 A의 x좌표는 -2이고, 점 A는 $y=-\frac{7a}{x}$의 그래프 위의 점이므로

$A\left(-2, \frac{7a}{2}\right)$

점 C의 x좌표는 2이고, 점 C는 $y=ax$의 그래프 위의 점이므로

$C(2, 2a)$

선분 AB의 길이는 $\frac{7a}{2}-2a=\frac{3}{2}a$이고

선분 BC의 길이는 $2-(-2)=4$이므로

$4 : \frac{3}{2}a=2 : 1$

$4=3a$ $\quad\therefore a=\frac{4}{3}$

22

답 $y=\frac{30}{x}$

수면의 높이는 3분에 1 cm씩 올라가므로 1분에 $\frac{1}{3}$ cm씩 올라간다.

따라서 y분 후의 수면의 높이는 $\frac{1}{3}y$ cm가 되므로

물통에 들어 있는 물의 부피는 $40=4\times x\times\frac{1}{3}y$ $\quad\therefore y=\frac{30}{x}$

23

답 (1) $y=\frac{3}{5}x$ (2) 10개

(1) 처음 상자 안에 들어 있던 연필의 개수가 x이므로 처음 상자 안에 들어 있던 지우개의 개수는 $3x$이다.
꺼낸 연필의 개수가 y이므로 꺼낸 지우개의 개수는 $4y$이다.
남아 있는 연필과 지우개의 개수의 비가 2 : 3이므로
$(x-y) : (3x-4y)=2 : 3$, $3(x-y)=2(3x-4y)$
$3x-3y=6x-8y$, $5y=3x$ $\quad\therefore y=\frac{3}{5}x$

(2) $y=\frac{3}{5}x$에 $y=6$을 대입하면 $6=\frac{3}{5}x$ $\quad\therefore x=10$
따라서 처음 상자 안에 들어 있던 연필은 10개이다.